飞机飞行动力学

主　编　苏新兵
参　编　张登成　柴世杰　张艳华
　　　　王超哲　薛　源

国防工业出版社
·北京·

内容简介

本教材系统介绍了飞机的空气动力和现代作战飞机气动布局特点；飞机的最大和最小速度、升限、航程和航时、起飞和着陆，以及各种机动飞行等性能的概念、分析方法及影响因素；飞机的平衡、稳定性和操纵性等静态飞行品质的分析方法及影响因素；刚体飞机的运动方程；飞机的动稳定性和动操纵性的分析方法及影响因素；飞机闭环控制的基本原理和现代飞机的飞行控制对飞机性能品质的改善与提升等；为适应形势发展和装备发展，也介绍了飞机空战动力学基础、现代飞机飞行控制发展及展望和飞机性能与品质的工程仿真等内容。

本教材为本科统编教材，适用于航空机械(飞行器动力工程)专业的本科教学，本教材内容新、涉及面广，并附有工程计算方法，可供有关专业研究生教学用，也可作为飞行员、科研院所、有关工厂、机关科研和管理人员以及需要应用飞机性能、品质与控制方面知识的科技工作者的参考资料。

图书在版编目(CIP)数据

飞机飞行动力学/苏新兵主编. —北京：国防工业出版社，2022.10
ISBN 978-7-118-12619-8

Ⅰ.①飞… Ⅱ.①苏… Ⅲ.①飞机-飞行力学-教材 Ⅳ.①V212.1

中国版本图书馆 CIP 数据核字(2022)第 168995 号

※

国防工业出版社出版发行

(北京市海淀区紫竹院南路 23 号　邮政编码 100048)
三河市腾飞印务有限公司印刷
新华书店经售

*

开本 710×1000　1/16　印张 32½　字数 583 千字
2022 年 10 月第 1 版第 1 次印刷　印数 1—3000 册　定价 166.00 元

(本书如有印装错误，我社负责调换)

国防书店：(010)88540777　　书店传真：(010)88540776
发行业务：(010)88540717　　发行传真：(010)88540762

前　言

本教材是根据"十四五"空军航空机务教材体系工程的有关规定及新时代军队院校教学改革精神编写的一部高级专业理论教材，主要供军队院校航空机械（飞行器动力工程）专业本科教学使用，也可供地方航空院校教学使用，以及供军队和航空工业部门研究所、工厂、机关、部队自学和工作参考。

本教材紧跟国家高等教育和军事教育发展趋势，遵循新时代军事教育方针，秉承"立德树人、为战育人和学为主体、教为主导"的教学理念，立足"价值塑造、知识传授和能力培养"三位一体要素和学员任职岗位需求，贯彻"突出专业基础、体现机务特色、强化实践能力和加强思政教育"的教学思想，以"飞行性能服务作战运用、飞行品质保证飞行安全、飞行控制提升总体效能"为主线，构建"实战化"教学内容体系，增强课程教学的适应性。

本教材内容紧扣装备使用和发展，重点放在与现代飞机技术有关的内容，还适当编写了与现代作战飞机相关的知识。本教材在编写过程中注意了科学性、适用性与前瞻性，还注意了理论与实践相结合，既注重了基本理论，又意在潜移默化地将思想政治元素融入教学，坚定学习者爱国强军的家国情怀和理想信念，实现思想政治教育和专业知识体系的有机统一，达成专业基础课程与思想政治理论课程协同育人的目标。本教材主要特色如下：

一是遵循认知规律加强逻辑递进。将"性能与作战、品质与安全、飞控与效能"三大知识模块，按照由浅入深、由简单到复杂、由质点到刚体、由静态品质到动态品质、由开环控制到闭环控制的逻辑递进关系进行内容优化设置，使其更加符合教育规律和认知规律。

二是突出空战特色加强技战融合。适应近距空战高机动、协同多等特点，增加空战动力学、战术综合机动等内容，加强基本飞行性能指导作战任务规划、机动性能和敏捷性能指导战术动作选择等战训内容，引入与空战联系密切的飞行案例，实现教学连通部队、理论直达战训。

三是紧盯装备发展加强内容更新。在保留经典理论的基础上，拓展先进飞机气动布局、隐身、超声速巡航、过失速机动、主动控制、推力矢量、火/飞/推综合控制等新技术、新装备发展内容，引入最新的科研成果反哺教学，使内容与装备发展相匹配、与新技术同步。

　　四是增加思想政治元素体现课程思想政治。本教材内容和飞行、空战相关，内容拓展飞机性能与品质评估的计算方法及算例，加强了飞机性能和品质的影响因素分析，以此提高学员飞行安全风险的评估能力、激励学员养成"极端负责，精心维修"的航空机务职业道德和严谨细致的工作作风。

　　全书共11章。第1章介绍了飞机空气动力概述、现代作战飞机气动布局特点和气动布局的新发展；第2章为飞机的飞行性能，着重讨论了飞机的最大和最小速度、升限、航程和航时、起飞和着陆，以及各种机动飞行等性能的含义和分析方法；第3章为飞机的静态飞行品质，主要研究了飞机的平衡、稳定和操纵特性；第4章为飞机的运动方程，主要建立刚体飞机动态特性分析时的数学模型；第5章为飞机的动态飞行品质，主要研究了飞机的动稳定性和动操纵性；第6章为飞机的闭环控制及主动控制技术，主要分析了闭环控制基本原理及主动控制技术对飞行性能品质的提升机理等；第7章为增稳和控制增稳飞机的飞行品质，主要分析增稳和控制增稳操纵系统的组成、工作原理和控制律以及装有这种系统的飞机飞行品质等；第8章为电传飞机飞行品质，主要分析飞机电传操纵系统的组成、工作原理和控制律以及装有这种系统的飞机飞行品质等；第9章为空战动力学概述，主要介绍空战中几种常用的综合机动飞行动作和飞行战术，以及能量机动性和空空导弹的导引与攻击区等内容；第10章为飞行控制技术发展与展望，主要介绍飞行器综合控制方面的一些概念，同时也对光传飞行控制、推力矢量控制等先进飞行控制技术进行一些简单的介绍；第11章为飞行性能和品质仿真计算，主要介绍飞机飞行性能和飞行品质的仿真计算方法等。编写中注重本学科基本理论的完整性和满足学员岗位任职工作需要的实用性，力求达到简明、科学、适用。

　　本教材编写是基于空军工程大学"飞机飞行动力学"军队院校优质课程、陕西省混合式一流本科课程和线上一流本科课程、军队院校精品课程几十年来教学经验的总结。由苏新兵主编，张登成、柴世杰、张艳华、王超哲和薛源等参编。第1章由苏新兵、张登成编写，第2章由王超哲、苏新兵编写，第3、9、11章由张登成、苏新兵编写，第4章由苏新兵、张艳华编写，第5章由张艳华、张登成编写，第6章由薛源、苏新兵编写，第7、8章由柴世杰、张登成编写，第10章由张登成、王超哲编写。全书由苏新兵、张登成进行统筹与协调。在编写中参考借鉴了《应用流体力学》(主编王旭，2012年12月西北工业大学出版社)、《飞机飞行性能品质与控制》(主编陈廷楠，2007年2月国防工业出版社)等编著，空军工程大学航空工程学院徐浩军教授审阅了全书并提出了许多宝贵的意见和建议，在此一并表示衷心的感谢。

教材在编写过程中得到了空军装备部航空机务教材体系建设各级组织机构和成员的大力支持，空军工程大学航空工程学院机关和领导以及各位专家也给教材的完成提供了有力保障，在此谨致谢意。

由于篇幅及编者的水平有限，加之时间仓促，本教材难免有不足和疏漏之处，诚恳希望读者批评指正、多提宝贵意见。

编写组
2022 年 12 月

目　录

第1章　飞机的空气动力和气动布局 ································· 1
1.1　飞机空气动力概述 ··· 1
1.1.1　飞机的空气动力 ··· 1
1.1.2　飞机的气动力矩 ·· 10
1.2　飞机气动布局简介 ·· 12
1.2.1　飞机主要气动布局形式 ····································· 13
1.2.2　飞机气动部件功能及特点 ·································· 13
1.2.3　飞机进/排气系统及外挂布局 ······························ 23
1.3　飞机概述及其气动布局特点 ·································· 25
1.3.1　飞机的分类和划代概述 ····································· 25
1.3.2　飞机战术性能和功能系统 ·································· 29
1.3.3　现代作战飞机气动布局特点 ······························ 39
思考题 ··· 58

第2章　飞机的飞行性能 ··· 60
2.1　常用坐标系和质心运动方程组 ································ 60
2.1.1　常用坐标系 ·· 60
2.1.2　飞机的质心运动方程组 ····································· 66
2.1.3　在水平面和铅垂面内运动方程的简化 ···················· 69
2.2　飞机基本飞行性能 ·· 71
2.2.1　定常直线运动方程 ·· 71
2.2.2　简单推力法确定飞机的基本性能 ·························· 72
2.2.3　平飞包线 ··· 81
2.2.4　平飞最大速度的限制 ······································· 82
2.2.5　使用维护对基本飞行性能的影响 ·························· 84

VII

2.3 飞机机动飞行性能 ... 86
2.3.1 飞机的机动性和过载 ... 86
2.3.2 飞机在水平面内的机动飞行性能 ... 88
2.3.3 飞机在铅垂平面内的机动飞行性能 ... 93
2.3.4 飞机机动飞行性能分析评估 ... 97
2.3.5 飞机典型战术机动飞行动作 ... 101

2.4 飞机起飞着陆性能 ... 107
2.4.1 飞机的起飞性能 ... 107
2.4.2 飞机的着陆性能 ... 117
2.4.3 特殊情况下的起飞与着陆 ... 121

2.5 飞机续航性能 ... 125
2.5.1 飞机的任务性能和任务剖面 ... 125
2.5.2 飞机续航性能的基本知识 ... 126
2.5.3 航程、航时计算和分析 ... 127
2.5.4 航程、航时的影响因素 ... 133

2.6 飞机的敏捷性 ... 134
2.6.1 敏捷性概念 ... 134
2.6.2 敏捷性分类 ... 136

思考题 ... 138

第3章 飞机的静态飞行品质 ... 143
3.1 飞机的空气动力导数 ... 144
3.1.1 飞机纵向气动导数 ... 144
3.1.2 飞机横航向气动导数 ... 154

3.2 飞机的平衡 ... 172
3.2.1 飞机的纵向平衡 ... 173
3.2.2 飞机的方向平衡 ... 183
3.2.3 飞机的横向平衡 ... 185

3.3 飞机的静稳定性 ... 189
3.3.1 稳定性的基本概念 ... 189
3.3.2 飞机纵向静稳定性 ... 190

  3.3.3 飞机横航向静稳定性 ·· 196
 3.4 飞机的静操纵性 ·· 200
  3.4.1 飞机纵向静操纵性 ·· 201
  3.4.2 飞机横航向静操纵性 ·· 207
  3.4.3 飞机的静操纵性品质 ·· 217
  3.4.4 飞机静操纵性故障及其调整原理 ································ 226
 3.5 特殊情况下的飞行操纵 ··· 229
  3.5.1 失速和螺旋的飞行操纵 ··· 229
  3.5.2 低空风切变的飞行操纵 ··· 234
  3.5.3 结冰条件下的飞行操纵 ··· 237
  3.5.4 在湍流中的飞行操纵 ·· 240
  3.5.5 进入前机尾流的飞行操纵 ·· 243
 思考题 ··· 245

第4章 飞机的运动方程 ·· 247
 4.1 刚体飞机的运动方程 ··· 247
  4.1.1 基本假设 ·· 247
  4.1.2 刚体飞机的动力学方程 ··· 248
  4.1.3 刚体飞机的运动学方程 ··· 249
  4.1.4 刚体飞机运动方程讨论 ··· 250
 4.2 飞机运动方程的线化 ··· 252
  4.2.1 "小扰动"假设 ·· 253
  4.2.2 运动方程的线化 ·· 253
 4.3 飞机小扰动运动方程 ··· 254
  4.3.1 小扰动方程的分离 ·· 254
  4.3.2 飞机小扰动运动方程组 ··· 258
 4.4 无因次小扰动运动方程 ··· 261
  4.4.1 无因次纵向小扰动方程 ··· 263
  4.4.2 无因次横航向小扰动方程 ·· 265
 4.5 矩阵形式的小扰动运动方程 ·· 266
  4.5.1 矩阵形式的纵向小扰动方程 ······································ 266

4.5.2　矩阵形式的横航向小扰动方程 ·· 267
　思考题 ·· 268

第5章　飞机的动态飞行品质 ·· 269

　5.1　飞机的动稳定性 ·· 269
　　5.1.1　动稳定性的概念 ·· 269
　　5.1.2　扰动运动中的模态 ··· 270
　　5.1.3　动稳定性判据 ··· 273
　5.2　飞机纵向动稳定性 ·· 274
　　5.2.1　纵向扰动运动特征方程 ··· 274
　　5.2.2　典型算例 ··· 278
　　5.2.3　纵向扰动运动的典型运动模态 ·· 279
　　5.2.4　纵向扰动运动的简化分析 ·· 282
　　5.2.5　飞行品质规范对纵向模态特性要求 ······································ 288
　5.3　飞机横航向动稳定性 ··· 290
　　5.3.1　横航向扰动运动特征方程 ·· 290
　　5.3.2　典型算例 ··· 293
　　5.3.3　横航向扰动运动的典型运动模态 ··· 295
　　5.3.4　横航向扰动运动的简化分析 ··· 296
　　5.3.5　飞行品质规范对横航向模态特性要求 ··································· 299
　5.4　飞机的动操纵性 ·· 300
　　5.4.1　飞机的纵向传递函数 ·· 301
　　5.4.2　飞机的横航向传递函数 ··· 306
　　5.4.3　飞机动态反应的解析解 ··· 310
　　5.4.4　影响动操纵性的因素 ·· 317
　思考题 ·· 319

第6章　飞机的闭环控制及主动控制技术 ··· 322

　6.1　飞机闭环控制的基本原理 ··· 322
　　6.1.1　飞机飞行操纵系统概述 ··· 322
　　6.1.2　飞机的闭环控制 ·· 326
　　6.1.3　自动飞行控制原理 ··· 327

6.2 纵向闭环控制基本原理 329
6.2.1 俯仰姿态控制 330
6.2.2 高度控制 331
6.2.3 速度控制 333
6.3 横航向闭环控制基本原理 336
6.3.1 倾斜角控制 336
6.3.2 偏航角控制 338
6.4 主动控制技术 340
6.4.1 主动控制技术概述 340
6.4.2 放宽静稳定性 342
6.5 驾驶员诱发振荡 346
6.5.1 驾驶员诱发振荡现象 346
6.5.2 纵向人—机系统结构图 347
6.5.3 横航向人—机系统结构图 348
思考题 350

第7章 增稳和控制增稳飞机飞行品质 352
7.1 增稳飞机的飞行品质 352
7.1.1 纵向增稳飞机的飞行品质 352
7.1.2 横航向增稳飞机的飞行品质 365
7.2 控制增稳飞机的飞行品质 373
7.2.1 纵向控制增稳操纵系统 373
7.2.2 纵向控制增稳飞机的飞行品质 377
7.2.3 控制增稳操纵系统的优缺点 381
思考题 383

第8章 电传飞机飞行品质 385
8.1 可靠性和余度技术 386
8.2 电传操纵系统飞机飞行品质 387
8.2.1 纵向单通道电传操纵系统 388
8.2.2 四余度电传操纵系统 394
8.2.3 电传操纵系统改善飞行品质 395

        8.2.4　电传操纵系统的优点和存在问题 …………………………… 402
    8.3　YF-16飞机电传操纵系统 ………………………………………………… 404
        8.3.1　YF-16飞机纵向电传操纵系统 ……………………………… 404
        8.3.2　YF-16飞机横航向电传操纵系统 …………………………… 410
    8.4　某型飞机电传操纵系统 …………………………………………………… 413
        8.4.1　某型飞机电传操纵系统功用和组成 ………………………… 413
        8.4.2　某型飞机电传操纵系统的工作原理 ………………………… 417
    思考题 …………………………………………………………………………… 425

第9章　空战动力学 ………………………………………………………………… 426
    9.1　空战机动 …………………………………………………………………… 426
        9.1.1　空战中常用的综合机动 ……………………………………… 426
        9.1.2　空战中争取优势的战术机动 ………………………………… 430
    9.2　能量机动性 ………………………………………………………………… 432
        9.2.1　有关概念 ……………………………………………………… 433
        9.2.2　空战机动中能量关系 ………………………………………… 435
        9.2.3　空战中能量的支配和运用 …………………………………… 438
    9.3　空空导弹的导引与攻击区 ………………………………………………… 441
        9.3.1　空空导弹的导引规律 ………………………………………… 441
        9.3.2　空空导弹攻击区 ……………………………………………… 442
    思考题 …………………………………………………………………………… 444

第10章　飞行控制发展与展望 …………………………………………………… 446
    10.1　综合飞行控制技术 ……………………………………………………… 446
        10.1.1　综合飞行/火力控制技术 …………………………………… 446
        10.1.2　综合飞行/推进控制技术 …………………………………… 448
        10.1.3　综合飞行/火力/推进控制技术 …………………………… 450
    10.2　光传飞行控制技术 ……………………………………………………… 451
        10.2.1　光纤传输系统的构成原理 ………………………………… 452
        10.2.2　光传飞行控制系统的基本原理 …………………………… 453
        10.2.3　光传飞行控制系统的关键技术 …………………………… 456
    10.3　推力矢量控制技术 ……………………………………………………… 457

10.3.1 推力矢量主要类型 ·················· 457
10.3.2 推力矢量的应用 ·················· 459
10.3.3 推力矢量飞机设计的关键技术 ·················· 461
10.4 其他先进控制技术简介 ·················· 464
10.4.1 自修复飞行控制技术 ·················· 465
10.4.2 模糊自组织飞行控制技术 ·················· 466
10.4.3 神经网络自适应飞行控制技术 ·················· 468
10.4.4 专家系统飞行控制技术 ·················· 471
思考题 ·················· 473

第11章 飞行性能和品质仿真计算 ·················· 474
11.1 飞行性能仿真计算 ·················· 474
11.1.1 基本飞行性能计算 ·················· 474
11.1.2 机动性能计算 ·················· 477
11.1.3 起飞着陆性能计算 ·················· 481
11.1.4 续航性能计算 ·················· 484
11.2 飞行品质仿真计算 ·················· 485
11.2.1 飞行品质研究方法 ·················· 485
11.2.2 飞机稳定性和操纵性仿真计算 ·················· 486
11.2.3 飞机动态响应特性计算 ·················· 496
思考题 ·················· 498

主要符号表 ·················· 499
主要下标 ·················· 502
参考文献 ·················· 503

第1章 飞机的空气动力和气动布局

飞机是高度综合的现代科学技术的体现。在现代飞机上,综合运用了一系列基础科学、应用科学和工程的最新成就,包括力学、材料学、电子技术、计算机技术、自动控制理论和技术以及制造工艺等各个方面的成果,实际上现代飞机已成为一个先进而复杂的工程系统。正因为如此,也促使飞机的设计与使用随之不断发生着变化和革新,并已逐步发展为一种系统工程。飞机飞行动力学主要涉及飞机总体论证与设计、空气动力学、飞行控制、发动机等专业,主要研究低层大气内飞机受力后,在空间的姿态与轨迹的运动规律并改变其运动特性的力学与控制的综合性科学,贯穿飞机设计、试飞与使用的全过程。

飞机的气动布局是飞机空气动力的总体设计,通常是指飞机各主要气动部件的气动外形及其相对位置的设计与安排。飞机气动布局不仅限于飞机气动外形,还包括各种气动参数,以及与气动特性有关的各种影响因素,是飞行器设计的一项重要组成部分。本章在简要介绍飞机空气动力特性和气动布局等基本知识的基础上,将对现代作战飞机的气动布局特点进行简要介绍。这里进行飞机气动特性和布局形式分析的目的是,通过简要介绍飞机气动特性和气动布局形式等相关内容,为现代作战飞机气动布局特点的介绍和飞行动力学以及其他相关学科知识的学习提供一些概要基础。

1.1 飞机空气动力概述

若把飞机看成一个刚体,则它在空间的运动,可以看作其质心的移动和绕质心的转动的合成运动。质心的移动取决于作用在飞机上的力,绕质心的转动取决于作用在飞机上相对于质心的力矩。在飞行中,作用在飞机上的外力主要有空气动力、发动机推力和重力。作用在飞机上的力矩有空气动力引起的气动力矩和由发动机推力(若推力作用线不通过飞机质心时)引起的推力矩等。

1.1.1 飞机的空气动力

飞机的空气动力是空气和飞机相对运动时产生的作用力,分为升力、阻力和侧力。飞机之所以能在空中稳定飞行,最基本的原理是,升力克服重力,动力装置产生拉力或推力克服阻力使之向前运动。

1.1.1.1 空气动力的表达式

把总空气动力沿速度坐标系(定义见后续章节常用坐标系相关内容)分解为,阻力 X、升力 Y 和侧向力(简称侧力)Z 三个分量。习惯上,把阻力 X 的正向定义为 OX_a 轴(即速度 V)的负向,而升力 Y 和侧向力 Z 的正向分别与 OY_a 轴、OZ_a 轴的正向一致。

理论和实验分析表明:作用在飞机上的空气动力与来流的动压($q = \frac{1}{2}\rho V_\infty^2$,其中 ρ 为飞机所处高度的空气密度,V_∞ 是飞机的飞行速度或无穷远处来流的速度)以及飞机机翼的特征面积 S 成正比,可表示为

$$\begin{cases} X = C_x \frac{1}{2}\rho V_\infty^2 S \\ Y = C_y \frac{1}{2}\rho V_\infty^2 S \\ Z = C_z \frac{1}{2}\rho V_\infty^2 S \end{cases} \quad (1-1)$$

式中:C_x、C_y、C_z 为无量纲的比例系数,分别称为阻力系数、升力系数和侧向力系数;S 为机翼的特征面积。

在飞机气动外形及其几何参数、飞行速度和高度给定的情况下,研究飞机的空气动力,可简化为研究其空气动力系数。

1.1.1.2 升力和侧力

1. 升力

1) 升力的产生

飞机上不仅机翼会产生升力,水平尾翼和机身也会产生升力。但是,同机翼上的升力相比,飞机其他部件产生的升力都是比较小的,可近似忽略。所以,通常用机翼的升力来代表整个飞机的升力。下面以翼型为例说明飞机升力的产生原因及变化规律。

当空气接近机翼前缘时,气流开始折转,一部分空气向上绕过机翼前缘流过机翼上表面;另一部分空气仍然由机翼下表面通过。这两部分空气最后在机翼后缘处会合,逐渐恢复到与机翼前方未受扰动的气流相同的均匀流动状态。在气流被机翼分割为上下两部分时,由于翼型上表面凸起较多而下表面凸起较少,加上机翼有一定的迎角,使流过机翼上表面的流管面积减小,流速增大;翼型下表面气流受阻使流管面积增大,流速减小。由伯努利定理可知,机翼上表面的压

力降低,机翼下表面的压力增大。这样上下翼面之间产生压力差,从而产生了翼型表面的空气动力,将表面各处的空气动力进行综合就形成了翼型的总空气动力 R,R 的方向向上并向后倾斜。可将 R 分解为垂直于气流方向和平行于气流方向的两个分力,垂直于气流方向上的分量称为机翼的升力,用 Y 表示;平行于气流方向阻碍飞机前进的力称为阻力,用 X 表示。升力和阻力的作用点称为压力中心。机翼升力产生的示意图如图 1-1 所示。

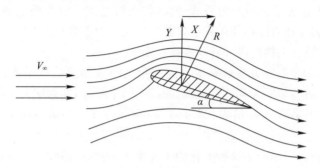

图 1-1 机翼升力产生的示意图

值得注意的是,升力 Y 与相对气流垂直,而不是与地面垂直。升力 Y 的方向取决于飞机的飞行速度方向,也就是取决于相对流速的方向。

2) 升力系数曲线

图 1-2 所示为飞机的升力系数曲线,横坐标表示迎角的大小,纵坐标表示升力系数的大小,升力系数曲线表达了升力系数随迎角变化的规律。

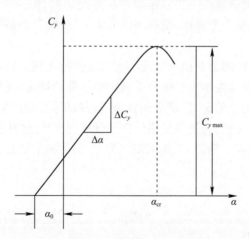

图 1-2 飞机的升力系数曲线

从图 1-2 可以看出,曲线与横坐标的交点对应的升力系数为 0,升力为 0,

对应的迎角称为零升迎角,用 α_0 表示。翼型不同,零升迎角的大小也不同。对称翼型的零升迎角为 0,因为当迎角为 0 时,上下翼面的流线对称,上下翼面压力一样大,升力系数等于 0。具有一定弯度的非对称翼型的零升迎角一般为负值,这是因为当迎角为 0 时,上下翼面的流线不对称,上表面的流线更密,压力更小,升力系数大于 0;当升力系数为 0 时,迎角必然小于 0 而为负值。

升力曲线最高点对应的升力系数最大,即最大升力系数。对应的迎角称为临界迎角,用 α_{cr} 表示。当升力系数最大时,飞机达到临界迎角。最大升力系数是决定飞机起飞和着陆性能的重要参数。最大升力系数越大,速度就越小,所需要的跑道就越短,飞机起飞和着陆也就越安全。

当迎角不大时,升力系数基本上随迎角的增大而成比例增大;当迎角较大时,升力系数随迎角增大的趋势减弱,曲线变得平缓;当迎角增大到一定值,即临界迎角时,升力系数达到最大;超过临界迎角后,升力系数将随迎角的增大而减小。

升力系数随迎角产生这种变化的主要原因是,当迎角较小时,机翼前缘上表面还没有形成很细的流管,气流在机翼前缘的上表面加速较慢,并没有形成吸力区,这时升力系数比较小,压力中心也较靠后。随着迎角的增大,上翼面前部流线变得更加弯曲,机翼前缘上表面的流管变细,流速更快,压力更低,机翼的升力系数增大,压力中心前移。随着迎角进一步增大,最低压力点的位置继续前移,逆压梯度增强,分离点前移,涡流区扩大,上翼面大部分段上的吸力和下翼面的正压力增大得都很缓慢。这样,升力系数虽仍随迎角的增大而增大,但已成非线性变化,增大趋势渐渐减缓。当迎角超过临界迎角后,附面层分离点很快前移,涡流区迅速扩大到整个上翼面,机翼前缘的吸力陡落,升力系数急剧下降。

2. 侧力

空气动力中的侧向力是由于气流不对称地流过飞机纵向对称面的两侧而引起的,这种飞行情况称为侧滑。按右手直角坐标系的规定,飞机的侧向力指向右机翼为正;按侧滑角 β 的定义,侧滑角 β 为正,在垂尾上会产生负的侧向力 Z。

对于面对称的飞机,若把飞机机体绕纵轴转过 90°,这时的侧滑角 β 就相当于原来迎角 α 的情况。所以,飞机的侧向力系数的分析方法类同于升力系数的分析。因此有

$$C_z^\beta = -C_y^\alpha \tag{1-2}$$

式中的负号是由 α、β 的定义决定。对侧向力的分析这里不再赘述。

1.1.1.3 阻力

飞机上总空气动力 R 分解为升力 Y 和与飞行方向平行且方向相反的阻力 X。阻力是与飞机运动方向相反的空气动力,它会阻碍飞机的飞行。飞机上的

升力主要是由机翼产生的,但飞机的阻力却不然。不仅机翼会产生阻力,飞机的其他部分如机身、起落架及尾翼等都会产生阻力。现代飞机在巡航飞行时,机翼阻力占整个飞机总阻力的 25%～35%,因此,不能以机翼阻力来代表整个飞机的阻力。按照产生原因,飞机上的阻力可分为摩擦阻力、压差阻力(含激波阻力)、干扰阻力和诱导阻力等。

1. 摩擦阻力

摩擦阻力是在附面层内产生的。空气是有黏性的,所以当它流过飞机时,就会有一层很薄的气流被"黏"在飞机表面上。这是由于流动的空气受到飞机表面给它向前的阻滞力的结果。根据牛顿第三定律,作用力与反作用力总是大小相等方向相反、同时作用在两个物体上的,因此,受阻滞的空气必然会给机翼一个大小相等的向后作用力,这个向后的作用力阻滞飞机的飞行,就是摩擦阻力。

摩擦阻力的大小同附面层内的流动情况有很大关系。层流附面层的摩擦阻力小,紊流附面层的摩擦阻力大。在附面层的底部,紊流附面层横向速度梯度比层流附面层大得多,飞机表面对气流的阻滞作用大。在普通的机翼表面,既有层流附面层,又有紊流附面层,所以为了减小摩擦阻力,就要设法使物体表面的流动保持层流状态。层流翼型就是基于这种思路设计的。

摩擦阻力的大小除了与附面层内空气流动状态有关,还取决于飞机表面的粗糙程度和飞机同空气接触的表面积大小等因素。为了减小摩擦阻力,应在这几方面采取必要的措施。在飞机设计、制造和使用过程中,应尽可能保证飞机表面的光滑。例如,尽量采用埋头铆钉铆接飞机表面上的结构件(如蒙皮);同时,钉头凸出高度或凹进深度应符合设计要求。另外,在飞机设计、安装和使用维护过程中,尽可能缩小飞机暴露在气流中的表面面积,这样有助于减小摩擦阻力。

2. 压差阻力

人在逆风中行走,会感到阻力的作用,这就是一种压差阻力。空气流过机翼时,在机翼前后由于压力差形成的阻力称为压差阻力。飞机的机身、尾翼等部件都会产生压差阻力。空气流过机翼的过程中,在机翼前缘受到阻挡,流速减慢,压力增大;在机翼后缘,特别是在较大迎角下,会产生附面层分离而形成涡流区,压力减小。这样,机翼前后便产生压力差,形成压差阻力。飞机其他部分产生的压差阻力原理与此相同。

总的来说,压差阻力与迎风面积、物体的形状和迎角有关系。迎风面积越大,压差阻力也就越大。因此,在保证装载所需容积的情况下,为了减小机身的迎风面积,机身横截面的形状应采取圆形或近似圆形,因为相同体积下圆形的面积最小。

物体形状对压差阻力也有很大的影响。把一块圆形的平板垂直地放在气流中,在平板前面气流被阻滞,压力升高;平板后面会产生大量的涡流,造成气流分离而形成低压区,这样它的前后会形成很大的压差阻力。如果在圆形平板的前面加上一个圆锥体,它的迎风面积并没有改变,但形状却变了。这时平板前面的高压区被圆锥体填满了,气流可以平滑地流过,压力不会急剧升高,显然这时平板后面仍有气流分离,低压区仍然存在,但是前后的压力差却大为减少,因而压差阻力降低到原来平板压差阻力的 1/5 左右。如果在平板后面再加上一个细长的圆锥体,把充满旋涡的低压区也填满,使得物体后面只出现很少的旋涡,那么实验证明压差阻力将会进一步降低到原来平板的 1/25～1/20。像这样前端圆钝、后端尖细、像水滴或雨点似的物体,称为流线型物体,简称"流线体"。在迎风面积相同的条件下,将物体做成前端圆钝、后端尖细的流线型可以大大减小物体的压差阻力。暴露在空气中的飞机部件都要加以整流形成流线体形状。

除了物体的迎风面积和形状外,迎角也影响压差阻力的大小。根据实验的结果,涡流区的压力与分离点处气流的压力,其大小相差不多。这就是说:分离点靠近机翼后缘,涡流区的压力比较大,压差阻力减小;分离点靠近机翼前缘,涡流区的压力比较小,压差阻力增大。可见,分离点在机翼表面的前后位置,可以表明压差阻力的大小。而分离点的位置主要取决于迎角的大小,机翼迎角越大,分离点越靠近机翼前缘,涡流区压力越低,压差阻力越大。

由上面的分析可知,摩擦阻力和压差阻力都是由于空气的黏性引起的,如果空气没有黏性,那么摩擦阻力和压差阻力都将不会存在。

3. 干扰阻力

干扰阻力是飞机各部分之间由于气流相互干扰而产生的一种额外阻力。飞机的各个部件如机翼、机身、尾翼等,单独放在气流中所产生的阻力的总和往往小于把它们组成一架飞机放在气流中所产生的阻力。多出的阻力就是由于气流流过各部件时,在它们的结合处相互干扰产生的干扰阻力。下面以机翼和机身为例,分析额外阻力的产生机理。

气流流过机翼和机身的连接处,在机翼和机身结合的中部,由于机翼表面和机身表面都向外凸出,流管收缩;而在后部由于机翼表面和机身表面都向内弯曲,流管扩张,在这里形成了一个截面面积先收缩后扩张的气流通道。根据连续性定理和伯努利方程,气流在流动过程中,压力先变小后变大,这样使结合部的逆压梯度增大,附面层分离点前移,翼身结合处后部的涡流区扩大,出现额外增加的压差阻力。多出的这部分压差阻力,是由流过飞机各部分的气流互相干扰所引起的,因此又称为干扰阻力。

不仅在机翼和机身之间可能产生干扰阻力,在机身和尾翼连接处、机翼和发动机短舱连接处,也都可能产生干扰阻力。

从干扰阻力产生的原因来看,它显然和飞机不同部件之间的相对位置有关。因此,为了减小干扰阻力,在飞机设计中,应仔细考虑各部件的相对位置,使得气流流过它们之间时压力增大得不多也不快,就可使干扰阻力降低。例如,对于机翼和机身之间的干扰阻力来说,中单翼干扰阻力最小,下单翼最大,上单翼居中。

另外,在不同部件的连接处加装流线型的整流片,使连接处圆滑过渡,尽可能减少涡流的产生,也可有效地降低干扰阻力。

4. 诱导阻力

当机翼产生升力时,机翼下表面的压力比上表面的大。由于机翼的翼展是有限的,下翼面的高压气流会绕过翼尖流向上翼面,这样就使下翼面的流线由翼根向翼尖倾斜,而上翼面的流线则由翼尖向翼根倾斜,在翼尖处形成反方向的翼尖自由涡。从机翼尾部看,左翼尖涡是顺时针旋转,右翼尖涡逆时针旋转。

因为空气有黏性,翼尖旋涡会带动其周围的空气一起旋转,这样翼尖涡流在机翼附近会产生诱导速度场,在整个机翼展长范围内方向都是向下的,称为下洗速度。下洗速度的存在,改变了机翼的气流方向,使流过机翼的气流向下倾斜而形成下洗流,下洗流与来流之间的夹角称为下洗角。

当气流流过机翼时,机翼上的升力是垂直于相对气流的。由于下洗速度的存在,气流流过机翼后向下倾斜了一个角度,升力也应随之向后倾斜,与下洗流流速相垂直,即实际升力是和下洗流方向垂直的。把实际升力分解成垂直于飞行速度方向和平行于飞行速度方向的两个分力。垂直于飞行速度方向的分力是经常使用的升力;平行于飞行速度方向的分力则起着阻碍飞机前进的作用,成为一部分附加阻力。而这一部分附加阻力,是同升力的存在分不开的,因此这一部分附加阻力称为诱导阻力。

诱导阻力与机翼形状、展弦比、升力和飞行速度有关。机翼的平面形状不同,诱导阻力也不同。在其他因素相同的条件(如速度和升力)下,椭圆形机翼的诱导阻力最小,矩形机翼的诱导阻力最大,梯形机翼的诱导阻力介于其中。椭圆形机翼虽然诱导阻力最小,但加工制造复杂,一般多使用梯形机翼。

机翼面积相同,而展弦比不同的两架飞机在升力相同的情况下,其诱导阻力的大小也不同。若展弦比大,则诱导阻力小;若展弦比小,则诱导阻力大。展弦比大的机翼狭而长,展弦比小的机翼短而宽。机翼短而宽,则在翼尖部分升力比较大,形成的翼尖涡流较强,下洗速度也较大,从而带来较大的诱导阻力;对于狭而长的机翼,由于在翼尖部分升力比较小,翼尖涡流比较弱,所以诱导阻力也较小。升力越大,诱导阻力越大。低速时诱导阻力较大,诱导阻力与速度的平方成反比。在得到相同升力的情况下,飞机飞行速度越小,所需要的迎角越大,迎角的增加会使上下翼面压力差增大,翼尖涡流随之增大,诱导阻力也就增大了。此外,在翼尖加装翼梢小翼会阻挡翼尖涡流的翻转,削弱涡流强度,减小外翼气流的下洗速度,从而减小诱导阻力。风洞试验和飞行试验结果表明:翼梢小翼能使全机的诱导阻力减小 20%~35%。

综上所述,为了减小飞机上的诱导阻力,可以采取增大机翼的展弦比、选择适当的平面形状(如椭圆形机翼)、增加翼梢小翼等方法。

5. 激波阻力

飞机在空气中飞行时,前端对空气会产生扰动,这个扰动以扰动波的形式以声速传播,当飞机的速度小于声速时,扰动波的传播速度大于飞机的前进速度,因此可传遍四面八方;而当飞机以声速或超声速运动时,扰动波的传播速度等于或小于飞机的前进速度,这样,后发生的扰动波会同前面的扰动波叠加在一起,形成较强的压缩波,空气遭到强烈的压缩最终形成激波。

从能量的角度来看,空气在通过激波时,受到薄薄一层稠密空气的阻滞,使得气流速度急骤降低,由阻滞产生的热量来不及散布,使空气温度升高,加热所需的能量由消耗的动能而来。能量由动能转化为热能,动能的消耗表示产生了一种特别的阻力。这一阻力由于随激波的形成而来,所以称为"波阻"。

在亚声速飞行情况下,机翼上只有摩擦阻力、压差阻力和诱导阻力,而且机翼表面的最大压力差比较靠前,机翼表面的压力分布沿着与飞行相反方向上的合力也不大,即阻力不是很大。而在超声速飞行时,机翼表面压力分布变化非常大,最大压力差向后移动,而且倾斜加剧,同时它的绝对值也有所增加。所以,如果不考虑机翼头部压力的升高,那么压力分布沿着与飞行方向相反方向的合力会急剧增大,使整个机翼的总阻力有很大的增加,附加部分的阻力就是波阻。由于它来自机翼前后的压力差,所以波阻实际上是一种压差阻力。如果飞机或机翼的任何一点上的气流速度不超过声速,是不会产生激波的,当然也不会产生波阻。

阻力对于飞机的飞行性能有很大的影响,特别是在高速飞行时,激波和波阻的产生对飞机的飞行性能的影响更大。这是因为波阻的数值很大,能够消耗发动机一大部分动力。例如当飞行速度在声速附近时,波阻可能消耗发动机大约全部动力的 3/4,这时阻力系数会急骤增大,这就是由于飞机表面出现了激波和波阻的缘故。当然,为了减小激波阻力对飞行性能的影响,设计时通过增大机翼后掠角、减小机翼厚度等可有效减小激波阻力。

6. 总阻力

摩擦阻力、压差阻力、诱导阻力和干扰阻力中,只有诱导阻力与升力有关,所以诱导阻力也称为升致阻力。而摩擦阻力、压差阻力和干扰阻力都与升力无关,通常称为零升阻力。飞机的总阻力是诱导阻力和零升阻力之和。总阻力随飞行速度和迎角的不同而变化。在低速飞行时,为了得到足够大的升力,飞机要以较大的迎角飞行,这样才能保证机翼上下表面有较大的压力差,此时形成的翼尖自由涡强度也比较大,使诱导阻力增大;相反地,飞行速度高时,则诱导阻力小。所以,诱导阻力是随着飞行速度的增大而降低的。零升阻力是由于空气的黏性而产生的,飞行速度越高,飞机表面对气流的阻滞力越大,零升阻力也越大,所以零升阻力是随着速度的增大而增大的。在起飞和着陆等低速飞行阶段,诱导阻力大于零升阻力,诱导阻力占主要位置;在高速巡航飞行时,零升阻力则占主导地位。一般诱导阻力和零升阻力相等时,飞机的总阻力最小,此时升阻比最大。

7. 阻力系数曲线

图1-3所示是某飞机的阻力系数曲线。横坐标表示迎角的大小,纵坐标表示阻力系数的大小,阻力系数曲线反映了阻力系数随迎角变化的规律。图1-3中曲线表明:阻力系数是随着迎角的增大而不断增大的。在小迎角下,阻力系数较小,且增大得较慢;在大迎角下,阻力系数较大,且增大得较快;超过临界迎角以后,阻力系数急剧增大。因为在小迎角范围内,飞机的阻力主要是摩擦阻力,迎角对其影响较小;迎角较大时,飞机的阻力主要为压差阻力和诱导阻力,且随着迎角增大,分离点前移,机翼后部的涡流区扩大,压力减小,机翼前后的压力差增加,故压差阻力增加。迎角增大时,由于机翼上、下表面的压力差增大,使翼尖涡流的作用更强,下洗角增大,导致实际升力更向后倾斜,故诱导阻力增大。超过临界迎角,气流分离严重,涡流区急剧扩大,压差阻力急剧增大,从而导致阻力系数急剧增大。

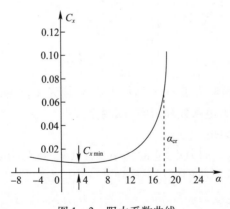

图1-3 阻力系数曲线

表征阻力特性的参数有最小阻力系数和零升阻力系数两种。阻力系数永远不为0,也就是说飞机上的阻力是始终存在的。但阻力系数存在一个最小值,即最小阻力系数($C_{x\min}$),它对飞机的最大速度影响很大。零升阻力系数是指升力系数为0时的阻力系数,飞机的最小阻力系数非常接近零升阻力系数,一般认为零升阻力系数就是最小阻力系数。

1.1.2 飞机的气动力矩

1.1.2.1 空气动力矩的表达式

空气动力学中,作用力使飞机有绕着重心或机体轴(定义见后续章节常用坐标系相关内容)转动的趋向,用力矩这个物理量综合表示。力矩被定义为力与力臂的乘积,其中力臂是指力到重心或机体轴的垂直距离。力矩概括了影响转动物体运动状态变化的所有规律,是改变转动物体运动状态的物理量。把作用在飞机上的力矩沿机体的三个坐标轴进行分解,可以得到三个力矩分量,即俯仰力矩、偏航力矩和滚转力矩。飞机绕纵轴、竖轴、横轴的力矩分别称为滚转力矩 M_x、偏航力矩 M_y 和俯仰力矩 M_z,绕纵轴、竖轴、横轴的转动角速度分别称为滚转角速度 ω_x、偏航角速度 ω_y 和俯仰角速度 ω_z。

研究空气动力矩与研究空气动力一样,可用对气动力矩系数的研究来取代对气动力矩的研究。空气动力矩系数的表达式为

$$\begin{cases} m_x = \dfrac{M_x}{\dfrac{1}{2}\rho V_\infty^2 Sl} \\ m_y = \dfrac{M_y}{\dfrac{1}{2}\rho V_\infty^2 Sl} \\ m_z = \dfrac{M_z}{\dfrac{1}{2}\rho V_\infty^2 Sb_A} \end{cases} \quad (1-3)$$

式中:滚转力矩 m_x、偏航力矩 m_y 和俯仰力矩 m_z 均为无量纲比例系数,分别称为滚转力矩系数、偏航力矩系数和俯仰力矩系数。

1.1.2.2 俯仰力矩

俯仰力矩也称为纵向力矩,它的作用是使飞机绕横轴做抬头或低头的转动(称为俯仰运动)。在飞机的气动布局和外形几何参数给定的情况下,俯仰力矩的大小不仅与飞行速度马赫数 Ma、飞行高度 H 有关,还与迎角 α、纵向操纵面偏转角 δ_z、飞机绕横轴的旋转角速度 ω_z、迎角的变化率 $\dot{\alpha}$ 以及操纵面偏转角的变化率 $\dot{\delta}_z$ 等有关。纵向力矩主要有纵向零升力矩、稳定力矩、操纵力矩和阻尼力矩4种,零升力矩是飞机在升力为零时的俯仰力矩,一般是一个小于零的负值。

对于常规布局的飞机,其焦点位置在重心之后,飞机受到扰动后使其迎角产生变化,如迎角增大,产生的升力增量相对于重心的俯仰力矩使飞机具有低头的趋势,把这种在偏离平衡位置后产生的力图使飞机恢复到原平衡状态的俯仰力矩,称为纵向稳定力矩或恢复力矩。

对于常规布局的飞机,全动平尾或升降舵后缘向上偏转,将引起正的俯仰操纵力矩,使飞机抬头;全动平尾或升降舵后缘向下偏转,将引起负的俯仰操纵力矩,使飞机低头。而对于鸭式布局的飞机,其俯仰操纵面的偏转方向和常规布局飞机相反。

俯仰阻尼力矩是飞机绕横轴有俯仰旋转运动时,由飞机机翼和水平尾翼的升力增量相对于重心产生的俯仰力矩而形成的,其大小和俯仰角速度 ω_z 成正比,方向总与 ω_z 相反,其作用是阻止飞机绕横轴的旋转运动,故称为俯仰阻尼力矩(或称为纵向阻尼力矩)。显然,飞机不做旋转运动时,也就没有阻尼力矩。

1.1.2.3 偏航力矩

偏航操纵力矩的作用是使飞机绕立轴做旋转运动。偏航力矩是总空气动力矩在竖轴上的分量,它的作用是使飞机绕竖轴做旋转运动。飞机的偏航力矩产生的物理原因与俯仰力矩是类似的,不同的是,偏航力矩是主要由垂尾的侧向力所产生的。偏航力矩主要有稳定力矩、操纵力矩和阻尼力矩等。

对于航向静稳定的飞机,其受到扰动后使侧滑角产生变化,如右侧滑,侧滑角增大,垂尾上产生的侧力增量相对于重心的偏航力矩使飞机向右偏转,有减小飞机侧滑的趋势,把这种在偏离平衡位置后产生的力图使飞机恢复到原平衡状态的偏航力矩,称为航向稳定力矩或恢复力矩。

飞机方向舵后缘向左偏,垂尾上侧力的变化将引起正的偏航力矩,使飞机向左偏转;方向舵向右偏,将引起负的偏航操纵力矩,使飞机向右偏转。另外,飞机副翼偏转时,作用在飞机机翼上的升力差在产生滚转力矩的同时,因左右阻力不一致而产生一定的偏航操纵力矩,称为滚偏交叉操纵力矩。

偏航阻尼力矩是飞机绕竖轴偏航旋转运动时,由飞机左右机翼、平尾的阻力差和垂尾的侧力相对于重心产生的偏航力矩而形成的,其大小和偏航角速度 ω_y 成正比,方向总与 ω_y 相反,其作用是阻止飞机绕竖轴的旋转运动,故称为偏航阻尼力矩(或称为航向阻尼力矩)。显然,飞机不做旋转运动时,也就没有阻尼力矩。但飞机有滚转角速度时,左右机翼的升力差和垂尾上的侧力在产生滚转阻尼力矩的同时,左右机翼的阻力差和垂翼上的侧力也会形成一定的偏航力矩,称为滚偏交叉阻尼力矩,它往往阻止飞机产生偏航运动。

1.1.2.4 滚转力矩

滚转力矩的作用是使飞机绕纵轴做滚转运动。滚转力矩(又称为倾斜力矩)M_x是绕飞机纵轴的空气动力矩,它是由于迎面气流不对称地绕流过飞机而产生的。当飞机有侧滑角、某些操纵面(如副翼)偏转、飞机绕纵轴/竖轴转动时,均会使气流流动不对称;此外,制造的误差,如左、右机翼(或稳定面)的安装角和尺寸制造误差所造成的不一致,也会破坏气流流动的对称性,从而产生滚转力矩。因此,滚转力矩的大小取决于飞机的几何形状、飞行的速度和高度、侧滑角 β、方向舵 δ_y 和副翼的偏转角 δ_x,转动角速度 ω_x、ω_y 及制造误差等。滚转力矩主要包括滚转稳定力矩、操纵力矩和阻尼力矩等。

对于横向静稳定的飞机,飞机受到扰动后使其滚转角产生变化,如飞机右滚,滚转角增大,左右机翼的升力差和垂尾上产生的侧力增量相对于重心的滚转力矩使飞机向左滚转,有减小飞机向右滚转的趋势,把这种在偏离平衡位置后产生的力图使飞机恢复到原平衡状态的滚转力矩,称为横向稳定力矩或恢复力矩。

操纵副翼的偏转,可改变左右机翼上的升力,从而产生飞机绕纵轴转动的滚转力矩。由于副翼偏转角的正向定义(右副翼向下偏转,左副翼向上偏转)的缘故,副翼的正偏转角将引起负的滚转力矩,使飞机向左滚转。垂尾上方向舵的偏转在形成偏航力矩的同时,其侧力作用点要高于飞机的轴线,因此也产生一定的滚转力矩,称为偏滚交叉操纵力矩。

当飞机绕纵轴转动时,将产生滚转阻尼力矩。滚转阻尼力矩产生的物理原因与俯仰阻尼力矩相类似。滚转阻尼力矩主要是由机翼产生的。该力矩的方向总是阻止飞机绕纵轴转动。但飞机有偏航角速度时,左右机翼的阻力差和垂翼上的侧力在产生偏航阻尼力矩的同时,左右机翼的升力差和垂翼上的侧力也会形成一定的滚转力矩,称为偏滚交叉阻尼力矩,它往往阻止飞机产生滚转运动。

1.1.2.5 铰链力矩

飞机操纵时,操纵面(平尾/升降舵、方向舵、副翼/襟副翼)偏转某一角度,在操纵面上产生空气动力,它除了产生相对于飞机质心的力矩,还产生相对于操纵面转轴(即铰链轴)的力矩,称为铰链力矩。

铰链力矩对飞机的操纵起着很大的作用。对于人力操纵的飞机来说,铰链力矩决定了驾驶员施加于驾驶杆上的力的大小,铰链力矩越大,所需杆力也越大。对于非人力操纵的飞机来说,推动操纵面的舵机的需用功率取决于铰链力矩的大小。

各种空气动力和力矩的详细计算与分析可参考相关空气动力学书籍。

1.2 飞机气动布局简介

飞机由飞机机体、推进系统和机载设备三大部分组成。机体是构成飞机外形,搭载各种部件、设备、附件以及人员、弹药、油料的平台。飞行中,机体除了直接承受空气动力和自身重力,还要承受固定于其上的各种机件传来的载荷,它是飞机的基本受力结构。机体主要包括机身、机翼、尾翼(垂尾、平尾)、起落装置和机械系统等,其中机械系统一般包括操纵、液压、燃油和发动机安装、环控和救生系统等。产生推力推动飞机前进的整套动力装置称为飞机的推进系统(或称为动力装置)。推进系统一般由发动机、进气系统、排气系统和辅助系统等组成。现代战斗机的发动机一般采用涡轮喷气发动机或带复燃加力的涡轮风扇发动机。对于现代作战飞机而言,机载设备是一个由计算机控制的、复杂的、功能先进的管理、通信、导航、电子和仪表等多门类系统,包括综合航电、武器和火控、座舱仪表显示以及电源系统等。

1.2.1 飞机主要气动布局形式

在飞机气动布局设计中,首先要确定飞机气动布局的形式,即不同气动部件的安排形式。全机气动特性取决于各气动部件的相互位置及其大小和形状。机翼是最主要的气动部件,它是产生升力的主要部件,水平前翼(鸭翼)、水平尾翼、垂直尾翼等是辅助气动部件,主要用于保证飞机的稳定性和操纵性。

根据各辅助翼面和机翼的相对位置以及辅助面的数量,飞机的气动布局形式主要有以下几种:

(1)常规布局:水平尾翼在机翼之后,也称为正常式布局。

(2)鸭式布局:水平前翼(鸭翼)在机翼之前。

(3)无尾或飞翼布局:无尾飞机是指无平尾,而飞翼布局则既无平尾和垂尾,又无鸭翼。

(4)三翼面布局:机翼前面有水平前翼(鸭翼),机翼后面有水平尾翼。

1.2.2 飞机气动部件功能及特点

1.2.2.1 机翼

机翼是飞机产生升力的主要部件。在设计机翼时,首先要满足空气动力特性和飞行性能的设计要求,其次要满足强度和气动弹性要求。这些与机翼设计有关的要求,可以通过翼型、机翼平面形状、机翼几何参数、边条翼、机翼增升装置的正确选择来满足。

1. 翼型

机翼的剖面形状称为翼型。翼型是构成机翼的重要组成部分,它的气动特性取决于翼型的几何形状,且直接影响飞机的飞行性能和飞行品质。

翼型内接圆圆心的连线称为翼型的中弧线,中弧线的最前点和最后点分别称为翼型的前缘和后缘,连接前、后缘的直线称为弦线,弦线被前、后缘所截线段的长度称为翼型的弦长,用 b 表示。翼型中弧线与弦线之间距离的最大值称为最大弯度,简称弯度,用 f 表示。弯度与弦长的比值,称为相对弯度,即 $\bar{f}=f/b$,相对弯度的大小表示翼型的不对称程度。上下翼面在垂直于弦线方向距离的最大值称为翼型的最大厚度,简称厚度,用 c 表示。厚度与弦长的比值,称为翼型的相对厚度,即 $\bar{c}=c/b$。翼型前缘处的曲率半径称为前缘半径,以 r 表示。翼型上下表面在后缘处切线之间的夹角称为后缘角,以 τ 表示。

常用的典型翼型如下:

(1) 标准翼型:有对称和非对称两种。

(2) 尖头翼型:有双弧线翼型、普通翼型前缘削尖和平板削尖翼型。

(3) 超临界翼型:前缘钝圆,上表面平坦,下表面在后缘处有反凹且后缘较薄并向下弯曲。其临界马赫数较高,机翼接近声速时阻力剧增现象得到推迟产生。

(4) 层流翼型:有自然层流和层流控制翼型两种。

2. 机翼平面形状

不同用途的飞机采用不同平面形状的机翼,常见的有平直机翼、后掠机翼、前掠翼、三角机翼、菱形机翼和曲线前缘机翼等形式,如图 1-4 所示。

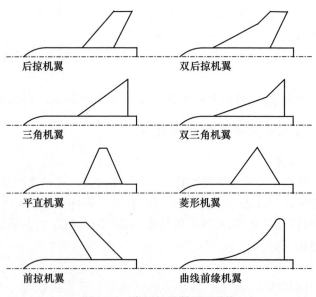

图 1-4 常用的机翼平面形状

(1) 平直机翼:适用于低速飞机。
(2) 后掠机翼:可分为单后掠机翼和双后掠机翼,适用于高速飞机。
(3) 前掠机翼:适用于高速飞机。
(4) 三角机翼:可分为单三角机翼和双三角机翼,适用于高速飞机。
(5) 菱形机翼:适用于高速飞机。
(6) 曲线前缘机翼:适用于高速飞机。

3. 机翼几何参数

机翼几何参数包括机翼平面形状参数和其他机翼参数。图 1-5 给出了描述机翼平面形状的主要几何参数的定义。

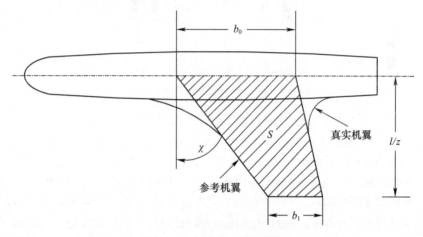

图 1-5 机翼平面几何参数

图中:S 为机翼参考面积;l 为机翼展长;b_0 为翼根弦长;b_1 为翼尖弦长;χ 为机翼前缘后掠角。

飞机展弦比 $\lambda = l^2/s$,机翼根梢比 $\eta = b_0/b_1$。其他机翼参数主要有安装角、扭转角、上(下)反角和机翼相对于机身的垂直位置等。

安装角是翼根弦与水平线的夹角,扭转角是翼尖弦与翼根弦之间的夹角,上(下)反角是机翼与水平线的夹角。

4. 边条翼

大展弦比小后掠角的机翼低速气动特性较好而高速气动特性较差,小展弦比大后掠角的机翼低速气动特性较差而高速气动特性较好。比较这两类机翼,其优缺点刚好相反。因而兼有这两类机翼外形特点的边条翼,可以做到优势互补,全面改善机翼的空气动力特性。

边条翼是指在中等后掠角(后掠角 25°~45°)、中等展弦比的机翼根部前缘处,加装一后掠角很大的细长翼所形成的复合机翼。在边条翼中,原后掠翼称为基本翼,附加的细长前翼部分称为边条。

随着边条翼技术的不断提高,目前,边条翼已发展为机身边条和机翼边条两种形状,如图1-6所示。机身边条位于飞机头部左右两侧,主要用来控制机身头部在大迎角时的涡流,改善飞机的横侧稳定性。机翼边条是位于机翼与机身结合的根部前缘处,加装的后掠角很大(65°~85°)的、一般近似三角形的细长翼条,也称为边条翼。

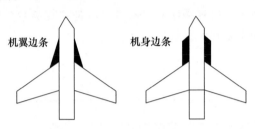

图1-6 机身边条与机翼边条

边条翼的气动特点是,在亚、跨声速范围内,当迎角不大时,气流从边条前缘分离,形成一个稳定的前缘脱体涡(称为边条涡),在前缘脱体涡的诱导作用下,不但可使基本翼内翼段的升力有较大幅度的增加(称为涡升力),还使外翼段的气流受到控制,在一定的迎角范围内不发生无规则的分离。在大迎角时,边条产生一个非常强的脱体涡,除它本身产生涡升力增量,它流过基本翼时对基本翼流场产生有利的诱导作用,不仅产生附加的升力增量,还能控制和稳定大迎角下基本翼面上的气流流动,提高基本翼的抖振边界和失速迎角,改善大迎角时的稳定性。

在超声速状态下,加装边条后,使内翼段部分的相对厚度变小,机翼的等效后掠角增大,可明显降低激波阻力。因此,这种机翼具有良好的超声速气动特性。

从空气动力角度看,边条翼主要具有以下一些优点:

(1) 提高了最大升力系数和抖动边界,因而提高了飞机的机动能力。采用边条后,其最大升力系数和抖动升力系数可以比没有采用边条时的基本翼提高50%以上。

(2) 加边条后,使基本翼相对厚度减小,有效后掠角增加,因此提高了临界Ma,降低了波阻。

(3) 边条翼焦点从亚声速到超声速的移动比无边条的机翼要小,这样平尾负荷减小,从而降低了超声速时的配平阻力,提高了超声速航程和超声速时的操纵性。

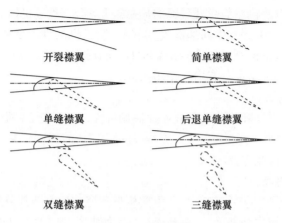

图1-8 后缘襟翼

翼翼型的弯度,从而使升力增大。当它在着陆偏转50°~60°时,能使升力系数增大65%~75%。

(3) 单缝襟翼。单缝襟翼是在简单襟翼的基础上改进而成的。除了起简单襟翼的作用,还具有类似于前缘缝翼的作用,因为在开缝襟翼与机翼之间有一道缝隙,下面的高压气流通过这道缝隙以高速流向上面,延缓气流分离,从而达到增升目的。开缝襟翼的增升效果较好,一般可使升力系数增大85%~95%,有后退单缝襟翼和不后退单缝襟翼两种。

(4) 喷气襟翼。喷气襟翼是目前正在研究中的一种增升装置。它的基本原理是:利用从涡轮喷气发动机引出的压缩空气或燃气流,通过机翼后缘的缝隙沿整个翼展向后下方以高速喷出,形成一片喷气幕,从而起到襟翼的增升作用。这是超声速飞机的一种特殊襟翼,其名称来历就是将"喷气"和"襟翼"结合起来。喷气襟翼一方面改变了机翼周围的流场,增加了上下压力差;另一方面喷气的反作用力在垂直方向上的分力也使机翼升力大大增加。所以,这种装置的增升效果极好。根据试验表明,采用喷气襟翼可以使升力系数增大到12.4左右,为附面层控制系统增升效果的2~3倍。虽然喷气襟翼的增升效果很好,但也有许多尚待解决的难题:发动机的喷气量太大,喷流能量的损失大;形成的喷气幕对飞机的稳定性和操纵性有不良影响;机翼构造复杂,重量急剧增加;发动机的燃气流会烧毁机场跑道;等等。

除了上面提到的4种后缘襟翼,还有后退双缝襟翼和后退多缝襟翼,它们的增升效果更好,但同时构造也更加复杂。

前缘襟翼与后缘襟翼配合使用可进一步提高增升效果。一般的后缘襟翼有一个缺点,就是当它向下偏转时,虽然能够增大上翼面气流的流速,从而增大升力系数,但同时也使机翼前缘处气流的局部迎角增大,当飞机以大迎角飞行时,容易导致机翼前缘上部发生局部的气流分离,使飞机的性能变坏。如果此时采用前缘襟翼,那么不但可以消除机翼前缘上部的局部气流分离,改善后缘襟翼的增升效果,而且其本身也具有增升作用。

6. 机翼上的措施

现代飞机为提高和改善机翼表面的流场特性,全面提高飞机性能,在机翼的设计上采取的措施除了边条和增升装置,还有翼刀、前缘锯齿和前缘槽口、涡流发生器以及吹气控制等。

1.2.2.2 机身

机身是飞机最复杂的部件之一,由前机身和尾部机身两部分组成,中间由中央翼分开。机身用来装载乘员、机载设备、动力装置及燃油等,同时把各翼面连成一体。设计机身时需要考虑的因素有:

(1) 机身最大截面、长细比、外形曲线。
(2) 机身头部外形、截面形状、长细比、弯度。
(3) 座舱盖风挡形状、风挡后掠角、座舱盖截面和长细比。
(4) 进气道和机体综合设计。
(5) 后机身和尾喷管综合设计,跨声速面积律修形。
(6) 翼身整流,包括机翼、机身的整流以及鼓包的外形整流等。
(7) 翼身融合。

机翼和机身之间以光滑的曲线连成一体便形成翼身融合体。飞机采用翼身融合体设计后,由于翼根区加厚而使飞机容积增加,从而增加结构空间;翼身光滑连接,有利于隐身设计;机身产生较大升力,从而可改善飞机的飞行性能。

1.2.2.3 稳定面

尾翼主要作用是保证飞机纵向和方向平衡,使飞机在纵向和方向具有必要的安定性,并实现飞机纵向和方向的操纵。

一般的尾翼包括水平尾翼(简称平尾)和垂直尾翼(简称立尾或垂尾)。亚声速飞机的平尾一般由固定的水平安定面(有的可略微转动)和活动的升降舵组成。现代跨声速和超声速飞机的平尾一般都采用全动式(有的垂尾也采用全动式),以提高飞机在高速飞行时的纵向操纵效能。垂尾由固定的垂直安定面和活动的方向舵组成,也有不少超声速战斗机,为增加垂尾面积以加强方向静安定性,采用双垂尾布置,如苏-27、米格-25、F-15和F-18飞机等。还有一些飞机采用前置鸭翼、V字形尾翼等配置。

尾翼和机翼在组成上基本相似,一般都是由梁、肋、桁条和蒙皮等组成。轻型飞机的安定面较小,多采用梁式构造。大型飞机的安定面由于翼展大而相对厚度小,采用梁式结构会带来重量大、抗弯能力不足的缺点,所以一般都采用多纵墙的单块式构造。

由于飞机的技术要求各异,尾翼在飞机上的形状、尺寸、安装位置亦不相同。常见的军用飞机尾翼布局形式有固定在机身水平轴线面处的平尾、固定在垂尾根部的平尾、十字形尾翼、T形尾翼、无平尾尾翼、双垂尾尾翼。

飞机的稳定特性取决于稳定面的设计,各稳定面及需要考虑的设计因素有:

(1) 垂尾:有单垂尾和双垂尾两类。

① 单垂尾:展弦比、根梢比、后掠角、翼型、面积、前后位置。

② 双垂尾:展弦比、根梢比、后掠角、翼型、面积、前后位置、间距、倾角(图1-9)。

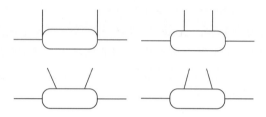

图1-9 双垂尾的间距和倾角

(2) 腹鳍:单腹鳍(外形、面积)、双腹鳍(外形、面积、间距、倾角)。

(3) 平尾:翼型、展弦比、根梢比、后掠角、上反角、面积、前后位置、上下位置(图1-10)。

(4) V字形尾翼:兼有垂尾和平尾的作用,待定的参数与双垂尾相同。

(5) 鸭翼:待定的参数与平尾相同。

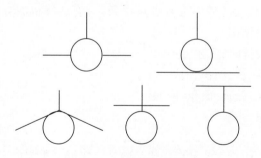

图1-10 平尾的上下位置

1.2.2.4 操纵面

飞机的操纵面主要包括升降舵(或全动平尾)、方向舵、副翼(或襟副翼)等。

飞机的操纵特性取决于各操纵面的设计,其操纵主要包括:

1. 俯仰操纵

俯仰操纵主要由升降舵或全动平尾偏转后产生的俯仰力矩增量来完成。升降舵安装在水平安定面的后缘,其结构和机翼基本相同。升降舵一般悬挂于安定面的后梁上,因此平尾的后梁通常是主梁,且在悬挂接头处布置有加强构件。

飞机超声速飞行时,因激波后的扰动不能前传,舵面偏转后不能像亚声速流中那样同时改变安定面的压力分布,共同提供操纵力或平衡力,因此尾翼效能下降;然而飞机的纵向稳定性却因机翼压力中心后移而大大增加,二者之间产生了矛盾。为此,超声速飞机的尾翼采用全动平尾。

全动平尾有动轴式和定轴式两种。动轴式平尾的转轴与尾翼连接在一起,用固定在转轴上的摇臂操纵转轴,平尾与转轴一起偏转,避免了在机身上开口,目前这种形式应用比较广泛。定轴式平尾的轴不转动,固定在机体上,尾翼套在轴上绕轴转动,操纵接头布置在尾翼根部的加强肋上。动轴式全动平尾通常由两个轴承安装在机身加强框上。转轴和轴承间的间隙可以调整,调整时应先调轴向间隙,后调径向间隙。

俯仰操纵面设计时,应注意:

(1)升降舵或升降副翼:弦长、面积、偏度。

(2)全动平尾:弦长、面积、偏度。

(3)推力矢量。

2. 航向操纵

航向操纵主要由安装于垂尾上的方向舵或全动垂尾偏转后产生的偏航力矩增量来完成。方向舵与升降舵一样,通常是由梁、肋、蒙皮和后缘型材组成的无桁条单梁式结构(较大的舵面也有少量桁条)。有些飞机的方向舵也采用全蜂窝结构和复合材料结构。

航向操纵面设计时,应注意:

(1)方向舵:弦长、面积、偏度。

(2)全动垂尾:弦长、面积、偏度。

(3)推力矢量。

3. 滚转操纵

滚转操纵主要由副翼偏转后产生的滚转力矩增量来完成。副翼的结构型式有很多种,主要有内副翼、外副翼及混合式副翼。不同的飞机,副翼的数量也不同,一般飞机的副翼都是在机翼的外侧。副翼在外形和结构上与机翼类似,一般都由梁、翼肋和蒙皮构成,现代飞机也有采用复合材料和蜂窝结构的。

有些高速飞机把副翼从机翼外侧移向靠近机身的内侧,称为内侧副翼。采用内侧副翼是为了防止飞机高速飞行时,因机翼在副翼偏转时引起的扭转变形而发生"副翼反效"现象。机翼根部的抗扭刚度大,因此采用内侧副翼不易产生副翼反效现象。例如在某些大型飞机的组合横向操纵系统中,装有两块内副翼和两块外副翼。低速飞行时,内外副翼共同进行横向操纵;高速飞行时,外副翼被锁定而脱离副翼操纵系统,仅由内副翼进行横向操纵。

对于无尾飞机,由于升降舵、襟翼和副翼都必须安装在机翼的后缘部分,于是产生了一个操纵面在不同情况下起不同作用的升降副翼和襟副翼等。而有些超声速飞机为了提高副翼的操纵效率,常常在机翼的上表面或下表面安装扰流片与副翼配合动作,增加横向操纵力矩。扰流片在副翼偏转的方向上伸出,可以降低流速增加压力。

某些超声速飞机为提高横侧操纵性,其全动平尾既可以同向偏转进行俯仰操纵,又可以像副翼一样差动偏转进行横向操纵,称为差动平尾。它是控制系统在驾驶杆左、右压杆操纵副翼偏转的同时,依据左、右压杆位移来控制左、右平尾差动偏转,以产生与副翼同向的力矩,共同完成飞机的滚转操纵。当差动平尾系统不参与工作时,副翼控制系统和平尾控制系统是独立的,互不干扰。

滚转操纵面设计时,应注意:
(1) 副翼或升降副翼:弦长、展长、面积、偏度。
(2) 差动平尾或差动鸭翼:差动角度。
(3) 推力矢量(双发动机)。
(4) 扰流板:弦长、展长、面积、形式、位置。

1.2.3　飞机进/排气系统及外挂布局

1.2.3.1　进气道和机体综合设计

飞行器设计对机体和进气道的要求存在着差异,气动对机体的要求是高升阻比,较小抬头俯仰力矩以及良好的前缘热环境特性,而发动机对进气道的要求则是在保证足够捕获流量的同时有高的压缩效率。将性能优良的进气道与高升阻比的机体简单组合成的总体性能将大打折扣,在高超声速巡航飞行器设计中,把进气道系统与飞行器结合在一起考虑,根据各自的流动特点及工作要求,进行高效的一体化设计,以避免或减小不利的相互干扰,并尽量利用有利的相互干扰,这是高超声速进气道设计中需要考虑的重要问题。

进气道和机体综合设计包括的内容有:
(1) 进气形式:机头进气、翼根进气、两侧进气、腹部进气、翼下进气、背部进气、短舱进气、腋下进气等。

(2) 进气口前后位置。

(3) 进气口与机身外形综合设计。

(4) 短舱位置。

进气道的来流处于前机身的流场中,故一体化设计的核心任务是合理确定进气道的形式和位置(二元进气道或三元进气道、两侧进气或腹部进气、有无机翼或机身屏蔽等)、合理地安排进气道与机身的位置、细致地设计前机身的流场(前机身的长细比、弯度、相对于机身纵轴的倾斜、机身下表面形状、座舱盖形状等)。这些必须根据任务需求综合各种因素而定,以实现最优设计。

例如,F-16是一种战术多用途的格斗机,具有较好的空中优势。其主要作战速度是亚、跨声速,但也要求能达到 $Ma=2$ 的超声速,要求带有较简单的电子设备,本身重量较轻。针对此任务,其进气系统除应保证具有一般要求性能,还要求保证以下几个方面:

(1) 在 $Ma=0.6\sim1.6$ 的机动范围内,有低的溢流阻力和高的总压恢复系数,以提高进气道的效率。

(2) 保证发动机在任何飞行状态下均可工作,甚至在极限迎角和极限侧滑角时发动机仍能使飞机加速。

(3) 不以牺牲其他性能来达到最大 Ma。

(4) 在达到性能目标并降低成本条件下保持尽可能小的重量。

(5) 结构简单,易于维护。

为此,F-16的进气道被设计为离机头4m处的不太复杂的固定几何正激波扩压腹部进气系统,并对前机身和进气道进行了综合修形。

1.2.3.2 喷管和后机体综合设计

后机身、尾翼和喷管系统的后机体一体化设计的目的是降低阻力并获得飞机后部绕流的有利干扰。对单发和双发两种布局形式,一体化设计应考虑的因素有:后机体绕流的分离,水平尾翼与垂直尾翼的相对位置,对舵面的整流,尾翼支撑桁架的使用位置和整流,使用腹鳍与否等。飞机后机体外形十分复杂,故其绕流非常烦琐,又因阻力是一个难以推测的小量,故目前进行后机体综合设计主要采用实验方法。

由于机身尾部的任何部件皆会干扰机身尾部的气流而增大阻力,所以F-15、F-16飞机都使用了尾翼支撑桁架,这样使得尾翼与机身表面隔开,绕机身气流紧贴尾部喷管外形流过,尾翼对机身尾部流场影响较小,产生的阻力也较小。

对双发喷气系统,双喷管间距是一个重要因素,一般情况,在亚声速范围内,间距大,阻力大,而在超声速范围内,间距小,阻力小。为使飞机具有良好的作战性能,应综合考虑各种因素选择间距布局形式。例如 F-14 飞机采用了大间距形式,而 F-15 飞机却采用了小间距形式。

喷管和后机体综合设计包括的内容有:

(1) 喷管形式:收敛喷管、收敛扩散喷管、简单引射喷管、吸气门引射喷管、全调节引射喷管、锥形喷管等。喷管形式一般由飞机和发动机共同确定。

(2) 推力矢量。

(3) 喷管与机身外形综合设计。

(4) 尾翼与喷管的干扰。

1.2.3.3 外挂物布局形式

外挂物布局形式主要有:

(1) 外挂物的位置:翼下、翼尖、腹下。

(2) 外观形式:半埋式外挂、保形外挂。

飞机气动布局设计除了上述方面外,现代作战飞机通常还需要进行隐身气动外形设计,具体可参考相关飞机隐身技术相关的资料。

1.3 飞机概述及其气动布局特点

1.3.1 飞机的分类和划代概述

1.3.1.1 飞机的分类

作为航空飞行器之一的飞机,自其诞生至今,已经衍生出了众多的种类。图 1-11 是按照用途进行的飞机分类简图。飞机按其功用可分为军用飞机和民用飞机两大类。军用飞机的功用主要是完成空中拦击、侦察、轰炸、攻击、预警、反潜、电子干扰以及军事运输、空降等任务。民用飞机是指非军事用途的飞机,包括商业用的旅客机、货机等运输机,它们已成为一种快速、方便、舒适、安全的交通运输工具;还有一些通用航空中使用的飞机,如用于农业作业、护林造林、救灾、医疗救护、空中勘测和体育运动等。

为了完成不同的任务,对不同的飞机有不同的技术要求。对于军用飞机称为战术技术要求;对于民用飞机称为实用技术要求。技术要求主要包括飞机最大速度、升限、航程、起飞着陆滑跑距离、载重量、机动性(对战斗机)等指标,还有如能否全天候飞行,对机场以及对飞机本身的维修性、保障性等方面的要求。

各种军用飞机的用途如表 1-1 所示。

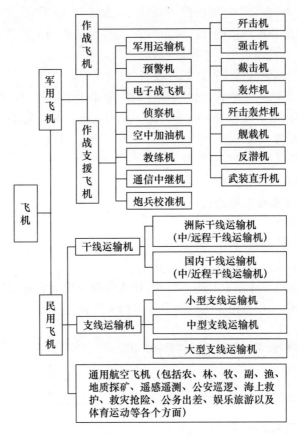

图1-11 飞机分类简图

表1-1 军用飞机的用途

类型	用途
歼击机(战斗机)	空战、夺取制空权、拦截、对地攻击等
强击机(攻击机)	支援地面战斗、摧毁地面目标
截击机	截击入侵敌机(已不再发展)
轰炸机	执行各种轰炸任务
歼击(战斗)轰炸机	支援地面战斗、轰炸等
舰载机	在航空母舰上起降的飞机
反潜机	反潜作战
武装直升机	战场前方、后方广大区域
军用运输机	军用运输

续表

类型	用途
预警机	空中指挥等
电子战飞机	干扰敌方各种探测系统
侦察机	执行各种侦察任务
空中加油机	空中加油
教练机	培训飞行员等
通信中继机	通信联络
炮兵校准机	炮兵进行航空侦察和射击校准

战斗机是军用飞机的一种，主要应用于与敌方歼击机进行空战，夺取制空权。同时，可以拦截敌方巡航导弹，攻击敌方强击机、轰炸机，进行有效对地打击。

战斗机的特点是具有优良的飞行性能、高度的机动性、强大的火力。作为空军的主要武器，其发展最快，规模最大，应用最广。随着科学技术的进步，战斗机的性能和打击能力也有了突飞猛进的提高，在夺取现代战争的制空权和信息方面起着不可替代的作用，这也是各国加紧努力开发战斗机的原因。不断研发新一代战斗机，以满足未来战争的需求，提出新的理念升级战机和保持空中优势是各个国家空军的必由之路。

运输机主要包括大、中、小型运输机。大型军用运输机是空中战略力量投送的主要装备，用于军事运输、空投空降和抢险救灾等，并可作为特种飞机的改装平台。大型军用运输机担负的主要任务有：保障军事力量空中机动，协助其他航空兵转场，运送空降兵，实施空降作战，空运、空投武器装备和物资器材，实施空中救援、抢险救灾等。其还用于改装预警机、侦察机、电子战飞机、空中加油机、反潜机等特种飞机。

预警探测与指挥控制类飞机主要包括预警机、指通机和侦察飞机。信息对抗类飞机主要包括电子侦察机、支援干扰机和心理战飞机。其他空中支援保障飞机主要包括搜救飞机（包括固定翼搜索引导飞机和搜救直升机两类）、航测机、环境监测飞机、电磁频谱监测飞机、导校机等。

1.3.1.2 喷气式飞机的划代

根据不同时期作战飞机战术技术性能的差别，人们对超声速喷气式作战飞机进行了代的划分。

第一代作战飞机是从第二次世界大战末到朝鲜战争期间（1944—1953年）出现的跨声速喷气式战斗机，使用喷气式发动机替代了活塞式发动机，其性能相对于早期使用涡轮螺旋桨发动机的飞机有了显著提高,采用直机翼或后掠翼常规布局,可以实现超声速飞行,最大飞行马赫数达1.5。其主要采用机械化战斗机,雷达也仅仅只在有特殊的夜间战斗的飞机上装备。例如美国的F-86和苏联的米格-15、米格-17、米格-19等,中国的歼-5、歼-6等。

第二代作战飞机从20世纪50年代至60年代研制,强调飞机的高空高速性能。新的飞机气动布局设计也不断出现,如后掠翼、三角翼、变后掠翼以及按面积律设计的机身等,飞行速度可达2倍声速。空对空导弹成为主要武器,雷达作为标准配置用于确定敌方目标,可进行视距外攻击。例如美国的F-4、苏联的米格-21和中国的歼-7飞机等。第二代战机在美俄等先进国家早已退役,但有不少发展中国家还在使用。

第三代作战飞机是指越南战争(1955—1975年)后所研制的飞机,重点是强调格斗空战能力和全天候作战能力,十分重视飞机在亚、跨声速范围内的机动性,机载电子设备和武器系统的性能水平有了突破性进展。其性能的提高主要是通过引入性能更好的导弹、雷达(如多普勒相控阵雷达)和其他航电系统来获得,并向对空、对海、对地全方位攻击的"多用途"发展。例如美国的F-14、F-15、F-16、F-18和苏联的米格-29、苏-27及中国研制的歼-10飞机等。

第四代作战飞机更强调隐身(反雷达)、超声速巡航以及超视距打击能力,是当前最尖端的战斗机。目前,已确定服役的第四代战机有美国的F-22和F-35战斗机、俄罗斯的T-50和中国的J-20飞机等。第四代作战飞机往往要求飞机具有下列战术技术性能:

(1)发动机在不开加力时具有超声速巡航的能力。

(2)良好的隐身性能。

(3)高敏捷性和机动性,特别是过失速机动能力。

(4)短距/垂直起降性能。

(5)目视格斗、超视距攻击和对地攻击的能力。

(6)高可靠性和维护性。

(7)具有飞越所有战区的足够航程。

以F-22战斗机为例,其主要的技术数据如下:

(1)外形尺寸:机身长度18.92m,翼展13.56m,机翼面积78m^2,前缘后掠角42°,展弦比2.36,机高5m。

(2)重量:空重14375kg,内载燃油重量11400kg,正常起飞重量27100kg。

(3)飞行性能:海平面最大飞行速度1482km/h,高度9150m时$Ma=1.7$,超声速巡航$Ma=1.58$,实用升限18000m。

(4)隐身性能:飞机被雷达探测的距离与其雷达反射截面积(Radar Cross

Section, RCS)值呈 4 次方关系。F-15 的 RCS 值为 4.05m², 而 F-22 的 RCS 值仅为 0.065m²。

(5) 机动性和敏捷性：与第三代作战飞机相比，F-22 战斗机具有：

① 加速快，爬升能力强，F-22 水平加速比苏-27 快 40%。

② 持续机动能力强。

③ 瞬时机动能力强，其机翼面积比 F-15 大 38%，最大升力系数大，转弯半径比苏-27 小 40%。

④ 机敏性好，如 $Ma>1.4$ 时转弯率比 F-15 高 35%，大迎角滚转率增加 1 倍，当迎角为 60°时仍可控，1s 绕速度矢量可滚动 30°，几乎使机头指向改变 90°。

⑤ 作战半径大，载油量为 F-15 的 2 倍。

⑥ 良好的可靠性和保障性，与 F-15 相比，连续出动次数提高 1 倍，载此战斗准备时间降低 20%，维护时间减少 20%，换发时间减少 1h。

通常对第四代战机所说的 4S 标准，就是指"超机动性"(Super Maneuverability)、"超声速巡航"(Super Sonic Cruise)、"隐身能力"(Stealth)及"高级战役意识和效能"(Superior Avionics for Battle Awareness and Effectiveness)。对第四条，国内也有译作"高可维护性""超视距打击"等。表 1-2 给出了喷气式作战飞机的划代和各国或地区各代飞机的典型代表。

表 1-2 喷气式作战飞机划代

划代	美国	俄罗斯	中国	欧洲
第一代(20 世纪 50 年代)	F-86 F-100	米格-15 米格-19	J-5 J-6	
第二代(1950—1970 年)	F-104 F-4	米格-21 米格-23	J-7 J-8	"幻影"Ⅲ Saab-37
第三代(1970—1980 年)	F-15 F-16	米格-29 苏-27	J-10 J-11B	"幻影"2000
第三代半(1980—1990 年)		苏-30 苏-35		"阵风",JAS-39 EF-2000
第四代(1990 年至今)	F-22 F-35	1.44 S-37	J-20	

1.3.2 飞机战术性能和功能系统

1.3.2.1 飞机研制的主要阶段

飞机是一个复杂的系统。新飞机的研制，具有周期长、费用高的特点，因此设计方案一旦决定下来，总是希望能够研制成功，即能够进入批量生产。一般飞机的研制可分成 5 个阶段：论证阶段、方案阶段、工程研制阶段、设计定型阶段、生产定型阶段。

1. 论证阶段

论证阶段主要是研究设计新飞机的可行性,其工作内容包括:拟定新飞机的战术技术要求,新飞机的总体技术方案以及研制经费、保障条件和对研制周期的预测,最后形成论证报告。这个阶段的主要工作是战术技术指标可行性论证,所以也称为战术技术指标论证。

2. 方案阶段

方案阶段主要是根据论证报告和研制总要求确定出可行的飞机总体设计技术方案,即确定飞机布局形式、总体设计参数、选定动力装置和各主要系统方案及其主要设备以及机体结构用的主要材料和工艺分离界面;进而形成飞机的总体布置图、三面图、结构受力系统图,重心定位、性能、操纵安定性计算,结构强度和刚度计算以及提出对各分系统的技术要求;最终制造出全尺寸的样机,进行人机接口、主要设备和通路布置的协调检查以及使用维护性检查。新制飞机的样机在经过使用部门,特别是经空、地勤人员审查通过后,可以冻结新飞机的总体技术方案,开始转入工程研制阶段。

3. 工程研制阶段

工程研制阶段是根据方案阶段确定的飞机总体技术方案,进行飞机的详细设计,向制造部门提供生产图纸。在工程研制阶段,制造部门的工艺人员要制定飞机制造工艺总方案,并对详细设计的零、部件图纸进行工艺性审查。同时,各分系统的设备要陆续提交设计部门进行分系统的验证,然后对液压、燃油、飞控、空调、电源、航空电子等分系统做全系统的地面模拟试验。在详细设计过程中还会对总体技术方案在细节上做一些修改和调整,因此还应根据设计更改后的方案,做全机模型的风洞校核试验,以提供试飞用的准确气动力数据,然后做有飞行员参加的地面模拟器飞行模拟试验。飞机部件及整机要做静力试验,以验证飞机的强度;起落架还要做动力试验。飞机总装完以后在试飞前,要做全机地面共振试验,以确定飞机的颤振特性;还要做各系统及其综合的机上地面试验以及全机电磁兼容性等机上地面试验,为放飞前做最后的验证。

4. 设计定型阶段

新飞机首飞成功后即应按试飞大纲要求,进行定型试飞。但在开始定型试飞前应由研制单位负责,进行飞机的调整试飞,以排除新飞机的一些初始性的重大故障,大致要飞到原设计飞行包线的80%左右,再开始正式的国家鉴定试飞,以检查新飞机能否达到设计要求。参与鉴定试飞用的原型机可按不同分工完成各自的试飞任务。例如有的主要用于考核飞机的性能,有的评定操纵安定性,有的检查颤振,有的检验武器和火控系统等。总之,各负其责,以完成定型试飞大纲规定的所有任务。

5. 生产定型阶段

经过设计定型后,新飞机可能还会有一定的更改,特别是工艺性的改进。改进后的飞机进入小批量生产。首批生产的飞机也应经鉴定试飞,主要检查工艺质量,通过后即可进入成批生产。

以上介绍的是军用飞机的一般研制过程,至于民用飞机的研制,大体上也要经过这几个阶段。

1.3.2.2 飞机的主要功能系统

飞机的主要功能系统一般包括推进系统(通常也称为动力装置)、燃油系统、操纵系统、液压冷气系统、人机环境工程系统、电气系统、通信导航与敌我识别系统、军械和火力控制系统等。这里主要介绍几种关键的机械系统的基本组成和其基本功用情况。

1. 推进系统

飞机的推进系统是产生推力,推动飞机向前运动的整套动力装置,是整个飞机的能源动力源泉。飞机的动力装置主要是产生飞机前进的动力,以克服飞机与空气相对运动时产生的阻力。

飞机的推进系统除了进气道和发动机本身,还有一套复杂的附件和控制系统。发动机是推进系统的核心部件,主要包括压气机、燃烧室、涡轮、加力燃烧室、可调喷管和附件传动机匣等。进气道在构造上属于飞机机体的一部分,但是由于它和发动机的工作有着密切的关系,所以将其归入推进系统。发动机上的主要工作系统包括滑油系统、燃油控制系统、起动系统、涡轮冷却控制系统、几何通道控制系统、预防和消除喘振系统、防冰系统和发动机自动调节器等。

2. 燃油系统

燃油系统主要是贮存飞机的燃油,并保证在飞机的各种飞行姿态和工作状态下,按规定的顺序连续有效地向发动机输送燃油,同时调整飞机的重心,使飞机的重心一直保持在重心前限和重心后限范围以内。另外,燃油系统还要对飞机的环控系统、液压系统、雷达冷却系统和发电机冷却系统的工作介质进行有效的散热和冷却。

燃油系统按功用可分为很多个分系统,主要包括地面加油子系统、向发动机供油子系统、输油控制子系统、动力燃油子系统、余油收集子系统、放油和空中应急放油子系统、散热子系统、通气和增压子系统、空中受油子系统、油量或耗油量测量及信号指示子系统等。

燃油系统包含的附件比较多,主要包括燃油箱、供输油部分、加放油部分、通气增压部分、油量测量与指示部分、副油箱及挂架部分等。

3. 液压系统

飞机的液压系统主要由泵源系统、舵面操纵系统、起落架收放系统、进气道斜板调节液压驱动系统、前轮转弯操纵系统、减速板收放系统、空中受油探管收放系统、应急电源驱动系统等组成。

液压系统的功能主要有操纵各舵面的偏转、收放起落架及舱门、收放减速板、收放受油探管、进气道斜板调节、收放防护网、前轮操纵、为机轮刹车供压、应急电源液压驱动等。

4. 冷气系统

冷气系统又称为压缩空气系统,它是利用压缩空气膨胀做功的原理来传动部件的。冷气系统主要由压力源系统、主冷气系统和应急冷气系统三部分组成。

压力源系统主要储存各工作部分所需的冷气。由压力高于 12.7MPa 的地面气源通过机上的充气嘴向机上的冷气瓶或空气瓶内充气,使用时通过各部分的操纵开关向各附件提供冷气。

主冷气系统主要用于飞机座舱盖的正常开启、关闭、应急抛放及气密带的充气,抛放阻力伞,向雷达舱增压等。

应急冷气系统主要用于应急放下襟翼、应急放下起落架、应急刹车等。

5. 环控系统

飞机在飞行中,随着飞行高度、速度不断变化,外界大气的温度、压力也会剧烈变化,这时通常会与人的正常生理需要不相适应。为了给飞行员创造一个良好舒适的工作环境,飞机上通常采用气密座舱,并设置了环境控制系统,在飞行中不断向座舱内输送新鲜的增压空气,并自动调节座舱内的温度和压力;同时环控系统也为无线电电子设备舱的有关设备进行增压和散热,以保证飞行员的安全、电子设备的正常工作等,使飞机满足总体战技指标的要求。

环控系统主要包括空气调节系统、设备增压系统和液体冷却系统等。其中空气调节系统又分为引气和分配子系统、制冷子系统、设备通风冷却子系统、温度调节子系统和座舱压力调节子系统等。

环控系统具有两方面的功能:一方面环控系统要保证飞行员在座舱里的工作条件、维持座舱内的压力和温度,给座舱通风,给飞行员散热,为风挡及座舱盖玻璃进行除雾和预防风挡玻璃结冰等;另一方面环控系统要保证无线电设备的工作条件,冷却舱内的设备并为设备舱进行增压;另外,环控系统还要为飞行员的抗荷服进行通风,为蓄电池箱通风,为燃油蓄压油箱增压,为弹药箱的气体推力器提供能源,为分子筛制氧提供气源,为飞行员的卫生装置提供气源等。

6. 操纵系统

飞机飞行操纵系统是用来传递飞行员的操纵指令,使飞机各操纵面按指令的规律偏转,产生气动操纵力和力矩,实行各种飞行姿态的稳定控制。

飞机的操纵主要包括纵向操纵、横向操纵、航向操纵和机翼增升装置的操纵等。对于全动平尾飞机,纵向操纵由左右水平尾翼同步偏转来实现,其取决于驾驶杆沿俯仰方向的偏转。横向操纵由左右襟副翼和左右水平尾翼的差动偏转来实现,其取决于驾驶杆沿倾斜方向的偏转。航向操纵由方向舵的偏转来实现,它取决于脚蹬的位移。机翼增升装置由前缘襟翼、襟翼和自动状态的襟副翼组成。使用机翼增升装置是为了改善飞机的起降和机动特性。

7. 起落架装置

飞机的起落架装置包括起落架和着陆减速伞系统。起落架主要供飞机在地面停放、滑行、起飞和着陆使用,并在起飞、着陆及滑跑过程中吸收与地面的冲击能量和飞机的水平动能,保证飞机滑行、起飞和着陆时的安全,使飞机具有良好的地面运动操纵性和稳定性,现代飞机的起落架一般是可收放的。着陆减速伞系统主要用于提高战斗机的着陆性能,缩短着陆滑跑距离。

飞机大部分在陆地上进行起飞和着陆,也有在水上或航空母舰上起飞和着陆的。在陆地上起飞和着陆的飞机通常使用带机轮的起落架系统。当要求飞机在雪地起飞和着陆时通常会使用雪橇。若要求飞机同时能在有雪和无雪的地面上使用,则需要同时装有雪橇和机轮,根据具体情况将机轮或雪橇放下来接地使用。航空母舰使用的舰载机通常采用弹射起飞,降落时一般必须使用拦阻装置,如拦阻钩、拦阻网或拦阻缆等,以适应短距离起降的要求。水上飞机有船身式和浮筒式两种起落装置。船身式水上飞机没有专门的起落装置,飞机的起飞、着陆、漂浮和锚泊均由作为机身的船身承担;浮筒式水上飞机的起落装置则是用橡胶材料制作的充气浮筒,它连接在机翼和机身下方。

8. 任务系统

飞机的任务系统是以执行作战任务为核心使命的高度综合化的航空电子系统,是现代先进飞机系统的重要组成部分,也是实现现代信息化作战和先敌摧毁的重要保障。任务系统支持飞机各种使命任务的完成,通过和谐的人机界面为飞行员提供准确的飞机状态指示和高度融合的战场情报,辅助飞行员顺利执行各项战术任务,也为飞机提供良好的状态监控与维护接口。

任务系统能够同时执行传感器管理与操作、数据融合、多任务处理、显示控制、武器管理等任务,并能提供进攻和防御两方面的任务能力。其主要功能有:显示控制管理功能,导航和引导,目标探测和跟踪,火控解算与导弹制导,武器管理,电子对抗,通信,敌我识别和航空管制,任务数据加载和记录,自检测和告警等。

任务系统可从同平台战术传感器(如本机的雷达、电子战、通信导航、光电传感器等)和非同平台传感器,通过数据链或信息分发系统等网络来获得综合战场态势、目标探测、识别与跟踪、武器分配与火力控制等信息,同时为了适应隐身性能,满足低截获概率要求,能够通过多传感器融合和辐射管理来得到有效的目标跟踪和武器发射能力。

1.3.2.3 飞机战术技术要求

军用飞机的战术技术要求一般由使用部门提出。其产生过程有两种情况:其一是使用部门主动向研制主管部门提出研制任务及研制目标的战术技术指标要求,其二是研制主管部门组织其所属飞机设计部门向研制主管部门提出军用飞机的战术技术指标要求。

战术技术要求主要包括使命任务和技术要求两个方面。

1. 使命任务分析

使命任务的分析主要有两个方面:

1) 战略需求

当研制主管部门主动向使用部门提出研制新机的建议时,必须开展以下分析工作:

(1) 对周边和世界近期政治、经济形势进行分析,预测可能发生矛盾和冲突的时间与地点。

(2) 分析、预测与本国有关的矛盾和冲突的性质与规模。

(3) 分析和建议为满足战略需求的军机的种类、数量和质量,说明所要研制的新机在军用飞机力量配置中的地位与作用。

2) 战术需求

(1) 作战对象分析。作战对象分析主要是分析未来一段时间内世界上所使用的战斗机的种类及其作战能力,尤其是预计发生矛盾或冲突的周边地区正在使用和将要装备的战斗机的种类与作战能力,以及这些战斗机的总体参数、基本飞行性能、航空电子和武器火控系统的装备水平等。

(2) 作战环境分析。作战环境分析的内容主要包括战场的气候和地理环境、电磁环境、作战对象探测系统威胁能力、作战对象制导和非制导武器的威胁能力等。

(3) 作战使用特点分析。根据目前航空技术取得的成就与发展,分析与总结以往战争中空中力量的使用经验,预计今后空中力量的作战使用将有的特点和方式。

(4) 作战使命任务的分类。战术技术指标中不同的使命任务将决定所要研制的飞机是属于以空中优势为主,还是以对地攻击为主,或是兼顾两者的多任务战斗机。

2. 技术要求分析

战斗机的技术要求分析以作战使命任务分析中战术需求分析的结果为出发点,以使用部门剔除的各项指标要求为初步目标,通过飞机总体设计部门专业间协同开展的概念设计与方案论证来实现。在确定战斗机典型任务剖面后,技术要求如下:

1) 总体参数选择

(1) 翼载荷及推重比。战斗机的翼载荷及推重比因其使命任务的不同而有所差异,基本规律如下:

① 空中优势飞机。

强调:高机动性。

特点:翼载荷偏低,推重比较大。

② 对地攻击飞机。

强调:低空巡航,抗突风能力。

特点:翼载荷偏大,推重比可较小。

③ 近距支援飞机。

强调:短距起落。

特点:低翼载荷,小推重比。

④ 多用途飞机。

强调:兼备对空对地攻击能力。

特点:适中翼载荷,适中推重比。

(2) 重量与尺寸。飞机重量与尺寸的选择根据其使命任务有以下技术要求:

对于远程、自主作战能力要求高的飞机,其重量与尺寸应大一些,以便安装天线口径较大的雷达和装载较多的燃油;对于近距支援飞机或高、低档搭配中的低档飞机,其重量与尺寸可选得小些,以降低单机价格。

(3) 展弦比和后掠角。

飞机机翼的展弦比、平均相对厚度及前缘后掠角对飞机的重量特性、气动特性有着明显而又十分复杂的影响,最后归结为对飞行性能的影响。其大致影响规律如下:

① 展弦比减小:

升限下降;

最大 Ma 增加;

亚声速爬升率减小;

超声速爬升率增大;

盘旋过载下降；

起降速度增加；

航程减少。

② 前缘后掠角增加：

升限下降；

最大 Ma 增加；

亚声速爬升率减小；

超声速爬升率增大；

盘旋过载下降；

起降速度增加。

③ 平均相对厚度增加：

升限下降；

最大 Ma 减小；

超声速爬升率下降；

盘旋过载增加；

起降速度下降。

2）动力装置选择的技术要求分析

根据战术技术要求,选择尽可能满足使用需要的动力装置,主要原则如下：

（1）发动机的台数及推力量级应满足飞机推重比的要求,需考虑尺寸、技术难度、成本、维修性、生存力的权衡。

（2）考虑飞机进气道对发动机特性的影响后,其最大功率(推力)应满足飞机最大飞行速度的要求。

（3）与飞机进气道相匹配,其工作稳定性应满足飞机最小飞行速度的要求。

（4）对于发动机本身的推重比,在其他条件允许的情况下,应尽可能选择高推重比。

（5）为了满足作战使命任务的需要,应尽可能选择最大功率(推力)值较高、动力装置本身的推重比较高、巡航耗油率较低、工作稳定性好、抗畸变能力强、维修性好的较成熟的发动机。

3）气动布局及气动特性的技术要求分析

气动布局的技术要求结合飞机总体参数的选择一起进行分析和确定,最终以气动特性满足飞机的飞行性能要求为主要标准并兼顾外形隐身的需要。

气动特性的技术要求主要考虑以下几个方面：

（1）结合飞控系统的设计满足飞机操纵性和稳定性的要求。

（2）低速特性应满足飞机起降性能的要求和最小平飞速度的要求。

(3) 高速气动力特性应满足飞机其他飞行性能的要求,主要有最大平飞速度、爬升性能和加减速性能、盘旋性能、航程和作战半径的要求。

4) 目标特征控制(隐身)的技术要求分析

战斗机的自身目标特征控制(降低可探测性隐身)技术,通过选择特殊外形、关键部位采用或涂以吸波材料、武器内置或保形外挂、倾斜配置双垂尾、进气道遮挡或S形弯曲等设计和制造技术,可显著降低战斗机的雷达反射截面积。在进行隐身设计时,应兼顾飞机的空气动力特性。

5) 飞控系统及飞行品质的主要技术要求分析

中远程制空作战为主、机动作战能力强的先进战斗机或放宽静稳定性的飞机,其飞控系统应以多余度数字式电传操纵为主加模拟式备份,以便满足多翼面协调偏转的快速响应要求和增加飞机空战中的敏捷性。对于以近距支援为主或是用于制空但高、低档搭配中的低档飞机,可采用机械拉杆式操纵,以便简化设计和降低成本。将低空突防、对地攻击作为其重要使命任务的战斗机,飞控系统应在多余度探测装置的配合下具备地形跟随、地形回避功能。

6) 飞行性能指标的技术要求分析

飞机的飞行性能是飞机总体布置设计、气动力布局设计、发动机选择及进气道与发动机匹配设计、重量与重心控制设计、强度与刚度设计,以及飞控、燃油等其他系统设计多方面工作的综合效果。

7) 刚度和强度的技术要求分析

战斗机的刚度和强度按要求开展设计。对于飞机基本飞行设计重量的确定,应根据作战使用要求合理取值。

对于最大飞行马赫数 $Ma>2.0$ 的飞机,应考虑气动加热对材料特性的影响,按作战使用中的有关热环境要求及使用技术要求进行选材和开展强度与刚度设计。

在进行飞机疲劳强度设计时,为了满足飞机寿命指标的要求,应编制恰当的疲劳载荷谱。其主要依据是在参考使用部门意见的基础上对典型作战剖面使用频率进行恰当的预计和组合。

8) 航空电子系统及武器系统的技术要求分析

(1) 以制空为主的战斗机,其航空电子与武器系统应具备以下能力:

① 对不同高度、速度目标的远程探测能力——先敌发现、发射、超视距攻击的需要。

② 全方位、多目标攻击能力——机群空战的需要。

③ 电子干扰能力——自卫的需要。

④ 电子"硬杀伤"能力——使用反辐射导弹攻击敌空中预警机的需要。

由此,空空作战的航空电子及武器系统主要构成应包括多功能火控雷达、光电雷达(红外搜索跟踪系统)、综合导航系统、显示与控制系统、电子对抗系统、任务计算机系统、数据总线、数据链、远距、中距、近距空空导弹。

(2) 以对地攻击为主要的战斗机,其航空电子与武器系统应具备以下能力:

① 夜间作战和低空突防能力——突然性和有效性需求。

② 携带精确制导武器和防区外发射武器的能力——提高命中精度和攻击威力的需求。

③ 电子干扰能力——自卫的需要。

④ 电子硬杀伤能力——使用反辐射导弹压制和摧毁敌地面探测系统的需求。

由此,空地攻击武器系统主要构成应包括多功能火控雷达、前视红外/激光测距/跟踪/指示系统、电视/微光电视系统、综合导航系统、图像接收、传输、显示系统、活动数字地图、任务计算机系统、电子对抗系统、数据总线、数据链。

(3) 对多用途战斗机,应综合两方面的要求。为满足不同的技术要求应设计相应的系统和采用恰当的设备。

9) 飞机其他系统的技术要求分析

(1) 液压系统。液压系统的能源供给和工作线路的设计,应在所规定的任何战术动作情况下满足飞机作战使用的要求,特别是满足复合工作状态下驱动各类作动器的流量和压力要求。

(2) 环控系统。环控系统的设计应满足地面和空中飞行员必要的座舱环境要求与航空电子设备舱的冷却要求。根据飞机的作战使用,飞机环控系统热载荷的计算和试验应兼顾典型任务剖面与飞行包线边界处的重点考核点。

(3) 燃油系统。燃油系统在整个飞行包线范围内,应能可靠地向发动机和其他以燃油为运动介质的部件供油。飞机燃油箱的设置(含外挂油箱)应满足飞机典型任务剖面所需的油量,以及给定短时间内零过载和负过载时机动飞行的供油要求。燃油消耗引起飞机重心的变化不应超过规定的范围。当燃油同时还作为某些附件或其他介质的冷却源时,应保证循环返回的受热燃油的温度得到适当的控制,重点应对长航时、小流量的任务剖面进行考核。

(4) 电气系统。电源功率应满足飞机作战使用中最大耗电量的用电需求并留有恰当的余量,应急电源应满足启动发动机和给定时间内飞控系统和其他必须用电设备的连续供电需求。随着技术的进步,电气系统的功能将有所扩展,可采用开关磁阻启动/发电机发电,利用总线技术实现负载的自动管理,使用固态功率控制器和硅基功率电子元件进行配电,通过电动机驱动飞控系统的各操纵面,从而有可能取代液压系统,减轻飞机的重量,改善系统的可靠性、维修性和保障性,提高飞机的性能。

(5) 防护救生系统。防护救生系统应保证飞行员在全包线范围内有良好的驾驶和作战条件。在应急情况下,应保证飞行员能安全弹射离机和降落救生。氧气系统应保证最大续航时间内,对飞行员的长时间供氧及应急情况下加压供氧。对于有空中受油能力的战斗机,为满足长航时的供氧需求,其氧源宜采用机载制氧或液氧。在考虑飞行员本身耐受过载能力的基础上抗荷装置的设计应满足最大飞行过载的要求。

10) 飞机的可靠性、维修性和保障性要求分析

产品的可靠性(Reliability)、维修性(Maintainability)和保障性(Supportability)的指标是否符合既先进又可达的原则。在分析过程中应对飞机的任务剖面进行组合取舍,按使用频率提出整机及系统(包括某些主要部件)的考核寿命剖面以及验证方案设想。

11) 作战效能分析

当概念设计得到初步结果后,即可开展方案的作战效能评估。根据评估结果考查飞机方案是否达到优于战术技术指标中要求的作战对象或具有与之抗衡的能力,若有差距,则应调整方案参数。

12) 费用分析

对论证方案的研制费用进行计算和分析,考查战术技术指标中费用要求的合理性。

1.3.3 现代作战飞机气动布局特点

作战飞机是军用飞机中的重要大类。作战飞机设计任务的不同以及飞行性能要求的不同,必然会导致气动布局形态各异。自喷气式战斗机出现以来,作战飞机的气动布局已有多种形式,主要有常规布局、鸭式布局、无尾布局、三翼面布局、飞翼布局、变后掠翼布局、前掠翼布局、隐身布局和随控布局等。这些气动布局都有各自的特点,有各自的特殊性和优缺点。

1.3.3.1 常规布局

常规布局指的是将飞机的水平尾翼和垂直尾翼都放在机翼后面、飞机尾部的气动布局形式。这种布局的飞机的机翼,不管是平直翼、后掠翼还是三角翼都是产生升力的重要部件,并普遍采用前三点式的起落架。这种布局一直沿用到现在,也是现代飞机经常采用的气动布局,因此称为"常规布局",又称为正常式布局。

现代战斗机更强调中、低空机动性能,要求飞机具有良好的大迎角特性。20世纪70年代,美国和苏联的研究人员发现,如果在机翼前缘靠近机身两侧处各

增加一片大后掠角的"机翼",在中到大迎角范围产生的脱体涡除本身具有高的涡升力增量,还控制和改善了基本翼的外翼分离流动,从而提高了基本翼对升力的贡献,改善了飞机大迎角飞行状态的气动特性,使升力增加,诱导阻力减小,延缓跨声速时波阻的增加,减小超声速时的波阻,但同时产生使飞机上仰的力矩,容易使飞机不稳定。增加的这部分"机翼"就是边条,边条连同基本翼构成的复合机翼就是边条翼。第三代以后的飞机大都采用这种常规布局加边条翼的形式,如美国的 F-16(图1-12)、F/A-18、F/A-22 飞机,俄罗斯的米格-29(图1-13)、苏-27 飞机等。采用这种布局的战斗机,增强了飞机在近距格斗时大迎角状态的机动性,并增强了大过载机动飞行的能力,而纵向的不稳定则可以通过主动控制技术中的放宽静稳定性设计加以解决。

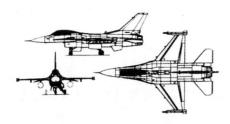 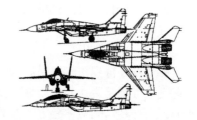

图 1-12　F-16 飞机三视图　　图 1-13　米格-29 飞机三视图(底图为双座图)

1.3.3.2　鸭式布局

1903 年莱特兄弟发明的第一架飞机就是将操纵面放在机翼之前,也就是现在所说的鸭式布局。但那时人们对空气动力学还缺乏基本的研究,也不了解飞机稳定性的要求,因此飞行遇到了重重困难。

随着人们对飞机稳定性和操纵性了解的逐渐深入,后来的飞机大都采用常规布局。因为鸭翼容易失速,将它作为纵向平衡和操纵的主要操纵面是不利的,所以鸭式布局没有得到广泛应用;而常规布局飞机特别适合初期的螺旋桨飞机,由于发动机、螺旋桨和飞行员都在飞机的前部,平尾可以具有很大的力臂,另外平尾处于机翼的下洗流场和螺旋桨的滑流中,对平尾的平衡能力和操纵效率都起到有利作用。

随着飞机进入超声速飞行,机翼采用大后掠角引起飞机气动中心后移,同时由于发动机功率增大引起发动机重量增加,而大多数军用飞机发动机都安装在机身后部,这些因素使飞机的重心越来越靠后,平尾力臂不断减小,这就需要增大平尾面积,因而导致重心后移和增加平尾面积的恶性循环。而鸭式布局飞机的鸭翼在后掠机翼的前面,可以得到较长的力臂,因此有较好的操纵性。加上主动控制技术的发展和电传操纵技术的日趋成熟的应用,鸭式布局又引起人们的重视,特别是对于军用飞机。例如,美国在 20 世纪 60 年代研制的可以在高度

21500m、以 $Ma=3$ 飞行的试验轰炸机 XB-70 就采用了鸭式布局。

根据鸭翼距机翼的相对位置，鸭式布局可以分为远距鸭式布局和近距鸭式布局两种形式，如图 1-14 所示。图 1-15 是采用近距鸭式布局的瑞典战斗机 JAS-39"鹰狮"的三视图。

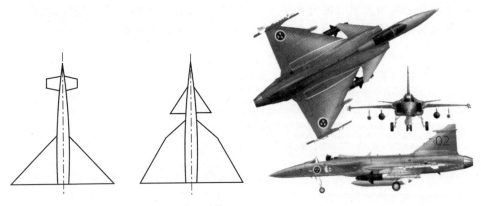

图 1-14　远距和近距鸭式布局示意图　　图 1-15　JAS-39 飞机三视图

不管是远距还是近距鸭式布局，飞机受力都更为合理。与常规布局的飞机相比，其受力形式大不相同。对于静稳定的飞机，重心在气动中心之前，平尾的平衡力方向向下，对全机来说起着降低升力的作用；而鸭式布局的飞机则相反，鸭翼的平衡力向上，提高了全机的升力，如图 1-16 所示。

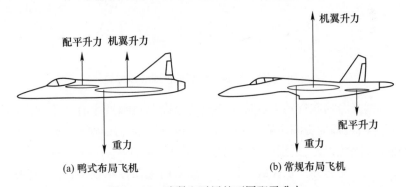

(a) 鸭式布局飞机　　(b) 常规布局飞机

图 1-16　鸭翼和平尾的不同配平升力

延缓气流分离，提高大迎角升力。在中、大迎角时，鸭翼和机翼前缘同时产生脱体涡，两者相互干扰，使涡系更稳定而产生很高的涡升力。它与边条翼不同之处在于其主翼(基本翼后掠角也大)也产生脱体涡，两个脱体涡产生强有力的干扰，属于脱体涡流型；而边条翼仅边条产生脱体涡，基本翼仍是分离流，属于混合流型。而近距鸭式布局则进一步利用鸭翼和机翼前缘分离旋涡的有利相互干

41

扰作用(图1-17),使旋涡系更加稳定,推迟旋涡的分裂,这样就提高了大迎角时的升力。为了充分利用旋涡的作用,近距鸭式布局一般采用大后掠角小展弦比的鸭翼和机翼。因为这种升力面的特点是在较小的迎角时就产生前缘涡系(脱体涡流型),而且它的旋涡强度大,比较稳定。而中等或小后掠角、中等展弦比机翼在迎角增大时气流分离并不形成旋涡,或者产生弱的或不稳定的旋涡。这种机翼是否适合近距鸭式布局是一个令人十分关心的问题。

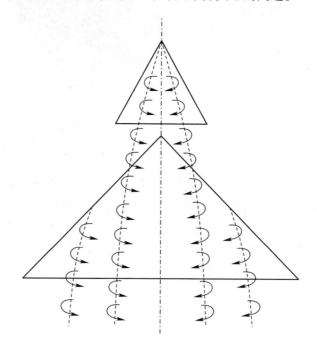

图1-17 鸭翼和机翼的前缘分离旋涡

近距鸭式布局在气动上的最大特点就是能与机翼产生有利干扰,推迟机翼的气流分离,大幅度提高飞机大迎角的升力并减小阻力,对提高飞机的机动性有很大好处。除此以外,近距鸭式布局还有下列一系列优点:

(1) 配平能力强。现代战斗机一般都采用主动控制技术,亚声速采用放宽静稳定性技术,可以减小鸭翼载荷,减小配平阻力,提高配平能力。

(2) 对重心安排有利。现代战斗机的推重比高,发动机重量大,重心靠后;另外,由于超声速性能的需要,一般都采用大后掠角小展弦比的机翼。由于这两个因素的影响,常规布局飞机的平尾尾臂减小,为保证稳定性和操纵性的要求,需要增大平尾面积,对重量和重心都不利。鸭式布局飞机则鸭翼在机翼之前,不存在此问题。

（3）飞行阻力小。鸭式布局飞机一般都采用大后掠角三角形机翼，其纵向面积分布较好；另外，由于没有平尾及其支撑机构，机身后部外形光滑且流线型好。这些原因造成鸭式布局飞机的超声速阻力较小。

（4）容易实现直接力控制。鸭式布局飞机比常规布局飞机和无尾布局飞机更容易实现直接力控制，这对提高战斗机的对空和对地作战能力有很大好处。例如，鸭翼差动配以方向舵操纵可以实现直接侧力控制，鸭翼加后缘襟翼控制可实现直接升力控制和阻力调节。

（5）鸭式布局飞机的低空乘坐品质较好，因为鸭式布局飞机一般采用大后掠角小展弦比机翼，它的升力线斜率较低，鸭翼位置靠近飞行员，有利于阵风减缓系统的应用。

（6）利于推力矢量应用。现代战斗机一般采用推力矢量控制，这对于弥补大迎角操纵能力的不足，提高机动性和实现短距起降都很有好处。鸭翼离发动机喷口很远，鸭式布局飞机的重心离喷口距离也较远，不但推力矢量的操纵效率较高，比较容易实现配平，而且鸭翼配平力的方向与推力矢量的方向一致，因此鸭式布局飞机更适合推力矢量控制的应用。

（7）利于提高飞机的机动性。鸭式布局飞机的俯仰操纵除了依靠鸭翼，还可用后缘襟翼做辅助操纵，因此鸭翼的面积可以较小，再加上鸭式布局飞机一般采用大后掠角小展弦比机翼，这些对减小重量都有好处。在相同重量的情况下，与常规布局飞机相比，鸭式布局飞机的翼载较小（常规布局飞机的机翼要承担全机重量的102%，而鸭式布局飞机的机翼只承担飞机重量的80%，其余由鸭翼承担），不但可以改善鸭式布局飞机因不能充分使用后缘襟翼而使着陆性能变差的缺点，而且对提高飞机的机动性也很有好处。

每种气动布局形式都有自己的优点，也有自己的缺点和存在的问题，鸭式布局飞机也不例外，其缺点和问题主要有：

（1）鸭翼易失速，操纵效率低。鸭翼处在机翼的上洗气流中，在大迎角或鸭翼大偏度时有失速问题，影响操纵和配平的能力。为此，鸭翼一般采用大后掠角小展弦比的平面形状，虽然这样可以缓和失速，但同时也带来鸭翼操纵效率降低的问题。

（2）起飞着陆性能受限。鸭式布局飞机的起飞着陆性能受鸭翼配平能力的限制，不能使用后缘襟翼，或者只能使用很小的偏度。为解决这一问题，有时要在鸭翼上采用前、后缘襟翼，甚至采用吹气襟翼，使结构复杂化，重量增加。

（3）横向操纵效率低。常规布局飞机使用差动平尾加副翼操纵可以得到很高的操纵效率。而鸭式布局飞机一般采用大后掠角小展弦比的鸭翼，差动时的横向操纵效率不高，而且机翼后缘襟副翼往往还要当作俯仰操纵面使用，着陆时还可能要做增升襟翼。这些都限制了后缘襟副翼的横向操纵能力,因此鸭式布局飞机的横向操纵能力比常规布局飞机的要差。

1.3.3.3 无尾布局

一般来说,无尾布局飞机可以分为无平尾、无平尾和垂尾两种情况。无尾布局是战斗机、运输机和无人驾驶飞机气动设计中广泛采用的布局形式。例如,美国的 F-102、F-106 飞机,法国的"幻影"Ⅲ和"幻影"2000 飞机均为无平尾布局飞机;美国的 SR-71"黑鸟"、X-45 等为无平尾和垂尾布局的飞机。此外,英国的"火神"轰炸机、英法联合研制的 M2"协和"和苏联的图-144 超声速运输机,也都是无平尾布局的飞机。图 1-18 是"幻影"2000D 无平尾布局战斗机,图 1-19 是无平尾和垂尾布局的 X-45 无人驾驶战斗机。

图 1-18 "幻影"2000D
无平尾布局战斗机

图 1-19 无平尾和垂尾布局的
X-45 无人驾驶战斗机

常规布局的飞机都有水平尾翼和垂直尾翼,它们是保证飞机稳定飞行和方向操纵的部件,但也是飞机沉重的累赘。由于尾段离飞机重心远,因此它们对全机结构重量的影响举足轻重,尾部质量减小 1kg,相当于其他部件质量减小 2kg,所以如果能够去掉平尾和垂尾,那么飞机的重量可以减小很多。同时尾段又是难以隐蔽的雷达反射源,所以没有了"尾巴",飞机的固有隐身特性可以上一个新台阶。

那么,用什么来代替飞机的"尾巴"呢? 一是在飞机上设计新的操纵面,二是通过机载计算机和电(光)传操纵系统对所有操纵面进行瞬态联动来模拟平尾和垂尾的作用,三是利用发动机可转动喷口的转向推力对飞机进行辅助操纵。

通过人们对多种常规布局、鸭式布局和无尾布局飞机方案的研究发现,相对于常规布局飞机和鸭式布局飞机而言,在同样的设计要求下,无尾布局飞机的重量最轻,结构和制造也相对简单,从而成本和价格较低;机动飞行性能中的稳态盘旋性能和加减速性能也最好,但这种气动布局也有不少缺点。由于无尾布局飞机没有鸭翼和尾翼,若飞机的纵向操纵和配平仅仅靠机翼后缘的升降舵来实现,则由于力臂较短,操纵效率不高;在起飞着陆时,增加升力需升降舵下偏较大角度,由此带来下俯力矩,为配平又需升降舵上偏,因而限制了飞机的起飞着陆性能,特别是着陆性能,而且改进余地不大。

1.3.3.4 三翼面布局

近距鸭式布局应用在现代作战飞机上有许多优点,将鸭翼加到常规布局飞机上,能否还保持鸭式布局飞机的优点呢?鸭式布局飞机在稳定性、操纵性和配平能力上还存在一些问题,而将鸭翼和平尾结合形成三翼面布局,是否能综合这两种布局的优点,而克服各自的缺点呢?这些都是人们感兴趣的问题。

三翼面布局由前翼(鸭翼)、机翼和水平尾翼构成,可以综合常规布局和鸭式布局的优点,经过仔细设计,有可能得到更好的气动特性,特别是操纵和配平特性。美国"先进战斗机技术综合"(Advanced Fighter Technology Integration,AFTI)项目的 AFTI-15 在 F-15 飞机上加装鸭翼而构成三翼面布局后,机动性能明显改善;俄罗斯在苏-27 上加小鸭翼改为舰载型苏-33,在苏-27 飞机上加大鸭翼改成苏-35 飞机(图 1-20),机动性得到更大提高。这些都说明三翼面布局具有较大优势。

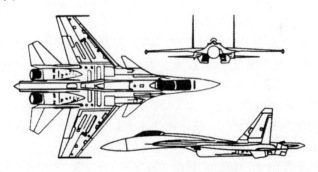

图 1-20 苏-35 飞机三视图

(1) 易实现直接力控制。三翼面布局除了保持鸭式布局利用旋涡空气动力带来的优点,还有一个重要的潜在优势,就是比较容易实现主动控制技术中的直接力控制,从而达到对飞机飞行轨迹的精确控制。例如,当鸭翼、机翼后缘和平尾同时进行操纵时,就能实现纵向直接力控制,进行纵向直接升力、俯仰指向和垂直平移控制。这就将现代作战飞机的机动能力提高到了一个新的水平和领域。无论在空中格斗还是对地攻击,都能创造出前所未有的机会,显著提高飞机的作战效能和生存率。

(2) 气动载荷分配合理。三翼面布局飞机在气动载荷分配上也更加合理，如图 1-21 所示。当法向过载为 n_y 时，从三翼面和两翼面（常规和鸭式）布局飞机的升力载荷的比较可以看出，在进行同样过载的机动时，三翼面布局飞机的机翼载荷较小，全机载荷分配更为均匀合理，因而可以降低飞机对结构强度的要求，减小飞机的结构重量，提高飞机的飞行性能。

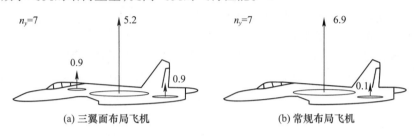

图 1-21　三翼面和两翼面布局飞机载荷分配的比较

(3) 提高大迎角时机动性和操纵性。三翼面布局飞机由于增加了一个前翼操纵自由度，它与机翼的前、后缘襟翼以及水平尾翼结合在一起进行直接控制，可以减小配平阻力，还可以提高大迎角时操纵面的操纵效率，保证飞机大迎角时有足够的下俯恢复力矩，改善飞机大迎角气动特性，提高最大升力及大迎角时的机动性和操纵性。

三翼面布局虽然可以综合利用常规布局和鸭式布局的优点，但也有一些问题值得注意和需要进一步研究解决：

(1) 大迎角气动力的非线性。三翼面布局的优点主要来自旋涡的有利干扰，但在迎角增大到一定程度时，旋涡会发生破裂，导致飞机稳定性和操纵性的突然变化，以及气动力非线性的产生。

(2) 超声速飞行时阻力大。由于增加了一个升力面，三翼面布局飞机在小迎角时的阻力比两翼面的要大，超声速状态增加得更多。对于强调超声速性能的飞机，三翼面布局是否是一种很好的选择需要综合衡量。

(3) 全机重量增大。虽然三翼面布局飞机的气动载荷在几个翼面上的分配更为合理，对减小结构重量有好处，但由于增加了一个升力面（同时也是操纵面）和相应的操纵系统，三翼面布局最终能否减小全机重量，需要通过具体的飞机设计才能澄清。

世界上没有任何事物是十全十美的，三翼面布局也有其优点和缺点。但无论如何，三翼面布局为高机动作战飞机和现有飞机的设计改进提供了一种可选择的途径。

1.3.3.5　飞翼布局

飞翼布局的飞机只有机翼。与常规布局相比，飞翼布局的气动优势主要表现在两个方面:一是飞翼,二是无尾(尾即垂尾、平尾及安装在后机身的组合件,亦称尾部)。

1. 一体化飞行器的优势

飞翼布局具有一体化设计的最大优势。由于无尾,只剩下机翼和机身,最适宜采用一体化设计技术。一体化设计技术包括两个方面:一是机体内部空间的一体化设计和利用,二是机翼和机身的相互融合设计。

(1) 空间利用充分,隐身性好。一体化设计的结果是飞机不但无尾,而且无机身。这样,从机体内部看,内部空间得到了最大的利用,如翼、身融合部位空间被充分利用,各种机载设备埋装在机体内,有利于飞机隐身。

(2) 结构重量小,强度大。各种机载设备均可顺着机翼刚性轴沿翼展方向布置,与机翼的气动载荷分布基本一致。例如美国的 B-2 隐身轰炸机(图 1-22),两侧机翼的外段是整体油箱,起落架舱、发动机舱和武器舱从外到内依次排开,沿着展向布置得紧凑合理,这不仅有利于飞机结构强度的增加和结构重量的减小,而且有利于承受大机动产生的过载。

图 1-22 美国的 B-2 隐身轰炸机

(3) 翼身融合体提高升力。从气动外形看,翼身融为一体,整架飞机是一个升力面,可以大大增加升力;翼、身光滑连接,没有明显的分界面,可大幅度降低干扰阻力和诱导阻力。另外,机体结构主要由先进复合材料制造,外形光滑,又无外挂等突出物,加上气动外形隐身设计,大大减小了雷达反射截面积。

总之,无尾布局一体化设计,可大大增升减阻,减小重量和翼载,对延长续航时间和提高机动性等飞行性能极为有利,也提高了经济性,同时大大减小了雷达截面积。其中,气动外形隐身设计可使全机的雷达截面积减小 80% 以上,增强其隐身性。

2. 无尾优势

飞翼布局无尾部,可以减小飞机的重量。

由于无尾,飞机结构可大大简化,重量自然比有尾飞机小。一般来说,尾翼部位离飞机重心最远。据统计,尾部质量减小 1kg 相当于机体部位质量减小

47

2kg,而尾部重量一般占全机最大起飞重量的6%~7%。

由于取消了尾部,全机重量更合理地转移到机翼翼展分布,从而减小了机翼的弯曲和扭转载荷,使得结构重量进一步减小。

除此以外,飞翼布局可以显著地减小阻力,有效地提高隐身性,明显地降低飞机的寿命成本,经济性好。

但是,飞翼布局也有缺点,其存在的主要问题有:①操纵效率低。由于无尾布局飞机没有鸭翼和尾翼,若飞机的纵向操纵和配平仅靠机翼后缘的升降舵来实现,则由于力臂较短,操纵效率不高。②起飞着陆性能差。在起飞着陆时,增加升力需升降舵下偏较大角度,由此带来下俯力矩,为配平又需升降舵上偏,因而限制了飞机的起飞着陆性能。③纵向和航向稳定性差。由于无尾,飞机的纵向和航向都不易稳定,这就需要飞翼布局的飞机采用各种操纵面和推力矢量等装置来共同产生所需的各种力和力矩,相应地就大大增加了飞机操纵和控制的难度。例如,B-2飞机的机翼后缘成W形,有4对操纵面,综合了副翼、方向舵、升降舵和襟翼的功能。

为了更好地利用飞翼布局的优点,需要对世界前沿技术—"创新控制方式""自适应重构系统"和"主动柔性机翼"等,进行深入研究。

1.3.3.6 变后掠翼布局

后掠角在飞行中可以改变的机翼称为变后掠翼。采用变后掠翼的气动布局称为变后掠翼布局(图1-23)。

对变后掠机翼的研究始于20世纪40年代,但直到20世纪60年代才设计出实用的变后掠翼飞机。应用变后掠翼布局的作战飞机有美国的F-111、F-14、B-1B,英国的"狂风",俄罗斯的米格-23和"逆火"等。

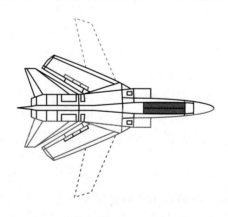

图1-23 变后掠翼布局示意图

一般的变后掠翼的内翼都是固定的,外翼用铰链轴同内翼连接,通过液压助力器操纵外翼前后转动,以改变外翼段的后掠角和整个机翼的展弦比。亚声速时转向小后掠角、大展弦比机翼,其升力和升阻比明显增加,起降和巡航性能明显改善;超声速时转向大后掠角、小展弦比机翼,其波阻小,超声速性能良好。

变后掠翼布局飞机也有它的缺点。一是飞机的平衡不易保证。当机翼后掠时,气动中心后移,重心也后移,但前者移动量大,需要调整燃油移动重心或者增加平尾向下的配平力来保持飞机的平衡。而增加平尾的配平力就会增加飞机的配平阻力,从而降低飞机的飞行性能。二是由于转动机构结构和操纵系统复杂,带来较大的重量增加,不适合轻型飞机使用。此外,这种布局的飞机难以满足大迎角高机动以及隐身能力等要求,所以在新一代作战飞机的设计中已经不再采用变后掠翼布局。

1.3.3.7 前掠翼布局

当飞机的飞行速度达到高亚声速时,出现压缩性影响,气流经过机翼上表面加速,局部达到超声速,产生激波和激波诱导的附面层分离,导致阻力急剧增长,这就是所谓的阻力发散现象,它阻碍飞机速度的进一步增大。解决这个问题的办法就是采用斜掠机翼,推迟激波的发生。因为这时的有效马赫数,即垂直于机翼前缘的马赫数减小。前缘和后缘均向前伸展的机翼称为前掠机翼,无论是前掠翼还是后掠翼,同样都能起到提高临界马赫数、降低波阻的作用。

世界上最早采用的斜掠机翼是前掠翼,而不是现在广泛采用的后掠翼,而机翼采用前掠翼的气动布局形式称为前掠翼布局。世界上最早采用前掠翼布局的飞机是德国的轰炸机 JU – 287。近年来,美国的 X – 29(图 1 – 24)、俄罗斯的 S – 37 "金雕"等飞机相继问世,并以其独特的气动布局形式,在世界飞机中占领了一席之地。

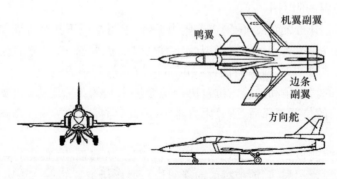

图 1 – 24　X – 29 飞机三视图

前掠翼的翼尖位于机翼根部之前,在气动载荷的作用下,翼尖相对于翼根产生的扭转变形使得翼尖的局部迎角增大,迎角增大又引起气动载荷的进一步增大,这种恶性循环的发展将使机翼结构发生气动弹性发散而导致破坏。为解决前掠翼的气动弹性发散问题,需要结构重量大大增加,从而达到不能容忍的地步。这就是后来的高速飞机从采用前掠翼转向采用后掠翼的原因。

自从复合材料出现以后,前掠翼的发展才有了转机。复合材料结构的面板铺层厚度和纤维的方向可以任意变化,因此能够控制复合材料机翼的刚度和扭转变形。由于复合材料密度小,只要付出很小的重量代价,甚至不付出重量代价就可以解决前掠翼的气动弹性发散问题,而且复合材料前掠翼的展向载荷分布也更加合理。

前掠翼的气动特性应用到飞机上将具有下列优点:

1. 失速从翼根开始

前掠翼布局和后掠翼布局一样,同样具有延缓激波产生的作用。但后掠翼布局由于展向分速从翼根流向翼尖,其附面层分离首先在翼尖出现。虽然采用在机翼表面安装翼刀、翼尖采用气动及几何扭转,或者采用复杂的附面层分离控制技术,但在较大的迎角下,其附面层分离仍然首先在翼尖发生。一旦附面层分离,必然导致翼尖操纵面失效。因此,后掠翼布局的失速迎角小,机动性差。而前掠翼布局由于机翼前掠,气流有一个平行于前缘、指向翼根的分量,因此使流经前掠翼的气流向机翼内侧偏转,附面层向翼根方向增厚,使气流首先在翼根发生分离。这点和后掠翼完全相反,后掠翼的分离首先是从翼尖开始的。前掠翼的气流分离从翼根开始的特点,可以使副翼的效率保持到更大的迎角,不像后掠翼普遍存在的大迎角操纵副翼效率不足和飞机上仰问题。前掠翼的中、外翼展向流动具有较好的分离特性,机翼失速迎角增大,可用升力高,外翼段的舵面操纵效率高,大迎角机动能力良好。

2. 前掠翼的阻力小

从理论上分析,前掠翼的跨声速阻力较低,这可从以下几个方面来说明:

如果保持前掠翼和后掠翼的展弦比、根梢比、机翼面积、激波的弦向位置和前缘斜掠角相同,那么前掠翼激波线的斜掠角要比后掠翼的大,如图 1 - 25 所示。激波线的斜掠角和激波的位置决定着激波引起的压差阻力,激波线的斜掠角越大,激波的位置越靠后,压差阻力越小,因此,前掠翼的压缩性影响和波阻较后掠翼低。

如果保持前掠翼和后掠翼的展弦比、根梢比、机翼面积、激波的弦向位置和激波线的斜掠角相同,则前掠翼的前缘斜掠角要比后掠翼的小,如图 1 - 26 所示(研究和使用中发现,随着前掠翼前掠角的增加,前掠翼的气动弹性发散速度迅速下降。当机翼前掠角由 0°增加到 28°时,机翼的发散速度下降 90%)。这样,在前缘未分离时,前掠翼的前缘吸力在自由流方向的分量较大,因而阻力要比后掠翼的小。

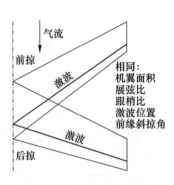

图 1-25 前掠翼和后掠翼的激波线斜掠角比较

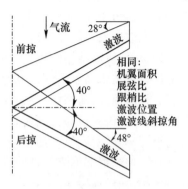

图 1-26 前掠翼和后掠翼的前缘斜掠角比较

3. 有利于近距鸭式布局

现代飞机的推重比大,发动机重量大,因此飞机的重心比较靠后,而前掠翼的几何特点是机翼根部靠后。由于这两个因素,前掠翼布局飞机的机翼根部很靠近机身的后部,使得平尾很难布置。如果将纵向稳定面和操纵面布置在机翼之前,形成鸭式布局,就是一个非常合理的解决方案。前掠翼翼根后置,结构布置更具灵活性,易于合理分配机翼和前起落架的受力,增大了机体容积,为设置内部武器舱创造了条件,并有利于采用鸭翼耦合设计,而且近距鸭式耦合进一步提高了前掠翼布局在大迎角下的升力系数。鸭翼产生的涡系对主机翼涡系产生有利干扰,对翼根附面层分离进行控制,使前掠翼布局失速缓慢的特点得到加强,提高了主翼气动效率,具有改善失速特性的作用。

4. 起飞着陆性能好

与相同翼面积的后掠翼飞机相比,前掠翼飞机的升力更大,载重量增加30%,因而可缩小飞机机翼,降低飞机的迎面阻力和飞机结构重量;减少飞机配平阻力,加大飞机的亚声速航程;改善飞机低速操纵性能,缩短起飞着陆滑跑距离。据美国专家计算,F-16 战斗机若使用前掠翼结构,则可提高转弯角速度14%,提高作战半径34%,并将起飞距离缩短35%。

此外,由于前掠翼的失速特性较好,因此具有良好的抗尾旋性能。从飞机的总体布置来看,由于前掠翼翼根靠后,飞机的主要受力结构后移,将增大机身内可利用的容积,使得内部布置具有更大的灵活性。

(1) 前掠机翼存在气动弹性发散问题。对于后掠机翼,当机翼迎角增大而使升力增加时,机翼产生的扭转变形使机翼后缘抬高,前缘降低,机翼相对于来流的迎角减小,从而减小升力,亦即机翼的结构是稳定的。而前掠机翼则相反,当迎角增大,升力增加时,机翼产生的扭转变形使得前缘抬高,后缘降低,机翼相对于来流的迎角增大,从而使机翼升力和扭转变形继续增大,这种不稳定性称为气动弹性发散现象。前掠角越大,气动弹性发散现象越严重。为消除气动弹性发散,必须增加机翼结构刚度,使飞机重量增加,从而抵消前掠机翼的优越性。这是前掠机翼技术多年来没有得到发展的主要原因。

(2) 较后掠翼,前掠翼存在的最大不足是气动效率较低。其主要原因在于根部气流分离,机翼根部占机翼面积的比例最大,对升力的贡献也最大,根部气流分离早,分离区发展快,使前掠翼大迎角时的升力损失较大,同时也带来焦点前移,因此,控制根部气流分离是前掠翼布局设计的关键。控制翼根分离的主要方法有多种,如机翼根部活动边条、固定边条、边条襟翼和链接边条的修形。另外,还可以利用鸭翼脱体涡的干扰改善前掠翼根部的流态,从而改善前掠翼根部过早分离的缺陷。

(3) 前掠翼的参数选择,如前掠角、展弦比、根梢比、翼型等,原则上跟后掠翼的是一致的。从实际的设计角度来看,前掠翼的前掠角不能太大,否则其后缘前掠角太大,这样不但翼根失速严重,而且降低了后缘襟翼和副翼的操纵效率,并增加了结构上的设计难度。另外,前掠角太大,将使得前掠翼的翼根太靠近机身的后端,很难保证后机身受力框具有足够强度。反过来,前掠翼的前掠角也不能太小,因为前掠角太小将带来超声速阻力大的问题。所以,前掠翼前掠角的选择,应和后掠翼布局的现代飞机采用中等后掠角机翼类似,采用中等前掠角。

1.3.3.8 隐身布局

对于新一代作战飞机,一般都要求具有隐身性能,这就涉及隐身技术。

隐身技术,或称隐形技术、低可探测技术、低可观察技术,是指在一定遥感探测环境中采用反雷达探测措施以及反电子探测、反红外探测、反可见光探测和反声学探测等多种技术手段,降低飞机、导弹、舰艇、坦克等目标的可探测信号特征,使其在一定范围内不易或难以被敌方各种探测设备发现、识别、跟踪、定位和攻击的综合性技术。

按照侦察探测手段,隐身技术可以分为雷达隐身技术、红外隐身技术、电子隐身技术、可见光隐身技术、声波隐身技术、电磁隐身技术等。在各种探测器中,最为重要、使用最广泛、发展最快的是雷达,因此,反雷达探测成为隐身技术发展的主要目的,雷达隐身技术成为最主要的隐身技术。

雷达隐身的性能通常是用雷达截面积来表征的。雷达截面积是目标受到雷达电磁波的照射后,向雷达接收方向散射电磁波能力的度量,反映了目标的电磁波散射能力。雷达截面积也称为雷达截面、雷达目标截面、雷达反射截面积或雷达横截面,其物理含义可以理解为:它是一个等效面积,当这个面积所截获的雷达照射能量各向同性地向周围散射时,在单位立体角内散射的功率,恰好等于目标向接收天线方向单位立体角内散射的功率。雷达截面积的常用单位是平方米或分贝。

隐身技术"隐身"的意义是在能够发现常规目标的距离上发现不了采用隐身技术的同类型目标。以雷达为例,根据雷达方程,雷达探测距离与雷达截面积的四次方根成正比。如果一部雷达对雷达截面积为 $100m^2$ 的 B-52 轰炸机的探测距离是 400km,而对雷达截面积约为 $0.1m^2$ 的 B-2 隐身轰炸机,雷达仅能在 71km 处发现它。也就是说,B-2 在距雷达 71km 之外的距离上是隐身的。因此,如何在保证基本气动特性的前提下,尽量减小飞机的雷达截面积成为飞机设计师的重要任务。

雷达截面积与多种因素有关,其中包括目标本身的大小与形状、目标构成材料、目标视角、目标方位和距离、雷达频率以及电波的极化等。所以,实现目标的雷达隐身,就是通过各种技术措施以减小雷达截面积。在所有影响雷达截面积的因素中,目标的外形及材料是最主要的因素,因此,从外形和材料上采取对策,成为减小目标雷达截面积的主要途径。

在保证飞机基本气动特性的前提下,为了实现飞机的隐身而改变飞机外形,从而产生的新的气动布局称为隐身布局。隐身布局的典型代表是美国的 F-117"夜鹰"隐身战斗轰炸机(图1-27)、B-2"幽灵"隐身轰炸机和 F/A-22"猛禽"战斗机等。下面简单介绍几个与隐身布局设计相关的基本准则。

(1) 减小飞机的尺寸和部件。面积越大,雷达反射信号越强,因此,减小飞机尺寸是减小飞机雷达截面积的最直接方法,但也是最难以实现的方法。减小飞机部件当然也可以减小雷达截面积,如去掉平尾,将平尾和垂尾合并成"燕形"尾翼,甚至将尾翼完全取消并将机翼和机身融合成飞翼布局,则雷达截面积可以大大减小,如 B-2 隐身轰炸机。

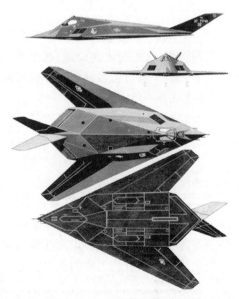

图1-27 F-117"夜鹰"隐身战斗轰炸机三视图

(2) 排除镜面反射。尽量消除或减少使飞机上可造成镜面反射的外形,为此,就必须避免采用大的平面和大的凸状弯曲面。F-117 隐身战斗机上的表面由多个后倾或内倾的小平面拼成的原因就在于此。

(3) 消除角反射器效应。在飞机上各平面相交的直角,如机身/机翼、机身/尾翼、机身/进气道、平尾/垂尾等的结合处,雷达信号会发生角反射器效应,雷达信号会变得很强。对这些部位应以圆弧整流,最好将机身设计为融合体式,单垂尾与平尾的角反射器采用倾斜的双垂尾来消除。将武器系统和发动机安装在飞机内部,对于武器系统也可以采用保形外挂的方式。

(4) 利用部件相互遮挡。例如采用背部进气道,可以用机身和机翼遮挡进气道向下的强散射,从而减小全机的雷达截面积,如 F-117 隐身战斗机。

(5) 形成少量反射波束。将飞机的所有边缘设计为少数几个平行方向,使所有边缘的雷达反射波集中形成少数几个固定方向的反射波束,其他方向的反射波很弱。这样在雷达上只有闪烁的信号,不易辨别。例如 F/A-22 战斗机的机翼、平尾、垂尾的前缘和后缘都相互平行。

(6) 消除强散射源。对于进气道,采用进气口斜切以及将进气道设计成 S 形,既可遮挡雷达波直射到压气机叶片上,又可使进入进气道的雷达波经过若干次反射,回波减弱,从而有效地减小进气道的雷达截面积。对于外挂物,可将其埋挂在机身内,或者采用保形外挂。

(7) 减弱或消除弱散射源。当强散射源减弱后,隐身飞机上的弱散射源将起主要作用,如机身上的口盖、舵面的缝隙、台阶、铆钉等都是弱散射源,应采取措施。一般是将口盖或缝隙设计成锯齿状。

1.3.3.9 随控布局

人们对飞机性能的认识经历了一个由片面到全面、由低级到高级的发展过程。这个认识过程大致可分为三个阶段:

第一阶段:20 世纪 70 年代以前,人们主要是用飞机的状态参数,如飞机的最大速度和升限等参数来衡量飞机性能的优劣。

第二阶段:在 20 世纪 70 年代到 80 年代,人们开始强调飞机机动性的重要性。衡量飞机机动性主要包括以下两个方面:①常规机动性:主要包括飞机在轴向速度、曲线角速度、转动角速度和高度等的改变能力;②能量机动性:从飞机能量变化的角度来分析飞机的机动能力,包括动能和位能。

第三阶段:20 世纪 80 年代以后,人们开始强调飞机的敏捷性。如何使飞机具有高的敏捷性,必须从飞机设计上想办法。如果飞机的设计仍然按照常规的方法来进行,很难使飞机具有高的敏捷性,而采用随控布局技术就不同了。

随控布局是 20 世纪 60 年代末、70 年代初发展起来的采用一种具有革命意义的随控布局技术(Control Configured Vehicle Technique,CCVT)的气动布局形式。目前,以机载计算机为核心、以电传操纵系统为基础的随控布局技术,给飞机性能的改善和空战技术的变革带来巨大影响。

随控布局技术是指依靠先进的控制系统来进行飞机总体布局的一种技术,采用这种技术的飞机安装有各种飞行状态传感器、计算机和自动控制系统。在飞行过程中,机载计算机根据飞行员的意图、飞机的状态、周围的气流条件等,及时发出指令信号,主动控制各种操纵面,使操纵面上的气动力按需要变化,以提高飞机的机动性和敏捷性。

随控布局飞机(Control Configured Vehicle,CCV)简单地讲就是将主动控制技术应用到飞机上,通过电传操纵系统,提高飞行品质的飞机。随控布局技术应用了主动控制技术(Active Control Technique,ACT)和基本(常规)设计技术。主动控制技术是在飞机总体设计阶段就主动地将飞行控制系统和气动布局、结构强度、动力装置等结合在一起进行综合设计,从而全面提高飞机飞行性能并改善飞行品质的技术。从设计角度讲,设计初始阶段就考虑飞行控制系统对总体设计的影响,可充分发挥飞行控制系统的潜力;从控制角度讲,在各种飞行状态下,依据各种指令,按预定程序操纵,可使气动力按需要变化,从而使飞行性能达到最佳。

主动控制技术和常规设计技术的区别是,基本设计思路是根据设计任务的要求,以气动布局、结构强度和动力装置三大因素来确定飞机的总体构型,如飞机不能完全满足设计要求,需采用飞行控制技术加以改善,也就是说,飞行控制系统是后来加到飞机上的,对飞机结构没有直接影响。而主动控制技术则把飞行控制技术提高到与气动布局、结构强度和动力装置三大因素并驾齐驱的地位,也就是飞机总体设计之初就把控制技术和基本的三大因素同时考虑,因而使设计者可以利用飞行控制技术明显地提高和优化飞机的性能。

随控布局飞机也存在缺点,那就是对控制系统的可靠性要求极高,一旦电子设备出现故障,飞机就很容易发生事故。

随控布局中应用的主动控制技术主要包括放宽静稳定性(Relaxed Static Stability)、机动载荷控制(Maneuvering Load Control)、直接力控制(Direct Force Control)、阵风减缓控制(Gust Alleviation Control)、乘感控制(Ride Control)、颤振主动抑制(Active Flutter Depression)等。

1. 放宽静稳定性

放宽静稳定性是指在飞机设计中放弃传统飞机设计中的静稳定性要求,允许将飞机设计成欠稳定的或者是中立稳定的,甚至是静不稳定的,而由此带来的飞机稳定性和操纵性问题则借助于自动控制系统加以解决的一种技术。

2. 机动载荷控制

机动载荷控制作为一种主动控制技术,其基本思想是通过改变飞机机动飞行时的载荷分布,使载荷分布合理化,以达到减小机翼结构重量或飞行阻力,提高飞机飞行性能的目的。由于轰运类飞机与歼强类飞机在结构、性能及任务要求上的差异,它们在采取机动载荷控制技术方面的目的和方法有所不同。

3. 直接力控制

直接力控制是在保证飞机某些特定的自由度不产生运动的条件,通过一些控制面直接产生升力或侧力,从而使飞机做所希望的机动。这种控制使飞机的姿态变化和轨迹变化脱离确定的关系,使力和力矩的变化脱离关系,因而也称为解耦控制。直接力控制对于提高飞机的机动性和攻击瞄准精确度具有重要的意义。直接力控制分纵向直接力控制和横航向直接力控制。纵向直接力控制分为直接升力、俯仰指向和垂直平移三种控制方式。横航向直接力控制分为直接侧力控制、偏航指向控制和侧向平移控制三种方式。

4. 阵风减缓与乘感控制

飞机在飞行中会受到不同方向气流的作用,其中强度较大的称为阵风。阵风的存在会引起飞机过载变化。通常水平阵风对飞机过载影响较小,而垂直阵风对飞机过载影响较大,垂直阵风可分为恒值阵风和交变阵风两种类型。中等重量轰炸机、运输机类飞机的强度都要考虑垂直阵风进行强度设计。在交变阵风的作用下,飞机将受到交变过载增量的作用而产生颠簸。这时即使过载增量本身并不大,但若时间太长,则会使乘员感到不适,且会影响飞机结构疲劳寿命。当阵风频率接近于机翼弯曲固有频率时,则会发生共振,使机翼及其上的悬挂物(如发动机吊舱、导弹、副油箱等)受到严重的载荷作用,甚至损坏。因此,现代飞机要进行阵风减缓与乘感控制。

阵风减缓控制实际上是直接力控制技术在扰动运动中的应用,是运用直接力控制技术来有效地衰减阵风引起的法向过载增量或法向加速度。应该指出,自动驾驶仪在一定程度上也能衰减阵风响应,改善飞机在扰流中的飞行稳定性。但是,它是通过间接力控制的,也就是利用线加速度反馈,驱动基本舵面(平尾、副翼、方向舵)产生力矩改变飞机姿态角,间接产生升力或侧力,以抵消阵风产生的过载;或者利用角速度、角位移信号反馈,驱动基本舵面产生力矩,抑制姿态改变,抑制阵风产生作用。而这里介绍的阵风减缓控制,则是利用直接力操纵面(如鸭翼、机动襟翼等)与基本舵面之间的协调控制来减缓阵风作用的控制方法。

乘感控制也称为乘坐品质控制,是指通过主动控制技术操纵相应的控制面偏转,产生气动结构阻尼,达到抑制飞机结构弹性振动的目的。对于机身细长而挠性较大的飞机,遇到周期性阵风,机身将会发生弹性振动。这不仅容易使机体结构疲劳损坏,而且会使乘员感到不舒服,使飞机难于操纵,影响飞行员完成任务,即产生乘坐品质问题。经验表明,通常当法向过载超过0.1时会引起乘员感到不舒服;当法向过载超过0.2时会造成仪表判读困难;当法向过载超过0.5并持续几分钟会使飞行员担心飞机出事故而改变飞行高度和速度。侧向过载的允许值约为法向过载的一半。乘坐品质问题对低空突防的轰炸机来说尤为重要,因为低空飞行时,阵风强度较大,容易产生较强的阵风过载。类似地,由于短程客机的巡航高度较低,乘坐品质问题也较突出。

5. 颤振主动抑制

颤振主动抑制是相对于颤振被动抑制来说的,它是主动控制技术中难度最大的一项技术。由于飞机本身是一个弹性体,在增稳操纵系统(或控制增稳操纵系统)中的传感器所感受到的不单是飞机的刚体运动,还有飞机的弹性运动。当增稳操纵系统与飞机弹性模态耦合时,就会出现自激振动——颤振。

颤振是飞机上各种振动中最剧烈、最危险的一种,在飞机的飞行包线内是不允许发生的,并要求有15%的颤振临界速度的裕度,即颤振临界速度 $V_{cr} \geqslant 1.15 V_{max}$。因此,目前对于颤振主动抑制系统的设计有两种方法:一种是飞机的结构刚度满足在最大速度下防止发生颤振的要求,再用颤振主动抑制系统来提高15%颤振速度的裕度,最终使飞机颤振临界速度满足设计要求;另一种是按照强度要求设计飞机结构,完全靠控制系统来解决防止发生颤振的问题。这种方法通常是在增稳操纵系统的回路中加入机体结构陷幅滤波器,把高频结构模态信号从系统信号中滤掉,使舵机不响应这些信号。但这种方法不能抑制飞机本身出现的任何结构振荡或颤振,通常将其称为颤振被动抑制。

颤振主动抑制的原理是,用传感器感受所要抑制翼面的扭转和(或)弯曲振动,把信号按选定的控制律加以放大,并进行相应补偿,通过舵机去偏转一个或几个操纵面,使之产生有利于抑制翼面颤振的空气动力,达到抑制颤振的目的。因此,它的主要工作内容是颤振模态的测量、控制律的确定和控制力的产生。

1.3.3.10 其他布局形式

飞机的气动布局形式还可根据机翼或机身情况有以下类型:

(1) 斜置翼布局。这也是一种变后掠翼,一个整体直机翼安装在机身上,当与机身垂直时就是无后掠形式;当机翼转动一个角度斜置于机身上时,机翼左右不对称,即一侧为前掠,另一侧为后掠,同样可起到高速飞行时减小激波强度的作用。这种布局设计变后掠机构相对比较简单,并且飞机的重心在变后掠时基本保持不变。

(2) X形翼布局。这种布局一般设置为两副机翼,斜置交叉布置,后面部分还可起尾翼作用。另外一种整体 X 形机翼/旋翼设计,当 X 翼固定时就是前述的布局形式;当 X 翼旋转时就相当于直升机的旋翼产生升力,这时用于垂直起降。

(3) 双翼和多翼布局。这种布局通常是指在垂直方向或前后方向上设置两个或多个机翼的形式。早期低速飞机的多翼设计是为了增加升力。现代飞机速度高,多翼形式也发生了变化,如有一种特殊的前后联翼式飞机的设计,不但可增加升力,而且显著提高了机翼的整体结构刚度。

(4) 环形翼布局。这种布局的机翼设计为圆筒状,具有翼展小、增加刚度和减少重量等特点。

(5) 可变形或可折叠翼布局。这种布局的形式有两种:一种是机翼平面形状可变形式,另一种是机翼可折叠形式,这种布局可以适应飞机不同飞行速度和飞行高度时具有良好的气动特性与飞行性能的需要,使飞机具有多用途的功能。

(6) 倾转旋翼机。相当于螺旋桨安装在机翼上的飞机,机翼连同螺旋桨(旋翼)可以绕机翼轴线倾转,起飞时旋翼呈水平位置,可以像直升机一样垂直起飞和悬停,而旋翼转至垂直位置则可像固定翼飞机一样飞行。

随着技术的发展,飞机气动布局形式也不断更新,对于现代高性能作战飞机的设计,除了要在亚、超声速及大、小迎角全包线范围内都有满意的气动特性,还要考虑隐身性能对飞机外形的要求,而隐身与气动特性对飞机外形要求是有些矛盾的。那么到底哪一种气动布局是最好的呢?单纯比较各种气动布局的气动性能是无法回答这个问题的,必须在当前飞机设计的条件下,结合战术技术指标的要求,不但比较它们的飞行性能,还要对各种气动布局形式的稳定性、操纵性、飞机重量、制造的复杂性、维护性、成本和全寿命费用等进行综合分析比较,才可能做出适合该具体飞机的最佳气动布局选择。因此,气动布局形式的选择是一个综合的、折中的过程。

思 考 题

1. 飞机主要由_____、_____和_____三大部分组成。
2. 飞机气动布局的形式主要有_____、_____、_____和_____4 种形式。
3. 机翼是飞机产生_____的主要部件。
4. 主动控制技术包括_____、_____、_____、_____和_____等。

5. 隐身技术可以分为_____、_____、_____、_____、_____和_____等。
6. 什么是飞机的气动布局？现代飞机的基本气动布局形式主要有哪些？
7. 飞机气动布局设计包括哪些主要内容？
8. 简述机翼的增升装置及其分类情况。
9. 现代飞机为提高和改善机翼表面流场分布通常采用哪些措施？
10. 作战飞机外挂物布局形式主要有哪些？
11. 通常四代作战飞机应具有哪些战术技术性能？
12. 简述鸭式布局飞机的优缺点。
13. 简述无尾布局飞机的优缺点。
14. 简述三翼面布局飞机的优缺点。
15. 简述飞翼布局飞机的优缺点。
16. 简述变后掠翼布局飞机的优缺点。
17. 简述前掠翼布局飞机的优缺点。
18. 什么是隐身技术？目前有哪些隐身技术？
19. 飞机隐身布局设计的基本准则有哪些？
20. 简述随控布局飞机的优缺点。

第 2 章 飞机的飞行性能

飞机的飞行性能是指飞机质心沿飞行轨迹(通常称为航迹)做定常或非定常运动的能力。也就是研究飞机在已知外力(发动机推力、空气动力及飞机重力)作用下,如何确定飞机在空中及地面的各种运动特征和最优轨迹等,如最大飞行速度、飞行高度、飞行距离、各种机动性能以及起飞着陆特性等。飞机的飞行性能主要包括基本飞行性能、机动飞行性能、续航性能以及起飞着陆性能等。分析这类问题所采用的基本方法是,把飞机看作一个全部质量集中在质心的可控质点,用飞机质心的运动代替整架飞机的运动,并且假定在各种飞行状态下,绕飞机质心的力矩平衡,都可以通过驾驶员操纵飞机的舵面来满足。

本章从质点动力学问题出发,在介绍常用坐标系和质心运动方程的基础上,分析飞机飞行性能的基本概念及有关的计算方法。

2.1 常用坐标系和质心运动方程组

在研究飞机的飞行性能时,通常把飞机看成全机质量集中于质心的一个质点。只要建立并解算飞机质心运动方程组,就可确定飞机的飞行性能和飞行航迹。

飞机在飞行中受到的外力主要有发动机的推力 P、空气动力 R 和重力 G。这些外力通常按不同的坐标系给出。此外,为了确定飞机(质心)在空间的位置、运动速度和加速度,也需要适当选取坐标系以有利于问题的描述。下面介绍几种常见的坐标系及其相互关系,然后在讨论坐标转换的基础上介绍飞机(质心)运动方程组。

2.1.1 常用坐标系

在飞机飞行性能的研究中,经常用到的坐标系主要有地面坐标系、机体坐标系、速度坐标系和航迹坐标系。

2.1.1.1 地面坐标系

地面坐标系 $Ox_g y_g z_g$ 简称地轴系。其原点 O 固定于地面上某点,Oy_g 轴铅垂向上,Ox_g 和 Oz_g 轴在水平面内与 Oy_g 轴构成右手直角坐标系。重力通常在地轴系内给出,并沿 Oy_g 轴的负向。

2.1.1.2 机体坐标系

机体坐标系 $Ox_by_bz_b$ 简称体轴系。原点 O 在飞机的质心上,纵轴 Ox_b 指向前方,竖轴 Oy_b 在飞机对称面内指向机体上方,横轴 Oz_b 垂直于飞机对称面指向右方。发动机推力一般在机体坐标系内给出。

纵轴 Ox_b 在飞机对称面内。它与地面(水平面)之间的夹角称作机体俯仰角,或简称俯仰角,记为 ϑ,机头上仰为正;它在水平面 Ox_gz_g 上的投影与 Ox_g 之间的夹角称作偏航角 ψ,机头左偏为正;坐标平面 Ox_by_b(即飞机对称面)与通过 Ox_b 轴的铅垂面之间的夹角称作滚转角,记为 γ,飞机右倾斜时 γ 为正,滚转角又称作坡度。

平移地轴系,使其原点与体轴系的原点重合时,可以看出,地轴系与体轴系之间的角度关系完全由三个欧拉角 ψ、ϑ 和 γ 确定(图 2-1)。使地轴系按顺序绕 Oy_g、Oz'、Ox_b 轴转过 ψ、ϑ、γ 角可使此两个坐标轴系重合。

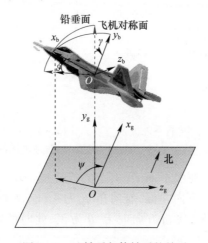

图 2-1 地轴系与体轴系的关系

2.1.1.3 速度坐标系

速度坐标系 $Ox_ay_az_a$ 原点 O 在飞机质心上;Ox_a 轴沿飞行速度(空速)方向,向前为正,称为速度轴或阻力轴;Oy_a 轴在飞机对称面内垂直于 Ox_a 轴,向上为正,称为升力轴;Oz_a 轴垂直于 Ox_ay_a 平面,向右为正,称为侧力轴。作用于飞机的空气动力一般按速度坐标系给出。

速度坐标系的 Ox_a 轴与飞机对称面 Ox_by_b 之间的夹角称为侧滑角,记为 β。飞行速度(空速)指向飞机对称面右侧时,侧滑角 β 为正,称为右侧滑。Ox_a 轴在

Ox_by_b 上的投影 Ox' 与机体纵轴 Ox_b 的夹角称为迎角,记为 α。速度坐标系与机体坐标系之间的方位关系完全由迎角 α 和侧滑角 β 确定。由图 2-2 可以看出,依次序绕 Oy_a 轴、Oz_b 轴分别使速度坐标系转过 β 角和 α 角,可以使这两个坐标系重合。

2.1.1.4 航迹坐标系

航迹坐标系 $Ox_hy_hz_h$ 原点 O 在飞机质心上;O_h 轴沿飞机飞行速度方向,向前为正;Oy_h 在通过 Ox_h 轴的铅垂平面内与 Ox_h 轴垂直,向上为正;Oz_h 在水平面内垂直于 Ox_hy_h,构成右手坐标系。

航迹坐标系 $Ox_hy_hz_h$ 与速度坐标系 $Ox_ay_az_a$ 之间只相差一个 γ_s 角(图 2-3)称为速度滚转角。规定航迹坐标系绕 Ox_h 轴向右倾斜时,γ_s 为正。将航迹坐标系绕飞行速度方向(即 Ox_h 轴)转过 γ_s 角度即可使这两个坐标系相互重合。

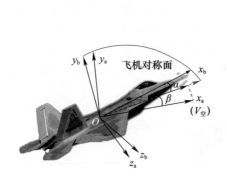

图 2-2 速度坐标系与机体坐标系的关系

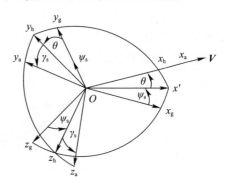

图 2-3 地轴坐标系、速度坐标系、航迹坐标系之间的方位关系

航迹坐标系 Ox_h 轴在水平面 Ox_gy_g 上的投影线 Ox' 与地轴系 Ox_g 之间的夹角 ψ_s 称为航向角,飞行方向左偏,航向角 ψ_s 为正;航迹轴 Ox_h 与水平面之间的夹角 θ 称为航迹俯仰角,飞行方向向上,θ 为正,此时的航迹俯仰角又称为上升角。

平移地面坐标系,使其原点与飞机质心重合时,航迹坐标系、速度坐标系和地轴坐标系之间的方位关系如图 2-3 所示。依次使地轴系绕 Oy_g、Oz_h 轴转过 ψ_s、θ 角可使地轴与航迹轴系重合。

2.1.1.5 矢量的坐标转换和坐标转换矩阵

已知矢量在一个坐标系中的分量表达式,求该矢量在另一个坐标系中的分量表达式称为矢量的坐标转换。

如图 2-4 所示,有两个平面直角坐标系 Ox_1y_1 和 Ox_2y_2,其单位坐标矢量分别为 i_1、j_1 和 i_2、j_2。可以看出

$$\begin{cases} \boldsymbol{i}_2 = \cos\alpha \boldsymbol{i}_1 + \sin\alpha \boldsymbol{j}_1 \\ \boldsymbol{j}_2 = -\sin\alpha \boldsymbol{i}_1 + \cos\alpha \boldsymbol{j}_1 \end{cases}$$

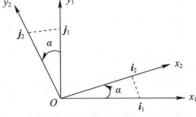

图 2-4 坐标转换

类似地有

$$\begin{cases} \boldsymbol{i}_1 = \cos\alpha \boldsymbol{i}_2 - \sin\alpha \boldsymbol{j}_2 \\ \boldsymbol{j}_1 = \sin\alpha \boldsymbol{i}_2 + \cos\alpha \boldsymbol{j}_2 \end{cases}$$

对于任意矢量 r，有

$$\boldsymbol{r} = x_1 \boldsymbol{i}_1 + y_1 \boldsymbol{j}_1$$

和

$$\boldsymbol{r} = x_2 \boldsymbol{i}_2 + y_2 \boldsymbol{j}_2$$

显然

$$\begin{aligned} \boldsymbol{r} &= x_1 \boldsymbol{i}_1 + y_1 \boldsymbol{j}_1 \\ &= x_1(\cos\alpha \boldsymbol{i}_2 - \sin\alpha \boldsymbol{j}_2) + y_1(\sin\alpha \boldsymbol{i}_2 + \cos\alpha \boldsymbol{j}_2) \\ &= (x_1 \cos\alpha + y_1 \sin\alpha) \boldsymbol{i}_2 + (-x_1 \sin\alpha + y_1 \cos\alpha) \boldsymbol{j}_2 \end{aligned}$$

由此可得

$$\begin{cases} x_2 = x_1 \cos\alpha + y_1 \sin\alpha \\ y_2 = -x_1 \sin\alpha + y_1 \cos\alpha \end{cases}$$

类似地有

$$\begin{cases} x_1 = x_2 \cos\alpha - y_2 \sin\alpha \\ y_1 = x_2 \sin\alpha + y_2 \cos\alpha \end{cases}$$

写成矩阵形式为

$$\begin{bmatrix} x_1 \\ y_1 \end{bmatrix} = \begin{bmatrix} \cos\alpha & -\sin\alpha \\ \sin\alpha & \cos\alpha \end{bmatrix} \begin{bmatrix} x_2 \\ y_2 \end{bmatrix} = \boldsymbol{L}_2^1 \begin{bmatrix} x_2 \\ y_2 \end{bmatrix}$$

$$\begin{bmatrix} x_2 \\ y_2 \end{bmatrix} = \begin{bmatrix} \cos\alpha & \sin\alpha \\ -\sin\alpha & \cos\alpha \end{bmatrix} \begin{bmatrix} x_1 \\ y_1 \end{bmatrix} = \boldsymbol{L}_1^2 \begin{bmatrix} x_1 \\ y_1 \end{bmatrix}$$

式中：$\boldsymbol{L}_2^1 = \begin{bmatrix} \cos\alpha & -\sin\alpha \\ \sin\alpha & \cos\alpha \end{bmatrix}$ 称由坐标系 Ox_2y_2 到 Ox_1y_1 的坐标转换矩阵；

$\boldsymbol{L}_1^2 = \begin{bmatrix} \cos\alpha & \sin\alpha \\ -\sin\alpha & \cos\alpha \end{bmatrix}$ 称由坐标系 Ox_1y_1 到 Ox_2y_2 的坐标转换矩阵。显然，$\boldsymbol{L}_2^1$ 和 $\boldsymbol{L}_1^2$ 互为逆矩阵。可以证明按上述原理构成的坐标转换矩阵为规范化正交矩阵，即其每个列（或行）矢量均为单位矢量，故

$$(\boldsymbol{L}_2^1)^{-1} = (\boldsymbol{L}_2^1)^{\mathrm{T}} = \boldsymbol{L}_1^2$$

下面分析三维矢量的坐标转换和坐标转换矩阵。

同理于二维情况，原点重合的两个空间三维坐标系也可以通过旋转而重合在一起。例如，原始坐标系 $Ox_1y_1z_1$ 绕 Oz_1 轴旋转 α 而到达新坐标系 $Ox_2y_2z_2$，则有

$$\begin{bmatrix} x_2 \\ y_2 \\ z_2 \end{bmatrix} = \begin{bmatrix} \cos\alpha & \sin\alpha & 0 \\ -\sin\alpha & \cos\alpha & 0 \\ 0 & 0 & 1 \end{bmatrix} \begin{bmatrix} x_1 \\ y_1 \\ y_1 \end{bmatrix} = \boldsymbol{L}_z(\alpha) \begin{bmatrix} x_1 \\ y_1 \\ z_1 \end{bmatrix}$$

式中：

$$\boldsymbol{L}_z(\alpha) = \begin{bmatrix} \cos\alpha & \sin\alpha & 0 \\ -\sin\alpha & \cos\alpha & 0 \\ 0 & 0 & 1 \end{bmatrix}$$

矩阵 $\boldsymbol{L}_z(\alpha)$ 表示坐标系 $Ox_1y_1z_1$ 绕 Oz_1 轴旋转 α 而与坐标系 $Ox_2y_2z_2$ 时的变换矩阵。矩阵中的元素为两坐标系对应轴间的方向余弦，故又称方向余弦矩阵。再如，$Ox_1y_1z_1$ 绕 Oy_1 轴或 Ox_1 轴旋转 α 而到达坐标系 $Ox_2y_2z_2$ 时，坐标转换矩阵分别为

$$\boldsymbol{L}_y(\alpha) = \begin{bmatrix} \cos\alpha & 0 & -\sin\alpha \\ 0 & 1 & 0 \\ \sin\alpha & 0 & \cos\alpha \end{bmatrix}$$

$$L_x(\alpha) = \begin{bmatrix} 1 & 0 & 0 \\ 0 & \cos\alpha & \sin\alpha \\ 0 & -\sin\alpha & \cos\alpha \end{bmatrix}$$

矩阵 $L_x(\alpha)$、$L_y(\alpha)$、$L_z(\alpha)$ 称为基元变换矩阵。

例如,地面坐标系向机体坐标系转换时,先将地面坐标系向机体坐标系原点重合后,需再顺序地使过渡坐标系绕 Oy_g、Oz'、Ox_b 轴转过 ψ、ϑ、γ 角可使此两个坐标轴系重合。

两坐标系能完全重合,故有

$$\begin{bmatrix} x_b \\ y_b \\ z_b \end{bmatrix} = L_x(\gamma) \begin{bmatrix} x' \\ y' \\ z' \end{bmatrix}$$

$$\begin{bmatrix} x_b \\ y' \\ z' \end{bmatrix} = L_z(\vartheta) \begin{bmatrix} x' \\ y_g \\ z' \end{bmatrix}$$

和

$$\begin{bmatrix} x' \\ y_g \\ z' \end{bmatrix} = L_y(\psi) \begin{bmatrix} x_g \\ y_g \\ z_g \end{bmatrix}$$

根据转动过程,则应有

$$\begin{bmatrix} x_b \\ y_b \\ z_b \end{bmatrix} = L_x(\gamma) \times L_z(\vartheta) \times L_y(\psi) \begin{bmatrix} x_g \\ y_g \\ z_v \end{bmatrix}$$

令 $L_g^b = L_x(\gamma) \times L_z(\vartheta) \times L_y(\psi)$,则

$$\begin{bmatrix} x_b \\ y_b \\ z_b \end{bmatrix} = L_g^b \begin{bmatrix} x_g \\ y_g \\ z_g \end{bmatrix}$$

式中:L_g^b 为地面坐标系到机体坐标系的变换矩阵,从推导过程可知,它的各元素应该是相应坐标轴之间的方向余弦。

容易计算得到

$$L_g^b = \begin{bmatrix} \cos\vartheta\cos\psi & \sin\vartheta & -\cos\vartheta\sin\psi \\ -\cos\gamma\sin\vartheta\cos\psi + \sin\gamma\sin\psi & \cos\gamma\cos\vartheta & \cos\gamma\sin\vartheta\sin\psi + \sin\gamma\cos\psi \\ \sin\gamma\sin\vartheta\cos\psi + \cos\gamma\sin\psi & -\sin\gamma\cos\vartheta & -\sin\gamma\sin\vartheta\sin\psi + \cos\gamma\cos\psi \end{bmatrix}$$

可以看出,坐标变换矩阵等于基元变换矩阵的乘积,基元矩阵的乘积顺序与原始坐标系到新坐标系的转动顺序相反。

其他各对坐标系的坐标变换矩阵的公式推导方法,与上面推导相似,这里就不一一列举了。

2.1.2 飞机的质心运动方程组

飞机质心运动方程组包括飞机质心动力学方程和质心运动学方程。前者描述质心运动与外力之间的关系,是解决动力学问题的基本依据;后者描述飞机质心在空间的位置与质心运动速度的关系,用来确定飞机质心在空间的位置随时间的变化。飞机质心运动方程组的形式与所取的坐标系有很大的关系。下面先介绍飞机质心在任意活动坐标系中的动力学方程、飞机质心在航迹坐标系中的动力学方程、飞机质心运动学方程,然后导出飞机在水平面内和铅垂面内运动的运动方程组。

2.1.2.1 质心动力学方程

在飞机飞行动力学中,通常把地球看成"平面大地",并把固连于地面的坐标系视为"惯性坐标系"。因此,在上述诸坐标系中,地轴系是惯性系;而体轴系、速度轴系和航迹轴系则属于活动轴系,通常属于非惯性轴系。

1. 在任意活动坐标系中的质心动力学方程

由理论力学知识可知道,如果以 m 表示飞机的质量,以 a 表示飞机质心的绝对加速度矢量,以 $\sum F$ 表示作用于飞机质心的外力的合矢量,则根据牛顿第二定律,有

$$ma = \sum F \qquad (2-1)$$

$$\begin{aligned} \boldsymbol{a} &= \frac{\mathrm{d}\boldsymbol{V}}{\mathrm{d}t} \\ &= \frac{\mathrm{d}}{\mathrm{d}t}(V_x\boldsymbol{i} + V_y\boldsymbol{j} + V_z\boldsymbol{k}) \\ &= \frac{\mathrm{d}V_x}{\mathrm{d}t}\boldsymbol{i} + \frac{\mathrm{d}V_y}{\mathrm{d}t}\boldsymbol{j} + \frac{\mathrm{d}V_z}{\mathrm{d}t}\boldsymbol{k} + V_x\frac{\mathrm{d}\boldsymbol{i}}{\mathrm{d}t} + V_y\frac{\mathrm{d}\boldsymbol{j}}{\mathrm{d}t} + V_z\frac{\mathrm{d}\boldsymbol{k}}{\mathrm{d}t} \\ &= \frac{\partial \boldsymbol{V}}{\partial t} + \boldsymbol{\omega} \times \boldsymbol{V} \end{aligned}$$

式中:

$$\frac{\partial \boldsymbol{V}}{\partial t} = \frac{dV_x}{dt}\boldsymbol{i} + \frac{dV_y}{dt}\boldsymbol{j} + \frac{dV_z}{dt}\boldsymbol{k}$$

代入式(2-1)并投影到三个坐标轴上得到质心动力学方程如下:

$$\begin{cases} m\left(\dfrac{dV_x}{dt} + \omega_y V_z - \omega_z V_y\right) = \sum F_x \\ m\left(\dfrac{dV_y}{dt} + \omega_z V_x - \omega_x V_z\right) = \sum F_y \\ m\left(\dfrac{dV_z}{dt} + \omega_x V_y - \omega_y V_x\right) = \sum F_z \end{cases} \quad (2-2)$$

2. 航迹坐标系中的质心动力学方程

在飞机飞行性能研究中,为使飞机质心动力学方程具有最简单的形式,一般选用航迹坐标系。为此必须给出在航迹坐标系中外力、速度和角速度的分量表达式。

作用在飞机上的外力有重力 $\boldsymbol{G}$、发动机推力 $\boldsymbol{P}$ 和空气动力 $\boldsymbol{R}$。

重力一般在地轴系中给出。

在航迹坐标系中,重力分解为

$$\begin{bmatrix} G_{xh} \\ G_{yh} \\ G_{zh} \end{bmatrix} = \boldsymbol{L}_g^h \begin{bmatrix} 0 \\ -mg \\ 0 \end{bmatrix} = \begin{bmatrix} -mg\sin\theta \\ -mg\cos\theta \\ 0 \end{bmatrix}$$

发动机推力一般在体轴系中给出(图2-5)。

图 2-5 发动机推力

$$\begin{bmatrix} P_{xb} \\ P_{yb} \\ P_{zb} \end{bmatrix} = \begin{bmatrix} P\cos\varphi_p \\ P\sin\varphi_p \\ 0 \end{bmatrix}$$

在航迹轴系中,推力分量为

$$\begin{bmatrix} P_{xh} \\ P_{yh} \\ P_{zh} \end{bmatrix} = \boldsymbol{L}_b^h \begin{bmatrix} P\cos\varphi_p \\ P\sin\varphi_p \\ 0 \end{bmatrix} = \begin{bmatrix} P\cos\beta\cos(\alpha + \varphi_p) \\ P[\cos\gamma_s\sin(\alpha + \varphi_p) + \sin\beta\sin\gamma_s\cos(\alpha + \varphi_p)] \\ P[\sin\gamma_s\sin(\alpha + \varphi_p) - \sin\beta\cos\gamma_s\cos(\alpha + \varphi_p)] \end{bmatrix}$$

空气动力一般在速度轴系中给出,可表示为

$$\begin{bmatrix} R_{xh} \\ R_{yh} \\ R_{zh} \end{bmatrix} = \begin{bmatrix} -X \\ Y \\ Z \end{bmatrix}$$

在航迹坐标系中有

$$\begin{bmatrix} R_{xh} \\ R_{yh} \\ R_{zh} \end{bmatrix} = \boldsymbol{L}_a^h \begin{bmatrix} -X \\ Y \\ Z \end{bmatrix} = \begin{bmatrix} -X \\ Y\cos\gamma_s - Z\sin\gamma_s \\ Y\sin\gamma_s + Z\cos\gamma_s \end{bmatrix}$$

根据航迹坐标系的定义,速度 $\boldsymbol{V}$ 在航迹坐标系中只有沿 Ox_h 方向的分量,且 $V_{xh} = V$,而 $V_{yh} = V_{zh} = 0$。

航迹坐标系的转动角速度 $\boldsymbol{\omega}_h$ 可以利用图 2-3 确定,即沿 Oy_g 轴方向的角速度 $\dot{\psi}_s$ 和沿 Oz_h 轴方向的角速度 $\dot{\theta}$ 的合矢量定。因此利用坐标转换原理,可以得

$$\begin{bmatrix} \omega_{xh} \\ \omega_{yh} \\ \omega_{zh} \end{bmatrix} = \boldsymbol{L}_g^h \begin{bmatrix} 0 \\ \dot{\psi}_s \\ 0 \end{bmatrix} + \begin{bmatrix} 0 \\ 0 \\ \dot{\theta} \end{bmatrix} = \begin{bmatrix} \dot{\psi}_s\sin\theta \\ \dot{\psi}_s\cos\theta \\ \dot{\theta} \end{bmatrix}$$

将上述诸力、速度和角速度在航迹轴系中的分量表达式代入式(2-2),并经整理得

$$\begin{cases} m\dfrac{\mathrm{d}V}{\mathrm{d}t} = P\cos(\alpha + \varphi_p)\cos\beta - X - mg\sin\theta \\ mV\dfrac{\mathrm{d}\theta}{\mathrm{d}t} = P[\cos(\alpha + \varphi_p)\sin\beta\sin\gamma_s + \sin(\alpha + \varphi_p)\cos\gamma_s] \\ \qquad\qquad + Y\cos\gamma_s - Z\sin\gamma_s - mg\cos\theta \\ mV\cos\theta\dfrac{\mathrm{d}\psi_s}{\mathrm{d}t} = P[\cos(\alpha + \varphi_p)\sin\beta\cos\gamma_s - \sin(\alpha + \varphi_p)\sin\gamma_s] \\ \qquad\qquad - Y\sin\gamma_s - Z\cos\gamma_s \end{cases} \quad (2-3)$$

式(2-3)就是在航迹坐标系中的飞机质心动力学方程。在知道飞机的空气动力特性和迎角 α、发动机推力特性和发动机安装角 φ_p、侧滑角 β、速度滚转角 γ_s 及初始飞行状态后,积分质心动力学方程,即可解得飞机飞行速度 V、航迹俯仰角 θ 和航向角 ψ_s 随时间的变化规律。

2.1.2.2 质心运动学方程

为了研究飞机质心在空间的位置变化,仅有质心动力学方程是不够的,还要建立质心运动学方程。

飞机质心在空间的位置一般由地轴系的坐标给出。根据速度的定义,在地轴系中有

$$\begin{bmatrix} dx_g/dt \\ dy_g/dt \\ dz_g/dt \end{bmatrix} = \begin{bmatrix} V_{xg} \\ V_{yg} \\ V_{zg} \end{bmatrix}$$

根据坐标转换原理,地轴系中的速度分量表达式可以由航迹轴系中获得的结果经转换得到。

$$\begin{bmatrix} V_{xg} \\ V_{yg} \\ V_{zg} \end{bmatrix} = \boldsymbol{L}_h^g \begin{bmatrix} V \\ 0 \\ 0 \end{bmatrix} = (\boldsymbol{L}_g^h)^{-1} \begin{bmatrix} V \\ 0 \\ 0 \end{bmatrix} = \begin{bmatrix} V\cos\theta\cos\psi_s \\ V\sin\theta \\ -V\cos\theta\sin\psi_s \end{bmatrix}$$

代入上式,即可得到飞机的质心运动学方程:

$$\begin{bmatrix} dx_g/dt \\ dy_g/dt \\ dz_g/dt \end{bmatrix} = \begin{bmatrix} V\cos\theta\cos\psi_s \\ V\sin\theta \\ -V\cos\theta\sin\psi_s \end{bmatrix} \qquad (2-4)$$

方程右边的参数由解质心动力学方程得到,此时,只要知道飞机质心的初始空间位置,积分方程(2-4)即可得到飞机质心在空间位置随时间变化的规律,或称为航迹。

2.1.3 在水平面和铅垂面内运动方程的简化

式(2-3)和式(2-4)合称为飞机的质心运动学方程组,是研究飞机飞行性能和飞行航迹的基本方程。显然这是一个三维空间问题。在飞行性能和航迹问题中会遇到一些典型的二维平面运动的情况——水平面和铅垂面内的运动,这时飞机运动方程组可以大为简化,下面根据式(2-3)和式(2-4)给出飞机质心在水平面内和铅垂面内的运动方程组。

2.1.3.1 飞机在水平面内的质心运动方程组

飞机在水平面内的运动,是指飞机的飞行航迹始终位于与水平面平行的某一平面内的运动,此时：

$$\begin{cases} \dfrac{dy_g}{dt} = 0 \\ \theta = 0 \\ \dfrac{d\theta}{dt} = 0 \end{cases}$$

代入式(2-3)、式(2-4),得

$$\begin{cases} m\dfrac{dV}{dt} = P\cos(\alpha+\varphi_p)\cos\beta - X \\ P[\cos(\alpha+\varphi_p)\sin\beta\sin\gamma_s - \sin(\alpha+\varphi_p)\cos\gamma_s] \\ \quad + Y\cos\gamma_s - Z\sin\gamma_s = mg \\ mV\dfrac{d\psi_s}{dt} = P[\cos(\alpha+\varphi_p)\sin\beta\cos\gamma_s - \sin(\alpha+\varphi_p)\sin\gamma_s] \\ \quad - Y\sin\gamma_s - Z\cos\gamma_s \\ \dfrac{dx_g}{dt} = V\cos\psi_s \\ \dfrac{dz_g}{dt} = -V\sin\psi_s \end{cases} \quad (2-5)$$

这就是飞机在水平面内飞行时的质心运动方程组。假如在水平面内的飞行中保持无侧滑角 $\beta = 0$,侧向力 $Z = 0$,则上述运动方程组可以进一步简化为

$$\begin{cases} m\dfrac{dV}{dt} = P\cos(\alpha+\varphi_p) - X \\ [P\sin(\alpha+\varphi_p) + Y]\cos\gamma_s = mg \\ mV\dfrac{d\psi_s}{dt} = -[P\sin(\alpha+\varphi_p) + Y]\sin\gamma_s \\ \dfrac{dx_g}{dt} = V\cos\psi_s \\ \dfrac{dz_g}{dt} = -V\sin\psi_s \end{cases} \quad (2-6)$$

2.1.3.2 飞机在铅垂面内的质心运动方程组

飞机在铅垂面内飞行,是指飞机对称面始终与某个给定的空间铅垂面重合且飞行航迹始终在该铅垂面内运动。这种飞行状态又称为对称飞行,此时,有

$$\beta = 0, \gamma_s = \gamma = 0$$

因此飞机质心运动方程组可以写为

$$\begin{cases} m\dfrac{\mathrm{d}V}{\mathrm{d}t} = P\cos(\alpha + \varphi_p) - X - mg\sin\theta \\ mV\dfrac{\mathrm{d}\theta}{\mathrm{d}t} = P\sin(\alpha + \varphi_p) + Y - mg\cos\theta \\ \dfrac{\mathrm{d}x_g}{\mathrm{d}t} = V\cos\theta \\ \dfrac{\mathrm{d}y_g}{\mathrm{d}t} = \dfrac{\mathrm{d}H}{\mathrm{d}t} = V\sin\theta \end{cases} \quad (2-7)$$

值得注意的是,现代飞机的质量中燃油质量占有较大的比重。当飞机做长距离、长时间的飞行时,燃油消耗引起的飞机质量变化是不可忽视的。在这种情况下,应该考虑燃油消耗问题,上述动力学方程中应补充关系式:

$$\dfrac{\mathrm{d}m}{\mathrm{d}t} = -CP$$

式中:C 为发动机燃油消耗率;P 为发动机的推力值。

2.2 飞机基本飞行性能

飞机基本飞行性能主要是指飞机在铅垂平面内做定常运动(简称直线运动或定直飞行)的性能,包括平飞最大速度、平飞最小速度、最大上升率和升限等,它们是决定飞机战术、技术性能的基础。本节主要介绍有关基本定义、飞行包线的概念及影响因素。

2.2.1 定常直线运动方程

飞机在铅垂平面内做定常运动时,$\dfrac{\mathrm{d}V}{\mathrm{d}t} = 0, \dfrac{\mathrm{d}\theta}{\mathrm{d}t} = 0$。根据飞机在铅垂面内的质心动力学方程得

$$\begin{cases} P\cos(\alpha + \varphi_p) - X - mg\sin\theta = 0 \\ P\sin(\alpha + \varphi_p) + Y - mg\cos\theta = 0 \end{cases} \quad (2-8)$$

如图 2-6 所示，假设发动机推力与机体纵轴相重合，即 $\varphi_p=0$，则定常运动方程为

$$\begin{cases} P\cos\alpha = X + G\sin\theta \\ Y + P\sin\alpha = G\cos\theta \end{cases} \quad (2-9)$$

在迎角 α 和航迹角 θ 不大的情况下，式(2-9)可近似地写为

$$\begin{cases} P = X + G\sin\theta \\ Y + P\sin\alpha = G \end{cases} \quad (2-10)$$

如果考虑到飞机推重比较小的情况，则可进一步近似地写为

$$\begin{cases} P = X + G\sin\theta \\ Y = G \end{cases} \quad (2-11)$$

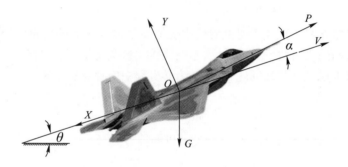

图 2-6 定直飞行中力的平衡

上述方程不同近似程度地描述了飞机做等速直线飞行的情况，称为飞机等速直线运动方程，其中式(2-11)最为简单，其第一个式子为保持等速飞行的条件，第二个式子为飞行航迹保持不变的条件。在给定飞行高度、速度的情况下，对于给定的航迹俯仰角 θ，上述方程中只有两个未知量推力 P 和迎角 α（升力 Y 和阻力 X 都是迎角 α 的函数），因而方程是封闭的。但是考虑到升力 Y 和阻力 X 都是迎角 α 的非线性函数，要精确地求得解析解是困难而麻烦的。所以，一般都采用"简单推力法"来确定飞机的基本性能。

2.2.2 简单推力法确定飞机的基本性能

简单推力法是以飞机水平等速直线飞行所需发动机推力曲线和可用发动机推力曲线为基础，根据定常直线飞行运动方程近似式(2-11)确定飞机基本性能的一种工程算法。

2.2.2.1 平飞所需推力

飞机做等速直线水平飞行称为平飞。平飞时,$\theta = 0$,式(2-11)可写为

$$\begin{cases} P = X \\ Y = G \end{cases} \tag{2-12}$$

平飞中为使飞行速度保持不变必须使发动机推力等于飞行阻力。平飞中为克服飞行阻力所需的发动机推力称为平飞所需推力,记为P_r,即

$$P_r = X = C_x \frac{1}{2} \rho V^2 S$$

其中:

$$C_x = C_{x0} + C_{xi} + \Delta C_{xh}$$

式中:C_{x0}为零升阻力系数,一般是飞行Ma的函数(图2-7);C_{xi}为诱导阻力系数。一般在迎角较小时($C_y \leq 0.3$),$C_{xi} = AC_y^2$,A为Ma的函数;当迎角较大($C_y > 0.3$)时,C_{xi}除随Ma而变,还是迎角(即C_y)的复杂函数,在某些飞机说明书中以诱导阻力曲线的形式给出(图2-8)。ΔC_{xh}是考虑到不同高度的雷诺数影响系数。

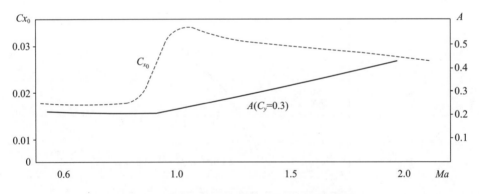

图2-7 零升阻力系数C_{x0}和诱导阻力系数因子A

典型的平飞所需推力曲线如图2-9所示。从图中可以看出,在一定的高度上,P_r开始时(小速度)随平飞Ma增大而减小,并在某$Ma = Ma_{av}$时达到最小值;最后随着平飞Ma的增大而增大。原因是:在小Ma(速度)时,平飞迎角很大,诱导阻力系数很大,因而诱导阻力很大,是构成平飞所需推力的主要成分。随着平飞Ma增大,飞机飞行迎角减小,升力系数减小,诱导阻力系数减小,因而诱导阻力减小,从而使P_r随Ma增大而减小。但是当平飞Ma增大到一定值之后,零升阻力逐渐成为P_r的主要成分时,随着平飞Ma增大,零升阻力随之增大,从而引

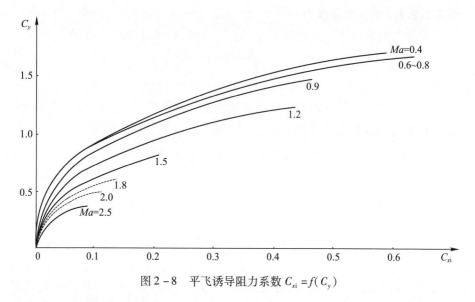

图 2-8　平飞诱导阻力系数 $C_{xi}=f(C_y)$

起 P_r 增大，P_r 最小值对应的 Ma_{av}，一般称为平飞有利 Ma。对应的速度称为平飞有利速度，记为 V_{av}。

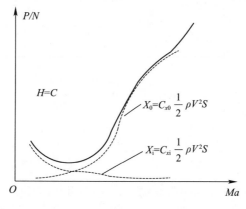

图 2-9　平飞所需推力曲线

图 2-10 给出某超声速飞机平飞所需推力曲线随高度变化的情况。由图中可以看出，随着高度升高，Ma_{av} 将逐渐增大，P_r 曲线将变得越来越平缓。原因是高度升高，大气压力下降，零升阻力明显下降的缘故。零升阻力减小，诱导阻力增大共同作用的结果，Ma_{av} 将随高度升高而增大。

2.2.2.2　可用推力

可用推力是指安装在飞机上的发动机实际提供给飞机用于飞行的推力，即

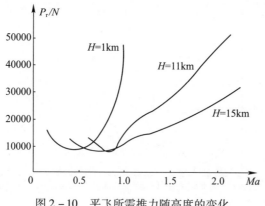

图 2-10 平飞所需推力随高度的变化

考虑飞机进气道损失、尾喷管增益和功率提取、引气等修正后的发动机推力。

图 2-11(a)给出了涡轮喷气发动机的可用推力随 Ma 的变化规律,即发动机的速度特性;图 2-11(b)给出了涡轮喷气式发动机的可用推力随高度的变化规律,即发动机的高度特性;图 2-12 所示为涡扇发动机可用推力随速度和高度的变化特性,可以看出,其高度特性与涡轮喷气发动机是一致的,不同之处表现在速度特性上,即低空随速度增加,可用推力减小,而高空可用推力则随速度增大而增大。

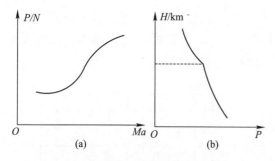

图 2-11 涡轮喷气发动机的可用推力

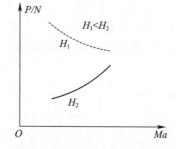

图 2-12 涡扇发动机的可用推力

2.2.2.3 平飞性能的确定

平飞性能主要是指平飞最大速度、最小速度和有利速度。

为了确定飞机的平飞性能,首先应将不同高度上的平飞所需推力曲线和相应飞行高度的满油门状态下的可用推力曲线绘制在同一张曲线图上,称为推力曲线图。图 2-13 所示为某超声速歼击机的推力曲线。

平飞最大速度是指在给定飞行高度上,发动机满油门状态,飞机所能获得的最大平飞速度。飞机以此速度飞行时,平飞所需推力与可用推力相等,即

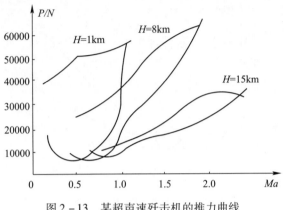

图 2-13 某超声速歼击机的推力曲线

$$P_r = P \tag{2-13}$$

平飞所需推力曲线和可用推力曲线的右交点所对应的飞行状态满足式(2-13)。当飞行 Ma(速度)超过此交点对应的 Ma(速度)时,P_r 将大于 P,飞机将不能保持平飞;相反,当飞行 Ma(速度)低于交点处 Ma(速度)时,飞行虽然可以通过收油门满足条件 $P_r = P$,但飞行(速度)Ma 不是最大。所以,给定高度上的平飞最大速度(Ma)应是满油门状态下,可用推力曲线与平飞所需推力曲线的右交点所对应的飞行速度(或 Ma)。

由图 2-13 可以看出,飞机在不同高度上的平飞最大速度是不同的。从推力曲线图上可以找出各飞行高度上的平飞最大速度,做出 V_{max}(或 Ma_{max})随飞行高度变化的曲线(图 2-14 和图 2-15)。

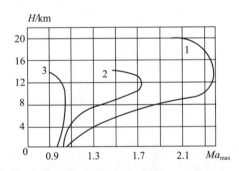 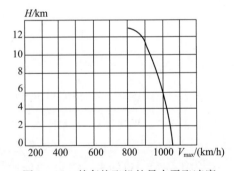

图 2-14 某超声速歼击机的平飞最大速度　　图 2-15 某轰炸飞机的最大平飞速度

平飞最小速度是指在一定高度上飞机能做等速直线水平飞行的最小速度。现代超声速战斗机中低空飞行时的平飞最小速度,一般由最大允许升力系数 C_{ymax} 决定。根据式(2-12)有

$$C_{y\max}\frac{1}{2}\rho V_{\min}^2 S = G$$

可以得

$$V_{\min} = \sqrt{\frac{2G}{C_{y\max}\rho S}}$$

值得注意的是,现代超声速战斗机的最大允许升力系数 $C_{y\max}$ 一般随 Ma 而变,不是一个常数(图 2 – 16)。

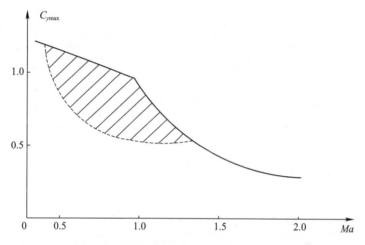

图 2 – 16 飞机最大升力系数与 Ma 的关系

因此,为确定 $Ma_{\min}$ 必须求解下述联列方程:

$$\begin{cases} C_{y\max}\dfrac{1}{2}\rho a^2 Ma^2 S = G \\ C_{y\max} = f(Ma) \end{cases}$$

为此,应该在最小平飞速度附近适当选取一系列 $Ma_i (i = 1,2,3,\cdots)$,根据升力等于重力的条件算得一系列升力系数:

$$C_{yi} = \frac{2G}{\rho a^2 Ma^2 S}$$

并在 $C_{y\max} \sim Ma_i$ 图上作 $C_{yi} \sim Ma_i$ 曲线,求得它们的交点(图 2 – 17 中的 A),则此交点对应的 Ma 即为所求的 $Ma_{\min}$。

随着高度升高,发动机推力迅速下降,以上述方法求得的 $Ma_{\min}$ 平飞时,发动机可用推力可能不足以克服平飞阻力。此时,应根据满油门状态可用推力与平飞所需推力曲线的左交点求得另一最小平飞速度 $Ma_{\min}$,并与上述求得的 $Ma_{\min}$

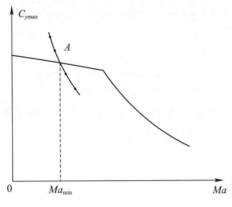

图 2-17 Ma_{min} 的确定

比较,取其中较大的一个作为平飞最小速度(Ma_{min})。

平飞有利速度可以根据其定义取为平飞所需推力曲线最低点对应的速度(Ma)。

2.2.2.4 最大上升率和升限的确定

1. 最大上升率

如图 2-18 所示,上升率 V_y 是指飞机在等速直线飞行中每秒内上升的高度,即

$$V_y = \frac{dH}{dt} = V\sin\theta$$

式中:θ 为航迹俯仰角,在上升的飞行中也称为上升角。

在式(2-11)中,以 P_r 代替阻力 X,得

$$P - P_r = G\sin\theta$$

可以看出,只有当 $P > P_r$ 时,飞机才能做等速直线上升飞行。可用推力和平飞所需推力之差称为剩余推力。显然 $\sin\theta = \dfrac{\Delta P}{G}$ 或 $\theta = \arcsin\left(\dfrac{\Delta P}{G}\right)$。在一定的高度上,剩余推力 ΔP 随飞行速度(Ma)而变。当 ΔP 在某飞行速度(Ma)下取得最大值时,上升角将取得最大值,即

$$\theta_{max} = \arcsin\left(\frac{\Delta P_{max}}{G}\right)$$

取得最大上升角的速度,称作陡升速度,记为 V_{deep}。

陡升速度 V_{deep},并不是取得最大上升率的速度。根据上升率的定义,有

$$V_y = \frac{dH}{dt} = V\sin\theta = \frac{\Delta PV}{G} \qquad (2-14)$$

在飞行重量 G 一定的条件下，$(V_y)_{\max} = \frac{(\Delta PV)_{\max}}{G}$，给定飞行高度的最大上升率 $(V_y)_{\max}$ 可以通过图解求得，步骤如下：

(1) 给定一系列 $Ma_i(i=1,2,3,\cdots)$，计算 $V_i = Ma_i \cdot a$。

(2) 由推力曲线上求得各 V_i（即 Ma_i）对应的剩余推力 ΔP_i，并算出 $\Delta P_i \cdot V_i$。

(3) 以 (ΔPV) 为纵坐标，速度 V 为横坐标，作 $(\Delta PV) \sim V$ 曲线，从曲线的最高点（图 2-19 中）求得 $(\Delta PV)_{\max}$ 并计算 $(V_y)_{\max} = (\Delta PV)_{\max}/G$。

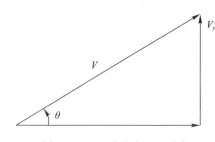
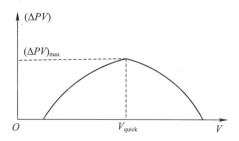

图 2-18　上升速度和上升率　　　图 2-19　快升速度

通常把最大上升率的速度称作快升速度，并记为 V_{quick}，一般地，$V_{\text{quick}} > V_{\text{deep}}$。值得指出的是，超声速战斗机一般有两个快升速度：一个是亚声速快升速度，一个是超声速快升速度。其原因是超声速飞机的剩余推力有两个极值（图 2-20）：一个在亚声速区有利速度右侧附近，一个在超声速区的最大可用推力 Ma 附近。这使超声速战斗机在高空具有两个上升率极值点，而且超声速的最大上升率比亚声速的最大上升率要大。

因此，对于超声速飞机为了充分发挥其上升性能，争取以最短的时间上升到规定高度，一般在中、低空使用亚声速快升速度飞行，并在达到一定高度后加速到超声速快升速度，再以超声速快升速度上升，爬高到所希望达到的高度。例如某超声速歼击机规定，在 8000m 以下用亚声速快升速度上升；在 13000m 以上改用超声速快升速度上升；为了从亚声速上升转为超声速上升，飞机必须在 8000～13000m 范围内进行小角度加速上升。

2. 升限

升限通常是指静升限，也称为理论升限，是飞机能保持等速直线水平飞行的最大高度，也就是最大上升率为零的高度。

飞机在上升过程中，随着飞行高度的增加，推力曲线图上的可用推力曲线逐渐下移，而平飞所用推力曲线逐渐右移动并越来越平缓，使剩余推力逐渐减小，最大上升率逐渐降低(图2-21)。当飞机上升到某一高度时,可用推力曲线与平飞所需推力曲线恰好切于某一点。此时飞机只能以该切点对应的唯一速度平飞,飞行速度大于或小于该速度飞行,都会因为 $P_{av} < P_r$ 而不能保持等速直线水平飞行。

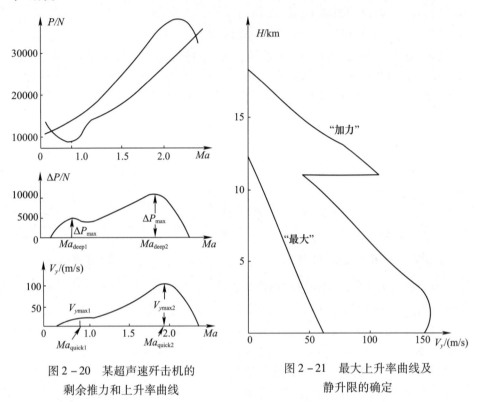

图2-20 某超声速歼击机的
剩余推力和上升率曲线

图2-21 最大上升率曲线及
静升限的确定

飞机静升限可以通过作最大上升率随高度变化曲线的方法确定,见图2-21,最大上升率曲线与纵坐标的交点即为飞机的静升限。

值得指出的是,静升限多少只有理论上的意义。实际使用一般都在稍低于静升限的高度上飞行,即实用升限一般都小于理论升限。实用升限应是:在给定飞行重量和发动机工作状态(最大加力、最大或额定状态)下,在垂直平面内做等速爬升时,对于亚声速飞行,最大上升率为0.5m/s时的飞行高度;对于超声速飞行,最大上升率为5m/s时的飞行高度。

高速飞机速度大,飞行员往往可以采用跃升的办法,使飞机在静升限以上的高度飞行。飞机在静升限以下的高度上,增速到最大速度,然后利用飞机的动能,沿跃升线上去,当表速减小到最小允许表速时,在保证飞机不失去稳定性和操纵性的前提下,所能达到的最大高度称为动力升限(简称动升限),采用跃升的办法,在静升限和动升限之间的高度上飞行,称为动力高度飞行。

例如,某超声速歼击机,在 13500m 高度上,Ma 由 2.0 增速到 2.05,拉杆形成 2.5 的过载进入跃升,当表速减小到平飞最小表速时,飞机可达 23000m 左右的高度,这是该型飞机实际使用的最大动力高度。

应当指出,动升限和静升限是两个不同的概念。前者是利用飞机的速度暂时获得的高度,在该高度上推力小于阻力,飞机不能做稳定平飞;而后者是依然靠发动机的可用推力所取得的高度,在该高度上推力等于阻力,飞机可以做稳定平飞。飞机在动升限与静升限之间的动力高度范围内,还可以保持一定时间的减速平飞,因此,作战时,可以利用动力高度飞行的方法,攻击在飞机静升限以下的目标。

2.2.3 平飞包线

飞机基本性能计算结果,常常在高度—速度平面上用最大平飞速度和最小平飞速度随高度的变化曲线给出飞机做等速直线水平飞行高度—速度范围(图 2-22 中的虚线)。飞机的平飞高度—速度范围称为平飞包线。

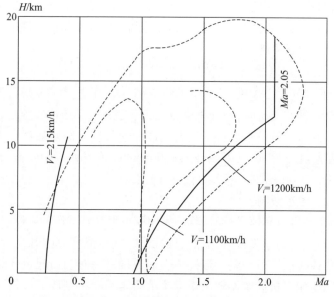

图 2-22 某型歼击机的平飞包线和限制

飞机的速度范围是最小平飞速度到最大平飞速度之间的飞行范围,其左边界线是最小平飞速度线,右边界线是最大平飞速度线。在此边界之内飞机可以做平飞、等速直线上升和下滑飞行或做加、减速飞行,在边界线上则只能做等速直线水平飞行、下滑或减速飞行。由于最大和最小平飞速度随高度变化,所以飞机的平飞速度范围也随高度而变。接近升限时速度范围急剧缩小,其左、右边界线最终在理论升限上相接于一点。此时,飞机只能以与该点对应的唯一速度做平飞、下滑或减速飞行。

从海平面到飞机能保持平飞的最大高度,即理论升限之间的飞行范围称作飞机的平飞高度范围。

飞机的平飞包线直观地反映出飞机飞行性能的概貌。它所包围的高度—速度范围越大,飞机所具有的战斗能力一般也越强。然而,由于受到飞机结构强度和刚度条件、稳定性和操纵性等影响,仅仅根据简单推力法确定的平飞包线还不是飞机的实际适用范围。这首先表现在对最大平飞速度线的限制上。

2.2.4 平飞最大速度的限制

现代高性能战斗机,由于气动外形的改进和大推重比发动机的采用,按简单推力法确定的最大平飞速度,可能会超过飞机结构刚度、强度、飞机稳定性和操纵性能容忍的范围。因此,为了确保飞机飞行安全,必须根据实际情况限制其最大平飞速度。下面主要介绍动压限制、温度限制、稳定性和操纵性限制。

2.2.4.1 动压限制

动压限制(q_{max})属于飞机结构强度和刚度限制。过大的动压,可能会使机体受到过大的空气动力作用,从而引起蒙皮铆钉松动,过大的变形甚至引起结构破坏。由于中、低空飞行时,空气密度较大,表速较大,动压比较容易超出规定的数值,动压限制对飞行员来说就是最大允许表速限制。例如某超声速歼击机的最大允许表速在 5000m 以下为 $V \leqslant 1100$km/h,在 $H \geqslant 5000$m 高度上为 $V \leqslant 1200$km/h(平飞包线见图 2-22 的右下方)。

2.2.4.2 温度限制

现代高速飞机以高速飞行时,其最大速度不但受到动压的限制,还要受到温度的限制。当飞机高速飞行时,附面层的底层,气流温度急剧升高,产生气动增温现象,对机体表面进行加温。当机体表面温度过高时会引起机体结构材料的机械性变坏、座舱有机玻璃发软而模糊不清。用铝合金制成的飞机一般只能在短时间内(不大于5min)承受468K 的温度,其最大可承受的温度为493K,钛合金制成的飞机能承受673K 左右的温度。

由空气动力学知道,空气动力增温的数值直接与 Ma 有关,即

$$T_0 = T_{at}(1 + 0.2Ma^2)$$

在环境温度一定的情况下,机体表面的气流滞止温度 T_0 仅由 Ma 决定。因此,温度限制在飞机包线上往往以 Ma 限制给出(图 2-23)。

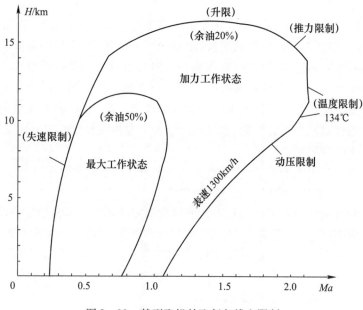

图 2-23　某型飞机的飞行包线和限制

例如某型飞机的限制温度为 407K,在高度 $H \geqslant 11\mathrm{km}$ 飞行时 $T_{\mathrm{at}} = 216.5\mathrm{K}$,由上式可得

$$Ma_{\lim} = \sqrt{5\left(\frac{T_{\lim}}{T_{\mathrm{at}}} - 1\right)} = 2.236\sqrt{\frac{407}{216.5} - 1} \approx 2.1$$

即在 $H \geqslant 11\mathrm{km}$ 飞行时,由于温度限制,某型飞机的最大 Ma 不应超过 2.1(由于机体表面传热的影响,表面结构的温度将低于上式计算得到的滞止温度,这个结果偏于保守)。

2.2.4.3　稳定性和操纵性限制

当飞机做超声速飞行时,其舵面效率将降低,方向静稳定性变差,严重的还可能出现副翼操纵失效或失去方向静稳定性。为了防止出现这种现象,保证飞机具有足够的方向静稳定性和操纵性,有必要限制最大飞行 Ma,如某型歼击机,为了保证飞行中具有足够的方向静稳定性,规定了最大允许使用 Ma 不得超过给定值 2.05。

应当指出,除上述几种限制外,其他许多因素也可能造成飞机实际使用的最大速度超出限制,如"幻影"Ⅲ飞机就曾因为助力器功率不足而不得不限制它的最大速度。

2.2.5 使用维护对基本飞行性能的影响

飞机的技术说明书提供通过计算给出的飞机基本性能都是在一定的标准条件下得到的,但随着使用时间的增长,发动机的可用推力、飞机外形等也会发生变化;另外,在实际使用过程中,装载量、外挂物,以及大气条件等也都会发生不同程度的变化,这些都会影响飞机的基本飞行性能。而外场实际使用条件及机务维护质量情况将会使飞机基本性能发生偏离或变化,所以研究飞机的维护质量和使用条件对基本飞行性能的影响,对于充分发挥飞机性能和保证飞行安全,有着十分重要的意义。

下面重点分析维护质量、飞行重量和气温对飞机性能的影响。

2.2.5.1 维护质量对飞机性能的影响

维护质量的好坏对飞机的基本性能具有明显的影响。不良的维护可以引起发动机推力降低,导致蒙皮漆层脱落,飞机表面积垢、划伤、压坑或变形、舱口盖不严或密封装置损坏等。这将使飞机零升阻力增加,平飞所需推力增大。结果使飞机的最大平飞速度减小,平飞速度范围缩小;使平飞剩余推力减小,飞机最大上升率减小,升限降低(图2-24)。

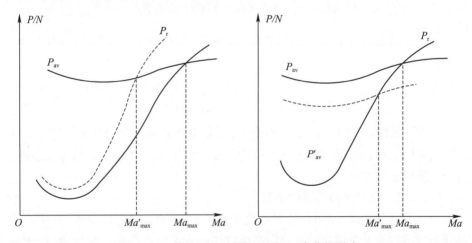

图 2-24 维护不良引起的 P_r 和 P_{av} 变化的影响

因此,为保持飞机具有良好的飞行性能,严格遵守各种条令和维护规程是十分必要的。

2.2.5.2 飞行重量对飞机性能的影响

根据式(2-12),平飞中飞机升力必须等于重力,否则飞机将不能做水平直线飞行。飞机重量增加,飞机升力必须随之增大。这要求飞机必须以较大迎角,即较大升力系数飞行,结果必然导致诱导阻力系数 C_{xi} 的增大,使平飞所需推力增大,减小平飞最大速度,导致飞行性能降低(图2-25)。

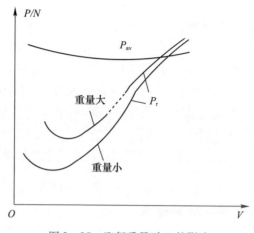

图2-25 飞行重量对 P_r 的影响

飞机高速飞行时,构成平飞所需推力的主要成分为零升阻力,因此飞行重量增加对平飞最大速度影响是不大的。但是飞机在低速飞行时,诱导阻力是构成平飞所需推力的主要成分,因此飞行重量增加将明显增大飞机低速飞行时的平飞所需推力。当飞机最小平飞速度由推力曲线决定时,将使飞机的最小平飞速度增大。当然,当飞机的最小平飞速度由 C_{ymax} 确定时,飞行重量的增加也必然引起最小平飞速度的增大。

此外,根据式(2-14)上升率与剩余推力成正比、与飞行重量成反比。飞行重量增加将会使飞机的上升率明显减小,从而使飞机的升限降低。

2.2.5.3 气温对飞机性能的影响

气温的变化对发动机推力影响较大,但对平飞所需推力基本没有影响(气压高度和 Ma 不变的条件下)。

从发动机原理知道,气温降低使发动机可用推力增加。因此,最大平飞 Ma 和最大上升率以及静升限都将随气温的降低而增大;相反,气温升高,则发动机可用推力减小,平飞最大 Ma、最大上升率及升限也随之下降。

应当指出,气温降低、最大 Ma 增大并不一定意味着最大平飞速度会有明显增大。当最大平飞速度处于跨声速范围内时,最大平飞速度附近的阻力系数由于激波的变化而发生急剧变化。气温降低使发动机可用推力增大产生的最大平飞 Ma 增加不多,而气温降低却会导致声速减小,从而使最大平飞速度不能明显增加,甚至减小。当然,如果最大平飞速度处于阻力系数变化比较平缓而且随着 Ma 增大而减小的超声速范围,气温降低引起最大平飞 Ma 增大较多时,最大平飞速度的增加会是比较明显的。

2.3 飞机机动飞行性能

在夺取空战优势时,飞机的作战能力除与其基本性能有关,机动飞行性能也起着相当重要的作用,它是飞机又一个极其重要的战术、性能指标。在空战中,飞机常常要做各种复杂的机动飞行,如跃升、俯冲、筋斗、盘旋和战斗转弯等,为此有必要深入分析飞机的机动飞行性能。本节首先介绍飞机机动性和过载的概念,然后从飞机的质心运动方程出发分别阐述飞机的水平机动性能、垂直机动性能及其计算方法。

2.3.1 飞机的机动性和过载

飞机的机动性能是指飞机在飞行过程中改变飞行速度、高度以及飞行方向的能力。飞机能在越短的时间间隔内,根据飞行员的意愿和操纵,迅速改变飞行速度、高度和方向,飞机的机动性越好。

根据要改变的运动参数,飞机的机动性可分为速度机动性、高度机动性和方向机动性。它们分别表征飞机迅速改变飞行速度、高度和方向的能力。飞机的机动飞行按其航迹的特点可分为水平面内的机动飞行、铅垂面内的机动飞行和空间的机动飞行。

在完成飞行任务、夺取空中作战优势的飞行中,飞机的机动性起着十分重要的作用,是军用飞机战术技术性能指标的重要组成部分。

飞机的机动性可以利用飞机在飞行中能产生的加速度来评定。

如前所述,如飞机的质量为 m,加速度为 a,外力为 $\sum F$,则有

$$a = \frac{1}{m} \sum F$$

式中:$\sum F = P + R + G$。

如果考虑到机动飞行时间不长,发动机消耗的燃油质量与飞机质量相比可以忽略不计,重力矢量 G 可以看成一个常矢量,因此飞机加速度大小和方向的变化完全取决于发动机推力 P 和空气动力 R 的合力的大小和方向。

因此有

$$N = P + R$$

把上式写成

$$a = \frac{1}{m}(N + G)$$

如果以重力加速度作为飞机质心加速度的度量单位,则有

$$\frac{a}{g} = \frac{N}{mg} + \frac{g}{g}$$

$$= n + \frac{g}{g} \tag{2-15}$$

矢量 n 的大小是除重力作用于飞机上的一切外力的合力与飞机重量之比,称为飞机的过载。n 的方向沿着发动机推力和空气动力的合力的方向。飞行中飞行员就是通过改变发动机推力 P 或空气动力 R 的大小和方向,来改变过载矢量的大小和方向。因此,可以利用过载矢量 n 来研究飞机的机动性。

在航迹坐标系中,过载矢量 n 可以写为

$$\begin{bmatrix} n_{xh} \\ n_{yh} \\ n_{zh} \end{bmatrix} = \frac{1}{mg} \begin{bmatrix} P_{xh} + R_{xh} \\ P_{yh} + R_{yh} \\ P_{zh} + R_{zh} \end{bmatrix}$$

$$= \frac{1}{mg} \begin{bmatrix} P\cos(\alpha + \varphi_p)\cos\beta - X \\ P[\cos(\alpha + \varphi_p)\sin\beta\sin\gamma_s + \sin(\alpha + \varphi_p)\cos\gamma_s] \\ + Y\cos\gamma_s - Z\sin\gamma_s \\ -P[\cos(\alpha + \varphi_p)\sin\beta\cos\gamma_s - \sin(\alpha + \varphi_p)\sin\gamma_s] \\ + Y\sin\gamma_s + Z\cos\gamma_s \end{bmatrix} \tag{2-16}$$

当飞机做无侧滑飞行时,侧滑角 $\beta = 0$,侧向力 $Z = 0$,式(2-16)可写为

$$\begin{bmatrix} n_{xh} \\ n_{yh} \\ n_{zh} \end{bmatrix} = \frac{1}{mg} \begin{bmatrix} P\cos(\alpha + \varphi_p) - X \\ P\sin(\alpha + \varphi_p)\cos\gamma_s + Y\cos\gamma_s \\ P\sin(\alpha + \varphi_p)\sin\gamma_s + Y\sin\gamma_s \end{bmatrix} \tag{2-17}$$

若 φ_p 和 α 不大,$\cos(\alpha + \varphi_p) \approx 1$,$\sin(\alpha + \varphi_p) \approx 0$,则得

$$\begin{cases} n_{xh} = \frac{1}{G}(P - X) \\ n_{yh} = \frac{1}{G} Y\cos\gamma_s \\ n_{zh} = \frac{1}{G} Y\sin\gamma_s \end{cases} \tag{2-18}$$

式(2-18)是过载矢量沿航迹轴系的三个分量计算公式。

将式(2-16)代入飞机质心动力学方程式(2-3),有

$$\begin{cases} dV/dt = g(n_{xh} - \sin\theta) \\ Vd\theta/dt = g(n_{yh} - \cos\theta) \\ -V\cos\theta \dfrac{d\psi_s}{dt} = gn_{zh} \end{cases} \quad (2-19)$$

注意:参数 V 是指速度的大小,而 θ、ψ_s 则表示飞行方向,根据导数的意义,可以看出过载矢量 n 的三个分量实际上起着决定改变飞行速度大小和方向能力的作用。

令

$$n_y = \sqrt{n_{yh}^2 + n_{zh}^2}$$

由式(2-18)可得

$$n_y = Y/G \quad (2-20)$$

通常把 n_y 称为法向过载,把 n_{xh} 称为切向过载,切向过载又称为纵向过载。

飞机以大于 1 的正过载做机动飞行时,座椅施加于飞行员的作用力大于飞行员的重力,使其感觉到受到较大的压力作用,形成"超重"现象。飞行员身体各部分也都受到大于本身重量的压力,体内的血液由于惯性向下肢聚积,时间久了就会头晕目眩,甚至失去知觉。一般情况下,飞行员在 5~10s 能承受的极限过载为 8 左右,在 20~30s 能承受的过载为 5 左右。

飞机以小于 1 的过载做机动飞行时,座椅施加于飞行员的作用力小于飞行员的重力,使其感觉到受到体重比等速直线飞行时轻了,有失去一部分重量的感觉。此时飞行员体内血液向头部积聚,更感觉难以忍受。故当飞机以小于 1 的过载做机动飞行时,对飞行员会形成"失重"现象。

2.3.2 飞机在水平面内的机动飞行性能

飞机在水平面内的机动飞行是一种在高度保持不变情况下连续改变飞行方向的曲线运动。最常见的飞机在水平面内的机动飞行是转弯。连续转弯航向变化等于 360°的水平机动飞行称为盘旋。

2.3.2.1 盘旋操纵原理

盘旋飞行可分为进入盘旋、稳定盘旋和改出盘旋三个阶段。进入盘旋阶段,飞机坡度逐渐增大;在稳定盘旋阶段,坡度保持不变;在改出盘旋阶段,坡度逐渐减小。

1. 进入盘旋阶段

飞机从平飞进入盘旋,所需升力增大。要增大升力,可从增大迎角和加大速度两个方面来实现。拉驾驶杆增大迎角时,如果迎角大于有利迎角较多,会使阻力增加,升阻比减小。另外,迎角过大还会引起飞机的抖动,不安全。因此,实际操纵中,进入盘旋是通过同时增大迎角和速度的方法来实现的。

进入盘旋前,先加油门增大速度,同时向前推杆减小迎角以保持高度。加油门的量,一般是要获得保持预定坡度和速度做盘旋所需的推力。当速度增大到规定值时,应手脚一致地向预定盘旋方向压杆和蹬舵。压杆是为了使飞机倾斜,产生盘旋所需的向心力,蹬舵是为了让飞机偏转机头,使飞机纵轴方向与飞行轨迹保持一致,从而不产生侧滑。

随着坡度增大,平衡飞机重力的升力分量减小,这时要逐渐带杆增大迎角加大升力以保持高度。随着坡度和升力增加,盘旋向心力增大,为防止侧滑,要继续向盘旋方向蹬舵。

在飞机达到预定坡度以前,应及时提前回杆,以防止飞机继续滚转,从而使飞机稳定在预定的坡度上。在回杆同时相应地回舵,这时的舵偏量要比进入盘旋时小。

2. 稳定盘旋阶段

在稳定盘旋阶段,飞行员要及时发现和修正各种偏差。稳定盘旋中,经常会出现的偏差是高度、速度保持不好。所以稳定盘旋中,要注意保持好高度和速度。

盘旋中高度是通过保持一定的坡度和迎角来实现的。保持好坡度是保持高度的重要条件。坡度大了,平衡飞机重力的升力分量会减小,从而导致飞机掉高度;相反,坡度小了,飞行高度就会增加。坡度是通过压杆来调节的。

盘旋中要保持好速度,就要正确使用油门杆和驾驶杆。进入盘旋时使用的油门是否适当,还要在盘旋中加以检验。盘旋中,如果高度和坡度不变,而速度增大了,那么就要适当收小油门。在收油门的同时,要带杆保持高度。反之,就要加油门和适当顶杆。

盘旋中的高度变化会影响盘旋速度。盘旋中,若因盘旋坡度过小,而使飞行高度增加,则飞机上升过程中重力在上升轨迹上的分力会导致飞机速度减小。若飞机高度增加是由带杆过多造成的,则由于迎角增加,阻力也要增加,从而使速度减小。反之,会引起速度增大。所以,当盘旋高度和速度同时出现偏差时,应先保持好高度,再修正速度。

另外,还要注意保持杆舵协调,随时消除侧滑。在稳定盘旋中,由于飞机两侧机翼的运动路径不同,其运动速度不同,外侧机翼的速度大于内侧机翼的速度,从而导致外侧机翼的升力大于内侧机翼的升力,需向盘旋反方向压杆修正。小坡度盘旋,驾驶杆一般在中立位置,大坡度盘旋,反压杆的量要增大,以保持坡度为准。

总之,为确保稳定盘旋,基本操纵方法是:主要用驾驶杆保持高度和坡度,蹬舵保持不带侧滑,用油门控制速度。驾驶杆、脚蹬和油门的正确配合是做好稳定盘旋的关键。

3. 改出盘旋阶段

从盘旋改出平飞,飞机的坡度不可能一下减小到零,因此在改出过程中,飞机仍然带有坡度飞行,还会继续偏转。为了使飞机在预定方向改出盘旋,需要提前做改出动作。坡度越大,盘旋速度越快,提前量越多。提前改出的角度一般定为盘旋坡度的一半。

改出盘旋首先要消除向心力,为此要向盘旋的反方向压杆,以减小飞机坡度。因坡度减小,飞机轨迹会发生变化,为避免侧滑,在压杆同时还要向盘旋反方向蹬舵。随着坡度减小,平衡重力的升力分量逐渐增大,为保持飞行高度,飞行员还需要逐渐向前推杆减小迎角。由于迎角减小,飞行阻力减小,改出盘旋过程中同时还要柔和地收油门,使推力和阻力平衡,保持速度不变。在接近平飞状态时,驾驶杆和脚蹬回到中立位置,以保持平飞。

改出盘旋的操纵要领如下:提前一定坡度,向盘旋反方向手脚一致压杆、蹬舵,逐渐减小飞机坡度,并防止侧滑。随着坡度的减小,向前推杆,并收小油门,飞机接近平飞状态时,将驾驶杆和脚蹬回到中立位置,保持平飞运动。改出过程要始终注意保持高度。

2.3.2.2 正常盘旋飞行性能

速度、迎角、倾斜角和侧滑角保持不变的盘旋称为定常盘旋,否则称为非定常盘旋。不带侧滑的盘旋称为正常盘旋。下面着重介绍正常盘旋。

根据式(2-6),令 $\dfrac{\mathrm{d}V}{\mathrm{d}t}=0$,得

$$\begin{cases} P\cos(\alpha+\varphi_p) = X \\ [P\sin(\alpha+\varphi_p) + Y]\cos\gamma_s = mg \\ mV\dfrac{\mathrm{d}\psi_s}{\mathrm{d}t} = -[P\sin(\alpha+\varphi_p) + Y]\sin\gamma_s \end{cases}$$

如果 α 和 φ_p 不大,近似地认为 $\cos(\alpha+\varphi_p)\approx 1$,$\sin(\alpha+\varphi_p)\approx 0$,并且注意到在正常盘旋中 $\left|\dfrac{\mathrm{d}\psi_s}{\mathrm{d}t}\right|=\omega=V/R$,那么上式可写为

$$\begin{cases} P = X \\ Y\cos\gamma_s = G \\ m\dfrac{V^2}{R} = Y\sin|\gamma_s| \end{cases} \quad (2-21)$$

可以看出,飞机做正常盘旋时,发动机推力 P 必须等于阻力,这样才能保持盘旋飞行速度大小不变;升力的垂直分量 $Y\cos\gamma_s$ 必须等于飞机的重量,以保持飞行高度不变;而升力的水平分量 $Y\sin\gamma_s$ 则起着水平曲线飞行向心力的作用(图 2-26)。

注意到:

$$\sin|\gamma_s| = \sqrt{1-\cos^2\gamma_s}$$
$$= \sqrt{1-\left(\dfrac{G}{Y}\right)^2}$$

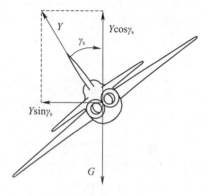

图 2-26 盘旋中力的关系

代入式(2-21)的第三式,可以得到正常盘旋的半径为

$$R = \dfrac{G}{g}\dfrac{V^2}{Y\sin|\gamma_s|}$$
$$= \dfrac{G}{g}\dfrac{Y}{G}\dfrac{1}{\sqrt{(Y/G)^2-1}}\dfrac{V^2}{Y}$$
$$= \dfrac{V^2}{g\sqrt{n_y^2-1}} \quad (2-22)$$

不难看出飞机正常盘旋一周的时间应为

$$T = \dfrac{2\pi R}{V} = \dfrac{2\pi V}{g\sqrt{n_y^2-1}} \quad (2-23)$$

给定飞行速度 V 和法向过载 n_y,根据式(2-22)和式(2-23)可以方便地算得盘旋一周所需的时间和盘旋半径。正常盘旋半径和盘旋一周所需的时间是衡量飞机方向机动能力的重要指标。正常盘旋的半径越小,盘旋一周所需的时间越短,飞机方向机动性能越好。

正常盘旋半径和盘旋周期取决于飞行速度和法向过载,从飞机的盘旋性能来看,在速度一定的情况下,要使 R、T 小,就要求飞机能提供较大的法向过载。但在实际飞行中,飞机的法向过载不能太大,它受下列三个主要因素限制。

1. 飞机的结构强度和人的生理条件的限制

盘旋时坡度越大,盘旋半径和盘旋周期越小,但飞机的过载越大。考虑到飞机的结构强度和人的生理条件,飞机设计中规定了限制载荷因数,盘旋时过载不能超过限制载荷因数,这也限制了盘旋坡度。对歼击机、强击机等机动性强的飞机,在正常装载下,飞机最大的法向过载通常受人的生理条件的限制。对轰炸机和运输机等大型飞机,最大的法向过载通常受到飞机结构强度的限制,在 2.5~3.5 之间。对于客机,因为要考虑乘客在飞行过程中的舒适性,一般最大的法向过载不大于 2。

2. 飞机的迎角和平尾的限制

要增大飞机的法向过载,就必须增大升力,也就是增大飞机的迎角或升力系数,当迎角增大到失速迎角时,升力系数达到最大。为保证飞行安全,飞机迎角不允许增加到失速迎角,即飞行速度不得低于在盘旋坡度下的抖动速度,这就限制了飞机盘旋的最小速度。

此外,飞机所能获得最大的法向过载,还受到水平尾翼(或升降舵)的极限偏转角的限制。为保证飞机纵向力矩的平衡,飞机在一定的升力系数飞行时,必须有一定的配平水平尾翼偏转角,升力系数越大,配平偏转角越大。当平尾偏转角为极限值时,升力系数也不再增加,因此,飞机的法向过载受到平尾最大偏转角的限制。

3. 发动机可用推力的限制

飞机在给定高度、速度下盘旋时的升力和阻力均大于该条件下平飞的升力和阻力。若盘旋时所用的法向过载过大,则盘旋时的阻力就有可能大于满油门时发动机的可用推力,飞机将会减速而不能保持正常盘旋。所以,满油门时发动机的可用推力是飞机做正常盘旋的又一个限制因素。

通常,把飞机处于上述三种限制条件之一的盘旋状态称为极限盘旋状态,所对应的盘旋性能称为极限盘旋性能。

在实际飞行中,尤其是空战中,正常盘旋并不是最广泛使用的机动动作。很多情况下,飞行员必须使飞机在最短时间内完成转弯。此时,飞机如果是以大速度飞行,飞行员不应该就以大速度做正常盘旋,或者将飞行速度降低到与最小盘旋时间所对应的速度再做正常盘旋。实践证明,上述两种办法,转弯时间均较长。合理的办法,是以大速度进入盘旋,而以小速度结束盘旋。盘旋过程中,在飞行员生理条件允许和保证飞行安全的条件下,尽量保持飞机有较大的法向过载。这样,盘旋时间可大大减小。这种飞行速度、滚转角和盘旋半径等参数中有一个或数个发生变化的盘旋称为非定常盘旋,其对在空战中取得战术优势是非常有用的。

随着飞机飞行速度的提高,飞机的盘旋性能显著变差。因为盘旋周期与速度成正比,盘旋半径与速度的平方成正比,虽然超声速飞机的可用推力较大,能使满油门可用推力限制下盘旋法向过载增加,但不能抵消因速度剧增而引起的盘旋半径和周期显著增大的影响。

一般超声速飞机在一定高度上飞行时的剩余推力有两个最大值,因此做极限正常盘旋时的法向过载也有两个最大值:一个出现在 Ma 接近 1 的范围,另一个出现在 Ma 大于 1 的范围。虽然在超声速范围做极限正常盘旋的法向过载较大,但对盘旋半径和周期来讲,飞行速度的影响通常起着决定的作用。因此,超声速飞机的最小盘旋半径及盘旋周期是在亚声速范围内得到的。在高空做超声速正常盘旋时,盘旋半径很大,有时可达数十千米。

对超声速飞机来讲,一般失速特性较好,因而飞机迎角对盘旋的限制可以放宽到接近失速迎角附近,这样一方面可以使法向过载增大,当然要受到飞机结构强度或人的生理条件限制;另一方面又使飞行阻力增大,从而使飞行速度减小,这一点对改善机动性是有利的。但超声速飞行时,由于飞机的纵向静稳定性增强,平尾(或升降舵)效率又随 Ma 的增加而降低。所以即使将驾驶杆拉到底,仍可能达不到大的迎角和法向过载,这对盘旋飞行性能又是不利的。因此,总的趋势还是使超声速盘旋性能恶化。

为了迅速地改变飞机的飞行方向,应设法提高其向心加速度。这主要靠产生足够大的法向过载来实现。由法向过载的概念可知,翼载荷越小,高度越低,速度越大,升力系数越大,都能使法向过载增大。但是,法向过载的提高受到各种因素的限制,另外,由于气动加热、结构颤振等对最大 Ma 及最大动压提出了限制,相应地对法向过载的提高增加了限制条件。所以,提高飞机改变飞行方向的能力,需要计及这些限制因素的影响。

通过采取相应的措施,如增大发动机的推重比,从气动外形设计方面考虑增大升力系数,飞行员穿抗荷服并采用特殊的座椅以提高其抗过载能力,都可以在一定程度上改善飞机的方向机动能力。

为充分发挥飞机的机动飞行性能潜力,飞机还必须具有适当的操纵机构,能迅速改变飞行状态。这就要求在设计过程中对操纵面的形状、大小和位置等全面考虑。此外,还应增强飞机结构的刚度,以便提高其最大动压。否则,在低空大速度飞行时,由于动压大,气动力大,使操纵面发生扭转弹性变形,以至于降低操纵效能甚至造成操纵失效,从而无法发挥飞机机动性能潜力。

2.3.3 飞机在铅垂平面内的机动飞行性能

飞机在铅垂平面内的机动飞行具有多种形式,典型的机动飞行动作包括平飞加速和减速、跃升、俯冲和筋斗飞行。

当飞机在铅垂平面内飞行时,其航迹偏转角 ψ_s 和速度滚转角 γ_s 应始终保持为零。因此,根据式(2-19)和式(2-17),有

$$\begin{cases} \dfrac{\mathrm{d}V}{\mathrm{d}t} = g(n_{xh} - \sin\theta) \\ V\dfrac{\mathrm{d}\theta}{\mathrm{d}t} = g(n_{yh} - \cos\theta) \end{cases} \quad (2-24)$$

和

$$\begin{cases} n_{xh} = \dfrac{1}{G}[P\cos(\alpha + \varphi_p) - X] \\ n_{yh} = \dfrac{1}{G}[P\sin(\alpha + \varphi_p) + Y] \end{cases} \quad (2-25)$$

加上运动学方程:

$$\begin{cases} \mathrm{d}x_g/\mathrm{d}t = V\cos\theta \\ \mathrm{d}y_g/\mathrm{d}t = V\sin\theta \end{cases} \quad (2-26)$$

则式(2-24)~式(2-26)实际上就是 2.1 节中铅垂面内质心运动式组(2-7)。式(2-25)为代数方程,由飞行员操纵确定。当驾驶杆和油门的操纵规律确定时,飞机的飞行迎角和发动机工作状态的变化规律也就确定了,因而发动机推力、飞机升力和阻力为已知量,切向过载 n_{xh} 和法向过载 n_{yh} 也就给定了。这样,只要给定初始条件,对式(2-24)和式(2-26)进行数值积分,就可以计算飞机在空间机动时的运动参数 V 和 θ,算出飞机的水平飞行距离 x_g 和飞行高度 y_g。

2.3.3.1 平飞加速和减速性能

飞机平飞加速和减速性能反映飞机改变速度大小的能力。飞机在平飞中增加或减小一定速度所需的时间越短,飞机的速度机动性越好。对于亚声速飞机,通常计算由 $0.7V_{max}$ 至 $0.97V_{max}$ 的加速时间和由 V_{max} 至 $0.7V_{max}$ 的减速时间作为衡量飞机速度机动性的主要指标;对于超声速飞机,则一般计算其亚声速常用 Ma 至最大使用 Ma 的加(减)速时间作为衡量其速度机动性的主要指标。

飞机做水平直线飞行时,航迹角 θ 始终保持为零,即

$$\theta = \frac{\mathrm{d}\theta}{\mathrm{d}t} = 0$$

根据式(2-24)和式(2-25),有

$$\begin{cases} \mathrm{d}V/\mathrm{d}t = gn_{xh} = g\dfrac{P\cos(\alpha+\varphi_p) - X}{G} \\ n_{yh} = \dfrac{1}{G}\left[P\sin(\alpha+\varphi_p) + Y\right] = 1 \end{cases}$$

通常$(\alpha+\varphi_p)$比较小,在工程计算中,可以近似地认为$\cos(\alpha+\varphi_p)\approx 1$, $\sin(\alpha+\varphi_p)\approx 0$,上述两式可以写为

$$\begin{cases} \dfrac{\mathrm{d}V}{\mathrm{d}t} = g\dfrac{P-X}{G} \\ Y = G \end{cases} \quad (2-27)$$

可以看出,飞机平飞加速度完全取决于切向过载或剩余推力的大小和符号。当$n_{xh}>0$,即剩余推力$\Delta P>0$时,飞机做加速飞行;当$n_{xh}<0$,即剩余推力时$\Delta P<0$时,飞机做减速飞行。显然,提高飞机的升阻比和推重比对提高飞机的加速性将起决定性的作用。为使飞机平飞加速,飞行员应将发动机油门加至最大。

由式(2-27)可得

$$\mathrm{d}t = \frac{G}{g(P-X)}\mathrm{d}V$$

将飞机由给定的初始速度V_0平飞加速到终止速度V_f所需的时间应为

$$t_f = \int_{V_0}^{V_f} \frac{G}{g(P-X)}\mathrm{d}V \quad (2-28)$$

注意到$\mathrm{d}t$时间间隔飞机通过的水平距离为

$$\mathrm{d}L = V\mathrm{d}t$$

在t_f时间内飞机飞过的距离应为

$$L = \int_{V_0}^{V_f} \frac{GV}{g(P-X)}\mathrm{d}V \quad (2-29)$$

2.3.3.2 垂直平面内其他机动飞行

跃升是飞机以动能换取势能,迅速增加飞行高度的机动飞行。在作战使用中,利用这种机动,可以迅速取得高度,占取有利的作战态势、追击高空目标或规避敌机火力。跃升性能的好坏由跃升所增加的高度ΔH和完成跃升所需要的时间来衡量。在给定初始高度和速度的情况下,飞机通过跃升所能获得高度增加量ΔH越大,完成跃升所需的时间越短,则跃升性能越好(图2-27)。

跃升飞行航迹一般可分为进入段、直线上升段和改出段。作为铅垂面内的机动,跃升飞行应按式(2-24)、式(2-25)和式(2-26)求解计算。为了使飞机

能够在保持足够飞行速度的条件下,尽快地上升到较高的高度,在整个跃升飞行过程中,发动机通常应保持在加力状态或最大状态;跃升进入段的过载 n_{yh} 应根据跃升进入的高度、速度和跃升角 θ 适当选取,但不得超过对应高度、速度下所允许的最大过载。跃升角是跃升直线段的航迹倾斜角。在直线段,$d\theta/dt=0$,由式(2-24)中第二式可知,直线段的法向过载应为

$$n_{yh} = \cos\theta < 1$$

直线段结束时推驾驶杆减小飞行迎角,减小航迹倾斜角直至 $\theta=0$ 时结束跃升飞行。

俯冲是飞机用位能换取动能,迅速降低高度而增加速度的机动飞行动作。利用俯冲可以追击敌机或攻击地面目标。

俯冲按航迹变化也可以分为俯冲进入段、俯冲直线段和俯冲改出段三部分(图2-28)。

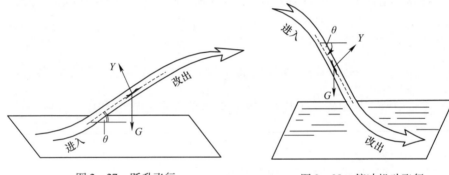

图2-27 跃升飞行　　　　图2-28 俯冲机动飞行

为使飞机从给定的飞行高度和速度进入俯冲,飞行员必须推杆减小迎角,使升力 Y 小于重力的升力方向分量 $G\cos\theta$,从而使飞机航迹向下弯曲。当飞行航迹角减小到预定的俯冲角度时,飞机进入直线度,此时 $n_{yh}=\cos\theta$。飞机直线俯冲降低高度到预定值时,飞行员可以通过拉杆增大迎角,使升力 Y 大于 $G\cos\theta$,从而使飞机航迹向上弯曲,以改出俯冲,并在航迹倾角接近零度时推杆,减小迎角,使飞机转入水平飞行。

良好的俯冲性能,要求飞机一方面在直线俯冲中具有较好的加速性能,另一方面在改出俯冲中不应有过多的高度损失。

俯冲过程是一加速过程,俯冲加速度减小为零时对应的速度称为俯冲极限速度。一般来说,俯冲速度接近极限速度时,会产生激波阻力而导致飞行阻力很大,即使损失较大的高度,速度增加也不多,俯冲加速性能也已很差。

必须指出的是,俯冲高度较低时,极限速度受最大允许表速(动压)的限制,

因此在到达极限速度之前就应改出俯冲。另外,现代高速飞机做低空俯冲机动时,必须要有一定的高度储备,必要时要使用最大允许使用过载改出俯冲,减小改出过程中的高度损失,确保飞机飞行安全。

2.3.4 飞机机动飞行性能分析评估

传统的飞行性能指标主要有飞机的基本飞行性能、续航性能、起飞着陆性能和机动飞行性能。

在第二次世界大战前后,对战斗机的飞行性能的评价以基本性能为主,对飞机性能的追求为"飞得快、飞得高、飞得远",因而出现了战斗机的高度、速度范围不断扩大。到20世纪60年代,超声速战斗机的飞行范围已经达到"双3",即飞行马赫数3,飞行高度30km。然而,随后发生的中东战争,出现了"要速度还是要机动性"的讨论,结果普遍认为,在大气层内飞行的超声速战斗机,其飞行范围达到"双2"(即飞行马赫数2,飞行高度20km)即可,而飞机的机动飞行性能越来越受到重视。除了传统的飞机机动性指标,飞机设计中更加注重可用过载和瞬时转弯速率,提出了能量机动性、单位重量剩余功率等指标。尤其到20世纪70年代后,随着机载武器系统、飞行控制技术等的飞速发展,战斗机发展到第三代和第四代。此时的战斗机已经是集探测、飞行控制、机载武器等学科最新发展为一体的高精度武器系统,它们以导弹为主要作战武器,其作战环境和作战方式与第一代、第二代战斗机有了本质的变化。评估这两代战斗机机动性的指标也相应出现了许多变化,出现了过载极曲线、飞机敏捷性等新的提法以及相应的指标。下面主要就近20年来有关飞机机动性的指标进行分析讨论。

在实际的空战中,飞机的高度、速度和方向的变化是相互联系的。例如,飞机可以利用其高度优势转换为速度优势,还可以通过减小速度的方式来增加飞机的转弯速率等。对于现代战斗机来说,这种飞行高度、飞行速度、飞行方向的转换能力显得更为重要。因此,机动性可以表述为飞机改变其能量、飞行方向、空间位置的能力。

2.3.4.1 飞机改变能量的能力

飞机改变能量的能力用飞机机械能(简称能量)对时间的导数 dE/dt 表示。飞机的机械能包含反映飞机高度的势能和反映飞机速度的动能,即

$$E = mgH + \frac{1}{2}mV^2$$

式中:m 为飞机质量;g 为重力加速度;H 为飞行高度;V 为飞行速度。

在飞机机动性中常采用单位重量的飞机能量,从上式中不难推出其表达式为

$$H_E = H + \frac{V^2}{2g}$$

单位重量的飞机能量具有与飞机飞行高度相同的量纲,它也称为飞机的能量高度。采用单位重量的飞机能量的概念后,飞机改变能量的能力可表达为

$$\frac{dH_E}{dt} = \frac{dH}{dt} + \frac{V}{g} \cdot \frac{dV}{dt}$$

根据飞机质心运动学方程:

$$\frac{dH}{dt} = V\sin\theta$$

假设飞机无侧滑飞行,根据飞机质心动力学方程:

$$\frac{dV}{dt} = \frac{P\cos(\alpha + \varphi_p) - X - mg\sin\theta}{m}$$

所以有

$$\frac{dH_E}{dt} = \frac{[P\cos(\alpha + \varphi_p) - X] \cdot V}{mg}$$

上式右端表示飞机在某一飞行状态下单位重量剩余功率(Specific Excess Power,SEP)。因为飞机切向过载 $n_x = \frac{[P\cos(\alpha + \varphi_p) - X]}{mg}$,上式也可表示为

$$\frac{dH_E}{dt} = n_x V$$

飞机在飞行过程中改变能量的能力还可以用单位轨迹长度飞机所改变的能量,即 $\frac{dH_E}{ds}$ 来表示,因为 $\frac{ds}{dt} = V$,所以

$$\frac{dH_E}{ds} = \frac{dH_E}{dt} \cdot \frac{dt}{ds} = \frac{[P\cos(\alpha + \varphi_p) - X]}{mg} = n_x$$

当飞机保持水平直线飞行时,飞机高度不变,故 $\frac{dH_E}{dt} = \frac{dH}{dt} + \frac{V}{g} \cdot \frac{dV}{dt} = \frac{V}{g} \cdot \frac{dV}{dt}$,飞机改变能量的能力即为飞机改变飞行速度的能力。

单位重量剩余功率也经常用能量上升率 V_y^* 表示,即

$$\frac{dH_E}{dt} = V_y^*$$

因为

$$\frac{dH_E}{dt} = \frac{dH}{dt} + \frac{V}{g} \cdot \frac{dV}{dt} = V_y + \frac{V}{g} \cdot \frac{dV}{dt}$$

式中：$V_y = \frac{dH}{dt} = V\sin\theta$ 为飞机的上升率。

所以有

$$V_y = \frac{V_y^*}{1 + \frac{V}{g} \cdot \frac{dV}{dH}}$$

可以看出，当飞机在爬升过程中，如果速度 V 保持不变，那么 $V_y = V_y^*$，飞机改变能量的能力等于改变飞行高度的能力；如果速度 V 增大，那么 $V_y < V_y^*$，飞机改变飞行高度的能力小于改变能量的能力；如果速度 V 减小，那么 $V_y > V_y^*$，飞机改变飞行高度的能力大于改变能量的能力。

当飞机爬升角为 90°，即垂直爬升时，有

$$V_y = \frac{dH}{dt} = V\sin\theta = V$$

而

$$\frac{dV}{dH} = \frac{dV}{dt} \cdot \frac{dt}{dH} = g(n_x - 1) \cdot \frac{1}{V} = \frac{g}{V}(n_x - 1)$$

如果飞机以常值的法向过载做等机械能飞行，即 $\frac{dH_E}{dt} = V_y^* = n_x V = 0$，所以 $n_x = 0$，从而飞机飞行速度随飞行高度的变化率为

$$\frac{dV}{dH} = -\frac{g}{V}$$

而飞机的法向过载为

$$n_y = \frac{Y}{mg} = K \cdot \frac{X}{mg} = K \cdot \left[\frac{P\cos(\alpha + \varphi_p)}{mg}\right] \approx K \cdot \left[\frac{P}{mg}\right]$$

式中：K 为飞机的升阻比。

从上面可以看出，飞机做等机械能飞行时，$\frac{dH}{dV} = -\frac{V}{g}$，即由于单位速度的损失可增加的飞行高度随飞行速度的增加而增加。换句话说，飞机在超声速区以等能量飞行时，和亚声速飞行相比，损失同样的速度可以增加更多的飞行高度。

2.3.4.2 飞机改变飞行方向的能力

飞机改变飞行方向的能力（即方向机动性）通常用飞机在水平面和铅垂面

内的转弯角速度表征。

当飞机无侧滑在水平面内做盘旋飞行时,根据飞机的质心动力学方程,有

$$mV\frac{\mathrm{d}\psi_s}{\mathrm{d}t} = -[P\sin(\alpha+\varphi_p)+Y]\sin\gamma_s$$

而飞机的法向过载为

$$n_y = \frac{P\sin(\alpha+\varphi_p)+Y}{mg} = \frac{1}{\cos\gamma_s}$$

从以上两式可以解出飞机的盘旋角速度为

$$|\dot\psi_s| = \frac{\mathrm{d}\psi_s}{\mathrm{d}t} = \frac{g}{V}\sqrt{n_y^2-1}$$

同样,当飞机无侧滑、无滚转在铅垂面内做曲线运动时,根据飞机的质心动力学方程,有

$$mV\frac{\mathrm{d}\theta}{\mathrm{d}t} = Y - mg\cos\theta$$

从而,飞机在铅垂面内做曲线运动的轨迹俯仰角变化率为

$$\dot\theta = \frac{\mathrm{d}\theta}{\mathrm{d}t} = \frac{g}{V}(n_y - \cos\theta)$$

2.3.4.3 飞机改变空间位置的能力

飞机改变空间位置是通过改变飞行方向来实现的。因此,飞机改变空间位置的能力可以用飞机在水平面和铅垂面内的转弯半径来表征。

飞机在水平面内的盘旋半径为

$$R_H = \frac{V}{|\dot\psi_s|} = \frac{V^2}{g\sqrt{n_y^2-1}}$$

飞机在铅垂面内的转弯半径为

$$R_V = \frac{V}{\dot\theta} = \frac{V^2}{g(n_y-\cos\theta)}$$

因为飞机的盘旋角速度和速度成反比,盘旋半径和速度的平方成正比,并且在亚声速区飞机能达到的法向过载大于超声速区。因此,飞机的亚声速盘旋角速度大于超声速盘旋角速度,亚声速盘旋半径小于超声速盘旋半径。对于现代战斗机亚声速的最大盘旋角速度可达 30°/s 左右,最小盘旋半径可小到 1km 以下。而在超声速飞行时的盘旋角速度只有 5°/s 左右,盘旋半径可达 10~20km。

飞机在铅垂面内做曲线运动时的转弯角速度和速度成反比,转弯半径和速

度的平方成正比,但是在亚声速区飞机能达到的法向过载大于超声速区;因此,飞机在高亚声速和跨声速飞行时,对铅垂面机动最为有利。

2.3.5 飞机典型战术机动飞行动作

现代战斗机空战包括搜索(发现、识别)阶段、接敌(截获、跟踪)阶段、战斗(攻击、机动、再攻击)阶段和退出阶段。飞机在上述任何一个阶段中,尤其是在空战格斗的过程中,并非只做单项机动,如盘旋往往是综合的复杂特技飞行,再如转弯同时水平增速或同时上升也是综合机动飞行。下面简单介绍几种典型常规机动飞行动作和非常规机动飞行动作。

2.3.5.1 典型的常规机动动作

1. 筋斗飞行

筋斗飞行是指飞机在铅垂面内航迹倾角改变不小于 360° 的机动飞行(图 2-29)。航迹倾角由 0° 改变到 180° 的筋斗前半部分机动飞行称为半筋斗飞行。如果飞机在半筋斗飞行时再滚转 180°,使飞机由倒飞状态变为正飞状态,称为半筋斗翻转;如果飞机由水平飞行先滚转 180° 成倒飞状态,再完成筋斗的后半部分则称为半滚倒转。因此,筋斗机动飞行可以看成半筋斗翻转和半滚倒转飞行的基础,是歼、强类飞机飞行员的基本作战训练科目。

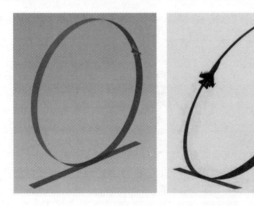

图 2-29 筋斗飞行

筋斗飞行是铅垂面内的机动飞行,其前半部分是用速度换取高度的减速运动,为避免筋斗顶点($\theta=180°$附近)速度损失过多,一般应使发动机处于最大或全加力状态;筋斗的后半部分是以高度换取速度的加速运动,为防止速度增加太快,高度损失过多,一般应使发动机处于小油门或慢车状态。

由于筋斗飞行的前 180° 航迹倾角变化过程是一减速过程,当飞机在 $\theta=0°$ 的进入速度太小、高度太高(发动机推力随高度增加而减小,会使飞机减速过程加快)的情况下,飞机到达筋斗顶点时的速度损失过多是不允许的。通常筋斗顶点速度不应该小于某个规定的最小安全使用速度。否则,飞机可能进入失速或螺旋的危险飞行状态。同样,筋斗后180°是一不断俯冲降低高度的过程,筋斗改出高度应不低于规定的安全高度,而且应在与进入高度相近的高度范围内改出。

2. 战斗转弯

迅速上升增加高度同时改变飞行方向的机动飞行,称为战斗转弯或急上升转弯,如图2-30所示。操纵时,转弯前半段主要是增加上升高度,后半段主要是增大坡度缩短转弯时间。

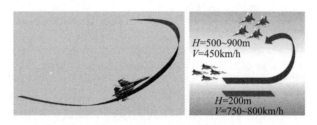

图2-30 战斗转弯

3. 横滚飞行

飞机基本保持运动方向,高度改变很少,绕纵轴滚转的飞行动作称为横滚,如图2-31所示。按滚转角大小,横滚可分为半滚(滚转180°)、全滚(滚转360°)和连续横滚。

图2-31 横滚飞行

横滚由于升力方向不断改变,重力得不到升力的平衡,飞机会自动掉高度。为了使横滚改出不掉高度,在操纵上,进入横滚前首先将飞机处于上升状态,使横滚前半段增加一定高度,以弥补后半段下掉高度。

4. 战斗半滚

战斗半滚(半筋斗翻转)是在近似于垂直平面内迅速增加速度的同时,飞行方向改变180°的机动动作,如图2-32所示。其前半段的轨迹与筋斗相同,当飞机快到达筋斗的顶点机轮朝上时,应向预定方向柔和压杆,使飞机沿纵轴滚转180°然后平飞,所以后半段动作与半滚相似。

图 2-32　战斗半滚

5. 半滚倒转

半滚倒转是在近似于垂直平面内迅速降低高度的同时,飞行方向改变180°的机动动作,如图 2-33 所示。其操纵方法是首先使飞机沿纵轴滚转 180°(半滚),然后完成筋斗的后一半动作。

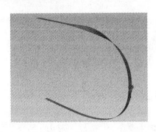 

图 2-33　半滚倒转

2.3.5.2　典型的非常规机动动作

非常规机动是指一些高难度的、多半具有过失速状态的机动,也称为超机动。

现代空战由超视距开始,由于隐身能力的提高和有效的电子干扰,以及使用中、远距导弹在攻击中可能失效,仅靠超视距空战不能完全消灭对方,最终还要转到近距空战。未来作战方式虽然以超视距为主,但不能忽视近距空战。为提高近距空战的效能需要新一代战斗机具有高的机动性及敏捷性。高机动性是指高的瞬时盘旋率和过失速机动能力。由于全向格斗导弹的出现,使近距空战由尾随攻击转为任何方向都可进行,具有高瞬时盘旋率的飞机可以快速把机头对准敌机而发射导弹,实现先敌发射,先敌命中。瞬时盘旋率越大,机头指向能力越强。

过失速机动能力是指飞机超过失速迎角飞行仍能进行机动。为在近距格斗中获胜,飞机不仅要快速改变自身的速度矢量,还要使自己始终处于对方转弯半径的内侧,采用过失速机动可以使飞机的能量转为占位优势,从而得到更早更多的攻击机会。

非常规过失速机动控制对于战斗机近距格斗作战具有明显的优势,它可使飞机在小范围内快速调头指向敌机,处于有利的攻击地位。要实现非常规过失速机动动作,飞机必须在大迎角范围具有足够的纵向和横航向稳定性及一定的舵面效率,有时要靠推力矢量,以及多个舵面(尤其是鸭翼或三翼面布局)协调控制来实现。非常规机动战斗机还对摆脱对空导弹和空空导弹的追踪更加有效。

1. "眼镜蛇"机动

"眼镜蛇"机动的飞行高度一般在 500~1000m 的范围内,"眼镜蛇"机动的大致过程是:飞机以 380~420km/h 的速度平飞进入,拉杆到底,飞机的迎角随即由 30°逐渐增加到 90°,最大可达 120°,同时飞机的时速减少到 150km 左右,然后,加油门并推驾驶杆到底。使飞机恢复平飞,并加速恢复到初始的飞行状态,整个动作结束,该动作的持续时间约 5s,如图 2-34 所示。

图 2-34 "普加乔夫眼镜蛇"机动

目前,三、四代战斗机基本都能完成"眼镜蛇"机动。与苏-37、F-16 飞机相比,苏-27 飞机的机动动作主要靠气动力舵面,没有推力矢量的帮助,而苏-37、F-16 飞机的操纵依靠推力矢量的作用,在做"眼镜蛇"机动时,后者的操纵能力更好一些。

2. 柯比特机动

柯比特机动乍看上去有些像筋斗,但和筋斗存在明显区别。这个动作实际上是飞机以很小的半径在做筋斗,看起来就像是以较低的速度绕着自己尾巴翻了筋斗,说它是个后空翻可能更形象。1995 年俄罗斯特技飞行员弗罗洛夫在巴黎航展上驾驶苏-37 飞机首先完成了这一动作,当时也有不少人把它称为弗罗洛夫轮盘。如图 2-35 所示,柯比特机动的进入条件与"眼镜蛇"机动相似,所不同的是当机头抬起超过 100°后,并不是像"眼镜蛇"机动那样停止然后机头向前落下恢复原位,而是继续翻转直至 360°。由于该动作对飞机的操纵性要求较高,目前仅有如装有推力矢量的苏-37 飞机等少数战斗机能够完成。

3. 钟形机动

如图 2-36 所示,在做钟形机动时,飞机先是垂直爬升到一定高度,在空气阻力的作用下,飞机速度逐渐减小。飞机爬升到达最高点时,垂直速度为零,在

 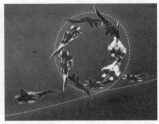

图 2-35 柯比特机动

飞机可控情况下驾驶员利用推力矢量控制使飞机在这一位置附近滞留 2~4s,这时飞机看起来几乎不动。然后飞机机头围绕机尾旋转快速上仰转向,机头转向时犹如钟表的指针一般,并转入背部朝下的姿势,最后转入另一个水平面内恢复正常飞行状态。

图 2-36 钟形机动

4. 赫布斯特机动

赫布斯特机动也称为急转机动,如图 2-37 所示。一般在时速为 425km 左右开加力,当拉杆使飞机上升到接近垂直向上状态(迎角 70°),速度约 280km/h 时,蹬左舵,利用推力矢量使飞机左偏转 180°。最大偏转率约 20°/s,机头垂直向下,然后稍松杆减小迎角再逐渐改出俯冲。飞机整个转 180°的时间约 20s,包括从下俯姿态、速度 220km/h 开始将飞机拉平所需要的时间。X-31 试验机完成过这一动作。

5. 榔头机动

榔头机动中飞机先从平飞转入垂直向上,然后逐渐减速,机头缓缓向一侧摆动,从竖直向上位置渐渐进入水平进而进入垂直向下,最后俯冲退出,整个榔头机动的看点在于,飞机完成了上升、倒转和俯冲的全过程中,整个机身平面基本保持在铅垂平面内,这也是该动作的难度所在。这个动作的创立者是 20 世纪 20 年代德国飞行员杰哈德·菲茨勒(Gerhard Fieseler)。从轨迹上看,这个飞行曲线有点像铁锤的锤头,故而得名榔头机动。在第二次世界大战的空中格斗中,榔头机动没有什么实际意义,因为飞机在高点机头指向缓慢变化时,飞机就像是挂在空中不动,那会成为敌机极好的靶子。但在特技飞行表演中,这个动作的确令人惊叹,够炫目。

榔头机动是一种特殊的"筋斗"动作,如图2-38所示。试飞这种动作时,高度约7000m,从速度480km/h开加力进入过载3g的筋斗动作,飞机过了垂直向上姿态后要稍松杆保持均匀的上仰旋转角速度,当飞机到达筋斗顶点,呈倒飞状态,高度8300m左右,迎角60°,空速接近于零时,再猛拉杆到底。飞机速度矢量迅速向下,即飞机再绕其重心旋转约40°。最后是机头稍微向下10°按正常程序改出俯冲。在筋斗顶部急剧俯仰旋转过程中,飞机瞬时迎角达到138°左右。

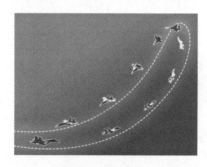 

图2-37 赫布斯特机动　　　　　　图2-38 榔头机动

6. 大迎角机头转向

大迎角机头转向是一种可操纵的类似平螺旋的机动动作,如图2-39所示。进行该动作时,机头上仰20°以上,迎角保持35°以上,开加力,飞机坡度角约为60°,由于飞机仍有足够的操纵性,可使驾驶员能在对方飞机转弯半径内侧跟踪目标。例如将机头上仰到迎角70°,机翼放平,靠脚蹬操纵推力矢量,也可做机头转向动作,转360°,平均偏转率高达35°/s,而常规高机动战斗机低空盘旋最大角速度只有28°/s。

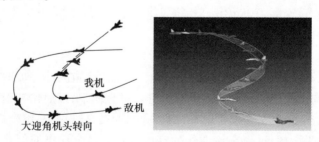

图2-39 大迎角机头转向机动

7. 大迎角下滑倒转机动

大迎角下滑倒转机动(图2-40)动作是将飞机滚转为倒飞状态,发动机开加力,做下滑倒转动作,然后用推力矢量把飞机迎角拉大到70°以上,再用矢量推力产生的操纵力矩转动机头来跟踪目标。大迎角下滑倒转机动的目的是攻击处于下方的敌机。

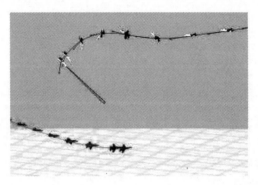

图2-40 大迎角下滑倒转机动

空战中其他常用的综合过失速机动飞行可参见本书第9章相关内容,或者查阅其他相关机动飞行参考资料。

2.4 飞机起飞着陆性能

飞机的每次飞行,总是以起飞开始,以着陆结束。起飞和着陆是实现一次完整飞行的两个不可缺少的重要阶段。起飞着陆性能的好坏对作战训练飞行任务的完成,以及对飞行安全都具有极其重要的影响。维护工作中,在机场的标高、跑道道面和大气环境等发生变化的情况下,飞机能否在新的机场条件下进行起降,机务工作者必须做出准确的判断以保证安全飞行。本节主要介绍飞机起飞着陆性能的计算方法,分析影响飞机起飞着陆性能的各种因素及改善起飞着陆性能的措施。

2.4.1 飞机的起飞性能

起飞前,飞机滑行到起飞线上,飞行员把油门杆推到起飞位置,同时用刹车使飞机停在起飞线上。起飞时,飞行员松开刹车使飞机沿跑道加速滑跑。当飞机滑跑速度达到某一速度时,飞行员拉杆抬起前轮。当滑跑速度达到一个确定的速度(称为离地速度)时,飞机开始离开地面,做加速上升飞行。对于歼、强类飞机,当上升到15m时,起飞过程结束。这个高度,称为起飞安全高度。我国军用标准规定,轰炸、运输类飞机的起飞安全高度为 10.5m。飞机从起飞线滑跑开始到加速上升到起飞安全高度的整个运动过程(图 2-41),称为起飞。可以看出,起飞过程大体上可分为起飞滑跑阶段(地面段)和上升加速阶段(空中段)。

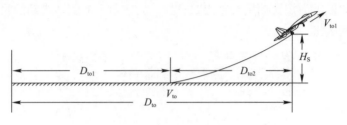

图 2-41 起飞距离

飞机从起飞线滑跑开始到飞机离地瞬间所经过的距离称为飞机的起飞滑跑距离,记为 D_{to1};飞机从离地速度开始至加速上升到起飞安全高度所经过的水平距离称为上升前进距离,记为 D_{to2}。起飞滑跑距离和上升前进距离之和称为飞机的起飞距离,记为 D_{to},即

$$D_{to} = D_{to1} + D_{to2}$$

起飞距离是飞机起飞性能的一个重要指标,其长短直接关系到需用机场跑道的长短和机场范围的大小。过长的跑道、过大的机场范围,无论从经济或军事作战方面来看都是不利的。起飞距离过长,而机场跑道长度不足或机场范围太小,则飞机不能起飞;若勉强起飞则容易导致飞行事故。

2.4.1.1 起飞滑跑距离计算

飞机在地面滑跑时受到发动机推力、空气动力、地面支反力和摩擦力的作用,飞机在开始滑跑时是三轮着地的,只有当速度达到某一速度时,驾驶员拉杆抬起前轮后,飞机有一段两轮滑跑。当速度达到起飞离地速度时,飞机离开地面,结束滑跑过程。由图 2-42 可看出,三轮滑跑和两轮滑跑飞机受力情况是不同的。但是,由于两轮滑跑的距离和时间都很短,作为工程计算,可以不加区分,仍按三轮滑跑处理。

假设发动机推力 P 平行于地面,则根据牛顿第二定律,有

$$\begin{cases} \dfrac{G}{g} \dfrac{dV}{dt} = P - X - F \\ N = G - Y \end{cases} \quad (2-30)$$

式中:$F = F_1 + F_2$ 为地面对机轮的摩擦力;$N = N_1 + N_2$ 为地面对机轮的支反力,并且有

$$F = f \cdot (G - Y)$$

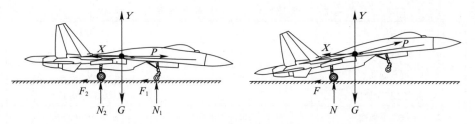

图 2-42 飞机地面滑跑时的受力情况

式中:f 为地面摩擦系数。

将上式代入式(2-30)第一式,并注意到

$$Y = C_y \frac{1}{2}\rho V^2 S, \quad X = C_x \frac{1}{2}\rho V^2 S$$

有

$$\frac{G}{g}\frac{dV}{dt} = P - \frac{1}{2}\rho V^2 S C_x - f\left(G - \frac{1}{2}\rho V^2 S C_y\right)$$

或写成

$$\frac{1}{g}\frac{dV}{dt} = \frac{P}{G} - f - \frac{1}{2}\frac{\rho V^2 S}{G}(C_x - fC_y) \tag{2-31}$$

注意到

$$V = \frac{dD}{dt}$$

$$\frac{dV}{dt} = \frac{dV}{dD} \cdot \frac{dD}{dt} = V\frac{dV}{dD} = \frac{1}{2}\frac{dV^2}{dD}$$

由此可以得到地面加速滑跑距离为

$$D_{to1} = \int_0^{D_{to1}} dD = \frac{1}{2}\frac{1}{g}\int_0^{V_{to}} \frac{dV^2}{\frac{P}{G} - f - \frac{\rho S}{2G}(C_x - fC_y)V^2} \tag{2-32}$$

式中:发动机推力为速度的函数;C_y 和 C_x 为起飞构型(襟翼在起飞位置、起落架放下等)条件下对应于停机迎角的升力系数和阻力系数;摩擦系数 f 的大小主要取决于跑道表面状况。如果没有可用的实验数据,可按表 2-1 和表 2-2 适当选取。

表 2-1 干燥硬跑道表面摩擦系数

地面滑跑摩擦系数 f	刹车摩擦系数 f
0.025	0.20~0.30

表 2–2　其他跑道表面地面滑跑摩擦系数

跑道表面状况	f 的最小值	f 的最大值
湿水泥跑道表面	0.03	0.05
湿草地面	0.06	0.10~0.12
覆雪或覆草地面	0.02	0.10~0.12
干硬土草地面	0.035	0.07~0.10

由于发动机的推力一般由函数曲线的形式给出,式(2–32)一般要用数值积分的方法求解。

考虑到在起飞滑跑过程中发动机推力变化比较平缓,工程上为了简化计算,经常把发动机推力取为某一常量 $\bar{P}$,如取

$$P \approx \bar{P} = \frac{1}{2}(P_{V=0} + P_{V=V_{to}})$$

此时飞机的起飞地面滑跑距离为

$$D_{to1} = \frac{1}{2g}\int_0^{V_{to}} \frac{\mathrm{d}V^2}{\frac{\bar{P}}{G} - f - \frac{\rho S}{2G}(C_x - fC_y)V^2}$$

$$= \frac{1}{2gK_1}\ln\frac{K_2}{K_2 - K_1 V_{to}^2} \qquad (2-33)$$

式中:$K_1 = \frac{\rho S}{2G}(C_x - fC_y)$,$K_2 = \bar{P}/G - f$。

【例 2–1】　某飞机起飞时,重量 $G = 78000\text{N}$,$\bar{P} = 30000\text{N}$,$S = 23\text{m}^2$,$V_{to} = 300\text{km/h}$,$f = 0.035$,海平面标准大气条件,停机迎角 $\alpha = 0.18°$,对应的 $C_x = 0.05$,$C_y = 0.16$,试计算该飞机地面加速滑跑的距离。

解:

$$V = 300\text{km/h} \approx 83.3\text{m/s}$$

$$K_1 = \frac{\rho S}{2G}(C_x - fC_y) = 8.2 \times 10^{-6}$$

$$K_2 = \bar{P}/G - f = 0.35$$

代入式(2–33),有

$$D_{to1} = \frac{1}{2 \times 9.8} \times \frac{1}{8.2 \times 10^{-6}}\ln\frac{0.35}{0.35 - 8.2 \times 10^{-6} \times 83.3^2} \approx 1104(\text{m})$$

2.4.1.2　上升前进距离计算

飞机在起飞滑跑过程中,当加速到离地速度时,其升力等于飞机的重量,因

此有
$$C_{yto} \frac{1}{2} \rho V_{to}^2 S = G$$
即
$$V_{to} = \sqrt{\frac{2G}{\rho S C_{yto}}}$$

我国军用标准 GJB 34A—2012《有人驾驶飞机(固定翼)飞机性能》规定,离地速度应为下列速度中的最大值:

(1) 起飞构型下,无动力平飞失速速度的 1.1 倍。
(2) 护尾包限制的最大迎角或总体设计所允许的最大迎角对应的升力系数所决定的速度(考虑地面效应影响)。
(3) 起飞构型下,发动机最大状态,不考虑地面效应,飞机具有 0.5% 上升梯度(= 上升高度/上升水平距离)能力的最小速度。
(4) 空中最小可操纵速度。
(5) 以此速度离地能在起飞安全高度达到起飞速度的速度。

起飞速度是指飞机离地后上升至起飞安全高度时的瞬时速度,记为 V_{tos}。它不应小于下列速度中的最大值:

(1) 无动力平飞失速速度的 1.15 倍。
(2) 空中最小可操纵速度。
(3) 起落架收起、襟翼在起飞位置、发动机最大工作状态、不考虑地面效应时,飞机具有 2.5% 上升梯度时的速度。

上升前进距离是指飞机从离地开始到上升至安全高度的过程中飞过的水平距离。飞机做上升运动时,其运动方程为

$$\begin{cases} \dfrac{G}{g} \dfrac{dV}{dt} = P - X - G\sin\theta \\ \dfrac{G}{g} V \dfrac{d\theta}{dt} = Y - G\cos\theta \end{cases} \quad (2-34)$$

由于上升时 θ 不大,且航迹近似于直线,可以近似地认为:$\cos\theta \approx 1$,$d\theta/dt \approx 0$。式(2-34)可以简化为

$$\begin{cases} \dfrac{G}{g} \dfrac{dV}{dt} = P - X - G\sin\theta \\ Y = G \end{cases} \quad (2-35)$$

考虑到角 θ 较小,可以近似认为飞机沿上升航迹所经过的距离即为加速上

升段的水平距离。以 D_{to2} 表示这段上升前进距离,有

$$D_{to2} = \int_{D_{to1}}^{D_{to2}} dD$$

因为 dt 时间内飞机飞过的距离为

$$dD = Vdt = V\frac{dt}{dV}dV$$

$$= \frac{1}{2}\frac{dV^2}{dV/dt}$$

所以有

$$D_{to2} = \int_{V_{to}}^{V_{tos}} \frac{dV^2}{dV/dt}$$

$$= \frac{G}{2g}\int_{V_{to}}^{V_{tos}} \frac{dV^2}{P - X - G\sin\theta} \quad (2-36)$$

这个积分方程一般要用数值方法求解。

2.4.1.3 影响起飞性能的因素

如前所述,起飞过程实际上是飞机在发动机推力、空气动力、重力及道面(滑跑段)摩擦力作用下的加速过程。因此,凡是影响作用于飞机的外力的因素都将影响飞机的起飞性能。下面主要从使用维护的观点出发简要讨论起飞重量、大气条件和跑道坡度对飞机起飞性能的影响。

通常,起飞重量 G 越大,飞机起飞质量越大,飞机的起飞加速度必然减小,飞机的离地速度和飞机的起飞速度也应增大,这必然导致起飞滑跑距离和上升前进距离增大,从而使起飞距离增大,起飞性能下降。此外,起飞重量增大还使飞机地面滑跑时的摩擦力增大,使地面滑跑距离进一步增长。因此,起飞重量对飞机的起飞性能有明显的影响。

大气条件对飞机起飞性能的影响主要表现为机场海拔高度、气温和风。

飞机在高原机场起飞时,由于机场海拔高度升高,发动机推力下降,这无论是对飞机的地面加速滑跑还是离地后的加速上升都是不利的。与此同时,机场海拔高度升高,空气密度降低,在同样的起飞重量下,飞机的离地速度必然增大,从而使飞机的起飞性能恶化。近似经验表明,机场高度每增加 1000m,飞机的起飞距离增加 20% ~ 30%。

气温变化将直接影响发动机推力。气温升高会导致发动机推力减小,使起飞滑跑距离增长,起飞性能变坏;反之,则起飞性能变好。

图 2-43 给出某战斗机发动机最大加力状态时,气温偏离大气温度的发动

机推力系数 $C_P = P/\left(\dfrac{1}{2}\rho V^2 S\right)$ 修正随飞行高度和 Ma 的变化曲线。有关资料指出,对于推重比为 0.9~0.6 的飞机,气温每升高 30℃,飞机起飞滑跑距离要比标准气温条件下的起飞滑跑距离大约增长 30%。

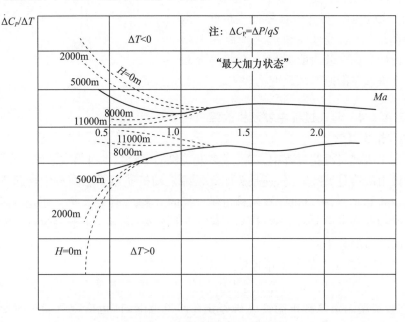

图 2-43　气温对发动机推力的影响

必须指出,上述各式中所用的速度都是指空速,也即飞机相对于空气的运动速度。在无风的情况下,空速和地速相等;在有风的情况下,空速与地速不同。逆风会使空速大于地速,顺风则使空速小于地速。考虑风速的影响后,计算起飞距离的式(2-32)应该为

$$D_{\text{tol}} = \dfrac{1}{g}\int_{W}^{V_{\text{to}}}\dfrac{(V-W)\mathrm{d}V}{P/G - f - \dfrac{\rho S}{2G}(C_x - fC_y)V^2} \qquad (2-37)$$

由此导出的结果也应做相应的修改,这里就不再重述了。式(2-37)中 W 为风速,并以逆风为正,顺风为负。显然,逆风起飞是有利的。

机场跑道表面情况对飞机的滑跑起飞性能也有明显的影响。道面坚硬光滑,摩擦系数小,起飞滑跑距离缩短;道面积水、潮湿,摩擦系数增大,起飞滑跑距离增长。

跑道有坡度时,重力 G 会出现沿发动机推力方向的分量。如图 2-44 所示,考虑到跑道坡度 γ 一般很小,飞机重力在推力方向的分量为 $G\sin\gamma \approx G\gamma$,它起着增加(下坡时)或减小(上坡时)推力的作用。飞机重力在垂直道面方向的分量

为 $G\cos\gamma \approx G$,机轮所受到的法向力基本不变。这样,在计算起飞滑跑距离时,只要以 $P+G\gamma$ 代替跑道无坡度时的发动机推力 P 即可。值得注意的是,上坡时,γ 取负值;下坡时,γ 取正值。显然下坡将使飞机起飞滑跑距离缩短,上坡使飞机起飞滑跑距离增长。近似计算经验表明,跑道的每度坡度角可使飞机起飞滑跑距离改变约2%。

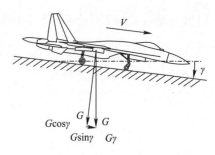

图 2-44 跑道有坡度时的重力分量

2.4.1.4 起飞过程中发动机故障

1. 相关概念

在飞机起飞滑跑过程中,双发或多发飞机的一台发动机出现故障停车,驾驶员应做出决策是继续起飞,还是关闭无故障发动机使用紧急刹车中断起飞。即使是中断起飞,驾驶员也还有两种可供选择的方案,是留在飞机上还是使用弹射救生机构安全脱离飞机。所以,为了保证飞行安全,必须了解起飞过程中发动机出现故障时的若干问题。

1) 单发动机飞机的决策速度

单发动机飞机在起飞滑跑过程中,当加速到某一速度发动机出现故障停车时,驾驶员使用紧急刹车能使飞机停止在跑道范围内(包括跑道端头的安全地带),该速度的最大值称为飞机的决策速度。

当发动机故障出现在飞机速度小于决策速度时,驾驶员应使用紧急刹车中断起飞;当发动机故障出现在飞机速度大于其决策速度时,驾驶员即使采用紧急刹车中断起飞,也无法保证飞机的安全,一般应使用弹射救生装置脱离飞机。

2) 多发动机飞机的安全速度

对于装有两台或两台以上发动机的飞机,在起飞滑跑过程中因发动机故障会出现不对称推力而产生偏离跑道的偏航力矩,这时驾驶员的操纵动作要比单发动机飞机复杂得多。为保证起飞安全,驾驶员应使用各种可能的操纵,特别是偏转方向舵以克服偏航力矩,保持飞机沿跑道中心线做直线运动。当飞机速度很低时,方向舵的效率不高,驾驶员不可能通过操纵方向舵等来克服非对称推力产生的偏航力矩,故无法保证飞行安全。

多发动机飞机的安全速度是指驾驶员通过各种操纵(主要包括方向舵和不对称刹车等)克服非对称推力产生的偏航力矩的最小速度。

当然,驾驶员在通过操纵克服偏航力矩的同时,应根据故障情况做出中断起飞或带故障起飞的决策。多发动机飞机的决策速度与单发动机飞机的决策速度类似。

3）临界发动机故障速度

多发动机飞机在一台发动机出现故障停车时,如果跑道长度足够,可以继续利用剩余的发动机完成起飞。飞机带故障起飞达到起飞高度所需的水平距离,恰好等于该机从该速度 V_{cr}(临界发动机故障速度)采用紧急刹车中断起飞所需的滑跑距离。

4）临界机场长度

飞机以全发动机推力起飞滑跑加速到临界发动机故障速度 V_{cr} 所经过的滑跑距离,加上临界发动机不工作飞机由 V_{cr} 加速并上升到起飞安全高度所经过的水平距离,即为飞机的临界机场长度 L_{cr}。

2. 中断起飞和继续起飞

1）中断起飞

(1) 中断起飞所需距离(L_{zd})。中断起飞所需距离是指在起飞滑跑过程中,一台发动机停车,飞行员下决心中断起飞,即收好发动机油门,并采取各种减速措施(包括全放襟翼和减速伞),飞机从滑跑起点到完全停止所经过的距离。

中断起飞所需距离由以下三段组成:

第一段:飞机从速度为零到以全部发动机使飞机加速到 V_{tc} 时所经过的距离。

第二段:以一台发动机停车到飞行员下决心收油门中断起飞,这中间经过的距离。从发动机停车到飞行员下决心收油门中断起飞所需时间为3s左右,飞机速度平均值约等于 V_{tc}。

第三段:从收油门,放襟翼和放减速伞使飞机减速到飞机完全停止下来所经过的距离。

中断起飞所需距离计算公式为

$$L_{zd} = \frac{V_{tc}^2}{2g\left(\dfrac{\bar{P}}{G}+f'\right)} + 3V_{tc} + \frac{V_{tc}^2}{2g\left(f''-\dfrac{\bar{P}_m}{G}\right)}$$

式中:L_{zd} 为中断起飞所需距离(m);V_{tc} 为一台发动机停车时的飞行速度(m/s);$\bar{P}$ 为全部发动机的平均可用推力(N);G 为飞机起飞重量(N);f'、f'' 为平均综合阻力系数,f' 对应起飞襟翼,f'' 对应着陆襟翼、放伞和刹车;$\bar{P}_m$ 为一台发动机的平均慢车推力(N)。

可以看出,中断起飞过程的第一段,相当于起飞滑跑;而第三段则相当于着陆滑跑。中断起飞所需距离的长短,与V_{tc}、飞机重量、机场标高、气温和风向、风速有关。V_{tc}越大,飞机重量越大或机场标高越高,则L_{zd}越长。逆风风速越大,则L_{zd}越短。

(2)中断起飞可用距离。中断起飞可用距离等于跑道长度与起飞方向一端保险道长度之和。保险道也称为安全道或防冲道,它是跑道头向外延伸且比跑道更宽的一段硬道面。一般保险道应当具有不比跑道差的刹车效果。

2)继续起飞

(1)继续起飞所需滑跑距离。继续起飞所需距离是指在一台发动机停车而进行继续起飞时,飞机从滑跑起点到离地所经过的距离。继续起飞的前段,是两台发动机的推力使飞机做加速滑跑,后段是一台发动机的推力使飞机加速滑跑直到离地。继续起飞所需滑跑距离的长短,也与V_{tc}、飞机重量、机场标高、气温和风向风速有关。V_{tc}越大,说明两台发动机的推力使飞机的加速过程越长,而一台发动机推力使飞机加速的过程越短,所以继续起飞所需滑跑距离就越短。

继续起飞所需滑跑距离计算公式为

$$L_{jh} = \frac{V_{tc}^2}{2g\left(\frac{\bar{P}}{G}-f'\right)} + \frac{V_{to}^2 - V_{tc}^2}{2g\left(\frac{\bar{P}}{2G}-f'\right)}$$

式中:$\bar{P}$为两台发动机的平均可用推力。

(2)继续起飞所需距离(L_{jx})。继续起飞所需距离是指在一台发动机停车而进行继续起飞时,从滑跑起点到上升至起飞安全高度并增速到起飞安全速度V_2所经过的水平距离。即是说,继续起飞所需距离等于继续起飞所需滑跑距离加上上升前进距离。V_{tc}越小,飞机重量越重,则L_{jx}越长。

(3)继续起飞可用距离。继续起飞可用距离等于跑道长度,加上起飞方向一端无障道长度。无障道在跑道头外延伸线上,要求没有突出地面的障碍物。显然,无障碍道长度一般比保险道长。实际上,为了安全,可取两者相等。也就是说,令继续起飞可用距离等于中断起飞可用距离。

3)极限起飞重量和起飞决断速度

在了解不同起飞重量、V_{tc}、机场标高条件下的中断起飞所需距离和继续起飞所需距离之后,在起飞前,就要根据所在机场的中断起飞可用距离和继续起飞可用距离(可认为两者相等),来确定起飞极限重量和决断速度(V_2)。

起飞极限重量是指某一机型在某一状态及当时气象条件下,允许起飞的最大限制重量。若起飞重量超过最大极限重量,则发动机在某一时段范围内停车,就会形成既不能继续起飞(如由于继续起飞可用距离不够),也不能中断起飞

(由于中断起飞可用距离不够)的困难局面,危及飞行安全。

在确定起飞极限重量之后,还要确定起飞决断速度。起飞决断速度是指小于这个速度时发动机停车,要求中断起飞,大于这个速度时发动机停车,要求继续起飞,这个分界速度称为决断速度。

2.4.2 飞机的着陆性能

我国国家军用标准 GJB 34A—2012《有人驾驶飞机(固定翼)飞行性能》规定,飞机着陆过程包括从安全高度 15m 开始的下滑、接地、滑跑减速至完全停止的整个过程(图2-45)。

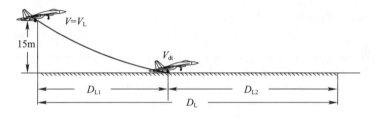

图2-45 着陆距离

飞机从 15m 安全高度下滑时,发动机基本上处于慢车工作状态,飞机以着陆速度做直线下滑,至高度 8~10m,飞行员开始将油门收到慢车位置并拉平飞机,至高度 1m 左右拉平过程结束,进入平飘,然后飞机平飞减速飘落接地。

飞机着陆性能主要是指着陆距离,也就是整个着陆过程中飞机运动所经过的水平距离。

见图2-45,与起飞距离一样,着陆距离也由两段组成:从着陆安全高度开始到接地瞬间结束的空中段 D_{L1} 和由接地开始至飞机完全停止瞬间的着陆滑跑段 D_{L2},即 $D_L = D_{L1} + D_{L2}$。

2.4.2.1 着陆空中段距离的计算

作为工程近似计算,着陆空中段距离 D_{L1} 可以采用能量法进行计算。设飞机下滑到着陆安全高度 15m 时的总能量为 E_1,飞机接地时的总能量为 E_2,则有

$$\begin{cases} E_1 = \frac{1}{2}mV_L^2 + 15mg \\ E_2 = \frac{1}{2}mV_{dt}^2 \end{cases}$$

飞机在着陆空中段飞行中,发动机基本处于慢车状态,作为近似计算,可取发动机推力等于零。若将着陆空中段的飞行看成减速运动,空气动力阻力取平

均值 $\bar{X}$ 则从安全高度至接地期间飞机总能量的变化,完全由平均阻力 $\bar{X}$ 引起。注意到着陆空中段轨迹倾角很小(一般为 $-3° \sim -5°$),可用飞机沿航迹运动的距离代替水平距离 D_{L1},则根据功能转换原理,有

$$D_{L1}\bar{X} = E_1 - E_2 = \frac{1}{2}mV_L^2 + 15mg - \frac{1}{2}mV_{dt}^2 = \frac{1}{2}m(V_L^2 - V_{dt}^2) + 15mg$$

即

$$D_{L1} = \frac{mg}{\bar{X}}\left(\frac{V_L^2 - V_{dt}^2}{2g} + 15\right) \tag{2-38}$$

2.4.2.2 着陆滑跑距离计算

飞机接地后,通常先要经过两点无刹车自由滑跑减速,这段时间一般需 2~3s。然后放下机头,前轮着地做三点滑跑并使用刹车。在通常的工程计算中,假定使用刹车前的滑跑距离为

$$\Delta D = 3V_{dt} \tag{2-39}$$

以 F 表示飞机在三点滑跑并使用刹车时的总摩擦力,以 X 表示飞机受到的气动阻力,则

$$m\frac{dV}{dt} = P - (X + F) \tag{2-40}$$

若考虑到慢车状态发动机推力很小,可以略去不计,则有

$$m\frac{dV}{dt} = -(X + F) \tag{2-41}$$

由此可以得出飞机三点滑跑距离为

$$D'_{L2} = \frac{1}{2}m\int_0^{V_{dt}}\frac{dV^2}{X + F} \tag{2-42}$$

和起飞滑跑距离计算一样,着陆滑跑距离计算一般也要使用数值积分的方法进行。显然,整个着陆滑跑距离应为

$$D_{L2} = \Delta D + D'_{L2}$$
$$= 3V_{dt} + \frac{1}{2}m\int_0^{V_{dt}}\frac{dV^2}{X + F}$$

在近似计算时,若认为整个滑跑过程为三点滑跑的等减速运动,则地面减速滑跑距离为

$$D_{L2} = V_{dt}^2/2\bar{a}$$

式中：$\bar{a}$ 为平均加速度，可由以下方法确定：

在飞机接地瞬间，地面摩擦力 $F \approx 0$，只有气动阻力 X 起减速作用。应用升力等于重力的条件，如：

$$X = Y/K = G/K$$

式中：K 为接地迎角条件下的飞机升阻比，$K = (C_y/C_x)$。当滑跑结束时，气动阻力 $X = 0$，且 $Y = 0$，则

$$F = fG$$

因此，平均减速度应为

$$\bar{a} = \frac{(\overline{X+F})}{m} = \frac{1}{2}g\left(\frac{1}{K}+f\right)$$

从而可以给出近似计算飞机着陆滑跑距离的公式为

$$D_{L2} = \frac{V_{dt}^2}{g\left(\dfrac{1}{K}+f\right)} \qquad (2-43)$$

【例 2-2】 某飞机着陆时，接地速度为 72.2 m/s，接地升阻比 $K = 7$，地面摩擦力系数为 0.3，试计算着陆地面滑跑距离。

解：由式(2-43)，求得

$$D_{L2} = \frac{72.2^2}{9.8 \times \left(\dfrac{1}{7}+0.3\right)} \approx 1201(\mathrm{m})$$

2.4.2.3 使用条件对着陆性能的影响

使用条件的影响主要是指着陆重量、大气条件和跑道道面情况对着陆性能的影响。注意到接地时飞机升力等于重力的条件，有

$$V_{dt}^2 = \frac{2mg}{\rho S C_{ydt}}$$

式中：C_{ydt} 为飞机接地迎角对应的升力系数，则根据式(2-43)，有

$$D_{L2} = \frac{V_{dt}^2}{g\left(\dfrac{1}{K}+f\right)} = \frac{2mg}{g\rho S C_{ydt}\left(\dfrac{1}{K}+f\right)}$$

可以看出着陆重量增大，飞机接地速度增大，必然导致着陆地面滑跑距离增大；相反，着陆重量减轻，飞机地面滑跑距离必然缩短。

由上式还可以看出，着陆地面滑跑距离还与大气密度成反比。机场海拔高度升高，大气密度减小，必然会使飞机接地速度增大，使着陆地面滑跑距离增长，

着陆性能变坏。根据大气密度随高度的变化规律,当机场高度在5000m以下时,可近似认为高度每增加1000m,大气密度下降约12%,滑跑距离将相应地增长12%。

考虑到着陆时发动机处于慢车状态,气温的变化对着陆性能的影响一般较小。

和起飞相同,着陆过程中的速度是指相对空速。逆风着陆时的飞机空速等于风速和地速之和,可以改善着陆性能。因此,飞机起飞和着陆一般应逆风进行。

当机场跑道具有上坡角 γ 时,飞机重力的分量 $G\sin\gamma$ 将起着阻止运动的作用,有利于改善飞机的着陆性能。

2.4.2.4 积水跑道对着陆的影响

飞机一般都是在干跑道着陆的。要是跑道上有积水或冰雪,会怎么样呢?显然,由于机轮与地面间摩擦力减小、刹车失效,滑跑距离会增长。例如,在积水跑道上着陆,着陆距离要增大25%~50%。有的飞行员不注意这一特点,在跑道长度紧张的机场,冒大雨着陆,以致飞机大速度冲出跑道,造成事故,为此有必要讨论积水着陆的问题。

1. 滑水现象

在积水跑道上滑跑,水对机轮有相对运动,产生流体动力 P。这个作用在机轮上的流体动力可以分成水平分力和垂直分力。水平分力使阻力增大,机轮溅起来的水撞击到飞机某个部位,也造成额外阻力,这些都有助于减速滑跑。但是,流体动力的垂直分力作用在飞机轮胎上,就像塞进一个木楔的作用一样,将轮胎向上抬起,以致轮胎不再和跑道表面直接接触,轮胎和道面之间隔了一层水膜,摩擦系数急剧减小(0.05左右),着陆滑跑距离大大延长。这种使机轮离开跑道表面、在水膜上滑行的现象,通常称为滑水现象。

如果条件合适,滑水现象会在中断起飞和着陆滑跑中发生。

2. 影响滑水的因素

1) 滑水速度

滑水速度是指飞机在跑道上滑跑,开始发生滑水现象的地速。滑水速度可用经验公式作近似计算,即

$$V_{hs} = 0.2\sqrt{P_{lt}}$$

式中:V_{hs} 为滑水速度(m/S);P_{lt} 为轮胎气压(N/m²)。

从上式可知,滑水速度只与轮胎气压有关。轮胎气压越大,滑水速度也越大。

滑水现象一旦发生,一般会持续到更低的速度滑水才会结束。这是因为滑水开始时要上抬飞机,必须具有较大的流体动力垂直分力,而结束滑水时,这个垂直分力却要较小,这样开始滑水和结束滑水时对应的速度就不一样。

2) 积水深度

滑水现象是否容易发生,还和积水深度有关。能够出现滑水的起码水深度,称为临界水深度,一般在 2.5~12.5mm。临界水深度和轮胎表面花纹形状与深度有关。多棱条轮胎,槽沟深度和间距适当,有利于排水,从而有利于解除流体动力,使临界水深度提高,相反,表面显著磨平的轮胎,临界水深度就会降低。

跑道表面结构,也对临界水深度有重要影响。表面粗糙或有沟槽,利于排除轮胎和道面之间的水。相反,就容易出现滑水,从而降低临界水深度。

主起落架轮胎安装方式,与滑水特性也有关系。例如,前后四轮式的起落架,前组轮子起排开积水作用,具有降低后组轮子涉水深度的趋势。这种趋势,能降低后组轮子发生滑水的速度或增加后轮发生滑水的临界水深度。

多数跑道由于中间高两边低,可以保证下雨时迅速排水。但侧风超过5m/s时,跑道迎风坡一侧的排水就会受到影响,容易达到临界水深度,以致在跑道的一侧出现滑水现象。

3. 维护与使用特点

对滑水现象,维护与使用上应注意:

(1) 在雨季进行训练时,应注意选用轮胎较新的飞机,以免在积水深度不大时产生滑水现象。

(2) 在积水跑道上着陆,要求尽可能降低接地速度,因此着陆重量不宜过重。

(3) 侧风较大时,应该尽量避免在积水跑道上着陆,因为一旦产生滑水现象时,用刹车修正侧风效果不好。

2.4.3 特殊情况下的起飞与着陆

2.4.3.1 在高温高原机场起飞与着陆

在高温高原机场,空气密度小,使飞机性能降低。一方面,空气密度减小,使发动机性能下降,推力减小,飞机增速慢,上升率减小;另一方面,空气密度减小,同样表速下,对应的地速增大,使加速和减速所需时间增长,起飞滑跑距离和着陆滑跑距离都增长,起飞和着陆性能均变差。

1. 起飞

飞机在高温高原机场起飞,发动机推力小,因此飞机加速慢,加速到同一表速对应的地速大,使起飞滑跑距离增长,另外起飞后发动机的剩余推力减小,使飞机上升梯度减小。因此起飞前要做好确认工作,根据飞机的性能曲线图表等确认跑道满足要求,确保飞机有能力越障。起飞时要尽量利用逆风、下坡等有利因素,并严格按照性能图表上的速度抬前轮。

2. 着陆

飞机在高原机场着陆,同一表速接地,飞机的地速大,因此滑跑距离长。着陆时要尽可能利用逆风、上坡等有利因素。飞机接地后,要及时放下前轮,使用最大刹车和最大允许的反推,正确使用减速装置以缩短着陆滑跑距离。

2.4.3.2 在积水和积雪跑道上起飞与着陆

硬质污染道面会减小摩擦力,只影响飞机的刹车和减速效果。但是液态污染道面既降低摩擦力,又增加附加阻力和滑水的可能性,不仅影响刹车也影响加速。与干道面相比,在污染道面上偏转前轮时所能得到的侧向摩擦力会明显降低,方向控制能力变弱。

1. 积水跑道

积水跑道一般对飞机的起飞性能影响不大;但对于着陆,由于机轮与道面之间的摩擦系数降低,特别在出现"动态滑水"时,着陆滑跑距离将大大增长。

当水深超过 2.5mm、速度增加到临界滑水速度,飞机在积水道面上滑跑时,水层挤入机轮与道面之间,产生流体动力升力和阻力,其中升力起到将机轮抬起的作用,减小机轮和道面间的接触面积,使摩擦阻力减小,这种现象称为"动态滑水"。此时,刹车将不起作用,着陆滑跑距离明显增长。

预防动态滑水现象最根本的方法有:不在积水过深的跑道上起降;减小接地速度;充分利用空气动力减速,晚放前轮;速度减到"临界滑水速度"以下,再使用刹车。

2. 冰雪跑道

在积雪跑道上飞机减速容易,增速难。当积雪较厚时,飞机阻力增大、起飞滑跑距离增加;起飞时应尽量减轻飞机质量,采用大油门起飞。避免大侧风起飞、着陆。

在半融雪跑道上,飞机高速滑跑距离成倍增加。操纵中要避免顺风和大逆风着陆,要做到"扎实接地",撞碎冰层,以增大摩擦力,并要及时使用刹车装置。在结冰跑道上起飞也比较困难,尤其在伴随侧风或道面不平情况下,很难保持方向。

2.4.3.3 在短距跑道上起飞与着陆

短跑道的特点是可用跑道短,因此应尽量缩短起降距离。

1. 短跑道上起飞

起飞前,应根据飞行手册性能曲线图表等,确认飞机的最短起飞滑跑距离和起飞距离。此外,还需考虑飞机起飞后能否安全越障。

要确保跑道长度在飞机的极限起飞性能之内,尽量在跑道头起飞。起飞时,应先刹住车,加满油门后再松开刹车,使飞机一开始滑跑就有较大的剩余推力,有利于缩短滑跑距离;尽可能使用最大功率、逆风、下坡起飞并减小飞机起飞时的质量;升空后保持陡升速度爬升越障,直到起飞安全高度。然后,适当减小姿态,加速并保持以快升速度状态上升。

2. 短跑道上着陆

短跑道上着陆时,应尽量减小着陆时的飞机质量;最好使用全襟翼,较大下滑角,速度不超过着陆进场参考速度,经过无飘飞拉平,使飞机以最小可操纵速度和无功率失速姿态接地。

有些跑道由于障碍物的限制,有效着陆可用距离短,也等同于短跑道着陆。

2.4.3.4 在软道面上起飞与着陆

草地、沙滩、泥泞地、雪地等软道面的特点是:摩擦力大,飞机减速容易、增速难;滑跑方向不易保持;场地不平飞机易跳跃;前轮抬起高度不易控制。

1. 软道面上起飞

飞机在软道面上起飞时应尽可能采用两点滑跑,尽早升空。起飞滑跑时,将油门加至最大功率,稍早向后带杆以减小前轮正压力,应尽可能早地用升降舵将飞机维持在较高姿态上进行两点滑跑,飞机最后将以较小速度升空。

飞机离地后,应柔和地降低机头,使飞机保持小角度飞行,平飞加速至快升速度后转入上升,若净空条件不好,则平飞加速至陡升速度后转入上升。

2. 软道面上着陆

飞机在软道面上着陆应减小接地速度,尽可能保持两点滑跑。飞机接地前,尽可能保持在离地 1~2m 的高度上飘飞减速,使飞机以最小速度接地。

主轮接地后,应带杆直到用气动力不能保持两点滑跑为止。滑跑中应避免使用刹车。

2.4.3.5 不放襟翼着陆

飞机正常着陆时,为改善着陆性能,一般都放大角度襟翼着陆。在襟翼系统故障、侧逆风大、紊流强度过大等条件下,需放小角度襟翼或不放襟翼着陆。

不放襟翼着陆主要特点是飞机的下降角小,下滑速度增加。这是因为不放襟翼,飞机的升阻比较大,因此下降角小。另外由于不放襟翼,飞机升力系数小,为产生足够升力,飞机的下滑速度必须增大。下滑速度大提高了飞机的稳定性和操纵性,但增加了飞机的着陆滑跑速度。

不放襟翼着陆时,飞机的下滑角小,下滑速度大,飞机下降慢,减速慢,因此操纵中应降低拉平高度,而且在拉平到接地姿态后,应减慢拉杆,让飞机接地,不使它飘飞。另外,下滑速度大,使得舵面操纵效应增加,拉平动作应更柔和。飞机接地后,要尽快放下前轮,并使用最大刹车或最大允许反推,以缩短着陆滑跑距离。

2.4.3.6 起落架故障着陆

起落架故障着陆是指飞机着陆前,前起落架或主起落架未放下来或没有放好,处置后仍无效情况下的着陆。起落架故障一般可用信号灯、指示杆、飞行状态等加以判断。

1. 单侧主起落架故障

在空中出现单侧主起落架故障时,由于阻力不对称,飞机向起落架方向一侧偏转,这时应向起落架未放下的一侧蹬舵。同时,由于重心横移,飞机向起落架放下一侧滚转,这时应向起落架未放下的一侧压杆。

接地时出现单侧主起落架故障时,地面对主机轮的反作用力,飞机向起落架未放下一侧倾斜,因此应向放下起落架一侧压杆;同时,由于主轮地面摩擦阻力,使飞机向起落架放下一侧偏转,此时应向未放下起落架的一侧蹬舵。

在处置单侧主起落架故障时,应注意:防止拉高或拉飘飞机,强调轻接地。为防止飞机倾斜,可向主起落架放下一侧稍带坡度接地。主轮接地后,应尽早放下前轮滑跑。随着速度减小,应不断增大压杆量,当杆压至尽头仍不能平衡时,再让翼尖着地。单轮着陆时,一般不宜使用刹车,以防止飞机方向突然偏转。

2. 前起落架故障

前起落架故障可按正常的着陆程序着陆。操纵中强调轻两点接地,接地后随速度减小,应及时不断增加带杆量,使飞机尽可能保持上仰姿态。

两点滑跑阶段不应使用刹车,直到带杆到底也不能保持飞机两点滑跑,再让机头柔和接地。

2.4.3.7 发动机停车迫降

发动机停车后,飞机必须要选择场地进行迫降。迫降过程中,如果放襟翼和起落架,会对飞机的性能产生进一步的影响。襟翼放下后,飞机的最大升阻比减小,对应的最小阻力速度减小;放下起落架后,阻力增加,最大升阻比减小,对应的最小阻力速度也进一步减小。

升阻比减小,下降角和下降速率都会增大,在停车迫降时要注意这个特点。

发动机停车后,如果高度较高,可以在360°范围内选择迫降场地;如果高度较低(如起飞中),应选择前方180°范围内迫降。如果可能,应尽量选择逆风方向迫降,逆风方向迫降不安全或无把握时,可采用侧风着陆或顺风着陆。

飞机停车后一般使用最小阻力速度以减小下滑角,使下滑速度、距离增长。

如果停车时速度较大,一般采用先升后降的方法。

停车迫降要注意调整放襟翼的时机和角度。放襟翼的时机,一般应根据目测的高低来决定。场内迫降,放起落架时机应根据目测进行;场外迫降,不放起落架。

停车迫降目测宁高勿低。当目测高时,可采用侧滑法S形转弯来修正。在较宽的场地上迫降时,可利用四转弯飞行来控制高低。对于场内迫降,还可调整放起落架的时机来修正目测高度。

2.5 飞机续航性能

前面所讲的飞机性能,如最大上升率、最大稳定盘旋角速度等,只是描述飞机在 $V-H$ 平面上某一点(飞行状态)所具有的特性或能力,通常称为点性能。起飞、着陆是飞机完成任一飞行任务都要经历的一个阶段,因而属于任务阶段性能,该性能还包括飞机的跃升等。

航程和航时是飞机续航性能的两个重要指标,其直接影响飞机的远程作战及持久作战的能力。航程和航时是随发动机性能(燃油消耗率)和飞行条件(飞行高度、速度、重量等)改变而变化的。续航性能的好坏,不仅关系到作战、训练任务的完成,还关系到燃料的节约。为了充分发挥飞机的续航性能和节约燃料,广大机务人员应该了解航程和航时计算的有关知识。本节主要介绍飞机任务性能的概念及航程、航时的计算问题。

2.5.1 飞机的任务性能和任务剖面

为了完成一次飞行任务,飞机一般要经历起飞、上升、巡航、战斗、下降和着陆等飞行阶段。飞机的任务性能是指飞机根据任务要求完成上述各飞行阶段(即任务段)的综合能力。飞机由机场起飞出发,飞到目标上完成一定任务后,再飞回机场所能达到的最远距离,称为飞机的活动半径。飞机活动半径的大小,标志着飞机能进行作战的范围,是飞机战术、技术性能的一个重要指标。

飞行任务一般通过飞行任务剖面形象地表示出来。飞行任务剖面是指飞机执行任务飞行的飞行航迹在水平面内的投影和在某一垂直平面内的投影。前者称为水平任务剖面,后者称为垂直任务剖面。对于空间机动动作少的任务,一般用一个垂直飞行任务剖面即可表明飞机执行该任务飞行的航迹特点。图2-46给出了一架飞机的空中优势任务剖面。

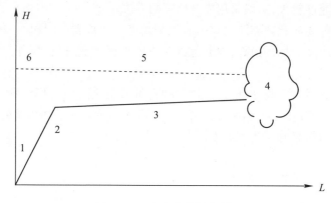

图 2-46 空中优势任务剖面

2.5.2 飞机续航性能的基本知识

飞机的航程是指飞机在上升、下滑和巡航飞行阶段所飞过的水平距离,飞机的航时是指飞机在上升、下滑和巡航阶段飞行所需的时间。飞机航程、航时计算也称为飞机续航性能计算。飞机航程、航时的长短,取决于可供飞机使用的燃油量和燃油消耗的速率。

显然,飞机在地面装载的燃油不能全部用于续航飞行。其中一部分要用于地面试车、滑行、着陆航线飞行和着陆。此外,还有一部分由于油箱和供油系统结构的限制而不能使用。通常把扣除上述各种燃油量后,可供飞机在上升、下滑和巡航飞行阶段使用的燃油量称为可用燃油量。

飞机携带有效装载(包括货物、除空勤人员的全体成员、炸弹、导弹、火箭、水雷、鱼雷、干扰物、侦察照相机、电子对抗设备吊舱和照相闪光照明弹等),沿预定航线(包括上升、下滑和巡航)飞行耗尽可用燃油的航程称为飞机的技术航程,相应的续航时间称为技术航时。

值得一提的是,在实际飞行中,考虑到一些不可预料的意外情况,如着陆航向保持不准确、气象条件变化或着陆场地没有空等要求进行复飞,在上述可用燃油量中还应扣除一定比例的燃油量,这部分燃油量称为着陆余油。

飞机携带有效装载,耗尽扣除着陆余油后的可用燃油量,沿预定航线飞过的水平距离,称为飞机的实用航程。相应的续航时间称为实用续航时间(或实用航时)。

飞机中燃油消耗的速率一般用小时燃油消耗量 C_h 和千米燃油消耗量 C_k 表示。小时燃油消耗量是指飞机每飞行 1h 所消耗的燃油量,千米燃油消耗量是指飞机每飞行 1km 所消耗的燃油量。

由发动机原理知道,发动机产生1N推力,1h消耗的燃油量称为发动机的燃油消耗率,记为 C,其单位为 kg/(h·N)。因此,小时燃油消耗量和千米燃油消耗量可以分别表示为

$$\begin{cases} C_h = CP \\ C_k = \dfrac{CP}{V} \end{cases}$$

式中:P 为发动机推力(N);V 为飞行速度(km/h)。

2.5.3 航程、航时计算和分析

大量的航程、航时计算经验和飞行实践表明,在绝大多数任务飞行中,巡航阶段的航程一般占总航程的主要部分,航时情况也是如此。表2-3给出某歼击机一次典型算例的航程、航时分配情况。显然,巡航段的可用燃油量,应扣除上升飞行和下滑飞行消耗的燃油量。

表2-3 某歼击机续航性能表(带导弹、起飞重量7370kg,总燃油量2080kg)

飞行阶段	上升段	巡航段	下滑段	总量
航程 L/km	110	1190	100	1400
航时 T/(h-min)	0-8.6	2-17.0	0-8.0	2-33.6

2.5.3.1 巡航段的航时、航程计算

1. 飞机巡航性能计算

除少数任务剖面(如最短时间截击),巡航飞行一般以最大航程的速度和高度(或指定的高度)完成。但是严格说巡航飞行一般不是定常飞行。随着燃油的消耗,飞机的飞行质量不断减小,即使是等高度、等速飞行,其迎角也将随时变化。然而,由于飞机飞行质量变化较缓慢,在很短的一段时间或距离内,飞机的运动仍可以看成等速直线飞行,要满足下述方程:

$$\begin{cases} P\cos\alpha - X = 0 \\ P\sin\alpha + Y - mg = 0 \end{cases}$$

当迎角较小时,$P\sin\alpha$ 也较小,上式可以简化为

$$P = X, Y = mg$$

因而有

$$P = \frac{X}{Y}mg = \frac{1}{K}mg$$

式中:K 为飞机的升阻比。

设巡航开始时,飞机的质量为 m_0,巡航结束时,飞机的质量为 m_f。

因为

$$dm/dt = -C_h/3600$$

这里质量和时间单位均为国际单位,负号是因为燃油的消耗使飞机质量减小。由此可以得出巡航时间为

$$T_1 = \int_0^T dt = -\int_{m_0}^{m_f} 3600 \frac{dm}{C_h} \tag{2-44}$$

飞机在时间 dt 内飞行的距离应为

$$dL = Vdt$$

所以巡航段航程为

$$L_1 = -\int_{m_0}^{m_f} 3600 \frac{V}{C_h} dm \tag{2-45}$$

注意到

$$C_h = CP = C\frac{1}{K}mg$$

可以得

$$\begin{cases} T_1 = -\int_{m_0}^{m_f} 3600 \frac{K}{gC} \frac{dm}{m} \\ L_1 = -\int_{m_0}^{m_f} 3600 \frac{KV}{gC} \frac{dm}{m} \end{cases} \tag{2-46}$$

当飞机在给定的高度,以给定的速度飞行时,随着燃油的消耗,飞机所受重力减小,飞行迎角也随之减小,使升力系数减小。与此同时,阻力系数也会发生变化。因此,上述积分下的升阻比 K 将随之变化。此外,阻力变化要求发动机推力跟着变化,因此发动机工作状态和燃油消耗率 C 也随飞机质量而变。由式(2-46)可以看出,要确定巡航航程和航时,关键是找到升阻比 K 和发动机燃油消耗率 C 随飞行质量的变化关系。但是这些参数的变化规律比较复杂,因此不可能用简单的解析函数给出计算公式,必须采用数值积分的方法进行求解。

2. 飞机巡航性能分析

由式(2-46)可以看出,在飞机质量和巡航可用燃油量一定的情况下,若不考虑燃油消耗率的变化,则巡航时间主要决定于升阻比 K 或平飞阻力(即平飞所需推力),巡航航程则主要取决于平飞速度 V 与升阻比的乘积或速度 V 与飞行阻力之比。

注意到

$$K/mg = \frac{Y}{X}/mg = \frac{1}{X}$$

和

$$KV/mg = \frac{Y}{X} \frac{V}{mg} = V/X$$

升阻比 K 最大,即平飞阻力最小,航时积分公式中的被积函数最大。由高等数学知识知道,此时航时最长。这就是说,飞机以最小阻力速度平飞巡航对延长航时是最有利的。因此,最小阻力速度又称为有利速度或久航速度,记为 V_{me}。与此同时,升阻比和速度乘积最大,即速度与阻力之比最大,航程积分的被积函数最大,航程最长。由平飞阻力随 Ma(速度)变化规律可以看出,这个飞行状态即为由坐标原点出发的飞机阻力—速度曲线切线的切点所对应的状态。相应的速度,称为远航速度,记为 V_{mr}。对应于久航速度和远航速度的 Ma 分别称为久航 Ma 和远航 Ma,记为 Ma_{me} 和 Ma_{mr}。

由图 2-47 可以看出,飞机远航速度(或远航 Ma)大于久航速度(或久航 Ma),并且随着飞行高度增加,远航速度和久航速度逐渐增大。原因是高度升高时,大气密度和大气压力下降,零升阻力随之减小,使最小阻力速度增大。但是随着高度升高,声速减小,当飞行速度超过临界速度,飞行 Ma 超过临界 Ma 时,由于波阻的产生,飞机的最大升阻比将急剧下降。这使一般跨声速飞机最大航程速度所对应的远航速度一般在临界速度附近,其对应的 Ma 在临界 Ma 附近。

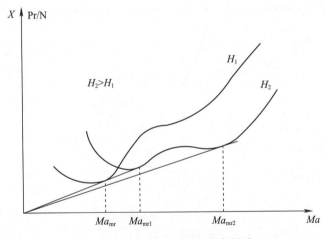

图 2-47 平飞阻力曲线和远航速度

值得指出的是,超声速飞机通常有跨声速远航速度和超声速远航速度两个远航速度。其原因是:由于飞机零升阻力系数随 Ma 的变化,使飞机平飞阻力曲线出现两个谷。随着飞行高度增高,平飞阻力随 Ma 变化的谷值逐渐增大,平飞阻力随 Ma 增大而增大的速率越来越缓慢,并出现第二个谷值。由图 2-47 可以看出，此时存在两个切点速度，第一个切点速度在超声速区。尽管超声速区飞行时单位时间消耗的燃油较多，但因飞行速度的增大使飞机飞行单位距离消耗的燃油明显减少，使其远航 Ma 大于 1，即远航速度为超声速。

飞机续航性能除与飞行速度有关外，还与飞行高度有关。

高度升高，发动机推力下降。为使发动机能产生足够的推力使飞机保持以久航速度或远航速度平飞，必须增加发动机转速。由发动机转速特性可知，当转速小于额定转速时，转速增加，发动机燃油消耗率减小，使小时燃油消耗量和千米消耗量减小，从而有利于航时和航程的增长。与此同时，由发动机的高度特性可知，当高度 $H \leqslant 11 \mathrm{km}$ 时，高度增加，发动机燃油消耗率 C 减小，对降低燃油小时消耗量和千米消耗量，增长航程和航时也是有利的。但是随着飞行高度增加，飞机的久航速度和远航速度随之增大，根据发动机的速度特性，这将使发动机的燃油消耗率增大，对飞机的续航性能起着不利的影响。

综上所述，飞机巡航航时和航程与飞机速度及高度密切相关。通常，久航速度为飞机的最小阻力速度，久航高度大约在亚声速实用升限附近；飞机的远航速度可能有两个：一个小于临界 Ma；另一个为超声速远航速度，大于临界 Ma。在飞机高度低时，飞机以亚声速远航速度飞行对增长航程较为有利，当飞机高度较高，超过某个高度时，应以超声速远航速度飞行，有利于增长航程。图 2-48 给出了某飞机以亚声速和超声速远航速度飞行时的千米燃油消耗量随高度变化的情况。

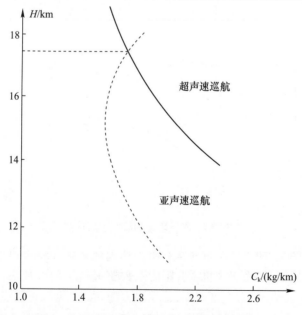

图 2-48　远航速度对应的千米燃油消耗量 C_k

2.5.3.2 上升、下滑段航程、航时计算

现代军用飞机的久航高度和远航高度都较高。飞机上升到该高度或从该高度下滑时,如果选用的飞行速度或发动机转速不合适,不仅会影响上升、下滑段本身的航时和航程,还会影响上升、下滑段的燃油消耗量,使巡航段的可用燃油量减小,导致巡航段航时和航程的缩短。

研究上升段的续航特性,应兼顾巡航段的巡航特性。一般不一定要求上升的航时或航程最长,而是着眼于适当选取上升段的飞行状态和发动机工作状态,尽可能使总航时和总航程增大。因而通常把注意力集中在尽量减少燃油消耗,并兼顾上升段航时和航程使之尽可能大一些。下滑段的情况也是如此。实践表明,按照这种方式完成上升和下滑,可使飞机具有较大的航时和航程。

1. 上升段的航程、航时计算

当飞机在给定发动机转速 n 以不同速度上升时,上升角 θ 和上升率 V_y 都会随之改变。若飞机以快升速度上升,则上升率最大,上升时间最短,上升消耗的燃油量较小,因而巡航段可用燃油量增加,巡航段航程和航时增长,总航时和航程增大。实践表明,如果飞机以稍大于快升速度的某一速度上升,这样一方面对应的上升率虽然要稍小于最大上升率 $V_{y\max}$,使消耗的燃油稍有增加;但另一方面使上升轨迹角减小,上升航程增加,从而总航程增加。可见,以快升速度或稍大于快升速度的某一速度上升,对增长飞机的总航程和总航时是有利的。在上升航程和航时计算中一般以快升速度飞行进行计算。

与此同时,若飞机在不同发动机转速下飞行,仍保持以快升速度上升,则发动机转速越高,推力越大,剩余推力也越大,使上升率 V_y 和上升角 θ 都增大。虽然上升角 θ 增大会使上升航程略有减小,但由于上升率 V_y 增大,减小了上升时间和上升段的燃油消耗量,增加了巡航段的可用燃油量,相应地增长了巡航段的航程和航时。为了省油,上升段一般使用发动机额定转速或非加力最大状态。

综上所述,有

$$\begin{cases} \mathrm{d}H/\mathrm{d}t = V_{y\max} \\ \mathrm{d}L/\mathrm{d}t = V_{\text{quick}}\cos\theta \end{cases}$$

由此积分可得上升段的航时和航程:

$$\begin{cases} T_2 = \int_0^{T_2} \mathrm{d}t = \int_{H_0}^{H_f} \dfrac{1}{V_{y\max}} \mathrm{d}H \\ L_2 = \int_0^{L_2} \mathrm{d}L = \int_0^{T_2} V_{\text{quick}}\cos\theta \, \mathrm{d}t \end{cases} \quad (2-47)$$

由于被积函数 $1/V_{y\max}$ 和 $V_{\text{quick}}\cos\theta$ 都是随高度或时间变化的,上述积分可以

通过数值积分的方法求解。

2. 下滑段的航程、航时计算

下滑时选用的发动机转速不同,下滑段航程、航时和耗油量也不一样,飞机的总航程和总航时也将随之改变。下滑飞行时发动机可用推力小于平飞所需推力,即剩余推力 $\Delta P<0$。例如保持相同的下滑速度,减小发动机转速时,可用推力减小,剩余推力绝对值增大,使下滑角变大,下滑段航程缩短,下滑段航时减小,下滑段的耗油量减小,因而可以增加巡航段飞行的可用燃油量,增大总的航程和航时。所以下滑段应尽量使发动机处于转速较小而省油的工作状态——慢车状态(图 2-49)。

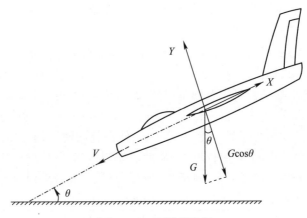

图 2-49 下滑段飞行

当飞机以一定的发动机转速下滑时,飞机的续航性能还与飞行速度有关。假定下滑中发动机推力 $P\approx0$,由 2.2 节可知

$$\theta = \arcsin\frac{\Delta P}{G} = -\arcsin\frac{P_r}{G}$$

$$V_y = \frac{\Delta P V}{G} = -\frac{P_r V}{G}$$

上述二式表明:最小下滑角 $\theta_{\min}$ 是与最小平飞需用推力,即最小平飞阻力相对应的。当飞机以最小阻力速度,即有利速度下滑时,其下滑段航程最长;最小下降率 $V_{y\min}$ 是与最小 $P_r V$ 相对应的。当飞机以与最小 $P_r V$ 对应的速度下滑时,其下滑段航时最长,通常此速度比有利速度稍小一些,但一般为避免速度不稳定现象均以稍大于有利速度的速度下滑。在航程、航时计算中可把下滑速度取为有利速度。

根据上述讨论,可以认为下滑中发动机处于慢车状态,$P\approx0$,重力和空气动

力处于平衡状态,飞机以直线航迹下滑,下滑角不变,且有

$$\theta = \arctan\frac{X}{Y} = \arctan\frac{1}{K}$$

式中:K 为飞机的最大升阻比。

下滑段的航程为

$$L_3 \approx H\cot\theta \approx HK$$

式中:H 为飞机下滑高度。

下滑段航时为

$$T_3 \approx L_3 / \bar{V}_x$$

式中:$\bar{V}_x = \frac{1}{2}(V_0\cos\theta_0 + V_f\cos\theta_f)$ 为下滑速度水平分量的平均值。

下滑段的耗油量为

$$\Delta m_2 \approx \bar{C}_h \cdot T_3 / 3600$$

2.5.4 航程、航时的影响因素

2.5.4.1 风的影响

风向、风速的变化会影响飞机的航程,但不影响飞机的航时。这是因为,在保持同一空速下,顺风飞行,地速增大,千米燃油消耗量减小,航程增加;逆风飞行,地速减小,千米燃油消耗量增大,航程减小。

由于风只改变地速,并不改变飞机的空速,而小时燃油消耗量只取决于空速,只要飞行速度和飞行高度相同,不管顺风还是逆风,飞机的小时燃油消耗量和航时均不变。

2.5.4.2 气温的影响

气温的变化只影响飞机的航时,不影响飞机的航程。这是因为,保持同一高度和 Ma 飞行时,平飞所需推力不变,气温降低,发动机的燃油消耗率减小,小时燃油消耗量随之减少,故平飞航时增加。同理,气温升高,小时燃油消耗量增加,航时变短。

气温降低,虽然可使燃油消耗率减小,但由于声速减小,保持飞行 Ma 不变时,飞行速度也相应减小。二者的变化对千米燃油消耗量的影响恰好抵消,所以千米燃油消耗量不变,平飞航程不受影响。

2.5.4.3 单发飞行

保持久航速度或远航速度做单发飞行,航程和航时比双发飞行长。这是因

为喷气式飞机在一台发动机停车后,飞机的零升阻力增加也不多,因而平飞所需推力增加也不多。而保持久航速度或远航速度飞行,所需发动机推力都比较小。因此,双发飞行时,所需发动机转速比巡航转速小得多,而小时燃油消耗量比较大。若保持同样的速度做单发飞行,则必须增大工作发动机的转速。这样,转速就接近巡航转速,燃油消耗率比较小,航程和航时也就增大。

应该注意,单发飞行时,由于升限降低较多,最大航程低于双发飞行时的最大航程。

2.5.4.4 燃油装载量

燃油装载量增加,一方面引起飞机重量的增加,平飞所需推力增加,使千米燃油消耗量和小时燃油消耗量增加,使飞机的航程和航时减小;另一方面引起平飞可用燃油量增加,使航程、航时增加。由于后者影响大于前者,所以航程、航时增加。

应当指出的是,在给定航程或航时的情况下,不宜添加过多的备份燃油,否则由于千米燃油消耗量和小时燃油消耗量增加,在执行任务过程中总的燃油消耗量增大,不符合节约原则。

2.5.4.5 飞机阻力

飞机表面不清洁、结冰、蒙皮表面压伤,外部携带设备,飞机侧滑运动等都将使飞机的阻力增大,平飞所需功率增加,从而使小时燃油消耗量增大,航程和航时减小。

2.6 飞机的敏捷性

现代战斗机不仅需要良好的机动性,而且要有较好的敏捷性。敏捷性是衡量战斗机从一种机动状态进入另一种机动状态快慢程度的一项指标。常用的一类是以时间为尺度的功能敏捷性指标,如最小转弯时间和战斗周期时间等,其目的是能起到缩短战斗机最小转弯时间和最小战斗周期的作用。前者是指飞机在满足起始条件和终止条件时,机头转过规定角度所需用的时间。这一指标综合了飞机率先攻击和连续攻击的要求,对空战具有重要意义。根据在不同初始速度下某型飞机最小战斗周期时间的计算结果表明,具有推力矢量时,飞机的战斗周期时间可以大大缩短,而且飞机的战斗周期时间对飞机初始速度的依赖性明显降低。

2.6.1 敏捷性概念

战斗机的基本性能和机动性是影响空战结果的重要因素,但不是最终决定因素。例如,1941年第二次世界大战期间,在法国上空,盟军的Supermarie Spitfire战斗机相对于德军的Focke-Wolf FW-190战斗机具有明显的机动性和速度优势,但是Supermarie Spitfire战斗机在空战中常常失去优势,有时甚至处于主动攻击位置的情况下,因飞行员不能充分利用其良好的机动性建立主动的火炮跟踪,飞机很快从攻击态势转换为中立态势而失去主动优势。而德军的 Focke – Wolf FW – 190 战机滚转操纵非常灵活,能够迅速改变机动平面,在空战中常常占有主动优势。这个例子提出了衡量飞机综合性能,即敏捷性的新概念,近年来越来越受到航空界的关注。

敏捷性是西方航空界根据战斗机作为一种高精度武器系统而提出的对飞机性能进行综合评定的指标。该概念的提出,主要是由于出现了全方位离轴发射的近距格斗空空导弹,改变了传统的尾随攻击方式,空战特点由"占位"转为"指向",飞机抢先对准攻击敌机的重要性变得越来越重要,因此可以认为敏捷性是航空技术发展到现阶段的必然结果,是飞机固有的一种属性。

对于飞机的敏捷性,自 20 世纪 80 年代以来,各国进行了大量的研究,出现了许多关于敏捷性概念的提法如下:

Col. J. R. Boyd:机动性是指改变高度、速度、方向以及其任意组合的能力;敏捷性是指通过能够在短时间内从一个方位过渡到另一个方位,从一个机动转变为另一个机动的能力。

Pierre Sprey:敏捷性与从一个机动转变为另一个机动所需时间的倒数成正比。

Northrop(诺斯罗普公司):敏捷性是指飞机速度矢量的大小和方向都能迅速改变的能力。

通用动力公司:敏捷性是指飞机迅速指向并获得首先射击机会的能力,为自卫并获得多次杀伤目标机会而进行连续机动的能力,按意愿迅速加速以放弃一次任务的能力。

MBB 公司:敏捷性是指飞机速度矢量的时间变化率。

美国空军试飞员学校:敏捷性是指用精确控制力使自己迅速机动到目标尾部的能力,飞机具有使飞行员能迅速而精确地将飞机从目前状态改变到一个理想终端状态的能力。

Eidetics:敏捷性是战斗机的一种属性,用以度量整个武器系统,使截获目标到摧毁目标的时间延迟最小的能力。

Kalviste Juri:敏捷性是指用最短时间执行一项特定任务的能力。

由于战斗机的敏捷性是一个很复杂且综合的问题,涉及空气动力学、推进系统、结构、控制等系统,和飞机的稳定性、操纵性也密切相关。严格地讲,敏捷性不仅是飞机本体的特性,还包括航空电子设备、武器系统和飞行员操纵特性等因素。不过,目前比较一致的看法是将敏捷性定义为飞机在空中迅速、精确地改变机动飞行状态的能力。

敏捷性的这一定义,实际上包含两层意思。其一,无论飞机在超视距作战还是近距格斗,要求飞机航迹迅速变化,从一个机动动作转为另一个机动动作;其二,在捕获目标后,要求飞机姿态快速变化,以形成导弹发射条件,使飞机的机动平面(即机动飞行中飞机质心运动轨迹所在的平面。在无侧滑条件下,机动飞行平面就是飞机的对称平面)与瞄准平面(由飞机速度矢量和飞机质心与目标连线即瞄准线构成的平面)重合,并满足导弹导引规律的要求,如图2-50所示。故德国人 W. B. Herbst 又定义敏捷性为飞机转动机动平面和改变机动飞行状态的能力。

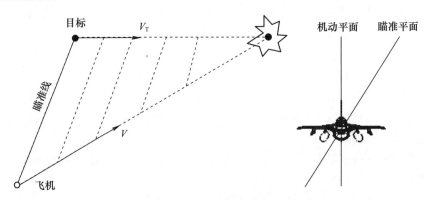

图2-50 瞄准平面和机动平面

可见,飞机的敏捷性与机动性和操纵性密切相连,但又不是机动性和操纵性所能概括的。敏捷性更重视飞机运动的瞬态性能,与空战效果联系更加紧密、更加直接。

2.6.2 敏捷性分类

为了评估飞机的敏捷性,20世纪80年代以来,世界各国进行了大量的研究,对敏捷性的不同看法也导致出现了不同的敏捷性度量标准(敏捷性尺度)。从敏捷性概念的含义来看,可以用状态变化和时间两个属性来描述飞机的敏捷性,即达到某预期状态所需要的时间、单位时间内状态变化的多少和机动能力改变量的大小等。因此,敏捷性按时间尺度和飞机运动形式来分类较为合适。

1. 按时间尺度划分

按时间尺度,敏捷性大致可分为瞬时敏捷性、功能敏捷性和潜力敏捷性三类。

1) 瞬时敏捷性

瞬时敏捷性反映飞机机动状态转换的快速性。它表示飞机产生可控角运动和最大、最小单位剩余功率之间快速转换的能力,用时间度量一般为1~5s的量级。按飞机的机动方向,瞬时敏捷性尺度包含瞬时俯仰敏捷性尺度、瞬时滚转敏捷性尺度和瞬时轴向敏捷性尺度。瞬时俯仰敏捷性尺度主要用于描述飞机在其机动平面内,迅速转变其俯仰姿态的能力、瞬时滚转敏捷性尺度主要用于描述飞机在保持迎角或过载的条件下,实现快速滚转的能力;瞬时轴向敏捷性尺度主要用于描述飞机迅速改变能量速率的能力,即度量发动机推力响应和减速装置产生阻力的情况。

2) 功能敏捷性

功能敏捷性反映飞机空战中各飞行阶段转换的快慢。它表示飞机航向或绕速度矢量快速旋转的能力,重点为飞机大迎角转弯中的能量损失和卸载到零过载后的能量恢复能力。其用时间度量一般为大于5s的量级。功能敏捷性尺度主要包括空战周期时间(Combat Circle Time,CCT)、动态速率转弯(Dynamic Speed Turn,DST)、相对能量状态(Relative Energy State,RES)、指向余度(Point Margin,PM)等。

在近距格斗中,飞机应以最快的方式构成导弹发射条件。空战周期时间就是度量飞机完成这一过程的能力。假设近距格斗空战的过程为:飞机首先滚转到90°左右,俯仰到最大过载,其次以最大过载转弯到一定的航向角,最后卸载到平飞并加速到初始能量状态。这一空战周期可以用飞机转弯速率对飞行速度/马赫数的曲线描述,空战周期时间就是完成一个空战周期所需的时间。

空战周期时间是影响飞机近距空战作战效能的关键尺度。然而,在飞机的空战周期中,飞行员非常关心飞机的能量变化,动态速率转弯就是反映飞机能量变化的尺度。动态速率转弯主要由飞机转弯率—飞机加速度曲线以及飞机加速度—飞机速度曲线描述。

在多机空战中,飞机进行一次进攻或规避机动后,能否保持飞机的机动能力再次投入战斗对飞机的作战效能是非常重要的。若飞机在一次进攻或规避中,能量损失过大,则再次投入战斗进攻的能力就大大降低。为此,提出一个既能确定飞机的转弯能力,又能反映能量状态的尺度,即相对能量状态,它是指飞机以最大的法向过载转弯180°的过程中,瞬时速度和角点速度的比值与该时刻飞机航向角之间的关系。相对能量状态较为直接地反映了飞机在转弯过程中能量的变化。

指向余度指的是两机同时从中立位置开始做水平转弯或垂直拉起机动,当其中一机指向目标飞机时,两机机头指向的夹角称为前者相对于后者的指向余度。显然,拥有此尺度优势的飞机在一对一空战环境、双方武器对等的条件下,容易获得首先开火机会。

3) 潜力敏捷性

潜力敏捷性是与时间无关的敏捷性,主要是用飞机的气动、构型等参数来体现飞机的敏捷性。潜力敏捷性尺度是指用飞机的重量、惯性、操纵面效率等飞机外形布局参数来表征的敏捷性尺度。其主要包含以下三种:①潜力俯仰敏捷性尺度:飞机单位纵向操纵面偏转引起的俯仰力矩与绕 Oz 轴的转动惯量之比;②潜力滚转敏捷性尺度:飞机单位横向操纵面偏转引起的滚转力矩与绕 Ox 轴的转动惯量之比;③潜力轴向敏捷性尺度:飞机推重比和飞机翼载荷之比。

对于瞬态敏捷性和功能敏捷性的含义,还可以从图 2-51 上示意出来。图中纵轴代表飞机飞行状态,横轴代表时间。从 t_0 开始飞机飞行状态加速变化,到 t_1 时达到稳态的状态变化率,t_2 以后飞行状态开始减速变化,到 t_3 时飞机达到所期望的状态,状态变化率为零。瞬态敏捷性即对应状态变化的加速段 $t_0 \sim t_1$ 和状态变化的减速段 $t_2 \sim t_3$;功能敏捷性表示飞机获得最终状态的能力,用 $t_0 \sim t_3$ 段总时间度量。

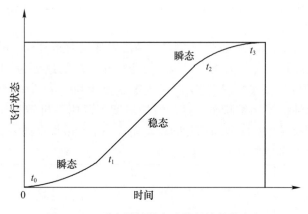

图 2-51 瞬态敏捷性和功能敏捷性的含义

2. 按飞机运动形式划分

按飞机运动形式,敏捷性可以分为轴向敏捷性、纵向(俯仰)敏捷性和横向(滚转)敏捷性三类。

思 考 题

1. 研究飞机运动时,常用的坐标系有哪些?
2. 简述地面坐标系的定义。

3. 简述机体坐标系的定义。偏航角、俯仰角和滚转角是如何规定的?
4. 简述速度坐标系的定义。迎角和侧滑角是如何规定的?
5. 简述航迹坐标系的定义。航迹俯仰角、航向角和速度滚转角是如何规定的?
6. 定义多种飞机坐标系的意义是什么?
7. 俯仰角 ϑ 与航迹角 θ 之间有什么区别?什么情况下 $\vartheta = \theta$?什么情况下 $\vartheta = \alpha$?
8. 试推导由速度坐标系到机体坐标系的坐标转换矩阵。
9. 试推导由地面坐标系到机体坐标系的坐标转换矩阵。
10. 试推导由地面坐标系到航迹坐标系的坐标转换矩阵。
11. 试推导由地面坐标系到速度坐标系的坐标转换矩阵。
12. 如果从地面坐标系向机体坐标系转换,坐标系的转换顺序是:绕机体坐标系的 Y 轴转过偏航角 ψ、绕机体坐标系的 X 轴转过滚转角 γ、绕机体坐标系的 Z 轴转过俯仰角 ϑ。试推导地面坐标系到机体坐标系的坐标转换矩阵(忽略旋转过程角度变化)。
13. 已知作用在飞机上的外力有重力 G、发动机推力 P 和空气动力 R,试推导航迹坐标系中作用在飞机质心上的合外力 $\Sigma F_x、\Sigma F_y、\Sigma F_z$(提示:假定发动机推力方向与机体纵轴重合,即安装角为零)。

$$L_g^h = \begin{bmatrix} \cos\theta\cos\psi_s & \sin\theta & -\cos\theta\sin\psi_s \\ \sin\theta\cos\psi_s & \cos\theta & \sin\theta\sin\psi_s \\ \sin\psi_s & 0 & \cos\psi_s \end{bmatrix}, L_a^h = \begin{bmatrix} 1 & 0 & 0 \\ 0 & \cos\gamma_s & -\sin\gamma_s \\ 0 & \sin\gamma_s & \cos\gamma_s \end{bmatrix}$$

$$L_b^h = \begin{bmatrix} \cos\alpha\cos\beta & -\sin\alpha\cos\beta & -\sin\beta \\ \sin\alpha\cos\gamma_s + \cos\alpha\sin\beta\sin\gamma_s & \cos\alpha\cos\gamma_s - \sin\alpha\sin\beta\sin\gamma_s & -\cos\beta\sin\gamma_s \\ \sin\alpha\sin\gamma_s - \cos\alpha\sin\beta\cos\gamma_s & \cos\alpha\sin\gamma_s + \sin\alpha\sin\beta\cos\gamma_s & \cos\beta\cos\gamma_s \end{bmatrix}$$

14. 飞行中,作用于飞机的外力主要有哪些?
15. 飞机的质心运动基本方程为 $ma = \Sigma F$,请说明 m、a、ΣF 的物理含义。
16. 飞机做等速直线、无侧滑、无斜倾飞行时运动方程组为

$$\begin{cases} P\cos\alpha - X - mg\sin\theta = 0 & (1) \\ P\sin\alpha + Y - mg\cos\theta = 0 & (2) \end{cases}$$

请说明方程(1)和方程(2)的物理含义。

17. 什么是飞机的飞行性能?
18. 飞机的基本飞行性能主要包括哪些指标?

19. 飞机满足平飞运动的受力条件是什么？

20. 飞机的平飞最大速度受到哪些因素的限制？最小速度又受到哪些因素的限制？

21. 做定飞行等速直线平飞时，飞机飞行迎角 α 很小，$\sin\alpha \approx 0$，$\cos\alpha \approx 1$，请写出飞机做等速直线平飞时飞机运动方程组，并说明方程的物理含义。

22. 从某飞机的技术说明书中查得图 2-52 所示的该飞机平飞包线。请问：从这些包线上可以知道该飞机的哪些基本性能？并指出这些基本性能的数值。

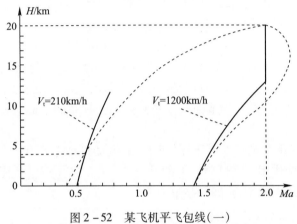

图 2-52 某飞机平飞包线（一）

23. 说明用简单推力法确定飞机基本性能的步骤，并分析此方法的可靠性。

24. 某飞机平飞包线如图 2-53 所示，请说明图中 1、2、3 点能否做等速直线下滑飞行？为什么？

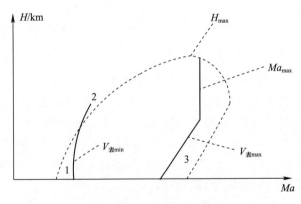

图 2-53 某飞机平飞包线（二）

25. 什么是气动增温现象？对飞行有什么影响？

26. 使用条件与维护质量对飞机的基本飞行性能带来哪些影响？

27. 什么是飞机的机动飞行性能？

28. 什么是飞机的定常盘旋？什么是飞机的正常盘旋？

29. 假设飞机做正常盘旋，推导出盘旋半径与法向过载、盘旋速度之间的关系式。

30. 假设飞机做正常盘旋，分析极限盘旋状态应该考虑的限制因素。

31. 什么是决策速度？什么是地面最小可操纵速度？它们之间有什么关系？

32. 起飞重量、大气条件和跑道坡度对飞机的起飞性能有何影响？

33. 为改善高速飞机的起飞着陆性能，通常采用哪些设计措施？

34. 已知某飞机以 500km/h 的速度平飞，升阻比为 1.2，飞行质量为 6960kg，可用推力为 68600N，试问：

（1）平飞所需推力是多少？

（2）当发动机推力为可用推力时，若飞机以 500km/h 的速度等速上升，则上升角是多少？上升率又是多少？

（3）发动机推力为可用推力时，飞机平飞加速度是多少？

35. 已知某飞机以 500km/h 的速度平飞，升阻比为 6，飞行质量为 7200kg，可用推力为 48000N，试问：

（1）飞机能否保持定直平飞？如不能保持，飞机将做何种运动？

（2）如等速上升，此时上升角是多少？上升率又是多少？

36. 某歼击机质量为 5100kg，以升阻比 $K=6$ 飞行，若当时发动机可用推力为 10000N，试问在此情况下，飞机能否保持定直平飞？如果不能保持，飞机将如何运动？

37. 某歼击机质量为 7500kg，以可用推力 15000N 的油门状态上升，若上升时的升阻比为 7，试求上升角 θ_0。若该歼击机抛掉副油箱后质量减至 7000kg，且不计及副油箱抛掉后对升阻比的影响，仍以原来的油门状态及升阻比上升，试问其上升角 θ 将会发生多大的变化？

38. 某歼击机在 $H=5000m$ 处以速度 190m/s 做正常盘旋，若 $R=3000m$，则飞机应滚转多少度？此时盘旋时间 T 为多少？如欲使盘旋时间缩短一半，则滚转角应增加多少？

39. 设某飞机重力 $G=58800N$，机翼面积为 $28m^2$，在 6000m 高度上以速度 $V=250m/s$ 做水平直线飞行。设飞机开始平飞加速，获得加速度 $dV/dt=5m/s^2$，其极曲线可近似写成 $C_x = 0.0144 + 0.08 C_y^2$，试问此时发动机可用推力应为多少?

40. 某飞机重力 $G=49000$N,机翼面积为 25m^2,在 1000m 高度上以过载 3、$C_y=0.266$ 做正常盘旋,试求盘旋速度和盘旋半径。

41. 某喷气式飞机起飞时,重力 $G=93170$N,机翼面积为 28.5m^2,$C_{y\text{ld}}=0.802$,在海平面机场标准大气下起飞,试求该飞机的离地速度。

42. 某飞机起飞时的质量 $m_{qf}=8900$kg,机翼面积 $S=27.95\text{m}^2$,离地时升力系数 $C_y=0.254$,在海平面机场标准大气条件下起飞,求该飞机的离地速度?(重力加速度取 $g=10.0$N/kg,$\rho=1.225$kg/m^3。)

43. 某喷气式飞机以速度 800km/h 做定直平飞,此时空气阻力为 $Q=16000$N,发动机耗油率为 $q_{kh}=0.114$kg/(N·h),$\eta=0.98$,试确定飞机的千米耗油量和小时耗油量。

44. 某飞机在额定油门下以 $V_1=250$m/s 做定常直线爬升,历时 5min,平均单位时间耗油量 $q_{T1}=0.7$kg/s,以后该飞机做定常直线飞行,且平均单位距离耗油量 $q_L=9\times10^{-4}$kg/m;飞机最后阶段以 $V_2=139$m/s 定常直线下滑 20min,平均单位时间耗油量 $q_{T2}=2.72$kg/s。若飞机可用燃油量为 6000kg,求其总航程?(上升角 θ 和下滑角 μ 都很小,可近似取值 $\cos\theta=\cos\mu\approx1$。)

45. 某飞机在额定油门下以 $V_1=900$km/h 做定常直线上升,飞行 5min,平均小时耗油量 $q_h=2520$kg/h,以后该飞机做定常直线飞行,且千米耗油量 $q_{km}=0.9$kg/km;飞机最后阶段以 $V_2=500$km/h 定常直线下滑 12min,平均小时耗油量 $q_h=900$kg/h。若飞机可用燃油量为 1500kg,求其总航程?(上升角 θ 和下滑角 μ 都很小,可近似取值 $\cos\theta=\cos\mu\approx1$。)

第 3 章　飞机的静态飞行品质

飞行品质(稳定性和操纵性)是影响飞机总体效能的重要因素,它直接影响飞机的飞行质量。要全面评价飞机的总体效能,不仅取决于飞机的飞行性能(速度、高度、续航时间、续航距离和起降性能等)、结构的强度和刚度及各种机载设备的性能,还要看它的飞行品质。飞机若没有良好的飞行品质,即使有良好的飞行性能,其总体效能也会受到种种限制而得不到充分发挥。例如某型战斗机,就其推力而言,在 13.5km 高度上,速度能够达到 2400km/h($Ma=2.25$),但是因为受到方向稳定性等飞行品质的限制,Ma 却不得超过 2.05。超过这个马赫数,飞机就有可能丧失方向稳定性,出现自动滚转,甚至压反杆也没有效果。可见,飞行品质的好坏会直接影响飞机的作战训练和飞行安全等问题。

第 2 章中,把飞机看作可控质点,研究了飞机的各种飞行性能。但飞机除了要达到预定的性能,还要从质点系的角度来研究以下问题:①飞机必须在一定条件下能够达到平衡;②飞机必须保证这一平衡性质是稳定的,即飞机受扰动,平衡受到破坏后,能自动恢复;③飞机必须能够自如操纵,即飞机能够按照飞行员的意图改变飞行状态。

飞机的飞行品质主要是指飞机稳定性和操纵性的好坏,同时也包括另外一些内容,如座舱视界和布局等。更确切地说,飞行品质是指那些对飞行安全、对飞行员关于飞机是否好飞的意见和评价、对飞机能否满足使用要求的能力有实质性影响的飞机稳定性、操纵性及其他特性。目前,关于飞行品质的定义比较一致的说法是,飞机为保证在飞行员的操纵下,能有效地完成飞行任务,确保飞行安全,又易于飞行的各种特性。概括起来就是"有效、安全、好飞"。

有效是指飞机能做急剧的机动动作、精确跟踪、精确控制飞行轨迹。这是从完成使用任务的效果来说的。例如在飞行中如果飞机出现飞行员无法制止的一种微小但持续不已的所谓"剩余振荡",那么势必会影响侦察照相或瞄准射击等任务的有效完成。安全是指不允许有威胁安全、导致事故的飞行现象出现。例如,跨声速范围内的杆力变化不得过于急剧,失速前应有警告信号等都属涉及安全的飞行品质。好飞是指飞行员操纵飞机时省体力、省精力。这是从完成任务的难易来说的。飞行员在各种飞行中操纵驾驶杆(驾驶盘)和脚蹬需要付出多大力量,就属于是否省体力的问题。操纵动作是否简单、座舱视界是否开阔、仪表布局是否合理等就属于是否省精力的问题。

通常将飞机能不能在一定条件下取得平衡称为平衡性能(简称平衡性),能不能在受扰动后自动恢复原来状态的能力称为稳定性能(简称稳定性),能不能按照飞行员的意图改变飞行状态的能力称为操纵性能(简称操纵性);飞机的平衡性、稳定性和操纵性统称为飞机的飞行品质。飞机的稳定性和操纵性分为静态和动态两部分,前者称为静态飞行品质,后者称为动态飞行品质。本章在介绍飞机气动导数的基础上,着重从使用维护角度,分析飞机的静态飞行品质及其变化规律和相关静操纵故障的调整原理。

3.1 飞机的空气动力导数

飞机在空中飞行时,会受到空气动力和力矩的作用,其特性取决于飞机的构型和飞行条件,即气动力和气动力矩会随着飞机构型和飞行条件的变化而变化,这种变化特性可以使用气动力和气动力矩及其对应的系数对飞机运动参数的偏导数来表示,这种偏导数就是飞机的空气动力导数,简称为气动导数。气动导数可以根据理论的或者经验的计算方法获取,更多的是通过数值计算来取得,但比较可靠的数据还需要通过风洞实验或者飞行实验获得。

采取线性化思想和方法处理飞机动力学问题时,一些飞机空气动力导数本身就代表了飞机气动性能、稳定性的优劣,如升力线斜率、迎角静稳定度、横向静稳定度、航向静稳定度、纵向阻尼导数、滚转阻尼导数、偏航阻尼导数等;采用线性方程求解飞机动力学问题时,这些气动导数都是必不可少的基本参数,是飞机数学模型线性化处理的必然需求。因此,研究飞机的空气动力导数是研究飞机飞行动力学的重要基础。

飞机的气动导数可以分为纵向气动导数和横航向气动导数。飞机纵向气动导数主要包括对速度 V、迎角 α、俯仰角速度 ω_z、迎角变化率 $\dot{\alpha}$ 以及平尾偏转角 δ_z 的导数。飞机横航向气动导数主要包括对侧滑角 β、滚转角速度 ω_x、偏航角速度 ω_y,以及副翼偏转角 δ_x 和方向舵偏转角 δ_y 的导数。

理解飞机气动导数的物理意义、分析其影响因素是学习研究气动导数的重要目的。下面分纵向和横航向分别介绍相关气动导数。

3.1.1 飞机纵向气动导数

3.1.1.1 对速度的导数
对速度导数描述为当飞机迎角、升降舵或者水平尾翼偏转角和发动机油门位置一定时,气动力和力矩随飞行速度的变化关系。下面介绍阻力 X、升力 Y 和纵向力矩 M_z 对速度 V 的导数。

1. 阻力对速度的导数

阻力 X 对速度 V 的导数表示的是在飞机基准飞行状态下,阻力 X 对速度 V 的偏导数,飞机基准飞行状态用下标 0 表示。其表达式为

$$X^V = \left(\frac{\partial X}{\partial V}\right)_0 = \left[\partial\left(C_x \frac{1}{2}\rho V^2 S\right)/\partial V\right]_0$$

$$= C_{x0}^V \frac{1}{2}\rho_0 V_0^2 S + C_{x0}\rho_0 V_0 S = (C_{x0}^V V_0 + 2C_{x0})\frac{1}{2}\rho_0 V_0 S \quad (3-1)$$

利用有量纲物理参数的无量纲化(也称为无因次化)参数表达,阻力系数对速度的导数可以表示为

$$C_x^V = \frac{\partial C_x}{\partial V} = C_x^{\overline{V}} \frac{1}{V_0}$$

所以,阻力对速度的导数为

$$X^V = (C_{x0}^{\overline{V}} + 2C_{x0})\frac{1}{2}\rho_0 V_0 S \quad (3-2)$$

若将式(3-2)表达成马赫数的函数,则由于阻力系数对速度的导数为阻力系数对马赫数的导数与声速的商,即

$$C_x^V = \frac{\partial C_x}{\partial Ma}\frac{\mathrm{d}Ma}{\mathrm{d}V} = C_x^{Ma} \frac{1}{a}$$

则阻力系数对无量纲速度的导数为阻力系数对马赫数的导数与马赫数的积,即

$$C_x^{\overline{V}} = C_x^{Ma} \frac{V}{a} = C_x^{Ma} Ma$$

所以,阻力对速度的导数又可以表达为

$$X^V = (C_{x0}^{Ma} Ma_0 + 2C_{x0})\frac{1}{2}\rho_0 V_0 S \quad (3-3)$$

可见,气动阻力对速度的导数与飞机的飞行环境和飞行状态有密切关系,飞机飞行高度降低,飞行速度或者马赫数增大,会使该导数增大,即单位速度增加量造成的阻力增量会增大。

为书写方便,以下省略取导数的基准状态下标"0"。

2. 升力对速度的导数

升力 Y 对速度 V 的导数表示的是在飞机基准飞行状态下,升力 Y 对速度 V 的偏导数。采用与阻力系数对速度的导数类似的推导方法,可以得到升力对速

度的导数为

$$Y^V = \frac{\partial Y}{\partial V} = (C_y^V V + 2C_y)\frac{1}{2}\rho V S \tag{3-4}$$

利用有量纲量的无量纲表达约定,升力系数对速度的导数可以表示为

$$C_y^V = \frac{\partial C_y}{\partial V} = C_y^{\bar{V}} \frac{1}{V_0}$$

所以,升力对速度的导数为

$$Y^V = (C_y^{\bar{V}} + 2C_y)\frac{1}{2}\rho V S \tag{3-5}$$

若将式(3-5)表达成马赫数的函数,则由于升力系数对速度的导数为升力系数对马赫数的导数与声速的商,即

$$C_y^V = \frac{\partial C_y}{\partial Ma}\frac{\mathrm{d}Ma}{\mathrm{d}V} = C_y^{Ma}\frac{1}{a}$$

则升力系数对无量纲速度的导数为升力系数对马赫数的导数与马赫数的积,即

$$C_y^{\bar{V}} = C_y^{Ma}\frac{V}{a} = C_y^{Ma} Ma$$

所以,升力对速度的导数又可以表达为

$$Y^V = (C_y^{Ma} Ma + 2C_y)\frac{1}{2}\rho V S \tag{3-6}$$

3. 纵向力矩对速度的导数

纵向力矩 M_z 对速度 V 的导数表示的是在飞机基准飞行状态下,纵向力矩 M_z 对速度 V 的偏导数。采用与阻力系数对速度的导数类似的推导方法,可以得到纵向力矩对速度的导数为

$$M_z^V = \frac{\partial M_z}{\partial V} = (m_z^V V + 2m_z)\frac{1}{2}\rho V S b_A \tag{3-7}$$

式中:b_A 为机翼平均空气动力弦弦长。

利用有量纲量的无量纲表达约定,纵向力矩系数对速度的导数可以表示为

$$m_z^V = \frac{\partial m_z}{\partial V} = m_z^{\bar{V}}\frac{1}{V_0}$$

所以,纵向力矩对速度的导数为

$$M_z^V = (m_z^{\bar{V}} + 2m_z)\frac{1}{2}\rho V S b_A \tag{3-8}$$

若将式(3-8)表达成马赫数的函数,则由于纵向力矩系数对速度的导数为纵向力矩系数对马赫数的导数与声速的商,即

$$m_z^V = \frac{\partial m_z}{\partial Ma} \frac{\mathrm{d}Ma}{\mathrm{d}V} = m_z^{Ma} \frac{1}{a}$$

所以,纵向力矩对速度的导数又可以表达为

$$M_z^V = (m_z^{Ma} Ma + 2m_z) \frac{1}{2} \rho V S b_A \qquad (3-9)$$

需要说明或者值得注意的是,当飞机的基准运动为对称定常直线飞行时,基准运动的纵向力矩系数 $m_z = 0$。此时纵向力矩对速度的导数为

$$m_z^V = m_z^{Ma} \cdot Ma \frac{1}{2} \rho V S b_A \qquad (3-10)$$

注意:这里 m_z^{Ma} 是先求导再取基准值,所以 $m_z^{Ma} \neq 0$。

3.1.1.2 对迎角的导数

对迎角 α 的导数描述为当飞行马赫数、升降舵或者水平尾翼(平尾)偏转角一定时,飞机迎角改变所引起的空气动力和力矩及其系数的变化,主要包括升力、阻力、纵向力矩对迎角的导数。

阻力 X 对迎角 α 的导数表示的是在飞机基准飞行状态下,阻力 X 对迎角 α 的偏导数。经过公式推导,得到的阻力对迎角的导数为

$$X^\alpha = \frac{\partial X}{\partial \alpha} = C_x^\alpha \frac{1}{2} \rho V^2 S \qquad (3-11)$$

升力 Y 对迎角 α 的导数表示的是在飞机基准飞行状态下,升力 Y 对迎角 α 的偏导数。经过公式推导,得到的升力对迎角的导数为

$$Y^\alpha = \frac{\partial Y}{\partial \alpha} = C_y^\alpha \frac{1}{2} \rho V^2 S \qquad (3-12)$$

式中: C_y^α 为飞机升力线斜率,描述飞机气动特性的重要参数之一。

纵向力矩 M_z 对迎角 α 的导数表示的是在飞机基准飞行状态下,纵向力矩 M_z 对迎角 α 的偏导数。经过公式推导,得到的纵向力矩对迎角的导数为

$$M_z^\alpha = \frac{\partial M_z}{\partial \alpha} = m_z^\alpha \frac{1}{2} \rho V^2 S b_A \qquad (3-13)$$

式中: m_z^α 为飞机纵向力矩系数 m_z 对迎角 α 的纵向迎角静稳定导数,称为俯仰刚度,是描述飞机稳定性的重要参数之一。

3.1.1.3 对俯仰角速度的导数

对俯仰角速度 ω_z 的导数描述为当迎角 α 为零时,由于飞机绕通过质心的横

轴 OZ 轴旋转而产生的空气动力效应。当对飞机通过其质心的 OZ 轴以俯仰角速度旋转时,质心前后各处获得随距离呈线性变化的附加速度分布,从而飞机各部分的"合"速度便不相同,迎角 α 也就不同。如图 3-1 所示,当俯仰角速度 ω_z 大于 0 时,飞机质心前局部迎角减小,质心后局部迎角增大,引起纵向气动力和力矩的变化。通常阻力对俯仰角速度的导数 X^{ω_z} 可以忽略,升力对俯仰角速度的导数 Y^{ω_z} 有时可以忽略,但纵向俯仰力矩对俯仰角速度的导数 $M_z^{\omega_z}$ 却起重要作用。

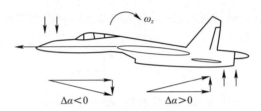

图 3-1 俯仰角速度对迎角的影响

飞机全机对俯仰角速度的导数以平尾(升降舵)的作用最为显著,通常可以考虑平尾对俯仰角速度的导数,再乘以大于 1 的系数以包括机翼、机身组合体的作用。对于无尾飞机则需要直接考虑机翼、机身组合体的作用。下面以常规布局飞机为例说明确定升力和俯仰力矩对俯仰角速度导数的方法。

1. 升力对俯仰角速度的导数

升力 Y 对俯仰角速度 ω_z 的导数为

$$Y^{\omega_z} = C_y^{\omega_z} \frac{1}{2}\rho V^2 S \qquad (3-14)$$

根据有量纲量的无量纲表达约定,无量纲的俯仰角速度表示为

$$\bar{\omega}_z = \omega_z \frac{b_A}{V}$$

则升力系数对俯仰角速度的导数可以写为

$$C_y^{\omega_z} = C_y^{\bar{\omega}_z} \frac{b_A}{V}$$

因此,升力对俯仰角速度的导数可以写为

$$Y^{\omega_z} = C_y^{\bar{\omega}_z} \frac{1}{2}\rho V S b_A \qquad (3-15)$$

式(3-15)中,升力系数对无量纲俯仰角速度的导数是关键。但是,通过实验和数值计算确定俯仰角速度的导数难度很大,需要寻求获得该参数的简单途

径。在飞机的气动导数中,对迎角的导数非常基础,且获取的难度较低,因此,可以寻求对俯仰角速度的导数与对迎角的导数之间的关系来解决上述问题。

由于飞机全机对俯仰角速度的导数以平尾(升降舵)的作用最为显著,所以可以从俯仰角速度引起的飞机平尾气动力的变化入手来解决问题。

俯仰角速度引起的平尾焦点处的附加速度为

$$\Delta V_{ht} = \omega_z L_{ht}$$

式中:L_{ht} 为平尾焦点到飞机重心的距离。

若将其作为平尾区的平均附加速度,则平尾平均迎角变化可近似表示为

$$\Delta \alpha_{ht} \approx \frac{\omega_z L_{ht}}{\sqrt{K_q} V}$$

式中:K_q 为速度阻滞系数。$K_q = \frac{q_t}{q}$,为飞机尾翼处的动压与来流动压之比,其值可由实验确定。初步估算时,可按表 3–1 选取值。

表 3–1 尾翼的速度阻滞系数 K_q

飞机形式	尾翼平面相对机翼平面的位置	K_q
正常式	尾翼安装在机身上,且与机翼平面重合	0.85
	尾翼安装在机身上,但尾翼与机翼平面组成45°或90°角	0.9
	尾翼位于机身上面或下面,离机身的距离为机身直径一倍或一倍以上	1.0
鸭式	任意	1.0

应用准定常假设,平尾升力增量 ΔY 可表示为

$$\Delta Y = \sqrt{K_q} C_{yht}^{\alpha_{ht}} \frac{\omega_z L_{ht}}{V} q S_{ht}$$

平尾升力系数增量的系数形式为

$$\Delta C'_{yht} = \sqrt{K_q} C_{yht}^{\alpha_{ht}} A_{ht} \bar{\omega}_z$$

式中:$C_{yht}^{\alpha_{ht}}$ 为平尾的升力系数对平尾迎角的导数,即平尾的升力线斜率;A_{ht} 为平尾的静矩系数/尾容量。$A_{ht} = \frac{L_{ht} S_{ht}}{b_A S}$,表示平尾焦点到飞机重心的距离和平尾面积的乘积与机翼平均空气动力弦弦长和机翼面积的乘积的比值。

这样,平尾升力系数对无量纲俯仰角速度的导数为

$$C'^{\bar{\omega}_z}_{yht} = \sqrt{K_q} C_{yht}^{\alpha_{ht}} A_{ht} \tag{3-16}$$

飞机全机升力系数对无量纲俯仰角速度的导数,可以表示为平尾升力系数对无量纲俯仰角速度的导数乘以一个放大系数:

$$C_y^{\bar{\omega}_z} \approx (1.1 \sim 1.25) C'_{yht}^{\bar{\omega}_z} \qquad (3-17)$$

对于低速大展弦比飞机来说，放大系数可以取 1.1；对小展弦比或大后掠翼飞机来说，放大系数取 1.2~1.25。

2. 俯仰力矩对俯仰角速度的导数

参照升力对无量纲俯仰角速度的导数的推导过程，可以得到俯仰力矩对俯仰角速度的导数为

$$M_z^{\omega_z} = m_z^{\bar{\omega}_z} \frac{1}{2} \rho V S b_A^2 \qquad (3-18)$$

式中，俯仰力矩系数对无量纲俯仰角速度的导数是关键，可以通过确定 $C_y^{\bar{\omega}_z}$ 与 C_y^{α} 之间的关系类似的方法来获取。

平尾附加升力对飞机质心的力矩可以近似表示为

$$\Delta M_{zht} \approx -\Delta Y_{ht} \cdot L_{ht}$$

其系数形式为

$$\Delta m_{zht} = \frac{\Delta M_{zht}}{q S b_A} = -\sqrt{K_q} C_{yht}^{\alpha_{ht}} A_{ht} \bar{L}_{ht} \bar{\omega}_z$$

式中：$\bar{L}_{ht} = \dfrac{L_{ht}}{b_A}$ 为平尾焦点到飞机重心的相对距离。

由此可得平尾纵向力矩系数对无量纲俯仰角速度的导数为

$$m_{zht}^{\bar{\omega}_z} = -C_{yht}^{\bar{\omega}_z} \bar{L}_{ht} \qquad (3-19)$$

进而可以求得平尾纵向力矩系数对无量纲俯仰角速度的导数与平尾的升力线斜率的关系式为

$$m_{zht}^{\bar{\omega}_z} = -\sqrt{K_q} C_{yht}^{\alpha_{ht}} A_{ht} \bar{L}_{ht} \qquad (3-20)$$

将式(3-17)代入式(3-20)，可得

$$m_z^{\bar{\omega}_z} = (1.1 \sim 1.25) m_{zht}^{\bar{\omega}_z} \qquad (3-21)$$

通常飞机全机升力系数对无量纲俯仰角速度的导数小于 0，有阻碍俯仰转动的作用，故称为纵向阻尼导数。

3.1.1.4 对迎角变化率的导数

对迎角变化率 $\dot{\alpha} = d\alpha/dt$ 的导数表示飞机迎角随时间变化时所产生的气动力和气动力矩特性。

1. 洗流时差

当飞行中出现迎角变化率时，将引起纵向气动力和力矩的变化，需要利用非

定常理论来确定纵向气动特性。这种特性与运动过程即运动的历史情况有关，这种场合不存在通常意义下的气动导数。但是，当处理一般飞行力学问题时，如果不考虑弹性自由度，可利用准定常假设确定飞机的气动特性，即认为飞机各部件的气动力可由当时、当地的运动参数来确定。按这种方式来处理对迎角变化率的导数，则认为其主要是由洗流时差作用产生的。

洗流时差是指当存在迎角变化率 $\dot{\alpha}$ 时，飞机机翼、机身组合体自由涡的变化，要经过时间 τ 后才能影响平尾区，这个时间 τ 就是洗流时差。

飞行速度为 V 时，洗流时差 τ 可近似表示为

$$\tau \approx \frac{L_{ht}}{\sqrt{K_q} V}$$

因此，t 时刻平尾的平均下洗角应由 $t-\tau$ 时机翼、机身组合体（翼身组合体）的下洗分布确定，其表达式为，不考虑洗流时差作用时在 t 时刻的平尾区平均下洗角，减去考虑洗流时差作用引起的平尾区平均下洗角变化量，即

$$\varepsilon_{ht}(t) = \varepsilon^{\alpha} \alpha(t-\tau) = \varepsilon^{\alpha} \left[\alpha(t) - \left(\frac{d\alpha}{dt}\right)_t \tau \right] = \varepsilon(t) - \varepsilon^{\alpha} \left(\frac{d\alpha}{dt}\right)_t \frac{L_{ht}}{\sqrt{K_q} V}$$

式中：ε^{α} 为下洗角随迎角的变化率；$\alpha(t-\tau)$ 为 $t-\tau$ 时刻翼身组合体的迎角；$\varepsilon(t)$ 为不考虑洗流时差作用时，在 t 时刻的平尾区平均下洗角。

因此，洗流时差作用引起的下洗角变化为

$$\Delta \varepsilon = \varepsilon_{ht}(t) - \varepsilon(t) = -\varepsilon^{\alpha} \left(\frac{d\alpha}{dt}\right)_t \frac{L_{ht}}{\sqrt{K_q} V} \tag{3-22}$$

注意：下洗角以气流下洗时为正。可见，当飞机迎角变化率为正时，洗流时差会导致平尾区平均下洗角减小，从而导致考虑洗流时差作用时的平尾区平均迎角比不考虑洗流时差作用引起的平尾区平均迎角要大。

2. 升力对迎角变化率的导数

通过以上阐述可计算升力和俯仰力矩对迎角变化率的导数，而阻力对迎角变化率的导数通常可以忽略不计。

升力 Y 对迎角变化率 $\dot{\alpha}$ 的导数为

$$Y^{\dot{\alpha}} = C_y^{\dot{\alpha}} \frac{1}{2} \rho V^2 S \tag{3-23}$$

根据有量纲量的无量纲表达约定，无量纲的迎角变化率表示为

$$\bar{\dot{\alpha}} = \dot{\alpha} \frac{b_A}{V}$$

则升力系数对迎角变化率的导数可以写为

$$C_y^{\dot{\alpha}} = C_y^{\bar{\dot{\alpha}}} \frac{b_A}{V}$$

因此,升力对迎角变化率的导数可以写为

$$Y^{\dot{\alpha}} = C_y^{\bar{\dot{\alpha}}} \frac{1}{2}\rho V S b_A \qquad (3-24)$$

式中的升力系数对迎角变化率的导数是解决洗流时差对飞机升力特性影响的关键参数。但是,利用实验或者数值计算其他有关对迎角变化率的导数都是难度很大的问题,因此需要寻求计算获得该参数的更有效途径。

在前述的飞机气动导数中,以对迎角的导数为基础,已经可以计算对俯仰角速度的导数,因此,可以利用对迎角变化率的导数与对俯仰角速度的导数之间的关系来解决上述问题。

洗流时差作用引起的下洗角变化等价于平尾的迎角增量。

$$\Delta\alpha_{\text{ht}} = -\Delta\varepsilon = \varepsilon^\alpha \left(\frac{\mathrm{d}\alpha}{\mathrm{d}t}\right)_t \tau = \varepsilon^\alpha \left(\frac{\mathrm{d}\alpha}{\mathrm{d}t}\right)_t \frac{L_{\text{ht}}}{\sqrt{K_q}V}$$

由此产生的平尾升力增量,即全机升力增量为

$$\Delta Y = C_{y\text{ht}}^{\alpha_{\text{ht}}} \Delta\alpha_{\text{ht}} = \varepsilon^\alpha \sqrt{K_q}\, C_{y\text{ht}}^{\alpha_{\text{ht}}} q \frac{L_{\text{ht}} S_{\text{ht}}}{b_A} \bar{\dot{\alpha}}$$

全机升力增量系数为

$$\Delta C_y = \varepsilon^\alpha \sqrt{K_q}\, C_{y\text{ht}}^{\alpha_{\text{ht}}} A_{\text{ht}} \bar{\dot{\alpha}}$$

由此可以得到升力系数对无量纲迎角变化率的导数为

$$C_y^{\bar{\dot{\alpha}}} = \varepsilon^\alpha \sqrt{K_q}\, C_{y\text{ht}}^{\alpha_{\text{ht}}} A_{\text{ht}} \qquad (3-25)$$

由于

$$C_{y\text{ht}}^{\bar{\omega}_z} = \sqrt{K_q}\, C_{y\text{ht}}^{\alpha_{\text{ht}}} A_{\text{ht}}$$

所以,也可以建立升力系数对无量纲迎角变化率的导数为

$$C_y^{\bar{\dot{\alpha}}} = \varepsilon^\alpha C_{y\text{ht}}^{\bar{\omega}_z} \qquad (3-26)$$

3. 俯仰力矩对迎角变化率的导数

类似于升力与迎角变化率的关系,俯仰力矩 M_z 对迎角变化率 $\dot{\alpha}$ 的导数为

$$M_z^{\dot{\alpha}} = m_z^{\dot{\alpha}} \frac{1}{2}\rho V^2 S b_A \qquad (3-27)$$

或者为

$$M_z^{\dot{\alpha}} = m_z^{\bar{\dot{\alpha}}} \frac{1}{2}\rho V S b_A^2 \qquad (3-28)$$

式中的俯仰力矩系数对无量纲迎角变化率的导数是解决洗流时差对飞机俯仰力矩特性影响的关键参数。类似于升力系数与无量纲迎角变化率和无量纲俯仰角速度关系,可以推导出飞机俯仰力矩系数对无量纲迎角变化率的导数与无量纲俯仰角速度及平尾升力线斜率关系。

洗流时差作用引起的飞机俯仰力矩增量为

$$\Delta M_z \approx -\Delta Y_{ht} L_{ht}$$

飞机俯仰力矩增量系数形式为

$$\Delta C_y = \varepsilon^\alpha \sqrt{K_q} C_{yht}^{\alpha_{ht}} A_{ht} \bar{\dot{\alpha}}$$

由此可以得到俯仰力矩系数对无量纲迎角变化率的导数为

$$m_z^{\bar{\dot{\alpha}}} = -\varepsilon^\alpha \sqrt{K_q} C_{yht}^{\alpha_{ht}} A_{ht} \bar{L}_{ht} \qquad (3-29)$$

或者为

$$m_z^{\bar{\dot{\alpha}}} = \varepsilon^\alpha C_{yht}^{\bar{\omega}_z} \bar{L}_{ht} \qquad (3-30)$$

或者为

$$m_z^{\bar{\dot{\alpha}}} = \varepsilon^\alpha m_{zht}^{\bar{\omega}_z} \qquad (3-31)$$

或者为

$$m_z^{\bar{\dot{\alpha}}} = -C_y^{\bar{\dot{\alpha}}} \bar{L}_{ht} \qquad (3-32)$$

俯仰力矩系数对迎角变化率的导数 $m_z^{\bar{\dot{\alpha}}}$ 称为洗流时差导数,一般为负值,其随马赫数 Ma 的变化规律及作用与纵向阻尼导数 $m_z^{\bar{\omega}_z}$ 相当,起纵向阻尼作用。

3.1.1.5 对平尾偏转角的操纵导数

根据翼型的低速气动特性理论——低速薄翼型理论,可知薄翼型小迎角下的位流可以分解为迎角为零的弯度问题、迎角为零的厚度问题和迎角不为零的迎角问题。

全动平尾的偏转改变了平尾的迎角,平尾升降舵的偏转改变了平尾翼剖面的弯度,从而改变了该剖面的零升迎角,进而引起纵向气动力和气动力矩的改变。

操纵导数表示飞机操纵面偏转时对空气动力和力矩的影响。在纵向,对平尾(升降舵)偏转角(偏转角)δ_z 的导数称为纵向操纵导数,通常以俯仰力矩 M_z 对平尾偏转角的导数 $M_z^{\delta_z}$ 为主,升力 Y 对平尾偏转角的导数 Y^{δ_z} 次之,阻力 X 对

平尾偏转角的导数 X^{δ_z} 常忽略不计。

升力对平尾偏转角的导数表达为

$$Y^{\delta_z} = C_y^{\delta_z} \frac{1}{2}\rho V^2 S \tag{3-33}$$

$C_y^{\delta_z}$ 可按图 3-2 确定,由 C_{p0}、Ma_0 状态下 $C_y = C_y(\alpha,\delta_z)$ 曲线绘制 $C_y \sim \delta_z$ 曲线,再由基准(平衡)状态舵偏转角 δ_{z0} 处斜率确定 $C_y^{\delta_z}$。其中的升力系数 C_y 与平尾偏转角 δ_z 关系的线性程度通常较好。

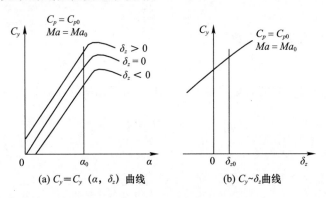

图 3-2　确定 $C_y^{\delta_z}$ 的曲线示意图

俯仰力矩对平尾偏转角的导数表达为

$$M_z^{\delta_z} = m_z^{\delta_z} \frac{1}{2}\rho V^2 S b_A \tag{3-34}$$

其中,纵向力矩系数对全动平尾偏转角的导数 $m_y^{\delta_z}$ 又称为平尾操纵效能,计算公式为

$$m_z^{\delta_z} = -K_q A_{\mathrm{ht}} C_{\mathrm{yht}}^{\alpha} = -C_y^{\delta_z} \overline{L}_{\mathrm{ht}} \tag{3-35}$$

非全动式水平尾翼(升降舵)的操纵效能为

$$m_z^{\delta_z} = -K_q A_{\mathrm{ht}} C_{\mathrm{yht}}^{\alpha_{\mathrm{ht}}} \eta_z = -C_y^{\delta_z} \overline{L}_{\mathrm{ht}} \eta_z \tag{3-36}$$

式中:η_z 为升降舵效率系数,表示升降舵偏转 1° 所产生的平尾升力系数与平尾迎角改变 1° 所产生的平尾升力系数之比。

3.1.2　飞机横航向气动导数

和纵向问题一样,飞机横航向气动导数取决于飞机的构型和飞行条件,也同样要通过实验来获得比较可靠的数据。下面定性地介绍如何确定飞机的机翼、机身、垂尾等各主要部件的横航向气动导数,其中也包括部件间的相互干扰影响。

3.1.2.1 对侧滑角的导数

对侧滑角 β 的导数由定常侧滑运动的气动特性确定。侧滑运动是指飞行速度矢量不在飞机对称面内,存在侧向速度分量 V_z 的运动。速度矢量与飞机对称面的夹角称为侧滑角 β,通常侧向速度分量要远远小于飞行速度,所以侧滑角近似于侧向速度与飞行速度的比值。当飞行速度矢量偏向飞机对称面右侧时,侧滑角 β 为正。定常侧滑时,侧滑角 β 为常值。

飞机定常侧滑飞行时,由于气流的非对称性,将引起气动侧力 Z、滚转力矩 M_x 和偏航力矩 M_y。规定力和力矩矢量沿体轴系正向为正。正侧滑($\beta > 0$)一般引起负的侧力和横航向力矩系数,即 $\beta > 0$ 时, $C_z < 0$, $m_x < 0$, $m_y < 0$。

定常侧滑引起全机横航向气动导数包括侧力系数对侧滑角的导数 C_z^β、横向静稳定度 m_x^β 和航向静稳定度 m_y^β,统称侧滑导数。以飞机各主要气动部件对 β 的导数来看,侧力系数对侧滑角的导数 C_z^β 主要由垂尾及机身产生,横向静稳定度 m_x^β 主要由机翼及垂尾产生,航向静稳定度 m_y^β 主要由垂尾及机身产生。下面讨论刚体飞机在不计动力系统影响下,各主要气动部件对 β 产生的横航向导数。

1. 机翼和平尾

定常侧滑时,机翼产生的侧滑导数增加下标 w 来表示,即以 C_{zw}^β、m_{xw}^β 和 m_{yw}^β 表示。

1) 机翼平面形状和迎角对侧滑导数的影响

无后掠角的平直机翼在一定迎角,即升力系数不为零($C_y \neq 0$)的情况下侧滑时,迎风一侧的侧缘起了"前缘"的作用,整个机翼的自由涡顺气流方向偏斜,对机翼扰流的诱导作用使机翼表面产生附加的压力分布,如图3-3所示。相对来流而言,迎风一侧半翼的升力及诱导阻力大于另一侧半翼的升力及诱导阻力,从而产生与 C_y 成正比的 $(m_x^\beta)_{\chi=0}$ 和与 C_y^2 成正比的 $(m_y^\beta)_{\chi=0}$。此处 $(m_x^\beta)_{\chi=0}$ 和 $(m_y^\beta)_{\chi=0}$ 分别表示平直机翼因迎角产生的横向及航向静稳定导数。通常都为负值,且随展弦比变小而绝对值增大。

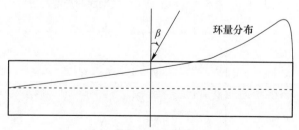

图3-3 扰流诱导作用使机翼表面产生附加的压力分布

后掠机翼在一定迎角,即升力系数不为零($C_y \neq 0$)的情况下侧滑时,相对于来流而言,迎风一侧半翼的有效后掠角变小;另一侧机翼的有效后掠角变大。为了说明问题方便起见,假定机翼展弦比较大,略去中间及翼端效应,根据无限翼展斜置翼理论,作用于机翼上的气动力是由垂直于机翼前缘(或 1/4、或 1/2 弦线)的局部速度和垂直于弦线的剖面内的局部迎角决定的,如图 3-4 所示。任取对称的垂直于弦线的左右两个微元剖面 $A-A$、$B-B$,相应的局部速度和局部迎角,分别用下标"r"(指右半翼)、"l"(指左半翼)表示。

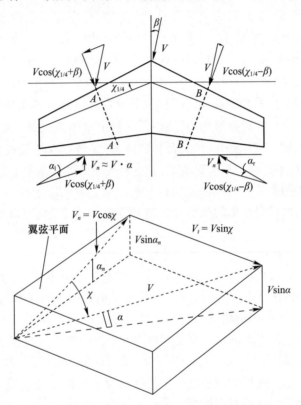

图 3-4 局部速度和垂直于弦线剖面的局部迎角

$$\begin{cases} V_r = V\cos(\chi-\beta) \\ \alpha_r = \arctan\dfrac{V_n}{V_r} \approx \dfrac{\alpha}{\cos(\chi-\beta)} \\ V_l = V\cos(\chi+\beta) \\ \alpha_l = \arctan\dfrac{V_n}{V_l} \approx \dfrac{\alpha}{\cos(\chi+\beta)} \end{cases} \quad (3-37)$$

式中:$V_n = V\cos\beta\sin\alpha \approx V \cdot \alpha$ 为垂直于弦线平面的速度分量。

由此可知,作用于左右两个对称的微元剖面上的升力是不同的,当然阻力也不同。以 $\Delta z'$ 表示上述微元剖面的宽度,b_p 为该剖面的弦长,C_{yp}^α 为该剖面的升力线斜率,两侧机翼微元剖面的升力差 $(\Delta Y)_\chi$ 便可表示为

$$(\Delta Y)_\chi = C_{yp}^\alpha b_p \Delta z'(\alpha_r q_r - \alpha_1 q_1) = C_y^\alpha b \Delta z' q\alpha \cdot \sin\chi\sin\beta$$
$$\approx 2C_y b \Delta z q\alpha \cdot \tan\chi \cdot \beta$$

式中:$C_y^\alpha = C_{yp}^\alpha \cos\chi$ 为平行机翼对称面的机翼剖面的升力线斜率;$b = b_p/\cos\chi$ 为平行机翼对称面的机翼剖面的弦长;$\Delta z = \Delta z' \cos\chi$ 为平行机翼对称面的机翼剖面微元的宽度。

升力差引起的绕机体坐标系纵轴 Ox(为叙述简洁,略去下标 b)的滚转力矩系数可近似表示为

$$(\Delta m_x)_\chi = -\frac{\sum (\Delta Y)_\chi \cdot z}{qSl} = -\frac{1}{2}C_y \bar{z}_m \beta \tan\chi$$

对 β 求导,可得

$$(\Delta m_x^\beta)_\chi = -\frac{1}{2}C_y \bar{z}_m \tan\chi \tag{3-38}$$

式中:$\bar{z}_m = z_m \big/ \dfrac{l}{2}$ 为半翼面心到飞机对称面的相对距离,z_m 近似为半翼面心到飞机对称面的距离,其值与展弦比和根梢比有关。

升力系数为零($C_y = 0$)时,即使侧滑改变了左右半机翼的局部速度,只可能影响零升阻力,不产生绕机体坐标系 Ox 轴的滚转力矩。而在一级近似处理下,小侧滑引起的零升阻力变化也等于零。

类似地,当考虑阻力差所引起的绕机体坐标系竖轴 Oy 的偏航力矩系数 $(\Delta m_y)_\chi$ 时,可以求出相应的 $(\Delta m_y^\beta)_\chi$,其值大致与 $C_y^2 \tan\chi$ 成正比,且也为负值。

所以,对于后掠机翼,如果以 $(m_x^\beta)_\chi$、$(m_y^\beta)_\chi$ 表示其横向及航向静稳定性导数,便可表示为

$$(m_x^\beta)_\chi = (m_x^\beta)_{\chi=0} + (\Delta m_x^\beta)_\chi \tag{3-39}$$

$$(m_y^\beta)_\chi = (m_y^\beta)_{\chi=0} + (\Delta m_y^\beta)_\chi \tag{3-40}$$

侧力侧滑角导数以 $(C_z^\beta)_\chi$ 表示,其中可能包含有侧缘吸力的作用,加上机翼非常薄,侧力导数数值一般不大,通常忽略不计。

2) 机翼平面形状和上反角对侧滑导数的作用

根据叠加原理,考虑升力系数为 0,即 $C_y = 0$ 时,机翼的上反角 φ 对侧滑导

数的影响。

定常侧滑时,速度矢量的侧向分量 $V_z = V\sin\beta \approx V\beta$ 会使左、右机翼产生反对称的迎角变化(图 3-5),以右侧滑为例,相对风速 $V\beta$ 使右半翼迎角增加值为

$$\Delta\alpha_r = V\beta\varphi/V = \beta\varphi$$

而左半翼迎角的减小值为

$$\Delta\alpha_l = -V\beta\varphi/V = -\beta\varphi$$

$V\beta\varphi \approx V_z\varphi$ 为侧向分速度垂直于翼平面的分量。

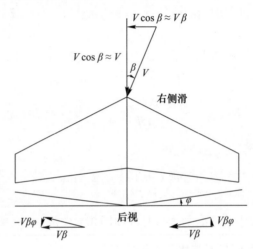

图 3-5 上反效应引起速度和迎角的变化

左、右半翼迎角改变引起反对称的升力和升致阻力的变化,同时还出现附加的侧向气动力。这些气动力的变化将产生相应的气动导数 $(C_z^\beta)_\varphi$,$(m_x^\beta)_\varphi$,$(m_y^\beta)_\varphi$。其中以 $(m_x^\beta)_\varphi$ 为主,φ 较大时,$(C_z^\beta)_\varphi$ 在全机 C_z^β 中也占有一定的分量。由于 $(m_x^\beta)_\varphi$ 是通过升力变化引起的,所以有下列关系:

$$(m_x)_\varphi \approx -C_y^\alpha(\Delta\alpha_r - \Delta\alpha_l)2\int_0^{l/2} bzdz/Sl$$

$$= -C_y^\alpha(\Delta\alpha_r - \Delta\alpha_l)Sz_m/Sl = -\frac{1}{2}C_y^\alpha \bar{z}_m\varphi\beta$$

求导可得

$$(m_x^\beta)_\varphi = -\frac{1}{2}C_y^\alpha \bar{z}_m\varphi \tag{3-41}$$

机翼上反时,$\varphi > 0$,$(m_x^\beta)_\varphi < 0$;机翼下反时,$\varphi < 0$,$(m_x^\beta)_\varphi > 0$。

由图 3-5 可以看出,上反角 φ 引起的侧力 $(\Delta Z)_\varphi = \Delta Z_l + \Delta Z_r$ 近似等于

$(\Delta Y_r - \Delta Y_l)\varphi$。因此，$(C_z^\beta)_\varphi$ 应与 $C_y^\alpha \varphi^2$ 成正比。这样，无论机翼上反还是下反，$(C_z^\beta)_\varphi$ 的符号不变，恒为负值。

侧力 $(\Delta Z)_\varphi$ 也可能产生相应的滚转及偏航力矩，但一般很小，通常忽略不计。

将单独机翼的侧滑导数归纳为

$$\begin{cases} C_{zw}^\beta = (C_z^\beta)_\chi + (C_z^\beta)_\varphi \\ m_{xw}^\beta = (m_x^\beta)_\chi + (m_x^\beta)_\varphi \\ m_{yw}^\beta = (m_y^\beta)_\chi + (m_y^\beta)_\varphi \end{cases} \quad (3-42)$$

单独平尾所产生的侧滑导数的处理方法与机翼相同。但由于平尾面积与展长一般都比机翼小，折合成机翼面积和展长为参考值的导数，数值就小得多，往往可以忽略。如果有必要考虑，需注意平尾扰流条件的不同而作相应的修正。

2. 机翼和机身组合体

近代飞机的机身接近旋成体，座舱布置在前部，因而单独的机身因侧滑而引起的气动力和气动力矩，与迎角引起的气动力和力矩处理方法完全一样，所以可以从 C_{yb}^α 和 m_{yb}^α 换算出 C_{zb}^β 和 m_{yb}^β。此外，只要飞机质心位于机身纵轴，m_{xb}^β 就等于零。一般来说，机身的 C_{zb}^β 为负值，m_{yb}^β 为正值。

实际情况中，机身总是和机翼组合在一起的，这样就会出现气动干扰作用，引起附加的气动力和力矩。

考虑机身对机翼的气动干扰作用。例如，飞机右侧滑时，相对风速 $V\beta$ 流经机身，会导致机翼沿展向的局部迎角发生反对称变化，如以 $\Delta\alpha_d$ 表示此干扰迎角。对于上单翼，右半翼 $\Delta\alpha_{dr}>0$，左半翼 $\Delta\alpha_{dl}<0$，从而产生附加的负的滚转力偶矩。下单翼情况正好相反，中单翼基本无此项干扰作用。以 Δm_{xd}^β 表示定常侧滑产生的干扰滚转力矩导数，上单翼 $\Delta m_{xd}^\beta < 0$，下单翼 $\Delta m_{xd}^\beta > 0$。此导数与机身截面形状和展弦比以及处于机翼前的机身长度等因素有关。某些上单翼飞机，此项干扰作用可相当于增加好几度的上反角。

再考虑机翼对机身的气动干扰作用。上面已经介绍了机身存在使机翼展向局部迎角发生反对称变化，引起机翼表面压力分布的变化。在机翼、机身连接处附近，这种作用反过来也影响机身表面的局部压力分布，使机身的气动侧力加大，且使合力作用点后移。无论对上单翼还是下单翼构型，这一作用都是相同的。此外，机翼自由涡的侧洗也会改变机身的绕流，且随迎角不同，自由涡强度及与机身的相对位置都有变化，从而使干扰作用也发生变化。但由于自由涡的侧洗是左右涡诱导之差，不像纵向问题中下洗是左右诱导作用之和，因此，侧洗远不如纵向问题中下洗重要。例如侧洗使机身各处的局部侧滑角有不同程度的增加时,会产生使 $\Delta m_{yd}^{\beta} > 0$ 的相对应的干扰偏航力矩导数。总之,考虑机翼对机身的干扰作用时,产生的 Δm_{yd}^{β} 一般为正值,ΔC_{zd}^{β} 一般为负值,大体上与机身侧投影面积成正比。通常此导数与垂尾作用相比也不太重要。

3. 垂尾

定常侧滑时,垂尾上产生的气动侧力和对竖轴 Oy 的偏航力矩,是全机侧力和偏航力矩中的主要成分。若垂尾展弦比较大,则它对纵轴 Ox 的滚转力矩在全机滚转力矩中也会起到相当重要的作用。单独垂尾的气动特性数据较少,而且高度比大的后机身截面也起着部分"垂尾"的作用,有效垂尾面积应如何规定才比较合理,还得根据具体气动外形来考虑。正常气动布局的飞机,平尾在垂尾附近,甚至就在垂尾上,它会影响垂尾的有效展弦比。由于上述因素,下面主要介绍有平尾及机身存在时的垂尾气动特性。

和平尾类似,垂尾位于后机身部位,所处的流场受到翼身组合体的影响(图 3 – 6)。初步可近似认为垂尾处的平均流速与平尾处相同,即 $V_{vt} = \sqrt{K_q} V$,下标 vt 代表垂尾。垂尾处平均侧洗角 σ 近似为侧洗速度 V_{zi} 与 V_{vt} 之比,即 $\sigma = V_{zi}/V_{vt}$,V_{zi} 沿 Oz 轴方向时,侧洗角 σ 定义为正值。于是垂尾的平均来流"迎角"或侧滑角 β_{vt} 为

$$\beta_{vt} = \beta - \sigma$$

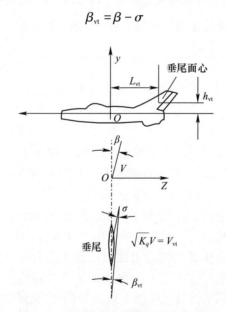

图 3 – 6 垂尾的几何参数及所处的流场

垂尾产生的侧力和横航向力矩可表示为

$$\begin{cases} Z_{vt} = \dfrac{1}{2}\rho V_{vt}^2 C_{zvt}^\beta \beta_{vt} S_{vt} \\ M_{xvt} = \dfrac{1}{2}\rho V_{vt}^2 C_{zvt}^\beta \beta_{vt} S_{vt} h_{vt} \\ M_{yvt} = \dfrac{1}{2}\rho V_{vt}^2 C_{zvt}^\beta \beta_{vt} S_{vt} L_{vt} \end{cases} \quad (3-43)$$

式中：C_{zvt}^β 为顺气流方向的垂尾侧力线斜率；h_{vt} 为垂尾面心沿机体 Oy 轴到飞机质心的距离；L_{vt} 为垂尾面心沿机体 Ox 轴到飞机质心的距离。

这里已假定 Z_{vt} 的作用点就位于垂尾面心处。

将式(3-43)化为系数形式为

$$\begin{cases} C_{zvt} = K_q C_{zvt}^\beta (\beta - \sigma)\dfrac{S_{vt}}{S} \\ m_{xvt} = K_q C_{zvt}^\beta (\beta - \sigma)\dfrac{S_{vt}h_{vt}}{Sl} \\ m_{yvt} = K_q C_{zvt}^\beta (\beta - \sigma)A_{vt} \end{cases} \quad (3-44)$$

式中：$A_{vt} = \dfrac{S_{vt}L_{vt}}{Sl}$ 为垂尾的静矩系数。

式(3-44)对 β 求导可得垂尾的侧滑导数为

$$\begin{cases} C_{zvt}^\beta = K_q C_{zvt}^\beta (1 - \sigma^\beta)\dfrac{S_{vt}}{S} \\ m_{xvt}^\beta = K_q C_{zvt}^\beta (1 - \sigma^\beta)\dfrac{S_{vt}h_{vt}}{Sl} \\ m_{yvt}^\beta = K_q C_{zvt}^\beta (1 - \sigma^\beta)A_{vt} \end{cases} \quad (3-45)$$

这三个导数一般都是负值。如果飞行迎角不大，自由涡强度较小，侧洗作用就可忽略。

4. 全机

上面已经分别介绍了飞机各主要部件对侧滑导数的作用。由于在介绍中已经包括了各部件间的气动干扰的影响，所以只要把所得的结果加在一起就得到全机的侧滑导数。在略去次要项后，可表示为

$$\begin{cases} C_z^\beta = C_{zw}^\beta + C_{zb}^\beta + C_{zvt}^\beta \\ m_x^\beta = m_{xw}^\beta + m_{xb}^\beta + m_{xvt}^\beta \\ m_y^\beta = m_{yw}^\beta + m_{yb}^\beta + m_{yvt}^\beta \end{cases} \quad (3-46)$$

这几个侧滑导数通常都应为负值。

3.1.2.2 对滚转角速度的导数

在飞机以速度 V 飞行时,若同时绕机体坐标系的纵轴 Ox 以角速度 ω_x 定常滚转,则沿机翼、平尾、垂尾的展向会出现线性变化的气流速度分布,其值与 ω_x 及距 Ox 轴的垂直距离成正比(图 3-7)。这一流速分布主要改变了局部气流流动方向,对其速度大小影响很小,可忽略不计。由于局部气流方向发生变化,使飞机各气动部件上的压力分布也发生变化,从而产生了气动侧力和横滚力矩。

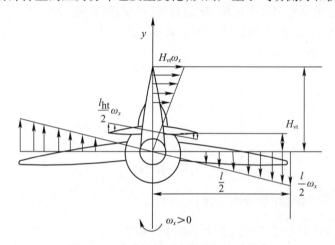

图 3-7 定常滚转引起的附加流速分布

在滚转角速度 ω_x 不大的情况下,对 ω_x 的导数可用导数 $C_z^{\bar{\omega}_x}$、$m_x^{\bar{\omega}_x}$、$m_y^{\bar{\omega}_x}$ 表征,它们统称为滚转导数,其中 $\bar{\omega}_x = \dfrac{\omega_x l}{2V}$ 为无因次滚转角速度。$C_z^{\bar{\omega}_x}$ 表征因 ω_x 而引起的气动侧力特性,其值甚小,一般可忽略不计。$m_x^{\bar{\omega}_x}$ 表征因 ω_x 而引起的气动滚转力矩特性,一般为负值,称为滚转阻尼导数。$m_y^{\bar{\omega}_x}$ 表征因 ω_x 而引起的气动偏航力矩,称为滚转偏航交叉力矩导数,简称为滚偏交叉力矩导数,它是使滚转运动与偏航运动发生耦合的因素之一。

下面具体介绍飞机各主要气动部件对滚转导数所产生的作用。

1. 机翼和平尾

机翼主要产生 $m_{xw}^{\bar{\omega}_x}$,其次是 $m_{yw}^{\bar{\omega}_x}$,而 $C_{zw}^{\bar{\omega}_x}$ 一般可以忽略。

因滚转角速度 ω_x 而出现的相对流速,将使机翼展向各剖面的局部迎角发生线性的反对称变化,其变化量 $\Delta\alpha_p(z)$ 可近似表示为图 3-8。

$$\Delta\alpha_p(z) \approx \frac{\omega_x z}{V}$$

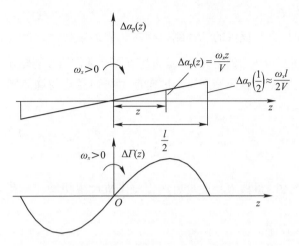

图 3-8 定常滚转引起的反对称迎角分布及环量分布

迎角变化使机翼上出现了附加的反对称环量分布 $\Delta\Gamma(z)$，引起升力的变化，同时，引起左、右两个半翼阻力变化。因此，机翼上就会出现横航向气动力矩。

在局部迎角不超过临界迎角的情况下，滚转角速度引起的附加环量变化总是阻碍滚转的阻尼力矩。以正的滚转角速度为例，右翼有效迎角增大，升力增大；左翼有效迎角减小，升力减小，从而构成负的滚转力矩，阻碍飞机的滚转。

机翼在滚转中产生的滚转阻尼力矩导数可以写成

$$M_{xw}^{\omega_x} = m_{xw}^{\omega_x} \frac{1}{2} \rho V^2 Sl = m_{xw}^{\bar{\omega}_x} \frac{1}{4} \rho VSl^2 \tag{3-47}$$

或

$$m_{xw}^{\bar{\omega}_x} = \frac{4M_{xw}^{\omega_x}}{\rho VSl} \tag{3-48}$$

平尾的情况与机翼类似。通常由于平尾展长和面积相对机翼来说都不大，所以平尾因滚转角速度而产生滚转阻尼力矩一般比机翼产生的滚转阻尼力矩小得多。此外，如果考虑到机翼滚转在平尾区诱导产生的反对称下洗流场的作用，平尾的滚转阻尼力矩将会更加减小，使平尾的滚转阻尼作用进一步削弱。

飞机做定常滚转时，随着左右机翼迎角的改变，将会引起左右机翼阻力的变化，使左右机翼产生阻力差，从而产生绕 Oy 轴的偏航力矩 $M_{yw}^{\omega_x} \omega_x$ 或 $m_{yw}^{\bar{\omega}_x} \bar{\omega}_x \frac{1}{2} \rho V^2 Sl$。此外，机翼的升力倾斜也会产生偏航力矩。平尾产生偏航力矩导数的情况与机翼类似，这里不再重述。

2. 垂尾

定常滚转时,垂尾提供的气动侧力和横航向力矩特性,可以用导数 $C_{zvt}^{\bar{\omega}_x}$、$m_{xvt}^{\bar{\omega}_x}$ 和 $m_{yvt}^{\bar{\omega}_x}$ 表示。通常以 $m_{yvt}^{\bar{\omega}_x}$ 为主,其次是 $m_{xvt}^{\bar{\omega}_x}$,而 $C_{zvt}^{\bar{\omega}_x}$ 常常可以忽略不计。

因 ω_x 引起的相对流速使垂尾沿展向产生线性变化的局部侧滑角 $\Delta\beta_{vt}(y)$,可近似表示为

$$\Delta\beta_{vt}(y) \approx \frac{\omega_x y}{\sqrt{K_q} V} - \bar{\omega}_x \frac{\partial \sigma}{\partial \bar{\omega}_x} \approx \bar{\omega}_x \left(\frac{2y}{\sqrt{K_q} l} - \frac{\partial \sigma}{\partial \bar{\omega}_x} \right) \approx \bar{\omega}_x \left(\frac{2y}{\sqrt{K_q} l} - \sigma^{\bar{\omega}_x} \right)$$

式中:$\dfrac{\partial \sigma}{\partial \bar{\omega}_x} = \sigma^{\bar{\omega}_x}$ 为因机翼滚转使自由涡相对飞机产生扭转在垂尾区诱导出的侧洗角随 $\bar{\omega}_x$ 的变化率。

研究垂尾的滚转气动导数时,近似取垂尾面心处剖面作为平均剖面,该处的局部侧滑角为垂尾的平均侧滑角:

$$\Delta\beta_{vt} \approx \bar{\omega}_x \left(\frac{2y}{\sqrt{K_q} l} - \sigma^{\bar{\omega}_x} \right) = \bar{\omega}_x \left(\frac{\bar{h}_{vt}}{\sqrt{K_q}} - \sigma^{\bar{\omega}_x} \right) \tag{3-49}$$

式中:$\bar{h}_{vt} = h_{vt} / \dfrac{l}{2}$ 为垂尾面心相对高度,h_{vt} 为垂尾面心高度。

则垂尾的气动侧力可近似表示为

$$(\Delta Z)_{vt} \approx \frac{1}{2} \rho V^2 K_q S_{vt} C_{zvt}^{\beta} (\Delta\beta)_{vt}$$

垂尾面心处的气动侧力系数为

$$\Delta C_{zvt} = \frac{\Delta Z_{vt}}{\frac{1}{2}\rho V^2 S} \approx \frac{\frac{1}{2}\rho V^2 K_q S_{vt} C_{zvt}^{\beta} \Delta\beta_{vt}}{\frac{1}{2}\rho V^2 S}$$

$$= \frac{K_q S_{vt} C_{zvt}^{\beta}}{S} \left(\frac{\bar{h}_{vt}}{\sqrt{K_q}} - \frac{\partial \sigma}{\partial \bar{\omega}_x} \right) \bar{\omega}_x = K_q C_{zvt}^{\beta} \frac{S_{vt}}{S} \left(\frac{\bar{h}_{vt}}{\sqrt{K_q}} - \sigma^{\bar{\omega}_x} \right) \bar{\omega}_x$$

对 $\bar{\omega}_x$ 求导数后,得到表达式为

$$C_{zvt}^{\bar{\omega}_x} = K_q C_{zvt}^{\beta} \frac{S_{vt}}{S} \left(\frac{\bar{h}_{vt}}{\sqrt{K_q}} - \sigma^{\bar{\omega}_x} \right) \tag{3-50}$$

垂尾气动侧力对 Ox 轴及 Oy 轴产生的滚转及偏航力矩分别为

$$\begin{cases} \Delta M_{xvt} = \Delta Z_{vt} h_{vt} \\ \Delta M_{yvt} = \Delta Z_{vt} L_{vt} \end{cases}$$

将上述气动力和力矩化为系数形式：

$$\begin{cases} \Delta C_{zvt} \approx K_q C_{zvt}^\beta \dfrac{S_{vt}}{S} \left(\dfrac{\bar{h}_{vt}}{\sqrt{K_q}} - \sigma^{\bar{\omega}_x} \right) \bar{\omega}_x \\ \\ \Delta m_{xvt} \approx K_q C_{zvt}^\beta \dfrac{S_{vt} h_{vt}}{Sl} \left(\dfrac{\bar{h}_{vt}}{\sqrt{K_q}} - \sigma^{\bar{\omega}_x} \right) \bar{\omega}_x \\ \\ \Delta m_{yvt} \approx K_q C_{zvt}^\beta A_{vt} \left(\dfrac{\bar{h}_{vt}}{\sqrt{K_q}} - \sigma^{\bar{\omega}_x} \right) \bar{\omega}_x \end{cases}$$

式中：$A_{vt} = \dfrac{S_{vt} L_{vt}}{Sl}$ 为垂尾静矩系数。

对 $\bar{\omega}_x$ 求导数后，得到表达式为

$$\begin{cases} C_{zvt}^{\bar{\omega}_x} \approx K_q C_{zvt}^\beta \dfrac{S_{vt}}{S} \left(\dfrac{\bar{h}_{vt}}{\sqrt{K_q}} - \sigma^{\bar{\omega}_x} \right) \cdot \\ \\ m_{xvt}^{\bar{\omega}_x} \approx K_q C_{zvt}^\beta \dfrac{S_{vt} h_{vt}}{Sl} \left(\dfrac{\bar{h}_{vt}}{\sqrt{K_q}} - \sigma^{\bar{\omega}_x} \right) \\ \\ m_{yvt}^{\bar{\omega}_x} \approx K_q C_{zvt}^\beta A_{vt} \left(\dfrac{\bar{h}_{vt}}{\sqrt{K_q}} - \sigma^{\bar{\omega}_x} \right) \end{cases} \quad (3-51)$$

且有

$$m_{xvt}^{\bar{\omega}_x} / m_{yvt}^{\bar{\omega}_x} = h_{vt} / L_{vt}$$

由此可知垂尾主要产生滚偏交叉力矩导数。对于小展弦比高垂尾飞机，垂尾产生的滚转阻尼力矩导数在全机滚转阻尼导数中也占有相当大的比例。通常，垂尾产生的滚转导数均为负值。

3. 全机

机身接近于旋成体，对滚转导数的作用可以忽略不计，因而全机滚转导数可表示成

$$\begin{cases} C_z^{\bar{\omega}_x} \approx C_{zvt}^{\bar{\omega}_x} \\ m_x^{\bar{\omega}_x} \approx m_{xw}^{\bar{\omega}_x} + m_{xht}^{\bar{\omega}_x} + m_{xvt}^{\bar{\omega}_x} \approx m_{xw}^{\bar{\omega}_x} \\ m_y^{\bar{\omega}_x} \approx m_{yw}^{\bar{\omega}_x} + m_{yht}^{\bar{\omega}_x} + m_{yvt}^{\bar{\omega}_x} \approx m_{yht}^{\bar{\omega}_x} + m_{yvt}^{\bar{\omega}_x} \end{cases} \quad (3-52)$$

及

$$\begin{cases} Z^{\omega_x} = C_z^{\bar{\omega}_x} \bar{\omega}_x \frac{1}{2}\rho V^2 S \\ M_x^{\omega_x} = m_x^{\bar{\omega}_x} \bar{\omega}_x \frac{1}{2}\rho V^2 Sl \\ M_y^{\omega_x} = m_y^{\bar{\omega}_x} \bar{\omega}_x \frac{1}{2}\rho V^2 Sl \end{cases} \quad (3-53)$$

3.1.2.3 对偏航角速度的导数

在飞机以迎角 α、速度 V 飞行时,若同时绕机体竖轴 Oy 以偏航角速度 ω_y 定常旋转,则沿机翼、平尾、垂尾的展向会出现线性变化的流速分布,其值与 ω_y 及距 Oy 轴的垂直距离成正比(图3-9)。这一流速分布主要改变了各气动部件的流动条件,使飞机各气动部件上的压力分布发生变化,从而产生了气动侧力和横航向力矩。

在偏航角速度 ω_y 不大的情况下,对 ω_y 的导数可用偏航导数 $C_z^{\bar{\omega}_y}$,$m_x^{\bar{\omega}_y}$,$m_y^{\bar{\omega}_y}$ 表征相应的气动侧力和横航向力矩特性,其中 $\bar{\omega}_y = \dfrac{\omega_y l}{2V}$ 为无因次偏航角速度。$C_z^{\bar{\omega}_y}$ 通常为小负值,一般可以忽略。$m_x^{\bar{\omega}_y}$ 通常也为负值,称为偏航滚转交叉力矩导数或简称偏滚交叉力矩导数,它是使偏航与滚转运动发生耦合的因素之一。$m_y^{\bar{\omega}_y}$ 一般为负数,称为偏航阻尼力矩导数,也是重要的横航向导数。

下面具体介绍飞机各主要气动部

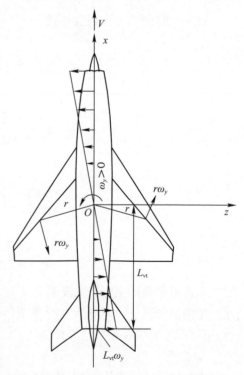

图3-9 定常偏航引起的附加流速分布

件对偏航导数所产生的作用。

1. 机翼和平尾

机翼产生的偏航导数以 $m_{xw}^{\bar{\omega}_y}$ 为主,其次是 $m_{yw}^{\bar{\omega}_y}$,而 $C_{zw}^{\bar{\omega}_y}$ 一般可以忽略。

偏航角速度 ω_y 的存在使左右两半翼气流速度改变。左偏航时($\omega_y > 0$),右半翼气流速度增大,左半翼气流速度减小,因此,右半翼升力大于左半翼升力而产生负的向左滚转力矩。其值显然与升力系数 C_y 有关,$C_y = 0$ 时,两半翼流速即使不相等,也不致引起滚转力矩 ΔM_{xw}。平尾也类似,但当飞机绕 Oy 轴以角速度 ω_y 旋转时,平尾还存在附加的侧滑分速 $\Delta V_{zht} \approx \omega_y L_{ht}$。平尾的偏航导数相对而言很小,一般忽略不计。

机翼左右半翼气流速度变化同样也引起阻力不同而出现差值,构成偏航力矩。通常将 $m_{yw}^{\bar{\omega}_y}$ 表示成升致阻力和零升阻力两者所产生的偏航力矩导数之和:

$$m_{yw}^{\bar{\omega}_y} = \frac{\Delta m_{yw1}^{\bar{\omega}_y}}{C_y^2} C_y^2 + \frac{\Delta m_{yw2}^{\bar{\omega}_y}}{C_{x0}} C_{x0} \quad (3-54)$$

式中:右侧代数式第一项表示升致阻力产生的偏航力矩,一般为负值,起偏航阻尼作用。但对于大后掠角机翼,由于两边机翼自由涡系的诱导作用也可使此项数值变为正值;第二项为零升阻力产生的偏航力矩,一般为负值,也起阻尼偏航作用。平尾的作用与机翼类似,但数值很小,一般可以忽略不计。

2. 机身

偏航角速度 ω_y 所引起的机身气动侧力和偏航力矩,与纵向问题中俯仰角速度 ω_z 所引起的气动力和力矩相当。但由于垂尾的作用比平尾小,因此,相对地说,机身因 ω_y 所产生的偏航力矩就比因 ω_z 产生的俯仰力矩显得更为重要。通常机身的 $C_{zb}^{\bar{\omega}_y}$ 和 $m_{yb}^{\bar{\omega}_y}$ 为负值,故机身也产生偏航阻尼作用。

3. 垂尾

当存在偏航角速度 ω_y 时,垂尾主要产生 $m_{yvt}^{\bar{\omega}_y}$ 为主,其次是 $m_{xvt}^{\bar{\omega}_y}$,而 $C_{zvt}^{\bar{\omega}_y}$ 一般忽略不计。

因偏航角速度 ω_y 所引起的垂尾平均附加侧滑角可表示为

$$\Delta \beta_{vt} \approx \frac{\omega_y L_{vt}}{\sqrt{K_q} V} - \bar{\omega}_y \frac{\partial \sigma}{\partial \bar{\omega}_y} \approx \bar{\omega}_y \left(\frac{\bar{L}_{vt}}{\sqrt{K_q}} - \sigma^{\bar{\omega}_y} \right) \quad (3-55)$$

式中:$\dfrac{\partial \sigma}{\partial \bar{\omega}_y} = \sigma^{\bar{\omega}_y}$ 为飞机偏航所产生的垂尾区平均侧洗角随 $\bar{\omega}_y$ 的变化率。

若近似取垂尾面心所在剖面作为平均剖面,则垂尾因 ω_y 而产生的气动侧力可表示为

$$\Delta Z_{vt} \approx \frac{1}{2}\rho V^2 K_q S_{vt} C_{zvt}^{\beta} \Delta\beta_{vt} \approx \frac{1}{2}\rho V^2 K_q S_{vt} C_{zvt}^{\beta} \bar{\omega}_y \left(\frac{\bar{L}_{vt}}{\sqrt{K_q}} - \sigma^{\bar{\omega}_y} \right)$$

垂尾面心处的气动侧力系数为

$$\Delta C_{zvt} = \frac{\Delta Z_{vt}}{\frac{1}{2}\rho V^2 S} \approx \frac{\frac{1}{2}\rho V^2 K_q S_{vt} C_{zvt}^{\beta} \Delta\beta_{vt}}{\frac{1}{2}\rho V^2 S} = K_q C_{zvt}^{\beta} \frac{S_{vt}}{S} \left(\frac{\bar{L}_{vt}}{\sqrt{K_q}} - \sigma^{\bar{\omega}_y} \right)\bar{\omega}_y$$

对 $\bar{\omega}_y$ 求导数后,得到表达式为

$$C_{zvt}^{\bar{\omega}_y} = K_q C_{zvt}^{\beta} \frac{S_{vt}}{S} \left(\frac{\bar{L}_{vt}}{\sqrt{K_q}} - \sigma^{\bar{\omega}_y} \right) \tag{3-56}$$

对 Ox 轴及 Oy 轴产生的滚转及偏航力矩分别为

$$\begin{cases} \Delta M_{xvt} = \Delta Z_{vt} h_{vt} \\ \Delta M_{yvt} = \Delta Z_{vt} L_{vt} \end{cases}$$

将上述气动力和力矩化为系数形式,得

$$\begin{cases} (\Delta C_z)_{vt} \approx K_q (C_z^{\beta})_{vt} \frac{S_{vt}}{S} \left(\frac{\bar{L}_{vt}}{\sqrt{K_q}} - \sigma^{\bar{\omega}_y} \right)\bar{\omega}_y \\ (\Delta m_x)_{vt} \approx K_q (C_z^{\beta})_{vt} \frac{S_{vt} h_{vt}}{Sl} \left(\frac{\bar{L}_{vt}}{\sqrt{K_q}} - \sigma^{\bar{\omega}_y} \right)\bar{\omega}_y \\ (\Delta m_y)_{vt} \approx K_q (C_z^{\beta})_{vt} A_{vt} \left(\frac{\bar{L}_{vt}}{\sqrt{K_q}} - \sigma^{\bar{\omega}_y} \right)\bar{\omega}_y \end{cases}$$

对 $\bar{\omega}_y$ 求导数后,得到表达式为

$$\begin{cases} C_{zvt}^{\bar{\omega}_y} \approx K_q (C_z^{\beta})_{vt} \frac{S_{vt}}{S} \left(\frac{\bar{L}_{vt}}{\sqrt{K_q}} - \sigma^{\bar{\omega}_y} \right) \\ m_{xvt}^{\bar{\omega}_y} \approx K_q C_{zvt}^{\beta} \frac{S_{vt} h_{vt}}{Sl} \left(\frac{\bar{L}_{vt}}{\sqrt{K_q}} - \sigma^{\bar{\omega}_y} \right) \\ m_{yvt}^{\bar{\omega}_y} \approx K_q C_{zvt}^{\beta} A_{vt} \left(\frac{\bar{L}_{vt}}{\sqrt{K_q}} - \sigma^{\bar{\omega}_y} \right) \end{cases} \tag{3-57}$$

式中：$\bar{L}_{vt} = L_{vt}/\dfrac{l}{2}$ 为垂尾面心沿机体 Ox 轴到飞机质心的相对距离；$A_{vt} = \dfrac{S_{vt}L_{vt}}{Sl}$ 为垂尾静矩系数。

且有

$$m_{xvt}^{\bar{\omega}_y}/m_{yvt}^{\bar{\omega}_y} = h_{vt}/L_{vt}$$

这表明垂尾主要产生偏航阻尼力矩。通常这三个导数都是负值。

4. 全机偏航导数

全机偏航导数可表示成

$$\begin{cases} C_z^{\bar{\omega}_y} \approx C_{zvt}^{\bar{\omega}_y} \approx 0 \\ m_x^{\bar{\omega}_y} \approx m_{xw}^{\bar{\omega}_y} + m_{xht}^{\bar{\omega}_y} + m_{xvt}^{\bar{\omega}_y} \approx m_{xw}^{\bar{\omega}_y} + m_{xvt}^{\bar{\omega}_y} \\ m_y^{\bar{\omega}_y} \approx m_{yw}^{\bar{\omega}_y} + m_{yb}^{\bar{\omega}_y} + m_{yvt}^{\bar{\omega}_y} \approx m_{yb}^{\bar{\omega}_y} + m_{yvt}^{\bar{\omega}_y} \end{cases} \quad (3-58)$$

及

$$\begin{cases} Z^{\omega_y} = C_z^{\bar{\omega}_y} \bar{\omega}_y \dfrac{1}{2}\rho V^2 S \\ M_x^{\omega_y} = m_x^{\bar{\omega}_y} \bar{\omega}_y \dfrac{1}{2}\rho V^2 Sl \\ M_y^{\omega_y} = m_y^{\bar{\omega}_y} \bar{\omega}_y \dfrac{1}{2}\rho V^2 Sl \end{cases} \quad (3-59)$$

3.1.2.4 对副翼和方向舵偏转角的导数

横航向操纵面通常包括副翼和方向舵(有时还采用扰流片、差动平尾)。其主要功能是产生滚转和偏航力矩,以满足横航向运动的平衡或操纵的需要。在气动力线性变化的范围内,也可将横航向操纵面偏转所产生的横航向气动力和力矩特性以操纵导数的形式表征。令 δ_x 及 δ_y 分别表示在垂直铰链轴平面内量取的副翼和方向舵偏转角,则副翼和方向舵的操纵导数有 $m_x^{\delta_x}, m_y^{\delta_x}, C_z^{\delta_y}, m_x^{\delta_y}, m_y^{\delta_y}$。其中,副翼操纵导数以 $m_x^{\delta_x}$ 为主,方向舵操纵导数以 $m_y^{\delta_y}$ 为主。

1. 副翼

常用的副翼是对称地安装在机翼外段后缘的两个活动操纵面,其外形基本上是所在翼剖面的一部分(头部附近除外)。驾驶员左右移动驾驶杆(或转动驾驶盘),可使左、右副翼方向等角度、反对称偏转(无差动)。也有使上偏副翼角度大于下偏副翼角度(差动)的。左压杆时,右副翼下偏,左副翼上偏,主要产生左滚力矩。右压杆时,情况相反。规定右副翼下偏转角为正,上偏转角为负。如为差动副翼,可取平均偏转角 $\delta_x = (\delta_{xr} - \delta_{xl})/2$。

副翼偏转改变了所在翼剖面的零升迎角,其关系式为

$$\Delta \alpha_{0p}(\delta_x) = -\eta_x \delta_x$$

因而使剖面升力系数改变,可写为

$$\Delta C_{yp} = -C_{yp}^{\alpha} \Delta \alpha_{0p} = C_{yp}^{\alpha} \eta_x \delta_x = C_{yp}^{\delta_x} \delta_x$$

上面两式中的 η_x 称为副翼效率系数,定义为

$$\eta_x = \frac{C_{yp}^{\delta_x}}{C_{yp}^{\alpha}}$$

代表副翼偏转单位值所产生的剖面升力系数相当于迎角改变 η_x 所产生的剖面升力系数。η_x 值与副翼相对弦长、头部形状、缝隙及 Ma 等参数有关。

由于无差动副翼系左右反对称偏转,因而使机翼展向环量分布出现反对称变化量,同时还使左右机翼阻力不相等,从而引起滚转和偏航力矩。以 $m_x^{\delta_x}$、$m_y^{\delta_x}$ 表征副翼偏转时引起的横航向力矩特征,统称为副翼操纵导数。

以左压杆为例。此时右副翼下偏,左副翼上偏,右翼升力和阻力增加,左翼升力和阻力减小,将产生绕 Ox 轴的左滚转力矩和绕 Oy 轴的右偏航力矩。后一力矩不利于副翼左滚操纵,故称为副翼的不利偏航力矩。对某些大展弦比飞机来说,副翼的不利偏航力矩会引起滚转操纵上的困难而需要采取适当措施。其中之一为采用差动副翼,使副翼上偏一侧机翼的型阻大于下偏一侧机翼的型阻,就可以削弱不利偏航力矩作用,甚至使不利偏航变为有利偏航。

在一般情况下,副翼偏转引起的偏航力矩数值远较滚转力矩小,所以副翼操纵主要产生滚转力矩。以 $m_x^{\delta_x}$ 表示副翼滚转操纵效能,它表示单位副翼偏转角产生的滚转力矩系数增量,此值一般为负。$m_y^{\delta_x}$ 表示副翼偏航操纵作用,为单位副翼偏转角产生的偏航力矩系数增量,一般情况下其值为负,有时接近于零。

根据力矩系数的定义,有 $M_x^{\delta_x} = m_x^{\delta_x} \frac{1}{2}\rho V^2 Sl, M_y^{\delta_x} = m_y^{\delta_x} \frac{1}{2}\rho V^2 Sl$。

2. 方向舵

方向舵是装在垂尾后部的活动翼面,外形基本上是所在翼剖面的一部分(头部附近除外)。驾驶员蹬动脚蹬,可使方向舵左右偏转。右脚蹬前移时,方向舵偏向右翼,规定此时偏转角为正;左脚蹬前移时,情况相反。

方向舵偏转,改变了垂尾的"零升力线"方向,从而使垂尾处存在有效侧滑角 $\Delta \beta_{vt}$,且有关系式为

$$\Delta \beta_{vt} = \eta_y \delta_y$$

其中,$\delta_y > 0$ 时,有效侧滑角为正;η_y 称为方向舵效率系数,定义为

$$\eta_y = \frac{C_{zvt}^{\delta_y}}{C_{zvt}^{\beta}}$$

代表方向舵偏转单位角度时产生侧力相当于垂尾侧滑角改变 η_y 所产生的侧力。

由于 $\Delta\beta_{vt}$ 的存在，产生了气动侧力 ΔZ_{vt} 以及横航向气动力矩 ΔM_{xvt}、ΔM_{yvt}。以 $C_z^{\delta_y}$、$m_x^{\delta_y}$、$m_y^{\delta_y}$ 表征方向舵偏转时引起的气动侧力和横航向力矩特征，统称为方向舵操纵导数。其中 $m_y^{\delta_y}$ 称为方向舵操纵效能，为单位方向舵偏转角产生的偏航力矩系数。

方向舵偏转所产生的气动侧力的作用点近似位于垂尾面心（亚声速）或方向舵面心处（超声速）。方向舵偏转产生的气动侧力系数为

$$C_z = \frac{Z}{\frac{1}{2}\rho V^2 S} \approx \frac{C_{zvt}^{\beta}\Delta\beta_{vt}K_q \frac{1}{2}\rho V^2 S_{vt}}{\frac{1}{2}\rho V^2 S} = K_q C_{zvt}^{\beta}\eta_y \delta_y \frac{S_{vt}}{S}$$

因而得

$$C_z^{\delta_y} \approx K_q C_{zvt}^{\beta} \eta_y \frac{S_{vt}}{S} \tag{3-60}$$

忽略不大的纵向距离差别，统一以 L_{vt} 表示气动侧力作用点到飞机质心的水平距离，而以 h_{vt} 表示作用点到 Ox 轴的垂直距离，则所有方向舵操纵导数可表示为

$$\begin{cases} C_z^{\delta_y} \approx K_q C_{zvt}^{\beta} \eta_y \dfrac{S_{vt}}{S} \\ m_x^{\delta_y} \approx K_q C_{zvt}^{\beta} \eta_y \dfrac{S_{vt} h_{vt}}{Sl} \\ m_y^{\delta_y} \approx K_q C_{zvt}^{\beta} \eta_y A_{vt} \end{cases} \tag{3-61}$$

及

$$\begin{cases} Z^{\delta_y} = C_z^{\delta_y} \dfrac{1}{2}\rho V^2 S \\ M_x^{\delta_y} = m_x^{\delta_y} \dfrac{1}{2}\rho V^2 Sl \\ M_y^{\delta_y} = m_y^{\delta_y} \dfrac{1}{2}\rho V^2 Sl \end{cases} \tag{3-62}$$

且有

$$m_x^{\delta_y}/m_y^{\delta_y} = h_{vt}/L_{vt}$$

可见方向舵的操纵作用以产生偏航力矩为主。

由于垂尾的侧滑导数为

$$\begin{cases} C_{zvt}^{\beta} = K_q C_{zvt}^{\beta}(1-\sigma^{\beta})\dfrac{S_{vt}}{S} \\ m_{xvt}^{\beta} = K_q C_{zvt}^{\beta}(1-\sigma^{\beta})\dfrac{S_{vt}h_{vt}}{Sl} \\ m_{yvt}^{\beta} = K_q C_{zvt}^{\beta}(1-\sigma^{\beta})A_{vt} \end{cases}$$

所以,若略去垂尾侧滑导数中侧洗作用和 C_{zvt}^{β} 中气动作用的差别,则比较可得垂尾操纵导数和侧滑导数的近似关系式为

$$\begin{cases} C_z^{\delta_y} \approx \eta_y C_z^{\beta} \\ m_x^{\delta_y} \approx \eta_y m_{xvt}^{\beta} \\ m_y^{\delta_y} \approx \eta_y m_{yvt}^{\beta} \end{cases} \quad (3-63)$$

3.2 飞机的平衡

飞机平衡包括纵向、方向和横向三个方面的平衡。衡量纵向平衡性能是否良好的指标是平衡速度是否符合规定,衡量方向平衡性能是否良好的指标是飞机有无侧滑故障;衡量横向平衡性能是否良好的指标是飞机有无坡度故障。

平衡性能是飞机的一项基本性能要求,保证飞机平衡性能良好是机务人员一项重要的工作任务。新出厂的飞机,出厂(包括制造厂和修理厂)时都必须进行三轴(纵向、方向和横向)平衡验证,接收飞机时必须对三轴平衡验证情况进行了解。在外场,为了确保飞机的平衡性能,有时也要针对三轴的不平衡问题甚至故障,根据具体情况进行调整。

飞机的平衡是作用在飞机上的外力和外力矩的平衡,即其合外力和合外力矩为零,飞机处于没有转动的等速直线运动状态。此时,有

$$\begin{cases} \sum X = 0 \\ \sum Y = 0 \\ \sum Z = 0 \\ \sum M_x = 0 \\ \sum M_y = 0 \\ \sum M_z = 0 \end{cases} \quad (3-64)$$

由于飞机左右对称,沿纵轴、竖轴的力和绕横轴的力矩的变化,通常不影响

沿横轴的力和绕纵轴、竖轴的力矩变化;而沿横轴的力、绕纵轴和竖轴的力矩变化,通常也可认为基本不影响沿纵轴、竖轴的力和绕横轴的力矩变化。因此,在讨论飞机的平衡问题时,为了简化起见,可以把方程(3-64)分成两组分别讨论。前者称为纵向平衡,后者称为横航向平衡,即

$$\begin{cases} \sum X = 0 \\ \sum Y = 0 \\ \sum M_z = 0 \end{cases} \quad (3-65)$$

$$\begin{cases} \sum Z = 0 \\ \sum M_x = 0 \\ \sum M_y = 0 \end{cases} \quad (3-66)$$

对于横航向平衡来说,考虑到 $\sum Z = 0$ 主要是保证没有横向机动,而横向机动已在飞行性能中做了讨论,本节着重讨论横航向力矩的平衡,因此,横航向平衡又可以分为横向平衡($\sum M_x = 0$)和方向平衡($\sum M_y = 0$)两部分。

3.2.1 飞机的纵向平衡

3.2.1.1 飞机的纵向平衡与纵向力矩

前面已经指出,纵向平衡是指飞机纵向的力和力矩平衡。由图 3-10 可见,此时有

$$\begin{cases} \sum X = 0 \rightarrow P - X = G\sin\theta \\ \sum Y = 0 \rightarrow Y = G\cos\theta \\ \sum M_z = 0 \rightarrow M_{zw} + M_{zb} + M_{zht} = 0 \end{cases}$$

式中:M_{zw}、M_{zb}、M_{zht} 分别为机翼、机身和平尾的力矩,即飞机的纵向力矩主要由机翼、机身(发动机短舱)和平尾产生。阻力和发动机推力对重心构成的力矩不大,这里不做讨论。

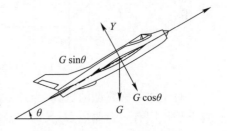

图 3-10 飞机的纵向平衡

1. 机翼力矩

1) 矩形机翼力矩和焦点

如图 3-11 所示,矩形机翼升力对重心的力矩可表示为(按压力中心计算)

$$M_{zw} = Y \cdot d \quad (3-67)$$

式中:Y 为机翼升力;d 为机翼压力中心到飞机重心之间的距离。用式(3-67)计算机翼的力矩不方便,因为迎角变化时,升力的大小及作用点均要改变,因此不易

找到 M_{zw} 与迎角的一一对应关系。为了解决这一问题,需要引进焦点的概念。

焦点是指迎角改变时,机翼升力增量的作用点(图3-12)。在迎角小于抖动迎角范围之内,焦点位置不随迎角而变化。这样,引入焦点概念后,迎角改变引起的俯仰力矩增量将完全由升力增量决定。由图3-13可见:

$$\Delta M_{zw} = -\Delta Y(x_{Fw} - x_G) \quad (3-68)$$

式中:ΔY 为迎角改变而引起的升力增量;x_{Fw} 为机翼焦点到机翼前缘的距离;x_G 为飞机重心到机翼前缘的距离。

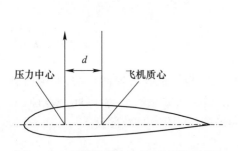

图3-11 机翼的纵向力矩(按压心计算)

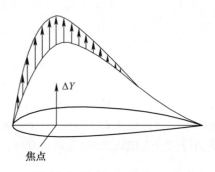

图3-12 焦点

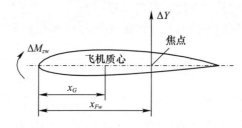

图3-13 机翼的纵向力矩-按焦点计算

对于非对称翼型的机翼,当升力为零时,由于机翼上下气流的不对称性,机翼上仍作用有一力偶矩 M_{z0w}(即零升力矩)使机翼低头。这样,整个机翼在任何迎角时的力矩为

$$M_{zw} = M_{z0w} - Y(x_{Fw} - x_G) \quad (3-69)$$

若写成系数形式,则

$$m_{zw} = \frac{M_{zw}}{\frac{1}{2}\rho V^2 Sb} = \frac{M_{z0w}}{\frac{1}{2}\rho V^2 Sb} - \frac{Y(x_{Fw} - x_G)}{\frac{1}{2}\rho V^2 Sb} = m_{z0w} - C_y(\bar{x}_{Fw} - \bar{x}_G) \quad (3-70)$$

式中:$m_{z0w} = \dfrac{M_{z0w}}{\frac{1}{2}\rho V^2 Sb}$ 为零升力矩系数;$\bar{x}_{Fw} = \dfrac{x_{Fw}}{b}$、$\bar{x}_G = \dfrac{x_G}{b}$ 分别代表焦点和重心到

机翼前缘的相对位置。

由式(3-70)可见,引入焦点后,机翼的俯仰力矩系数的变化仅决定于升力系数 C_y,并与 C_y 呈线性关系。在抖动迎角范围内,升力系数斜率不变,因此力矩系数也将与迎角呈线性关系。

2) 任意平面形状机翼的力矩

目前,高速飞机绝大多数采用了非矩形的后掠机翼。对于非矩形机翼的力矩计算,需引进平均空气动力弦的概念。

平均空气动力弦是一个假想的矩形机翼(有时称为当量机翼)的弦长。该矩形机翼和给定的非矩形机翼面积相等,空气动力与纵向力矩特性相同(图3-14)。平均空气动力弦长常用 b_A 表示。

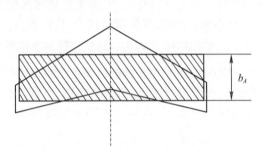

图3-14 平均空气动力弦

引进平均空气动力弦的概念后,就可以应用矩形机翼的结果来表达任意平面形状机翼的力矩。此时,只要把重心与机翼焦点位置分别投影到平均空气动力弦上即可。这样,机翼的力矩可表达为

$$m_{zw} = \frac{M_{zw}}{\frac{1}{2}\rho V^2 S b_A} = m_{z0w} - C_y(\bar{x}_{Fw} - \bar{x}_G)$$

式中:$m_{z0w} = \dfrac{M_{z0w}}{\frac{1}{2}\rho V^2 S b_A}$、$\bar{x}_{Fw} = \dfrac{x_{Fw}}{b_A}$、$\bar{x}_G = \dfrac{x_G}{b_A}$ 分别代表机翼焦点及重心在平均空气弦上的相对位置。

可见,引进平均空气动力弦后,任意形状机翼的力矩系数表达式与矩形机翼相同,只是对应的弦长用 b_A 代替。

2. 机身力矩

在一定迎角下,机身也要产生一定的升力,并对飞机重心形成一定的纵向力矩。由于机身升力很小,通常把机身产生的力矩与机翼合起来考虑,即研究机身对机翼的影响。这种影响包括两个方面:

(1) 零升力矩增加(Δm_{z0b})。

(2) 焦点向前移动($-\Delta \bar{x}_{Fb}$)。

这样,机翼和机身组合体(称无尾飞机)的纵向力矩系数可写成

$$m_{zwb} = m_{z0wb} - C_y(\bar{x}_{Fwb} - \bar{x}_G) \qquad (3-71)$$

式中:

$$m_{z0wb} = m_{z0w} + m_{z0b}$$

$$\bar{x}_{Fwb} = \bar{x}_{Fw} - \Delta \bar{x}_{Fb}$$

C_y 为无尾飞机的升力系数,通常在近似计算中,可用机翼的升力系数代替。

机身的零升力矩增量 Δm_{z0b} 主要是由于机翼的安装角,以及机身上下不对称和机翼零升迎角等引起的。以正安装角为例,由于安装角存在,当机翼迎角为零升迎角时,机身却成为负迎角。此时,气流流过机身时,在机身前端是下表面流速快、压力小;后端则是上表面流速快、压力小。这样在机身上就形成了下俯力矩。

机身引起焦点的移动 $\Delta \bar{x}_{Fb}$ 也是很明显的。当翼身组合体的迎角增加时,在机翼焦点上有一升力增量,同时在机身焦点(靠近头部)上也有一升力增量。因此,翼身组合体升力增量由这两部分组成,其作用点即无尾飞机的焦点较机翼前移了 $\Delta \bar{x}_{Fb}$。一般情况下,机身头部越长,$\Delta \bar{x}_{Fb}$ 越大。对于超声速飞机,$\Delta \bar{x}_{Fb}$ 为 0.08~0.1。

3. 水平尾翼的力矩

如图 3-15 所示,平尾升力 Y_{ht} 对飞机重心的纵向力矩为

$$M_{zht} = -Y_{ht}L_{ht}$$

式中:L_{ht} 为平尾压力中心到飞机重心的距离。考虑到迎角改变时,平尾压力中心移动量与其到重心的距离相比,可以忽略不计,故可把它看作一个常量,并近似等于平尾转轴到飞机重心的距离。

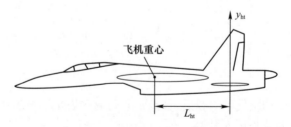

图 3-15 水平尾翼力距

Y_{ht} 为平尾的升力,其大小为

$$Y_{ht} = C_{yht}\frac{1}{2}\rho V_{ht}^2 S_{ht}$$

式中:C_{yht}为平尾的升力系数;V_{ht}为流向平尾的气流速度,S_{ht}为平尾面积。

气流流向平尾与流向机翼的速度是不同的。当气流流过机翼时,由于黏性的影响,气流损失了一部分动能,流向平尾的气流速度比流向机翼的气流速度小。它们之间的关系为

$$V_{ht}^2 = K_q V^2$$

或者以动压形式表示为

$$q_{ht} = K_q q$$

式中:K_q称为速度阻滞系数,可由实验确定。初步估算时,可按表 3-1 选取。

将上述结果代入俯仰力矩方程,得

$$M_{zht} = -C_{yht} K_q q S_{ht} L_{ht}$$

化成系数形式为

$$m_{zht} = \frac{M_{zht}}{\frac{1}{2}\rho V^2 S b_A} = -C_{yht} K_q \frac{S_{ht} L_{ht}}{S b_A} = -C_{yht} K_q A \qquad (3-72)$$

式中:$A = \dfrac{S_{ht} L_{ht}}{S b_A}$ 为平尾的静矩系数。

对于带升降舵的水平尾翼,有

$$C_{yht} = C_{yht}^{\alpha} \alpha_{ht} + C_{yht}^{\delta_z} \delta_z = C_{yht}^{\alpha} (\alpha_{ht} + n\delta_z) \qquad (3-73)$$

式中:$C_{yht}^{\alpha} = \dfrac{\partial C_{yht}}{\partial \alpha}$ 为平尾升力系数斜率;α_{ht}为平尾迎角;δ_z为升降舵偏转角;$n = C_{yht}^{\delta_z}/C_{yht}^{\alpha} = \dfrac{\partial \alpha_{ht}}{\partial \delta_z}$为升降舵效率。它代表升降舵偏转 1° 时所相当的平尾迎角的改变量。

对于全动平尾,有

$$C_{yht} = C_{yht}^{\alpha} \alpha_{ht}$$

必须注意:一般情况下,平尾迎角与机翼迎角不同。这是因为平尾翼弦通常不平行于机翼翼弦,并且气流通过机翼与机身后要产生下洗,如图 3-16 所示。

这样 α_{ht} 与 α 之间的关系可表达为

$$\alpha_{ht} = \alpha + \varphi - \varepsilon$$

式中:φ 为水平尾翼与机翼弦线的夹角,称为安装角;ε 为下洗角,其大小可表示为

$$\varepsilon = \frac{\partial \varepsilon}{\partial C_y} C_y = D C_y$$

式中:$D = \dfrac{\partial \varepsilon}{\partial C_y}$ 为下洗角随升力系数的变化率,近似等于常数。

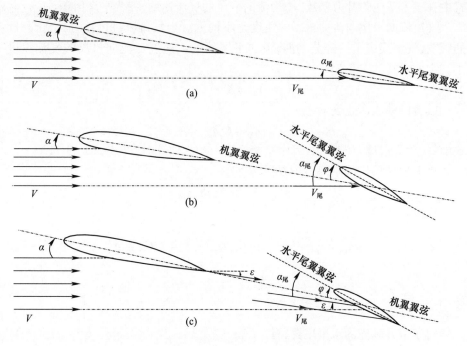

图 3-16 气流通过机翼与机身后产生下洗示意图

若考虑到 $\alpha = \dfrac{C_y}{C_y^\alpha} + \alpha_0$，则平尾迎角可表示为

$$\alpha_{ht} = \frac{C_y}{C_y^\alpha} + \alpha_0 + \varphi - DC_y \tag{3-74}$$

将式(3-74)代入式(3-70)，可得

$$C_{yht} = C_{yv}^\alpha \left(\frac{C_y}{C_y^\alpha} + \alpha_0 + \varphi - DC_y + n\delta_z \right)$$

$$= C_{yht}^\alpha \left[\left(\frac{1}{C_y^\alpha} - D \right) C_y + (\alpha_0 + \varphi + n\delta_z) \right] \tag{3-75}$$

将式(3-75)代入式(3-69)，即可得带升降舵的水平尾翼纵向力矩系数的表达式为

$$m_{zht} = -K_q A C_{yht}^\alpha \left[\left(\frac{1}{C_y^\alpha} - D \right) C_y + (\alpha_0 + \varphi + n\delta_z) \right] \tag{3-76}$$

式中右侧前一项代表平尾对升力力矩的贡献，即 $\Delta \bar{x}_F C_y$。其中：

$$\Delta \bar{x}_{F\mathrm{ht}} = K_q A C_{y\mathrm{ht}}^\alpha \left(\frac{1}{C_y^\alpha} - D \right) \tag{3-77}$$

后一项代表平尾对全机零升力矩的影响,即

$$m_{z0\mathrm{ht}} = -K_q A C_{y\mathrm{ht}}^\alpha (\alpha_0 + \varphi + n\delta) \tag{3-78}$$

总之,平尾对飞机力矩的贡献亦可分为两个部分:

(1) 对零升力矩的贡献($m_{z0\mathrm{ht}}$)。

(2) 对飞机焦点位置的影响($\Delta \bar{x}_{F\mathrm{ht}}$),即

$$m_{z\mathrm{ht}} = m_{z0\mathrm{ht}} - C_y \Delta \bar{x}_{F\mathrm{ht}} \quad (3-79)$$

由式(3-79)可见,平尾的纵向力矩系数也与 C_y 呈线性关系,如图 3-17 所示。

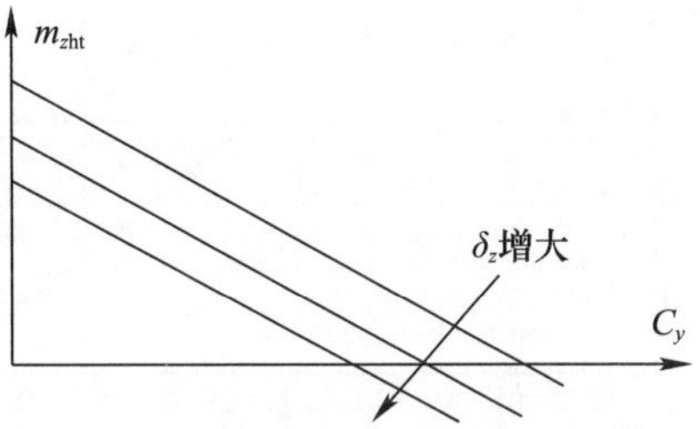

4. 全机的纵向力矩

整架飞机的纵向力矩,应为无尾飞机的力矩和平尾力矩之和。用系数表示为

图 3-17 平尾俯仰力矩系数随 C_y 的变化

$$\begin{aligned} m_z &= m_{z\mathrm{w+b}} + m_{z\mathrm{ht}} \\ &= m_{z0} - C_y (\bar{x}_F - \bar{x}_G) \end{aligned} \tag{3-80}$$

式中:m_{z0} 为全机零升力矩系数,其值为

$$m_{z0} = m_{z0\mathrm{wb}} + m_{z0\mathrm{ht}} = m_{z0\mathrm{wb}} - K_q A C_{y\mathrm{ht}}^{\alpha_{\mathrm{ht}}} (\alpha_0 + \varphi + n\delta_z) \tag{3-81}$$

$\bar{x}_F$ 为全机焦点的相对位置,其值为

$$\bar{x}_F = \bar{x}_{F\mathrm{wb}} + \Delta \bar{x}_{F\mathrm{ht}} = \bar{x}_{F\mathrm{wb}} + K_q A C_{y\mathrm{ht}}^{\alpha_{\mathrm{ht}}} \left(\frac{1}{C_y^\alpha} - D \right) \tag{3-82}$$

全机零升力矩系数与 C_y 无关,全机焦点相对位置 $\bar{x}_F$ 由 $\bar{x}_{F\mathrm{wb}}$ 与 $\Delta \bar{x}_{F\mathrm{ht}}$ 共同决定。对于正常式布局的飞机,由于平尾存在,使飞机的焦点后移(图 3-18)。

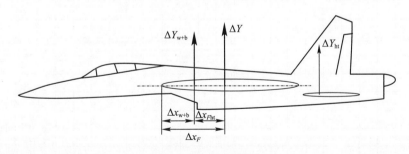

图 3-18 飞机的焦点

由式(3-80)可见:

(1) 全机纵向力矩由两部分组成:一是与升力无关的零升力矩(m_{z0}),一是随升力增大而增大的升力力矩$[-C_y(\bar{x}_F - \bar{x}_G)]$。

(2) 全机的纵向力矩系数仍将与C_y(或α)呈线性关系(图3-19中,$Ma = 0.7$,$x_G = 38\% b_A$)。

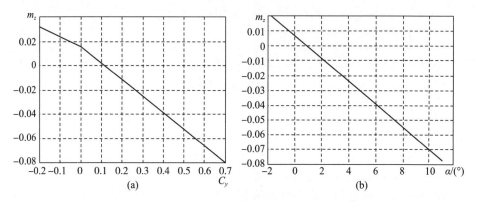

图3-19 纵向力矩系数随C_y(或α)的变化

3.2.1.2 飞机纵向力矩随马赫数的变化规律

Ma对飞机纵向力矩的影响主要包括两个方面:

(1) 引起焦点位置的移动,从而改变纵向力矩系数曲线斜率$m_z^{C_y} = -(\bar{x}_F - \bar{x}_G)$。

(2) 改变零升力矩系数的大小,从而改变该曲线在纵轴上的截距。

1. 飞机焦点随马赫数变化规律

飞机焦点随Ma的变化曲线如图3-20所示。从图中可以看出,在亚声速阶段焦点位置靠前,且不随Ma变化而变化。跨声速阶段飞机焦点位置随Ma增加而后移。到了超声速阶段,焦点移至最后,且又不随Ma变化而变化。

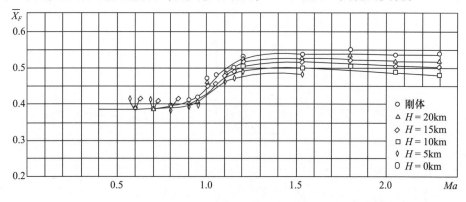

图3-20 全机焦点随Ma变化曲线

飞机焦点位置的上述变化,主要是由机翼焦点位置的移动引起的。亚声速迎角增大引起机翼升力增大的地方,主要位于机翼前部,因此焦点比较靠前,Ma增大流线谱基本不变,因而升力增量作用点即焦点位置基本不变。跨声速中机翼表面出现局部激波和局部超声速区,迎角增大时,机翼上表面流速更快,从机翼前缘直到局部超声速区内,吸力都有明显增加,而不像亚声速,吸力增大的地方主要位于机翼前端,所以升力增量的作用点即焦点位置比较靠后,并且随着Ma的增大,机翼表面的局部激波不断后移,局部超声速区不断向后扩大,焦点位置也不断向后移动。超声速时,机翼上下表面均为超声速流动,迎角增大时机翼上下表面的压力几乎是均匀增加的,此时焦点位置在翼弦的45%～50%处,且基本不再随Ma而变。

值得一提的是某些飞机,特别是大后掠角机翼的飞机,在超声速飞行时,随着Ma的增大,焦点又会稍稍向前移动。这是由于机身和后掠翼弹性变形引起的。

2. 马赫数对飞机零升力矩系数的影响

如图3-21所示,亚声速和超声速阶段,零升力矩系数基本不随Ma而变,但在跨声速阶段,零升力矩系数随Ma变化而急剧变化。其具体数据,一般由实验确定。

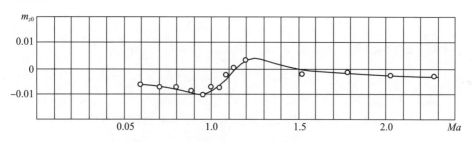

图3-21 全机零升力矩系数随Ma的变化

3.2.1.3 飞机的纵向平衡速度

对于设计定型的飞机,理论上都有良好的平衡性能。也就是说,飞机能在整个飞行包线内取得力和力矩平衡,而且杆力和杆位移适中。但是,由于制造上的误差,以及维护使用因素的影响,对于特定的飞机,甚至刚出厂的新飞机,往往达不到预定的设计要求,使平衡速度偏离而造成飞机"头重""头轻"等现象。

1. 平衡速度定义及其与纵向平衡性能关系

平衡速度是指飞行员不操纵飞机,纵向驾驶杆力为零时,飞机做直线飞行时的速度。因为通常习惯以表速计,故又称为平衡表速。

根据上述定义,飞机在平衡表速飞行时,一方面必须松杆(杆力为零),一方

面必须取得纵向力矩平衡(保证飞机不转动)和垂直于气流方向的力的平衡(保证飞机飞行轨迹为直线),即

$$\begin{cases} M_{zF_z=0} = 0 \\ Y = G\cos\theta \end{cases} \quad (3-83)$$

写成系数形式为

$$\begin{cases} m_{zF_z=0} = m_{z0F_z=0} - C_y(\bar{x}_F - \bar{x}_G) = 0 \\ C_y \frac{1}{2}\rho_0 V_{\text{bal}}^2 S = G\cos\theta \end{cases} \quad (3-84)$$

式中:$M_{zF_z=0}$ 和 $m_{zF_z=0}$ 分别为杆力为零时的纵向力矩和纵向力矩系数;V_{bal} 为平衡速度(平衡表速)。从式(3-84)可解得

$$V_{\text{bal}} = \sqrt{\frac{2G\cos\theta(\bar{x}_F - \bar{x}_G)}{m_{z0F_z=0}\rho_0 S}} \quad (3-85)$$

某些飞机使用平飞来定义平衡速度(平衡表速),此时平衡表速的表达式可简化为

$$V_{\text{bal}} = \sqrt{\frac{2G(\bar{x}_F - \bar{x}_G)}{m_{z0F_z=0}\rho_0 S}} \quad (3-86)$$

对于带全动平尾飞机,式(3-86)中 $m_{z0F_z=0}$ 的计算公式为

$$m_{z0F_z=0} = m_{z0\text{wb}} - K_q A C_{\text{yht}}^{\alpha}(\alpha_0 + \delta_{zF_z=0}) \quad (3-87)$$

从式(3-85)和式(3-86)可见,平衡速度是否符合规定,可以直接判断飞机纵向性能是否符合设计要求。这是因为,纵向平衡性能的变化,如零升力矩($m_{z0F_z=0}$),升力力矩(焦点 $\bar{x}_F$、重心 $\bar{x}_G$ 的影响)、重力(G)等变化会直接影响平衡速度(V_{bal})的变化。因此,各类飞机多数都规定了标准的平衡速度值,而外场也通过平衡速度来检查纵向平衡性能是否正常。

平衡性能与飞机操纵性能有密切关系,因此平衡速度的变化,也会直接影响操纵性能的变化,它们之间的关系将在后面内容中加以说明。

2. 平衡速度的影响因素及其调整原理

1) 平衡速度的影响因素

从式(3-85)可见,平衡速度的影响因素主要有重量 G、焦点位置 $\bar{x}_F$、重心位置 $\bar{x}_G$、零升力矩系数及上升角 θ。凡是使用维护中上述参数发生变化,都会引起平衡速度的变化。

例如,机头进气的某型飞机,发动机状态变化,会引起飞机焦点位置及上升角变化。推油门时,转速增加,进气道空气流量增加,飞机焦点前移,同时,推力增大,上升角增大,因此飞机的平衡速度减小。

2) 平衡速度的调整

当平衡速度发生变化后,为了保证飞机良好的平衡性能,外场必须对平衡速度进行调整。外场主要是通过改变松杆平尾的初始偏转 $\delta_{zF_z=0}$ 的方向和大小,即改变零升力矩。

3.2.2 飞机的方向平衡

3.2.2.1 飞机的方向平衡与偏航力矩

前面已经指出,方向平衡是指绕 Y 轴的方向偏转力矩(称为偏航力矩)的平衡,即 $\sum M_y = 0$。此时,飞机保持无侧滑等速直线飞行。

如果 $\sum M_y \neq 0$,即存在不平衡的偏航力矩,飞机会产生侧滑。由图 3-22 可见,飞行员不操纵时,不平衡的偏航力矩主要是由左右机翼及左右发动机推力不对称形成的。如果垂直尾翼因某种原因发生不对称,也要形成较大的偏航力矩。

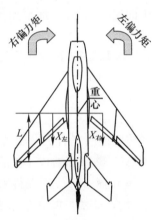

图 3-22 飞机的方向平衡

由于飞机外形及结构左右对称,设计定型的飞机,理论上都有良好的方向平衡性能,即在没有操纵情况下,飞机本身就具有保持无侧滑直线飞行的能力。但是,由于制造上的误差,以及使用维护等因素的影响,对于每一架特定的飞机,甚至是刚出厂的新飞机,都会出现方向不平衡的现象。

飞机在飞行时一般不允许有急剧侧滑,检查飞机有无侧滑及侧滑量的大小,要根据侧滑仪中的"小球"偏移量来确定(侧滑仪小球偏移方向代表侧滑方向,偏移距离代表侧滑大小)。若侧滑仪中小球的偏移量大于 ±1 个小球直径,则认为飞机出现方向不平衡,以及存在侧滑故障。飞机出现侧滑时,应记下当时的高度与速度,侧滑仪中小球偏移的方向与量值及排除侧滑所需的脚蹬力,以作为排除故障的依据。

3.2.2.2 侧滑故障原因

侧滑故障实际上是由于偏航力矩不平衡引起的,其主要原因有:

(1) 两机翼外形不对称而引起两翼阻力差。

(2) 垂尾外形不对称而形成侧力 Z_{vt}。

(3) 双发或单发飞机,左右发动机推力不等或推力轴线偏斜而形成的偏航力矩。

3.2.2.3 侧滑故障调整原理

当侧滑故障出现时,应尽力找出具体原因加以排除,但某些原因,如垂尾或机翼变形,则往往不易找出具体的缺陷部位,即使找到亦不易排除。这时必须通过调整加以排除。

各类飞机侧滑故障的调整部位,通常都在垂尾上。这是因为垂尾离重心远,效果好。

对于现代飞机,一般都有方向舵助力器,可调整方向舵的中立位置。调整方向与侧滑相同,左侧滑时,中立位置左调;右侧滑时,中立位置右调。例如飞机出现右侧滑故障时,如图3-23所示,向右调整方向舵,会在垂尾上产生向左的侧力,从而形成使飞机向右偏航的力矩来消除侧滑。

3.2.2.4 高速飞行时的自动调头现象

自动调头是指不经飞行员操纵,飞机自动偏转形成侧滑现象。

自动调头的主要原因是飞机外形的不对称。外形不对称会造成左右机翼阻力系数不相等,垂尾的侧力系数不等于零,从而造成飞机的自动调头。

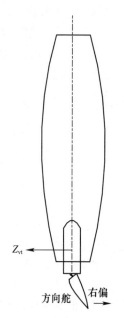

图3-23 调整方向舵

目前,由于工艺条件限制,飞机外形左右完全对称几乎是不可能的,从理论上讲,自动调头现象在各类飞机,各种速度下都是存在的。但是实际上,这种现象只是在高速飞机做大 Ma 或大表速飞行时,才有明显的表现。这是因为飞机外形的不对称量很小,在大表速时由于动压大才会形成较大的偏航力矩,造成飞机自动调头,而大 Ma 时,更会由于左右激波发展不同,造成较大的偏航力矩。

由上可见,飞机在高速飞行时产生某种程度的自动调头现象是不可避免的。但是,为了保持飞机方向平衡,需要飞行员用蹬舵来修正。如果自动调头现象过于严重,修正量过大,就会分散飞行员精力,并使飞行员产生不必要的疲劳,而且减少了方向舵向一侧的有效偏转角,影响飞机的操纵性。为了保证飞机具有良好的方向平衡和操纵性能,各类飞机对自动调头形成的侧滑量做出一定的限制。侧滑量在规定范围内,视为正常的自动调头现象;侧滑量超出规定范围,则为故障而需要排除。

3.2.3 飞机的横向平衡

3.2.3.1 飞机的横向平衡与滚转力矩

横向平衡是指绕 X 轴的横向滚转力矩的平衡,即 $\sum M_x = 0$。此时,飞机保持没有滚转或者倾斜(也称为坡度)的等速直线飞行。

由图 3-24 可见,飞机的滚转力矩主要由左右机翼的升力差产生,因此横向平衡可以表达为

$$Y_R L_R = Y_L L_L \tag{3-88}$$

式中:Y_L、Y_R 为左右机翼的升力;L_L、L_R 为左右机翼的压力中心至飞机重心的距离。

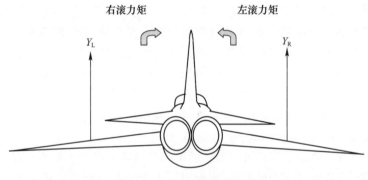

图 3-24 飞机的横向平衡

考虑到左右两翼动压相等,面积相等,式(3-88)又可以简化为

$$C_{yR} L_R = C_{yL} L_L \tag{3-89}$$

式中:C_{yL},C_{yR} 分别为左右机翼的升力系数。

由于飞机外形及结构左右对称,设计定型的飞机理论上都有良好的横向平衡性能,也就是说在没有操纵的情况下,飞机本身就具有保持无滚转、无坡度的直线飞行能力。但是,由于制造上的误差及使用维护等因素的影响,对于每一架特定的飞机,甚至刚生产的新飞机,都有可能出现横向不平衡现象,甚至出现坡度故障(如某飞机飞行时消除坡度的压杆量不应大于 1/4 压杆行程,在起落过程中,起落架放下时,消除坡度的压杆量不应大于 1/5 压杆行程,否则,视为出现坡度故障)。

飞机出现坡度故障时,应记下当时的高度、速度、坡度的大小和方向,以及消除坡度所需的压杆量。

3.2.3.2 坡度故障原因

由式(3-89)可见,坡度故障的根本原因有:因制造误差或使用维护不当造成左右机翼升力系数不等,因为飞机装载不对称(重心偏离对称面)而造成左右机翼压力中心至重心距离不等。

坡度故障具体原因有:机翼变形、副翼变形、副翼偏离中立位置、左右起落架舱盖或襟翼收上后密合程度不同、左右机翼襟翼放下角度不同等。

1. 机翼变形

机翼变形有两种:第一种是永久变形,是由于使用维护不当,或长期使用中逐渐积累而形成的;第二种是弹性变形,在飞行中主要伴随着空气动力的作用而出现的,空气动力一旦消失,弹性变形也随之消失。

(1) 永久变形等于改变了翼剖面形状和有效迎角。左右机翼的剖面形状和迎角不同,升力系数就不同,飞机必然会产生坡度。这种变形引起的升力系数变化量基本不随飞行速度而变,所以其产生的升力改变量,即横向不平衡力矩与速度的平方成正比。因此,机翼永久变形引起的坡度故障会随速度的增大而加重。

(2) 机翼的弹性变形包括弯曲变形和扭转变形。当机翼的压力中心处于机翼刚性轴之后时,机翼升力将对刚性轴产生一个使机翼前缘向下后缘向上的扭转力矩,迫使机翼的迎角减小。如果两侧机翼的刚度不同,迎角减小不一样,升力系数也就不相等,飞行中就会产生坡度。

(3) 机翼的弯曲变形对升力系数的影响与机翼平面形状有关。直机翼的弯曲变形不改变机翼各剖面的迎角,因此对坡度无影响。但后掠机翼的弯曲变形要使机翼各剖面迎角减小。因此,后掠翼飞机,如果两翼弯曲变形程度不同,也会造成坡度故障。

(4) 机翼的弹性变形引起的坡度故障随速度的增大而加重。这是因为,同永久变形一样,弹性变形所造成的两侧机翼升力系数之差,不随速度改变,但两翼升力之差却随速度增大而增加,因此坡度故障也随之加剧。

此外,由于弹性变形的程度直接取决于飞机空气动力的大小。过载增大,空气动力增加,弹性变形加剧,飞机迎角减小量增大,两翼升力差增加。因此,坡度故障随过载增大而加重。

2. 副翼变形

副翼变形后,附加升力产生的绕副翼铰链力矩,会迫使副翼偏离中立位置。这样就会造成左右翼产生较大的升力差,从而形成坡度故障。

对于具有助力操纵系统的飞机,由于副翼变形引起的坡度故障,只有关闭助力器才有明显的表现。因为助力器工作时,副翼变形引起的铰链力矩无法改变副翼的位置。而副翼本身微小变形产生的附加升力又不大,所以坡度故障也不太明显。

3. 副翼偏离中立位置

副翼靠近翼尖,离飞机纵轴较远,力臂值较大,因此,不大的偏离就可能产生较大的横向不平衡力矩,从而造成明显的坡度故障。

副翼偏离中立位置产生的附加升力,会影响机翼的扭转变形。例如副翼后缘向上偏转时,附加升力产生的扭转力矩使机翼的迎角增大,从而使副翼偏转作用减弱,副翼效率降低。速度越大,副翼效率越低。这种情况对后掠翼更为严重。

4. 左右起落架舱盖或襟翼收上后密合程度不同,左右机翼襟翼放下角度不同

左右起落架舱盖或襟翼密合程度不同产生的坡度故障,一般在飞机大速度飞行时出现。因为小速度大迎角飞行时,机翼下表面产生的正压力,会迫使起落架舱盖和襟翼收上密合,不会出现两翼外形的差别。而在大速度小迎角飞行时,机翼下表面局部出现吸力,会把起落架舱盖吸出一定距离,这样两翼的压力分布就会不同,左右机翼就会产生一定的升力差从而引起坡度故障。

左右襟翼放下的角度不同,左右机翼升力就不同,必然引起坡度故障。但这种坡度故障在襟翼收上时会自动消失。

3.2.3.3 坡度故障调整原理

在维护工作中,有些坡度故障原因,如副翼、襟翼安装位置不正确等比较容易发现和排除。但机翼变形等缺陷则不易发现也不易修复,此种情况只能采用调整的方法来恢复横向平衡性能。

调整部位的选择需掌握调整量小、效率高的原则,具体要考虑三个影响因素:

(1) 涡流区影响。调整部位在涡流区时调整效果会大大下降。涡流主要产生于机翼与机身交界处,对机翼外侧影响小,对机翼内侧影响大。而这种影响还与迎角大小直接相关,大迎角时气流分离严重,对调整效果影响大,但在小迎角时,因为气流分离很小,这种影响不太明显。

(2) 机翼弹性变形的影响。副翼或襟翼调整时,机翼要产生扭转变形而改变机翼的迎角。这种扭转变形降低了调整效果,如图 3-25 所示。扭转变形的大小与速度及调整部位有关。大速度时影响大,机翼外侧变形严重。

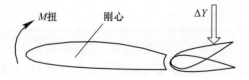

图 3-25 副翼或襟翼偏转时机翼的扭转

(3) 调整部位与飞机重心距离。外侧距离大,力臂长,调整效果好。

因此,调整部位选择需综合考虑上述三个因素。通常中小速度飞行时产生的坡度故障应调机翼外侧,而大速度飞行时产生的坡度故障应调机翼内侧。这是因为中小速度时,动压小,扭转变形影响小,加之与重心距离的考虑,调整外侧效果好;而此时迎角大,分离严重,内侧调整效果差。综合考虑这些因素,以调外侧为宜。大速度时却相反,外侧扭转变形严重,调整效果差,而内侧因为分离不严重,调整效果提高,因而以调整内侧为宜。

对于现代飞机,一般都有副翼助力器,可调整副翼的中立位置。调整方向与滚转相同,右滚转时,右副翼后缘中立位置下调(左副翼中立位置上调);左滚转时,左副翼后缘中立位置下调(右副翼中立位置上调)。例如飞机出现右滚转故障时,调整右副翼后缘中立位置使其下偏,会在右机翼上产生向上的升力增量,从而形成使飞机向左滚转的力矩来消除右滚故障,反之亦然。

一般通过差动调节左右副翼(襟副翼)的中立位置的方法对坡度故障加以调整。有时也可以用调整副翼前缘与机翼蒙皮之间的间隙,改变副翼内封补偿的方法加以排除。具体如何调整,可根据以上原理参看各类飞机使用维护说明书和维护经验。

3.2.3.4 高速飞行时的自动倾斜现象

自动倾斜是指飞行员不操纵时,飞机自发地向左或者向右倾斜的一种现象。自动倾斜的原因主要有:由于左右机翼刚性不同,大速度时左右机翼的变形不同,引起左右机翼升力不等;由于左右机翼外形不对称,左右机翼临界马赫数不同,局部激波发展不同,引起大马赫数时左右机翼升力不等。

由于制造工艺的限制,左右机翼刚性及外形绝对相同几乎是不可能的。从理论上讲,无论什么情况下,自动倾斜总是存在的。但实际上,自动倾斜只是在大表速或大马赫数飞行时,才有明显的表现,这是因为:

(1) 大表速时动压大,左右机翼的变形明显(对于非对称翼型,这种情况更加明显。因为表速增大,迎角减小,非对称翼型压力中心后移,扭转力矩增大。对于对称翼型,压力中心虽然不变,但是由于局部形状的不同引起的附加升力差随表速增大而增大)。

(2) 左右机翼的某些外形差别,只有在大马赫数出现激波后,才能出现明显的升力差。

(3) 飞机大表速或大马赫数飞行时,副翼效率低,为了制止飞机倾斜,需要飞行员更多的压杆,因而在飞行员看来,自动倾斜程度加剧。

由此可见,高速飞机在高速飞行时产生某种程度自动倾斜是不可避免的。但是,为了保持飞机横向平衡,飞行员就得反向压杆,这样不仅分散了飞行员的精力,造成不必要的疲劳,而且会减少一侧方向的有效压杆行程,影响飞机的横向操纵性能,为了保证飞机良好的横向平衡和操纵性,各种高速飞机都规定了一定的允许倾斜范围。倾斜在此范围内,属于正常的自动倾斜现象,超过此范围,视为坡度故障应及时加以调整。例如某型飞机消除坡度的压杆量小于 1/4 杆行程时,属于正常的自动倾斜现象,超过 1/4 杆行程就属于坡度故障。

3.3 飞机的静稳定性

研究配平的飞机受到外界干扰后有无恢复原配平状态的趋势,即静稳定性问题。

3.3.1 稳定性的基本概念

飞机在飞行过程中,经常会受到各种不可预测的扰动,如大气扰动、发动机推力脉动、飞行员无意识动杆等,这些扰动都会使飞机的飞行状态发生改变。因此必须研究飞机在受到扰动后是否具有自动恢复原状态的能力,即飞机的稳定性问题。通常称受扰动前飞机的平衡飞行状态为配平状态,因此稳定性问题就是研究飞机在配平状态受到外界扰动而偏离配平状态时,飞机自身能否有力矩产生使其恢复到原配平状态的能力,即要研究飞机平衡状态的性质。

物体的平衡性质,通常有以下三种(图 3-26):第一种平衡的性质是稳定的(图(a)中的悬摆)。因为这种平衡,在扰动消失后,力的作用下物体能恢复原平衡状态呈现收敛状态。第二种平衡的性质是不稳定的(图(b)中的竖摆)。因为这种平衡,在扰动消失后,力的作用下物体继续离开平衡位置呈现发散状态而不能恢复原平衡状态。第三种平衡的性质是随遇稳定的(图(c)中的球)。因为这种平衡在扰动消失后,既不能随意扩大也不恢复原平衡,而是在新的平衡位置重新取得平衡。因此,飞机的稳定性可分为稳定、不稳定和随遇稳定(或称中立稳定)三类。

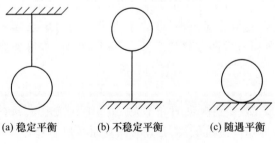

(a) 稳定平衡　　(b) 不稳定平衡　　(c) 随遇平衡

图 3-26　物体平衡的性质

通常为了研究问题方便,在飞机飞行动力学中常将飞机的稳定性定性地分为静稳定性与动稳定性两大类。

动稳定性是指飞机在配平状态下受到扰动,扰动消失后,飞机自动恢复原平衡状态的能力,所以动稳定性实质上是真正的飞机稳定性。静稳定性是指飞机在配平状态下受到扰动,在扰动消失瞬间,飞机具有自动恢复原平衡状态的趋势。因此静稳定性不是真正的飞机稳定性,具有静稳定性的飞机,不一定具有动稳定性,但是通常静稳定性是飞机动稳定性的前提,特别是静稳定性与相应的飞机静操纵性具有密不可分的关系,它为静操纵提供参考。因此,讨论飞机的静稳定性,亦具有非常重要的意义。

下面将飞机的静稳定性分为纵向静稳定性和横航向静稳定性分别进行讨论。

3.3.2 飞机纵向静稳定性

飞机的纵向静稳定性主要是研究飞机在配平状态下的纵向俯仰力矩特性问题。飞机纵向静稳定性主要包括迎角静稳定性和速度静稳定性两种。

3.3.2.1 迎角静稳定性

1. 迎角静稳定性含义及其判定条件

迎角静稳定性是指飞机在配平状态下受到扰动,在扰动过程中,飞机速度始终保持不变而迎角偏离原配平状态,在扰动消失瞬间,飞机自动恢复原平衡状态的趋势。若有自动恢复原配平迎角的趋势,则称为飞机迎角静稳定,或称为飞机具有迎角静稳定性;反之,则称为飞机迎角静不稳定,或称为飞机不具有迎角静稳定性;若既没有恢复原配平迎角的趋势,也没有继续偏离原配平迎角的趋势,则称为飞机迎角中立稳定。

因为迎角静稳定性研究的是迎角(也即过载)恢复原平衡状态的趋势,条件是速度不变,因此迎角静稳定性亦称为过载静稳定性,或称为定速静稳定性。

虽然定速是一种理想情况,迎角变化后,势必影响阻力变化,但扰动初期,速度变化不大可以忽略,因此讨论迎角静稳定性仍具有实际意义。

飞机是否具有迎角静稳定性,取决于飞机纵向力矩系数 m_z 随 α 的变化特性,当 $m_z^\alpha < 0$ 时飞机具有迎角静稳定性;当 $m_z^\alpha > 0$ 时,飞机为迎角静不稳定;当 $m_z^\alpha = 0$ 时,飞机为中立静稳定。其理由分析如下:

如图 3 - 27 所示,设 $m_z \sim \alpha$ 曲线斜率为负,并假定飞机原来处于平衡状态,$m_z = 0$。此时,如果飞机受到扰动,迎角增大($\Delta\alpha > 0$),必然引起 m_z 的下降($\Delta m_z < 0$),产生附加的下俯力矩使飞机低头,并具有恢复原迎角的趋势。同理,当飞机受到扰动产生 $-\Delta\alpha$ 时,必然产生 $+\Delta m_z$,使飞机抬头具有恢复原迎角的趋势。由此

可见,$m_z^\alpha<0$ 飞机必然具有迎角静稳定性。而使飞机恢复原迎角的力矩,称为恢复力矩或稳定力矩。

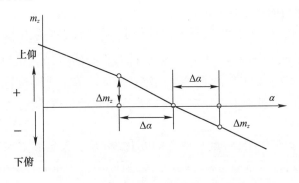

图 3-27 飞机俯仰力矩系数与迎角的关系

同理可证明,当 $m_z^\alpha>0$ 时,飞机没有自动恢复迎角的趋势,也即飞机迎角静不稳定;当 $m_z^\alpha=0$ 时,飞机迎角中立稳定。

因为

$$m_z^\alpha = m_z^{C_y} C_y^\alpha$$

在飞机迎角小于抖动迎角以前,C_y^α 基本为一正值常数。因此,飞机的迎角静稳定性也可用 $m_z^{C_y}$ 来判定,即当 $m_z^{C_y}<0$ 时,迎角静稳定;当 $m_z^{C_y}>0$ 时,迎角静不稳定;当 $m_z^{C_y}=0$ 时,迎角中立稳定。

由于

$$m_z = m_{z0} - C_y(\bar{x}_F - \bar{x}_G)$$

有

$$m_z^{C_y} = -(\bar{x}_F - \bar{x}_G)$$

由此可见,飞机是否具有迎角静稳定性,关键在于飞机重心与焦点的相对位置。如果焦点在重心之后,$(\bar{x}_F - \bar{x}_G)>0$,飞机受到扰动迎角增大时,$\Delta Y$ 对重心形成下俯力矩,飞机便具有恢复原初始迎角的趋势,因此飞机具有迎角静稳定性。相反,如果焦点在重心之前,$(\bar{x}_F - \bar{x}_G)<0$,飞机受到扰动迎角增大时,$\Delta Y$ 对重心形成上仰力矩,促使飞机进一步增大迎角,飞机不具有迎角静稳定性。

因为 $|m_z^{C_y}|$ 的大小,代表了迎角静稳定性的强弱,所以通常把 $m_z^{C_y}$ 称为迎角静稳定度,而把 $-m_z^{C_y}$ 称为迎角静稳定裕度。

具有迎角静稳定性的飞机具有稳定力矩。这种飞机与"气动扭转弹簧"相似。稳定力矩相当于弹簧恢复力矩。因此,有的书中把迎角静稳定度 $m_z^{C_y}$(或

m_z^α)称为俯仰刚度(即比作弹簧刚度),当 $m_z^{C_y}<0$(或 $m_z^\alpha<0$)时,飞机具有正俯仰刚度,而 $m_z^{C_y}>0$(或 $m_z^\alpha>0$)时,飞机迎角刚度为负。

2. 影响迎角静稳定性的因素

(1)重心位置。在飞机使用维护过程中,重心位置会发生变化。在焦点位置不变的情况下,由 $m_z^{C_y}=-(\bar{x}_F-\bar{x}_G)$ 可知,重心前移 $|m_z^{C_y}|$ 增大,迎角静稳定性增强;重心后移 $|m_z^{C_y}|$ 减小,迎角静稳定性减弱。如果重心位置移至与焦点重合,$m_z^{C_y}=0$,此时飞机为中立稳定。所以焦点所在的位置,又称为中立重心位置(简称中性点)。

在飞机维护工作中,对重心位置的变化,必须引起足够重视。特别是轰炸机,由于机身较长,携带的燃料、弹药较多,所以飞行中重心位置变化往往较大。例如,某型轰炸机的重心位置的正常变化范围为(20.7% ~ 33.7%)b_A。33.7% b_A 对应于其着陆状态,这时重心位置已经相当靠后。如果在飞机后部(如机务舱)装载过多,就会使迎角静稳定性降低过多,从而会使飞行员不易掌握操纵量。严重时,甚至会使飞机丧失迎角静稳定性,对飞机安全造成威胁。而飞机的燃油系统工作不正常,用油顺序遭到破坏时也会出现类似问题。因此,飞机维护使用中必须按规定加装载,同时,必须保证燃油系统的正常工作。

(2)飞行马赫数。超声速飞机比亚声速飞机飞行时,飞机迎角静稳定性有明显的增强。这是因为超过临界马赫数之后,随着马赫数增大,焦点位置急剧后移(图3-20),在重心位置不变的情况下,$|m_z^{C_y}|$ 便要增大。

(3)大迎角。后掠翼飞机大迎角飞行时会产生翼尖分离,之后,当迎角继续增大时,翼尖部分的升力减小,相当于在翼尖部分作用了一个向下的升力增量,使飞机焦点前移,导致纵向力矩曲线向上弯曲,$|m_z^{C_y}|$ 减小,迎角静稳定性减弱。当迎角大于临界迎角时,由于机翼大部分地区出现了严重的分离现象,焦点迅速前移,致使 $m_z^\alpha>0$,飞机变为迎角静不稳定,如图3-28所示。

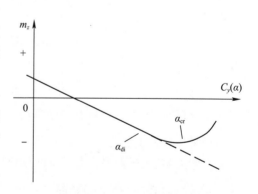

图3-28 后掠翼飞机 m_z 随迎角的变化

某些后掠翼飞机,因为采用翼刀等措施,这种情况有所改善。但是,有些飞机因为采取措施不够有力,如某型轰炸机,后掠角较大,翼刀却较低,这种现象仍然严重存在。

(4) 弹性变形。机身及后掠翼的弹性变形都会使$|m_z^{C_y}|$减小。这是因为机身及后掠翼的弹性变形会引起飞机焦点前移。而且飞行速度越大,飞机弹性变形越严重,飞机焦点前移量越大,$|m_z^{C_y}|$减小越多。

(5) 地面效应。飞机在起飞着陆接近地面飞行时,由于地面的限制,使接近于地面的气流几乎没有垂直向下的分量,而只能沿地面流动。这样,由于地面存在,将会引起飞机上的空气动力发生一系列变化,如大大减小了尾翼区气流的下洗,加大了平尾升力系数斜率。这两项变化,都会引起飞机焦点的后移,因而飞机迎角静稳定性加强。放下襟翼时,这种现象尤为明显。这类由于地面存在而引起的气动力特性的变化,通常称为地面效应。

(6) 发动机工作状态。现代飞机进气道多位于前机身,发动机工作时,飞机焦点要前移,因此$|m_z^{C_y}|$也要下降,其下降量即为焦点的前移量。在加大油门时,飞机焦点前移,飞机的迎角静稳定性也要减弱。

(7) 松杆状态。对于机械操纵系统的飞机,一般情况下,松杆后(即舵面处于自由状态)迎角静稳定性要下降,也即松杆静稳定性要比握杆静稳定性弱。这是因为,当飞机受到扰动迎角增大时,水平尾翼的迎角也要增大,于是升降舵上产生向上的附加的空气动力。握杆时,这个附加的空气动力只能改变杆力,而不能使升降舵向上偏转。但松杆时,这个附加的空气动力将使升降舵自动向上偏转,从而导致下俯力矩的减小,静稳定性减弱。同样,飞机的机械操纵系统中,若连杆之间连接的间隙过大,或钢索过于松弛,飞机助力器后的连杆间隙过大,都会造成迎角静稳定性减弱,这就要求机务人员对飞机操纵系统进行定期检查。

3. 迎角静稳定性的调整原理

迎角静稳定性过弱,飞机扰动时稳定力矩较小,迎角波动幅度较大,而且容易造成操纵过于灵敏的现象。因此,由于使用维护不当造成迎角静稳定性过弱的飞机,必须要进行调整。

迎角静稳定性的调整,从理论上来说,可从焦点和重心两个方面入手。但鉴于焦点位置的改变,需要通过改变飞机气动外形来实现,这样做在外场比较困难,而且影响面也比较广,它不仅影响飞机的力矩特性,还影响飞机的升力和阻力特性。因此,外场对迎角静稳定性的调整,可通过重心位置的改变(如加装配重)来实现。

3.3.2.2 速度静稳定性

在扰动过程中,如果飞机在迎角变化的同时,速度也发生变化,但过载n_y仍保持常值(通常取为1),这种扰动称为定载扰动。

速度静稳定性是指飞机在配平状态下受到定载扰动,扰动消失瞬间飞机自动恢复原平衡状态的趋势。速度静稳定性是定载扰动下的静稳定性,因此也称为定载静稳定性。

速度静稳定性可用 $\left(\dfrac{\mathrm{d}m_z}{\mathrm{d}C_y}\right)_{n_y=1}$ 来表示,即

$\left(\dfrac{\mathrm{d}m_z}{\mathrm{d}C_y}\right)_{n_y=1} < 0$ 时, 飞机速度静稳定;

$\left(\dfrac{\mathrm{d}m_z}{\mathrm{d}C_y}\right)_{n_y=1} > 0$ 时, 飞机速度静不稳定;

$\left(\dfrac{\mathrm{d}m_z}{\mathrm{d}C_y}\right)_{n_y=1} = 0$ 时, 飞机速度中立稳定。

为什么 $\left(\dfrac{\mathrm{d}m_z}{\mathrm{d}C_y}\right)_{n_y=1}$ 能代表飞机的速度静稳定性呢?这可用图 3 - 29 所示的定载力矩系数曲线来说明。图中各直线为同一升降舵(或平尾)偏转角下,不同马赫数的纵向力矩系数曲线。从每一条 $m_z \sim C_y$ 曲线上可找到一点(在图中用"·"表示),此点对应的升力系数满足 $n_y = 1$ 的条件,即 $C_{yi} = \dfrac{2G}{K\rho Ma_i^2 S}$。将这些点

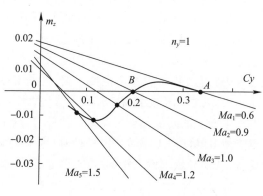

图 3 - 29　定载力矩系数曲线

连成线,即成为定载力矩系数曲线。因为 $n_y = 1$ 代表平飞状态,所以其也可称为平飞状态曲线。当飞机受到定载扰动时,C_y 与 Ma 同时发生变化,飞机的力矩将沿着定载力矩系数曲线($n_y = 1$ 曲线)变化,而不像定速扰动那样力矩系数沿着定速(等马赫数)曲线变化。这样,力矩系数的变化速率将是 $\left(\dfrac{\mathrm{d}m_z}{\mathrm{d}C_y}\right)_{n_y=1}$ (即全导数,既包含 C_y 又包含 Ma 的变化),而不是 $\dfrac{\partial m_z}{\partial C_y}$ (即偏导数 $m_z^{C_y}$,只包含 C_y 的变化)。

假定定载扰动使飞机速度增大($\mathrm{d}Ma > 0$),为了保持定载,C_y 下降($\mathrm{d}C_y < 0$)。若此时 $\left(\dfrac{\mathrm{d}m_z}{\mathrm{d}C_y}\right)_{n_y=1} < 0$,如原平衡状态为图 3 - 29 中 A 点,则 $\mathrm{d}m_z > 0$,力图增大飞机迎角,减小速度,飞机具有恢复原平衡状态的趋势,即具有速度稳定性。若

$\left(\dfrac{\mathrm{d}m_z}{\mathrm{d}C_y}\right)_{n_y=1} > 0$,如原平衡状态为图 3-29 中 B 点,则 $\mathrm{d}m_z < 0$,力图减小飞机迎角,继续增速,即飞机不具有速度静稳定性。

3.3.2.3 速度静稳定性与迎角静稳定性关系

速度静稳定性与迎角静稳定性具有一定关系。这是因为全导数为

$$\left(\dfrac{\mathrm{d}m_z}{\mathrm{d}C_y}\right)_{n_y=1} = \dfrac{\partial m_z}{\partial C_y} + \dfrac{\partial m_z}{\partial Ma}\left(\dfrac{\mathrm{d}Ma}{\mathrm{d}C_y}\right)_{n_y=1} \tag{3-90}$$

因为 $n_y = 1$,所以有

$$C_y \dfrac{1}{2}\rho a^2 Ma^2 S = G$$

因此在该高度下有

$$Ma^2 C_y = \dfrac{2G}{\rho a^2 S} = \mathrm{const} \tag{3-91}$$

对式(3-91)全微分,得

$$2MaC_y\mathrm{d}Ma + Ma^2\mathrm{d}C_y = 0 \tag{3-92}$$

由此可知全导数为

$$\left(\dfrac{\mathrm{d}m_z}{\mathrm{d}C_y}\right)_{n_y=1} = -\dfrac{Ma}{2C_y} \tag{3-93}$$

将式(3-93)代入式(3-90)得

$$\left(\dfrac{\mathrm{d}m_z}{\mathrm{d}C_y}\right)_{n_y=1} = \dfrac{\partial m_z}{\partial C_y} - \dfrac{Ma}{2C_y}\dfrac{\partial m_z}{\partial Ma} \tag{3-94}$$

由式(3-94)可见,$\left(\dfrac{\mathrm{d}m_z}{\mathrm{d}C_y}\right)_{n_y=1}$ 由两项组成:第一项为迎角静稳定度,第二项为 Ma 对力矩系数的影响。在大多数情况下,$m_z^{Ma} < 0$,因此有

$$\left|\dfrac{\mathrm{d}m_z}{\mathrm{d}C_y}\right| < |m_z^{C_y}| \tag{3-95}$$

即通常情况下,速度静稳定性比迎角静稳定性弱,所以在研究飞机纵向静稳定性时,主要研究其迎角静稳定性。

3.3.2.4 飞机跨声速飞行时速度静不稳定现象

见图 3-29,由于空气压缩性的影响,不同马赫数对应的 $m_z \sim C_y$ 曲线的斜率和截距不同。特别是在跨声速阶段,由于焦点急剧后移,曲线斜率的负值急剧增大。但另外,由于 $n_y = 1$,$C_y = \dfrac{2G}{KpMa^2 S}$,在给定重量和高度条件下,一个 Ma 只

对应一个 C_y 值。Ma 增大，C_y 下降。这样，定载力矩系数曲线呈现特点如下：

在亚声速和超声速阶段，曲线斜率 $\left(\dfrac{\mathrm{d}m_z}{\mathrm{d}C_y}\right)_{n_y=1}$ 为负，飞机具有速度静稳定性。但在跨声速阶段，曲线斜率由负变为正，这时飞机变成速度静不稳定。也就是说，当扰动使速度增加时，C_y 下降（$\mathrm{d}C_y<0$），引起的力矩增量将是负值（$\mathrm{d}m_z<0$）。如果飞行员不采取措施，飞机在这一力矩增量的作用下，俯冲增速，容易形成"自动俯冲"现象。

3.3.2.5 速度静不稳定调整原理

由上述分析可知，速度静不稳定现象是跨声速飞行中的一种必然现象，所以在飞行品质规范中，一般都允许有一定程度的速度静不稳定。但是，当速度静不稳定现象过于严重时，会直接影响飞机的操纵性能，这就要求机务人员进行调整，其方法是增大平尾偏移量的绝对值（即平尾后缘上偏量增大）。这是因为平尾偏移量增大后，速度增加过程中因平尾后缘上偏量增大，产生了一定附加的上仰力矩，从而抵消了一部分由于速度不稳定引起的下俯力矩，使速度静不稳定得到改善。

3.3.3 飞机横航向静稳定性

飞机的横航向静稳定性是指飞机受到扰动偏离横航向平衡状态产生侧滑或倾斜时，在扰动消失瞬间飞机自动恢复原平衡状态的趋势。它主要是反映飞机在平衡状态（对称定直飞行状态）附近的偏航力矩和滚转力矩特性。飞机的横航向静稳定性包括飞机方向静稳定性和飞机横向静稳定性两类。

3.3.3.1 飞机方向静稳定性

1. 方向静稳定性的含义和判定条件

方向静稳定性是指飞机受到扰动偏离原方向平衡状态产生侧滑角 $\Delta\beta$，在扰动消失瞬间飞机自动恢复原平衡状态的趋势。

与迎角静稳定性一样，飞机是否具有方向静稳定性，取决于它的偏航力矩特性，即

$m_y^\beta<0$ 时，飞机具有方向静稳定性，或称为方向静稳定；

$m_y^\beta>0$ 时，飞机不具有方向静稳定性，或称为方向静不稳定；

$m_y^\beta=0$ 时，飞机方向中立静稳定。

这是因为，如图 3-30 所示，当 $m_y^\beta<0$ 时，飞机受扰动偏离平衡状态产生 $+\Delta\beta$（右侧滑），飞机将产生系数为 $-\Delta m_y$ 的偏航力矩增量。这一力矩将使飞机的机头右偏，从而产生消除 $\Delta\beta$ 的趋势。相反，飞机扰动产生左侧滑（$-\Delta\beta$），并产生系数为 $\Delta m_y>0$ 的偏航力矩增量，飞机将受到左偏力矩的作用而产生消除左侧滑的趋势。由此可见，此时飞机具有方向静稳定性。

按同样方法可分析,当 $m_y^\beta > 0$ 时,飞机方向静不稳定;当 $m_y^\beta = 0$ 时,飞机方向中立静稳定。

由图 3-30 还可看出,在同样 $\Delta\beta$ 下,$|m_y^\beta|$ 越大,产生的 $|\Delta m_y|$ 越大,恢复趋势越强。因此,$|m_y^\beta|$ 的大小代表了方向静稳定性的大小,m_y^β 有时称为方向静稳定度。

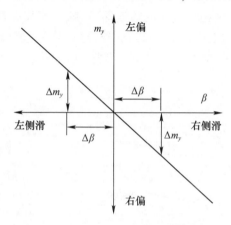

图 3-30 偏航力矩系数与侧滑角关系

必须注意:方向静稳定性绝不代表飞机保持航向不变的特性,它仅仅代表消除侧滑,使飞机对称面与飞行速度方向一致的特性。其作用犹如风标,所以亦称为风标稳定性。

与纵向一样,m_y^β 亦可称为偏航刚度。$m_y^\beta < 0$ 称为飞机具有正偏航刚度。

2. 影响方向静稳定性的因素

(1) 马赫数。飞机的方向静稳定性随 Ma 的变化规律如图 3-31 所示。随着 Ma 的增大,亚声速阶段 m_y^β 基本不变,跨声速阶段 $|m_y^\beta|$ 增大,超声速阶段 $|m_y^\beta|$ 下降。

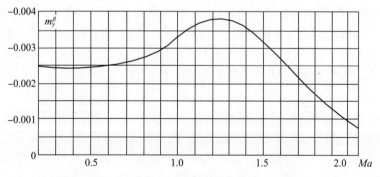

图 3-31 飞机的方向静稳定性随 Ma 的变化规律

因为方向静稳定性主要是由垂尾提供的,因此$|m_y^\beta|$的大小主要取决于C_{zvt}^β的大小。而C_{zvt}^β随Ma的变化规律与机翼C_y^α类同,因此$|m_y^\beta|$的变化规律也与机翼C_y^α随Ma的变化规律基本类似。

(2)迎角。当飞机的迎角增大时,一是使垂尾前缘的有效后掠角增大,$|C_{zvt}^\beta|$减小;二是使垂尾相对气流的翼展缩短,顺气流翼弦增长,有效展弦比减小,翼尖涡增强,侧洗加大(图3-32);此外,迎角增大使翼身组合体对垂尾的遮蔽作用加大,也会使垂尾的$|C_{zvt}^\beta|$减小。因此,飞机的方向静稳定性一般会随迎角的增大而减弱。

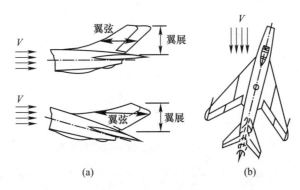

图3-32 大迎角下垂尾的有效展弦比和翼尖涡

(3)发动机工作状态。发动机工作时,飞机的方向静稳定性减弱。这是因为进气道多位于前部机身,当飞机产生侧滑运动时,同带迎角飞行一样,流入进气道的空气要对机头产生一个侧力作用,对飞机质心形成的力矩起增大侧滑角的作用,所以使飞机的方向静稳定性减弱。一般发动机进气流量越大,方向静稳定性下降越多。

(4)机翼后掠角。机翼后掠角起增强飞机方向静稳定性的作用。这是因为,飞机受到扰动产生右侧滑角β后,两侧机翼垂直前缘的有效分速度不同,右翼为$V_m = V\cos(\chi-\beta)$,左翼为$V_{ln} = V\cos(\chi+\beta)$,显然$V_m > V_{ln}$,由此右翼的升力大于左翼的升力,右翼的阻力也大于左翼的阻力,两侧机翼的阻力差形成使飞机机头右偏消除侧滑的力矩,因此方向静稳定性加强。后掠角越大,方向静稳定性增强越厉害。

(5)机身。机身起削弱方向静稳定性的作用。这是因为气泡状的座舱位于机身前部,机身受扰动产生侧滑而引起的侧力增量在飞机质心之前。因此,侧力增量对飞机质心产生的偏航力矩使飞机的侧滑角增大,起减弱方向静稳定性的作用。另外,装在飞机机翼上的发动机短舱或副油箱,也有类似的作用。

(6)飞机的弹性变形。飞机弹性变形,特别是后机身的弹性变形,会削弱方向静稳定性。这是因为和迎角静稳定性问题类似,飞机受到扰动产生侧滑后,垂尾的气动力会使飞机机身产生弯曲变形,造成垂尾有效侧滑角减小,因此垂尾产生的稳定力矩减小,方向静稳定性下降。

3.3.3.2 飞机横向静稳定性

横向静稳定性是指飞机受到扰动偏离原横向平衡状态产生坡度,在扰动消失瞬间飞机自动恢复原横向平衡的趋势。

飞机是否具有横向静稳定性,取决于滚转力矩系数随侧滑角的变化特性,即当导数:

$m_x^\beta < 0$ 时,飞机横向静稳定,或者称为飞机具有横向静稳定性;

$m_x^\beta > 0$ 时,飞机横向静不稳定,或者称为飞机不具有横向静稳定性;

$m_x^\beta = 0$ 时,飞机横向中立静稳定。

这是因为当 $m_x^\beta < 0$ 时,飞机受扰动产生右坡度,此时飞机的升力与重力合力使飞机向右前方向运动而产生右侧滑,即产生了 $+\Delta\beta$。因为 $m_x^\beta < 0$,必然产生向左滚转的稳定力矩($\Delta m_x < 0$),使飞机具有消除坡度恢复原平衡的趋势。相反,当 $m_x^\beta > 0$ 时,飞机受扰动产生右坡度,使飞机出现右侧滑($\Delta\beta > 0$),这会产生 $\Delta m_x = m_x^\beta \Delta\beta > 0$,使飞机右滚,继续增大右坡度,飞机就是横向静不稳定的。

飞机的横向静稳定性通常是由机翼的后掠角及上反角提供的。低速直机翼飞机的 m_x^β 主要由机翼上反角提供,因此有的书中把横向静稳定导数 m_x^β 称为飞机的上反效应。$|m_x^\beta|$ 的大小直接决定了横向静稳定性的强弱。横向静稳定称为正上反效应,横向静不稳定称为负上反效应。

后掠机翼通常产生稳定力矩,且其对横向静稳定度的贡献随后掠角增大而增大。现代飞机大多采用大后掠角机翼,这使飞机在较大迎角(较大升力系数 C_y)下往往具有较大横向静稳定性,但是大迎角时航向静稳定度 $|m_y^\beta|$ 却较小,容易出现横航向飘摆现象,这对飞机的横航向动力学特性是不利的。因此,现代大后掠翼飞机一般机翼都有一定的下反角,以适当减小 $|m_x^\beta|$,以及减弱横向静稳定性。

下面介绍影响飞机横向静稳定性的因素。

(1) 马赫数。通常情况下,亚声速阶段 $|m_x^\beta|$ 基本不变;跨声速阶段,$|m_x^\beta|$ 先随 Ma 增大而增大,而后又随 Ma 增大而减小,有些飞机甚至在这个速度阶段出现横向静不稳定现象;超声速阶段 $|m_x^\beta|$ 随 Ma 增大而继续下降。这是由于现代带后掠角机翼飞机侧滑后,两侧机翼的有效后掠角不同,两翼的临界 Ma 不同造成的。

(2) 迎角。由于后掠翼 $|m_x^\beta|$ 与升力系数 C_y 成正比,后掠翼飞机的横向静稳

定性随迎角增大而增大。

(3) 机翼安装位置。由于机身和机翼的相互干扰,机翼的安装位置对横向静稳定性也有一定的影响。例如,当飞机受到扰动产生左侧滑($\Delta\beta<0$)时,气流的侧向分量以 $V\sin\beta \approx V\beta$ 通过机身,将产生附加的干扰流场。若机翼安装于机身上部(上单翼),则左机翼将受到垂直向上的诱导速度,迎角增大;而右机翼受到垂直向下的诱导速度,迎角减小。这样飞机将产生附加的右滚力矩($\Delta m_x>0$),飞机的横向静稳定性将增强($\Delta m_x^\beta<0$)。相反,对于下单翼飞机,左机翼受到垂直向下的诱导速度,迎角减小;而右机翼受到垂直向上的诱导速度,迎角增大,飞机的横向静稳定性减弱($\Delta m_x^\beta>0$)。而对于中单翼飞机,机翼对横向静稳定性影响不大。

(4) 垂尾。飞机侧滑时垂尾上产生的侧力作用点通常高于机身轴线且与机身轴线有一定的距离。因此,它在产生方向稳定力矩的同时,将产生绕纵轴的滚转力矩。当飞机受到扰动产生右侧滑时,垂尾上产生的侧力增量产生左滚力矩增量($\Delta m_x<0$),因此 $\Delta m_x^\beta<0$,即垂尾起到增强横向静稳定作用。

3.4 飞机的静操纵性

飞机运动时,要研究如何实现定常直线和稳定曲线飞行运动状态,实现不同的定直飞行状态实质上是要解决如何使作用在飞机上的外力和外力矩满足平衡条件,研究怎样偏转操纵面、对于不同的飞行状态操纵面的偏转量又要多大等问题。这些问题在很大程度上由作用在飞机各部件包括各类操纵面上的外力对质心的力矩特性确定,在飞行动力学中统称为静操纵性问题。

飞机的静操纵性主要是指飞机做等速直线或稳定曲线飞行时的操纵特性和舵面偏转规律。飞机的操纵机构主要有驾驶杆(或驾驶盘)、脚蹬和油门杆等。飞行员一般通过驾驶杆(或驾驶盘)操纵平尾(升降舵)或副翼(有些飞机具有差动平尾,三角翼或飞翼式布局飞机采用升降副翼及阻力舵等),前后推拉驾驶杆改变平尾(升降舵)偏转角 δ_z 产生俯仰操纵力矩 $\Delta M_z(\Delta m_z = m_z^{\delta_z}\delta_z)$ 使飞机迎角或俯仰角发生变化;左右压驾驶杆改变副翼偏转角 δ_x 产生滚转操纵力矩 $\Delta M_x(\Delta m_x = m_x^{\delta_x}\delta_x)$,使飞机倾斜角发生变化。通过左右脚蹬操纵方向舵偏转角 δ_y,产生偏航操纵力矩 $\Delta M_y(\Delta m_y = m_y^{\delta_y}\delta_y)$,改变飞机的偏航姿态和侧滑角。油门杆操纵主要用来改变发动机推力,控制飞机的飞行速度。在等速直线飞行和稳定曲线飞行中,推力的讨论在第 2 章中已有较多的叙述,这里主要讨论平尾偏转角、副翼偏转角和方向舵偏转角的操纵问题。本节从纵向静操纵性和横航向静操纵性分别叙述。

3.4.1 飞机纵向静操纵性

飞机纵向静操纵性主要包括平飞静操纵性和曲线飞行静操纵性。

3.4.1.1 平飞静操纵性

1. 平飞静操纵性原理和平尾偏转角

平飞时,飞机的各项加速度和角速度均为零,此时作用于飞机的外力与外力矩之和为零。也就是说,在平飞中,应该满足:

$$\begin{cases} \sum F_y = 0 \\ \sum M_z = 0 \end{cases}$$

由第一式,可知平飞中应有

$$Y = G$$

或

$$C_{yl} = \frac{2G}{KpMa^2 S} = \frac{2G}{\rho V^2 S}$$

由第二式可知平飞中应有 $m_z = 0$,因

$$m_z = m'_{z0} + m_z^{\delta_z}\delta_z + C_{y\delta_z=0} m_z^{C_y} \tag{3-96}$$

式中:m'_{z0} 为平尾偏转角 $\delta_z = 0$ 时的全机零升力矩系数,大小为 $m_{z0\mathrm{wb}} - K_q A C_{y\mathrm{ht}}^\alpha \alpha_0$,为简便起见,以后仍记为 m_{z0};$C_{y\delta_z=0}$ 为平尾偏转角 $\delta_z = 0$ 时的全机升力系数;$m_z^{\delta_z}$ 为平尾操纵效能,大小为 $-K_q A C_{y\mathrm{ht}}^\alpha$。令 $m_z = 0$,可以求得平飞平尾偏转角为

$$\delta_z = -\frac{m_{z0} + m_z^{C_y} C_{y\delta_z=0}}{m_z^{\delta_z}}$$

注意到平飞升力系数为

$$C_{yl} = C_{y\delta_z=0} + C_y^{\delta_z}\delta_z \tag{3-97}$$

式中:$C_{y\delta_z=0} = C_{yl} + \dfrac{m_z^{\delta_z}\delta_z}{\bar{L}_{\mathrm{ht}}}$。

代入式(3-97),可以得到平飞平尾偏转角为

$$\delta_z = -\frac{m_{z0} + m_z^{C_y} C_{yl}}{\left(1 + \dfrac{m_z^{C_y}}{\bar{L}_{\mathrm{ht}}}\right) m_z^{\delta_z}} \tag{3-98}$$

可以看出,平飞平尾偏转角主要由两部分组成:一部分用来克服全机零升力矩 m_{z0},另一部分用来克服升力力矩 $m_z^{C_y} C_{yl}$。

如果平尾面积比机翼面积小得多,可以近似地认为飞机平飞升力系数

$C_{y1} \approx C_{y\delta_z=0}$,若平尾到飞机质心的距离远远大于焦点与质心间的距离,则式(3-98)可简化为

$$\delta_z = -\frac{m_{z0} + m_z^{C_y} C_{y1}}{m_z^{\delta_z}} \quad (3-99)$$

2. 平飞平尾偏转角随 Ma、高度和重心位置的变化

由于 $C_{y1} = \dfrac{2G}{KpMa^2 S}$,式(3-99)可以写为

$$\delta_z = -\frac{m_{z0} + m_z^{C_y}\dfrac{2G}{KpMa^2 S}}{m_z^{\delta_z}} \quad (3-100)$$

根据式(3-100)可以容易地分析平飞平尾偏转角 δ_z 随 Ma、高度和重心位置的变化规律。

(1) 平飞平尾偏转角随 Ma 的变化规律。由于亚声速飞行时,飞机 m_{z0}、$m_z^{C_y}$、$m_z^{\delta_z}$ 基本不随 Ma 而变,而且 $m_z^{C_y} < 0$,因此当 Ma 增大时,平飞平尾偏转角负值应减小。也就是说,随平飞 Ma 增大,飞行员应减小拉杆量,使平尾前缘下偏转角减小。

考虑到跨声速飞行时,随着 Ma 增加,飞机焦点位置急剧后移,使 $|m_z^{C_y}|$ 迅速增大,超过了 Ma 本身增大对平尾偏转角的影响。因此,在跨声速飞行阶段通常会在某一 Ma 范围内出现平尾偏转角随 Ma 增大而负值增大的情况(图3-33),也就是通常所说的"勺"区。

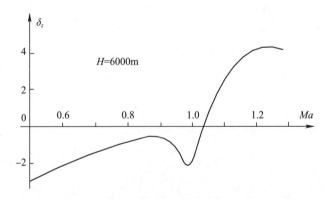

图3-33 平飞平尾偏转角随 Ma 的变化

超声速飞行时 $m_z^{C_y}$ 基本不变,$|m_z^{\delta_z}|$ 一般随 Ma 增大而减小(其变化规律基本与 C_y^α 类似),因此平尾偏转角将随 Ma 增大而增大(负值减小)。某些飞机因

弹性的影响,使$|m_z^{C_y}|$有明显的减小,这会使飞机在较大的马赫数下发生相反情况或变得不明显。

(2)高度对平飞平尾偏转角的影响。随着飞行高度增加,大气密度ρ和大气压力p将随之减小。由式(3-100)可以看出,这将使平飞平尾负值增大,也就是使平飞平尾偏转角随Ma变化曲线下移。相反,高度降低,则平飞平尾偏转角负值减小,$\delta_z \sim Ma$曲线上移。

(3)重心位置对平飞平尾偏转角的影响。在飞行中,由于武器、弹药、油料的消耗,飞机的重心位置将随时发生变化;在飞机使用中进行的加改装以及外挂的增减也使飞机的重心位置发生移动。重心位置的变化,必然引起迎角静稳定度$m_z^{C_y}$的变化。由式(3-100)可以看出,当重心后移$\bar{x}_G$增大时$|m_z^{C_y}|$减小,平飞平尾偏转角负值也必然减小;相反,重心前移,必然使平飞平尾偏转角负值增大。

3.4.1.2 曲线飞行静操纵性

1. 定常拉升运动操纵原理

定常拉升运动是指飞机在铅垂平面内以等速度V、等角速度ω_z和不变迎角α(升力系数C_y)做稳定曲线飞行,如图3-34所示。

这里不研究油门杆操纵问题,假定飞机的推力始终等于阻力,飞行高度变化不大,大气密度的变化可以略去不计,则拉升运动最低点的向心力为

$$F = Y - G = G(n_y - 1)$$

向心加速度为

$$a = \frac{F}{m} = g(n_y - 1) \quad (3-101)$$

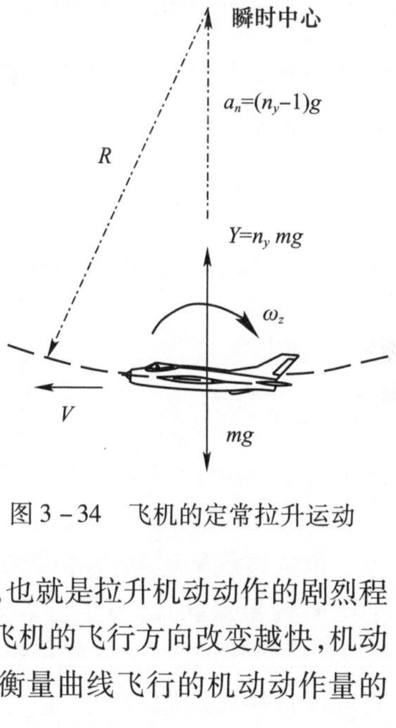

图3-34 飞机的定常拉升运动

可以看出,飞机做定常拉升运动时的加速度,也就是拉升机动动作的剧烈程度完全取决于法向过载$n_y = Y/G$。过载n_y越大,飞机的飞行方向改变越快,机动动作量就越大。因此,过载n_y的大小也常被用作衡量曲线飞行的机动动作量的大小。

由力学原理知道,曲线运动向心加速度为

$$a = R\omega_z^2 = V\omega_z$$

或

$$\omega_z = \frac{a}{V}$$

将式(3-101)代入上式,得

$$\omega_z = \frac{g}{V}(n_y - 1) \qquad (3-102)$$

写成无因次形式,有

$$\bar{\omega}_z = \frac{\omega_z b_A}{V} = \frac{1}{\mu_1} C_{y1}(n_y - 1) \qquad (3-103)$$

式中:C_{y1}为平飞升力系数;μ_1为纵向相对密度,$\mu_1 = 2m/\rho S b_A$。

在定常拉升运动中,飞机的飞行航迹不断向上弯曲,速度方向也在不断变化,飞机必然以相同的角速度ω_z绕横轴转动以保持迎角不变。这将使飞机受到一个附加俯仰阻尼力矩$\Delta M_z = m_z^{\bar{\omega}_z} \bar{\omega}_z \frac{1}{2}\rho V^2 S b_A$的作用。此外,飞机在定常拉升运动中的迎角大于平飞迎角,飞机在定常拉升运动中还将受到附加升力力矩$\Delta M_z = m_z^{C_y} \Delta C_{y\delta_z = C} \frac{1}{2}\rho V^2 S b_A$的作用。因此,为使飞机做等$\omega_z$和等$\alpha$的定常拉升运动,飞行员必须通过操纵驾驶杆使平尾产生附加的俯仰操纵力矩$\Delta M_z = m_z^{\delta_z} \Delta \delta_z \frac{1}{2}\rho V^2 S b_A$,来平衡上述两个附加的纵向力矩,即得到定常拉升运动的操纵原理方程:

$$m_z^{\bar{\omega}_z}\bar{\omega}_z \frac{1}{2}\rho V^2 S b_A + m_z^{C_y}\Delta C_{y\delta_z=C}\frac{1}{2}\rho V^2 S b_A + m_z^{\delta_z}\Delta \delta_z \frac{1}{2}\rho V^2 S b_A = 0$$

或

$$m_z^{\bar{\omega}_z}\bar{\omega}_z + m_z^{C_y}\Delta C_{y\delta_z=C} + m_z^{\delta_z}\Delta \delta_z = 0 \qquad (3-104)$$

式中:$m_z^{\bar{\omega}_z}$为纵向阻尼力矩导数。

2. 单位过载平尾偏转角

单位过载平尾偏转角$d\delta_z/dn_y$是使飞机法向过载每增大单位量所需增加的平尾偏转角操纵量,鉴于过载n_y是衡量稳定曲线飞行机动动作的重要参数,而δ_z表示操纵量的大小,因此单位过载平尾偏转角$d\delta_z/dn_y$可以作为衡量飞机稳定曲线飞行操纵性能的一个重要参数。

飞机的单位过载平尾偏转角可以由式(3-104)求得。在式(3-104)中,$\Delta C_{y\delta_z=C}$为拉升运动的迎角大于平飞迎角所引起的升力系数增量,下标"$\delta_z = C$"就是用来表示这一事实的,也就是表示平尾偏转角保持平飞时所取的常值。因此有

$$\Delta C_{y\delta_z=C} = \Delta C_y - C_y^{\delta_z}\Delta \delta_z - C_y^{\bar{\omega}_z}\bar{\omega}_z \qquad (3-105)$$

式中:ΔC_y为拉升运动中的全机升力系数C_y与平飞升力系数C_{y1}之差,即

$$\Delta C_y = C_y - C_{yl} = \left(\frac{C_y}{C_{yl}} - 1\right)C_{yl}$$

即

$$\Delta C_y = (n_y - 1)C_{yl} \qquad (3-106)$$

将式(3-106)代入式(3-105),有

$$\Delta C_{y\delta_z = C} = (n_y - 1)C_{yl} - C_y^{\delta_z}\Delta\delta_z - C_y^{\bar{\omega}_z}\bar{\omega}_z = \Delta n_y C_{yl} - C_y^{\delta_z}\Delta\delta_z - C_y^{\bar{\omega}_z}\bar{\omega}_z$$

再把上述结果代入式(3-104),有

$$m_z^{\bar{\omega}_z}\bar{\omega}_z + m_z^{C_y}(\Delta n_y C_{yl} - C_y^{\delta_z}\Delta\delta_z - C_y^{\bar{\omega}_z}\bar{\omega}_z) + m_z^{\delta_z}\Delta\delta_z = 0$$

即

$$(m_z^{\bar{\omega}_z} - C_y^{\bar{\omega}_z}m_z^{C_y})\bar{\omega}_z + m_z^{C_y}\Delta n_y C_{yl} + (m_z^{\delta_z} - C_y^{\delta_z}m_z^{C_y})\Delta\delta_z = 0$$

根据气动导数的计算方法,有 $C_y^{\bar{\omega}_z} = -\dfrac{m_z^{\bar{\omega}_z}}{\bar{L}_{\text{ht}}}, C_y^{\delta_z} = -\dfrac{m_z^{\delta_z}}{\bar{L}_{\text{ht}}}$。

可以得

$$\left(1 + \frac{m_z^{C_y}}{\bar{L}_{\text{ht}}}\right)m_z^{\bar{\omega}_z}\bar{\omega}_z + m_z^{C_y}\Delta n_y C_{yl} + \left(1 + \frac{m_z^{C_y}}{\bar{L}_{\text{ht}}}\right)m_z^{\delta_z}\Delta\delta_z = 0$$

将式(3-102)代入式,可以得

$$\left[m_z^{C_y} + \left(1 + \frac{m_z^{C_y}}{\bar{L}_{\text{ht}}}\right)\frac{1}{\mu_1}m_z^{\bar{\omega}_z}\right]\Delta n_y C_{yl} + \left(1 + \frac{m_z^{C_y}}{\bar{L}_{\text{ht}}}\right)m_z^{\delta_z}\Delta\delta_z = 0$$

由此可以得

$$\frac{\mathrm{d}\delta_z}{\mathrm{d}n_y} = -\frac{m_z^{C_y} + \left(1 + \dfrac{m_z^{C_y}}{\bar{L}_{\text{ht}}}\right)\dfrac{1}{\mu_1}m_z^{\bar{\omega}_z}}{\left(1 + \dfrac{m_z^{C_y}}{\bar{L}_{\text{ht}}}\right)m_z^{\delta_z}}C_{yl}$$

通常 $\dfrac{1}{\mu_1}m_z^{\bar{\omega}_z} \ll 1, \dfrac{m_z^{C_y}}{\bar{L}_{\text{ht}}}$ 也是个小量,上式可以简化为

$$\frac{\mathrm{d}\delta_z}{\mathrm{d}n_y} = -\frac{m_z^{C_y} + \dfrac{1}{\mu_1}m_z^{\bar{\omega}_z}}{\left(1 + \dfrac{m_z^{C_y}}{\bar{L}_{\text{ht}}}\right)m_z^{\delta_z}}C_{yl} \qquad (3-107)$$

如果平尾面积较小,略去平尾偏转产生的升力增量 $C_y^{\delta_z}\Delta\delta_z$,式(3-107)可进一步简化为

$$\frac{\mathrm{d}\delta_z}{\mathrm{d}n_y} = -\frac{m_z^{C_y} + \frac{1}{\mu_1}m_z^{\bar{\omega}_z}}{m_z^{\delta_z}}C_{yl} \qquad (3-108)$$

通常为满足飞行员的操纵习惯,简化操纵动作,要求 $\mathrm{d}\delta_z/\mathrm{d}n_y < 0$。这时,为了增加飞机升力、增加法向过载,要求飞机增加拉杆量使平尾偏转角负值增大,这是很自然的。若 $\mathrm{d}\delta_z/\mathrm{d}n_y > 0$,情况则不同,这时为了增大升力和法向过载,飞行员必须先增加拉杆量使平尾前缘下偏产生抬头操纵力矩,使飞机迎角增大,直至达到预定的过载值时,再减小拉杆操纵量使平尾前缘上偏,减小平尾负偏转角,使俯仰力矩恢复平衡,这是飞行员非常讨厌的。由于 $m_z^{\delta_z} < 0$,为使 $\mathrm{d}\delta_z/\mathrm{d}n_y < 0$,必须使

$$\sigma_n = m_z^{C_y} + \frac{1}{\mu_1}m_z^{\bar{\omega}_z} < 0 \qquad (3-109)$$

式中:σ_n 一般称为机动裕度。注意到 $m_z^{C_y} = -(\bar{x}_F - \bar{x}_G)$,有

$$\begin{aligned}\sigma_n &= -(\bar{x}_F - \bar{x}_G) + \frac{1}{\mu_1}m_z^{\bar{\omega}_z} = -\left[\left(\bar{x}_F - \frac{1}{\mu_1}m_z^{\bar{\omega}_z}\right) - \bar{x}_G\right] \\ &= -(\bar{x}_n - \bar{x}_G) \end{aligned} \qquad (3-110)$$

式中:$\bar{x}_n = \bar{x}_F - \frac{1}{\mu_1}m_z^{\bar{\omega}_z}$,称为机动点到飞机机翼平均气动弦前缘的相对距离。

将式(3-109)代入式(3-108),有

$$\frac{\mathrm{d}\delta_z}{\mathrm{d}n_y} = -\frac{\sigma_n}{m_z^{\delta_z}}C_{yl} \qquad (3-111)$$

即

$$m_z^{\delta_z}\mathrm{d}\delta_z = -\sigma_n\mathrm{d}n_y C_{yl}$$

$$m_z^{\delta_z}\mathrm{d}\delta_z = (\bar{x}_n - \bar{x}_G)\mathrm{d}n_y C_{yl}$$

由此可以看出,机动点实际上是拉升运动中升力增量的作用点,或者更准确地说为拉升运动中总空气动力增量的作用点。显然,为了保证 $\mathrm{d}\delta_z/\mathrm{d}n_y < 0$,$\sigma_n$ 必须为负值,也就是飞机的机动点必须在飞机重心之后。

3. $\mathrm{d}\delta_z/\mathrm{d}n_y$ 随飞行马赫数、高度和重心位置的变化

(1) $\mathrm{d}\delta_z/\mathrm{d}n_y$ 随 Ma 的变化规律。注意到平飞升力系数 $C_{yl} = \frac{2G}{KpMa^2S}$,式(3-108)可以写成

$$\frac{\mathrm{d}\delta_z}{\mathrm{d}n_y} = -\frac{m_z^{C_y} + \frac{1}{\mu_1}m_z^{\bar{\omega}_z}}{m_z^{\delta_z}} \cdot \frac{2G}{KpMa^2 S} \qquad (3-112)$$

亚声速飞行时，$m_z^{C_y}$、$m_z^{\delta_z}$、$m_z^{\bar{\omega}_z}$ 基本不随 Ma 变化，$|\mathrm{d}\delta_z/\mathrm{d}n_y|$ 将随 Ma（或速度）减小；跨声速飞行阶段，随 Ma 本身增大，飞机焦点位置急剧后移，使飞机裕度 $|\sigma_n|$ 急剧增大，它的作用超过了 Ma 本身增大的影响，使 $|\mathrm{d}\delta_z/\mathrm{d}n_y|$ 迅速增大；超声速飞行时，飞机焦点位置基本不变，此时 $|\mathrm{d}\delta_z/\mathrm{d}n_y|$ 值只取决于 Ma 本身及 $m_z^{\delta_z}$ 随 Ma 的变化，如图 3-35 所示，$|\mathrm{d}\delta_z/\mathrm{d}n_y|$ 随 Ma 增大而减小。

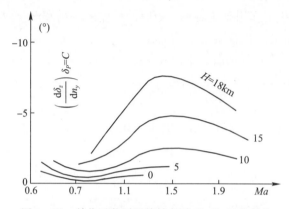

图 3-35 单位过载平尾偏转角随 Ma 和 H 的变化

（2）高度对 $|\mathrm{d}\delta_z/\mathrm{d}n_y|$ 的影响。高度升高，大气密度和大气压降低，由式（3-112）可以看出，这将使 $|\mathrm{d}\delta_z/\mathrm{d}n_y|$ 增大；相反，高度降低，$|\mathrm{d}\delta_z/\mathrm{d}n_y|$ 将减小。

（3）重心位置。重心位置变化将引起 $m_z^{C_y}$ 和机动裕度 $|\sigma_n|$ 的变化。重心后移，$|m_z^{C_y}|$ 和 $|\sigma_n|$ 减小，$|\mathrm{d}\delta_z/\mathrm{d}n_y|$ 减小。当重心位置向后移到机动点位置时，$|\sigma_n|=0$，$|\mathrm{d}\delta_z/\mathrm{d}n_y|=0$，如继续向后移动，将会造成 $\sigma_n > 0$，$\mathrm{d}\delta_z/\mathrm{d}n_y > 0$，这是不允许的。因此机动点又称为临界重心位置。相反，重心位置前移，将使 $|\mathrm{d}\delta_z/\mathrm{d}n_y|$ 增大。

飞机的重心位置对飞机纵向平衡、静稳定性和静操纵性都有很大影响。而使用维护过程中，因燃料弹药的消耗、起落架的收放、副油箱与导弹的吊挂和投放等都会引起重心位置的变化。为避免因重心变化过多而影响飞机的平衡、稳定性能和操纵性能，每一类飞机都有一定的重心前限和后限，所以维护规程中会给出要求，必须使飞机的重心控制在重心前限之后，重心后限之前。

3.4.2 飞机横航向静操纵性

飞机横航向静操纵性主要包括定常直线侧滑飞机的横航向静操纵性、正常盘旋及稳定滚转的静操纵性。

3.4.2.1 定常直线侧滑飞行的横航向静操纵性

飞机做侧滑飞行时,会引起阻力的增大,所以正常情况下总希望飞机保持对称飞行。但在某些场合,如侧风着陆及不对称动力飞行时,往往要求侧滑飞行。此外,轻型飞机有时也可利用侧滑减少升阻比,从而获得较陡的下滑航迹。本小节将首先根据飞机做定直侧滑(也称为协调侧滑)飞行时的横航向平衡方程,确定所需的横航向操纵面的平衡偏转角。其次简单介绍飞行品质规范中有关定直侧滑飞行的一些静操纵性要求,并给出侧风着陆横航向操纵面操纵效能核算的示例,研究当飞机上作用有非对称力矩时的横航向平衡和静操纵性。最后介绍影响飞机横航向平衡和静操纵性等问题。

1. 定直侧滑飞行的横航向平衡方程组

根据横航向力和力矩的平衡,可得

$$\begin{cases} Z^{\beta}\beta + Z^{\delta_y}\delta_y + Y \cdot \sin\gamma = 0 \\ M_x^{\beta}\beta + M_x^{\delta_x}\delta_x + M_x^{\delta_y}\delta_y = 0 \\ M_y^{\beta}\beta + M_y^{\delta_x}\delta_x + M_y^{\delta_y}\delta_y = 0 \end{cases} \quad (3-113)$$

若滚转角较小,可近似认为其正弦值与其相当,略去小项,便得

$$\begin{cases} C_z^{\beta}\beta + C_z^{\delta_y}\delta_y + C_y\gamma = 0 \\ m_x^{\beta}\beta + m_x^{\delta_x}\delta_x + m_x^{\delta_y}\delta_y = 0 \\ m_y^{\beta}\beta + m_y^{\delta_x}\delta_x + m_y^{\delta_y}\delta_y = 0 \end{cases} \quad (3-114)$$

在一般情况下 $m_y^{\delta_x}$ 绝对值较小,往往可以忽略。对 β 解出 δ_x、δ_y 及 γ,并忽略 $m_y^{\delta_x}$,有

$$\begin{cases} \delta_x = -\dfrac{m_x^{\beta}}{m_x^{\delta_x}}\left(1 - \dfrac{m_x^{\delta_y}m_y^{\beta}}{m_x^{\beta}m_y^{\delta_y}}\right)\beta \\ \delta_y = -\dfrac{m_y^{\beta}}{m_y^{\delta_y}}\beta \\ \gamma = -\dfrac{C_z^{\beta}}{C_y}\left(1 - \dfrac{C_z^{\delta_y}m_y^{\beta}}{C_z^{\beta}m_y^{\delta_y}}\right)\beta \end{cases} \quad (3-115)$$

可见定直侧滑运动中所需的副翼和方向舵平衡偏转角,以及飞机的滚转角,都与 β 成正比。

2. 横航向操纵面偏转角平衡曲线

当利用横航向操纵实现定直侧滑飞行时,飞行品质规范中列出横航向操纵与滚转角应对侧滑角具有何种变化特性的静操纵性指标。例如右脚蹬前移和右脚

蹬力使方向舵向右偏产生左侧滑,驾驶杆位移及杆力向左使右副翼后缘下偏产生左侧滑,左滚转角的增加随之有左侧滑角的增加等。就横航向操纵面偏转角而言,这些要求可以由不计侧风干扰作用时,飞机实现定直侧滑所需的平衡关系式(3-115)确定。其中,δ_x和δ_y随β或γ变化的曲线可称为横航向操纵面偏转角的平衡曲线,规范要求的特性可由导数 $\delta_x^\beta = \frac{\partial \delta_x}{\partial \beta} < 0, \delta_y^\beta = \frac{\partial \delta_y}{\partial \beta} < 0$ 及 $\gamma^\beta = \frac{\partial \gamma}{\partial \beta} > 0$ 表示。

由式(3-115)对β求导,得

$$\begin{cases} \delta_x^\beta = -\frac{1}{m_x^{\delta_x}} \left(m_x^\beta - \frac{m_x^{\delta_y} m_y^\beta}{m_y^{\delta_y}} \right) \\ \delta_y^\beta = -\frac{m_y^\beta}{m_y^{\delta_y}} \\ \gamma^\beta = -\frac{1}{C_y} \left(C_z^\beta - \frac{C_z^{\delta_y} m_y^\beta}{m_y^{\delta_y}} \right) \end{cases} \quad (3-116)$$

由于 $m_x^{\delta_x} < 0, m_y^{\delta_y} < 0$,所以为满足 $\delta_x^\beta \leq 0$ 及 $\delta_y^\beta \leq 0$ 将分别要求:

$$m_x^\beta - \frac{m_x^{\delta_y} m_y^\beta}{m_y^{\delta_y}} < 0, \quad m_y^\beta < 0 \quad (3-117)$$

可见,根据飞行品质规范对静操纵性指标的要求,飞机应具有横航向静稳定性。其中横向静稳定性还要满足 $m_x^\beta < \frac{m_x^{\delta_y} m_y^\beta}{m_y^{\delta_y}}$ 的条件,即具有足够的上反效应。这便是横航向静稳定性与横航向静操纵性之间的内在联系。$\gamma^\beta > 0$ 反映飞机对侧力特性的要求,该条件在实际飞行中常能满足。

有时为了试飞测试方便,定直侧滑的横航向操纵面偏转角的平衡曲线也可改用 $\delta_x \sim \gamma$、$\delta_y \sim \gamma$ 的形式。此关系可由式(3-117)导出:

$$\begin{cases} \delta_x = \frac{C_y}{m_x^{\delta_x}} \frac{m_x^\beta - m_x^{\delta_y} \frac{m_y^\beta}{m_y^{\delta_y}}}{C_z^\beta - C_z^{\delta_y} \frac{m_y^\beta}{m_y^{\delta_y}}} \gamma \\ \delta_y = \frac{C_y}{m_y^{\delta_y}} \frac{m_y^\beta}{C_z^\beta - C_z^{\delta_y} \frac{m_y^\beta}{m_y^{\delta_y}}} \gamma \\ \beta = -\frac{C_y}{C_z^\beta - C_z^{\delta_y} \frac{m_y^\beta}{m_y^{\delta_y}}} \gamma \end{cases} \quad (3-118)$$

对给定的飞行状态,可以得出图 3-36 形式的横航向操纵面偏转角平衡曲线。飞行品质规范要求 δ_x^γ 及 δ_y^γ 均为负值。

3. 侧风着陆横航向操纵效能核算

飞机着陆时如遇到相对跑道的侧风,进场着陆可以采用两种方式:一种是采用机头对准跑道轴线(图 3-37),但飞行速度方向和跑道轴线有一定夹角;另一种是机头不对准跑道,飞机以任一较小或为零的侧滑角进场。此时地速不一定沿跑道轴线,随后通过改变航迹的办法,使飞机在接地瞬间地速正好沿跑道轴线方向。

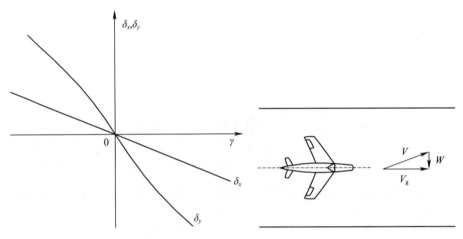

图 3-36 横航向操纵面偏转角平衡曲线　　图 3-37 侧滑进场飞行方式

下面着重介绍侧滑进场方式。以垂直跑道的左侧风为例,如风速为 W,飞机对地速度为 V_g,为保持地速沿跑道轴线,侧滑角 β 的大小应等于:

$$\beta = \arctan \frac{W}{V_g} \tag{3-119}$$

$$\beta \approx \arcsin \frac{W}{V} \tag{3-120}$$

通常由于着陆时 V_g 或 V 较小,因而对应一定侧风风速 W,β 可能较大。由前面所得的定直侧滑平衡关系式(3-115)可见,相应横航向操纵面的平衡偏转角 δ_x 及 δ_y 也较大。但从结构及气动两方面考虑,副翼和方向舵偏转角都受到一定限制。例如副翼偏转角通常不超过 ±20°,方向舵偏转角则在 ±25°～±30°。若横航向操纵效能较低,则在侧风着陆时要求的横航向操纵面的平衡偏转角可能超过允许偏转角,或缺乏必要的供机动用的操纵余量,这样就会限制飞机的使用。因此,有的飞行品质规范对歼击机做出规定,当垂直向侧风(即 90°侧风)风

速 W 不大于 10m/s 时,横航向操纵效能应保证飞机能用定直侧滑飞行的进场方式进行侧风着陆。下面根据某机进场构型的气动数据,按规范要求来核算当该飞机以定直侧滑进场方式侧风着陆时,横航向操纵效能是否满足规范要求。

设某飞机着陆时,$V_g = 75\text{m/s}$,垂直右侧风速 $W = 10\text{m/s}$,已知进场构型的气动参数及导数(气动导数中角度均以弧度计)为

$C_z^\beta = -0.2$, $m_x^\beta = -0.07$, $m_y^\beta = -0.12$, $m_x^{\delta_x} = -0.08$,

$C_z^{\delta_y} = -0.12$, $m_x^{\delta_y} = -0.017$, $m_y^{\delta_y} = -0.086$, $C_y = 0.9$

按式(3-119)算出:$\beta = \arctan\dfrac{W}{V_g} = 7.6°$

将此值代入式(3-115)得

$$\delta_x = -4.4°, \quad \delta_y = -10.6°, \quad \gamma = 0.27°$$

表明横航向操纵效能符合规范要求。

若侧风着陆时方向舵偏转角较大,则需要考虑方向舵偏转的气动力非线性影响。

4. 飞机上作用有非对称力矩时的静操纵性

当飞机由于外形、装载不对称,或多发动机飞机不对称动力(如一侧发动机出故障)情况下工作时,飞机会作用有非对称的力矩 ΔM_x、ΔM_y。飞行品质规范中一般都列有与此相关的指标要求:如对突然的非对称推力损失,飞机应当可以安全操纵;又如在给定的某些条件下,飞机应能保持直线航迹;等等。下面以非对称推力损失为例,说明为保持定直航迹,飞机的横航向平衡和静操纵性问题。

设有一架双发动机飞机,其右侧发动机出现故障,推力全部损失。为实现定直航迹,左侧发动机产生标准额定推力 P (图3-38)。根据定常飞行条件可认为 $P \approx X$,不对称推力引起的偏航力矩 $\Delta M_{yP} = -P \cdot z_P$,化为系数形式为

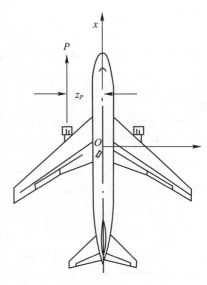

图3-38 不对称动力飞行

$$m_{yP} = \frac{\Delta M_{yP}}{qSl} = \frac{-Pz_P}{qSl} \approx -\frac{1}{2}C_P \bar{z}_P \qquad (3-121)$$

式中:$\bar{z}_P = z_P / \dfrac{l}{2}$。

本情况中的飞机平衡方程组,可采用式(3-114),并在第三个方程式中加进 m_{yP} 为外加力矩得

$$\begin{cases} C_z^\beta \beta + C_z^{\delta_y} \delta_y + C_y \gamma = 0 \\ m_x^\beta \beta + m_x^{\delta_x} \delta_x + m_x^{\delta_y} \delta_y = 0 \\ m_y^\beta \beta + m_y^{\delta_x} \delta_x + m_y^{\delta_y} \delta_y + m_{yP} = 0 \end{cases} \quad (3-122)$$

忽略小量 $m_y^{\delta_x}$,由式(3-122)将 δ_x、δ_y 及 γ 作为 m_{yP} 及 β 的函数解出,可得

$$\begin{cases} \delta_x = \dfrac{m_x^{\delta_y}}{m_x^{\delta_x} m_y^{\delta_y}} m_{yP} - \left(\dfrac{m_x^\beta}{m_x^{\delta_x}} - \dfrac{m_x^{\delta_y} m_y^\beta}{m_y^{\delta_y} m_x^{\delta_x}} \right) \beta \\ \delta_y = -\dfrac{m_{yP}}{m_y^{\delta_y}} - \dfrac{m_y^\beta}{m_y^{\delta_y}} \beta \\ \gamma = \dfrac{C_z^{\delta_y}}{C_y m_y^{\delta_y}} m_{yP} - \dfrac{1}{C_y} \left(C_z^\beta - C_z^{\delta_y} \dfrac{m_y^\beta}{m_y^{\delta_y}} \right) \beta \end{cases} \quad (3-123)$$

上述解与式(3-115)不同之处在于 δ_x、δ_y 及 γ 中都出现了与 m_{yP} 有关的常数项。这就使本情况下的横航向平衡和静操纵性与侧风着陆情况性质有所不同。对侧风着陆来讲,飞行速度及侧风风速一定,β 就一定。要求的角 δ_x、δ_y 及 γ 便由式(3-115)唯一确定。一般来说有 β 就存在 γ。而在非对称动力情况下,给定 m_{yP} 时,在三个关系式即式(3-122)中有四个变量 δ_x、δ_y、γ 及 β,因此,可以存在无穷多组解。任意给定一个变量便可以解出其余三个变量。同时,由于对应 m_{yP} 的常数项存在,有 β 也可以不存在 γ。换句话说,可使飞机水平带侧滑飞行。反过来也可以使飞机无侧滑但倾斜飞行。这在下面的例子中可以看出。

设某飞机以 $C_y = 0.8$,$C_x = 0.08$ 做右发停车不对称动力飞行,已知 $\bar{z}_P = 0.2$,其余的气动导数分别为

$m_x^\beta = -0.086$, $m_x^{\delta_x} = -0.08$, $m_y^\beta = -0.17$, $C_z^\beta = -0.68$,

$m_y^{\delta_y} = -0.083$, $C_z^{\delta_y} = -0.11$, $m_x^{\delta_y} = -0.057$

将数据代入式(3-123)得

$$\delta_x = 3.94° + 0.38\beta°$$
$$\delta_y = -5.52° - 2.05\beta°$$
$$\gamma = -0.76° + 0.57\beta°$$

将上述结果画成图3-39的曲线形式可以看出,如朝着工作的发动机一侧侧滑(本例中为左侧滑),方向舵偏转角会小些;而朝停车一侧侧滑,则方向舵偏转角会迅速增大。对于多台发动机的飞机,在速度较低且不影响飞行安全时,这

种不对称动力的偏航飞行情况,可以作为检验方向舵操纵效能的一种方法。

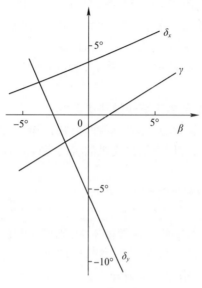

图 3 – 39　算例附图

5. 定直侧滑飞行中的操纵反常现象

当飞机以不同迎角及 Ma 做定直侧滑飞行时,由于侧滑导数及横航向操纵导数的变化,使由式(3 – 115)确定的反映定直侧滑特性的静操纵性指标 δ_x^β、δ_y^β、γ^β 会有不同的数值。某些飞行状态下可能会不满足 $m_x^\beta - \dfrac{m_x^{\delta_x} m_y^\beta}{m_y^{\delta_y}} < 0$ 或 $m_y^\beta < 0$ 的条件。此时,相应指标 δ_x^β 和 δ_y^β 就会大于零,呈现横航向操纵反常现象。其中,出现副翼操纵反常比出现方向舵操纵反常的可能性更大一些。例如,飞机在低空高速飞行时,因机翼弹性变形量大,导致副翼迎角超过失速迎角,m_x^β 甚至可能变成正值,使副翼操纵反常。

6. "蹬舵反倾斜"现象

有的飞行品质规范中曾规定应能单独利用方向舵操纵(如飞机进入尾旋时),使飞机按应有的方向改变其倾斜姿态,蹬右舵(即方向舵偏转角为正),飞机向右滚转;蹬左舵,飞机向左滚转。如果蹬舵后的效果与应有的滚转方向相反,便出现"蹬舵反倾斜"现象。下面简单说明产生这一现象的原因。

假设飞行员蹬右舵,方向舵向右偏转会同时产生左滚及右偏航操纵力矩,使飞机出现左侧滑。如飞机具有 $m_x^{\bar{\omega}_y} < 0$ 及 $m_x^\beta < 0$ 特性,右偏航及左侧滑都会产生右滚稳定力矩。当右滚稳定力矩超过方向舵偏转的左滚操纵力矩时,飞机便会

向右滚转,这就符合规范要求。若右滚稳定力矩数值不足以克服左滚操纵力矩,或当飞机失去横向静稳定性即 $m_x^\beta > 0$ 时,右偏航及左侧滑的综合效果产生了左滚力矩,则飞机自然就会左滚转,出现"蹬舵反倾斜"现象。

大迎角飞行时,利用方向舵来控制飞机的滚转角有一定的实际意义。因为这种情况下副翼的横向操纵往往大为削弱,所以有时需要借助其他方式进行横向操纵。

3.4.2.2 正常盘旋及稳定滚转的静操纵性

本小节介绍正常盘旋和稳定滚转两种运动的平衡与静操纵性问题。正常盘旋和定常拉升运动一样,常用来衡量飞机的机动飞行能力,而稳定滚转可用来衡量副翼的滚转操纵效率。

1. 正常盘旋时的力矩平衡和静操纵性

当飞机在给定高度以一定的 V 和 n_y 做正常盘旋时,将出现绕体轴系各坐标轴的定常角速度分量。若这些分量数值不大,则所引起的气动力和力矩的变化与角速度成正比。从气动力角度考虑,就可以用线性叠加办法,在定直平飞的基础上,考虑旋转所引起的附加气动力和力矩。此时,为了实现平衡,飞行就需要相应地偏转各个气动操纵面。实际上,飞机做正常盘旋时,还存在惯性力矩的作用。但只要旋转运动属于小量性质,而又可略去发动机等转动部件的惯性作用,则惯性力矩可以忽略。于是,可以单纯地从气动力和力矩的平衡角度考虑问题。

以右正常盘旋为例(图3-40)确定平衡飞行所需的附加操纵面偏转角 $\Delta\delta_x$、$\Delta\delta_y$ 和 $\Delta\delta_z$。

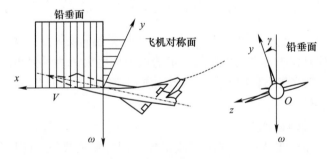

图 3-40 右正常盘旋

当飞机以角速度 ω 绕空间垂直轴做右正常盘旋时,在稳定坐标系(一个特殊的机体坐标系,它的 x 轴沿着未扰动的速度在飞机对称面的投影方向,其余坐标轴和机体坐标系一致)各轴上的角速度分量为

$$\omega_x = 0, \quad \omega_y = -\omega\cos\gamma, \quad \omega_z = \omega\sin\gamma \tag{3-124}$$

根据力的平衡关系,可求得

$$n_y = \frac{1}{\cos\gamma} \quad (3-125)$$

$$\omega = \frac{g\sqrt{n_y^2-1}}{V} \quad (3-126)$$

由此将式(3-124)表示成

$$\begin{cases} \bar{\omega}_x = \omega_x \dfrac{l}{2V} = 0 \\ \bar{\omega}_y = \omega_y \dfrac{l}{2V} = -g\sqrt{n_y^2-1}\dfrac{l}{2V^2 n_y} \\ \bar{\omega}_z = \omega_z \dfrac{b_A}{V} = gb_A \dfrac{n_y^2-1}{V^2 n_y} \end{cases} \quad (3-127)$$

正常盘旋时,因 ω_x、ω_y、ω_z 及 $\Delta n_y = n_y - 1$ 引起的附加气动力矩系数可表示为

$$\begin{cases} \Delta m_x = m_x^{\bar{\omega}_x}\bar{\omega}_x + m_x^{\bar{\omega}_y}\bar{\omega}_y \\ \Delta m_y = m_y^{\bar{\omega}_x}\bar{\omega}_x + m_y^{\bar{\omega}_y}\bar{\omega}_y \\ \Delta m_z = m_z^{\bar{\omega}_z}\bar{\omega}_z + m_z^{\alpha}C_{yhf}\dfrac{\Delta n_y}{C_y^{\alpha}} \end{cases} \quad (3-128)$$

式中:C_{yhf} 为飞机以正常盘旋相同的速度与高度做对称定常直线飞行时的升力系数。

上述附加气动力矩,需由相应的气动操纵面附加偏转角 $\Delta\delta_x$、$\Delta\delta_y$、$\Delta\delta_z$ 所产生的操纵力矩加以平衡,于是有

$$\begin{cases} \Delta m_x + m_x^{\delta_x}\Delta\delta_x + m_x^{\delta_y}\Delta\delta_y = 0 \\ \Delta m_y + m_y^{\delta_x}\Delta\delta_x + m_y^{\delta_y}\Delta\delta_y = 0 \\ \Delta m_z + m_z^{\delta_z}\Delta\delta_z = 0 \end{cases} \quad (3-129)$$

将式(3-127)和式(3-128)代入式(3-129),并略去不大的 $m_y^{\delta_x}$ 项后,可解出:

$$\begin{cases} \delta_x = \Delta\delta_x = \dfrac{1}{m_x^{\delta_x}}\left(m_x^{\bar{\omega}_y} - \dfrac{m_y^{\bar{\omega}_y}m_x^{\delta_y}}{m_y^{\delta_y}}\right)\dfrac{gl\sqrt{n_y^2-1}}{2V^2 n_y} \\ \delta_y = \Delta\delta_y = \dfrac{m_y^{\bar{\omega}_y}}{m_y^{\delta_y}}\dfrac{gl\sqrt{n_y^2-1}}{2V^2 n_y} \\ \Delta\delta_z = -\dfrac{\Delta n_y C_{yhf}}{m_z^{\delta_z}}\left(\dfrac{m_z^{\alpha}}{C_y^{\alpha}} + \dfrac{m_z^{\bar{\omega}_z}}{\mu_1}\cdot\dfrac{n_y+1}{n_y}\right) \end{cases} \quad (3-130)$$

从式(3-130)中可以看出,当以较大的 n_y 做正常盘旋时 $\Delta\delta_z$ 的表达式几乎与定常拉升运动中的表达式 $\Delta\delta_z = \left(\dfrac{\partial\delta_z}{\partial n_y}\right)_{p=C} \Delta n_y$ 一致。利用这一关系,对能做较大 n_y 机动飞行的高性能飞机,可通过正常盘旋来近似确定飞机的机动点或机动余量。

现在再来判断实现正常盘旋所需气动操纵面附加偏转角的方向。由于 $m_x^{\delta_x}$、$m_y^{\delta_y}$、$m_z^{\delta_z}$、$m_x^{\bar{\omega}_x}$、$m_y^{\bar{\omega}_y}$、$m_z^{\bar{\omega}_z}$ 一般都是负值,而 $m_y^{\bar{\omega}_y}$ 及 $m_x^{\bar{\omega}_x}$ 多数情况也是负值,因此,通常右正常盘旋时,$\Delta\delta_x$、$\Delta\delta_y$ 均为正值,即要求飞行员左压杆(右副翼后缘下偏),蹬右舵(方向舵后缘右偏);而 $\Delta\delta_z$ 为负值,即要求飞行员向后拉驾驶杆。

当飞机改为左盘旋时,ω 和 γ 都反号。由式(3-124)可见,ω_y 将反号,但 ω_z 符号不变,即 $\Delta n_y > 0$ 都要求负的 $\Delta\delta_z$。

需要指出,保持正常盘旋和进入正常盘旋时所要求的副翼偏转方向是不相同的。要使飞机进入右盘旋,飞行员应"杆舵"一致地右压杆并蹬右舵,同时适当地后拉驾驶杆以产生所需的 ω,当飞机接近预定的滚转角 γ 时,飞行员应适时地向左回杆,改成左压杆,以保持要求的 $\omega_x = 0$,这样飞机才能维持右正常盘旋飞行。

2. 稳定滚转时的静操纵性

飞机对副翼操纵的稳定滚转反应被认为是横航向静操纵性问题的一个重要指标。为了衡量这一指标,引入稳定滚转这一假想的机动动作。

假定副翼偏转只产生滚转操纵力矩。当副翼突然偏转某一角度时,将使飞机自零滚转速率开始加速滚转。如能限制飞机不出现侧滑和偏航,飞机将继续不停地加速滚转,直到因 ω_x 而出现的滚转阻尼力矩与副翼的操纵力矩相平衡,飞机才以 ω_x 等角速度稳定滚转。所以,稳定滚转实际上相当限定 β 和 ω_y 为零,单独考虑 ω_x 自由度的定常运动。它揭示出副翼操纵不同于升降舵和方向舵操纵的本质。对后两者来说,它们属于"角位移"操纵,即给定飞行条件下,一定的升降舵和方向舵偏转角对应一定的迎角和侧滑角;而副翼则属于"角速度"操纵,即限制 β 和 ω_y 为零时,给定飞行条件下,一定的副翼偏转角对应一定的滚转角速度。利用稳定滚转这一假想机动动作,正好突出副翼的角速度操纵特点。同时,一定副翼偏转角所产生的稳定滚转反应,又能恰当地体现副翼的滚转操纵效率,这就是讨论稳定滚转的力矩平衡和静操纵性的真正意图。

根据稳定滚转的含义,可以写出滚转力矩的平衡方程为

$$m_x^{\bar{\omega}_x}\bar{\omega}_x + m_x^{\delta_x}\delta_x = 0 \qquad (3-131)$$

由此解出:

$$\bar{\omega}_x = -\dfrac{m_x^{\delta_x}}{m_x^{\bar{\omega}_x}}\delta_x \qquad (3-132)$$

对应一定飞行状态，$\bar{\omega}_x$ 与 δ_x 成正比，且副翼操纵效能 $m_x^{\delta_x}$ 绝对值越大，飞机的滚转阻尼越小，由 δ_x 引起的 $\bar{\omega}_x$ 也越大。考虑结构弹性变形或大迎角非线性影响都将使 $m_x^{\delta_x}$ 的绝对值减小，不同 Ma 时 $m_x^{\delta_x}/m_x^{\bar{\omega}_x}$ 的值也不同，这些因素都会影响 δ_x 的大小，从而引起 $\bar{\omega}_x$ 的变化。低速飞行时，特别是近地进行低速飞行时，飞行员比较关心 $\bar{\omega}_x$ 值，如其值过小，会给滚转操纵带来困难。有的飞行品质规范要求速度在 $(1.2\sim1.4)V_{\min}$ 情况下，副翼操纵效能应保证 $\bar{\omega}_x$ 不小于 0.055。但高速大动压飞行时，随 V 增加，一定 $\bar{\omega}_x$ 对应的 ω_x 是增加的。如继续保持 $\bar{\omega}_x$ 不小于 0.055，对副翼操纵效能就显得要求太高。此外，这种飞行状态下飞行员倾向于保证有一定的 ω_x。因此，规范规定速度在 $(0.9\sim1.0)V_{\max}$ 时，副翼操纵应能产生 $\omega_x > 1.5\text{rad/s}$ 的角速度。

上述指标对低速大展弦比飞机比较合适，因为这类飞机对副翼的操纵反应基本上为单自由度的。对高速飞行来说，副翼操纵反应不再是单自由度的。因此，近期的飞行品质规范对滚转操纵效率的要求改为以副翼阶跃偏转在给定的时间内应给出不低于规定值的滚转角大小来衡量。对歼击机来说，滚转操纵过程中方向舵应保持松浮，通常要按规范要求来考虑副翼的设计和进行副翼操纵效能的试飞鉴定。

3.4.3 飞机的静操纵性品质

飞机操纵系统的特性对飞机的操纵品质有重要影响，本节主要讨论机械操纵系统飞机的静操纵性品质特点及静操纵性故障分析和排除方法。

3.4.3.1 相关概念

飞机的操纵品质是指影响飞行员关于飞机是否容易驾驶的评价的操纵性及稳定性特性。操纵品质良好的飞机一般应该具有下述几个主要特性：

（1）为完成预定飞行，所需的飞行员操纵动作简单，且符合生理习惯。

（2）为完成预定飞行，所需的操纵力和操纵位移要适中。

（3）允许使用的操纵量应足以完成规定的任务使命，使飞机不会因操纵量不足而不能充分发挥飞机的飞行性能。

（4）飞机对操纵的跟随性要好，对操纵的反应要容易为飞行员所识别。

因此，飞行操纵系统特性对飞机的操纵品质有明显影响。一架飞机能否充分发挥其飞行性能，完成预定飞行任务，任务执行情况的好坏程度，除与飞机本身的空气动力特性有关，通常还与操纵系统的特性紧密相关。

通常把操纵舵面（平尾、方向舵和副翼）处于零度偏转角时的驾驶杆或脚蹬位置称为驾驶杆或脚蹬的中立位置,相应的操纵位移称为零位移。驾驶杆偏离纵向中立位置的距离称为驾驶杆的纵向操纵位移(以驾驶杆头部的红色测量点为准),驾驶杆偏离横向中立位置的距离称为驾驶杆的横向操纵位移,脚蹬偏离中立位置的距离称为方向操纵位移或脚蹬操纵位移。

操纵力为飞行员施加于驾驶杆或脚蹬的作用力。根据飞行员施加于驾驶杆的作用力的方向,飞行员施加于驾驶杆的作用力分为纵向操纵力(或纵向杆力)和横向操纵力(或压杆力)。飞行员施加于脚蹬的作用力称为方向操纵力(或脚蹬力)。

一般规定使驾驶杆产生向前推的操纵力和操纵位移为正,使驾驶杆产生向后拉的操纵力和操纵位移为负;规定使驾驶杆向左压的操纵力和操纵位移为正,使驾驶杆向右压的操纵力和操纵位移为负;对方向舵操纵系统以使右脚蹬向前的操纵力和操纵位移为正,反之为负。

操纵系统的传动比和操纵力—操纵位移梯度是表征飞机操纵系统的两个重要特征参数。

操纵系统(平尾、副翼或方向舵操纵系统)的传动比是指单位操纵位移产生的舵面偏转角的大小,即

$$K = d\delta/dD \tag{3-133}$$

式中:δ 代表舵面偏转角,D 代表操纵位移。

以平尾操纵系统为例,有 $K_z = d\delta_z/dD_z$,其中 K_z 为平尾操纵系统传动比,δ_z 代表升降舵偏转角或平尾偏转角,D_z 为驾驶杆的纵向位移。传动比的大小决定于机械操纵系统的构造或电传操纵系统中的控制律。

操纵系统的操纵力—操纵位移梯度是指使操纵系统产生单位操纵位移所需施加的操纵力,即 dF/dD。对于平尾操纵系统,有

$$\frac{dF_z}{dD_z} = K(N_F)^2 \tag{3-134}$$

式中:$N_F = n_1 \cdots n_F$ 为驾驶杆到载荷感觉器之前的操纵系统传动比。

可见,对于操纵力完全是因载荷感觉器而产生的助力操纵系统,其操纵力—操纵位移梯度与载荷感觉器的刚度系数成正比,与载荷感觉器前的操纵系统传动比 N_F 的平方成正比。

飞机的静操纵性品质主要是指在飞机的稳态直线或曲线飞行中影响飞行员有关飞行品质评价的操纵力和操纵位移特性。

3.4.3.2 飞机的纵向静操纵性品质

飞机的纵向静操纵性品质主要涉及飞机平飞操纵位移和操纵力随飞行速度的变化特性,以及飞机在稳定曲线飞行中的单位过载操纵位移和操纵力特性。

1. 平飞操纵位移和操纵力

由操纵系统传动比的定义可知 $K_z = \mathrm{d}\delta_z/\mathrm{d}D_z$，得

$$\int_0^{D_z} \mathrm{d}D_z = \frac{1}{K_z}\int_{\delta_{zF_z=0}}^{\delta_z} \frac{1}{K_z}\mathrm{d}\delta_z$$

式中：$\delta_{zF_z=0}$ 为驾驶杆中立位置对应的平尾偏转角。

根据上式，通过积分可以得到平飞所需的驾驶杆纵向操纵位移

$$D_z = \frac{1}{K_z}(\delta_z - \delta_{zD_z=0}) = \frac{1}{K_z(V,H)}\left[-\frac{m_{z_0} + m_z^{C_y}\dfrac{2mg}{\rho V^2 S}}{(1 + m_z^{C_y}/\overline{L}_{ht})m_z^{\delta_z}} - \delta_{zD_z=0}\right] \quad (3-135)$$

注意到

$$\mathrm{d}F_z = \frac{\mathrm{d}F_z}{\mathrm{d}D_z}\mathrm{d}D_z = \frac{\mathrm{d}F_z}{\mathrm{d}D_z}\cdot\frac{\mathrm{d}D_z}{\mathrm{d}\delta_z}\cdot\mathrm{d}\delta_z = \frac{1}{K_z}\frac{\mathrm{d}F_z}{\mathrm{d}D_z}\cdot\mathrm{d}\delta_z$$

平飞纵向操纵力可由积分上式得到，即

$$F_z = \int_0^{F_z}\mathrm{d}F_z = \int_{\delta_{zF_z=0}}^{\delta_z}\frac{1}{K_z}\frac{\mathrm{d}F_z}{\mathrm{d}D_z}\mathrm{d}\delta_z = \frac{1}{K_z}\int_{\delta_{zF_z=0}}^{\delta_z}\frac{\mathrm{d}F_z}{\mathrm{d}D_z}\mathrm{d}\delta_z \quad (3-136)$$

式中：K_z 为平尾操纵系统的传动比，对于给定的飞行高度和飞行速度，K_z 为常数；$\delta_{zF_z=0}$ 为驾驶杆纵向操纵力为零时，相应高度、速度下的平尾偏转角。考虑到 $\mathrm{d}F_z/\mathrm{d}D_z$ 随平尾偏转角变化的规律一般没有直接给出的结果，利用式(3-136)积分计算不方便，平飞操纵力可根据平飞操纵位移算得

$$F_z = \int_{D_{zF_z=0}}^{D_z}\frac{\mathrm{d}F_z}{\mathrm{d}D_z}\mathrm{d}D_z \quad (3-137)$$

式中：$D_{zF_z=0}$ 为给定飞行高度、速度下的零操纵力时的操纵位移。

某型飞机平飞平尾偏转角、操纵位移和操纵力随飞行高度和 Ma 变化情况如图 3-41 所示。

从图中可以看出，平飞操纵位移和操纵力随飞行高度和速度的变化规律基本上与平尾偏转角的变化相同。在亚声速飞行中随平飞速度的增加，平飞操纵位移和操纵力增大（负值减小），具有正的操纵位移梯度 $\mathrm{d}D_z/\mathrm{d}Ma$ 和正的操纵力梯度 $\mathrm{d}F_z/\mathrm{d}Ma$；在跨声速飞行阶段，平飞操纵位移和操纵力随平飞速度的增加而减小（负值增大），具有负的操纵位移梯度 $\mathrm{d}D_z/\mathrm{d}Ma$ 和负的操纵力梯度 $\mathrm{d}F_z/\mathrm{d}Ma$。跨声速平飞操纵位移和操纵力的这一变化特点称为平飞反操纵现象。

正常操纵时，为使飞机保持直线平飞，飞机加速时，飞行员在推油门时应向前推杆增大推杆位移和推杆力（或减小拉杆位移和拉杆力）以增大平尾后缘的

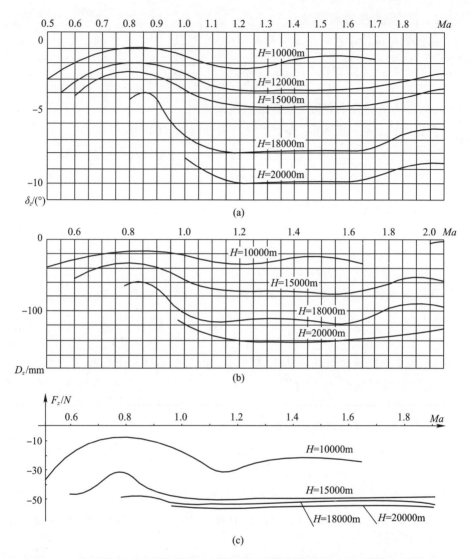

图 3-41 某型飞机平飞平尾偏转角(图(a))、操纵位移(图(b))和操纵力(图(c))

下偏转角(或减小向上偏转角);飞机减速时,飞行员在收油门时应向后拉杆增大拉杆位移和拉杆力(或减小推杆位移和推杆力)以增大平尾上偏转角(或减小向下偏转角)。而在跨声速飞行中由于存在平尾反操纵现象,飞机加速时飞行员前推油门时又要求随着飞行速度增大向后带(拉)杆来增大拉杆位移和拉杆力(或减小推杆位移和推杆力),否则飞机会因焦点位置迅速后移将自动进入俯冲增速状态,而不再保持平飞。这样不仅增加了飞行操纵的复杂程度和困难,在某些飞行中还可能导致飞行安全问题。

跨声速飞行中的平飞反操纵现象主要是由于跨声速飞行中的速度静不稳定造成的。

飞机在平飞中升力应等于重力，即

$$C_y \frac{1}{2} KpMa^2 S = G$$

两边取全微分，得

$$dC_y \cdot \frac{1}{2} KpMa^2 S + C_y \frac{1}{2} Kp \cdot 2Ma \cdot dMa \cdot S = 0$$

整理得

$$dC_y = -\frac{2}{Ma} C_y \cdot dMa$$

由静稳定性知识可知，速度增加将产生速度静稳定力矩增量为

$$dm_z = \left(\frac{dm_z}{dC_y}\right)_{n_y=1} dC_y$$

为保持力矩平衡，使飞机继续做平飞，飞行员必须通过操纵偏转平尾，产生操纵力矩系数增量，使得

$$\left(\frac{dm_z}{dC_y}\right)_{n_y=1} dC_y + m_z^{\delta_z} d\delta_z = 0$$

由此得到平飞时速度的变化引起的平尾偏转角变化为

$$d\delta_z = -\frac{1}{m_z^{\delta_z}} \left(\frac{dm_z}{dC_y}\right)_{n_y=1} dC_y = \frac{1}{m_z^{\delta_z}} \left(\frac{dm_z}{dC_y}\right)_{n_y=1} \frac{2}{Ma} C_y dMa$$

即

$$\frac{d\delta_z}{dMa} = \frac{2}{Ma} \frac{C_y}{m_z^{\delta_z}} \left(\frac{dm_z}{dC_y}\right)_{n_y=1} \qquad (3-138)$$

由于 $m_z^{\delta_z} < 0$，$d\delta_z/dMa$ 与 $(dm_z/dC_y)_{n_y=1}$ 符号相反。跨声速时速度静不稳定，$(dm_z/dC_y)_{n_y=1} > 0$，使得 $d\delta_z/dMa < 0$。也就是说，在跨声速飞行中，随平飞速度（Ma）的增加，飞行员必须向后拉驾驶杆增大拉杆位移和拉杆力使平尾前缘下偏（$d\delta_z < 0$），相反，则应向前推驾驶杆增大推杆位移和推杆力使平尾前缘下偏（$d\delta_z > 0$）。

平飞反操纵现象的严重程度通常利用梯度 $|dF_z/dMa|$ 和整个反操纵速度范围内的操纵力变化的绝对值来衡量。我国国家军用标准 GJB 185—86《有人驾

驶飞机(固定翼)飞行品质规范》规定:平飞操纵位移和操纵力随速度的变化应光滑,并且局部梯度为正。对于非长时间在跨声速范围内使用的飞机,只要操纵位移和操纵力随速度的反向变化是缓慢的,不为飞行员所讨厌,跨声速飞行时的要求可以放宽,但不得超出范围为

$$|dF_z/dMa| \not> 1000N, \quad |\Delta F_z| \not> 40N$$

2. 稳定曲线飞行的操纵位移和操纵力

稳定曲线飞行的操纵位移和操纵力特性由单位过载操纵位移 dD_z/dn_y 和单位过载操纵力 dF_z/dn_y 衡量。由

$$\begin{aligned}\frac{dD_z}{dn_y} &= \frac{dD_z}{d\delta_z} \cdot \frac{d\delta_z}{dn_y} = \frac{1}{K_z}\frac{d\delta_z}{dn_y} \\ \frac{dF_z}{dn_y} &= \frac{dF_z}{dD_z} \cdot \frac{dD_z}{d\delta_z} \cdot \frac{d\delta_z}{dn_y} = \frac{1}{K_z}\frac{dF_z}{dD_z} \cdot \frac{d\delta_z}{dn_y}\end{aligned} \quad (3-139)$$

可以看出,单位过载操纵位移和单位过载操纵力都与单位过载平尾偏转角 $d\delta_z/dn_y$ 成正比。

如上所述,有

$$\frac{d\delta_z}{dn_y} = -\frac{\left(m_z^{C_y} + \frac{1}{\mu_1}m_z^{\bar{\omega}_z}\right)C_{yl}}{(1+m_z^{C_y}/\bar{L}_{ht})m_z^{\delta_z}} = -\frac{m_z^{C_y} + \frac{1}{\mu_1}m_z^{\bar{\omega}_z}}{(1+m_z^{C_y}/\bar{L}_{ht})m_z^{\delta_z}} \cdot \frac{2mg}{\rho V^2 S} \quad (3-140)$$

当飞机做亚声速飞行时,各气动导数($m_z^{C_y},m_z^{\bar{\omega}_z},m_z^{\delta_z}$)基本不随飞行速度而变,单位过载平尾偏转角与速度的平方成反比。若不考虑操纵系统传动比、操纵力—操纵位移梯度等的变化,则单位过载操纵位移和单位过载操纵力也将与飞行速度的平方成反比。

设某飞机以 1000km/h 飞行时,$dD_z/dn_y = -20$mm,$dF_z/dn_y = -15$N;则该飞机以 500km/h 飞行时,$dD_z/dn_y = -80$mm,$dF_z/dn_y = -60$N。

也就是说,飞行员在不同的飞行速度下,完成同样的机动动作(Δn_y 相同)所需的操纵力和操纵位移有显著差别。这将给飞行员在不同飞行速度下的准确操纵带来极大困难。

有些飞机的机械操纵系统中安装了力臂调节器,其力臂值 h 在亚声速飞行范围内可以自动随飞行速度增大而减小,使传动比 K_z 随飞行速度增大而减小,较大程度上减小了 dD_z/dn_y 和 dF_z/dn_y 随飞行速度的剧烈变化。而电传操纵系统的飞机,则根据速度、高度等变化通过控制律来实现对传动比的调整。

值得注意的是,跨声速飞行阶段,飞机的迎角静稳定性随飞行速度增大而迅

速增强,引起单位过载操纵力和操纵位移也迅速增大,使飞机超声速飞行时的单位过载操纵力和操纵位移明显大于亚声速情况,会使飞行员感到超声速飞行飞机操纵笨重且反应迟钝,从而降低飞行员对飞机操纵品质的评价。而这种跨声速飞行的单位过载操纵力和操纵位移变化特性还可能使飞机在做超声速减速机动时产生"加速旋转"现象。

对于作战飞机,单位过载操纵力和操纵位移的大小是飞机纵向操纵品质的两个重要指标。特别是单位过载操纵力,飞行员较为敏感。$|dD_z/dn_y|$过大,会使飞行员在机动飞行中感到操纵沉重,反应迟钝;$|dF_z/dn_y|$过小,又使飞机反应过于灵敏,操纵动作不易准确,机动飞行容易超载而威胁飞行安全。鉴于单位过载操纵力对操纵品质的重要影响,我国国家军用标准 GJB 185—86《有人驾驶飞机(固定翼)飞行品质规范》规定单位过载操纵力正常情况下:单位过载操纵力最小值不应小于 $100/n_L$ N 和 14N 中的最大值,其中 n_L 为结构强度限制的最大过载。单位过载操纵力最大值不应大于 $1090/(n_y/\alpha)$ N。

3. 重心位置对纵向静操纵性品质的影响

飞机的技术说明书提供的或计算给出的平飞操纵位移和操纵力、单位过载操纵位移和单位过载操纵力一般都是对特定的飞机重心给出的,而飞机重心位置则随飞行中燃油和弹药的消耗而变化。飞机重心移动,直接影响 $m_z^{C_y}$ 的大小,必然会影响平飞平尾偏转角和单位过载平尾偏转角的大小,从而改变平飞操纵位移和操纵力,改变单位过载操纵位移和操纵力。

飞机重心位置前移,$m_z^{C_y}$ 绝对值增大,飞机迎角静稳定性增强,由平飞所需的驾驶杆操纵位移的方程可以看出,平飞操纵位移必然减小(小速度拉杆位移增大,大速度推杆位移减小)。在操纵系统操纵力—操纵位移梯度不变的情况下,必然会使平飞操纵力减小(小速度拉杆操纵力增大,大速度推杆操纵力减小)。相反,重心后移则使平飞操纵位移和操纵力增大。

飞机重心位置对单位过载操纵力和单位过载操纵位移的影响也是由于迎角静稳定度改变产生的。重心位置前移,$m_z^{C_y}$ 负值增大,飞机的机动裕度 $\sigma_n = m_z^{C_y} + \dfrac{1}{\mu_1} m_z^{\bar{\omega}_z}$ 负值增大,使飞机抵抗过载变化的能力增大,这必然导致飞机的单位过载操纵力和单位过载操纵位移负值增大。相反,重心后移则使单位过载操纵力和单位过载操纵位移负值减小。

3.4.3.3 飞机的横航向静操纵性品质

侧向静操纵性品质主要涉及定常侧滑和定常转弯、稳定滚转等多种飞行状态下的操纵位移和操纵力特性,这里介绍纯滚操纵 $dF_x/d\omega_x$、纯方向操纵中的脚蹬力特性及协调侧滑时的 $dF_x/d\gamma$ 等几个主要品质参数。

1. 纯滚操纵

纯滚操纵的操纵力特性由 $dF_x/d\omega_x$ 来描述。$dF_x/d\omega_x$ 是产生单位滚转角速度所需的横向操纵力,反映副翼操纵滚转性能的好坏。对于装有不可逆液压助力器的副翼操纵系统,$dF_x/d\omega_x$ 的计算原理与上述纵向操纵没有本质的区别。

$$\frac{dF_x}{d\omega_x} = \frac{dF_x}{dD_x} \cdot \frac{dD_x}{d\delta_x} \cdot \frac{d\delta_x}{d\omega_x} = \frac{1}{K_x} \cdot \frac{dF_x}{dD_x} \cdot \frac{d\delta_x}{d\omega_x} \qquad (3-141)$$

式中:K_x 为副翼操纵系统的传动比;dF_x/dD_x 为副翼操纵系统的操纵力—操纵位移梯度。

可以看出,当 K_x 和 dF_x/dD_x 不随速度改变时,$dF_x/d\omega_x$ 与 $d\omega_x/d\delta_x$ 成反比,或者说与 $d\delta_x/d\omega_x$ 成正比,因此,$dF_x/d\omega_x$ 随飞行速度的变化特性正好与 $d\omega_x/d\delta_x$ 呈反比关系。

对于某些飞机,操纵系统中装有非线性机构,其传动比 K_x 随操纵位移的增大而增大,因此 $dF_x/d\omega_x$ 的大小将随操纵位移而改变。在需要精确控制飞机倾斜姿态的缓慢滚转操纵中,所需的副翼偏转角较小,较小的传动比使所需的操纵力和操纵位移较大,使飞行员便于精确操纵;而在需要急剧滚转形成较大滚转角速度的横向操纵中,由于 K_x 较大,使所需的操纵力和操纵位移不至于过大,不易引起飞行员的疲劳和反感。

2. 大迎角时的横向反操纵现象

副翼的操纵性能在大迎角飞行时可能会明显变差,这是因为:横向操纵飞机时,副翼下偏一边机翼的阻力通常大于上偏一边的阻力。由于两边机翼的阻力不等,必然会引起飞机侧滑,从而引起飞机横向操纵性能变化。随着迎角的增大,这种不利影响越来越显著。在大迎角下,某些飞机甚至会出现横向反操纵现象,即飞机向压杆的反方向滚转的现象。

横向反操纵现象的原因如下:假设飞行员向右压杆,左、右机翼的升力差构成横向操纵力矩,使飞机向右滚转。但由于左副翼下偏,右副翼上偏,左翼阻力大于右翼阻力,使机头向左偏转,飞机出现右侧滑。右侧滑产生后,右翼(侧滑前翼)升力增大,左翼(侧滑后翼)升力减小,从而产生与操纵力矩相反的、阻止飞机向右滚转的稳定力矩。小迎角飞行时,左右两翼的阻力相差不大,产生的侧滑角也不大,横向操纵性能较好;大迎角飞行时,左右两翼阻力相差较大,产生的侧滑角也大,横向操纵性能较差;在接近临界迎角时,机翼上出现严重的气流分离现象,偏转副翼后,左右升力相差不多,但阻力相差却很大,侧滑作用很强烈,与操纵力矩相反的滚转力矩很大,横向操纵性能很差,甚至因后掠机翼翼尖提前失速而出现副翼操纵反效现象。因而某些飞机甚至还会出现向右压杆后,侧滑产生的左滚力矩大于副翼产生的右滚力矩,从而使飞机向左滚转,产生横向反操纵现象。

为了改善大迎角时的横向操纵性,有些飞机采用了差角副翼。所谓差角副翼,即压杆时,左右副翼上偏角度和下偏角度不一致。目的在于减小左右机翼的阻力差,从而削减向滚转方向的侧滑现象,在一定程度上改善飞机大迎角时的横向静操纵性。现代很多的后掠翼高速飞机经常采用翼刀、前缘锯齿翼等措施,防止翼尖提前失速,因此大迎角下横向操纵性不会有太大的变化。

一般采用差角副翼、翼刀等措施后,可以改善大迎角下的横向反操纵现象。但在飞机着陆等大迎角(小表速)飞行时,飞行员还感觉横向操纵性过弱。这也是飞行员在起飞着陆时往往利用方向舵来协助副翼实施横向操纵,以修正坡度(右坡度时,蹬左舵),甚至单独用方向舵来修正坡度的原因。

3. 脚蹬操纵力和方向舵飘角

在方向舵操纵系统中装有不可逆助力器时的脚蹬力计算与上述副翼操纵力类似。下面主要介绍机械操纵系统的情况。

方向舵操纵的脚蹬操纵力 $F_y = -K_y M_{hr}$,其中方向舵铰链力矩 M_{hr} 为作用在方向舵上的空气动力对方向舵铰链轴产生的动力矩,写成力矩系数的形式,有

$$M_{hr} = m_{hr} \cdot K_q q S_r b_r \qquad (3-142)$$

式中:S_r 为方向舵面积;b_r 为方向舵的平均空气动力弦长;m_{hr} 为方向舵铰链力矩系数,且有

$$m_{hr} = m_{hr}^{\delta_y}\delta_y + m_{hr}^{\beta}\beta \qquad (3-143)$$

将式(3-143)代入式(3-142),并令 $F_y = 0$,可以得

$$\delta_y = -\frac{m_{hr}^{\beta}}{m_{hr}^{\delta_y}}\beta \qquad (3-144)$$

这个方向舵偏转角是在脚蹬操纵力等于零的自由飘动状态下由侧滑产生的,通常称为方向舵飘角,记为 $(\delta_y)_{\text{free}}$。

假定在定常侧滑中所需的平衡偏转角为 $(\delta_y)_{\text{trim}}$,则在侧滑中实际需要由飞行员操纵产生的方向舵偏转角仅为

$$\delta_y = (\delta_y)_{\text{trim}} - (\delta_y)_{\text{free}}$$

方向舵飘角随侧滑角变化的示意图如图3-42所示(图中曲线 b,直线 a 为方向舵平衡偏转角)。由图可以看出,当侧滑角不大时,平衡偏转角大于飘角,$\delta_y = (\delta_y)_{\text{trim}} - (\delta_y)_{\text{free}} > 0$

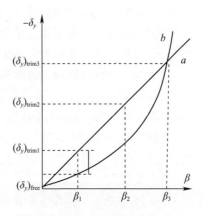

图3-42 方向舵平衡偏转角随 β 的变化

并且随着侧滑角增大,需要由飞行员通过施加操纵力偏转的方向舵偏转角 δ_y 增大。这使脚蹬操纵力随侧滑角增大而增大,这是符合飞行员操纵习惯的。但是,随着侧滑角的增大并大于一定值(如图中的 β_2)之后,由于 $(\delta_y)_{free}$ 随 β 增大的速率加快,可能会使需要由飞行员操纵产生的方向舵偏转角 δ_y 随 β 增大而减小,直至 $(\delta_y)_{free} > (\delta_y)_{trim}$(图中 $\beta > \beta_3$ 之后),这时方向舵的脚蹬操纵力会出现随侧滑角的增大而减小,甚至自动偏转到最大偏转角,产生"方向舵紧锁"现象。此时飞行员需要用很大的脚蹬力,才能改出这种不正常的侧滑状态。

为了避免上述不正常现象的产生,保证飞机具有良好的方向静操纵性品质,我国国家军用标准 GJB 185—86《有人驾驶飞机(固定翼)飞行品质规范》规定,在定常侧滑中右脚蹬前移及右脚蹬操纵力应产生左侧滑(即正脚蹬操纵力产生负侧滑),并且在侧滑角小于等于10度的范围内脚蹬操纵力应与侧滑角呈线性关系,对于更大的侧滑角,脚蹬力可以随侧滑角的增大而减小(指绝对值),但不应减小到零。

根据上述情况可见,在日常的使用维护工作中,随意调大方向舵最大偏转角是不允许的。

3.4.4 飞机静操纵性故障及其调整原理

飞机的静操纵性品质对飞机的训练作战使用及飞行安全具有重大影响。但是一架飞机在交付部队使用之前的试飞检查验收中,或是交付部队之后长期使用维护中,都可能会因生产安装或维护中的问题,包括气动外形和操纵系统的变化,引起飞机静操纵性特性变化。当这些变化超过一定的范围或引起飞行员厌恶时,就会形成飞机操纵异常或出现静操纵性故障。由于操纵力的大小是飞行员最敏感的因素,外场最常见的静操纵性故障,大多与操纵力有关。下面分别按纵向、横向和方向静操纵性问题加以介绍。

3.4.4.1 纵向静操纵性故障和调整原理

纵向静操纵性故障中最常见的是操纵力异常,其中飞机平飞时小速度拉杆轻、大速度推杆重,或平飞小速度拉杆重、大速度推杆轻问题较为常见。前者俗称"头轻",后者俗称"头重"。最严重的纵向静操纵性故障是空中大幅度俯仰飘摆。此外,还有反操纵过大和杆皮条等不正常现象。

1. "头轻""头重"故障

"头轻""头重"故障通常由平衡速度不正常引起,因此也可归入平衡速度故障,如图3-43所示。在飞机做等速直线水平飞行的一定范围内,当飞行速度小于平衡速度时,纵向操纵力为负(拉杆力);当飞行速度大于平衡速度时,纵向操纵力为正(推杆力),并且偏离平衡速度越远,操纵力绝对值越大。由图3-43可以看出,当平衡速度因某种原因(如水平尾翼中立点变化)增大时,操纵力随速度变化曲线向右移动(图中虚线)。此时,小速度(小于平衡速度)飞行时的拉杆操纵力将增大,而大速度(大于平衡速度)飞行时的推杆操纵力将减小,或由推杆力变为拉杆力,出现"头重"现象。相反,当平衡速度因某种原因减小时,操纵力曲线将向左移动,飞机小速度飞行的拉杆操纵力将减小,而大速度飞行的推杆操纵力将增大,出现"头轻"现象。因此,平衡速度的任何变化必然会产生"头重"或"头轻"的感觉。

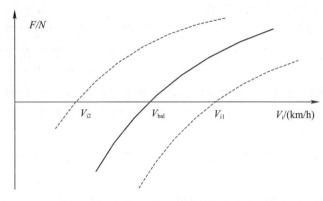

图3-43 平衡速度

当飞机平衡表速不符合规定时,应该进行调整。由上述分析可知,调整方法主要是通过调整平尾初始偏转角 $\delta_{zF_z=0}$ 的数值来改变平衡速度。从平衡速度的概念可以看出:$\delta_{zF_z=0}$ 减小(操纵力为零时的平尾后缘上偏转角增大),平衡速度减小;相反,$\delta_{zF_z=0}$ 增大(操纵力为零时的平尾后缘上偏转角减小),平衡速度增大。前者可减轻"头重"现象,后者可减轻"头轻"现象。

2. 全程杆重(或轻)

由理论分析可知,平尾操纵系统的操纵力大小与载荷机构弹簧刚度具有很大关系。在各种飞行条件下飞行员都感到操纵沉重,这很可能与载荷机构弹簧刚度有关。例如一批某型飞机在进厂修理后,由于载荷感觉机构中更换的弹簧刚度过大,造成 $|dF_z/dD_z|$ 过大,从而引起杆重的反应。

值得注意的是,飞行员一般对杆重反应较为敏感。有时机械操纵系统各机构的活动关节润滑不良,也会引起杆重问题,此时在维护中一定要做好清洗和润滑工作来改善操纵力异常问题。

3. 反操纵量过大

高速飞机在跨声速范围,由于速度静不稳定问题而存在平飞反操纵现象。

例如某型飞机规定,平衡速度试飞后,在继续增速到表速 1050km/h 的过程中,最大拉杆力不得超过 40N。如果杆力超过规定,说明杆力特性不符合要求,反操纵现象过分严重。这时一般可以通过调大平尾初始偏移量的方法加以克服。

由上述平衡速度对操纵力特性的影响可知,平衡速度过大会引起平飞操纵力曲线向右下方移动,引起拉杆操纵力增大。而上述情况中反操纵力过大有时就可能是由此产生的。此时只有把平衡速度调到合适的数值,反操纵力过大的问题才可以得到有效解决。

4. 平飞时大表速杆力不正常

平飞时大表速杆力不正常故障主要是平尾初始偏移量调整不当造成的。平尾初始偏移量过大,飞机加速时平尾产生的附加抬头力矩过大,在大表速时飞行员感觉飞机有"自动抬头"现象,为保持平飞,推杆力增大(或拉杆力减小)。相反,平尾偏移量过小,大表速时所需推杆力减小或拉杆力增大,出现飞机"自动俯冲"现象。此类故障排除办法是将平尾偏移量调整至规定值。

5. 操纵过于灵敏或迟钝

拉过载时杆太轻,操纵灵敏,易超载;杆太重,操纵迟钝,不易达到预定过载。此类故障实质上是单位过载的操纵力 $|dF_z/dn_y|$ 过大或过小的表现。$|dF_z/dn_y|$ 过小,杆太轻,易超过载;$|dF_z/dn_y|$ 过大,杆太重,不易达到预定过载。因为 $\dfrac{dF_z}{dn_y} = \dfrac{1}{K_y} \dfrac{dF_z}{dD_z} \dfrac{d\delta_z}{dn_y}$,当单位过载平尾偏转角正常时,此故障主要由于操纵系统的杆力—杆位移梯度和传动比 K 不符合规定引起的。通常也是通过调整操纵系统的杆力—杆位移梯度和传动比 K 来排除此类故障的。

6. 杆皮条

杆皮条是指飞行员对飞机的反应时差大、动操纵性差的操纵感觉。单位过载杆位移 $|dD_z/dn_y|$ 过大时,常常会引起杆皮条。因为 $\dfrac{dD_z}{dn_y} = \dfrac{1}{K_y} \dfrac{d\delta_z}{dn_y}$,所以由此引来的杆皮条故障,可以通过改变操纵系统的传动比来排除。

平尾操纵系统中传动比 K 值(驾驶杆中立位置)调整不当时,也会引起杆皮条感觉。这是因为飞行员操纵飞机时,通常以驾驶杆的位置判断平尾的偏转位置,K 值发生变化时,平尾中立位置也对应发生变化,从而影响飞行员的操纵习惯,使飞行员产生杆皮条感觉。例如,K 值大于规定值,飞行员拉杆到一定位置时,平尾达不到 K 值正常时所对应的上偏位置,必须多拉一点杆,飞机才能达到 K 值正常时的状态,因此感觉"拉杆皮条"。此类故障可通过测量与调整 K 值发现和排除。

此外,机械操纵系统中附件活动部分的摩擦过大、附件安装紧涩,或传动机构和附件的传动间隙过大,安装过松等,也会引起杆皮条感觉,这些在使用维护中也要多加注意。

3.4.4.2 横向静操纵性故障和调整原理

飞机横向静操纵性故障除了前面分析飞机的平衡时介绍的坡度故障,主要就是横向操纵力或压杆力异常。例如某型飞机为机械操纵系统,其横向操纵力主要决定于横向载荷感觉器弹簧压缩量和驾驶杆至横向载荷感觉器的传动比。有时副翼操纵系统各关节润滑不良也会引起副翼操纵力重的反应。此时,只要清洗各活动关节、做好润滑工作即可消除。

副翼内封补偿密封胶布破裂往往是造成助力器关闭时横向操纵力沉重的主要原因。此外,副翼前缘和机翼之间的间隙过大、过小,有时也会引起关闭助力器时横向操纵力不正常的反应。据此,当助力器不工作时出现横向操纵力不正常的情况,应检查副翼内封补偿密封胶布和副翼前缘与机翼之间的间隙,并根据情况进行适当的调整。

3.4.4.3 方向静操纵性故障和调整原理

飞机方向静操纵性故障除了前面分析飞机的平衡时介绍的侧滑故障,还包括脚蹬操纵力不正常故障。机械操纵系统的飞机脚蹬操纵力异常一般与方向舵和稳定面之间的间隙不符合要求有关。间隙过小,方向舵两侧的均压作用减弱,铰链力矩增大,脚蹬力增大;间隙增大,方向舵两侧的均压作用增强,铰链力矩减小,脚蹬力减轻。有时脚蹬操纵力的大小与方向舵操纵系统载荷感觉器的刚度及传动比有关,可以按上述副翼操纵系统的类似方法加以调整。

3.5 特殊情况下的飞行操纵

飞机飞行中的特殊情况是指突然发生的直接或间接威胁到飞行安全的情况。飞机飞行过程中,由于操纵问题或气象条件的变化,有时会碰见一些特殊情况,如失速、螺旋、风切变、飞机结冰和颠簸飞行等,飞行中一旦遇到特殊情况,应根据实际情况的性质、飞行条件和可供处置的时间,沉着应对,尽早改出或脱离以保证飞行安全。本节主要介绍在几种特殊情况下飞行的操纵方法,包括失速、螺旋、风切变、飞机结冰和颠簸飞行等。了解这些特殊情况对飞机飞行性能的影响及确保飞行安全非常重要。

3.5.1 失速和螺旋的飞行操纵

失速和螺旋是在飞行中,由于飞行员粗猛地拉杆使飞机迎角达到或超过临界(失速)迎角而出现的不正常的飞行现象。飞机进入失速,尤其是发展成螺旋,如不能正确判断,及时改出,将会严重危及飞行安全。

在飞机出现早期,由于人们对失速和螺旋的本质认识不足,飞行员在遇到失速和螺旋时,不能采取正确的处置措施,往往导致毁灭性的结果。因此有必要了解飞机失速和螺旋的本质,这样才能防止飞机进入失速和螺旋,或者即使误进入失速与螺旋,也能正确及时改出,保证飞行安全。

3.5.1.1 失速

当飞机的迎角超过临界迎角,升力急剧下降,阻力急剧增大,飞机减速并发生抖动,各操纵力变轻,随后飞机急剧下坠,机头下俯,这种现象称为失速。

失速现象是迎角大于临界迎角后,飞机机翼的上表面发生了严重的气流分离,产生大量旋涡,导致升力急剧下降、阻力急剧增大而造成的。因此,失速产生的根本原因是飞机的迎角超过临界迎角。

1. 失速速度

飞机刚进入失速时的速度,称为失速速度 V_s,即以临界迎角(或 $C_{y\max}$)飞行时所对应的速度,可按法向过载的定义进行计算:

$$V_s = \sqrt{\frac{2n_y G}{C_{y\max}\rho S}}$$

式中: V_s 为失速速度; n_y 为法向过载,平飞时, $n_y = 1$;减速直线上升或下降时, $n_y < 1$;盘旋飞行时, $n_y > 1$。

由上式可以看出,影响失速速度的因素有气压高度、飞机重量、飞机结构强度和飞行状态等。高度增加,空气密度减小,失速的速度增大;飞机重量增加,失速速度增大;放下襟翼等增升装置,飞机的最大升力系数增大,失速速度相应减小。不同飞行状态下,法向过载不同,因此失速速度不同。

飞机飞行手册中通常会给出飞机在某一特定质量下,不同飞行状态、不同襟翼位置的失速速度。

2. 失速警告

要想防止飞机进入失速或及时改出失速,首先需要正确判断飞机是否接近或者已经失速。这就要求当飞机接近失速时,给飞行员提供一个正确无误的失速警告,引起飞行员的注意,以便及时采取措施,避免飞机进入失速。飞机的失速警告有自然(气动)失速警告和人工失速警告两类。

(1)自然(气动)失速警告:是飞机在接近失速状态时表现出来的一些特征,主要现象包括:飞机抖动,左右摇晃;杆舵抖动,操纵变轻;速度迅速减小;飞机下降,机头下沉;发生噪声等。一旦飞行中出现这些现象,飞行员应该意识到飞机已接近失速或进入失速状态。当飞机接近失速时,由于机翼上表面气流分离严重,飞机及驾驶杆出现抖动,飞机操纵杆舵变轻,飞机有一种操纵失灵的感觉,这些都是失速的警告信号。随着迎角的进一步增大,抖振、摇晃进一步加剧,飞机加速进入失速。通常做机动动作进入失速时的抖振、摇晃要比平飞进入失速时更为猛烈。

这是因为在飞机接近临界迎角时,机翼的上表面气流产生了严重的分离,从而产生了大量的涡流。气流的这种分离是周期性的,这些涡流时而被吹离机翼,时而又在机翼上产生。机翼表面的气流分离时而严重,时而缓和,使得机翼的升力时大时小,整个机翼升力的这种周期性变化,导致飞机产生抖动。气流分离产生的大量涡流,陆续流过副翼和尾翼,不断冲击各舵面,使驾驶杆和脚蹬也产生一定抖动。

(2) 人工失速告警:包括触觉告警(抖杆器、推杆器)、视觉警告(信号灯)和听觉警告(语音)。

随着机翼翼型设计的改进,流过机翼表面的气流分离大大推迟,即气流分离要在更大的迎角下才会发生,这样飞机失速前的自然警告很不明显。单靠自然失速警告很难防止飞机失速。所以现代飞机大都安装了人工失速警告,主要形式为失速警告喇叭、失速警告灯和震杆器等。

失速警告喇叭和失速警告灯主要用于轻型通用航空飞机,这种警告系统由装在机翼前缘的迎角探测器(风标式失速传感器或压力传感器)和警告喇叭(或警告灯)组成。当机翼迎角接近临界迎角时,迎角探测器被气流激活,电路接通,触发失速警告喇叭或失速警告灯,失速器就会发出"吱吱吱"的响声(失速警告灯自动打开变亮),提醒飞行员飞机将要进入失速状态,应该做出相应的措施预防飞机失速。例如飞机在接近失速时会有蜂鸣声报警,提醒飞行员飞机即将进入失速状态,要适当迅速增加油门或减小迎角,使飞机速度增加,预防失速。

震杆器是目前广泛使用的一种人工失速警告,主要用于大型飞机,也由迎角探测器探测飞机迎角。当飞机迎角增大至一定值时,电路接通,启动电动机,使驾驶杆抖动发出失速警告。飞机安装震杆器是为了使飞机在失速前的预兆更加强烈,自然警告系统中的驾驶杆振动等有可能不是很明显,在此基础上安装震杆器会使飞行员感受到强烈的驾驶杆震动,预知飞机将要进入失速状态,便可提前做出相应的措施,防止飞机进入失速状态。

飞机在失速时,驾驶员会感觉到操纵杆明显的抖动,难以控制方向,飞机操控面的效应降低,完全失速后机头会突然下沉。正确快速地判断飞机是否失速,是保证及时有效地改出的最有效办法。

3. 飞行中防止失速的措施

为防止失速，飞机飞行时应该注意以下几点：

1）稳定飞行时飞行速度不要低于抖动速度

稳定飞行时，在其他条件固定的情况下，失速速度是一确定值。只要飞行速度不要低于抖动速度，飞机就不会失速。

2）非稳定飞行时迎角不要超过临界迎角

非稳定飞行时，只要迎角超过临界迎角，飞机就会失速，失速可能会发生在任何飞行状态、速度和重量下。因此，非稳定飞行时要确保迎角不超过临界迎角。

3）飞行中不要过多、过猛地拉杆

正常飞行时，飞行员过多、过猛地拉杆，都可能因迎角过大而导致飞机失速。此外，飞机飞行中一旦发现失速预兆应及时、准确地改出。

4. 失速的改出

飞机的失速是由于迎角超过临界迎角。因此，不论在什么飞行状态，只要判明飞机进入了失速，都要及时向前推杆减小迎角，当飞机迎角减小到小于临界迎角后（一般以飞行速度大于 $1.3V_s$ 为准），柔和地拉杆改出。在推杆减小迎角的同时，还应注意蹬平舵，以防止飞机产生倾斜而进入螺旋。

值得注意的是，在推杆使飞机迎角减小时，绝不可以单以飞机的俯仰姿态作为飞机是否改出失速的依据。向前推杆后，机头虽不高，甚至呈下俯状态，但由于飞机运动轨迹向下弯曲，飞机的迎角仍可能会大于临界迎角。若此时飞行员误认为飞机已经改出失速，过早地把飞机从不大的俯冲姿态中拉起，飞机必然重新增大迎角，而陷入二次失速，以致更难改出，甚至改不出来。所以掌握好从俯冲中改出的拉杆时机很重要，一方面要防止高度损失过多，速度太大；另一方面要避免改出动作过快，以致陷入二次失速。因此，飞机失速改出时机应以速度为准，而不能以姿态为准，以避免出现二次失速。

3.5.1.2 螺旋

螺旋是指飞机失速后出现的一种急剧滚转和偏转的下降运动，发生螺旋时，飞机机头朝下，飞机绕空中某一垂直轴，沿半径很小和很陡的螺旋线急剧下降。螺旋是一种非常危险的情况，在飞行中有时会出现飞机突然失去控制，一边下坠一边偏侧翻转。按正常的操纵方法操纵飞机，非但没有反应，反而有恶化的趋势。

1. 螺旋的成因

飞机的螺旋是由于飞机超过临界迎角后机翼的自转引起的。在螺旋形成前，一定先出现失速。失速是一种协调的机动飞行，因为两个机翼失速程度几乎相同;螺旋是两个机翼失速不一致的不协调的机动飞行。在这种情况下,完全失速的一侧机翼常常先于另一侧机翼下沉,机头朝机翼较低的一边偏转从而飞机丧失横侧阻尼(如侧滑),形成机翼自转而进入螺旋。以进入右螺旋为例,在迎角超过临界迎角的情况下,出于某种原因飞机向右滚转时,右机翼下沉,迎角增大,升力系数反而减小,产生负的附加升力。左机翼上仰,迎角减小,接近临界迎角,升力系数反而增大,产生正的附加升力。左、右机翼附加升力所形成的力矩不仅不阻止飞机向右滚转,反而迫使飞机加速向右滚转,这种现象称为机翼自转。飞机进入向右的自转以后,其升力不仅减小,而且方向因飞机滚转而不断向右倾斜。这时升力在垂面内的分力小于飞机重量,飞机将迅速下降高度,运动轨迹将由水平方向逐渐转向垂面方向。升力在水平面内的分力起着向心力的作用,使飞机在下降过程中向右做小半径的圆周运动。同时由于气流方向段改变,在稳定性的作用下,使飞机向右旋转,于是飞机便进入一边旋转、一边沿螺旋轨迹下降的右螺旋。因此,在螺旋中,飞机会绕三个机体轴旋转,而重心沿陡直的螺旋线航迹急剧下降。

高速后掠翼或三角翼飞机,由于迎角超过临界迎角后,起初升力系数下降是平缓的,不易形成机翼自转,飞机不易进入螺旋,除非侧滑角较大时,才能形成机翼自转而进入螺旋。但是飞机往往在失速后,会出现方向发散,且出现侧滑,则侧滑角自动增大,继而形成机翼自转,而使飞机陷入螺旋。

2. 螺旋的阶段

螺旋是一种非正常的飞行状态,特点是迎角大、旋转半径小、旋转角速度大、下沉速度快。螺旋一般由初始螺旋阶段、形成阶段和改出阶段三个阶段组成。初始螺旋阶段是指从飞机失速到螺旋全面形成的阶段。形成阶段是旋转角速度、空速和垂直速度比较稳定,而且飞行路径接近垂直的阶段。改出阶段是从施加制止螺旋的力开始,直至从螺旋中改出的阶段。

3. 螺旋的改出

螺旋是飞机失速后机翼自转产生的,因此改出螺旋的关键在于制止机翼自转和改出失速。改出失速只要推杆使迎角小于临界迎角即可,制止机翼自转的有效办法是向螺旋反方向蹬舵。蹬舵产生的操纵力矩,可制止飞机的偏转,同时造成内侧滑,使内侧机翼升力大,外侧机翼升力小,可有力地制止飞机的滚转。

飞机发生螺旋后,应将油门收到慢车位置并确认襟翼已收起,发动机有功率时经常导致较小的螺旋姿态与较大的旋转速率,从而恶化螺旋的特性。驾驶杆应保持在中立位置,因为此时副翼的操纵会对螺旋的改出起副作用。向旋转方向压杆会使旋转速率增大,从而推迟螺旋的改出,向反方向压杆则会导致情况恶化,所以要保持驾驶杆中立,并立即向螺旋反方向蹬脚蹬使方向舵偏转来制止机翼自转,紧接着向前推驾驶杆减小迎角,当旋转停止时,将方向舵恢复到中立位置,如果此时方向舵未回平,偏转舵面上产生的气动效应会使飞机偏转并产生侧滑。同时,柔和地向后拉杆将飞机从下俯的状态中改出,带杆动作不要太剧烈,过大的带杆力会造成二次失速并导致再次进入螺旋,改出过程中注意不要超过载荷限制和速度限制。

改出螺旋首先要制止飞机的旋转。发生螺旋时,飞机迎角已超过临界迎角,副翼已失去操纵效能,因此不能靠压杆改出螺旋。而应首先蹬反舵制止飞机旋转,其次推杆迅速减小迎角,使其小于临界迎角;当飞机停止旋转时,收平两舵,保持飞机不带侧滑;最后在俯冲中积累到规定速度时,拉杆改出,恢复正常飞行。

3.5.2 低空风切变的飞行操纵

风切变是一种大气自然现象,是指风向和风速在特定方向上的变化,一般特指在短时间、短距离内的变化。在航空气象学中,600m以下空气层中风向和风速突然改变的现象称为低空风切变。低空风切变是目前国际航空界和气象界公认的对飞行安全有重大影响的气象现象之一,是航空界公认的飞机在起飞和着陆阶段的"杀手"。据美国国家运输安全委员会统计,自1975年以来,由于天气原因在美国发生的恶性空难事故中,大约有80%是低空风切变造成的。低空风切变由于发生突然、时间短、尺度小、强度大,当飞机遇上时,往往由于飞行高度太低,缺乏足够的空间进行机动而发生事故。为了保证飞行安全,只有充分了解低空风切变的特性,才能避免和减小低空风切变对飞行的危害。

3.5.2.1 风切变的分类

风切变按照其类型、强度以及与飞机飞行轨迹之间的关系有不同的分类方法。

(1)按照类型,风切变可分为水平风切变和垂直风切变。水平风切变是指水平两点间风速或风向的突然变化,垂直风切变是指垂直两点间风速或风向的突然变化。

(2)按照飞行航迹,风切变可分为顺风切变、逆风切变、侧风切变和升降气流切变。

顺风切变是指飞机从小的顺风进入大的顺风区域,或从逆风进入无风或顺风区域,以及从大的逆风进入小的逆风区域,突变的风速、风向使飞机空速快速减小,升力下降,飞机下沉,危害较大。

逆风切变是指飞机从小的逆风进入大的逆风区域或从顺风进入无风区,以及从大的顺风区进入小的顺风区,该切变与顺风切变对飞机产生的效果相反,会使飞机的升力增加、飞机上升,危害性相对较小。

侧风切变是指飞机从有侧风或无侧风状态进入另一种明显不同的侧风状态,侧风有左、右侧风之分,可使飞行发生侧滑、滚转以及偏转,对飞机起降有一定的危害。

升降气流切变是指飞机从无明显的升降气流区进入强烈的升降气流区。升降气流切变包括上升气流切变和下降气流切变。当下降气流速度大于 3.6m/s 时(相当于一般喷气飞机离地 90m 时的起飞上升率或着陆下降率)称为下冲气流切变。下冲气流切变会使飞机急剧下沉,对飞机危害很大。

(3) 按照风切变的强度,低空风切变一般可分为轻度、中度、强烈和严重低空风切变 4 类,如表 3-2 所示。风切变强度是指单位距离(或高度)上风速的变化值。

表 3-2 风切变的强度

等级	高度变化 30m 时风速的变化值/(m/s)	强度/s^{-1}
轻度	0~2	0~0.07
中度	2.1~4	0.08~0.13
强烈	4.1~6	0.14~0.19
严重	>6	>0.19

3.5.2.2 低空风切变对飞机起飞着陆的影响

起飞时遭遇风切变的危险是飞机失速,起飞中由于飞机不断加速,高度不断增加,飞行员无须判断,只需推大油门以争取飞机的速度和高度即可,处理上比着陆下降中遇到风切变更容易些。而着陆时遭遇风切变要求飞行员及早判断,并视情改变着陆操纵策略,着陆时由于风切变发生的事故更多。

1. 顺风切变对起飞着陆的影响

在稳定风场中,飞机是随风飘移的,飞机的飞行速度即为飞机相对于空气的速度。但当飞机遭遇风切变时,在飞行速度不变的情况下,飞机的空速要发生变化。当飞机起飞或下降过程中进入顺风切变时,如从强逆风突然转为弱逆风,或从逆风突然转为无风或顺风时,飞机的指示空速会降低,升力明显减小,从而使飞机不能保持高度而下掉。

当飞机在进近着陆过程中遇到顺风切变,飞行员应及时加油门增速,并带杆减小下降角。由于飞机迎角、速度增大,飞机升力增加,飞行轨迹向上弯曲,当飞机超过正常下滑线后,再松杆增大下滑角,并收小油门,使飞机按原来的下降速度沿正常下滑线下滑。但是如果风切变的高度很低,飞行员可能来不及修正,或仅完成一半的修正动作,飞机将以大速度接地(甚至可能撞地),有可能导致冲出跑道,造成事故。因此,顺风切变危害较大。

2. 逆风切变对起飞着陆的影响

飞机在起飞或者着陆下降过程中进入逆风切变层时,如从强顺风突转为弱顺风,或从顺风突转为无风或逆风,这时飞机指示空速迅速增大,升力明显增加,飞机被突然抬升而脱离正常上升轨迹或下滑线。

着陆中遇到逆风切变,飞行员应尽早收油门,利用侧滑等方法加大阻力,使飞机尽快减速,并顶杆加大下降角,使飞机下降到正常下滑线之下,再带杆回到正常的下滑线下,同时补些油门,使飞机沿正常下滑线下降。相比顺风切变,逆风切变的危害性稍小。

3. 侧风切变对起飞着陆的影响

飞机在起飞或着陆下滑时,如果遭遇侧风切变,飞机将产生侧滑和坡度,会使飞机偏离预定上升或下滑着陆方向。飞机着陆过程中若侧风切变层高度较低,飞行员来不及修正,则飞机会带坡度或偏航接地,直接影响着陆后的滑行方向。

4. 升降气流切变对起飞着陆的影响

飞机在起飞和下滑着陆时,具有速度小、迎角大的特点。飞机在起飞和着陆过程中如果遇到较强的上升气流切变,突然间迎角会增加较多,有可能接近或超过飞机临界迎角状态,造成飞机抖动甚至失速下坠。

下冲气流切变会使飞机迎角减小,升力下降,飞机突然下降,如果飞行高度本来不高,就有触地危险,而且这时飞行员往往急于拉杆,造成迎角过大,会引起飞机失速。因此,可以看出,上升气流切变未达到飞机失速程度时,下冲气流切变比上升气流切变要危险得多。

遇到下冲气流切变,飞行员应立即加大油门,使飞机进入上升,但飞机能否克服下冲气流的影响,还取决于飞机本身的上升性能,要看飞机的上升率是否能大于下冲气流速度。

由于起飞过程中飞机不断增速,高度不断增加,起飞中遇到下冲气流切变比着陆下降时遇到下冲气流切变容易处理。

3.5.2.3 如何避免低空风切变的危害

在实际飞行中,飞机遇到的风切变往往不是单一的风切变分量,可能是两个及以上的风切变分量,它常以某类型的风切变为主,而又常常伴有另两类或更多的切变分量,飞机受多种风切变的综合影响,所以飞机的初始响应也将是几种影响的综合结果,其影响是相当复杂的,辨认风切变的情况相当困难。因此,为保证安全飞行,对风切变的防范是十分必要的。

对机务工作者而言,首先要养成研究气象预报和天气形势报告的习惯,要会识别风切变即将来临的天气征候。其次,飞行中,在接近雷暴、锋面或飞过地形复杂区域等容易产生风切变的情况下，要提高警惕，做好应变准备。对于强度很大、区域较小的风切变，尽可能绕开，以保证飞行安全。

3.5.3 结冰条件下的飞行操纵

飞行中，飞机的某些部位由于大气中冰晶体的沉积或水汽的直接凝固以及过冷水滴的冻结，出现霜或积有冰层的现象，称为飞机结冰。特别是冬季，云中温度低于0℃时，飞机表面极易结冰。

飞机结冰会使飞机的空气动力性能变坏，稳定性、操纵性变差，飞行性能下降，发动机工作不稳定。同时飞行仪表指示发生误差，挡风玻璃模糊不清等。因此，飞机结冰是飞行安全中一个常见而且威胁很大的因素，几乎每年都会发生因飞机结冰导致的飞行事故。我国幅员辽阔，南北、东西气温变化很大，高寒地区、山地、大面积水域的国土面积占有相当大的比例，气象条件十分复杂，飞机结冰现象比较常见，如不及时发现并采取紧急处理措施，就可能危及飞行安全。

1. 飞行中飞机结冰的原理

云中尤其是积状云，如积云、积雨云和层积云等存在着过冷水滴，即水滴温度在冰点以下而不结冰仍保持液态水的状态。过冷水滴是不稳定的，稍受振动，即冻结成冰。当飞机在含有过冷水滴的云中飞行时，空气受到扰动，如果机体表面温度低于0℃，过冷水滴就会在机体表面某些部位冻结，并积聚成冰。因此，当飞机经过冷却的云层或云雨区域时，机翼、尾翼和机身等其他部位，常会积聚冰晶。

由此可见，飞机结冰的条件是：气温和飞机表面的温度低于0℃，并且云中有稳定低于0℃的过冷水滴存在。

飞机结冰的种类大致有以下4种。

（1）明冰：光滑透明、结构坚实，多在$0 \sim -10$℃的过冷雨中或大水滴组成的云中形成。

（2）雾凇：不透明，表面粗糙，多形成在温度为-20℃左右的云中。

（3）毛冰：表面粗糙不平，冻结得比较坚固，像白瓷，形成在温度为$-5 \sim -15$℃的云中。

（4）霜：飞机由低于0℃的区域进入较暖的区域，未饱和空气与温度低于0℃的飞机接触时，如果机身温度低于露点，水汽在机体表面直接凝华而成霜。霜是晴空中飞行时出现的一种积冰。

飞机的结冰形状通常有楔形平滑状结冰、槽形粗糙冰和无定形起伏状积冰三种。楔形平滑状结冰往往是明冰，一般表现为沿气流方向的积冰；槽形粗糙冰对飞机的空气动力特性的损害最严重；无定形起伏状积冰多为在混合云中飞行时造成,积冰牢固,在长时间飞行中危险。

2. 飞机结冰对飞机性能的影响

飞机结冰,大致可以分为飞机外表结构结冰和飞机内部动力系统上的结冰。飞机结冰会对飞机的气动特性和飞行性能产生极大的影响。

1) 机翼和尾翼结冰对气动性能的影响

在机翼或尾翼表面结冰,最直接的影响是结冰会破坏环绕翼型四周的正常气流,造成升力系数减小、阻力系数增加,临界迎角下降,失速速度增加,容易使飞机发生失速。

这是因为机翼前缘积冰使机翼变形。机翼积冰既影响了附面层内气流的流动,又改变了机翼原来的流线型形状,破坏机翼的流态,使升力系数减小,阻力系数增大,同一迎角下的升阻比变小,机翼的最大升阻比降低。机翼积冰后,飞机将在更小的迎角下发生气流分离,致使临界迎角变小,最大升力系数随之降低,增加失速的可能性。失速增加是危险的,特别是带霜、雪或冰起飞和着陆的飞机对失速增加更敏感,甚至会造成事故。

2) 机翼和尾翼结冰对飞行性能的影响

飞机结冰后,阻力增大,平飞所需推力增加,加之发动机的可用推力减小,所以平飞最大速度、上升角、上升率和上升限度均减小。

飞机结冰后,最大升力系数降低,所以平飞最小速度(平飞失速速度)增大,平飞速度范围缩小。

在起飞中,机翼表面以及襟翼前缘结冰时,不仅飞机的空气阻力显著增大,而且在同样迎角和速度下,飞机升力变小,使起飞滑跑过程中的摩擦阻力增大,飞机加速能力减小,起飞滑跑距离大大增加。如果保持同样的离地迎角,由于升力系数小,离地速度就要增大;如果保持同样的离地速度,离地迎角就应增大,这又可能会导致机尾擦地。离地后,因飞机阻力增大,发动机的剩余推力减小,飞机加速到起飞安全高度的时间增长,起飞后的爬升梯度减小,增加了越障的困难。巡航阶段,飞机的航程、航时都要减小;着陆阶段,着陆速度、着陆滑跑距离都增大,平尾配平困难。

另外,结冰改变了翼型的气动外形,因而改变了翼型焦点的位置,对重心位置也有一定的影响,这都会改变飞机的纵向静稳定性;同时也使得飞机的纵向动稳定性发生变化,响应的时间、振幅都会变化。

3) 机翼和尾翼结冰对操稳特性的影响

机翼前缘很容易结冰,会增加飞机的重量,但仅仅是重量的增加,尚不至于使飞机出现下沉的情况,但更为严重的问题是,只要机翼的前缘有半寸结冰,就足以使飞机损失约 50% 的升力,并增加相同数量的阻力。在一般情况下,当结冰发生时,可在2min内将结冰量积累到危险的程度,其结果会使飞机失速比预期要早一些,将飞行员推向危险状况。

尾翼也很容易结冰。尾翼结冰除了使飞机阻力增加,还会破坏飞机的力矩平衡,使飞机的稳定性和操纵性变差。据一项由FAA(Federal Aviation Administration,美国联邦航空管理局)和NASA(National Aeronautics and Space Administration,美国国家航空航天局)提供的有关危害飞行安全的资料分析,在任何足以快速积累结冰的天气状态中,尾翼的面积比机翼小,因此在其表面上的结冰时间要比机翼早且更快速。尾翼上的结冰厚度,通常是机翼结冰厚度的3~6倍。

平尾结冰和机翼结冰一样,会使同一迎角下平尾升力系数降低,造成平尾对全机的力矩贡献减小,飞机纵向静稳定性变差。同时还会造成升降舵效能降低。尤其在着陆进场阶段,飞机放下大角度襟翼,机翼升力系数增大,同时气流下洗角增大,流向平尾的气流更加向下倾斜,平尾负迎角很容易超过平尾的负临界迎角而使平尾失速。一旦出现这种情况,平尾产生的抬头力矩将会大大减小,使飞机失去俯仰平衡,升降舵失去效能,以致造成拉杆也无法制止飞机下俯的危险情况。

垂尾结冰与平尾结冰一样,会使垂尾的临界侧滑角减小。当侧滑角超过垂尾临界侧滑角时,垂尾侧力急剧减小,使侧向操纵性变差,甚至出现反操纵。因此,在垂尾结冰条件下操纵飞机时,侧滑角应有一定的限制。

飞行中,操纵面结冰后,操纵杆力、操纵效能等都会发生变化,如果操纵面的缝隙有冰,如在后退式襟翼、开缝襟翼等对接处有水汽冻结时,不仅降低操纵效率,严重时还会出现卡死现象,使操纵性能完全失效,这些对飞行安全都有威胁。

4)飞机其他部件结冰的影响

在飞机各种仪表中最重要的是空速指示器,它的读数是根据空气的动压和静压给出的。在皮托管和静压口的结冰,将会使高度、空速、垂直速度及各种仪表发出错误的数据指示,而直接威胁飞行安全。

压力传感器结冰也会引起错误的大功率指示,导致飞机可能在起飞时使用比实际需要更小的推力。

另外,天线结冰可能引起天线折断,严重干扰雷达通信,导致无线电及雷达信号失灵。

燃油系统通气管结冰堵塞,会影响燃油的流动,导致发动机功率下降,也极易造成飞行事故。发动机的进气道结冰,会使进气量减小,发动机的功率或推力下降,甚至会造成更严重的结果。

总之,飞机结冰不仅使气动特性恶化,阻力增大、升力减小导致失速,而且使发动机功率下降,风挡视野不清晰,有关仪表读数不准,因此结冰直接影响飞行安全。虽然现在的飞机本身已有加温或除冰系统,可在一定程度上克服上述结冰问题,但是飞机仍然需要避开结冰区域以防止除冰不及时而瞬间结冰,造成危险。

由于结冰后飞机气动特性恶化,对飞机的飞行性能也产生极大的影响。结冰后使飞机阻力增大,平飞所需推力增加,平飞最大速度、上升角、上升率和升限减小;失速速度和平飞最小允许速度增大,速度范围小;起飞滑跑距离增大;续航性能变差等。

3. 结冰条件下飞行的操纵特点

飞行前应做好预防结冰的准备工作。飞行前认真研究航线天气及可能积冰的情况,做好防积冰准备是安全飞行的重要措施。飞行前还应仔细了解飞行区域的云、降水和气温分布情况,特别是 $-15 \sim 0℃$ 等温线的位置,根据飞行速度、航线高度等条件判明可能发生结冰的区域,确定避开结冰区域的方法;如必须通过积冰区域,就应提前打开防冰装置,选择结冰强度弱和通过结冰区最短的航线,并做好除冰等准备。当在起飞前观察到或怀疑飞机上有冰、雪时,应该对机翼、尾翼进行检查、除冰。检查防冰装置,清除机面已有积冰、霜或雪等。

飞行中要密切注意结冰的出现和强度,尽量绕开结冰区。一旦发现飞机结冰,应及早接通防冰除冰装置,多发动机飞机要分段接通防冰除冰装置,必要时应脱离结冰区。要注意使用防冰和除冰装置后飞机性能的变化。飞机结冰后,尽量保持平飞和安全高度。

在机翼、尾翼都结冰的情况下着陆时,应尽可能用防冰、除冰设备,若除不掉或来不及除掉,则只允许放小角度襟翼,以免造成拉杆也无法制止飞机下俯的危险情况。如果不能准确判明飞机是否结冰,仍按正常程序实施着陆。在放下襟翼后,飞机动态发生非操纵变化时,应立即将襟翼收上,或只放小角度襟翼着陆,以增大进近速度,防止平尾失速。

3.5.4 在湍流中的飞行操纵

大气湍流是大气中一种不规则的随机运动,湍流每一点上的压力、速度、温度等物理特性等随机变化。引发湍流的原因是气压变化、急流、冷锋、暖锋和雷暴,甚至在晴朗的天空中也可能出现湍流。飞机的尾迹也会造成湍流。

飞机在湍流中飞行,如同船舶在风浪中航行、汽车在不平坦的路面上行驶一样,由于随机性外力的作用,飞机的姿态和轨迹会发生变化,产生颠簸、摇晃以及局部抖动等现象,称为飞机颠簸。颠簸会影响飞行员的舒适程度,还会造成飞机结构的疲劳损伤。

湍流是一种看不见的气流运动,而且经常不期而至。因大气湍流引发的飞行事故时有发生,因此有必要了解大气湍流对飞行的影响。

1. 湍流对飞行影响

飞机在稳定气流中飞行,气团的移动速度不会影响飞机的空速、迎角和侧滑角,飞机会随气团一起飘移。但大气经常是不稳定的,飞机在湍流中飞行,经常受到时大时小的水平气流(水平阵风)和升降气流(垂直阵风)的冲击,从而改变飞机的空速、迎角和侧滑角,致使作用在飞机上的力和力矩发生不规则的变化,飞机产生颠簸、俯仰摆动、摇晃摆头等现象。

水平阵风(不考虑侧风)不影响飞机的迎角,只改变空速。例如飞机平飞时,升力等于重力。当突然遇到迎面水平湍流时,飞机的迎角不变,空速却突然增大,升力随之增大。飞机在附加外力的作用下向上做曲线运动,飞机高度增加,飞行人员和乘客有压向座椅的感觉。同理,如果遇到与飞行方向一致的水平湍流,飞机将向下做曲线运动,高度降低,飞行人员与乘客有离开座椅的感觉。

垂直阵风不仅能改变空速大小,还能改变飞机的迎角。如果突然遇到上升湍流,一方面作用在飞机上的相对气流速度增加,另一方面迎角增大,导致飞机升力增大。相反,如果飞机突然遇到下降湍流,作用在飞机上的相对气流速度会增加,但飞机迎角会减小,由于迎角减小引起的升力变化大于速度增加引起的升力变化,最终导致飞机升力减小。

由此可见,不稳定的水平气流和垂直气流都会引起升力发生变化,从而造成颠簸。

一般湍流分为极端湍流、严重湍流、中等湍流和轻微湍流 4 类,如表 3-3 所示。

表 3-3 湍流分类情况

湍流类型	对飞行的影响
极端湍流(阵风±50 英尺/s)	飞机会出现剧烈颠簸,几乎无法控制,可能会造成结构损伤
严重湍流(阵风±35~±50 英尺/s)	飞机会间断失去控制,乘员会在安全带下被剧烈来回抛动,未固定的物体会被抛出
中等湍流(阵风±20~±35 英尺/s)	乘员被要求使用安全带,并偶尔被抛出,未固定的物体会移动
轻微湍流(阵风±5~±20 英尺/s)	乘员可能被要求使用座位安全带,但物体保持不动

2. 湍流中的飞行特点

1)湍流对飞行性能的影响

(1)平飞最小允许速度增大。在稳定气流中飞行,飞机的平飞最小速度受临界迎角限制。在湍流中飞行,飞机若突然遇到上升气流,由于相对气流的方向改变,迎角增大。为了使增大后的迎角不大于临界迎角,在湍流中飞行时,使用的最大迎角应比临界迎角小一些,平飞最小速度也要相应增大一些。湍流增强,所引起的迎角变化量增大,平飞允许使用的最大迎角减小,平飞最小允许速度增大。

(2) 平飞最大允许速度减小。平飞中,若遇到不稳定的上升气流,由于迎角增大,使升力和过载增大,而平飞最大允许速度受到过载的限制,因此颠簸飞行中的最大允许速度将减小。上升气流速度越大,在相同的上升气流作用下,虽然迎角变化量变小,但因相对气流速度大,升力变化量还是增加,过载变化量也增加,相应最大允许速度越小。

2) 飞行速度的选择

在湍流中飞行,平飞最小速度增大,平飞最大速度减小,因而平飞速度范围缩小。升降气流速度越大,平飞速度范围越小。当升降气流速度增大到一定值时,平飞最小允许速度等于平飞最大允许速度,平飞速度范围缩小为零。因此,在实际飞行中如遇到强烈湍流而产生剧烈颠簸,要及时绕开,或者返航备降。

在湍流中,选择平飞最小允许速度与平飞最大允许速度之间的任一速度平飞都是安全可靠的。但是,在该速度范围内,若选择的速度比较小,当受湍流影响时,则迎角变化较大,飞机俯仰摆动和左右摇摆比较明显,不利于按仪表保持飞机的状态。而若选择的速度比较大,则遇到湍流时过载变化较大,飞机会产生明显的上下颠簸,也会给操纵带来困难。因此,湍流中飞行应该严格按照飞机机型规定的颠簸速度飞行。

3) 最大飞行高度的限制

颠簸飞行的最大高度应低一些。因为抖动升力系数随 Ma 增加而减小,高度升高,相同飞行速度下的 Ma 增加,升力系数裕量减小,为了保证足够的升力系数裕量,要限制飞机飞行高度的增加。

3. 湍流中的操纵特点

(1) 在轻、中度湍流中飞行时不要急于修正。在湍流中飞行,在到达临界迎角前飞机仍具有较好的稳定性,因此在轻、中度湍流中飞行时不要急于修正。在强颠簸条件下应断开自动驾驶仪,采用人工飞行的方法,使用阻尼器,防止自动驾驶的信息延迟。人工飞行时,应该握住杆,防止舵面自由偏转,以增强飞机的稳定性。修正偏差时,应及时、柔和、有力,要往复修正,以免引起飞机来回摆动。

(2) 在湍流中操纵应柔和。阵风引起的过载会增加飞机的法向过载,因此在湍流中操纵应柔和。若需改变航向,则坡度不要太大。因为强烈湍流会使飞机迎角增大,阻力增加,所需推力还要进一步增大,这就可能使发动机可用推力小于平飞所需推力,引起速度减小,高度降低。另外,坡度大时一旦飞机两侧湍流不一致超过一定值,飞机就会迅速增大坡度,危及飞行安全。

(3) 飞行颠簸时应根据地平仪和发动机参数飞行。飞机颠簸时,仪表受到不规则的振动,指示常发生一些误差,特别是在颠簸幅度较大、飞机忽上忽下变动频繁时,升降速度表、高度表和空速表等飞行仪器就会产生比较明显的误差。因此,飞行员应根据地平仪和发动机参数,保持飞行状态。短五边进近时要根据当时风向、风速,相对固定基准油门,根据仪表的平均值进行修正。

接近升限飞行时应绕开上升气流。在接近升限时,飞机迎角已接近抖动迎角,因此应绕开强上升气流或降低高度飞行,要及时脱离中等强度的湍流区。

3.5.5 进入前机尾流的飞行操纵

尾流是机翼在产生升力时的一种产物,它是影响飞机飞行安全的一个重要因素。尾流是湍流的一种形式,当飞机飞入前面飞机的尾流区域时,飞机会出现下降、抖动、发动机停车及飞行状态改变甚至飞机翻转等现象。当小型飞机跟随大型飞机起飞或着陆时,倘若进入前机尾流中,如果处置不当就容易发生飞行事故。

3.5.5.1 尾流(涡)及其物理特性

飞行中飞机将动量传给空气,对飞机飞过后的空气形成强烈干扰,飞机机尾后的这种空气扰动就是尾流。尾流由发动机紊流、附面层紊流和尾涡三部分形成,其中尾涡对飞行影响最大。有时尾涡又专指翼尖涡流形成的尾涡。

1. 尾涡的形成

正常飞行时,飞机机翼的下翼面的压力大于上翼面的压力,在上下翼面压力差的作用下,下翼面的气流会绕过翼尖流向上翼面,使得下翼面的流线由翼根向翼尖倾斜,上翼面流线则由翼尖向翼根倾斜。由于上下翼面气流在机翼后缘处具有不同的流向,于是在翼尖处形成两组旋转方向相反、向后拖动的翼尖涡流,称为尾涡。

2. 尾涡的物理特性

两条集中尾涡涡核中心之间的距离称为涡核距,它通常小于飞机的翼展 L,在中等迎角下,涡核距约为 $0.8L$;大迎角下,涡核距为 $(0.72 \sim 0.75)L$。尾涡的旋转强度与过载、重力成正比,与翼展、空气密度和飞行速度成反比。

两条尾涡运动的叠加,形成了飞机的尾流场。飞机两条尾涡中间的气流向下运动,引起一定的下洗速度,其与飞机质量成正比,与飞行速度成反比,因此大型飞机起飞、着陆时,其尾流场形成的下洗速度会很大,对紧接其后的飞机飞行会有很大的影响。

尾涡离开飞机后会向下移动,称为尾涡的下沉。尾涡的下沉量是指尾涡中心低于水平线的垂直高度。下沉量由两部分组成:第一部分是机翼的下洗作用造成的,通过机翼的气流有一定的下洗角,使整个气流向下倾斜,造成尾流下沉。这部分下沉量与下洗角大小和尾涡离开飞机的距离成正比。第二部分是由于左右两旋转方向相反的涡的影响,使两个涡束都产生下移速度所致。大型飞机的尾涡大约以 2.5m/s 的速度向下移动,但下降到约 200m 时趋于水平。

尾涡接近于地面时,有地面效应。左右两股尾涡在接近地面一个翼展高度时,受到地面阻挡,逐渐转为横向移动。有侧风时,尾涡随风飘移。

由于尾涡的切向速度很大,会带动大气中具有黏性的静止空气旋转,因而能量不断扩散。此外,大幅度的温度变化和大气波动也能导致尾流很快消散。尾涡的衰减和消散时间约为 2min。风速越大,尾涡消散越快。

3.5.5.2　前机尾流对后机飞行的影响

如果飞机在很近的距离内进入前机尾流,会对飞行产生很大的影响。飞机从尾流的不同位置和方向进入,受到的影响是不同的。

1. 横穿前机尾涡中心

当飞机横穿前机尾涡中心时,受尾涡流场的影响,飞机会忽上忽下,出现大幅度的颠簸,使飞机承受很大的载荷变化。如果飞行员操纵不当,就会加大飞机的载荷,甚至使飞机的结构遭到破坏。

若飞机不是从前机尾涡中心横穿,则影响会小一些。

2. 从正后方进入前机尾涡

当飞机从前机正后方进入前机尾涡时,会受到尾涡下沉气流的影响,上升率降低,下降率增加,若是着陆时进入,则飞机会突然掉高度。如果在中高空飞行,这种影响并不大,因为有足够的高度裕度让飞行员来重新调整和恢复。而在起飞和着陆阶段,出现这种掉高度的情况有可能是灾难性的。

3. 从正后方进入前机一侧机翼的尾涡中心

当飞机从前机一侧机翼的尾涡中心的正后方进入时,飞机左右机翼受到的气流作用不一样,两侧机翼的迎角相差较大,飞机会急剧滚转。飞行试验表明,大型运输机所形成的尾涡流场十分强烈。当小型飞机不慎进入其尾涡中心区时,很容易产生 90°以上的滚转运动,导致飞机掉高度,如果在进近过程中发生这种情况将产生无法挽回的灾难性后果。

4. 从前机旁边进入前机尾涡

当飞机从旁边进入前机尾涡时,由于两侧机翼受到的气流上洗作用大小不一样,会导致飞机向尾涡外侧滚转,最终被推出尾涡区。

为防止进入前机尾流,飞机与前机之间要保持规定的高度、距离与时间间隔。

思 考 题

1. 什么是飞机的平衡？如何进行分类？
2. 简述侧滑故障的原因及其调整原理。
3. 简述坡度故障原因和坡度故障调整原理。
4. 如何判定飞机的迎角静稳定性？飞机的迎角静稳定性随 Ma 有什么变化规律？
5. 什么是迎角静稳定性？什么是速度静稳定性？它们之间有什么关系？
6. 简述飞机平飞操纵原理。平飞平尾偏转角随飞行 Ma、重心位置如何变化？
7. 什么是平飞反操纵现象？平飞反操纵的原因是什么？
8. 平尾、副翼、方向舵偏转角及其对应的驾驶杆、脚蹬位移及作用于驾驶杆和脚蹬上的操纵力的正负是如何规定的？
9. 什么是飞机的方向静稳定性？如何判定飞机具有方向静稳定性？飞机迎角的大小对飞机方向静稳定性有什么影响？
10. 什么是焦点？什么是机动点？两者有何关系？写出两者的关系式。
11. 拉升运动中，$\Delta n_y = 1$ 对应的平尾偏转角增量为 $\Delta \delta_z = -2°$，将重心前移 $0.02 b_A$ 后，$\Delta n_y = 1$ 对应的平尾偏转角增量为 $\Delta \delta_z = -3°$，不计平尾升力对全机升力的贡献：

（1）计算原重心位置对应的机动裕量 σ_n；

（2）若已知 $m_z^{C_y} = -0.02$，$\mu_1 = 100$，试算 $m_z^{\bar{\omega}_z}$。

12. 某飞机的参数为：$G = 68560 \text{N}$，$S = 23 \text{m}^2$，$b_A = 4.002 \text{m}$，$\bar{x}_T = 0.313$，$\bar{x}_F = 0.384$，$m_{z0} = -0.0035$，$m_z^{\delta_z} = -0.0132(1/°)$，$m_z^{\bar{\omega}_z} = -2.4$，$\bar{L}_{ht} = 1.3193$。

求：该飞机在高度 5000m，$Ma = 0.5$ 时做 $n_y = 3$ 的定常拉升运动所需平尾偏转角？

（提示：$H = 5 \text{km}$ 时，$\rho = 0.73626 \text{kg/m}^3$，$a = 320.5 \text{m/s}$，$\mu_1 = 2m/\rho S b_A$。）

13. 某飞机原以 $H = 5 \text{km}$，$Ma = 0.9$ 做定常直线平飞，此时升降舵的偏转角 $-2°$。若该飞机在同样的高度和 Ma 下，以 $n_y = 2$ 做拉升运动。问升降舵的偏转角应为多少？已知：

$$b_A = 4.002\text{m}, \quad \frac{G}{S} = 283\text{kg/m}^2,$$

$$m_z^{C_y} = -0.08, \quad m_z^{\bar{\omega}_z} = -2.68,$$

$$m_z^{\delta_z} = -0.15(1/°), \quad p = 54005\text{N/m}^2。$$

(提示：$H = 5\text{km}$ 时，$\rho = 0.73626\text{kg/m}^3, a = 320.5\text{m/s}, \mu_1 = 2m/\rho S b_A$。)

14. 某飞机在高度 $H = 11\text{km}(\rho = 0.364\text{kg/m}^3,$ 声速 $a = 295\text{m/s})$，以 $Ma = 0.8$ 的速度平飞时，有关的气动力矩系数(导数)如下：

$$m_{z0} = -0.004, \quad m_z^{\delta_z} = -0.0125(1/°),$$

$$m_z^{\bar{\omega}_z} = -2.16, \quad m_z^{C_y} = -0.036。$$

已知该飞机的机翼面积 $S = 23\text{m}^2$。在该飞行状态的飞行质量为 7500kg，纵向相对密度 $\mu_1 = 448$，重心位置 $\bar{x}_G = 0.306$。求该飞机在该飞行状态下的平飞平尾偏转角和过载 $n_y = 2$ 的机动飞行时的平尾偏转角。

15. 某飞机在高度 $10\text{km}, Ma = 1.712$ 状态下飞行。已知 $\bar{x}_F = 0.5136, \bar{x}_G = 0.32, m_z^{\bar{\omega}_z} = -1.0324, m_z^{\delta_z} = -0.00417(1/°), S = 23\text{m}^2, m = 6330\text{kg}, p = 26418\text{N/m}^2, \mu_1 = 333.5$，平尾活动范围为 $-16.5° \leq \delta_z \leq 7.5°$，平飞时，平尾平衡偏转角为 $-2.3°$。试计算：

(1) 稳定曲线飞行时单位过载平尾偏转角；

(2) 稳定曲线飞行时拉杆到底所能产生的最大过载。

16. 某飞机飞行质量 $m = 9000\text{kg}$，机翼面积 $S = 32\text{m}^2$，在某高度以 $Ma = 1$ 飞行，已知 $m_z^{\delta_z} = -0.01(1/°)$，单位过载平尾偏转角 $\delta_z^{n_y} = -2°$，大气压力 $p = 5.4 \times 10^4\text{Pa}$，计算飞机的平飞升力系数 C_{ylf} 及机动裕度 σ_n。

17. 某飞机在 5000m 高度做定常拉升运动，在拉升运动的最低点处速度 $V = 630\text{km/h}$，角速度 $\omega_z = 0.3363/\text{s}$。如果已知飞机质量 $m = 7000\text{kg}$，机翼面积 $S = 23\text{m}^2$，平均空气动力弦长 $b_A = 4\text{m}$，重心相对位置 $\bar{x}_G = 0.30$，飞机焦点相对位置 $\bar{x}_F = 0.35$，大气密度 $\rho = 0.737\text{kg/m}^3, m_{z0} = -0.007, m_z^{\bar{\omega}_z} = -1.561, m_z^{\delta_z} = -0.521(1/°)$。

(1) 试求此时的升降舵偏转角为多少？

(2) 欲使附加的升降舵偏度为零，重心 $\bar{x}_G$ 应置于何处？

18. 失速、螺旋、风切变、结冰条件和湍流等几种特殊情况下的飞行操纵应注意哪些问题？

第 4 章 飞机的运动方程

前面讨论了飞机的平衡、静稳定和静操纵性,即飞机的静品质问题。但是,为了保证飞机的飞行安全和良好的飞行品质,仅仅研究飞机的静态特性是不够的,必须在此基础上研究飞机的动态特性。

研究飞机的动态特性,首先必须建立反映飞机运动规律的运动方程。从动力学观点来看,动态特性是研究飞机在外力或外力矩(外界扰动或飞行员操纵)作用下,各个运动参数随时间的变化规律,也就是求解飞机的运动方程,并在此基础上,对动态特性做进一步定量分析。

本章首先应用力学原理,推导出飞机在一定假设条件下的刚体运动一般方程;其次,根据求解需要,在小扰动前提下将方程组线化和无因次化;并利用简化假设将飞机一般运动方程组分成两组相互独立的方程组——纵向运动方程组和横航向运动方程组。

4.1 刚体飞机的运动方程

4.1.1 基本假设

飞机的运动是一个复杂的质点系动力学问题。如果要全面考虑地球的曲率、燃油的消耗、武器的投射,飞机内部动力系统和操纵系统等机件的相对运动及飞机本身的弹性变形,以及外力使飞机外形、飞行姿态和运动参数变化等因素,会使飞机运动方程的推导变得极为复杂,并且很难进行解析处理。因此,有必要做出经实践证明是合理的简化假设,除了假定飞机是刚体,且飞机的质量 m 为常数外,还假定:

(1) 地面坐标系是个惯性系,也就是忽略了地球的自转运动和地球质心的曲线运动。

(2) 地球表面为一平面,即"平面地球假设"。

(3) 大气相对于地球是静止的。

(4) 重力加速度 g 为一个常数且不随飞行高度而变。

4.1.2 刚体飞机的动力学方程

刚体飞机在空中的一般运动可以分解为飞机质心的运动和刚体绕质心的转动。刚体做空间运动时有6个自由度,需6个方程加以描述。其中三个方程描述其质心的运动规律,另三个方程描述刚体绕质心的转动规律。

飞机质心运动规律的三个动力学方程已经在第2章给出:

$$\begin{cases} m\left(\dfrac{\mathrm{d}V_x}{\mathrm{d}t} + \omega_y V_z - \omega_z V_y\right) = \sum F_x \\ m\left(\dfrac{\mathrm{d}V_y}{\mathrm{d}t} + \omega_z V_x - \omega_x V_z\right) = \sum F_y \\ m\left(\dfrac{\mathrm{d}V_z}{\mathrm{d}t} + \omega_x V_y - \omega_y V_x\right) = \sum F_z \end{cases} \quad (4-1)$$

下面推导刚体飞机绕质心的三个转动方程。

根据理论力学质点系动量矩定理,质点系对于任一点的动量矩对时间的导数,应等于作用于该质点系的外力对同一点的力矩矢量和,即

$$\dfrac{\mathrm{d}\boldsymbol{h}}{\mathrm{d}t} = \sum \boldsymbol{M} \quad (4-2)$$

式中:$\boldsymbol{h}$ 为绕飞机质心的动量矩;$\sum \boldsymbol{M}$ 为合外力矩。而

$$\dfrac{\mathrm{d}\boldsymbol{h}}{\mathrm{d}t} = \dfrac{\partial \boldsymbol{h}}{\partial t} + \boldsymbol{\omega} \times \boldsymbol{h} \quad (4-3)$$

将式(4-2)投影到机体轴系上,得

$$\begin{cases} \dfrac{\mathrm{d}h_x}{\mathrm{d}t} + \omega_y h_z - \omega_z h_y = \sum M_x \\ \dfrac{\mathrm{d}h_y}{\mathrm{d}t} + \omega_z h_x - \omega_x h_z = \sum M_y \\ \dfrac{\mathrm{d}h_z}{\mathrm{d}t} + \omega_x h_y - \omega_y h_x = \sum M_z \end{cases} \quad (4-4)$$

式中:$\sum M_x$、$\sum M_y$、$\sum M_z$ 分别为 $\sum \boldsymbol{M}$ 在坐标轴的投影。由动量矩的定义 $\boldsymbol{h} = \int \boldsymbol{r} \times \boldsymbol{V} \mathrm{d}m$ 得

$$\begin{cases} h_x = I_x \omega_x - I_{xy} \omega_y \\ h_y = I_y \omega_y - I_{xy} \omega_x \\ h_z = I_z \omega_z \end{cases} \quad (4-5)$$

式中:I_x、I_y、I_z和I_{xy}分别为飞机相对于机体坐标系的惯性矩和惯性积。将式(4-5)代入式(4-4)得

$$\begin{cases} I_x \dfrac{d\omega_x}{dt} - (I_y - I_z)\omega_y\omega_z - I_{xy}\left(\dfrac{d\omega_y}{dt} - \omega_z\omega_x\right) = \sum M_x \\ I_y \dfrac{d\omega_y}{dt} - (I_z - I_x)\omega_z\omega_x - I_{xy}\left(\dfrac{d\omega_x}{dt} + \omega_y\omega_z\right) = \sum M_y \\ I_z \dfrac{d\omega_z}{dt} - (I_x - I_y)\omega_x\omega_y - I_{xy}(\omega_x^2 - \omega_y^2) = \sum M_z \end{cases} \quad (4-6)$$

方程组(4-1)和方程组(4-6)就是在机体坐标系中列写的飞机刚体动力学方程。其中方程组(4-1)为力方程,方程组(4-6)为力矩方程。它们分别描述飞机质心沿三根轴方向的移动规律和飞机绕这些轴的转动规律。方程的左端为惯性项,右端为外力项。一般来说,这组方程是以时间t为自变量的非线性方程组。

微分方程组(4-1)和方程组(4-6)共有6个方程,其变量为V_x、V_y、V_z和ω_x、ω_y、ω_z。但目前还不能求解得到$V_x(t)$至$\omega_z(t)$的时间历程,原因是:

(1) 方程中的外力和外力矩尚未表达成运动参数V_x、V_y、V_z和ω_x、ω_y、ω_z的函数。

(2) 方程组(4-1)中外力项的重力分量取决于飞机相对固定坐标系$O_g x_g y_g z_g$的方位,如俯仰角和倾斜角。飞机的气动力与气动力矩也与大气密度(飞行高度)有关。因此,必须补充给出俯仰角、倾斜角与角速度ω_x、ω_y、ω_z之间,以及飞行高度与V_x、V_y、V_z之间关系的表达式。这些关系式由飞机的运动学方程给出。

4.1.3 刚体飞机的运动学方程

建立飞机的运动学方程,首先需要确定对地轴系的参数和对所采用的动坐标轴系的参数之间的关系。假如动坐标系采用体轴系,则飞机的方位可由体轴系原点(即飞机质心)相对地轴系的三个线坐标x_g、y_g、z_g以及这两个轴系之间的三个角坐标ψ、ϑ和γ来表示。

观察飞机绕原点的运动,可以看到有以下角速度:俯仰角速度$\dot{\vartheta}$、偏航角速度$\dot{\psi}$、滚转角速度$\dot{\gamma}$。

俯仰角速度在体轴系各轴的分量为0、$\dot{\vartheta}\sin\gamma$、$\dot{\vartheta}\cos\gamma$;偏航角速度在体轴系各轴的分量为$\dot{\psi}\sin\vartheta$、$\dot{\psi}\cos\gamma\cos\vartheta$、$-\dot{\psi}\sin\gamma\cos\vartheta$;滚转角速度在体轴系各轴的分量为$\dot{\gamma}$、0、0。

根据各角速度在体轴系各轴的分量,有

$$\begin{cases} \omega_x = \dot{\gamma} + \dot{\psi}\sin\vartheta \\ \omega_y = \dot{\vartheta}\sin\gamma + \dot{\psi}\cos\vartheta\cos\gamma \\ \omega_z = \dot{\vartheta}\cos\gamma - \dot{\psi}\cos\vartheta\sin\gamma \end{cases} \quad (4-7)$$

求解得

$$\begin{cases} \dot{\gamma} = \omega_x - \tan\vartheta(\omega_y\cos\gamma - \omega_z\sin\gamma) \\ \dot{\psi} = \dfrac{1}{\cos\vartheta}(\omega_y\cos\gamma - \omega_z\sin\gamma) \\ \dot{\vartheta} = \omega_y\sin\gamma + \omega_z\cos\gamma \end{cases} \quad (4-8)$$

由于动坐标系为体轴系,故 V_x、V_y 和 V_z 分别为飞机质心速度沿体轴系各轴的分量。如果认为大气相对于地球是静止的,利用已导出的变换矩阵 $\boldsymbol{L}_b^g$,可以得到对地轴系各轴的速度为

$$\begin{cases} \dot{x}_g = V_x\cos\psi\cos\theta + V_y(\sin\psi\sin\gamma - \cos\psi\sin\theta\cos\gamma) + V_z(\sin\psi\cos\gamma + \cos\psi\sin\theta\sin\gamma) \\ \dot{y}_g = V_x\sin\theta + V_y\cos\theta\cos\gamma - V_z\cos\theta\sin\gamma \\ \dot{z}_g = -V_x\sin\psi\cos\theta + V_y(\cos\psi\sin\gamma + \sin\psi\sin\theta\cos\gamma) + V_z(\cos\psi\cos\gamma - \sin\psi\sin\theta\sin\gamma) \end{cases}$$

$$(4-9)$$

式(4-7)或式(4-8)和式(4-9)即为所求运动学方程。对它们求一次积分,就可确定飞机重心相对于地轴系的线坐标和飞机在空间的角坐标。至此飞机在空间的方位就确定了。

4.1.4 刚体飞机运动方程讨论

前面推导求得的飞机的运动方程组由动力学和运动学共 12 个方程组成。一般来说,这组方程是以时间为自变量的多元非线性联合微分方程,下面对这组方程做如下讨论。

4.1.4.1 方程的封闭情况

为了分析前面建立的微分方程组中所包含的未知数,首先要分析动力学方程的外力和外力矩中包含的项目,以及与其相关的参数。作用于飞机上的外力和外力矩有:

(1) 视为常量的重力。它在体轴系上的分量与姿态角 ϑ、γ 有关,重力对重心不产生力矩。

(2) 动力装置产生的推力和推力矩。推力和推力矩大小与飞机的飞行速度、高度及油门杆的位置有关。在研究飞机的稳定性问题时,往往假定油门杆位置不变,也就是研究握杆稳定性问题,因此推力和推力力矩仅与飞机的飞行速度和飞行高度有关。但在研究飞机对油门杆的操纵反应时,就必须考虑推力和推力力矩随油门杆位置的变化。

(3) 空气动力和力矩。空气动力和力矩显然与飞机的飞行速度、高度、角速度等参数有关,同时还与飞机的气动构型、操纵面及相关的气动导数有关。

由对外力和外力矩项的讨论与对方程组惯性项所包含参数观察可知,方程中未知数有 V_x、V_y、V_z、ω_x、ω_y、ω_z、x_g、y_g、z_g、ψ、ϑ、γ 和副翼偏转角 δ_x、方向舵偏转角 δ_y、升降舵(平尾)偏转角 δ_z、油门杆位置 δ_p 共 16 个。但独立的动力学和运动学方程只有 12 个,方程不封闭,无法求解其解析解。因此,求解这组方程还需要给定 4 个参数随时间的变化规律。根据给出参数的不同,可以把飞行动力学问题划分为不同的类型。

4.1.4.2 典型问题及方程的应用

1. 握杆稳定性问题

握杆稳定性问题是研究在操纵面偏转角和油门杆位置保持不变时,飞机在飞行中受到扰动后飞行参数随时间的变化。因此,参数副翼偏转角 δ_x、方向舵偏转角 δ_y、升降舵(平尾)偏转角 δ_z 和油门杆位置 δ_p 保持常值,因而减少了 4 个未知数,方程得以求解。但由于方程组为包含 9 个未知量的非线性微分方程,一般得不到解析解。在飞行动力学中,常常利用小扰动假设将这组方程进行线化,将线化方程分离为纵向和横航向相互独立的两组方程,这样就降低了方程的阶次,从而得到一些简化的,但仍能反映飞机扰动运动本质的解析结果。这类问题是进行飞机的气动设计和检查飞机的飞行品质的重要内容之一。

2. 松杆稳定性问题

如果在飞机的扰动过程中,驾驶员完全松开驾驶杆和脚蹬,并保持油门杆位置不变。在扰动运动中,由于各种舵面本身相对飞机会有一定的自由运动,这将产生额外的气动力变化,因而造成与握杆情况不同的松杆扰动运动。为研究这类扰动运动的特性,在一般情况下,需要补充松杆状态下操纵系统运动方程,并将增加的操纵系统方程和飞机的运动方程进行联合求解,最终得到各种飞行参数随时间的变化规律。

3. 飞机的配平问题

飞机配平广义上说,是指飞机保持定常直线运动,飞机的运动参数不随时间

变化的状态。此时方程中的导数项都为0,且运动参数是常量。配平问题有正反两个命题:

(1) 给定运动参数值,在配平运动状态时,确定舵面偏转角。
(2) 给定舵面偏转角为常值,求解飞机的运动状态,也就是确定飞机的运动参数。

4. 操纵反应问题

操纵反应问题是给定操纵力或操纵面偏转角随时间的变化规律,求飞行参数的相应变化。飞机对操纵动作的反应也是各类飞机的飞行品质中重点检查的项目。

若给定舵面偏转角和油门杆位置的变化规律,则$\delta_x(t)$、$\delta_y(t)$、$\delta_z(t)$和$\delta_p(t)$ 4个参数为已知而由9个联合微分方程组求解9个变量,方程得以封闭。此时微分方程是非齐次的。

5. 自动控制飞行时的操纵性和稳定性问题

当飞机具有自动控制系统时,操纵面的运动规律一般由控制系统和飞机受控参数之间的调节规律(也称为控制律)来决定。此时需要自动控制时的操纵系统运动方程和飞机的运动方程联合求解。随着飞行范围的扩大,各种自动控制系统运用日广,对这类问题的研究也日益广泛和深入。特别是各种电传操纵系统的应用,使此类问题更趋复杂。

6. 飞机在紊流大气中的反应问题

随着飞机尺寸的加大,飞机飞行范围的扩大,飞机在紊流大气中的反应显得越来越重要。研究这类问题时要在方程的外力项中加入由紊流大气引起的附加气动力项,把紊流大气引起的对飞机的影响转化成由紊流大气引起的气动力效应对飞机的影响。实质上是给定力和力矩项,求飞机运动参数的变化规律。通常计算紊流响应时,采用线性扰动微分方程是合理的,因为即使突风速度很大时所引起的参数变化量(主要指迎角)仍很少。

实际上,除了上述几种问题,在飞行动力学中还有一些重要问题。例如飞机结构产生显著弹性变形时,就不能再把飞机看作刚体来研究它的稳定性和操纵性问题;机翼失速状态时的尾旋问题;高速飞机在快速滚转时出现的惯性耦合问题;飞机做过失速机动飞行时所带来的非线性飞行动力学问题等。这些问题研究起来更为复杂,需根据具体的实际运动状态增加相应的方程。

4.2 飞机运动方程的线化

4.1 导出的高阶、非线性的飞机基本运动方程一般只能利用计算机进行数值求解。但如果对运动方程进行合理的简化处理,使其能够解析求解而又保证必要的工程精度,也是极有价值的。因为解析解可以直接分析其对飞机动态特性的影响,这往往比数值解更具有普遍意义。在分析飞机稳定性和操纵性时,通常引入小扰动假设使方程线化。

4.2.1 "小扰动"假设

在研究飞机稳定性和操纵性问题时,一般把飞机的运动分为基准运动(又称初始运动或未扰动运动)和扰动运动两个部分。基准运动是指在理想的条件下,飞机按照飞行员的意愿,不受外界干扰,按照预定规律进行的运动,如定常水平直线飞行、定常盘旋等;扰动运动是指飞机在做基准运动时,由于外界干扰偏离基准运动,使运动参数在一段时间内不按预定规律变化所进行的运动。在扰动运动中飞机运动参数变化的大小,与外加干扰的大小有直接关系。若作用于飞机的外加干扰比较小,则引起运动参数的变化量也比较小。这种与基准运动参数差别较小的扰动运动,称为"小扰动"运动。

"小扰动"假设认为飞机受外界扰动(包括操纵面微小操纵)后的飞机运动参数可以是飞机未受扰动前的运动参数即基准运动参数再附加上一个小扰动运动参数增量组成,二阶以上的增量均可忽略。

实践表明,应用"小扰动"假设在大多数飞行情况下,可以得到满意的结果。这是由于:①飞机飞行中遇到的干扰多为小扰动,各主要气动参数的变化与扰动量呈线性关系;②飞行中即使遇到较大的扰动,在有限的时间内,飞机的运动参数也往往只有很小的变化量。所以"小扰动"假设是有客观依据的。

4.2.2 运动方程的线化

设运动方程组中某一方程为

$$f(x_1, x_2, \cdots, x_n) = 0 \qquad (4-10)$$

式中:x_i 为运动参数或它们的导数。根据小扰动假设,可以表示成基准运动参数 x_{i0} 和偏离量 Δx_i 之和。

$$x_i = x_{i0} + \Delta x_i \qquad (4-11)$$

不论基准运动或扰动运动,都应该满足动力学和运动学关系,即满足微分方程(4-10),因此有

$$f(x_{10}, x_{20}, \cdots, x_{n0}) = 0 \qquad (4-12)$$

$$f(x_{10} + \Delta x_1, x_{20} + \Delta x_2, \cdots, x_{n0} + \Delta x_n) = 0 \qquad (4-13)$$

根据小扰动假设,可将式(4-13)左边展开成泰勒级数,并忽略二阶及高阶

小量,得

$$f(x_{10},x_{20},\cdots,x_{n0}) + \left(\frac{\partial f}{\partial x_1}\right)_0 \Delta x_1 + \left(\frac{\partial f}{\partial x_2}\right)_0 \Delta x_2 + \cdots + \left(\frac{\partial f}{\partial x_n}\right)_0 \Delta x_n = 0 \quad (4-14)$$

式中的下标"0"代表导数在基准运动状态取值,代入式(4-12),有

$$\left(\frac{\partial f}{\partial x_1}\right)_0 \Delta x_1 + \left(\frac{\partial f}{\partial x_2}\right)_0 \Delta x_2 + \cdots + \left(\frac{\partial f}{\partial x_n}\right)_0 \Delta x_n = 0 \quad (4-15)$$

这是一个线性方程,或称为飞机线化小扰动方程。

如果基准运动是定常运动,上述线化小扰动方程是常系数的,若基准运动是非定常运动,则上述方程是变系数的。

4.3 飞机小扰动运动方程

4.3.1 小扰动方程的分离

引入小扰动假设之后,得到一组线性方程。一般这组方程是相互耦合在一起的,需要进行联立求解。由于方程阶次较高,一般很难求得解析解。

通常把飞机在铅垂平面内做对称飞行时的运动参数称为纵向运动参数,其余在非对称面内的运动参数称为横航向运动参数。

在一定条件下,上述得到的线性方程可以分离为两组相互独立的方程,其中一组只含有纵向参数,另一组只含有横航向参数。其条件为:

(1) 在基准运动中,飞机的对称平面处于铅垂位置,且运动所在平面与飞机对称平面相重合。

(2) 飞机左右对称,包括气动外形和质量分布均对称,且略去机体内转动部件的陀螺效应。

条件(1)意味着基准运动是无坡度、无侧滑、无滚转和无偏转的运动。

条件(2)意味着在基准运动状态,纵向气动力(及其力矩)对横航向参数的导数为零;横航向气动力(及其力矩)对纵向参数的导数为零,也就是说纵向气动力(及其力矩)不随横航向参数而变,横航向气动力(及其力矩)不随纵向参数而变,这样可以略去所有气动力交感项。

如果对基准运动施以更加严格的限制,即认为基准运动不仅是在对称平面内的飞行,而且是做等速直线飞行(一般称为对称定直飞行)。可以证明此时飞机的小扰动运动方程将不仅是线性的、可分离的,而且是常系数的。

基准运动选为对称定直飞行,横航向参数均为零,即

$$V_{s0} = \psi_{s0} = \psi_0 = \gamma_{s0} = \gamma_0 = \beta_0 = \omega_{x0} = \omega_{y0} = z_{g0} = \delta_{x0} = \delta_{y0} = 0$$

纵向基准运动参数 $\omega_{z0}=0$，其他纵向运动参数（V_{x0}、V_{y0}、ϑ_0、θ_0、α_0、x_{g0}、y_{g0}、δ_{z0}、δ_{p0}）一般不为零，而且所有合外力项包括外力矩项都为零，因此可推导纵向小扰动方程组和横航向小扰动方程组。

基准运动时，所有合外力项包括外力矩项都为零，即方程（4-1）和方程（4-6）的右端为零。扰动运动参数可表示为基准运动参数与偏离量之和，即

$$V_x = V_{x0} + \Delta V_x, V_y = V_{y0} + \Delta V_y, \theta = \theta_0 + \Delta\theta, \vartheta = \vartheta_0 + \Delta\vartheta$$

$$\alpha = \alpha_0 + \Delta\alpha, x_g = x_{g0} + \Delta x_g, y_g = y_{g0} + \Delta y_g, \delta_z = \delta_{z0} = \Delta\delta_z$$

$$\delta_p = \delta_{p0} + \Delta\delta_p, \omega_z = \omega_{z0} + \Delta\omega_z = \Delta\omega_z, V_z = V_{z0} + \Delta V_z = \Delta V_z$$

$$\psi_s = \psi_{s0} + \Delta\psi_s = \Delta\psi_s, \psi = \psi_0 + \Delta\psi = \Delta\psi, \gamma_s = \gamma_{s0} + \Delta\gamma_s = \Delta\gamma_s$$

$$\gamma = \gamma_0 + \Delta\gamma = \Delta\gamma, \beta = \beta_0 + \Delta\beta = \Delta\beta$$

$$\omega_x = \omega_{x0} + \Delta\omega_x = \Delta\omega_x, \omega_y = \omega_{y0} + \Delta\omega_y = \Delta\omega_y$$

$$z_g = z_{g0} + \Delta z_g = \Delta z_g, \delta_x = \delta_{x0} + \Delta\delta_x = \Delta\delta_x, \delta_y = \delta_{y0} + \Delta\delta_y = \Delta\delta_y$$

在以上变量中，由于 $V_y = -V\sin\alpha, V_z = V\sin\beta, \Delta V_y \approx -V_0\Delta\alpha, \Delta V_z \approx V_0\Delta\beta$，因此 ΔV_y 与 $\Delta\alpha$、ΔV_z 和 $\Delta\beta$ 实际上是相应的变量。

扰动运动时的外力和外力矩亦可用基准运动的值加上一个偏离量来表示：

$$\sum F_x = \sum F_{x0} + \sum \Delta F_x, \sum M_x = \sum M_{x0} + \sum \Delta M_x$$

$$\sum F_y = \sum F_{y0} + \sum \Delta F_y, \sum M_y = \sum M_{y0} + \sum \Delta M_y$$

$$\sum F_z = \sum F_{z0} + \sum \Delta F_z, \sum M_z = \sum M_{z0} + \sum \Delta M_z$$

代入力方程（4-1）、力矩方程（4-6）、角坐标方程（4-8）与线坐标方程（4-9）得到的扰动运动方程与基准运动方程的相应项相减，得

$$\begin{cases} m\left(\dfrac{\mathrm{d}\Delta V_x}{\mathrm{d}t} - V_{y0}\Delta\omega_z\right) = \sum \Delta F_x \\ m\left(\dfrac{\mathrm{d}\Delta V_y}{\mathrm{d}t} + V_{x0}\Delta\omega_z\right) = \sum \Delta F_y \\ m\left(\dfrac{\mathrm{d}\Delta V_z}{\mathrm{d}t} + V_{y0}\Delta\omega_x - V_{x0}\Delta\omega_y\right) = \sum \Delta F_z \end{cases} \quad (4-16)$$

$$\begin{cases} I_x \dfrac{\mathrm{d}\Delta\omega_x}{\mathrm{d}t} - I_{xy}\dfrac{\mathrm{d}\Delta\omega_y}{\mathrm{d}t} = \sum \Delta M_x \\ I_y \dfrac{\mathrm{d}\Delta\omega_y}{\mathrm{d}t} - I_{xy}\dfrac{\mathrm{d}\Delta\omega_x}{\mathrm{d}t} = \sum \Delta M_y \\ I_z \dfrac{\mathrm{d}\Delta\omega_z}{\mathrm{d}t} = \sum \Delta M_z \end{cases} \quad (4-17)$$

$$\begin{cases} \dfrac{\mathrm{d}\Delta\gamma}{\mathrm{d}t} = \Delta\omega_x - \tan\vartheta_0 \Delta\omega_y \\ \dfrac{\mathrm{d}\Delta\psi}{\mathrm{d}t} = \dfrac{\Delta\omega_y}{\cos\vartheta_0} \\ \dfrac{\mathrm{d}\Delta\vartheta}{\mathrm{d}t} = \Delta\omega_z \end{cases} \quad (4-18)$$

$$\begin{cases} \dfrac{\mathrm{d}\Delta x_g}{\mathrm{d}t} = \Delta V_x \cos\vartheta_0 - \Delta V_y \sin\vartheta_0 - (V_{x0}\sin\vartheta_0 + V_{y0}\cos\vartheta_0)\Delta\vartheta \\ \dfrac{\mathrm{d}\Delta y_g}{\mathrm{d}t} = \Delta V_x \sin\vartheta_0 + \Delta V_y \cos\vartheta_0 + (V_{x0}\cos\vartheta_0 - V_{y0}\sin\vartheta_0)\Delta\vartheta \\ \dfrac{\mathrm{d}\Delta z_g}{\mathrm{d}t} = V_{y0}\Delta\gamma + \Delta V_z - (V_{x0}\cos\vartheta_0 - V_{y0}\sin\vartheta_0)\Delta\psi \end{cases} \quad (4-19)$$

习惯用下列方式表示扰动量：

$$\Delta z_g = z_g, \Delta\omega_z = \omega_z, \Delta\psi = \psi, \Delta V_z = V_z, \Delta\omega_x = \omega_x, \Delta\omega_y = \omega_y, \Delta\gamma = \gamma$$

注意到纵向力和力矩增量只与纵向参数有关，而横航向力和力矩增量也只与横航向参数有关，明显地可看出上述 4 组方程可以按纵向与横航向分离。经过整理，可以得到一组纵向小扰动方程，即

$$\begin{cases} m\left(\dfrac{\mathrm{d}\Delta V_x}{\mathrm{d}t} - V_{y0}\omega_z\right) = \sum \Delta F_x \\ m\left(\dfrac{\mathrm{d}\Delta V_y}{\mathrm{d}t} + V_{x0}\omega_z\right) = \sum \Delta F_y \\ I_z \dfrac{\mathrm{d}\omega_z}{\mathrm{d}t} = \sum \Delta M_z \\ \dfrac{\mathrm{d}\Delta x_g}{\mathrm{d}t} = \Delta V_x \cos\vartheta_0 - \Delta V_y \sin\vartheta_0 - (V_{x0}\sin\vartheta_0 + V_{y0}\cos\vartheta_0)\Delta\vartheta \\ \dfrac{\mathrm{d}\Delta y_g}{\mathrm{d}t} = \Delta V_x \sin\vartheta_0 + \Delta V_y \cos\vartheta_0 + (V_{x0}\cos\vartheta_0 - V_{y0}\sin\vartheta_0)\Delta\vartheta \\ \dfrac{\mathrm{d}\Delta\vartheta}{\mathrm{d}t} = \Delta\omega_z \end{cases} \quad (4-20)$$

和一组横航向小扰动方程，即

$$\begin{cases} m\left(\dfrac{\mathrm{d}\Delta V_z}{\mathrm{d}t} + V_{y0}\omega_x - V_{x0}\omega_y\right) = \sum \Delta F_z \\ I_x \dfrac{\mathrm{d}\omega_x}{\mathrm{d}t} - I_{xy}\dfrac{\mathrm{d}\omega_y}{\mathrm{d}t} = \sum \Delta M_x \\ I_y \dfrac{\mathrm{d}\omega_y}{\mathrm{d}t} - I_{xy}\dfrac{\mathrm{d}\omega_x}{\mathrm{d}t} = \sum \Delta M_y \\ \dfrac{\mathrm{d}\gamma}{\mathrm{d}t} = \omega_x - \tan\vartheta_0 \omega_y \\ \dfrac{\mathrm{d}\varphi}{\mathrm{d}t} = \dfrac{\omega_y}{\cos\vartheta_0} \\ \dfrac{\mathrm{d}z_g}{\mathrm{d}t} = V_{y0}\gamma + V_z - (V_{x0}\cos\vartheta_0 - V_{y0}\sin\vartheta_0)\psi \end{cases} \quad (4-21)$$

方程(4-20)是建立在机体坐标系上的。根据研究习惯,纵向小扰动方程中力的方程一般采用速度坐标系(在大气平静且无风的定常直线飞行中即航迹坐标系)写出,而力矩方程按机体坐标系给出。原因是气动力的三个分量是按速度坐标系定义的,对速度坐标系写出力方程,将使外力项的形式更为简单。因此,可得到在速度坐标系和机体坐标系中联合写出的纵向小扰动方程,即

$$\begin{cases} m\dfrac{\mathrm{d}\Delta V}{\mathrm{d}t} = \sum \Delta F_x \\ mV_0 \dfrac{\mathrm{d}\theta}{\mathrm{d}t} = \sum \Delta F_y \\ I_z \dfrac{\mathrm{d}\omega_z}{\mathrm{d}t} = \sum \Delta M_z \\ \dfrac{\mathrm{d}\Delta\vartheta}{\mathrm{d}t} = \omega_z \\ \dfrac{\mathrm{d}\Delta x_g}{\mathrm{d}t} = \cos\theta_0 \cdot \Delta V - V_0\sin\theta_0 \cdot \Delta\theta \\ \dfrac{\mathrm{d}\Delta H}{\mathrm{d}t} = \sin\theta_0 \cdot \Delta V + V_0\cos\theta_0 \cdot \Delta\theta \end{cases} \quad (4-22)$$

方程(4-22)是把力项建立在速度坐标系,力矩项建立在机体坐标系的基

础上的,今后将取代方程(4-20)。横航向方程将仍采用对机体坐标系写出的式(4-21)。

4.3.2 飞机小扰动运动方程组

现在方程(4-21)和方程(4-22)各自的运动参数与方程个数都是相同的,因而是封闭的,可以分别进行求解。问题关键是求出两方程组中的右端力与力矩项的小扰动增量。

作用在飞机上的外力主要由发动机推力 P、空气动力 R(包括升力 Y、阻力 X 和侧力 Z 三个分量)和重力组成。利于坐标变换,得到这些力沿速度坐标系各坐标轴的分量为

$$\begin{cases} \sum F_x = P\cos(\alpha + \varphi_p) - X - mg\sin\theta \\ \sum F_y = P\sin(\alpha + \varphi_p) + Y - mg\cos\theta \\ \sum F_z = Z \end{cases} \quad (4-23)$$

在扰动运动中,其小扰动增量为

$$\begin{cases} \sum \Delta F_x = \Delta P\cos(\alpha_0 + \varphi_p) - P_0\sin(\alpha_0 + \varphi_p)\Delta\alpha - \Delta X - mg\cos\theta_0\Delta\theta \\ \sum \Delta F_y = \Delta P\sin(\alpha_0 + \varphi_p) + P_0\cos(\alpha_0 + \varphi_p)\Delta\alpha + \Delta Y + mg\sin\theta_0\Delta\theta \\ \sum \Delta F_z = \Delta Z \end{cases} \quad (4-24)$$

其中发动机推力增量因速度 V、高度 H 和油门位置 δ_p 等变化而产生,有

$$\Delta P = P^V \Delta V + P^H \Delta H + P^{\delta_p} \Delta \delta_p \quad (4-25)$$

阻力增量因速度 V、高度 H、迎角 α 和升降舵(平尾)偏转角 δ_z 等变化而产生:

$$\Delta X = X^V \Delta V + X^H \Delta H + X^\alpha \Delta\alpha + X^{\delta_z} \Delta\delta_z \quad (4-26)$$

同理可得

$$\Delta Y = Y^V \Delta V + Y^H \Delta H + Y^\alpha \Delta\alpha + Y^{\delta_z} \Delta\delta_z + Y^{\dot\alpha} \dot\alpha + Y^{\omega_z} \omega_z \quad (4-27)$$

$$\Delta Z = Z^\beta \Delta\beta + Z^{\omega_x} \omega_x + Z^{\omega_y} \omega_y + Z^{\delta_y} \Delta\delta_y \quad (4-28)$$

外力矩小扰动增量的表达式比较简单。由于坐标原点在飞机的重心,重力不产生力矩;在动力装置安装对称的情况下,发动机正常工作时推力不产生滚转力矩和偏航力矩;此外,推力产生的纵向俯仰力矩一般较小(非推力矢量控制飞

机),与气动力矩相比可以略去不计。因此,外力矩的小扰动增量主要由气动力矩增量组成,有

$$\begin{cases} \sum \Delta M_x = M_x^\beta \beta + M_x^{\omega_x}\omega_x + M_x^{\omega_y}\omega_y + M_x^{\delta_x}\delta_x + M_x^{\delta_y}\delta_y \\ \sum \Delta M_y = M_y^\beta \beta + M_y^{\omega_x}\omega_x + M_y^{\omega_y}\omega_y + M_y^{\delta_x}\delta_x + M_y^{\delta_y}\delta_y \\ \sum \Delta M_z = M_z^V \Delta V + M_z^H \Delta H + M_z^\alpha \Delta \alpha + M_z^{\dot\alpha}\dot\alpha + M_z^{\omega_z}\omega_z + M_z^{\delta_z}\delta_z \end{cases} \quad (4-29)$$

式中:$M_x^\beta \beta$ 为稳定力矩;$M_x^{\delta_x}\delta_x$ 为操纵力矩;$M_x^{\omega_x}\omega_x$、$M_y^{\omega_y}\omega_y$ 和 $M_z^{\omega_z}\omega_z$ 为阻尼力矩,$M_x^{\omega_x}$、$M_y^{\omega_y}$ 和 $M_z^{\omega_z}$ 为阻尼导数;$M_x^{\omega_y}\omega_y$ 和 $M_y^{\omega_x}\omega_x$ 为交叉力矩,$M_x^{\omega_y}$ 和 $M_y^{\omega_x}$ 为交叉导数;阻尼导数和交叉导数的求法和含义已在前面章节阐述。

将上述外力和外力矩表达式代入纵向与横航向小扰动运动方程组(4-21)和方程组(4-22),整理后可得纵向小扰动运动方程组如下:

$$\begin{cases} m\left(\dfrac{\mathrm{d}\Delta V}{\mathrm{d}t}\right) = (P^V \Delta V + P^H \Delta H + P^{\delta_p}\Delta\delta_p)\cos(\alpha_0+\varphi_p) - P_0\sin(\alpha_0+\varphi_p)\Delta\alpha - \\ \qquad (X^V \Delta V + X^\alpha \Delta\alpha + X^H \Delta H + X^{\delta_z}\Delta\delta_z) - mg\cos\theta_0 \Delta\theta \\ mV_0\left(\dfrac{\mathrm{d}\Delta\theta}{\mathrm{d}t}\right) = (P^V \Delta V + P^H \Delta H + P^{\delta_p}\Delta\delta_p)\sin(\alpha_0+\varphi_p) + P_0\cos(\alpha_0+\varphi_p)\Delta\alpha + \\ \qquad (Y^V \Delta V + Y^\alpha \Delta\alpha + Y^H \Delta H + Y^{\delta_z}\Delta\delta_z + Y^{\omega_z}\Delta\omega_z + Y^{\dot\alpha}\Delta\dot\alpha) + mg\sin\theta_0 \Delta\theta \\ I_z\left(\dfrac{\mathrm{d}\omega_z}{\mathrm{d}t}\right) = M_z^V \Delta V + M_z^\alpha \Delta\alpha + M_z^{\dot\alpha}\Delta\dot\alpha + M_z^{\omega_z}\omega + M_z^H \Delta H + M_z^{\delta_z}\delta_z \\ \dfrac{\mathrm{d}\Delta x_g}{\mathrm{d}t} = \cos\theta_0 \Delta V - V_0\sin\theta_0 \Delta\theta \\ \dfrac{\mathrm{d}\Delta H}{\mathrm{d}t} = \sin\theta_0 \Delta V - V_0\cos\theta_0 \Delta\theta \\ \dfrac{\mathrm{d}\Delta\vartheta}{\mathrm{d}t} = \omega_z \\ \Delta\alpha = \Delta\vartheta - \Delta\theta \end{cases} \quad (4-30)$$

和角度关系方程,即

$$\Delta\alpha = \Delta\vartheta - \Delta\theta$$

以及横航向小扰动运动方程组,即

$$\begin{cases} m\left(\dfrac{\mathrm{d}V_z}{\mathrm{d}t}+V_{y0}\omega_x-V_{x0}\omega_y\right)=Z^{\beta}\beta+Z^{\omega_x}\omega_x+Z^{\omega_y}\omega_y+Z^{\delta_y}\delta_y-X_0\beta+mg\cos\vartheta_0\gamma \\ I_x\dfrac{\mathrm{d}\omega_x}{\mathrm{d}t}-I_{xy}\dfrac{\mathrm{d}\omega_y}{\mathrm{d}t}=M_x^{\beta}\beta+M_x^{\omega_x}\omega_x+M_x^{\omega_y}\omega_y+M_x^{\delta_x}\delta_x+M_x^{\delta_y}\delta_y \\ I_y\dfrac{\mathrm{d}\omega_y}{\mathrm{d}t}-I_{xy}\dfrac{\mathrm{d}\omega_x}{\mathrm{d}t}=M_y^{\beta}\beta+M_y^{\omega_x}\omega_x+M_y^{\omega_y}\omega_y+M_y^{\delta_x}\delta_x+M_y^{\delta_y}\delta_y \\ \dfrac{\mathrm{d}z_g}{\mathrm{d}t}=V_{y0}\gamma+V_z-(V_{x0}\cos\vartheta_0-V_{y0}\sin\vartheta_0)\psi \\ \dfrac{\mathrm{d}\gamma}{\mathrm{d}t}=\omega_x-\tan\vartheta_0\omega_y \\ \dfrac{\mathrm{d}\psi}{\mathrm{d}t}=\dfrac{\omega_y}{\cos\vartheta_0} \end{cases} \quad (4-31)$$

下面对方程组(4-30)和方程组(4-31)做进一步处理。

对于纵向方程组(4-30),分三步进行:

(1) 利用 $\Delta\theta=\Delta\vartheta-\Delta\alpha$ 和 $\omega_z=\dfrac{\mathrm{d}\Delta\vartheta}{\mathrm{d}t}$ 的关系,在耦合方程中消去 $\Delta\theta$ 和 ω_z。

(2) 将方程分为两类:一类是相互影响,必须联合求解(方程组的第1、2、3、5式),称为耦合方程;另一类可以在耦合方程解出后单独求解而不影响其他方程(第4式),称为非耦合方程。

(3) 在耦合方程中按变量 ΔV、$\Delta\alpha$、$\Delta\vartheta$、ΔH、$\Delta\delta_z$、$\Delta\delta_p$ 的顺序排序,并把输入量 $\Delta\delta_z$ 和 $\Delta\delta_p$ 放在方程的右端。经过整理后,飞机的纵向小扰动运动方程如下:

耦合方程组(6个变量 ΔV、$\Delta\alpha$、$\Delta\vartheta$、ΔH、$\Delta\delta_z$、$\Delta\delta_p$)为

$$\begin{cases} \left\{m\dfrac{\mathrm{d}}{\mathrm{d}t}-\left[P^V\cos(\alpha_0+\varphi_\mathrm{p})-X^V\right]\right\}\Delta V \\ +\left[P_0\sin(\alpha_0+\varphi_\mathrm{p})+X^{\alpha}-mg\cos\theta_0\right]\Delta\alpha+mg\cos\theta_0\Delta\vartheta \\ -\left[P^H\cos(\alpha_0+\varphi_\mathrm{p})-X^H\right]\Delta H \\ =-X^{\delta_z}\Delta\delta_z+P^{\delta_\mathrm{p}}\cos(\alpha_0+\varphi_\mathrm{p})\Delta\delta_\mathrm{p} \\ -\left[P^V\sin(\alpha_0+\varphi_\mathrm{p})+Y^V\right]\Delta V \\ -\left\{(Y^{\alpha}+mV_0)\dfrac{\mathrm{d}}{\mathrm{d}t}+\left[Y^{\alpha}+P_0\cos(\alpha_0+\varphi_\mathrm{p})-mg\sin\theta_0\right]\right\}\Delta\alpha \\ -\left[(Y^{\omega_z}-mV_0)\dfrac{\mathrm{d}}{\mathrm{d}t}+mg\sin\theta_0\right]\Delta\vartheta-\left[P^H\sin(\alpha_0+\varphi_\mathrm{p})+Y^H\right]\Delta H \\ =Y^{\delta_z}\Delta\delta_z+P^{\delta_\mathrm{p}}\sin(\alpha_0+\varphi_\mathrm{p})\Delta\delta_\mathrm{p} \\ -M_z^V\Delta V-\left(M_z^{\alpha}\dfrac{\mathrm{d}}{\mathrm{d}t}+M_z^{\alpha}\right)\Delta\alpha+\left(I_z\dfrac{\mathrm{d}^2}{\mathrm{d}t^2}-M_z^{\omega_z}\dfrac{\mathrm{d}}{\mathrm{d}t}\right)\Delta\vartheta-M_z^H\Delta H=M_z^{\delta_z}\Delta\delta_z \\ -\sin\theta_0\Delta V+V_0\cos\theta_0\Delta\alpha-V_0\cos\theta_0\Delta\vartheta+\dfrac{\mathrm{d}\Delta H}{\mathrm{d}t}=0 \end{cases} \quad (4-32)$$

非耦合方程组为

$$\begin{cases} \dfrac{d\Delta x_g}{dt} = \cos\theta_0 \Delta V - V_0 \sin\theta_0 \Delta\vartheta \\ \Delta\theta = \Delta\vartheta - \Delta\alpha \end{cases} \quad (4-33)$$

角速度 ω_z 可以对 $\Delta\vartheta$ 求导,得

$$\omega_z = \frac{d\Delta\vartheta}{dt}$$

飞机的横航向小扰动方程(4-31)的处理也分三步进行：

(1) 利用关系式 $V_z \approx V_0\beta$ 替换 V_z,并将 V_{y0} 和 V_{x0} 近似用 $-V_0\alpha_0$ 和 V_0 替代。

(2) 将方程分为耦合(1、2、3、4式)与非耦合(5、6式)两类。

(3) 在耦合方程中按变量 β、ω_x、ω_y、γ、$\Delta\delta_x$、$\Delta\delta_y$ 的顺序排序,并把输入量 $\Delta\delta_x$ 和 $\Delta\delta_y$ 放在方程右端。

经过整理后,飞机的横航向小扰动运动方程如下。

耦合方程组(6 个变量 β、ω_x、ω_y、γ、$\Delta\delta_x$、$\Delta\delta_y$)为

$$\begin{cases} \left[mV_0\dfrac{d}{dt}-(Z^\beta-X_0)\right]\beta-(mV_0\alpha_0+Z^{\omega_x})\omega_x-(mV_0+Z^{\omega_y})\omega_y-mg\cos\vartheta_0\gamma=Z^{\delta_y}\delta_y \\ -M_x^\beta\beta+\left(I_x\dfrac{d}{dt}-M_x^{\omega_x}\right)\omega_x-\left(I_{xy}\dfrac{d}{dt}+M_x^{\omega_y}\right)\omega_y=M_x^{\delta_x}\delta_x+M_x^{\delta_y}\delta_y \\ -M_y^\beta\beta-\left(I_{xy}\dfrac{d}{dt}+M_y^{\omega_x}\right)\omega_x+\left(I_y\dfrac{d}{dt}-M_y^{\omega_y}\right)\omega_y=M_y^{\delta_x}\delta_x+M_y^{\delta_y}\delta_y \\ -\omega_x+\tan\vartheta_0\omega_y+\dfrac{d\gamma}{dt}=0 \end{cases} \quad (4-34)$$

非耦合方程组为

$$\begin{cases} \dfrac{d\psi}{dt}=\dfrac{\omega_y}{\cos\theta_0} \\ \dfrac{dz_g}{dt}=-V_0\cos\vartheta_0\psi+V_0[\beta-\alpha_0(\gamma+\sin\vartheta_0\psi)] \end{cases} \quad (4-35)$$

4.4 无因次小扰动运动方程

前面得到的运动方程都是有量纲的,但是在实际计算中,有时也采用小扰动方程的无量纲(无因次)形式。这一方面是因为方程中出现的气动力和力矩(如 Y、M_z 等),习惯以无因次的系数形式如 C_y、m_z 等给出;另一方面是因为由无因次

方程得出的结论,具有便于分析各气动系数对飞机性能影响的优点。

确定飞机的形状和方位的变量可以用角度和长度比这样的无因次形式给出,如展弦比、后掠角、迎角、侧滑角等。旋转运动变量等都习惯用表4-1所示的无因次量表示,表中给出了所有无因次量的常用定义。此表中的所有除数都是针对基准运动而言的,不同的基准运动,其参考点即无因次除数不同;不同的国家、不同的文献资料都可能有不同的无因次系数。利用此表可以把方程中所有出现的有因次量化为无因次量,表中第一列各量即为有因次量,等于第二列除数与第三列的无因次量的乘积。

表4-1 无因次系统表

有因次量	除数	无因次量	备注
X,Y,Z,P,G	$\frac{1}{2}\rho V^2 S$	C_x,C_y,C_z,C_P,C_G	
M_z	$\frac{1}{2}\rho V^2 S b_A$	m_z	
M_x,M_y	$\frac{1}{2}\rho V^2 S l$	m_x,m_y	
ΔV	V	$\Delta \overline{V}$	
ω_z,α	$\dfrac{V}{b_A}$	$\overline{\omega}_z,\overline{\alpha}$	
ω_x,ω_y	$V/\dfrac{l}{2}$	$\overline{\omega}_x,\overline{\omega}_y$	
m	$\dfrac{\rho S b_A}{2}$	μ_1	纵向相对密度
m	$\dfrac{\rho S l}{2}$	μ_2	横航向相对密度
I_z	$m b_A^2$	$\overline{r}_z^2$	$\overline{r}_x^2,\overline{r}_y^2,\overline{r}_z^2$ 为无因次转动半径
I_x,I_y,I_{xy}	$m\left(\dfrac{l}{2}\right)^2$	$\overline{r}_x^2,\overline{r}_y^2,\overline{r}_{xy}^2$	
t	$\tau_1=\dfrac{2m}{\rho S V}$	$\overline{t}_1$	纵向无因次时间
t	$\tau_2=\dfrac{m}{\rho S V}$	$\overline{t}_2$	横航向无因次时间
H,x,y	b_A	$\overline{H},\overline{x},\overline{y}$	
z	$\dfrac{l}{2}$	$\overline{z}$	
α	α_0	$\overline{\alpha}$	
ρ	ρ_0	$\overline{\rho}$	

4.4.1 无因次纵向小扰动方程

为了将纵向小扰动方程(4-32)和方程(4-33)无因次化,首先将方程中的有因次量写成无因次表中的除数和无因次量的乘积,然后将各式用某一因次量通除,即得无因次方程。这一过程从原理上说十分简单,但由于项目和参数较多,有的参数还是一个以上变量的函数,使得求导较繁,所以整个无因次化过程仍是一项细致而烦琐的工作。下面举方程(4-32)中第一式为例说明无因次化的过程,而对其他方程则只引出无因次结果。

纵向小扰动方程(4-32)第一式中,各有因次量可以表示成(无因次表中已经有的项目未列出)

$$P^V = \left(\frac{\partial P}{\partial V}\right)_0 = \left[\partial\left(\frac{1}{2}\rho V^2 S C_P\right)/\partial V\right]_0 = C_P^V \frac{1}{2}\rho_0 V_0^2 S + C_{P0}\rho_0 V_0 S = (C_P^V + 2C_{P0})\frac{1}{2}\rho_0 V_0 S$$

$$X^V = \left(\frac{\partial X}{\partial V}\right)_0 = \left[\partial\left(\frac{1}{2}\rho V^2 S C_x\right)/\partial V\right]_0 = \frac{\partial C_x}{\partial Ma}\left(\frac{dMa}{dV}\right)_0 \frac{1}{2}\rho_0 V_0^2 S + C_{x0}\rho_0 V_0 S$$

$$= C_x^{Ma} \frac{1}{a_0} \frac{1}{2}\rho_0 V_0^2 S + C_{x0}\rho_0 V_0 S = (C_x^{Ma} Ma_0 + 2C_{x0})\frac{1}{2}\rho_0 V_0 S$$

$$X^\alpha = \left(\frac{\partial X}{\partial \alpha}\right)_0 = C_x^\alpha \frac{1}{2}\rho_0 V_0^2 S$$

$$P^H = \left(\frac{\partial P}{\partial H}\right)_0 = \left[\partial\left(\frac{1}{2}\rho V^2 S C_P\right)/\partial H\right]_0 = C_P^H \frac{1}{2}\rho_0 V_0^2 S + C_{P0}\frac{1}{2}V_0^2 S\left(\frac{\partial \rho}{\rho H}\right)_0$$

$$= (C_P^{\overline{H}} + C_{P0}\bar{\rho}^{\overline{H}})\frac{1}{b_A}\frac{1}{2}\rho_0 V_0^2 S$$

$$X^H = \left(\frac{\partial X}{\partial H}\right)_0 = \left[\partial\left(\frac{1}{2}\rho V^2 S C_x\right)/\partial H\right]_0 = \frac{\partial C_x}{\partial Ma}\left(\frac{\partial Ma}{\partial a}\right)_0 \left(\frac{\partial a}{\partial H}\right)_0 \frac{1}{2}\rho_0 V_0^2 S + \frac{1}{2}V_0^2 S C_{x0}\left(\frac{\partial \rho}{\partial H}\right)_0$$

$$= -C_x^{Ma} \frac{V_0}{a_0^2}\left(\frac{da}{dH}\right)_0 \frac{1}{2}\rho_0 V_0^2 S + \frac{1}{2}\rho_0 V_0^2 S C_{x0} \frac{1}{b_A}\bar{\rho}^{\overline{H}}$$

$$= -C_x^{Ma} Ma_0 \bar{a}^{\overline{H}} \frac{1}{b_A} \frac{1}{2}\rho_0 V_0^2 S + \frac{1}{2}\rho_0 V_0^2 S C_{x0} \frac{1}{b_A}\bar{\rho}^{\overline{H}}$$

$$= (C_{x0}\bar{\rho}^{\overline{H}} - C_x^{Ma} Ma_0 \bar{a}^{\overline{H}})\frac{1}{b_A}\frac{1}{2}\rho_0 V_0^2 S$$

$$X^{\delta_z} = \left(\frac{\partial X}{\partial \delta_z}\right)_0 = C_x^{\delta_z}\frac{1}{2}\rho_0 V_0^2 S$$

$$P^{\delta_p} = \left(\frac{\partial P}{\partial \delta_p}\right)_0 = C_P^{\delta_p}\frac{1}{2}\rho_0 V_0^2 S$$

将上列各导数代入式(4-32)第一式中,两端以 $\frac{1}{2}\rho_0 V_0^2 S$ 通除,即得出无因次形式方程。类似地,将第二式也以 $\frac{1}{2}\rho_0 V_0^2 S$ 通除,第三式以 $I_z\left(\frac{\rho V_0 S}{2m}\right)^2$ 通除,第四式以 V_0 通除,得到无因次形式的纵向小扰动耦合方程组,即

$$\begin{cases}
\left[\dfrac{\mathrm{d}}{\mathrm{d}\bar{t}} - (C_P^{\bar{V}} + 2C_{P_0})\cos(\alpha_0 + \varphi_p) + 2C_{x_0} + C_x^{Ma} Ma_0\right]\Delta\bar{V} \\
\quad + [C_{P_0}\sin(\alpha_0 + \varphi_p) + C_x^\alpha - C_G\cos\theta_0]\Delta\alpha + C_G\cos\theta_0\Delta\vartheta \\
\quad - [(C_P^{\bar{H}} + C_{P_0}\bar{\rho}^{\bar{H}})\cos(\alpha_0 + \varphi_p) + C_x^{Ma} Ma_0 \bar{a}^{\bar{H}} - C_{x_0}\bar{\rho}^{\bar{H}}]\Delta\bar{H} \\
\quad = -C_x^{\delta_z}\Delta\delta_z + C_P^{\delta_p}\cos(\alpha_0 + \varphi_p)\Delta\delta_p \\[4pt]
-\left[(C_P^{\bar{V}} + 2C_{P_0})\sin(\alpha_0 + \varphi_p) + 2C_{y_0} + C_y^{Ma}Ma_0\right]\Delta\bar{V} \\
\quad -\left[\left(1 + \dfrac{C_y^{\bar{\alpha}}}{\mu_1}\right)\dfrac{\mathrm{d}}{\mathrm{d}\bar{t}} + C_y^\alpha + C_{P_0}\cos(\alpha_0 + \varphi_p) - C_G\sin\theta_0\right]\Delta\alpha \\
\quad +\left[\left(1 - \dfrac{C_y^{\bar{\omega}_z}}{\mu_1}\right)\dfrac{\mathrm{d}}{\mathrm{d}\bar{t}} - C_G\sin\theta_0\right]\Delta\vartheta - [(C_P^{\bar{H}} + C_{P_0}\bar{\rho}^{\bar{H}})\sin(\alpha_0 + \varphi_p) \\
\quad - C_y^{Ma}Ma_0\bar{a}^{\bar{H}} + C_{y_0}\bar{\rho}^{\bar{H}}]\Delta\bar{H} \\
\quad = C_y^{\delta_z}\Delta\delta_z + C_P^{\delta_p}\sin(\alpha_0 + \varphi_p)\Delta\delta_p \\[4pt]
-\dfrac{\mu_1}{\bar{r}_z^2}[2m_{z_0} + m_z^{Ma}Ma_0]\Delta\bar{V} - \dfrac{1}{\bar{r}_z^2}\left(m_z^{\bar{\alpha}}\dfrac{\mathrm{d}}{\mathrm{d}\bar{t}} + \mu_1 m_z^\alpha\right)\Delta\alpha \\
\quad +\left(\dfrac{\mathrm{d}^2}{\mathrm{d}\bar{t}^2} - \dfrac{m_z^{\bar{\omega}_z}}{\bar{r}_z^2}\dfrac{\mathrm{d}}{\mathrm{d}\bar{t}}\right)\Delta\vartheta + \dfrac{\mu_1}{\bar{r}_z^2}(m_z^{Ma}Ma_0\bar{a}^{\bar{H}} - m_{z_0}\bar{\rho}^{\bar{H}})\Delta\bar{H} \\
\quad = \dfrac{1}{\bar{r}_z^2}\mu_1 m_z^{\delta_z}\Delta\delta_z \\[4pt]
-\sin\theta_0\Delta\bar{V} + \cos\theta_0\Delta\alpha - \cos\theta_0\Delta\vartheta + \dfrac{1}{\mu_1}\dfrac{\mathrm{d}\Delta\bar{H}}{\mathrm{d}\bar{t}} = 0
\end{cases} \quad (4-36)$$

同样,得到无因次的非耦合方程,即

$$\begin{cases} \dfrac{1}{\mu_1} \dfrac{\mathrm{d}\Delta \bar{x}_g}{\mathrm{d}\bar{t}} = \cos\theta_0 \Delta \bar{V} - \sin\theta_0 \Delta\theta \\ \Delta\theta = \Delta\vartheta - \Delta\alpha \\ \bar{\omega}_z = \dfrac{1}{\mu_1} \dfrac{\mathrm{d}\Delta\vartheta}{\mathrm{d}\bar{t}} \end{cases} \qquad (4-37)$$

4.4.2 无因次横航向小扰动方程

与纵向方程处理的方法相似,先将横航向小扰动方程组(4-34)中的有因次量写成无因次表中的除数和无因次量的乘积形式,然后将第一式通除以 $\rho_0 V_0^2 S$,第二式通除以 $2I_x \rho_0 V_0^2 S/(ml)$,第三式通除以 $2I_y \rho_0 V_0^2 S/(ml)$,第四式通除以 $\rho_0 V_0 S/m$,对非耦合方程(4-35)也作相应的处理,即得到无因次形式的横航向小扰动方程如下:

耦合方程组为(一般 $C_z^{\omega_x}$ 和 $C_z^{\omega_y}$ 可略去)

$$\begin{cases} \left[\dfrac{\mathrm{d}}{\mathrm{d}\bar{t}} - \dfrac{1}{2}(C_z^\beta - C_{x0})\right]\beta - \left(\mu_2\alpha_0 + \dfrac{1}{2}C_z^{\bar{\omega}_x}\right)\bar{\omega}_x \\ \qquad - \left(\mu_2 + \dfrac{1}{2}C_z^{\bar{\omega}_y}\right)\bar{\omega}_y - \dfrac{1}{2}C_G\cos\vartheta_0\gamma = \dfrac{1}{2}C_z^{\delta_y}\delta_y \\ -\dfrac{m_x^\beta}{\bar{r}_x^2}\beta + \left(\dfrac{\mathrm{d}}{\mathrm{d}\bar{t}} - \dfrac{m_x^{\bar{\omega}_x}}{\bar{r}_x^2}\right)\bar{\omega}_x - \left(\dfrac{\bar{r}_{xy}^2}{\bar{r}_x^2}\dfrac{\mathrm{d}}{\mathrm{d}\bar{t}} + \dfrac{m_x^{\bar{\omega}_y}}{\bar{r}_x^2}\right)\bar{\omega}_y = \dfrac{m_x^{\delta_x}}{\bar{r}_x^2}\delta_x + \dfrac{m_y^{\delta_y}}{\bar{r}_x^2}\delta_y \\ -\dfrac{m_y^\beta}{\bar{r}_y^2}\beta - \left(\dfrac{\bar{r}_{xy}^2}{\bar{r}_y^2}\dfrac{\mathrm{d}}{\mathrm{d}\bar{t}} + \dfrac{m_y^{\bar{\omega}_x}}{\bar{r}_y^2}\right)\bar{\omega}_x + \left(\dfrac{\mathrm{d}}{\mathrm{d}\bar{t}} - \dfrac{m_y^{\bar{\omega}_y}}{\bar{r}_y^2}\right)\bar{\omega}_y = \dfrac{m_y^{\delta_x}}{\bar{r}_y^2}\delta_x + \dfrac{m_y^{\delta_y}}{\bar{r}_y^2}\delta_y \\ -\mu_2\bar{\omega}_x + \mu_2\tan\vartheta_0\bar{\omega}_y + \dfrac{\mathrm{d}\gamma}{\mathrm{d}\bar{t}} = 0 \end{cases} \qquad (4-38)$$

非耦合方程为

$$\begin{cases} \dfrac{\mathrm{d}\psi}{\mathrm{d}t} = \dfrac{\mu_2}{\cos\vartheta_0}\bar{\omega}_y \\ \dfrac{\mathrm{d}\bar{z}_g}{\mathrm{d}t} = -\mu_2\cos\theta_0\psi + \mu_2[\beta - \alpha_0(\gamma + \sin\vartheta_0\psi)] \end{cases} \qquad (4-39)$$

4.5 矩阵形式的小扰动运动方程

线性常系数微分方程组写成矩阵形式,不仅可使方程形式简洁清晰,而且便于编程计算。因此,飞机小扰动运动方程的矩阵形式随着计算机技术的不断发展得到日益广泛的应用。

4.5.1 矩阵形式的纵向小扰动方程

以变量 ΔV、$\Delta \alpha$、ω_z、$\Delta \vartheta$、ΔH 作为耦合变量,将纵向方程组(4-32)首先变换为一阶微分方程组的标准形式,然后写成矩阵形式为

$$\frac{\mathrm{d}}{\mathrm{d}t}\begin{bmatrix} \Delta V \\ \Delta \alpha \\ \omega_z \\ \Delta \vartheta \\ \Delta H \end{bmatrix} =$$

$$\begin{bmatrix} \dfrac{P^V\cos(\alpha_0+\varphi_\mathrm{p})-X^V}{m} & g\cos\theta_0 - \dfrac{X^\alpha+P_0\sin(\alpha_0+\varphi_\mathrm{p})}{m} \\ -\dfrac{P^V\sin(\alpha_0+\varphi_\mathrm{p})+Y^V}{mV_0+Y^{\dot\alpha}} & -\dfrac{Y^\alpha+P_0\cos(\alpha_0+\varphi_\mathrm{p})-mg\sin\theta_0}{mV_0+Y^{\dot\alpha}} \\ \dfrac{1}{I_z}\left[M_z^V - M_z^{\dot\alpha}\dfrac{P^V\sin(\alpha_0+\varphi_\mathrm{p})+Y^V}{mV_0+Y^{\dot\alpha}}\right] & \dfrac{1}{I_z}\left[M_z^a - M_z^{\dot\alpha}\dfrac{Y^\alpha+P_0\cos(\alpha_0+\varphi_\mathrm{p})-mg\sin\theta_0}{mV_0+Y^{\dot\alpha}}\right] \\ 0 & 0 \\ \sin\theta_0 & -V_0\cos\theta_0 \end{bmatrix}$$

$$\begin{bmatrix} 0 & g\cos\theta_0 & \dfrac{P^H\cos(\alpha_0+\varphi_\mathrm{p})-X^H}{m} \\ \dfrac{mV_0-Y^{\omega_z}}{mV_0+Y^{\dot\alpha}} & -\dfrac{mg\sin\theta_0}{mV_0+Y^{\dot\alpha}} & -\dfrac{P^H\sin(\alpha_0+\varphi_\mathrm{p})+Y^H}{mV_0+Y^{\dot\alpha}} \\ \dfrac{1}{I_z}\left[M_z^{\omega_z}+M_z^{\dot\alpha}\dfrac{mV_0-Y^{\omega_z}}{mV_0+Y^{\dot\alpha}}\right] & -\dfrac{M_z^{\dot\alpha}}{I_z}\dfrac{mg\sin\theta_0}{mV_0+Y^{\dot\alpha}} & \dfrac{1}{I_z}\left[M_z^H - M_z^{\dot\alpha}\dfrac{P^H\sin(\alpha_0+\varphi_\mathrm{p})+Y^H}{mV_0+Y^{\dot\alpha}}\right] \\ 1 & 0 & 0 \\ 0 & V_0\cos\theta_0 & 0 \end{bmatrix}\begin{bmatrix} \Delta V \\ \Delta \alpha \\ \omega_z \\ \Delta \vartheta \\ \Delta H \end{bmatrix}$$

$$+ \begin{bmatrix} -\dfrac{X^{\delta_z}}{m} & \dfrac{P^{\delta_z}\cos(\alpha_0+\varphi_p)}{m} \\ -\dfrac{Y^{\delta_z}}{mV_0+Y^{\dot{\alpha}}} & -\dfrac{P^{\delta_p}\sin(\alpha_0+\varphi_p)}{mV_0+Y^{\dot{\alpha}}} \\ \dfrac{1}{I_z}\left[M_z^{\delta_z}-\dfrac{M_z^{\dot{\alpha}}Y^{\delta_z}}{mV_0+Y^{\dot{\alpha}}}\right] & -\dfrac{M_z^{\dot{\alpha}}}{I_z}\dfrac{P^{\delta_p}\sin(\alpha_0+\varphi_p)}{mV_0+Y^{\dot{\alpha}}} \\ 0 & 0 \\ 0 & 0 \end{bmatrix} \begin{bmatrix} \Delta\delta_z \\ \Delta\delta_p \end{bmatrix} \quad (4-40)$$

或写成：

$$\dot{X} = AX + B\Delta\delta \quad (4-41)$$

式中：X 为状态向量；A 为状态矩阵；B 为控制矩阵；$\Delta\delta$ 为控制向量。

4.5.2 矩阵形式的横航向小扰动方程

为使所得的横航向小扰动矩阵方程具有较简洁的形式，首先定义下列物理量。

修正的转动惯量：$I'_x = \dfrac{I_x I_y - I_{xy}^2}{I_y}$，$I'_y = \dfrac{I_x I_y - I_{xy}^2}{I_x}$

修正的气动力矩：$M'_x = M_x + \dfrac{I_{xy}}{I_y}M_y$，$M'_y = M_y + \dfrac{I_{xy}}{I_x}M_x$

由此可得修正的气动导数（其中 r 代表 β、ω_x、ω_y、δ_x 和 $\Delta\delta_y$）：

$$M'^{r}_x = \dfrac{\partial M'_x}{\partial r} = M^r_x + \dfrac{I_{xy}}{I_y}M^r_y,$$

$$M'^{r}_y = \dfrac{\partial M'_y}{\partial r} = M^r_y + \dfrac{I_{xy}}{I_x}M^r_x$$

在引入以上各量后，以 β、ω_x、ω_y、γ 作为耦合变量，可将横航向小扰动方程组写成矩阵形式如下：

$$\dfrac{d}{dt}\begin{bmatrix}\beta\\ \omega_x\\ \omega_y\\ \gamma\end{bmatrix} = \begin{bmatrix} \dfrac{Z^\beta - X_0}{mV_0} & \alpha_0 + \dfrac{Z^{\omega_x}}{mV_0} & 1 + \dfrac{Z^{\omega_y}}{mV_0} & \dfrac{g}{V}\cos\vartheta_0 \\ \dfrac{M'^\beta_x}{I'_x} & \dfrac{M'^{\omega_x}_x}{I'_x} & \dfrac{M'^{\omega_y}_x}{I'_x} & 0 \\ \dfrac{M'^\beta_y}{I'_y} & \dfrac{M'^{\omega_x}_y}{I'_y} & \dfrac{M'^{\omega_y}_y}{I'_y} & 0 \\ 0 & 1 & -\tan\vartheta_0 & 0 \end{bmatrix}\begin{bmatrix}\beta\\ \omega_x\\ \omega_y\\ \gamma\end{bmatrix} + \begin{bmatrix} 0 & \dfrac{Z^{\delta_y}}{mV_0} \\ \dfrac{M'^{\delta_x}_x}{I'_x} & \dfrac{M'^{\delta_y}_x}{I'_x} \\ \dfrac{M'^{\delta_x}_y}{I'_y} & \dfrac{M'^{\delta_y}_y}{I'_y} \\ 0 & 0 \end{bmatrix}\begin{bmatrix}\delta_x\\ \delta_y\end{bmatrix}$$

$$(4-42)$$

或写成

$$\dot{Y} = CY + D\delta \tag{4-43}$$

式中：Y 为状态向量；C 为状态矩阵；D 为控制矩阵；δ 为控制向量。

飞机刚体运动方程的建立、推导、线化、分离及无因次化已经基本完成。运动方程的建立是在平面静止地球和静止大气的基础上得到的；飞机运动方程的线化是建立在"小扰动"前提下的；运动方程在忽略惯性积及飞机具有对称面等情况下可以分离成两组相互独立的方程；为了分析方便及便于对比两架不同飞机之间的性能及品质往往采用无因次形式。运动方程组共有 12 个方程，在飞行动力学的不同研究问题中方程可以得到进一步的简化。

思 考 题

1. 建立刚体飞机的基本运动方程的简化条件有哪些？
2. 刚体飞机的基本运动方程包括哪些？它们各自是根据什么规律或理论确定的？
3. 刚体飞机运动方程组是否封闭？请对飞行动力学的操稳特性中几类主要问题和方程应用情况进行简要分析。
4. 刚体飞机基本运动方程的线化条件是什么？
5. 为什么说在大多数情况下，应用小扰动假设来求解飞机运动问题均能给出满意的结果？
6. 飞机的小扰动运动方程组进行纵向和横航向分离的条件是什么？
7. 一般情况下飞机的运动分为哪两个部分？什么是基准运动？什么是扰动运动？
8. 简述无因次小扰动运动方程的基本思路和方法。
9. 纵向和横航向矩阵小扰动运动方程的基本形式是什么？说明其中各项的物理意义。

第5章 飞机的动态飞行品质

本章从运动方程出发,研究飞机在受到外界扰动以及飞行员操纵后所表现出来的特性——飞机的动态响应特性。当飞机受到气流扰动等外界扰动,此响应特性称为飞机的动稳定性;当飞机受操纵舵面偏转时(飞行员操纵),此响应特性称为飞机的动操纵性。

飞机的动态响应特性这一问题与飞机设计、飞机维护保障及飞行品质有着密切的关系。本章研究的动稳定性问题是指不包括自动器在内的飞机本体的稳定性。首先,对飞机线性系统的稳定性理论做简单介绍;其次,依据飞机纵向和横航向小扰动方程,通过典型算例来引入并研究飞机的纵向和横向小扰动的普遍属性,进而分析飞机飞行状态,气流参数等对稳定性的影响;再次,对飞机飞行品质与飞行品质规范做简要介绍;最后,分析飞机的动操纵特性。

5.1 飞机的动稳定性

5.1.1 动稳定性的概念

飞机的静稳定性是指飞机在平衡条件下的一种力矩特性,通常是指飞机保持固有运动状态或反抗外界扰动的能力。飞机的动稳定性通常是指处于平衡状态即做定常飞行的飞机,在受到外界小扰动情况下偏离其原始平衡状态,飞机从而产生附加力和附加力矩,在此外力和力矩作用下,飞机所表现出来的运动属性。从某种意义上,动稳定性就是研究外界扰动作用下飞机的过渡过程的收敛情况,如果收敛即飞机具有动稳定性,否则飞机不具有动稳定性。一般按过渡过程可把稳定性分为以下几种情况。

(1) 动稳定:受到外界扰动后为减幅振动(阻尼振动),或为单调(非周期)衰减运动,如图5-1(a)、(b)所示。

(2) 动不稳定:受到外界扰动后为增幅振动(发散振动),或为单调(非周期)发散运动,如图5-1(c)、(d)所示。

(3) 动中立稳定:受到外界扰动后为等幅振动(称为简谐振动),或保持运动参数为常值,如图5-1(e)、(f)所示。

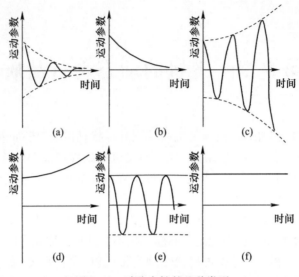

图 5-1 动稳定性的几种类型

动稳定性探究的是飞机受扰动后运动参数能否恢复到原平衡状态,是过渡过程的特性,而静稳定性仅是研究飞机受到外界扰动产生偏离瞬间飞机能否产生一个恢复原平衡状态的力矩的趋势。可见,具有静稳定性的飞机不一定具有动稳定性,动稳定性与静稳定性之间不具有直接联系。研究飞机的动稳定性时,不仅要判断它在恢复力矩的作用下是否稳定,而且还要了解受扰运动的具体特性,如振动的周期、频率、收敛(或发散)的快慢等。求解动稳定性问题必须求解飞机的运动方程组,而求解静稳定性问题只研究恢复力矩的性质即可。因此,静稳定性质属于飞机静态的性质或配平问题,而动稳定性才是真正的飞机稳定性能。

运动方程是描述飞机运动特性的唯一数学模型。在小扰动前提下,研究稳定性时,飞机运动方程可简化为常系数线性微分方程组。求解这类方程的方法很多,通称为"稳定性理论",本章介绍一种常用的采用"模态"概念建立起来的求解方程方法。

5.1.2 扰动运动中的模态

飞机的运动在一定条件下可用"基准运动"和"扰动运动"叠加而成。基准运动选定为定常运动,对运动方程来说是永远配平的,因此,从此观点来看,研究动稳定性即为研究扰动运动特性,而扰动运动可用"模态"表示。

5.1.2.1 模态的概念

对于反映飞机小扰动运动特性的线性常系数微分方程组,它的解满足叠加

原则。线性常系数微分方程的解一般用指数形式来表示,如扰动运动方程中,扰动量的解可写成

$$\Delta V = a_1 e^{\lambda_1 t} + a_2 e^{\lambda_2 t} + \cdots + a_n e^{\lambda_n t} \tag{5-1}$$

式中:t 为时间;$\lambda_1, \lambda_2, \cdots, \lambda_n$ 为运动微分方程的特征根,此根的数值取决于飞机的构造和气动特征以及飞机的基准运动状态。对于不同飞机或不同的飞行姿势,根值 $\lambda_i(i=1,2,\cdots,n)$ 是不同的,但它们与初始扰动无关。而系数 $a_i(i=1,2,\cdots,n)$ 则随初始条件而变化。

飞机运动方程中的其他变量同样也可写成类似于式(5-1)的形式:

$$\begin{cases} \Delta x_1 = a_{11} e^{\lambda_1 t} + a_{12} e^{\lambda_2 t} + \cdots + a_{1n} e^{\lambda_n t} \\ \Delta x_2 = a_{21} e^{\lambda_1 t} + a_{22} e^{\lambda_2 t} + \cdots + a_{2n} e^{\lambda_n t} \\ \qquad\qquad\qquad \vdots \\ \Delta x_n = a_{n1} e^{\lambda_1 t} + a_{n2} e^{\lambda_2 t} + \cdots + a_{nn} e^{\lambda_n t} \end{cases} \tag{5-2}$$

式中:$x_i(i=1,2,\cdots,n)$ 为扰动运动参数;$\lambda_i(i=1,2,\cdots,n)$ 为微分方程的特征值;$a_{ij}(i,j=1,2,\cdots,n)$ 为常系数。令 $\Delta \boldsymbol{x} = [\Delta x_1, \Delta x_2, \cdots, \Delta x_n]^T$,$\Delta \boldsymbol{b}_i = [a_{1i} e^{\lambda_1 t}, a_{2i} e^{\lambda_2 t}, \cdots, a_{ni} e^{\lambda_n t}]^T (i=1,2,\cdots,n)$,则式(5-2)写成

$$\Delta \boldsymbol{X} = \sum_{i=1}^n \Delta \boldsymbol{b}_i (i=1,2,\cdots,n) \tag{5-3}$$

式(5-3)实质上是对扰动运动方程的解进行了列项分解,如 $\Delta \boldsymbol{b}_i = [a_{1i} e^{\lambda_1 t}, a_{2i} e^{\lambda_2 t}, \cdots, a_{ni} e^{\lambda_n t}]^T$。这里 λ_i 可能是实根,也可能是复根。当 λ_i 为复根时必然存在一个与之共轭的复根,小扰动方程解的一个实根或一对共轭复根实际上代表了小扰动运动的一个特定组成成分。实根代表了一个单调发展的运动,而一对共轭复根则代表了一个周期振荡的运动。通常把 $\lambda_i(i=1,2,\cdots,n)$(当 λ_i 为复根时则为一对共轭复根)及其所代表的运动称为一个运动模态,简称模态。而把 $\lambda_i(i=1,2,\cdots,n)$(或一对共轭复根)决定的飞机运动特性称为模态特性。

由式(5-2)可看出,若 $\lambda_i(i=1,2,\cdots,n)$ 是负值或是具有负实部的复数,则 $\Delta \boldsymbol{b}_i(i=1,2,\cdots,n)$ 随时间 t 的变化是收敛的,此运动模态称为收敛模态,亦即模态特性是稳定的;相反,若 $\lambda_i(i=1,2,\cdots,n)$ 是正值或是具有正实部的复数,则 $\Delta \boldsymbol{b}_i(i=1,2,\cdots,n)$ 随时间的变化是发散的,此运动模态称为发散模态,亦即模态特性是不稳定的。若 $\lambda_i(i=1,2,\cdots,n)$ 等于零或实部为零,则此运动模态为中立模态。

特征根 $\lambda_i(i=1,2,\cdots,n)$ 不仅决定了扰动运动的收敛与发散,而且还影响此根对应的各个运动参数的幅值比和相角差。

5.1.2.2 模态特性参数

飞机扰动运动既然由各模态线性叠加而成,因此,每一个模态特性的好坏,都对飞机稳定性的品质有影响。

模态特性同自控原理相仿,由下列参数表示。

1. 半衰期 $t_{1/2}$ 或倍幅时间 t_2

半衰期 $t_{1/2}$ 为阻尼振动振幅包络线或非周期衰减模态中,幅值减至初始扰动的一半所经历的时间。倍幅时间 t_2 为发散振动幅值增大一倍所经历的时间。此参数表征运动参数衰减或发散的快慢。

$t_{1/2}$ 越小,扰动衰减越快,飞机恢复平衡状态的能力越强,动稳定性越好。对于发散模态,则希望 t_2 越大越好,因为越大,发散越慢,危害越小。

设特征根 $\lambda = n$(非周期模态)或 $\lambda = n \pm \mathbf{i}\omega$(周期模态),则对应模态为
$$\Delta x = \Delta x_0 e^{\lambda t} \quad \text{或} \quad \Delta x = \Delta x_0 e^{\lambda t}\sin(\omega t + \varphi_0)$$
式中:Δx_0 为扰动运动的初值;ω 为角频率(特征方程根的虚部);n 为特征方程的实部;φ_0 为初始相角。

根据半衰期定义,有
$$\frac{\Delta x}{\Delta x_0} = e^{nt_{1/2}} = \frac{1}{2} \tag{5-4}$$

则
$$t_{1/2} = -\frac{\ln 2}{n} \approx -\frac{0.693}{n} \tag{5-5}$$

同理,倍幅时间为
$$t_2 = \frac{\ln 2}{n} \approx \frac{0.693}{n} \tag{5-6}$$

2. 周期 T

周期 T(对周期模态而言)为飞机受扰动后振动一次所需的时间。由周期定义,有
$$T = \frac{2\pi}{\omega} \tag{5-7}$$

3. 振荡次数 $N_{1/2}$ 或 N_2

振荡次数 $N_{1/2}$ 或 N_2(对周期模态而言)是指在半衰期 $t_{1/2}$(或倍幅时间 t_2)内,扰动运动的振动次数。次数越少对收敛模态动稳定性越好,而对发散模态,则希望 N_2 不要过小。根据定义,有
$$N_{1/2} = \frac{t_{1/2}}{T} = \frac{\omega \ln 2}{2\pi |n|} \approx \frac{0.693\omega}{2\pi |n|}$$

$$N_2 = \frac{\omega \ln 2}{2\pi |n|} \approx \frac{0.693\omega}{2\pi |n|} \tag{5-8}$$

4. 模态幅值比和相角差

模态幅值比和相角差是指同一模态中各运动参数之间的幅值之比与相角差值。它能反映各模态向量在同一模态中所占的地位及其相互关系。设模态特征值为 λ_i，则如果有 4 个运动参数 x_1、x_2、x_3、x_4，其变化规律用复根表示为

$$x_1 = C_1 e^{\lambda_i t}, x_2 = C_2 e^{\lambda_i t}, x_3 = C_3 e^{\lambda_i t}, x_4 = C_4 e^{\lambda_i t} \tag{5-9}$$

式中：C_1、C_2、C_3、C_4 为各向量的复振幅。

可以证明，虽然各模态本身的值与初始扰动值有关，但其比值与初始扰动无关。

图 5-2 就是一个典型的模态矢量图。$x_1(0)$、$x_2(0)$、$x_3(0)$、$x_4(0)$ 代表扰动初始时刻 $t=0$ 时的模态向量图，而 $x_1(t)$、$x_2(t)$、$x_3(t)$、$x_4(t)$ 则代表扰动时刻 t 时的模态向量。从图 5-2 中看出，时刻 0 与时刻 t 对应的运动参数之间的相互关系（指前后或相角关系）未有任何改变，而向量幅值只跟扰动运动所选的基准状态有关，因此向量幅值比也没有改变。可见，探究动稳定时用模态矢量图来形象地说明飞机各运动模态特性可以揭示飞机各扰动运动模态的物理本质。

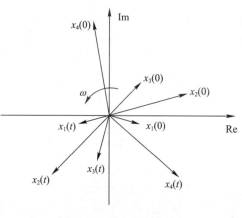

图 5-2 模态矢量图

5.1.3 动稳定性判据

线性常系数微分方程组的解可以写成式(5-1)的形式。飞机的基准运动受到小扰动后是否稳定仅取决于代表各运动模态的诸特征根 $\lambda_i(i=1,2,\cdots,n)$ 的性质。微分方程的特征根是由代数方程式解出的。纵向和横航向小扰动方程一般都是 4 阶的。对于某些情况，如引入自动驾驶仪或弹性自由度方程，则耦合方程的阶次甚至更高。若不利用计算机求解，则高解方程的求解往往并非易事，数学上或自动控制原理等课程中把这种研究高阶方程的根或判别式属性的方法，统称为"稳定判据"。若无须求出根值而只要求判别运动是否稳定，则可利用这些比求根更为方便的判据来达到目的。下面介绍一种称为"霍尔维兹判据"的方法。

设特征方程为

$$\Delta(\lambda) = a_0\lambda^n + a_1\lambda^{n-1} + \cdots + a_{n-1}\lambda + a_n = 0 \qquad (5-10)$$

并设 $\alpha_0 > 0$（若 $\alpha_0 < 0$，则方程两边同乘以 -1）。特征方程的系数组成行列式的方式如下：

$$\begin{vmatrix} a_1 & a_0 & 0 & 0 & 0 & 0 & 0 & 0 & \cdots \\ a_3 & a_2 & a_1 & a_0 & 0 & 0 & 0 & 0 & \\ a_5 & a_4 & a_3 & a_2 & a_1 & a_0 & 0 & 0 & \cdots \\ a_7 & a_6 & a_5 & a_4 & a_3 & a_2 & a_1 & a_0 & \\ \cdot & & & & & & & & \\ \cdot & & & & & & & & \\ \cdot & & & & & & & & \\ 0 & 0 & 0 & 0 & 0 & 0 & 0 & \cdots & a_n \end{vmatrix} \qquad (5-11)$$

这个行列式列出方式为，先沿对角线把特征方程式系数从 a_1 起依次写下来，行列式各行可以从对角线起，依次写入系数，向左下标逐渐增加，向右则渐减。其中下标大于方程次数或下标小于 0 的所有系数都用 0 代替，然后令

$$\Delta_1 = a_1, \Delta_2 = \begin{vmatrix} a_1 & a_0 \\ 0 & a_2 \end{vmatrix}, \Delta_3 = \begin{vmatrix} a_1 & a_0 & 0 \\ a_3 & a_2 & a_1 \\ 0 & 0 & a_3 \end{vmatrix}, \cdots, \Delta_n = a_n\Delta_{n-1} \qquad (5-12)$$

称为 1 阶至 n 阶主子行列式。

霍尔维兹证明，方程(5-10)诸根有负实部的充要条件为：由 1 阶至 n 阶主子行列式的值均大于 0，即

$$a_0 > 0, \Delta_1 > 0, \Delta_2 > 0, \cdots, \Delta_n > 0 \qquad (5-13)$$

并且 $a_n = 0$ 和 $\Delta_{n-1} = 0$ 分别代表实根和复根稳定的临界情况。

对于飞行性能与控制中 $n = 4$ 常用的特征方程中情况，此判据具体表达为

$$\begin{cases} a_1, a_2, a_3, a_4 > 0 \\ \Delta_3 = a_1 a_2 a_3 - a_1^2 a_4 - a_0 a_3^2 > 0 \end{cases} \qquad (5-14)$$

式中：$a_4 = 0$ 为实根稳定边界；$\Delta_3 = 0$ 为复根稳定边界。

5.2 飞机纵向动稳定性

5.2.1 纵向扰动运动特征方程

在握杆和油门杆位置固定不变的情况下，小扰动量 $\Delta\delta_z$ 与 $\Delta\delta_p$ 均为 0。此时

纵向小扰动运动方程的耦合方程在忽略一些小量($C_y^{\bar{\alpha}}/\mu_1$, $C_y^{\bar{\omega}_z}/\mu_1$)的条件下转化为式(5-15),注意这里动稳定性分析不考虑位移变化。

式(5-15)为封闭的耦合方程,有4个独立的自变量:$\Delta \bar{V}(\bar{t})$、$\Delta \bar{\alpha}(\bar{t})$、$\Delta \bar{\vartheta}(\bar{t})$ 和 $\Delta \bar{H}(\bar{t})$。下标"0"代表基准运动状态,因此上述方程中各项系数都是常数。若在方程中略去高度对气动力与气动力矩的影响,可略去高度项,则第4个方程为非耦合方程。

$$\begin{cases} \left[\dfrac{\mathrm{d}}{\mathrm{d}\bar{t}} - (C_P^{\bar{V}} + 2C_{P_0})\cos(\alpha_0 + \varphi_p) + 2C_{x_0} + C_x^{Ma} Ma_0\right]\Delta \bar{V} + \\[6pt]
\left[C_{P_0}\sin(\alpha_0 + \varphi_p) + C_x^{\alpha} - C_G\cos\theta_0\right]\Delta\alpha + C_G\cos\theta_0 \Delta\vartheta - \\[6pt]
\left[(C_P^{\bar{H}} + 2C_{P_0}\bar{\rho}^{\bar{H}})\cos(\alpha_0 + \varphi_p) + C_x^{Ma} Ma_0 \bar{a}^{\bar{H}} - C_{x_0}\bar{\rho}^{\bar{H}}\right]\Delta \bar{H} \\[6pt]
= -C_x^{\delta_z}\Delta\delta_z + C_P^{\delta_p}\cos(\alpha_0 + \varphi_p)\Delta\delta_p \\[6pt]
-\left[(C_P^{\bar{V}} + 2C_{P_0})\sin(\alpha_0 + \varphi_p) + 2C_{y_0} + C_y^{Ma} Ma_0\right]\Delta \bar{V} - \\[6pt]
\left[\left(1 + \dfrac{C_y^{\bar{\alpha}}}{\mu_1}\right)\dfrac{\mathrm{d}}{\mathrm{d}\bar{t}} + C_y^{\alpha} + C_{P_0}\cos(\alpha_0 + \varphi_p) - C_G\sin\theta_0\right]\Delta\alpha + \\[6pt]
\left[\left(1 - \dfrac{C_y^{\bar{\omega}_z}}{\mu_1}\right)\dfrac{\mathrm{d}}{\mathrm{d}\bar{t}} - C_G\sin\theta_0\right]\Delta\vartheta - \left[(C_P^{\bar{H}} + C_{P_0}\bar{\rho}^{\bar{H}})\sin(\alpha_0 + \varphi_p) - \right. \\[6pt]
\left. C_y^{Ma} Ma_0 \bar{a}^{\bar{H}} + C_{y_0}\bar{\rho}^{\bar{H}}\right]\Delta \bar{H} \\[6pt]
= C_x^{\delta_z}\Delta\delta_z + C_P^{\delta_p}\sin(\alpha_0 + \varphi_p)\Delta\delta_p - \\[6pt]
\dfrac{\mu_1}{\bar{r}_z^2}[2m_{z_0} + m_z^{Ma} Ma_0]\Delta \bar{V} - \dfrac{1}{\bar{r}_z^2}\left(m_z^{\bar{\alpha}}\dfrac{\mathrm{d}}{\mathrm{d}\bar{t}} + \mu_1 m_z^{\alpha}\right)\Delta\alpha + \\[6pt]
\left(\dfrac{\mathrm{d}^2}{\mathrm{d}\bar{t}^2} - \dfrac{m_z^{\bar{\omega}_z}}{\bar{r}_z^2}\dfrac{\mathrm{d}}{\mathrm{d}\bar{t}}\right)\Delta\vartheta + \dfrac{\mu_1}{\bar{r}_z^2}\left(m_z^{Ma} Ma_0 \bar{a}^{\bar{H}} - m_{z_0}\bar{\rho}^{\bar{H}}\right)\Delta \bar{H} \\[6pt]
= \dfrac{1}{\bar{r}_z^2}\mu_1 m_z^{\delta_z}\Delta\delta_z \\[6pt]
-\sin\theta_0 \Delta \bar{V} + \cos\theta_0 \Delta\alpha - \cos\theta_0 \Delta\vartheta + \dfrac{1}{\mu_1}\dfrac{\mathrm{d}\Delta \bar{H}}{\mathrm{d}\bar{t}} = 0 \end{cases} \quad (5-15)$$

引入以下简化符号:

$$\begin{cases} C_{xC}^{\bar{V}} = (C_P^{\bar{V}} + 2C_{P_0})\cos(\alpha_0 + \varphi_p) - 2C_{x_0} - C_x^{Ma}Ma_0 \\ C_{xC}^{\alpha} = C_{P_0}\sin(\alpha_0 + \varphi_p) + C_x^{\alpha} \\ C_{yC}^{\bar{V}} = (C_P^{\bar{V}} + 2C_{P_0})\sin(\alpha_0 + \varphi_p) + 2C_{y_0} + C_y^{Ma}Ma_0 \\ C_{yC}^{\alpha} = C_y^{\alpha} + C_P\cos(\alpha_0 + \varphi_p) \\ \bar{m}_{z0} = \dfrac{m_{z0}}{\bar{r}_z^2}, \bar{m}_z^{Ma} = \dfrac{m_z^{Ma}}{\bar{r}_z^2} \\ \bar{m}_z^{\bar{\dot{\alpha}}} = \dfrac{m_z^{\bar{\dot{\alpha}}}}{\bar{r}_z^2}, \bar{m}_z^{\alpha} = \dfrac{m_z^{\alpha}}{\bar{r}_z^2} \\ \bar{m}_z^{\bar{\omega}_z} = \dfrac{m_z^{\bar{\omega}_z}}{\bar{r}_z^2}, \bar{m}_{zC}^{\bar{V}} = 2\bar{m}_{z_0} + \bar{m}_z^{Ma}Ma \end{cases} \quad (5-16)$$

则式(5-15)转化成

$$\begin{cases} \left(\dfrac{\mathrm{d}}{\mathrm{d}\bar{t}} - C_{xC}^{\bar{V}}\right)\Delta\bar{V} + (C_{xC}^{\alpha} - C_G\cos\theta_0)\Delta\alpha + C_G\cos\theta_0\Delta\vartheta = 0 \\ -C_{yC}^{\bar{V}}\Delta\bar{V} - \left(\dfrac{\mathrm{d}}{\mathrm{d}\bar{t}} + C_{yC}^{\alpha} - C_G\sin\theta_0\right)\Delta\alpha + \left(\dfrac{\mathrm{d}}{\mathrm{d}\bar{t}} - C_G\sin\theta_0\right)\Delta\vartheta = 0 \\ -\mu_1\bar{m}_{zC}^{\bar{V}}\Delta\bar{V} - \left(\bar{m}_z^{\bar{\dot{\alpha}}}\dfrac{\mathrm{d}}{\mathrm{d}\bar{t}} + \mu_1\bar{m}_z^{\alpha}\right)\Delta\alpha + \left(\dfrac{\mathrm{d}^2}{\mathrm{d}\bar{t}^2} - \bar{m}_z^{\bar{\omega}_z}\dfrac{\mathrm{d}}{\mathrm{d}\bar{t}}\right)\Delta\vartheta = 0 \end{cases} \quad (5-17)$$

由方程(5-17)可以解得随时间的变化曲线。

在研究动稳定时,特征根的性质也就是模态特性,下面通过一个具体的算例讨论方程(5-17)的特征根及模态特性的情况,然后讨论飞机纵向小扰动方程运动的两种典型模态及其物理成因。

设初始条件为 $\Delta\bar{V} = \Delta\bar{V}_0, \Delta\alpha = \Delta\alpha_0, \Delta\vartheta = \Delta\vartheta_0, \Delta\bar{\dot{\vartheta}} = \Delta\bar{\dot{\vartheta}}_0$,对方程(5-17)进行拉普拉斯变换,得

$$\begin{cases} (s - C_{xC}^{\bar{V}})\Delta\bar{V}(s) + (C_{xC}^{\alpha} - C_G\cos\theta_0)\Delta\alpha(s) \\ \quad + C_G\cos\theta_0\Delta\vartheta(s) = \Delta\bar{V}_0 \\ -C_{yC}^{\bar{V}}\Delta\bar{V}(s) - (s + C_{yC}^{\alpha} - C_G\sin\theta_0)\Delta\alpha(s) \\ \quad + (s - C_G\sin\theta_0)\Delta\vartheta(s) = -\Delta\alpha_0 + \Delta\vartheta_0 \\ -\mu_1\bar{m}_{zC}^{\bar{V}}\Delta V(s) - (\bar{m}_z^{\bar{\dot{\alpha}}}s + \mu_1\bar{m}_z^{\alpha})\Delta\alpha(s) \\ \quad + (s^2 - \bar{m}_z^{\bar{\omega}_z}s)\Delta\vartheta(s) = -\bar{m}_z^{\bar{\dot{\alpha}}}\alpha_0 + \Delta\vartheta_0 s \\ \quad - \bar{m}_z^{\bar{\omega}_z}\Delta\vartheta_0 + \Delta\bar{\dot{\vartheta}}_0 \end{cases} \quad (5-18)$$

方程(5-18)组成一个线性代数方程组,它的解依据线性代数形式可写成

$$\Delta \bar{V}(s) = \frac{\Delta_V}{\Delta}, \Delta\alpha(s) = \frac{\Delta_\alpha}{\Delta}, \Delta\vartheta(s) = \frac{\Delta_\vartheta}{\Delta} \quad (5-19)$$

其中

$$\Delta = \begin{vmatrix} s - C_{xC}^{\bar{V}} & C_{xC}^\alpha - C_G\cos\theta_0 & C_G\cos\theta_0 \\ -C_{yC}^{\bar{V}} & -(s + C_{yC}^\alpha - C_G\sin\theta_0) & s - C_G\sin\theta_0 \\ -\mu_1 \bar{m}_{zC}^{\bar{V}} & -(\bar{m}_z^{\bar{\dot{\alpha}}} s + \mu_1 \bar{m}_z^\alpha) & s^2 - \bar{m}_z^{\bar{\omega}_z} s \end{vmatrix} \quad (5-20)$$

$$\Delta_V = \begin{vmatrix} \Delta\bar{V}_0 & C_{xC}^\alpha - C_G\cos\theta_0 & C_G\cos\theta_0 \\ -\Delta\alpha_0 + \Delta\vartheta_0 & -(s + C_{yC}^\alpha - C_G\sin\theta_0) & s - C_G\sin\theta_0 \\ -\bar{m}_z^{\bar{\dot{\alpha}}}\Delta\alpha_0 + \Delta\bar{\dot{\vartheta}} + \Delta\vartheta_0 s - \bar{m}_z^{\bar{\omega}_z}\Delta\vartheta_0 & -(\bar{m}_z^{\bar{\dot{\alpha}}} s + \mu_1 \bar{m}_z^\alpha) & s^2 - \bar{m}_z^{\bar{\omega}_z} s \end{vmatrix}$$
$$(5-21)$$

$$\Delta_\alpha = \begin{vmatrix} s - C_{xC}^{\bar{V}} & \Delta\bar{V}_0 & C_G\cos\theta_0 \\ -C_{yC}^{\bar{V}} & -\Delta\alpha_0 + \Delta\vartheta_0 & s - C_G\sin\theta_0 \\ -\mu_1 \bar{m}_{zC}^{\bar{V}} & -\bar{m}_z^{\bar{\dot{\alpha}}}\Delta\alpha_0 + \Delta\bar{\dot{\vartheta}}_0 + \Delta\vartheta_0 s - \bar{m}_z^{\bar{\omega}_z}\Delta\vartheta_0 & s^2 - \bar{m}_z^{\bar{\omega}_z} s \end{vmatrix}$$
$$(5-22)$$

$$\Delta_\vartheta = \begin{vmatrix} s - C_{xC}^{\bar{V}} & C_{xC}^\alpha - C_G\cos\theta_0 & \Delta\bar{V}_0 \\ -C_{yC}^{\bar{V}} & -(s + C_{yC}^\alpha - C_G\sin\theta_0) & -\Delta\alpha_0 + \Delta\vartheta_0 \\ -\mu_1 \bar{m}_{zC}^{\bar{V}} & -(\bar{m}_z^{\bar{\dot{\alpha}}} s + \mu_1 \bar{m}_z^\alpha) & \bar{m}_z^{\bar{\dot{\alpha}}}\Delta\alpha_0 + \Delta\bar{\dot{\vartheta}}_0 + \Delta\vartheta_0 s - \bar{m}_z^{\bar{\omega}_z}\Delta\vartheta_0 \end{vmatrix}$$
$$(5-23)$$

令 $\Delta = 0$,展开并做适当简化可得特征方程为

$$s^4 + a_1 s^3 + a_2 s^2 + a_3 s + a_4 = 0 \quad (5-24)$$

其中:

$$\begin{cases} a_1 = C_{yC}^\alpha - (\bar{m}_z^{\bar{\omega}_z} + \bar{m}_z^{\bar{\dot{\alpha}}}) - (C_{xC}^{\bar{V}} + C_G\sin\theta_0) \\ a_2 = -C_{yC}^\alpha \bar{m}_z^{\bar{\omega}_z} + (C_{xC}^{\bar{V}} + C_G\sin\theta_0)(\bar{m}_z^{\bar{\omega}_z} + \bar{m}_z^{\bar{\dot{\alpha}}}) \\ \qquad -\mu_1 \bar{m}_z^\alpha - (C_{yC}^{\bar{V}} C_{xC}^\alpha + C_{yC}^\alpha C_{xC}^{\bar{V}}) + C_{yC}^{\bar{V}} C_G\cos\vartheta_0 \\ \qquad + C_{xC}^{\bar{V}} C_G\sin\theta_0 \\ a_3 = -C_{xC}^\alpha \bar{m}_{zC}^{\bar{V}} + (C_{xC}^{\bar{V}} + C_G\sin\theta_0)\mu_1 \bar{m}_z^\alpha \\ \qquad + (C_{yC}^{\bar{V}} C_{xC}^\alpha + C_{yC}^\alpha C_{xC}^{\bar{V}}) \bar{m}_z^{\bar{\omega}_z} \\ \qquad - (C_{yC}^{\bar{V}} C_G\cos\theta_0 + C_{xC}^{\bar{V}} C_G\sin\theta_0)(\bar{m}_z^{\bar{\omega}_z} + \bar{m}_z^{\bar{\dot{\alpha}}}) \\ a_4 = -(C_{yC}^{\bar{V}} C_G\cos\theta_0 + C_{xC}^{\bar{V}} C_G\sin\theta_0)\mu_1 \bar{m}_z^\alpha \\ \qquad + (C_{yC}^\alpha C_G\cos\theta_0 - C_{xC}^\alpha C_G\sin\theta_0)\mu_1 \bar{m}_{zC}^{\bar{V}} \end{cases} \quad (5-25)$$

求解方程(5-24),就可求解纵向扰动运动方程的4个特征根,进而可分析扰动运动模态矢量图及相应的模态特性。

5.2.2 典型算例

1. 飞机原始数据及模态根

某歼击机基准运动参数为

$$Ma_0 = 1.5, H_0 = 15000\text{m}, \theta_0 = 0, \rho_0 = 0.19355\text{kg/m}^3$$

飞机的构造参数为

$G = 67690\text{N}, S = 23\text{m}^2, b_A = 4.002\text{m}, I_z = 54566.4\text{kgm}^2, \varphi_p = 0, y_p = 0$(推力线距离)

由上述参数算得

$$\mu_1 = \frac{2m}{\rho_0 S b_A} = \frac{2G}{\rho_0 g S b_A} = 773.9$$

$$\tau_1 = \frac{2m}{\rho S V_0} = \frac{2G}{\rho_0 g S V_0} = 6.997(\text{s})$$

$$\bar{r}_z^2 = \frac{I_z}{m b_A^2} = \frac{I_z g}{G b_A^2} = 0.494$$

$$C_G = C_{y0} = \frac{2G}{\rho_0 S V_0^2} = 0.1551(\text{因为 } \theta_0 = 0)$$

查气动手册得

$$C_y^\alpha = 0.0375(1/°) = 2.1496, m_z^\alpha = -0.0105(1/°) = -0.6017$$

$$m_z^{\bar{\omega}_z} = -1.85, m_z^{\dot{\bar{\alpha}}} = -0.2, C_x^a = 0.2471$$

$$C_y^{Ma} = -0.05835, m_z^{Ma} = -0.0301$$

$$C_P^{Ma} = -0.0078 \left[C_{P_0} = \frac{2P_0}{\rho_0 V_0^2 S} (P_0 \text{ 由发动机工作状态确定}) \right]$$

中间变换数据为

$$C_{xC}^{\bar{V}} = 0.000525, C_{xC}^\alpha = 0.2471, C_{yC}^{\bar{V}} = 0.2227, C_{yC}^\alpha = 2.149$$

$$\bar{m}_{zC}^{\bar{V}} = -0.09114, \bar{m}_z^\alpha = -1.217, \bar{m}_z^{\bar{\omega}_z} = -3.743, \bar{m}_z^{\dot{\bar{\alpha}}} = -0.4046$$

将上述值代入方程(5-25)，求出特征方程式(5-24)中的各个系数为

$$a_1 = 6.296, a_2 = 947.7, a_3 = -17.99, a_4 = 8.983$$

这样可以求出两个共轭特征根，构成两个模态：

模态 1：$\lambda_{1,2} = -3.158 \pm 30.66i$

模态 2：$\lambda_{3,4} = 0.009500 \pm 0.09678i$

2. 模态特性

模态根代入式(5-4)~式(5-8)可以算出各模态特性如下：

模态 1：$T = 1.434(s), t_{1/2} = 1.535(s), N_{1/2} = 1.067(次)$

模态 2：$T = 454.3(s), t_2 = 511.4(s), N_2 = 1.124(次)$

可以看出，模态 1 是周期短、频率高、阻尼大、衰减快的阻尼振荡；模态 2 是周期长、频率低的增幅振荡。前者称为短周期模态，后者称为长周期模态。注意此例中的长周期模态根的实部为正，属不稳定的。

下边求出这两个模态的模态矢量图。

模态 1：$\Delta \bar{V} : \Delta \alpha : \Delta \vartheta = 0.008040 e^{85.6°i} : 1.005 e^{3997°i} : 1$

模态 2：$\Delta \bar{V} : \Delta \alpha : \Delta \vartheta = 1.59 e^{81.94°i} : 0.1179 e^{262°i} : 1$

其相应的模态矢量图如图 5-3 所示。

5.2.3 纵向扰动运动的典型运动模态

从算例看出，纵向扰动运动特征方程有两对共轭复根。一对为大根($\lambda_{1,2}$)，它对应的是短周期模态；另一对为小根($\lambda_{3,4}$)，它对应的是长周期模态(也称为

沉浮模态)。飞机受到外界扰动后的扰动运动特性都由这两种典型模态特性决定。

由图 5-3(a)可以看出,短周期模态的主要扰动运动变量是迎角和俯仰角,速度的变化幅值可以忽略。由图 5-3(b)可以看出,长周期模态的主要扰动运动变量是速度和俯仰角。因此,两种运动模态可近似看成二自由度的扰动运动。

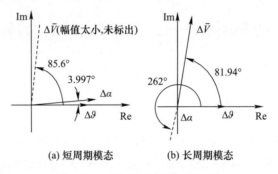

图 5-3 纵向扰动运动模态矢量图

在扰动消失后的初始阶段主要表现为以迎角 $\Delta \alpha$ 及俯仰角 $\Delta \vartheta$ 的迅速变化,其速度基本不变;在扰动运动后期,主要表现为飞行速度 $\Delta \bar{V}$ 和俯仰角(也即航迹角,此时 $\Delta \alpha$ 基本不变)的变化(图 5-4)。

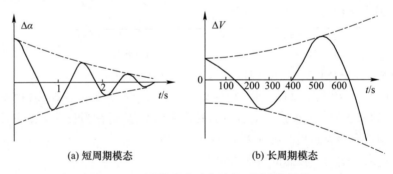

图 5-4 两种模态运动变量的不同变化规律

为什么一般飞机都具有这种普遍规律呢?这主要是由于飞机的结构和空气动力特性决定的。正常布局的飞机通常具有较强的纵向稳定性($|m_z^\alpha|$ 较大)。相对而言,飞机绕 Oz 轴的惯性矩显得不大,因而受到扰动后产生的恢复力矩 $m_z^\alpha \Delta \alpha$ 较大,会出现较大的绕 Oz 轴角加速度,使迎角 α 和俯仰角 ϑ 迅速产生变化。同时,由于飞机具有较大的气动阻尼($m_z^{\bar{\omega}}$ 和 $m_z^{\dot{\alpha}}$),使迎角和俯仰角的变化又很快衰减,这过程往往在几秒内即可完成,振动基本消失。在这一模态明显存

在的过程中,飞行速度一般来不及有明显的变化。因此,可以认为短周期模态主要反映飞机受扰后力矩重新配平的过程。

长周期模态运动是由于扰动后力的不平衡造成的。飞机受扰后,不仅力矩平衡遭到破坏,力的平衡也同样遭到破坏。因此,在出现角速度的同时,必然同时出现线加速度使飞机的飞行航迹和速度发生变化。鉴于不平衡力相对于飞机质量而言,通常是小量,因而线加速度数值较小,在飞机受扰后的开始阶段反映(或积累)不明显。随着时间的增加,线速度的变化逐渐积累增加,飞机升力也相应增大。当升力增大时,飞机出现不大的向上法向加速度 a_n,航迹缓和上弯,$\Delta\vartheta>0$(图5-5)。但是上升时重力在航迹切线方向上的分力将使速度减小,升力也随之减小。当变到 $Y<G$ 时,θ 开始减小。当到图5-5(c)时,$\Delta\theta=0$,飞机恢复平飞,速度减小至最小值。当 $Y>G$ 时,θ 又开始增大。到图5-5(e)时,$\Delta\theta=0$,飞机恢复平飞。以后飞机又转入上升。如此反复,即形成航迹角和速度的振荡过程。

由于在这一振荡过程中,其恢复力作用的 $Y^V\Delta V$ 及起阻尼作用的 $\dfrac{\partial(P-X)}{\partial V}\cdot\Delta V$ 的数值都比较小。相反,飞机的质量通常较大,因此振荡周期较长,衰减(或发散)较慢,形成长周期振荡模态。

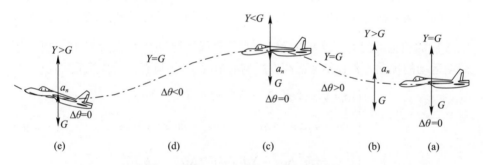

图5-5 纵向长周期模态运动的典型航迹

在长周期振荡过程中,飞机的重心时升时降,故又把这种模态称为沉浮模态。当飞机下沉时,速度和动能增加,高度和位能减小;而飞机上升时,情况正好相反。

综上所述,飞机的纵向运动大致可分为两个阶段。在扰动运动的最初阶段,主要特征是以迎角和角速度变化为代表的短周期运动,飞行速度基本保持不变;而在扰动运动的后一阶段,主要特征是以速度和航迹角变化为代表的长周期运动,飞机的迎角基本保持不变。

将飞机的运动分为短周期模态和长周期模态对研究飞机的动稳定性具有重大的实际意义。这是因为在飞行过程中,飞行员对这两种运动模态的感觉和要求是不同的。对于短周期模态,振荡周期短、变化快,飞行员往往来不及修正,对飞行安全、射击的准确性影响很大,因此短周期运动模态特性往往是纵向扰动运动研究的重点。而对于长周期模态,由于振荡周期长、变化慢,因而对这种运动模态的要求,通常比短周期模态低。

必须指出,在某些特殊情况下,由于飞机结构参数和气动特性的改变,以及飞行条件的不同,有时可能出现非周期模态。

5.2.4 纵向扰动运动的简化分析

飞机的纵向扰动运动的初始阶段主要表现为短周期运动,而后续阶段主要表现为长周期运动。据此可以对纵向扰动运动进行必要的简化处理,简化处理不仅可以使计算得到简化,更主要的是它可以突出问题的本质,便于分析各种因素对模态的影响。

5.2.4.1 短周期运动的简化分析

扰动运动初期的短周期运动,其扰动速度 $\Delta \bar{V}$ 基本保持不变。因此,在讨论扰动运动初期的短周期运动模态时,可以略去 $\Delta \bar{V}$ 这个自由度,也即认为切向力的平衡方程自动满足。考察方程(5-15),第一式可以删去,第二、三、四式中 $\Delta \bar{V}$ 的项也可删去。设基准运动为水平直线飞行($\theta_0 = 0, C_G = C_y$)。这样,短周期运动的扰动方程在不考虑高度影响的情况下,经拉普拉斯变换后可简化为

$$\begin{cases} (s + C_{yC}^{\alpha}) \Delta \alpha(s) - s \Delta \vartheta(s) = \Delta \alpha_0 - \Delta \vartheta_0 \\ (\bar{m}_z^{\bar{\alpha}} s + \mu_1 \bar{m}_z^{\alpha}) \Delta \alpha(s) - (s^2 - \bar{m}_z^{\bar{\omega}_z} s) \Delta \vartheta(s) \\ \quad = \bar{m}_z^{\bar{\alpha}} \Delta \alpha_0 - \Delta \vartheta_0 s + \bar{m}_z^{\bar{\omega}_z} \Delta \vartheta_0 - \Delta \bar{\vartheta}_0 \end{cases} \quad (5-26)$$

式(5-26)的特征方程为

$$\Delta(s) = \begin{vmatrix} s + C_{yC}^{\alpha} & -s \\ \bar{m}_z^{\bar{\alpha}} s + \mu_1 \bar{m}_z^{\alpha} & -(s^2 - \bar{m}_z^{\bar{\omega}_z} s) \end{vmatrix} = 0 \quad (5-27)$$

展开可得

$$s^3 + [C_{yC}^{\alpha} - (\bar{m}_z^{\bar{\omega}_z} + \bar{m}_z^{\bar{\alpha}})] s^2 - (\mu_1 \bar{m}_z^{\alpha} + C_{yC}^{\alpha} \bar{m}_z^{\bar{\omega}_z}) s = 0 \quad (5-28)$$

即

$$s\{s^2 + [C_{yC}^{\alpha} - (\bar{m}_z^{\bar{\omega}_z} + \bar{m}_z^{\bar{\alpha}})] s - (\mu_1 \bar{m}_z^{\alpha} - C_{yC}^{\alpha} \bar{m}_z^{\bar{\omega}_z})\} = 0 \quad (5-29)$$

式中:$s=0$ 对应 ϑ 模态,即在短周期运动中 ϑ 是中立稳定的。若不考虑 ϑ 模态,

则短周期运动方程简化为

$$s^2 + [C_{yC}^{\alpha} - (\bar{m}_z^{\bar{\omega}_z} + \bar{m}_z^{\bar{\alpha}})]s - (\mu_1 \bar{m}_z^{\alpha} - C_{yC}^{\alpha} \bar{m}_z^{\bar{\omega}_z}) = 0 \qquad (5-30)$$

根据稳定性判别准则,若短周期运动是稳定的,则上述特征方程的系数必须大于0,即

$$\begin{cases} C_{yC}^{\alpha} - \bar{m}_z^{\bar{\omega}_z} - \bar{m}_z^{\bar{\alpha}} > 0 \\ -\mu_1 \bar{m}_z^{\alpha} - C_{yC}^{\alpha} \bar{m}_z^{\bar{\omega}_z} > 0 \end{cases} \qquad (5-31)$$

通常 $C_{yC}^{\alpha} = C_y^{\alpha} + C_{P_0}\cos(\alpha_0 + \varphi_p) > 0$, $\bar{m}_z^{\bar{\omega}_z} < 0$, $\bar{m}_z^{\bar{\alpha}} < 0$。所以式(5-31)中第一式自然满足大于零的条件,而

$$-\mu_1 \bar{m}_z^{\alpha} - C_{yC}^{\alpha} \bar{m}_z^{\bar{\omega}_z} = -\mu_1 \left(\bar{m}_z^{C_y} + \frac{\bar{m}_z^{\bar{\omega}_z}}{\mu_1} \right) C_{yC}^{\alpha} \qquad (5-32)$$

如果引用第3章中给出的"握杆机动点"概念,可将式(5-32)转化为

$$-\mu_1 \bar{m}_z^{\alpha} - C_{yC}^{\alpha} \bar{m}_z^{\bar{\omega}_z} = \frac{\mu_1 C_{yC}^{\alpha}}{\bar{r}_z^2}(\bar{x}_n - \bar{x}_G) \qquad (5-33)$$

式(5-33)中的 $\bar{x}_n$ 为握杆机动点位置。当重心位置 $\bar{x}_G$ 与 $\bar{x}_n$ 重合时,式(5-33)的值为0,短周期运动蜕化为两个非周期模态。一个特征根是有限实数值,则为非周期收敛模态;另一个特征根为0,对应于保持扰动参数为常值,表现基准运动受扰之后,进入定常拉升状态。若重心在机动点之前 $\bar{x}_n - \bar{x}_G > 0$,则纵向短周期运动是稳定的;相反,重心在机动点之后 $\bar{x}_n - \bar{x}_G < 0$,则纵向短周期运动变成不稳定。

由上述简化方法将扰动运动的阻尼比与自振频率写成(假设存在阻尼振动)

$$\zeta_{sp} = \frac{C_{yC}^{\alpha} - (\bar{m}_z^{\bar{\omega}_z} + \bar{m}_z^{\bar{\alpha}})}{2\sqrt{-(C_{yC}^{\alpha} \bar{m}_z^{\bar{\omega}_z} + \mu_1 \bar{m}_z^{\alpha})}} \qquad (5-34)$$

$$\bar{\omega}_{nsp} = \sqrt{-(C_{yC}^{\alpha} \bar{m}_z^{\bar{\omega}_z} + \mu_1 \bar{m}_z^{\alpha})} \qquad (5-35)$$

把5.2.3节算例数据代入式(5-34)和式(5-35),则可算得

$$\bar{\omega}_{nsp} = 30.83, \zeta_{sp} = 0.1021, \lambda_{1,2} = -3.149 \pm 30.69i$$

和5.2.3节算出的精确解的大根十分接近。因此,对于短周期模态,采用上述简化方法,准确度是足够的。而且,这种方法突出地反映了阻尼比 ζ_{sp} 和无阻尼自振频率对模态特性的作用,因而目前都广泛采用这种方法。

由以上分析可以看出：

(1) ζ_{sp} 的大小决定了模态运动的周期性与衰减特性。当 $0<\zeta_{sp}<1$ 时，特征根为共轭复根，短周期运动为振荡衰减运动，且 ζ_{sp} 越大，衰减越快；当 $\zeta_{sp}>1$ 时，特征根蜕化为一对实根，短周期运动为非周期的衰减运动；$\zeta_{sp}=1$ 表示模态运动是一种介于振荡衰减与非振荡衰减的边界情况。

(2) $\bar{\omega}_{nsp}$ 的大小直接与迎角静稳定度 m_z^α 有关，它决定了振荡的周期大小。$|m_z^\alpha|$ 值越大，恢复力矩增大，频率越快，周期越短。

(3) 短周期运动的实际阻尼 $2\zeta_{sp}\bar{\omega}_{nsp} = C_{yC}^\alpha - (\bar{m}_z^{\bar{\omega}_z} + \bar{m}_z^{\dot{\bar{\alpha}}})$，除了包含对转动运动的气动阻尼 $\bar{m}_z^{\bar{\omega}_z}$ 和 $\bar{m}_z^{\dot{\bar{\alpha}}}$，还表示升力方向运动的阻尼 C_{yC}^α。后项是阻止飞机突然下沉与升起的阻尼。实际阻尼的大小决定了半衰期的长短。

5.2.4.2 长周期运动的简化分析

在研究长周期运动时，认为绕飞机转动的短周期运动已经结束。此时，飞机的转动角速度和角加速度很小，$\dfrac{d\alpha}{dt}\approx 0, \dfrac{d^2\Delta\vartheta}{d\bar{t}^2}=\dfrac{d\bar{\omega}_z}{dt}\approx 0$。因此，力矩方程中的"动"俯仰力矩（$\bar{m}_z^{\dot{\bar{\alpha}}}\dot{\bar{\alpha}}$，$\bar{m}_z^{\bar{\omega}_z}\bar{\omega}_z$）与静俯仰力矩（$\mu_1\bar{m}_{zC}^V, \mu_1\bar{m}_{zC}^\alpha$）相比是个小量，可以略去。这样扰动运动就可以得到简化。

假定飞机的基准运动为定直平飞，且略去高度影响，则根据上述思想，可将完整运动的特征行列式(5-20)中第三行第二列的 $\bar{m}_z^{\dot{\bar{\alpha}}}s$ 项和第三行第三列的 s^2 项删去而保留其余各项，得到简化的特征行列式为

$$\Delta = \begin{vmatrix} s-C_{xC}^{\bar{V}} & C_{xC}^\alpha - C_G & C_G \\ -C_{yC}^{\bar{V}} & -(s+C_{yC}^\alpha) & s \\ -\mu_1\bar{m}_{zC}^{\bar{V}} & -\mu_1\bar{m}_{zC}^\alpha & -\bar{m}_z^{\bar{\omega}_z}s \end{vmatrix} = \begin{vmatrix} s-C_{xC}^{\bar{V}} & C_{xC}^\alpha & C_G \\ -C_{yC}^{\bar{V}} & -C_{yC}^\alpha & s \\ -\mu_1\bar{m}_{zC}^{\bar{V}} & -\mu_1\bar{m}_{zC}^\alpha - \bar{m}_z^\alpha s & -\bar{m}_z^{\bar{\omega}_z}s \end{vmatrix}$$

$$(5-36)$$

按第三行展开，特征方程为

$$\Delta(s) = -\mu_1\bar{m}_{zC}^{\bar{V}}\left[C_{xC}^\alpha s + C_{yC}^\alpha C_G\right] + (\mu_1\bar{m}_z^\alpha + \bar{m}_z^{\bar{\omega}_z}s)\left[(s-C_{xC}^{\bar{V}})s + C_{yC}^{\bar{V}}C_G\right]$$

$$+ \bar{m}_z^{\bar{\omega}_z}s\left[(s-C_{xC}^{\bar{V}})C_{yC}^\alpha - C_{yC}^{\bar{V}}C_{xC}^\alpha\right] = 0 \qquad (5-37)$$

式(5-37)为三次代数方程,需做进一步简化。

式(5-37)中的第二个方括号中,由于 μ_1 通常是大值,而长周期模态的根为小根,即 s 的值小,可以略去 $\bar{m}_z^{\bar{\omega}_z}s$ 项,则式(5-37)可简化为

$$\Delta(s) = (\mu_1 \bar{m}_z^\alpha + \bar{m}_z^{\bar{\omega}_z} C_{yC}^\alpha)s^2 - [\mu_1 \bar{m}_z^\alpha C_{xC}^{\bar{V}} + \mu_1 \bar{m}_{zC}^{\bar{V}} C_{xC}^\alpha + \bar{m}_z^{\bar{\omega}_z}(C_{xC}^{\bar{V}} C_{yC}^\alpha + C_{xC}^\alpha C_{yC}^{\bar{V}})]s$$
$$+ \mu_1 C_G [\bar{m}_z^\alpha C_{yC}^{\bar{V}} - \bar{m}_{zC}^{\bar{V}} C_{yC}^\alpha] = 0 \tag{5-38}$$

式(5-38)亦可写成

$$s^2 + a_1 s + a_2 = 0 \tag{5-39}$$

其中

$$a_1 = -\frac{1}{1 + \dfrac{\bar{m}_z^{\bar{\omega}_z} C_{yC}^\alpha}{\mu_1 \bar{m}_z^\alpha}} \left[C_{xC}^\alpha \frac{\bar{m}_{zC}^{\bar{V}}}{\bar{m}_z^\alpha} + C_{xC}^{\bar{V}} \frac{\bar{m}_z^{\bar{\omega}_z}}{\mu_1 \bar{m}_z^\alpha}(C_{xC}^{\bar{V}} C_{yC}^\alpha + C_{xC}^\alpha C_{yC}^{\bar{V}}) \right] \tag{5-40}$$

$$a_2 = -\frac{C_G}{1 - \dfrac{\bar{m}_z^{\bar{\omega}_z} C_{yC}^\alpha}{\mu_1 \bar{m}_z^\alpha}} \left[C_{yC}^{\bar{V}} - \frac{\bar{m}_{zC}^{\bar{V}}}{\bar{m}_z^\alpha} C_{yC}^\alpha \right] \tag{5-41}$$

由此解出长周期模态的简化根为

$$\lambda_{3,4} = -\frac{1}{2}a_1 \pm i\sqrt{a_2 - \left(\frac{a_1}{2}\right)^2} \tag{5-42}$$

将典型算例中的数值代入式(5-42),得

$$\lambda_{3,4} = -0.009534 \pm 0.0715i \tag{5-43}$$

同理有

$$\zeta_p = -0.09776, \bar{\omega}_{np} = 0.09762 \tag{5-44}$$

和前面的精确解十分接近。

5.2.4.3 影响纵向动稳定性的因素

动稳定性特性通常用 $t_{1/2}$、T、$N_{1/2}$ 来表征。对纵向动稳定性而言,短周期模态特性是主要的决定性因素,而 ζ_{sp} 与又 $\bar{\omega}_{nsp}$ 又是影响短周期模态特性的关键。

1. ζ_{sp} 和 $\bar{\omega}_{nsp}$ 的变化规律

由式(5-37)和式(5-39)可知,ζ_{sp} 与 $\bar{\omega}_{nsp}$ 主要由气动导数 C_{yC}^{α}、$\bar{m}_z^{\bar{\omega}_z}$、$\bar{m}_z^{\alpha}$、$\bar{m}_z^{\bar{\dot{\alpha}}}$ 和相对密度 μ_1 决定。对于给定飞机,这些气动导数值决定于飞行马赫数(图5-6),而 μ_1 值直接与大气密度有关。因此,对于给定的飞机 ζ_{sp} 与 $\bar{\omega}_{nsp}$ 值主要随 Ma 和高度 H 而变化。$\bar{\omega}_{nsp}$ 随 Ma 变化规律如图5-7所示。从图中可以看出,亚、跨声速范围内,由于气动导数的绝对值随 Ma 增加而增加,因此 $\bar{\omega}_{nsp}$ 就随 Ma 增加而增加;超声速阶段,各气动导数的绝对值随 Ma 增加而下降,则 $\bar{\omega}_{nsp}$ 亦随 Ma 增加而下降。

阻尼比 ζ_{sp} 与气动导数之间关系较复杂,但综合结果通常随 Ma 增加而一直下降,如图5-8所示。

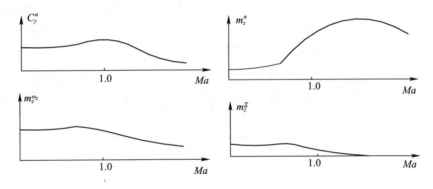

图 5-6 气动导数随 Ma 的变化

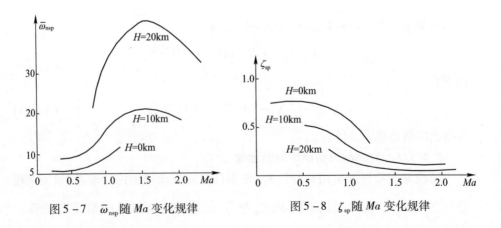

图 5-7 $\bar{\omega}_{nsp}$ 随 Ma 变化规律　　　　图 5-8 ζ_{sp} 随 Ma 变化规律

从图 5-7 与图 5-8 还可看出,高度增加,对应于同一 Ma 下的 $\bar{\omega}_{\mathrm{nsp}}$ 增加,ζ_{sp} 下降,这是因为 μ_1 增大的缘故。

2. 影响纵向动稳定性的因素

(1) 马赫数(Ma)。Ma 对模态特性 $t_{1/2}$、T、$N_{1/2}$ 的影响如图 5-9~图 5-11 所示。

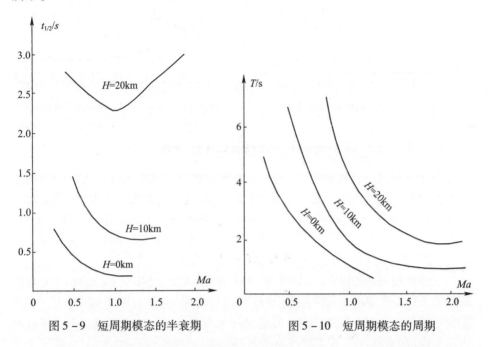

图 5-9 短周期模态的半衰期　　　图 5-10 短周期模态的周期

一方面 Ma 越大,ζ_{sp} 减小,$N_{1/2}$ 就增加。另一方面 ζ_{sp}、$\bar{\omega}_{\mathrm{nsp}}$ 和 τ_1 的综合结果,振荡周期随 Ma 的增加而下降。但 $t_{1/2}$ 的变化规律与 Ma 的具体范围有关,亚、跨声速阶段,$t_{1/2}$ 随 Ma 增大而下降,超声速阶段则增大。

(2) 高度(H)。高度增加,由于 ζ_{sp} 和 $\bar{\omega}_{\mathrm{nsp}}$ 的变化,特别是 τ_1 的增加,$t_{1/2}$ 与 T 都要随之增大。另外,高度增加 ζ_{sp} 下降导致 $N_{1/2}$ 必然也随高度增加而增大。

综上所述,高度增加,扰动运动衰减减慢,动稳定性变差,往往产生"纵向点头"现象。

(3) 重心位置。重心位置前移,迎角静稳定度 $|\bar{m}_z^{c_y}|$ 增加,$\bar{\omega}_{\mathrm{nsp}}$ 增加,而 ζ_{sp} 则下降。ζ_{sp} 的下降会导致 $N_{1/2}$ 的增加;而 $\bar{\omega}_{\mathrm{nsp}}$ 的增大,则使 T 下降,如图 5-12 所示。可以看出,重心位置对 $t_{1/2}$ 影响不大。这是因为 $t_{1/2}$ 取决于 ζ_{sp} 与 $\bar{\omega}_{\mathrm{nsp}}$ 的乘积,而 ζ_{sp} 与 $\bar{\omega}_{\mathrm{nsp}}$ 的变化规律正好相反。

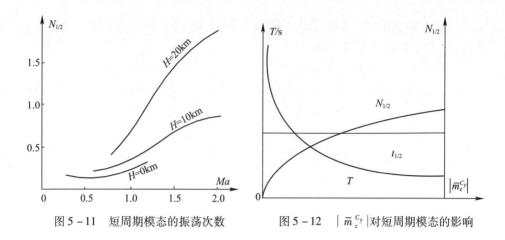

图 5-11 短周期模态的振荡次数　　　图 5-12 $|\bar{m}_z^{C_y}|$ 对短周期模态的影响

5.2.5 飞行品质规范对纵向模态特性要求

军用飞机飞行品质规范,规定了军用有人驾驶飞机在飞行品质方面必须达到的要求(定性)和指标(定量),是飞机质量标准的重要组成部分,因而是航空工业部门和空军、海军使用部门必须共同遵守的技术法规。对于工业部门来说,是设计、生产和飞行试验的指南;对于使用部门来说,是提出新机研制、定型、验收、评定飞机质量的标准,也是使用飞机的重要依据。

工业比较发达的国家,如美国、俄罗斯、英国、法国、瑞典等,都先后制定有自己的飞机飞行品质规范。其中,美国 1971 年修订出版的《有人驾驶飞机的飞行品质军用规范 MIL-F-8785B(ASG)》,是国际上很有影响的一本规范。为了修订出版这本规范,美国空军、海军曾经邀请制造厂家、研究机构近 30 个单位,花了 3 年多的时间。可见制定一本适应需要的飞行品质规范,工作是很艰巨的。我国 1986 年颁布了国家军用标准 GJB 185—86《有人驾驶飞机(固定翼)飞行品质规范》。

下面以纵向模态特性要求为例介绍飞机飞行品质规范的内容。

纵向扰动运动的模态特性的优劣影响飞机的动稳定性和操纵性,因此飞机设计中都对其有一定的要求。

无论是短周期模态还是长周期模态都是一对共轭复根。以自控原理可知,这两对共轭复根可以写成

$$\lambda_{1,2} = -\zeta_{sp}\bar{\omega}_{nsp} \pm i\bar{\omega}_{nsp}\sqrt{1-\zeta_{sp}^2}$$

$$\lambda_{3,4} = -\zeta_{p}\bar{\omega}_{np} \pm i\bar{\omega}_{np}\sqrt{1-\zeta_{p}^2}$$

短周期模态特性参数可表示为

$$t_{1/2} = \frac{0.693}{\zeta_{sp}\bar{\omega}_{nsp}}$$

$$T = \frac{2\pi}{\bar{\omega}_{nsp}\sqrt{1-\zeta_{sp}^2}}\tau_1$$

$$N_{1/2} = 0.11\frac{\sqrt{1-\zeta_{sp}^2}}{\zeta_{sp}}$$

长周期模态特性参数可表示为(假定收敛模态)

$$t_{1/2} = \frac{0.693}{\zeta_p \bar{\omega}_{np}}$$

$$T = \frac{2\pi}{\bar{\omega}_{np}\sqrt{1-\zeta_p^2}}\tau_1$$

$$N_{1/2} = 0.11\frac{\sqrt{1-\zeta_p^2}}{\zeta_p}$$

从上式可以看出,决定模态特性的是相应模态的阻尼与频率。

1. 长周期模态要求

对于长周期模态,因为运动参数变化缓慢,飞行员一般来得及操纵飞机。因此,只要长周期运动是稳定的($\zeta_p > 0$)就可以了。在某些情况下,甚至即使是不稳定的,只要发散不剧烈也是被允许的。有的规范要求如下:

等级 1　$\zeta_p > 0.04$

等级 2　$\zeta_p > 0$

等级 3　$t_2 > 55\mathrm{s}$

2. 短周期模态要求

短周期模态,运动参数变化剧烈,危及飞行安全,必须要求收敛且严格要求一定的收敛速度。因此,短周期模态的阻尼比 ζ_{sp} 必须大于 0,且不能过小。但 ζ_{sp} 也不能过大,否则使飞机的动态能力变差。ζ_{sp} 的具体要求如表 5-1 所示。

表 5-1　短周期模态阻尼比要求

等级	A 或 C 种飞行阶段		B 种飞行阶段	
	最小	最大	最小	最大
1	0.35	1.30	0.30	2.00
2	0.25	2.00	0.20	2.00
3	0.15	—	0.15	—

表中的飞行阶段根据 GJB 185—86 共分为三种:战斗阶段(A 种)、航行阶段(B 种)和起落阶段(C 种)。其中,A 种飞行阶段要求急剧的机动动作,精确跟踪或精确控制飞行轨迹的飞行阶段,主要包括:空战(CO)、对地攻击(GA)、武器投掷或发射(WD)、侦察(RC)、空中受油(RR)、地形跟踪(TF)、反潜搜索(AS)

和密集编队(FF)等。

对短周期模态除对 ζ_{sp} 有一定要求,对 $\bar{\omega}_{nsp}$ 也有一定要求,这点可参考相关规范。

5.3 飞机横航向动稳定性

5.3.1 横航向扰动运动特征方程

在握杆和操纵舵面不动的情况下,小扰动量 $\Delta\delta_x$、$\Delta\delta_y$ 均为 0,飞机横航向只受到除舵面的其他类型的扰动。此时横航向小扰动运动方程组为

$$\begin{cases}\left[\dfrac{\mathrm{d}}{\mathrm{d}\bar{t}}-\dfrac{1}{2}(C_z^\beta-C_{x0})\right]\beta-\left(\mu_2\alpha_0+\dfrac{1}{2}C_z^{\bar{\omega}_x}\right)\bar{\omega}_x \\ \qquad-\left(\mu_2+\dfrac{1}{2}C_z^{\bar{\omega}_y}\right)\bar{\omega}_y-\dfrac{1}{2}C_G\cos\vartheta_0\gamma=0 \\ -\dfrac{m_x^\beta}{\bar{r}_x^2}\beta+\left(\dfrac{\mathrm{d}}{\mathrm{d}\bar{t}}-\dfrac{m_x^{\bar{\omega}_x}}{\bar{r}_x^2}\right)\bar{\omega}_x-\left(\dfrac{\bar{r}_{xy}^2}{\bar{r}_x^2}\dfrac{\mathrm{d}}{\mathrm{d}\bar{t}}+\dfrac{m_x^{\bar{\omega}_y}}{\bar{r}_x^2}\right)\bar{\omega}_y=0 \\ -\dfrac{m_y^\beta}{\bar{r}_y^2}\beta+\left(\dfrac{\mathrm{d}}{\mathrm{d}\bar{t}}-\dfrac{m_y^{\bar{\omega}_y}}{\bar{r}_y^2}\right)\bar{\omega}_y-\left(\dfrac{\bar{r}_{xy}^2}{\bar{r}_y^2}\dfrac{\mathrm{d}}{\mathrm{d}\bar{t}}+\dfrac{m_y^{\bar{\omega}_x}}{\bar{r}_y^2}\right)\bar{\omega}_x=0 \\ -\mu_2\bar{\omega}_x+\mu_2\tan\vartheta_0\bar{\omega}_y+\dfrac{\mathrm{d}\gamma}{\mathrm{d}\bar{t}}\end{cases} \quad (5-45)$$

式(5-45)为耦合方程,求解过程是封闭的。如果基准运动现为定直平飞,并引入下列符号:

$$\begin{cases}\bar{m}_x^\beta=\dfrac{m_x^\beta}{\bar{r}_x^2},\quad \bar{m}_x^{\bar{\omega}_x}=\dfrac{m_x^{\bar{\omega}_x}}{\bar{r}_x^2} \\ \bar{m}_x^{\bar{\omega}_y}=\dfrac{m_x^{\bar{\omega}_y}}{\bar{r}_x^2},\quad \bar{m}_y^\beta=\dfrac{m_y^\beta}{\bar{r}_y^2} \\ \bar{m}_y^{\bar{\omega}_y}=\dfrac{m_y^{\bar{\omega}_y}}{\bar{r}_y^2},\quad \bar{m}_y^{\bar{\omega}_x}=\dfrac{m_y^{\bar{\omega}_x}}{\bar{r}_y^2} \\ K_1=\dfrac{\bar{r}_{xy}^2}{\bar{r}_x^2},\quad K_2=\dfrac{\bar{r}_{xy}^2}{\bar{r}_y^2}\end{cases} \quad (5-46)$$

对方程(5-45)进行拉普拉斯变换,得

$$\begin{cases}
\left[s - \frac{1}{2}[C_z^\beta - C_{x0}]\right]\beta(s) - \left(\mu_2\alpha_0 + \frac{1}{2}C_z^{\bar{\omega}_x}\right)\bar{\omega}_x(s) \\
\quad - \left(\mu_2 + \frac{1}{2}C_z^{\bar{\omega}_y}\right)\bar{\omega}_y(s) - \frac{1}{2}C_G\cos\vartheta_0\gamma(s) = \beta_0 \\
-\bar{m}_x^\beta\beta(s) + (s - \bar{m}_x^{\bar{\omega}_x})\bar{\omega}_x(s) - (K_1 s + \bar{m}_x^{\bar{\omega}_y})\bar{\omega}_y(s) \\
\quad = \bar{\omega}_{x0} - K_1\bar{\omega}_{y0} \\
-\bar{m}_y^\beta\beta(s) - (K_2 s + \bar{m}_y^{\bar{\omega}_x})\bar{\omega}_x(s) + (s - \bar{m}_y^{\bar{\omega}_y})\bar{\omega}_y(s) \\
\quad = -K_2\omega_{x0} + \bar{\omega}_{y0} \\
-\mu_2\bar{\omega}_x(s) + \mu_2\tan\vartheta_0\bar{\omega}_y(s) + s\gamma(s) = \gamma_0
\end{cases} \quad (5-47)$$

下面先通过一个具体算例讨论方程(5-47)的特征根和模态特性的情况,然后讨论横航向小扰动运动的三个典型模态及物理成因。

方程(5-47)组成一线性代数方程组,它的解依据线性代数知识可导成:

$$\Delta\beta(s) = \frac{\Delta_\beta}{\Delta}, \bar{\omega}_x(s) = \frac{\Delta_{\bar{\omega}_x}}{\Delta}, \bar{\omega}_y(s) = \frac{\Delta_{\bar{\omega}_y}}{\Delta}, \gamma(s) = \frac{\Delta_\gamma}{\Delta} \quad (5-48)$$

其中

$$\Delta_\beta = \begin{vmatrix} \beta_0 & -\left(\mu_2\alpha_0 + \frac{1}{2}C_z^{\bar{\omega}_x}\right) & -\left(\mu_2 + \frac{1}{2}C_z^{\bar{\omega}_y}\right) & -\frac{1}{2}C_G\cos\vartheta_0 \\ \bar{\omega}_{x0} - K_1\bar{\omega}_{y0} & s - \bar{m}_x^{\bar{\omega}_x} & -(K_1 s + \bar{m}_x^{\bar{\omega}_y}) & 0 \\ -K_2\bar{\omega}_{x0} + \bar{\omega}_{y0} & -(K_2 s + \bar{m}_y^{\bar{\omega}_x}) & s - \bar{m}_y^{\bar{\omega}_y} & 0 \\ \gamma_0 & -\mu_2 & \mu_2\tan\vartheta_0 & s \end{vmatrix} \quad (5-49)$$

$$\Delta_{\bar{\omega}_x} = \begin{vmatrix} s - \frac{1}{2}(C_z^\beta - C_{x0}) & \beta_0 & -\left(\mu_2 + \frac{1}{2}C_z^{\bar{\omega}_y}\right) & -\frac{1}{2}C_G\cos\vartheta_0 \\ -\bar{m}_x^\beta & \bar{\omega}_{x0} - K_1\bar{\omega}_{y0} & -(K_1 s + \bar{m}_x^{\bar{\omega}_y}) & 0 \\ -\bar{m}_y^\beta & -K_2\bar{\omega}_{x0} + \bar{\omega}_{y0} & s - \bar{m}_y^{\bar{\omega}_y} & 0 \\ 0 & \gamma_0 & \mu_2\tan\vartheta_0 & s \end{vmatrix} \quad (5-50)$$

$$\Delta_{\bar{\omega}_y} = \begin{vmatrix} s - \frac{1}{2}(C_z^\beta - C_{x0}) & -\left(\mu_2\alpha_0 + \frac{1}{2}C_z^{\bar{\omega}_x}\right) & \beta_0 & -\frac{1}{2}C_G\cos\vartheta_0 \\ -\bar{m}_x^\beta & s - \bar{m}_x^{\bar{\omega}_x} & \bar{\omega}_{x0} - K_1\bar{\omega}_{y0} & 0 \\ -\bar{m}_y^\beta & -(K_2 s + \bar{m}_y^{\bar{\omega}_x}) & -K_2\bar{\omega}_{x0} + \bar{\omega}_{y0} & 0 \\ 0 & -\mu_2 & \gamma_0 & s \end{vmatrix} \quad (5-51)$$

$$\Delta_{\gamma} = \begin{vmatrix} s - \frac{1}{2}(C_z^{\beta} - C_{x0}) & -(\mu_2 \alpha_0 + \frac{1}{2}C_z^{\bar{\omega}_x}) & -(\mu_2 + \frac{1}{2}C_z^{\bar{\omega}_y}) & \beta_0 \\ -\bar{m}_x^{\beta} & s - \bar{m}_x^{\bar{\omega}_x} & -(K_1 s + \bar{m}_x^{\bar{\omega}_y}) & \bar{\omega}_{x0} - K_1 \bar{\omega}_{y0} \\ -\bar{m}_y^{\beta} & -(K_2 s + \bar{m}_y^{\bar{\omega}_x}) & s - \bar{m}_y^{\bar{\omega}_y} & -K_2 \bar{\omega}_{x0} + \bar{\omega}_{y0} \\ 0 & -\mu_2 & \mu_2 \tan\vartheta_0 & \gamma_0 \end{vmatrix} \quad (5-52)$$

$$\Delta = \begin{vmatrix} s - \frac{1}{2}(C_z^{\beta} - C_{x0}) & -(\mu_2 \alpha_0 + \frac{1}{2}C_z^{\bar{\omega}_x}) & -(\mu_2 + \frac{1}{2}C_z^{\bar{\omega}_y}) & -\frac{1}{2}C_G \cos\vartheta_0 \\ -\bar{m}_x^{\beta} & s - \bar{m}_x^{\bar{\omega}_x} & -(K_1 s + \bar{m}_x^{\bar{\omega}_y}) & 0 \\ -\bar{m}_y^{\beta} & -(K_2 s + \bar{m}_y^{\bar{\omega}_x}) & s - \bar{m}_y^{\bar{\omega}_y} & 0 \\ 0 & -\mu_2 & \mu_2 \tan\vartheta_0 & s \end{vmatrix} \quad (5-53)$$

令 $\Delta = 0$,展开并简化可以得到特征方程为

$$\Delta(s) = s^4 + b_1 s^3 + b_2 s^2 + b_3 s + b_4 = 0 \quad (5-54)$$

其中

$$\begin{cases} b_1 = -\left[\frac{1}{2}(C_z^{\beta} - C_{x0})(1 + K_1 K_2) + (\bar{m}_x^{\bar{\omega}_x} + \bar{m}_y^{\bar{\omega}_y} + K_1 \bar{m}_y^{\bar{\omega}_x} + K_2 \bar{m}_x^{\bar{\omega}_y})\right] \\ b_2 = \frac{1}{2}(C_z^{\beta} - C_{x0})(\bar{m}_x^{\bar{\omega}_x} + \bar{m}_y^{\bar{\omega}_y} + K_1 \bar{m}_y^{\bar{\omega}_x} + K_2 \bar{m}_x^{\bar{\omega}_y}) \\ \qquad + (\bar{m}_x^{\bar{\omega}_x} \bar{m}_y^{\bar{\omega}_y} - \bar{m}_x^{\bar{\omega}_y} \bar{m}_y^{\bar{\omega}_x}) - \mu_2 \left[\bar{m}_y^{\beta}(1 + K_1 a_0) + \bar{m}_x^{\beta}(1 + K_2)\right] \\ \qquad - \frac{1}{2}C_z^{\bar{\omega}_y}(\bar{m}_y^{\beta} + K_2 \bar{m}_x^{\beta}) - \frac{1}{2}C_z^{\bar{\omega}_x}(\bar{m}_y^{\beta} K_1 + \bar{m}_x^{\beta}) \\ b_3 = -\frac{1}{2}(C_z^{\beta} - C_{x0})(\bar{m}_x^{\bar{\omega}_x} \bar{m}_y^{\bar{\omega}_y} - \bar{m}_x^{\bar{\omega}_y} \bar{m}_y^{\bar{\omega}_x}) \\ \qquad - (\mu_2 + \frac{1}{2}C_z^{\bar{\omega}_y})(\bar{m}_x^{\beta} \bar{m}_y^{\bar{\omega}_x} - \bar{m}_y^{\beta} \bar{m}_x^{\bar{\omega}_x}) \\ \qquad - (\mu_2 \alpha_0 + \frac{1}{2}C_z^{\bar{\omega}_x})(\bar{m}_x^{\beta} \bar{m}_y^{\bar{\omega}_y} - \bar{m}_y^{\beta} \bar{m}_x^{\bar{\omega}_y}) \\ \qquad + \frac{\mu_2 C_G \cos\vartheta_0}{2}\left[\bar{m}_x^{\beta}(\tan\vartheta_0 - K_1) - \bar{m}_x^{\beta}(1 - \tan\vartheta_0 K_2)\right] \\ b_4 = \frac{1}{2}C_G \cos\vartheta_0 \mu_2 \left[(\bar{m}_x^{\beta} \bar{m}_y^{\bar{\omega}_y} - \bar{m}_y^{\beta} \bar{m}_x^{\bar{\omega}_y}) + \tan\vartheta_0(\bar{m}_y^{\beta} \bar{m}_x^{\bar{\omega}_x} - \bar{m}_x^{\beta} \bar{m}_y^{\bar{\omega}_x})\right] \end{cases} \quad (5-55)$$

可以看出式(5-53)和式(5-55)非常繁杂。一般对大多数正常构型的飞机在近似处理时,常可做如下处理。

令 $K_1 = K_2 = 0, C_z^{\bar{\omega}_x} = C_z^{\bar{\omega}_y} = 0, C_{x0}$ 相对而言是小量亦可视为 0，将 $C_G \cos\vartheta_0$ 以 C_{y0} 代替，则特征行列式可以简化成

$$\Delta = \begin{vmatrix} s - \frac{1}{2}C_z^{\beta} & -\mu_2\alpha_0 & -\mu_2 & -\frac{1}{2}C_{y0} \\ -\bar{m}_x^{\beta} & s - \bar{m}_x^{\bar{\omega}_x} & -\bar{m}_x^{\bar{\omega}_y} & 0 \\ -\bar{m}_y^{\beta} & -\bar{m}_y^{\bar{\omega}_x} & s - \bar{m}_y^{\bar{\omega}_y} & 0 \\ 0 & -\mu_2 & \mu_2 \tan\vartheta_0 & s \end{vmatrix} \quad (5-56)$$

使式(5-56)等于 0，并展开可以得到类似于式(5-54)的特征方程。此时，得特征方程诸系数为

$$\begin{cases} b_1 = -\frac{1}{2}(C_z^{\beta} + \bar{m}_x^{\bar{\omega}_x} + \bar{m}_y^{\bar{\omega}_y}) \\ b_2 = \frac{1}{2}C_z^{\beta}(\bar{m}_x^{\bar{\omega}_x} + \bar{m}_y^{\bar{\omega}_y}) + (\bar{m}_x^{\bar{\omega}_x}\bar{m}_y^{\bar{\omega}_y} - \bar{m}_y^{\bar{\omega}_x}\bar{m}_x^{\bar{\omega}_y}) - \mu_2(\bar{m}_y^{\beta} + \alpha_0\bar{m}_x^{\beta}) \\ b_3 = -\frac{1}{2}C_z^{\beta}(\bar{m}_x^{\bar{\omega}_x}\bar{m}_y^{\bar{\omega}_y} - \bar{m}_y^{\bar{\omega}_x}\bar{m}_x^{\bar{\omega}_y}) - \mu_2(\bar{m}_y^{\beta}\bar{m}_x^{\bar{\omega}_x} - \bar{m}_x^{\beta}\bar{m}_y^{\bar{\omega}_x}) \\ \qquad + \mu_2\alpha_0(\bar{m}_x^{\beta}\bar{m}_y^{\bar{\omega}_y} - \bar{m}_y^{\beta}\bar{m}_x^{\bar{\omega}_y}) + \frac{1}{2}\mu_2 C_G\cos\vartheta_0\bar{m}_x^{\beta}(\tan\vartheta_0 - 1) \\ b_4 = \frac{1}{2}\mu_2 C_G\cos\vartheta_0[(\bar{m}_x^{\beta}\bar{m}_y^{\bar{\omega}_y} - \bar{m}_y^{\beta}\bar{m}_x^{\bar{\omega}_y}) + \tan\vartheta_0(\bar{m}_x^{\beta}\bar{m}_y^{\bar{\omega}_y} - \bar{m}_y^{\beta}\bar{m}_x^{\bar{\omega}_x})] \end{cases} \quad (5-57)$$

求解方程(5-54)，就可解出横航向扰动运动的 4 个特征根，进而可分析模态矢量图以及相应的模态特性。

5.3.2 典型算例

以某歼击机为例，设基准运动状态为 $Ma = 1.5, H = 15\text{km}$，飞机做对称定直平飞。

除纵向数据，横航向气动及外形参数为

$l = 7.15\text{m}, G = 64239\text{N}, I_x = 4488.4\text{kg} \cdot \text{m}^2, I_y = 58035.6\text{kg} \cdot \text{m}^2, I_{xy} = 0$。

计算得

$$C_{y0} = \frac{G}{\frac{1}{2}\rho V^2 S} = 0.1474$$

查 $C_y \sim \alpha$ 曲线,得 $\alpha = 3.931° = 0.0686\text{rad}$。

根据 Ma、C_y 查出相应的导数,算得其他有关数据如下:

$$C_z^\beta = -1.075, \quad \bar{m}_x^\beta = -1.638, \quad \bar{m}_y^\beta = -0.3428$$

$$\bar{m}_x^{\bar{\omega}_x} = -4.643, \quad \bar{m}_y^{\bar{\omega}_y} = -1.163, \quad \bar{m}_x^{\bar{\omega}_y} = -4.096$$

$$\bar{m}_y^{\bar{\omega}_x} = -0.2476, \quad \mu_2 = 411.5, \quad \tau_2 = 3.324\text{s}$$

将上述数据代入式(5-55),可得

$$b_1 = 6.344, \quad b_2 = 194.8, \quad b_3 = 553.5, \quad b_4 = 12.72$$

这样可以算出特征根为

$$\lambda_1 = -2.971$$

$$\lambda_2 = -0.02317$$

$$\lambda_{3,4} = -1.675 \pm 13.49\text{i}$$

这 4 个根中,一个为大的负实根,一个为小的负实根,另外一个为一对共轭复根,它们分别代表了飞机横航向小扰动运动的三个典型模态。其中 λ_1(大的实根)代表了衰减很快的滚转模态,$\lambda_{3,4}$ 代表了振荡性的荷兰滚模态,λ_2(小的实根)代表了衰减(或发散)较慢的螺旋模态。

用类似于纵向模态特性的计算方法可以算得上述各模态特性如下:
(1) 滚转模态:$t_{1/2} = 0.775(\text{s})$。
(2) 荷兰滚模态:$t_{1/2} = 1.375(\text{s})$, $T = 1.548(\text{s})$, $N_{1/2} = 0.883(次)$。
(3) 螺旋模态:$t_2 = 99.4(\text{s})$。

其中各模态的模态比如下:
(1) 滚转模态:

$$\beta : \bar{\omega}_x : \bar{\omega}_y : \gamma = 24.17 : -26.2 : 1 : 3638$$

即 $|\gamma| \gg |\beta|$,$|\bar{\omega}_x| \gg |\bar{\omega}_y|$。

(2) 荷兰滚模态:

$$\beta : \bar{\omega}_x : \bar{\omega}_y : \gamma =$$

$$0.283\text{e}^{-9.3°\text{i}} : 0.0336\text{e}^{96.6°\text{i}} : 0.00706\text{e}^{83.5°\text{i}} : 1$$

可以看出,γ 接近于 β,但 $\gamma > \beta$,$\bar{\omega}_x$ 也与 $\bar{\omega}_y$ 接近,但 $|\bar{\omega}_x| > |\bar{\omega}_y|$。其模态矢量图如图 5-13 所示。

(3) 螺旋模态:

$$\beta : \bar{\omega}_x : \bar{\omega}_y : \gamma = -9.17 : 1 : 2.54 : -14650$$

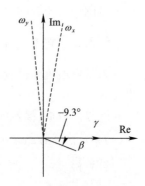

图 5-13 荷兰滚模态矢量图

可以看出，$|\bar{\omega}_x|<|\bar{\omega}_y|,|\gamma|\gg|\beta|$。

5.3.3 横航向扰动运动的典型运动模态

纵向扰动运动由两个振荡模态叠加组成，而横航向扰动运动通常由两个非周期模态和一个振荡模态组成。飞机受扰动后，各个横航向运动参数变化规律都由这三个典型运动模态叠加形成。但是，进一步分析表明：在扰动运动的不同阶段，每个模态对每个运动参数的影响是不同的。

通常，在扰动运动初期主要是大的负根起作用，并且表现为飞机滚转角速度 $\bar{\omega}_x$ 及坡度 γ 的迅速变化，而 $\bar{\omega}_y$ 与 β 变化较小。也就是说，大的负根反映了扰动运动初期迅速衰减的滚转阻尼运动，因此把这种模态称为滚转模态。

在滚转阻尼运动后期快要结束之后，共轭复根的作用变得十分明显。其主要表现为 $\bar{\omega}_x$、$\bar{\omega}_y$、β、γ 等随时间按振荡方式周期地变化。其中，$|\bar{\omega}_x|>|\bar{\omega}_y|$，$|\gamma|>|\beta|$。飞机一方面来回滚转，一方面左右偏航，同时带有侧滑。其航迹与滑冰中的"荷兰滚"花样动作颇为相似，因此，此模态称为荷兰滚模态。此模态根的实部为负，因此它是随时间而衰减的收敛模态。

到了扰动运动后期，上述两个模态的影响已经很小，这时起主要作用的是小的实根。它表现为 ω_y、β、γ 单调而缓慢的变化。若 $\lambda_2>0$，则偏航角 ψ 及坡度 γ 随时间而不断增大。由于 γ 的增大，飞机升力的垂直分量将小于飞机的重量，飞机高度将不断下降。这样飞机将沿着近似于螺旋线的航迹缓慢下降，因此称此模态为螺旋模态。

将飞机的横航向扰动运动划分为三种典型模态，具有重要的实际意义。由于滚转模态一般都是收敛的，而且由于一般飞机都具有较大的滚转阻尼，在扰动运动初期，迅速衰减。对于后期才有明显表现的螺旋模态，由于运动参数变化非常缓慢，即使该模态是不稳定的，只要发散不是很快，一般也是允许的。而基于前后两个阶段之间的荷兰滚模态，周期短，参数变化比较急剧，飞行员通常难以控制。因此，对这个模态要求较高，不仅要求该模态是稳定的，而且需要保证有足够的阻尼，即要求有良好的衰减特性。

这三种模态能形成如此鲜明的特点取决于飞机的气动特性。

形成滚转模态的原因，可由飞机绕纵轴旋转时的物理特性看出。对于正常布局的飞机，绕纵轴的转动惯量 I_x 是三个转动惯量中最小的，容易产生滚转运动；而在此转动方向上却具有很大的滚转阻尼。这样决定了飞机受扰动时引起的值很快在气动阻尼力矩作用下消失。

对螺旋模态，因为模态特征根是小值根，对应的参数如 β 的变化很小，作用于飞机的横向力和力矩也就很小；另外，飞机的偏航转动惯量 I_y 较大，而偏航阻尼又较小，结果使偏航角和侧滑角以极其缓慢的方式进行。同时侧滑角的缓慢变化也引起坡度 γ 的缓慢变化。

荷兰滚模态说明如下：假定飞机受到一个向右倾斜的扰动，继而出现右侧滑 β。随着 β 的出现，必然同时产生两个稳定力矩 $M_x^\beta \beta$ 和 $M_y^\beta \beta$。前者使飞机向左滚转，减小初始右坡度 γ，后者形成向右的偏航力矩，使右 β 逐渐减小。飞机在滚转和偏航过程中，由于阻尼力矩 $M_x^{\omega_x} \omega_x$ 及 $M_y^{\omega_y} \omega_y$ 的作用，使 ω_x 及 ω_y 不断减小。此外，在滚转和偏航过程中，还会产生交叉力矩 $M_x^{\omega_y} \omega_y$ 及 $M_y^{\omega_x} \omega_x$。这两力矩对运动可能起发散作用，也可能起衰减作用，视其导数的符号而定。当飞机开始恢复到 $\gamma = 0$ 时，由于 ω_x 不能立即为 0，飞机转而向左倾斜，继而向左侧滑……这样便形成了又滚转、又偏航、外加侧滑的振荡运动。

5.3.4 横航向扰动运动的简化分析

飞机的横向运动和航向运动存在着非常复杂的耦合现象，工程中往往对横航向运动进行简化分析。而对于飞机横航向扰动运动的简化分析，是根据滚转模态、荷兰滚模态和螺旋模态的特点，对横航向各模态的解析式进行简化并近似求解，目的是便于突出主要矛盾，分析各模态的物理本质，便于近似求解。

5.3.4.1 滚转收敛模态的简化分析

对滚转收敛模态最原始的简化方法，是将飞机运动视为绕纵轴的单自由度滚转，即略去 β 与 $\bar{\omega}_y$，简化运动方程转变为 $\dfrac{d\bar{\omega}_x}{dt} - \bar{m}_x^{\bar{\omega}_x} \omega_x = 0$，此方程近似的特征根为

$$\lambda_1 = \bar{m}_x^{\bar{\omega}_x} \tag{5-58}$$

对算例飞机而言，$\lambda_1 = -4.643$，与精确解 $\lambda_1 = -2.971$ 相比较，显然误差很大。尽管如此，这里可以看到滚转阻尼导数在滚转收敛模态中所起的主导作用。

另一种是三自由度滚转模态简化方法。在滚转模态中，$\omega_x \gg \omega_y$，$\gamma \gg \beta$。因此，在横航向小扰动运动方程组的第一式中可以略去侧滑角 β，而保留其他三个参数，再忽略一些次要项，并令 $K_1 = K_2 = 0$，设机体俯仰角很小。

方程可简化为

$$\begin{cases} -\mu_2 a_0 \bar{\omega}_x(s) - \mu_2 \bar{\omega}_y(s) - \dfrac{1}{2} C_{y0} \gamma(s) = \beta_0 \\ -\bar{m}_x^\beta \beta(s) + (s - \bar{m}_x^{\bar{\omega}_x}) \bar{\omega}_x(s) - \bar{m}_x^{\bar{\omega}_y} \bar{\omega}_y(s) = \bar{\omega}_{x0} \\ -\bar{m}_y^\beta \beta(s) - \bar{m}_y^{\bar{\omega}_x} \bar{\omega}_x(s) + (s - \bar{m}_y^{\bar{\omega}_y}) \bar{\omega}_y(s) = \bar{\omega}_{y0} \\ -\mu_2 \bar{\omega}_x(s) + s\gamma = \gamma_0 \end{cases}$$

将其特征方程可简化为

$$(a_0 \bar{m}_x^\beta + \bar{m}_y^\beta) s^2 + [(\bar{m}_y^\beta \bar{m}_x^{\bar{\omega}_y} - \bar{m}_x^\beta \bar{m}_y^{\bar{\omega}_y}) a_0 + \bar{m}_x^\beta \bar{m}_y^{\bar{\omega}_x}$$
$$- \bar{m}_y^\beta \bar{m}_x^{\bar{\omega}_x} + \frac{1}{2} C_{y0} \bar{m}_x^\beta] s - \frac{1}{2} C_{y0} (\bar{m}_x^\beta \bar{m}_y^{\bar{\omega}_y} - \bar{m}_y^\beta \bar{m}_x^{\bar{\omega}_y}) = 0$$

特征方程中常数项相对于前两项系数很小,对于滚转模态的大根来说,常数项可忽略不计,于是可得特征根为

$$\lambda_1 \approx \frac{(\bar{m}_x^\beta \bar{m}_y^{\bar{\omega}_y} - \bar{m}_y^\beta \bar{m}_x^{\bar{\omega}_y}) a_0 - \bar{m}_x^\beta \bar{m}_y^{\bar{\omega}_x} + \bar{m}_y^\beta \bar{m}_x^{\bar{\omega}_x} - \frac{1}{2} C_{y0} \bar{m}_x^\beta}{a_0 \bar{m}_x^\beta + \bar{m}_y^\beta}$$

代入算例数值可得 $\lambda_1 = -2.874$,与精确解相比较误差非常小,完全满足工程设计要求。

5.3.4.2 荷兰滚模态的简化分析

荷兰滚模态可以做如下简化,认为该模态的近似运动模型为一种"平面"的偏航和侧滑运动,亦即在运动中略去滚转角 γ 和滚转角速度 $\bar{\omega}_x$。此时,有关滚转方向的方程可以略去。扰动运动方程(5–47)简化为(令 $K_1 = K_2 = 0$, $C_z^{\bar{\omega}_x} = C_z^{\bar{\omega}_y} = 0$)

$$\begin{cases} [s - \frac{1}{2}(C_z^\beta - C_{z0})] \beta(s) - \mu_2 \bar{\omega}_y(s) = \beta_0 \\ - \bar{m}_y^\beta \beta(s) + (s - \bar{m}_y^{\bar{\omega}_y}) \bar{\omega}_y(s) = \bar{\omega}_{y0} \end{cases} \quad (5-59)$$

特征方程为

$$s^2 - [\frac{1}{2}(C_z^\beta - C_{x0}) + \bar{m}_y^{\bar{\omega}_y}] s - \mu_2 \bar{m}_y^\beta + \frac{1}{2}(C_z^\beta - C_{x0}) \bar{m}_y^{\bar{\omega}_y} = 0 \quad (5-60)$$

方程(5–60)中的无阻尼自振频率为

$$\bar{\omega}_{nd} = \sqrt{-\mu_2 \bar{m}_y^\beta + \frac{1}{2}(C_z^\beta - C_{x0}) \bar{m}_y^{\bar{\omega}_y}} \approx \sqrt{-\mu_2 \bar{m}_y^\beta} \quad (5-61)$$

阻尼比为

$$\zeta_d \approx \frac{\frac{1}{2}(C_z^\beta - C_{x0}) + \bar{m}_y^{\bar{\omega}_y}}{2 \bar{\omega}_{nd}} \quad (5-62)$$

因此,荷兰滚无阻尼自振频率主要由 $-\mu_2 \bar{m}_y^\beta$ 决定,而阻尼比与 $\bar{m}_y^{\bar{\omega}_y}$ 有关。

5.3.4.3 螺旋模态的简化分析

因为螺旋模态对应最小的实根,因此,初步估算时,可略去特征方程(5–54)

的高次项(前三项)而只保留其中的最后两项,即特征方程简化为

$$b_3 s + b_4 = 0 \tag{5-63}$$

由此求得螺旋运动的特征根为

$$\lambda_2 = -\frac{b_4}{b_3} \tag{5-64}$$

如果忽略 b_3、b_4 中的一些次要项,并设 ϑ_0 很小,则

$$b_3 \approx -\mu_2 (\bar{m}_x^\beta \bar{m}_y^{\bar{\omega}_x} - \bar{m}_y^\beta \bar{m}_x^{\bar{\omega}_x}), b_4 \approx \frac{1}{2} C_{y0} \mu_2 (\bar{m}_x^\beta \bar{m}_y^{\bar{\omega}_y} - \bar{m}_y^\beta \bar{m}_x^{\bar{\omega}_y})$$

则

$$\lambda_2 = -\frac{b_4}{b_3} = -\frac{\frac{1}{2} C_{y0} (\bar{m}_x^\beta \bar{m}_y^{\bar{\omega}_y} - \bar{m}_y^\beta \bar{m}_x^{\bar{\omega}_y})}{\bar{m}_x^\beta \bar{m}_y^{\bar{\omega}_x} - \bar{m}_y^\beta \bar{m}_x^{\bar{\omega}_x}} \tag{5-65}$$

式(5-65)中 b_3 在一般情况下大于零,因此只要 $b_4 > 0$,螺旋模态必然是稳定的。由

$$b_4 = \frac{1}{2} C_{y0} \mu_2 (\bar{m}_x^\beta \bar{m}_y^{\bar{\omega}_y} - \bar{m}_y^\beta \bar{m}_x^{\bar{\omega}_y}) = \frac{1}{2} C_{y0} \mu_2 \bar{m}_y^\beta \left(\frac{\bar{m}_x^\beta}{\bar{m}_y^\beta} \bar{m}_y^{\bar{\omega}_y} - \bar{m}_x^{\bar{\omega}_y} \right) \tag{5-66}$$

可以看出,为了保证螺旋模态稳定性,航向静稳定度 $|m_y^\beta|$ 不能太大,横向静稳定度 $|m_x^\beta|$ 不能太小,否则飞机成为螺旋不稳定。

理论研究证明,$|m_x^\beta|$ 过大,$|m_y^\beta|$ 过小,会出现横航向飘摆不稳定(荷兰滚不稳定)。因此,要使飞机具有侧向动稳定性,除了要具有侧向静稳定性($m_x^\beta < 0$,$m_y^\beta < 0$)和侧向阻尼($m_x^{\omega_x} < 0, m_y^{\omega_y} < 0$),还必须使 m_x^β 和 m_y^β 大小配合恰当。要保证飞机具有满意的飞行品质,主要是防止飘摆不稳定出现。因此,从侧向动稳定性角度来说,希望 $|m_x^\beta|$ 不要太大,因此现代很多大后掠角机翼的飞机采用下反翼设计,防止因后掠角增大而引起过大的 $|m_x^\beta|$。

通常飞机都具有良好的荷兰滚稳定模态特性,但是,随着使用时间的增长,或者使用不当,往往会使荷兰滚模态在某些飞行条件下,衰减变慢甚至形成飘摆不稳定现象,产生"侧向飘摆"故障,这一故障主要是因机翼变形引起下反角减小引起的。因为下反角减小,$|m_x^\beta|$ 增大,从而破坏了 m_x^β 和 m_y^β 的大小匹配关系。从故障原因可知,侧向飘摆故障出现后,可以通过增大机翼的下反角来加以排除。

必须指出,侧向飘摆故障往往在大迎角或超声速飞行时出现。这是因为后掠翼的 $|m_x^\beta|$ 随升力系数增大而增大,而 $|m_y^\beta|$ 在大迎角时可能是减小的。这样,

大迎角时,容易形成$|m_x^\beta|$过大而$|m_y^\beta|$过小的情况。超声速时,$|m_y^\beta|$下降很多也易形成$|m_x^\beta|$过大而$|m_y^\beta|$过小的情况。

5.3.5 飞行品质规范对横航向模态特性要求

飞机横航向动稳定性的好坏主要取决于各模态特性。因此,对飞机横航向动稳定性的要求,一般是通过对各模态特性提出的。

1. 滚转模态

滚转模态通常是收敛的。从飞行员角度来看,若运动衰减越快,则稳定性越好。所以,对这一模态的要求,通常用某一特征时间常数T_R来表示。

$$T_R = -\frac{1}{\lambda_1}\tau_2$$

$$t_{1/2} = -\frac{0.693}{\lambda_1}\tau_2$$

所以

$$T_R = -\frac{1}{0.693}t_{1/2}$$

由此可见,T_R与半衰期$t_{1/2}$成正比。为了取得较好的动态品质(包括动稳定性和动操纵性),T_R不能太大。

2. 荷兰转模态

荷兰滚模态通常是频率高、周期短。如果不迅速衰减,将影响飞行任务的完成。因此,在品质指标中,除要求模态是稳定($\zeta_d > 0$)外,还对ζ_d及$\zeta_d \bar{\omega}_{nd}$大小提出了最低要求(前者决定了$N_{1/2}$,后者决定了$\bar{t}_{1/2}$)。例如,某些规范对$\zeta_d$、$\bar{\omega}_{nd}$及$\zeta_d \bar{\omega}_{nd}$提出了最小值要求,如表5-2所示。

表5-2 荷兰滚模态ζ_d、$\bar{\omega}_{nd}$和$\zeta_d \bar{\omega}_{nd}$的最小值要求

等级	飞行阶段种类	飞机类别	$\zeta_{d\min}$	$(\zeta_d \bar{\omega}_{nd})_{\min}$	$(\bar{\omega}_{nd})_{\min}$
1	A	QX、JQ	0.19	0.35	1.0
		HY	0.19	0.35	0.4
	B	全部	0.08	0.15	0.4
	C	QX、JQ	0.08	0.15	1.0
		HY	0.08	0.10	0.4
2	全部	全部	0.02	0.05	0.4
3	全部	全部	0	—	0.4

表5-2中飞机类别按照GJB 185—86《有人驾驶飞机(固定翼)飞行品质》

分为三类:①QX 类:通常是指飞机重量小于 4500kg,最大的法向过载小于 4.5 的飞机,即小型、轻型飞机;②HY 类:通常是指飞机重量大于 4500kg,最大的法向过载小于 4.5 的飞机,如轰炸机、运输机、预警机和加油机等;③JQ 类:通常是指最大的法向过载大于 4.5 的飞机,如歼击机、强击机、歼击轰炸机、截击机和战术侦察机等。

必须说明,表 5-2 中除了对 ζ_d 和 $\zeta_d \bar{\omega}_{nd}$ 最低值提出要求外,还对 $\bar{\omega}_{nd}$ 提出了最低要求。这是因为

$$\omega_{nd} = \frac{\bar{\omega}_{nd}}{\tau_2} \sqrt{\frac{-\mu_2 \bar{m}_y^\beta}{\tau_2}}$$

$\bar{\omega}_{nd}$ 过小,实际上反映了 $|\bar{m}_y^\beta|$ 过小。而 $|\bar{m}_y^\beta|$ 过小,会促使荷兰滚不稳定加强;同时在外界偏航力矩作用下,很容易引起过大的侧滑角,所以对 $\bar{\omega}_{nd}$ 也需提出最小要求。

3. 螺旋模态

螺旋模态对应特征根的绝对值较小,扰动运动发展缓慢,飞行员有充裕的时间来修正。因此,并不要求一定是稳定的,而只要求发散不要太快,即倍幅时间不要太小即可。

有些规范规定,当飞机受到不超过 20°的倾斜角的扰动后,倾斜角的倍幅时间 t_2 大于表 5-3 中的数值。

表 5-3 螺旋模态的最小倍幅时间 （单位:s）

飞行阶段	等级 1	等级 2	等级 3
A 和 C	12	8	4
B	20	8	4

5.4 飞机的动操纵性

飞机的动操纵性是指飞机对飞行员的操纵反应(简称操纵反应),也就是指飞机在接受操纵后的整个过渡过程的品质及其跟随能力。

飞机的静操纵性只研究飞机平衡状态相互转换时所需的杆力、杆位移特性,不能全面地反映飞机的操纵特性。例如,有的飞机平衡状态时所需的杆力、杆位移很合适,但实际操纵后达到预定平衡状态所需时间很长、飞行参数波动幅度大或者跟随能力差(即相位滞后大),这样不仅会造成瞄准射击困难,甚至会造成过载超过预定值而威胁飞行安全。因此必须研究飞机的动操

纵性问题。

从研究方法看,飞机的动操纵性与飞机受到的外界干扰后的响应特性相类似,只是现在的"外界干扰"换成典型操纵动作而已。

本节研究的动操纵性,只研究飞机对飞行员的操纵反应,而不考虑飞机运动参数对飞行员的反馈作用,即研究飞机的开环控制。以俯仰角为例,其作用原理如图 5-14 所示。

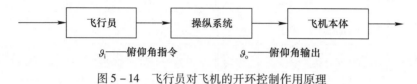

图 5-14 飞行员对飞机的开环控制作用原理

5.4.1 飞机的纵向传递函数

近年来,由于广泛采用计算机技术,非常容易对许多基准运动下的动操纵运动直接进行有量纲量的计算,以下采用有量纲的传递函数。假设发动机油门杆位置不变,忽略飞行高度的变化和小项 X^{δ_z}、$Y^{\dot{\alpha}}$、$Y^{\bar{\omega}_z}$ 后,飞机纵向扰动运动方程可简化写成

$$\dot{X} = AX + B\delta_z \tag{5-67}$$

其中

$$X = [\Delta V, \Delta\alpha, \Delta\omega_z, \Delta\vartheta]^T$$

$$A = \begin{bmatrix} \bar{X}_C^V & \bar{X}_C^\alpha + g\cos\theta_0 & 0 & -g\cos\theta_0 \\ -\bar{Y}_C^V & -\bar{Y}_C^\alpha + \dfrac{g}{V}\sin\theta_0 & 1 & -\dfrac{g}{V_0}\sin\theta_0 \\ \bar{M}_{zC}^V - \bar{M}_z^\alpha \bar{Y}_C^V & \bar{M}_z^\alpha - \bar{M}_z^\alpha(\bar{Y}_C^\alpha - \dfrac{g}{V_0}\sin\theta_0) & \bar{M}_z^{\omega_z} + \bar{M}_z^\alpha & -\bar{M}_z^\alpha \dfrac{g}{V_0}\sin\theta_0 \\ 0 & 0 & 1 & 0 \end{bmatrix}$$

$$\tag{5-68}$$

$$B = [0, -\bar{Y}^{\delta_z}, \bar{M}_z^{\delta_z} - \bar{M}_z^\alpha \bar{Y}^{\delta_z}, 0]^T \tag{5-69}$$

各简写符号如表 5-4 所示。

表 5-4 矩阵形式的飞机纵向小扰动运动方程中的简写符号

简写符号	单位	简写符号	单位
$\bar{X}_C = \dfrac{1}{m}[P\cos(\alpha+\varphi_p) - X]$	m/s	$\bar{X}_C^V = \dfrac{1}{m}[P^V\sin(\alpha_0+\varphi_p) - X^V]$	s^{-1}
$\bar{Y}_C = \dfrac{1}{mV}[P\sin(\alpha+\varphi_p) + Y]$	s^{-1}	$\bar{Y}_C^V = \dfrac{1}{mV_0}[P^V\sin(\alpha_0+\varphi_p) + Y^V]$	m^{-1}
$\bar{M}_{zC} = \dfrac{1}{I_z}[M_z - P \cdot y_p]$	s^{-2}	$\bar{M}_{zC}^V = \dfrac{1}{I_z}[M_z^V - P^V \cdot y_p]$	$m^{-1} \cdot s^{-1}$
$\bar{X}_C^\alpha = \dfrac{1}{m}[P_0\sin(\alpha_0+\varphi_p) + X^\alpha]$	m/s		
$\bar{Y}_C^\alpha = \dfrac{1}{mV_0}[P_0\cos(\alpha_0+\varphi_p) + Y^\alpha]$	s^{-1}	$\bar{M}_z^{\omega_z} = \dfrac{1}{I_z}M_z^{\omega_z}$	s^{-1}
$\bar{M}_z^\alpha = \dfrac{1}{I_z}M_z^\alpha$	s^{-2}	$\bar{M}_z^{\delta_z} = \dfrac{1}{I_z}M_z^{\delta_z}$	s^{-2}
$\bar{M}_z^{\dot\alpha} = \dfrac{1}{I_z}M_z^{\dot\alpha}$	s^{-1}	$\bar{Y}^{\delta_z} = \dfrac{1}{mV_0}Y^{\delta_z}$	s^{-1}

将俯仰角 $\Delta\vartheta$ 和俯仰角速度 $\Delta\omega_z$ 的关系式代回方程(5-67)中法向力和纵向力矩方程,消去变量 $\Delta\omega_z$ 后,进行零初始条件的拉普拉斯变换,得

$$sX(s) = AX(s) + B\delta_z(s) \tag{5-70}$$

于是有

$$(sI - A)X(s) = B\delta_z(s) \tag{5-71}$$

展开为

$$\begin{bmatrix} s - \bar{X}_C^V & \bar{X}_C^\alpha - g\cos\theta_0 & g\cos\theta_0 \\ -\bar{Y}_C^V & -s + \bar{Y}_C^\alpha - \dfrac{g}{V_0}\sin\theta_0 & s - \dfrac{g}{V}\sin\theta_0 \\ -\bar{M}_{zC}^V & -(\bar{M}_z^{\dot\alpha}s + \bar{M}_z^\alpha) & s(s - \bar{M}_z^{\omega_z}) \end{bmatrix} \begin{bmatrix} \Delta V(s) \\ \Delta\alpha(s) \\ \Delta\vartheta(s) \end{bmatrix} = \begin{bmatrix} 0 \\ \bar{Y}^{\delta_z} \\ \bar{M}_z^{\delta_z} \end{bmatrix} \Delta\delta_z(s)$$

$$(5-72)$$

其中:$(sI - A)$ 为系统的特征矩阵,它的行列式即为特征行列式,令

$$|sI - A| = 0 \tag{5-73}$$

就是前几节经常提及的特征方程式。

考察方程(5-72),易于写出以舵面为输入的飞机各参数的传递函数,即

$$\begin{cases} G_{V\delta_z}(s) = \dfrac{\Delta V(s)}{\Delta \delta_z(s)} = \dfrac{\Delta_V(s)}{\Delta(s)} \\[6pt] G_{\alpha\delta_z}(s) = \dfrac{\Delta \alpha(s)}{\Delta \delta_z(s)} = \dfrac{\Delta_\alpha(s)}{\Delta(s)} \\[6pt] G_{\vartheta\delta_z}(s) = \dfrac{\Delta \vartheta(s)}{\Delta \delta_z(s)} = \dfrac{\Delta_\vartheta(s)}{\Delta(s)} \\[6pt] G_{\omega_z\delta_z}(s) = s G^{\vartheta}_{\delta_z}(s) \end{cases} \quad (5-74)$$

各表达式的值如表 5-5 所示。

法向过载的传递函数推导如下。

当飞机航迹角 θ_0 不大和升降舵偏转引起速度变化 ΔV 较小时，按法向力平衡方程写出

$$\dfrac{V_0}{g} \dfrac{\mathrm{d}\Delta \theta}{\mathrm{d}t} \approx \Delta n_y \quad (5-75)$$

则

$$\Delta n_y(s) \approx \dfrac{V_0}{g} s [\Delta \vartheta(s) - \Delta \alpha(s)]$$

$$G_{n_y\delta_z} = \dfrac{\Delta n_y(s)}{\Delta \delta_z(s)} = \dfrac{V_0}{g} s \cdot [G_{\vartheta\delta_z}(s) - G_{\alpha\delta_z}(s)] = \dfrac{V_0}{g} \dfrac{\Delta_{n_y}(s)}{\Delta(s)} \quad (5-76)$$

表 5-5　传递函数中各表达式的值

项目	表达式
$\Delta(s)$	$\Delta(s) = s^4 + a_1 s^3 + a_2 s^2 + a_3 s + a_4$ $a_1 = \overline{Y}^{\alpha}_C - \overline{M}^{\omega_z}_z - \overline{M}^{\alpha}_z - \overline{X}^{V}_C - \dfrac{g}{V_0}\sin\vartheta_0$ $a_2 = -\overline{M}^{\alpha}_z - \overline{Y}^{\alpha}_C \overline{M}^{\omega_z}_z - \overline{X}^{V}_C(\overline{Y}^{\alpha}_C - \overline{M}^{\omega_z}_z - \overline{M}^{\alpha}_z)$ $\quad -\overline{Y}^{V}_C(\overline{X}^{\alpha}_v - g\cos\theta_0) + \dfrac{g}{V_0}\sin\vartheta_0(\overline{X}^{V}_C + \overline{M}^{\omega_z}_z + \overline{M}^{\alpha}_z)$ $a_3 = \overline{X}^{V}_C(\overline{M}^{\alpha}_z + \overline{Y}^{\alpha}_C \overline{M}^{\omega_z}_z) + \overline{X}^{\alpha}_C \overline{M}^{V}_{zC} - \overline{Y}^{V}_C[-\overline{X}^{\alpha}_C \overline{M}^{\omega_z}_z + (\overline{M}^{\omega_z}_z$ $\quad + \overline{M}^{\alpha}_z)g\cos\theta_0] + \dfrac{g}{V_0}\sin\vartheta_0[\overline{M}^{\alpha}_z - \overline{X}^{V}_C(\overline{M}^{\omega_z}_z + \overline{M}^{\alpha}_z)]$ $a_4 = (\overline{M}^{V}_{zC}\overline{Y}^{\alpha}_C - \overline{Y}^{V}_C\overline{M}^{\alpha}_z)g\cos\theta_0 + \dfrac{g}{V_0}\sin\vartheta_0[\overline{M}^{V}_{zC}\overline{X}^{\alpha}_C + \overline{X}^{V}_C\overline{M}^{\alpha}_z]$

续表

项目	表达式
$\Delta_V(s)$	$\Delta_V(s) = a_{0V}s^2 + a_{1V}s + a_{2V}$ $a_{0V} = \overline{Y}^{\delta_z}(\overline{X}_C^\alpha - g\cos\theta_0)$ $a_{1V} = \overline{Y}^{\delta_z}[(\overline{M}_z^{\omega_z} + \overline{M}_z^\alpha)g\cos\theta_0 - \overline{X}_C^\alpha \overline{M}_z^{\omega_z}] - \overline{M}_z^{\delta_z}\overline{X}_C^\alpha$ $a_{2V} = \overline{Y}^{\delta_z}\overline{M}_z^\alpha g\cos\theta_0 + \overline{M}_z^{\delta_z}\left(\overline{X}_C^\alpha \dfrac{g}{V}\sin\theta_0 - \overline{Y}_C^\alpha g\cos\theta_0\right)$
$\Delta_\alpha(s)$	$\Delta_\alpha(s) = a_{0\alpha}s^3 + a_{1\alpha}s^2 + a_{2\alpha}s + a_{3\alpha}$ $a_{0\alpha} = -\overline{Y}^{\delta_z}$ $a_{1\alpha} = \overline{Y}^{\delta_z}(\overline{X}_C^V + \overline{M}_z^{\omega_z}) + \overline{M}_z^{\delta_z}$ $a_{2\alpha} = -\overline{Y}^{\delta_z}\overline{X}_C^V \overline{M}_z^{\omega_z} - \overline{M}_z^{\delta_z}\left(\overline{X}_C^V + \dfrac{g}{V_0}\sin\theta_0\right)$ $a_{3\alpha} = -\overline{Y}^{\delta_z}\overline{M}_{zC}^V g\cos\theta_0 + \overline{M}_z^{\delta_z}\left(\overline{Y}_C^V g\cos\theta_0 + \overline{X}_C^V \dfrac{g}{V_0}\sin\theta_0\right)$
$\Delta_\vartheta(s)$	$\Delta_\vartheta(s) = a_{0\vartheta}s^2 + a_{1\vartheta}s + a_{2\vartheta}$ $a_{0\vartheta} = \overline{M}_z^{\delta_z} - \overline{Y}^{\delta_z}\overline{M}_z^{\dot\alpha}$ $a_{1\vartheta} = \overline{Y}^{\delta_z}(\overline{M}_z^\alpha \overline{X}_C^V - \overline{M}_z^\alpha) + \overline{M}_z^{\delta_z}\left(\overline{Y}_C^\alpha - \dfrac{g}{V_0}\sin\theta_0 - \overline{X}_C^V\right)$ $a_{2\vartheta} = \overline{Y}^{\delta_z}[\overline{M}_z^\alpha \overline{X}_C^V + \overline{M}_{zC}^V(\overline{X}_C^\alpha - g\cos\theta_0)] - \overline{M}_z^{\delta_z}\left[\overline{X}_C^V\left(\overline{Y}_C^\alpha - \dfrac{g}{V_0}\sin\theta_0\right) + \overline{Y}_C^V\left(\overline{X}_C^\alpha - g\cos\theta_0\right)\right]$
$\Delta_{n_y}(s)$	$\Delta_{n_y}(s) = s(a_{0n_y}s^3 + a_{1n_y}s^2 + a_{2n_y}s + a_{3n_y})$ $a_{0n_y} = \overline{Y}^{\delta_z}$ $a_{1n_y} = -\overline{Y}^{\delta_z}(\overline{X}_C^V + \overline{M}_z^{\omega_z} + \overline{M}_z^\alpha)$ $a_{2n_y} = \overline{Y}^{\delta_z}\overline{X}_C^V(\overline{M}_z^{\omega_z} + \overline{M}_z^\alpha) - \overline{Y}^{\delta_z}\overline{M}_z^\alpha + \overline{M}_z^{\delta_z}\overline{Y}_C^\alpha$ $a_{3n_y} = \overline{Y}^{\delta_z}(\overline{M}_z^\alpha \overline{X}_C^V + \overline{M}_{zC}^V \overline{X}_C^\alpha) - \overline{M}_z^{\delta_z}(\overline{X}_C^V \overline{Y}_C^\alpha + \overline{Y}_C^V \overline{X}_C^\alpha)$

纵向短周期近似传递函数分析如下。

短周期近似是忽略了速度变化,并假设力方程能自动平衡。由方程(5-67),忽略ΔV项,并且$\Delta\vartheta$与$\Delta\omega_z$是有一定耦合关系的,因此保留$\Delta\alpha$、$\Delta\omega_z$项,得

$$\frac{\mathrm{d}}{\mathrm{d}t}\begin{bmatrix}\Delta\alpha\\\Delta\omega_z\end{bmatrix}=\begin{bmatrix}-\bar{Y}_C^\alpha+\dfrac{g}{V_0}\sin\theta_0 & 1\\ \bar{M}_z^\alpha-\bar{M}_z^{\dot\alpha}\left(\bar{Y}_C^\alpha-\dfrac{g}{V_0}\sin\theta_0\right) & \bar{M}_z^{\omega_z}+\bar{M}_z^{\dot\alpha}\end{bmatrix}\begin{bmatrix}\Delta\alpha\\\Delta\omega_z\end{bmatrix}+\begin{bmatrix}-\bar{Y}^{\delta_z}\\ \bar{M}_z^{\delta_z}-\bar{M}_z^{\dot\alpha}\bar{Y}^{\delta_z}\end{bmatrix}\Delta\delta_z$$

(5-77)

或写成

$$\dot{X}=A_{\mathrm{sp}}X+B_{\mathrm{sp}}\delta_z \tag{5-78}$$

其中

$$X_{\mathrm{sp}}=[\Delta\alpha,\quad\Delta\omega_z]^{\mathrm{T}}$$

$$A_{\mathrm{sp}}=\begin{bmatrix}-\bar{Y}_C^\alpha+\dfrac{g}{V_0}\sin\theta_0 & 1\\ \bar{M}_z^\alpha-\bar{M}_z^{\dot\alpha}\left(\bar{Y}_C^\alpha-\dfrac{g}{V_0}\sin\theta_0\right) & \bar{M}_z^{\omega_z}+\bar{M}_z^{\dot\alpha}\end{bmatrix} \tag{5-79}$$

$$B_{\mathrm{sp}}=[-\bar{Y}^{\delta_z},\bar{M}_z^{\delta_z}-\bar{M}_z^{\dot\alpha}\bar{Y}^{\delta_z}]^{\mathrm{T}}$$

式(5-78)与式(5-79)中有关导数的表达式见表 5-1,注意应略去速度影响项。

当 θ_0 不大时,可进一步忽略小项 $\dfrac{g}{V_0}\sin\theta_0$,由此建立的近似传递函数为

$$G_{\alpha\delta_z}(s)=\frac{\Delta\alpha(s)}{\Delta\delta_z(s)}=\frac{-\bar{Y}^{\delta_z}s+(\bar{Y}^{\delta_z}\bar{M}_z^{\omega_z}+\bar{M}_z^{\delta_z})}{\Delta'(s)} \tag{5-80}$$

$$G_{\omega_z\delta_z}(s)=\frac{\Delta\omega_z(s)}{\Delta\delta_z(s)}=\frac{(\bar{M}_z^{\delta_z}-\bar{Y}^{\delta_z}\bar{M}_z^{\dot\alpha})s+(\bar{Y}_C^\alpha\bar{M}_z^{\delta_z}-\bar{M}_z^\alpha\bar{Y}^{\delta_z})}{\Delta'(s)} \tag{5-81}$$

$$G_{n_y\delta_z}(s)=\frac{\Delta n_y(s)}{\Delta\delta_z(s)}=\frac{V_0}{g}\frac{\bar{Y}^{\delta_z}s^2-\bar{Y}^{\delta_z}(\bar{M}_z^{\omega_z}+\bar{M}_z^{\dot\alpha})s+\bar{Y}_C^\alpha\bar{M}_z^{\delta_z}-\bar{M}_z^\alpha\bar{Y}^{\delta_z}}{\Delta'(s)} \tag{5-82}$$

其中

$$\begin{cases}\Delta'(s)=s^2+a_1's+a_2'\\ a_1'=\bar{Y}_C^\alpha-(\bar{M}_z^{\omega_z}+\bar{M}_z^{\dot\alpha})\\ a_2'=-(\bar{M}_z^\alpha+\bar{Y}_C^\alpha\bar{M}_z^{\omega_z})\end{cases} \tag{5-83}$$

若飞机 $\bar{Y}^{\delta_z} \ll \bar{Y}_C^\alpha$，则可忽略平尾(升降舵)偏转引起飞机升力变化，此时迎角和过载传递函数的近似表达式可进一步简化为

$$\begin{cases} G_{\alpha\delta_z}(s) \approx \dfrac{\bar{M}_z^{\delta_z}}{\Delta'(s)} \\[2mm] G_{n_y\delta_z}(s) \approx \dfrac{V_0}{g}\bar{Y}_C^\alpha \dfrac{\bar{M}_z^{\delta_z}}{\Delta'(s)} \\[2mm] G_{\omega_z\delta_z}(s) \approx \dfrac{\bar{M}_z^{\delta_z}(s + \bar{Y}_C^\alpha)}{\Delta'(s)} \end{cases} \quad (5-84)$$

式中：$\Delta'(s) = s^2 + 2\zeta_{sp}\omega_{nsp}s + \omega_{nsp}^2$；$2\zeta_{sp}\omega_{nsp} = a_1'$；$\omega_{nsp}^2 = a_2'$。

式(5-84)写成自动控制原理中的常用表达式为

$$G(s) = \dfrac{K\omega_{nsp}^2}{\Delta'(s)} \quad (5-85)$$

对于迎角传递函数，其静增益为

$$K_\alpha = -\dfrac{\bar{M}_z^{\delta_z}}{(\bar{M}_z^\alpha + \bar{Y}_C^\alpha \bar{M}_z^{\omega_z})} \quad (5-86)$$

过载的净增益为

$$K_{n_y} = \dfrac{V_0}{g}\bar{Y}_C^\alpha K_\alpha \quad (5-87)$$

显然式(5-84)就是有因次形式的短周期模态近似表达式。

5.4.2　飞机的横航向传递函数

横航向的操纵舵面通常有副翼和方向舵，其中副翼为飞机横航向的主要操纵舵面，方向舵只起"协调"作用。

假定基准飞行为对称定值飞行且舵面操纵相当于小扰动。考察方程(4-42)，在基准运动为定常直线飞行下，$V_{x0} = V_0$，$V_{y0} = 0$。当选用稳定轴系时，ϑ_0 换为 θ_0 并去掉式中的 α_0 项，忽略小量 Z^{ω_x}、Z^{ω_y}，则可用矩阵形式表达为

$$\dot{Y} = CY + D\delta \quad (5-88)$$

其中

$$Y = [\Delta\beta, \Delta\omega_x, \Delta\omega_y, \Delta\gamma]^T$$

$$C = \begin{bmatrix} \bar{Z}^\beta & 0 & 1 & \dfrac{g}{V}\cos\theta_0 \\ \bar{M}_x^\beta & \bar{M}_x^{\omega_x} & \bar{M}_x^{\omega_y} & 0 \\ \bar{M}_y^\beta & \bar{M}_y^{\omega_x} & \bar{M}_y^{\omega_y} & 0 \\ 0 & 1 & -\tan\theta_0 & 0 \end{bmatrix}, D = \begin{bmatrix} 0 & \bar{Z}^{\delta_y} \\ \bar{M}_x^{\delta_x} & \bar{M}_x^{\delta_y} \\ \bar{M}_y^{\delta_x} & \bar{M}_y^{\delta_y} \\ 0 & 0 \end{bmatrix}, \delta = \begin{bmatrix} \Delta\delta_x \\ \Delta\delta_y \end{bmatrix}$$

$$\bar{Z} = \frac{Z}{mV_0}, \bar{M}_x = \frac{M_x'}{I_x'} = \frac{M_x}{I_x} + \frac{I_{xy}}{I_y}M_y, \bar{M}_y = \frac{M_y'}{I_y'} = \frac{M_y}{I_y} + \frac{I_{xy}}{I_x}M_x$$

在基准运动为对称定直飞行下,$\cos\theta_0 = 1$,$\tan\theta_0 = 0$,则 $\Delta\dot{\gamma} = \Delta\omega_x$,代入方程消去变量$\Delta\omega_x$并进行零初始条件下拉普拉斯变换后,得

$$\begin{bmatrix} s - \bar{Z}^\beta & -1 & -\dfrac{g}{V_0} \\ -\bar{M}_x^\beta & -\bar{M}_x^{\omega_y} & s^2 - \bar{M}_x^{\omega_x}s \\ -\bar{M}_y^\beta & s - \bar{M}_y^{\omega_y} & -\bar{M}_y^{\omega_x}s \end{bmatrix} \begin{bmatrix} \Delta\beta(s) \\ \Delta\omega_y(s) \\ \Delta\gamma(s) \end{bmatrix} = \begin{bmatrix} 0 & \bar{Z}^{\delta_y} \\ \bar{M}_x^{\delta_x} & \bar{M}_x^{\delta_y} \\ \bar{M}_y^{\delta_x} & \bar{M}_y^{\delta_y} \end{bmatrix} \begin{bmatrix} \Delta\delta_x(s) \\ \Delta\delta_y(s) \end{bmatrix}$$

(5-89)

建立副翼输入时的飞机的传递函数为

$$\begin{cases} G_{\beta\delta_x}(s) = \dfrac{\Delta\beta(s)}{\Delta\delta_x(s)} = \dfrac{\Delta_\beta(s)}{\Delta(s)} \\ G_{\omega_y\delta_x}(s) = \dfrac{\Delta\omega_y(s)}{\Delta\delta_x(s)} = \dfrac{\Delta_{\omega_y}(s)}{\Delta(s)} \\ G_{\gamma\delta_x}(s) = \dfrac{\Delta\gamma(s)}{\Delta\delta_x(s)} = \dfrac{\Delta_\gamma(s)}{\Delta(s)} \\ G_{\omega_x\delta_x}(s) = sG_{\gamma\delta_x}(s) \end{cases}$$

(5-90)

其中各项系数如表5-6所示。

表 5-6 副翼输入时飞机的传递函数中各项系数

项目	表达式
$\Delta(s)$	$\Delta(s) = s^4 + b_1 s^3 + b_2 s^2 + b_3 s + b_4$ $b_1 = -(\bar{Z}^\beta + \bar{M}_x^{\omega_x} + \bar{M}_y^{\omega_y})$ $b_2 = \bar{Z}^\beta(\bar{M}_x^{\omega_x} + \bar{M}_y^{\omega_y}) + M_x^{\omega_x} \bar{M}_y^{\omega_y} - \bar{M}_x^{\omega_y} \bar{M}_y^{\omega_x} - \bar{M}_y^\beta$ $b_3 = \bar{Z}^\beta(\bar{M}_y^{\omega_y} \bar{M}_x^{\omega_x} - M_x^{\omega_y} \bar{M}_y^{\omega_x}) + \bar{M}_x^{\omega_x} \bar{M}_y^\beta - \bar{M}_x^\beta \bar{M}_y^{\omega_x} - \dfrac{g}{V_0} \bar{M}_x^\beta$ $b_4 = \dfrac{g}{V_0}(\bar{M}_x^\beta \bar{M}_y^{\omega_y} - \bar{M}_y^\beta \bar{M}_x^{\omega_y})$
$\Delta_\beta(s)$	$\Delta_\beta(s) = \bar{M}_y^{\delta_x}(s^2 + b_{1\beta} s + b_{2\beta})$ $b_{1\beta} = \dfrac{\bar{M}_x^{\delta_x}}{\bar{M}_y^{\delta_x}}\left(\bar{M}_y^{\omega_y} + \dfrac{g}{V_0}\right) - \bar{M}_x^{\omega_x}$ $b_{2\beta} = \dfrac{g}{V_0}\left(\bar{M}_x^{\omega_x} - \dfrac{\bar{M}_x^{\delta_x}}{\bar{M}_y^{\delta_x}} \bar{M}_y^{\omega_y}\right)$
Δ_{ω_y}	$\Delta_{\omega_y} = \bar{M}_y^{\delta_x}(s^3 + b_{1\omega_y} s^2 + b_{2\omega_y} s + b_{3\omega_y})$ $b_{1\omega_y} = \dfrac{\bar{M}_x^{\delta_x}}{\bar{M}_y^{\delta_x}} \bar{M}_x^{\omega_x} - (\bar{Z}^\beta + \bar{M}_y^{\omega_y})$ $b_{2\omega_y} = \bar{Z}^\beta\left(\bar{M}_x^{\omega_x} - \dfrac{\bar{M}_x^{\delta_x}}{\bar{M}_y^{\delta_x}} \bar{M}_y^{\omega_x}\right)$ $b_{3\omega_y} = \dfrac{g}{V_0}\left(\dfrac{\bar{M}_x^{\delta_x}}{\bar{M}_y^{\delta_x}} \bar{M}_y^\beta - \bar{M}_x^\beta\right)$
$\Delta_\gamma(s)$	$\Delta_\gamma(s) = \bar{M}_x^{\delta_x}(s^2 + b_{1\gamma} s + b_{2\gamma})$ $b_{1\gamma} = \dfrac{\bar{M}_y^{\delta_x}}{\bar{M}_x^{\delta_x}} \bar{M}_x^{\omega_x} - (\bar{Z}^\beta - \bar{M}_y^{\omega_y})$ $b_{2\gamma} = \bar{Z}^\beta\left(\bar{M}_y^{\omega_y} - \dfrac{\bar{M}_y^{\delta_x}}{\bar{M}_x^{\delta_x}} \bar{M}_x^{\omega_y}\right) + \dfrac{\bar{M}_x^{\delta_x}}{\bar{M}_x^{\delta_x}} \bar{M}_y^\beta - \bar{M}_y^\beta$

类似也可建立方向舵输入时的飞机传递函数,其结果如表 5-7 所示。

表 5-7　方向舵输入时飞机的传递函数中各项系数

项目	表达式
$\Delta(s)$	$\Delta(s) = s^4 + b_1 s^3 + b_2 s^2 + b_3 s + b_4$ $b_1 = -(\overline{Z}^\beta + \overline{M}_x^{\omega_x} + \overline{M}_y^{\omega_y})$ $b_2 = \overline{Z}^\beta(\overline{M}_x^{\omega_x} + \overline{M}_y^{\omega_y}) + M_x^{\omega_x}\overline{M}_y^{\omega_y} - \overline{M}_y^{\omega_x}\overline{M}_x^{\omega_y} - \overline{M}_y^\beta$ $b_3 = \overline{Z}^\beta(\overline{M}_y^{\omega_x}\overline{M}_x^{\omega_y} - M_x^{\omega_x}\overline{M}_y^{\omega_y}) + \overline{M}_x^{\omega_x}\overline{M}_y^\beta - \overline{M}_x^\beta\overline{M}_y^{\omega_y} - \dfrac{g}{V_0}\overline{M}_x^\beta$ $b_4 = \dfrac{g}{V_0}(\overline{M}_x^\beta\overline{M}_y^{\omega_y} - \overline{M}_y^\beta\overline{M}_x^{\omega_y})$
$\Delta_\beta(s)$	$\Delta_\beta(s) = c_{0\beta} s^3 + c_{1\beta} s^2 + c_{2\beta} s + c_{3\beta}$ $c_{0\beta} = \overline{Z}^{\delta_y}$ $c_{1\beta} = -\overline{Z}^{\delta_y}(\overline{M}_x^{\omega_x} + \overline{M}_y^{\omega_y}) + \overline{M}_y^{\delta_y}$ $c_{2\beta} = \overline{Z}^{\delta_y}(\overline{M}_x^{\omega_x}\overline{M}_y^{\omega_y} + \overline{M}_y^{\omega_x}\overline{M}_x^{\omega_y}) + \overline{M}_x^{\delta_y}\left(\dfrac{g}{V_0} + \overline{M}_y^{\omega_x}\right) - \overline{M}_y^{\delta_y}\overline{M}_x^{\omega_x}$ $c_{3\beta} = \dfrac{g}{V_0}(\overline{M}_y^\beta\overline{M}_x^{\delta_y} - \overline{M}_y^{\delta_y}\overline{M}_x^\beta)$
$\Delta_{\omega_y}(s)$	$\Delta_{\omega_y}(s) = c_{0\omega_y} s^3 + c_{1\omega_y} s^2 + c_{2\omega_y} s + c_{3\omega_y}$ $c_{0\omega_y} = \overline{M}_y^{\delta_y}$ $c_{1\omega_y} = \overline{Z}^{\delta_y}\overline{M}_y^\beta + \overline{M}_x^{\delta_y}\overline{M}_y^{\omega_x} - \overline{M}_y^{\delta_y}(\overline{Z}^\beta + \overline{M}_x^{\omega_x})$ $c_{2\omega_y} = \overline{Z}^{\delta_y}(\overline{M}_x^\beta\overline{M}_y^{\omega_x} - \overline{M}_x^{\omega_x}\overline{M}_y^\beta) - \overline{M}_x^{\delta_y}\overline{Z}^\beta\overline{M}_y^{\omega_x} + \overline{M}_y^{\delta_y}\overline{Z}^\beta\overline{M}_x^{\omega_x}$ $c_{3\omega_y} = \dfrac{g}{V_0}(\overline{M}_y^\beta\overline{M}_x^{\delta_y} - \overline{M}_x^\beta\overline{M}_y^{\delta_y})$
$\Delta_\gamma(s)$	$\Delta_\gamma(s) = c_{0\gamma} s^2 + c_{1\gamma} s + c_{3\gamma}$ $c_{0\gamma} = \overline{M}_x^{\delta_y}$ $c_{1\gamma} = \overline{Z}^{\delta_y}\overline{M}^\beta - \overline{M}_x^{\delta_y}(\overline{Z}^\beta + \overline{M}_y^{\omega_y}) + \overline{M}_y^{\delta_y}\overline{M}_x^{\omega_y}$ $c_{2\gamma} = -\overline{Z}^{\delta_y}(\overline{M}_x^\beta\overline{M}_y^{\omega_y} - \overline{M}_y^\beta\overline{M}_x^{\omega_y}) + \overline{M}_x^{\delta_y}(\overline{Z}^\beta\overline{M}_y^{\omega_y} - \overline{M}_y^\beta)$

对于横航向传递函数的其他近似处理,如纯滚转操纵与纯偏航操纵,可参阅有关书籍。

5.4.3 飞机动态反应的解析解

5.4.3.1 飞机的典型操纵动作

不同的操纵动作,会带来不同的操纵反应。因此,为了便于比较飞机的动操纵性,必须根据飞机实际操纵情况,选择具有代表性的典型操纵动作。归纳起来,典型操纵动作有以下4种类型,如图5-15所示。

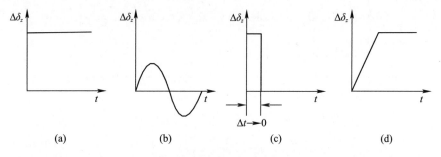

图 5-15 典型操纵动作

1. 阶跃型操纵

阶跃型操纵代表了飞行员实施机动飞行而急剧偏转舵面、偏转过程极短的一种极限情况(图5-15(a))。其数学表达式为

$$\begin{cases} \Delta\delta_z(t) = A \cdot 1[t] \\ \Delta\delta_z(s) = \dfrac{A}{s} \end{cases} \quad (5-91)$$

通常为了方便,取 $A=1$(即单位阶跃),则

$$\begin{cases} \Delta\delta_z(t) = 1[t] \\ \Delta\delta_z(s) = \dfrac{1}{s} \end{cases} \quad (5-92)$$

2. 谐波型操纵

谐波型操纵代表了飞行员实施精确跟踪和精确航迹时,理想化了的正弦形式的反复修正(图5-15(b))。其数学表达式为

$$\begin{cases} \Delta\delta_z(t) = A\sin\omega t \\ \Delta\delta_z(s) = \dfrac{A\omega}{s^2+\omega^2} \end{cases} \quad (5-93)$$

同样,为了方便起见,取 $A=1$,则

$$\begin{cases} \Delta\delta_z(t) = \sin\omega t \\ \Delta\delta_z(s) = \dfrac{\omega}{s^2+\omega^2} \end{cases} \quad (5-94)$$

3. 脉冲型操纵

这种瞬时的脉冲型舵面动作,相当于飞机在大气紊流中飞行时所遇到的瞬时干扰(图5-15(c))。其数学表达式为

$$\begin{cases} \Delta\delta_z(t) = \delta(t) \\ \Delta\delta_z(s) = 1 \end{cases} \quad (5-95)$$

4. 梯形操纵

这是等速偏舵与阶跃偏舵的组合,代表了缓慢的机动飞行(图5-15(d)),如平飞加减速中的舵面偏转。

5.4.3.2 短周期近似时飞机对平尾的操纵反应

当飞机纵向的各种传递函数确定之后,飞机对平尾(升降舵)阶跃操纵的反应,可以通过如下步骤求出。

首先根据舵面偏转角的阶跃输入(或其他类型)的拉普拉斯变换式,以及 $\Delta\alpha$、$\Delta\vartheta$、ω_z、Δn_y 等对舵面偏转角的传递函数,求出 $\Delta\alpha$、$\Delta\vartheta$、ω_z、Δn_y 的拉普拉斯变换式为

$$\begin{cases} \Delta\alpha(s) = G_{\alpha\delta_z}(s)\dfrac{1}{s} \\ \Delta\vartheta(s) = G_{\vartheta\delta_z}(s)\dfrac{1}{s} \\ \Delta\omega_z(s) = G_{\omega_z\delta_z}(s)\dfrac{1}{s} \\ \Delta n_y(s) = G_{n_y\delta_z}(s)\dfrac{1}{s} \end{cases} \quad (5-96)$$

然后通过反变换,求出各运动参数随时间的变化规律,即过渡过程为

$$\begin{cases} \Delta\alpha(t) = L^{-1}\left\{G_{\alpha\delta_z}(s)\dfrac{1}{s}\right\} \\ \Delta\vartheta(t) = L^{-1}\left\{G_{\vartheta\delta_z}(s)\dfrac{1}{s}\right\} \\ \Delta\omega_z(t) = L^{-1}\left\{G_{\omega_z\delta_z}(s)\dfrac{1}{s}\right\} \\ \Delta n_y(t) = L^{-1}\left\{G_{n_y\delta_z}(s)\dfrac{1}{s}\right\} \end{cases} \quad (5-97)$$

由于确定各运动参数的时间历程的方法是一样的,由此这里仅以Δn_y为例来加以说明。

为分析方便起见,以短周期为例,并略去一些小量,列出短周期近似情况下的$G_{n_y\delta_z}(s)$。

$$G_{n_y\delta_z}(s) = \frac{V_0}{g}\bar{Y}_C^\alpha \frac{\bar{M}_z^{\delta_z}}{\Delta'(s)} = \frac{K_{n_y}\omega_{\text{nsp}}^2}{s^2 + 2\zeta_{\text{sp}}\omega_{\text{nsp}}s + \omega_{\text{nsp}}^2} \quad (5-98)$$

其中

$$K_{n_y} = \frac{V_0}{g}\bar{Y}_C^\alpha K_\alpha$$

输入信号为阶跃型操纵时,有

$$\Delta n_y(s) = \frac{K_{n_y}\omega_{\text{nsp}}^2}{s(s^2 + 2\zeta_{\text{sp}}\omega_{\text{nsp}}s + \omega_{\text{nsp}}^2)} \quad (5-99)$$

所以

$$\Delta n_y(t) = L^{-1}\left\{\frac{K_{n_y}\omega_{\text{nsp}}^2}{s(s^2 + 2\zeta_{\text{sp}}\omega_{\text{nsp}}s + \omega_{\text{nsp}}^2)}\right\} \quad (5-100)$$

当$0 \leq \zeta_{\text{sp}} < 1$时,可得

$$\Delta n_y(t) = K_{n_y}\left[1 - \frac{1}{\sqrt{1-\zeta_{\text{sp}}^2}}\exp(-\zeta_{\text{sp}}\omega_{\text{nsp}}t)\sin(\omega_{\text{nsp}}\sqrt{1-\zeta_{\text{sp}}^2}\,t + \tau_1)\right] \quad (5-101)$$

其中

$$\tau_1 = \arctan\frac{\sqrt{1-\zeta_{\text{sp}}^2}}{\zeta_{\text{sp}}} = \arcsin\sqrt{1-\zeta_{\text{sp}}^2}$$

按式(5-101),可画出图5-16所示的过渡过程曲线。

由式(5-101)和图5-16可见:

(1) 当$t=0$时,$\Delta n_y = 0$。

(2) 当$t\to\infty$时,$\Delta n_y(\infty) \to K_{n_y}$,这一点可用终值定理证明,即

$$\Delta n_y(\infty) = \lim_{s\to 0}s\Delta n_y(s) = K_{n_y}$$

也就是说,单位阶跃操纵下,过载的稳态值为K_{n_y}。

由此可以推论,如果舵面为非单

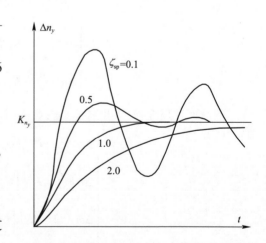

图5-16 单位阶跃操纵时,Δn_y的变化曲线

位的阶跃操纵,则

$$\Delta n_y(\infty) = K_{n_y}\Delta\delta_z$$

若把 K_{n_y} 值代入,则

$$\Delta n_y(\infty) = \frac{V_0}{g}\bar{Y}_C^a K_\alpha \qquad (5-102)$$

(3) 在 $t=0$ 到 ∞ 的过渡过程与 ζ_{sp} 的值有关。

当 $0 \leq \zeta_{sp} < 1$,过渡过程为一振荡方程,其振荡幅值随 ζ_{sp} 的减小而增大。

当 $\zeta_{sp} \geq 1$ 时,过渡过程为一单调过程。但必须注意,此时式(5-101)已不再适用,必须按 $\zeta_{sp} > 1$ 重新推导。

$\Delta\alpha$、$\Delta\vartheta$、ω_z 的变化情况大致与此类似,这里不再重复。

5.4.3.3 阶跃操纵时的操纵性能参数

对于阶跃操纵,通常以超调量与超调度、峰值时间、调整时间、振荡次数和放大系数来说明其品质的好坏。下面仍以过载过渡过程为例加以说明(图5-17)。

1. 超调量与超调度

超调量是指过渡过程中运动参数的最大值与稳态值之差,超调度是指此差值与稳态值之比。以过载为例,过载的超调量为

$$\Delta n_{ymax} - \Delta n_{ys}$$

过载的超调度为

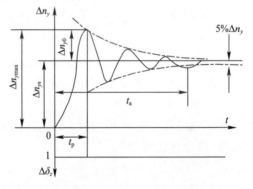

图 5-17 平尾阶跃操纵时的过渡过程性能参数

$$\sigma_{n_y} = \frac{\Delta n_{ymax} - \Delta n_{ys}}{\Delta n_{ys}}$$

超调度越大,说明飞行员操纵舵面后,飞机的运动状态变化幅度大,不易达到预定值,动操纵性差。特别是对过载来说,超调度大,容易使过载超出最大允许值而破坏飞机结构。因而从动操纵性角度,希望超调度不要过大(如 σ_{n_y} 一般要求小于30%)。

有的飞机超调度较大。例如,某型飞机在高度高于15km以及 $Ma > 1.2$ 超声速飞行时,过载超调度 $>30\%$,这就要求飞行员在做机动飞行时,动作不能过猛。

2. 峰值时间

峰值时间 t_p 是指飞机在阶跃操纵后,运动参数到达第一个峰值的时间。峰

值时间短,说明飞机反应快,快速性好。

3. 调整时间

调整时间 t_a 是指飞机在阶跃操纵后,运动参数衰减至与稳定值相差 5%(指其包络线)时过渡过程所经历的时间,见图 5-17。对过载来说,t_a 即为 $|\Delta n_y - \Delta n_{ys}| = 5\% \Delta n_{ys}$ 时所经历的时间。调整时间越短,动操纵性越好。

4. 振荡次数

振荡次数 N 是指整个调整时间内,飞机运动参数的振荡次数。振荡次数越少,动操纵性越好。一般要求 $N \not\geq 2$ 次。

5. 放大系数

放大系数 K_A 是指稳态时输出量与输入量之比。以过载为例:

$$K_A = \lim_{t \to \infty} \frac{\Delta n_y}{\Delta \delta_z} \tag{5-103}$$

需要指出的是,谐波操纵时还有一个性能参数在动操纵性中也具有重要地位,即相位滞后。相位滞后是指飞机运动参数滞后于舵面操纵的相位角,相位角越大,飞机跟随能力越差,动操纵性也越差。大的相位滞后有时会引起人机耦合振荡,即后面介绍的驾驶员诱发振荡现象。

5.4.3.4 操纵性能参数的计算

1. 峰值时间

仍以过载为例,峰值时间 t_p 可以用求极值的方法确定。为此,将式 (5-101) 求导,并令导数等于 0。

$$\frac{d\Delta n_y(t)}{dt} = K^n \left[\begin{array}{l} \dfrac{\zeta_{sp}\omega_{nsp}}{\sqrt{1-\zeta_{sp}^2}} \exp(-\zeta_{sp}\omega_{nsp}t) \sin(\omega_{nsp}\sqrt{1-\zeta_{sp}^2}\,t + \tau_1) \\ -\omega_{nsp} \exp-(\zeta_{sp}\omega_{nsp}t) \cos(\omega_{nsp}\sqrt{1-\zeta_{sp}^2}\,t + \tau_1) \end{array} \right] = 0$$

即

$$\frac{\zeta_{sp}\omega_{nsp}}{\sqrt{1-\zeta_{sp}^2}} \sin(\omega_{nsp}\sqrt{1-\zeta_{sp}^2}\,t + \tau_1) - \cos(\omega_{nsp}\sqrt{1-\zeta_{sp}^2}\,t + \tau_1)] = 0$$

因为

$$\tan\tau_1 = \frac{\sqrt{1-\zeta_{sp}^2}}{\zeta_{sp}} = \frac{\sin\tau_1}{\cos\tau_1}, \quad \frac{\zeta_{sp}}{\sqrt{1-\zeta_{sp}^2}} = \frac{\cos\tau_1}{\sin\tau_1}$$

所以上式可简化为

$$\cos\tau_1 \sin(\omega_{nsp}\sqrt{1-\zeta_{sp}^2}\,t + \tau_1) - \sin\tau_1 \cos(\omega_{nsp}\sqrt{1-\zeta_{sp}^2}\,t + \tau_1)] = 0$$

或
$$\sin(\omega_{nsp}\sqrt{1-\zeta_{sp}^2}\,t) = 0$$

所以
$$\omega_{nsp}\sqrt{1-\zeta_{sp}^2}\,t = 0, \pi, 2\pi, \cdots$$

而从图 5-17 可见,峰值时间产生在 0(第一个极值点)以后的第二个极值点,所以

$$t_p = \frac{\pi}{\omega_{nsp}\sqrt{1-\zeta_{sp}^2}} \tag{5-104}$$

2. 超调度

把 t_p 代入式(5-101),即可求得过载最大值 $\Delta n_{y\max}$,然后按照超调度的含义,即可求得

$$\sigma_{n_y} = \frac{\Delta n_{y\max} - \Delta n_y(\infty)}{\Delta n_y(\infty)} = \frac{-K^n \frac{1}{\sqrt{1-\zeta_{sp}^2}}\exp\left(-\zeta_{sp}\omega_{nsp}\frac{\pi}{\omega_{nsp}\sqrt{1-\zeta_{sp}^2}}\right)\sin(\pi+\tau_1)}{K^n}$$

$$= \frac{1}{\sqrt{1-\zeta_{sp}^2}}\exp\left(\frac{-\zeta_{sp}\pi}{\sqrt{1-\zeta_{sp}^2}}\right)\sin\tau_1$$

考虑到
$$\sin\tau_1 = \sqrt{1-\zeta_{sp}^2}$$

所以
$$\sigma_{n_y} = e^{-\frac{\zeta_{sp}\pi}{\sqrt{1-\zeta_{sp}^2}}} \tag{5-105}$$

3. 调整时间

按 t_a 的定义,当 $\Delta n_y(t)$ 的包络线与 $\Delta n_y(\infty)$ 相差 5% 时所需的时间为调整时间。从式(5-101)可知,$\Delta n_y(t)$ 的包络线方程为

$$\Delta n_y(t) = K^n\left[1 - \frac{1}{\sqrt{1-\zeta_{sp}^2}}\exp(-\zeta_{sp}\omega_{nsp}t)\right]$$

因此,当 $t_a = t$ 时,有

$$\frac{\left|K^n\left[1 - \frac{1}{\sqrt{1-\zeta_{sp}^2}}\exp(-\zeta_{sp}\omega_{nsp}t_a)\right] - K^n\right|}{K^n} = 0.05$$

化简、整理可得

$$\exp(-\zeta_{sp}\omega_{nsp}t_a) = 0.05\sqrt{1-\zeta_{sp}^2}$$

解之得

$$t_a = \frac{1}{\zeta_{sp}\omega_{nsp}}\ln\frac{20}{\sqrt{1-\zeta_{sp}^2}} \tag{5-106}$$

4. 振荡次数

振荡次数 N 计算公式为

$$N = \frac{t_a}{T} = \frac{t_a}{\frac{2\pi}{\omega}} = \frac{\omega t_a}{2\pi} \tag{5-107}$$

因为振荡频率为

$$\omega = \sqrt{1-\zeta_{sp}}\omega_{nsp}$$

所以

$$N = \frac{\sqrt{1-\zeta_{sp}^2}\omega_{nsp}}{2\pi}t_a = \frac{\sqrt{1-\zeta_{sp}^2}}{2\pi\zeta_{sp}}\ln\frac{20}{\sqrt{1-\zeta_{sp}}} \tag{5-108}$$

但通常取其为一整数。

5. 放大系数

放大系数 K_A 为稳态输出与输入之比，即

$$K_A = \frac{x_0(\infty)}{x_i}\bigg|_{t\to\infty}$$

根据终值定理，有

$$x_0(\infty) = \lim_{s\to 0}sx_0(s)$$

对于单位阶跃输入

$$x_i = \frac{1}{s}$$

所以

$$x_0(s) = \frac{G(s)}{s}$$

$$x_0(\infty) = \lim_{s\to 0}s\cdot\frac{Gs}{s} = \lim_{s\to 0}G(s)$$

所以

$$K_A = \lim_{s \to 0} G(s) \qquad (5-109)$$

对于过载来说

$$K_A = \lim_{s \to 0} G_{n_y \delta_z}(s) = K_{n_y}$$

对于谐波操纵的相位滞后角 φ，理论计算公式为（这里不做推导）：

$$\varphi = \zeta_{sp} \frac{\bar{\omega}/\bar{\omega}_{nsp}}{1-(\bar{\omega}/\bar{\omega}_{nsp})^2}$$

式中：ω 为谐波操纵频率。可见，相位滞后不仅与飞机特性有关，还与飞行员操纵频率有关。

5.4.4 影响动操纵性的因素

影响飞机动操纵性的因素很多，下面从使用维护的角度做以下分析。

5.4.4.1 影响纵向动操纵性的因素

飞行员操纵影响最大的是飞机在操纵后的初始反应，因此通常主要用短周期近似的操纵反应来衡量动操纵性的好坏。

1. 飞行 Ma

Ma 的变化将引起纵向短周期阻尼比 ζ_{sp} 和无阻尼自振频率 $\bar{\omega}_{nsp}$ 的变化，从而直接影响动操纵性的变化。例如，在亚声速和跨声速范围内，随着 Ma 增加，$\bar{\omega}_{nsp}$ 增大，因此调整时间和峰值时间减小，从而使飞机的快速性增加。但是由于阻尼比 ζ_{sp} 变化不大，因而超调度变化也不大。超声速阶段，随着 Ma 增大，由于 ζ_{sp} 和 $\bar{\omega}_{nsp}$ 都减小，峰值时间变化不大，但调整时间却明显增大；更重要的是，由于 ζ_{sp} 下降，使过载超调度急剧增大。超声速飞行时，飞机的动操纵性明显下降。

2. 飞行高度 H

随着高度的升高，空气密度减小。因而相对密度 $\mu_1 = \frac{2m}{\rho S b_A}$ 及时间尺度 $\tau_1 = \frac{2m}{\rho V S}$ 增大，$\bar{\omega}_{nsp}$ 将增大，而 ζ_{sp} 将减小，使过载超调度增大。至于快速性和过渡过程衰减情况方面，峰值时间和调整时间虽然由于 $\bar{\omega}_{nsp}$ 增大而减小，但由于 τ_1 的增加，真实的调整时间仍然是随高度升高而增大的。所以，高度增加，飞行员反映飞机快速下降，过渡过程经历的时间明显增长。可见，飞行高度升高，飞机的动操纵性要下降。

3. 重心位置

重心变化将引起迎角静稳定度 $m_z^{C_y}$ 的变化，从而引起 ζ_{sp} 和 $\bar{\omega}_{nsp}$ 的变化。重

心后移,$|m_z^{C_y}|$减小,$\bar{\omega}_{nsp}$减小,峰值时间增大,使飞机快速性变差;相反,重心前移,飞机的快速性增强。重心位置对快速性的影响可以作这样的物理解释:若飞行员操纵舵面后的稳定状态看作原始状态,则操纵性问题可以当作稳定性问题来讨论。显然,重心前移使$|m_z^{C_y}|$增大,恢复力矩增大,飞机快速性增强。

5.4.4.2 影响横航向动操纵性的因素

1. 飞行 Ma

Ma 的变化将引起 $m_x^{\omega_x}$ 变化。因而副翼的操纵反应也将发生变化。在亚声速和跨声速范围内,随着 Ma 增加,$|m_x^{\omega_x}|$ 增大,因此调整时间减小,飞机的滚转反应加快。但是,超声速时,随着 Ma 增加,$|m_x^{\omega_x}|$ 减小,调整时间增大,飞机的滚转反应变慢,动操纵性变差。

2. 飞行高度 H

随着高度的升高,空气密度减小。时间尺度 τ_2 增大,对应于同样的调整时间,实际的反应时间变长,因此飞行员反映,飞机滚转反应速度变慢。高度增加使飞机反应变慢的物理本质是:对应于同样的 $m_x^{\omega_x}$,高度增加,真正的阻尼力矩由于密度的减小而下降。

3. 阻尼导数 $m_x^{\omega_x}$

$|m_x^{\omega_x}|$增大,将使飞机滚转反应速度加快;相反,$|m_x^{\omega_x}|$减小,将使飞机滚转反应速度变慢。必须指出,高速飞机采用大后掠小展弦比机翼,$|m_x^{\omega_x}|$往往较小,加上飞行高度较高,飞行 Ma 较大,因此横向操纵性能较差。为了改善横向操纵性能,减小时间常数,高速飞机在横向往往装有阻尼器。

4. 操纵导数 $m_x^{\delta_x}$

$m_x^{\delta_x}$ 代表飞机的横向操纵效能。$|m_x^{\delta_x}|$增大,输入同样的副翼偏转角,飞机的稳态角速度提高,操纵性能变好,反之变差。

5. 转动惯量 I_x

I_x 增大,将使 $m_x^{\omega_x}$ 减小,调整时间增大,滚转反应变慢。相反,I_x 减小,滚转反应加快。高速飞机从 I_x 减小这一角度来看,有利于提高滚转反应速度。但与滚转阻尼不足相比,主要矛盾为后者。I_x 增大,还使 $|m_x^{\delta_x}|$ 减小,副翼操纵效能下降;相反,I_x 减小,有利于提高副翼操纵效能。

方向操纵反应与纵向操纵反应完全类似,因此影响方向舵操纵反应的因素与纵向类似,这里不再重复。但必须指出的是,荷兰滚模态特性对方向操纵反应有重要影响。要改善方向操纵反应特性,必须改善荷兰滚模态特性。另外,近代高速飞机的方向阻尼不足,比纵向更为突出,因此一方面必须通过气动布局来改善,如加背鳍、腹鳍等;另一方面在方向操纵系统中也必须加装阻尼器。

思 考 题

1. 什么是静稳定性？什么是动稳定性？简述两者的区别与联系。
2. 请写出霍尔维茨判据应用于 $n=4$ 情况的具体表达式。
3. 简述纵向两种典型运动模态的特点及其物理成因。
4. 简述横向典型运动模态的特点及其物理成因。
5. 列举飞机的典型操纵动作及其对应的时域、频域表达式。
6. 飞机纵向动稳定性品质指标和动操纵性指标有哪些？简述每个指标的意义。
7. 已知某飞机在 $H=6\text{km}, Ma=0.8$ 时的侧向扰动运动特征方程的4个根分别为

$$\lambda_1=0.64786, \lambda_2=0.008067, \lambda_{3,4}=-0.4686\pm i4.0411$$

试计算该飞机在上述状态下的侧向扰动运动模态特性。

8. 若飞机的横航向小扰动运动特征方程为

$$s^4+5.8s^3+11.8s^2+72.6s-E=0$$

试求荷兰滚模态为中立稳定时的 E 值，并近似地确定此时螺旋模态的特征根，精确计算滚转模态和螺旋模态的特征根。

9. 已知某飞机的横航向小扰动运动特征方程为

$$s^4+5.8s^3+Bs^2+72.6s-9.01=0$$

（1）问：横航向扰动运动是否稳定？

（2）求：荷兰滚模态为中立稳定时的 B 值，并近似地确定此时螺旋模态的特征根，精确计算滚转模态和螺旋模态的特征根。

10. 已知某飞机的纵向扰动运动特征方程为

$$s^4+9.34s^3+180s^2+34s-4.4=0$$

请回答下列问题：

（1）纵向扰动运动是否稳定？短周期模态是否稳定？

（2）长周期模态是否稳定？并判断此两模态是周期稳定（发散），还是非周期稳定（发散）？

11. 某飞机的短周期近似特征方程为
$$\lambda^2 + 7.1\lambda + 1003.5 = 0$$
试计算短周期模态特性。

12. 已知某飞机飞行质量为 9800kg，机翼面积 $32m^2$，在海平面高度以 720km/h 的速度飞行，其短周期运动特征方程为
$$s^2 + 8s + 64 = 0$$
计算该机单位阶跃输入时的操纵反应峰值时间。

13. 已知某飞机在高度 $H = 5000m, Ma = 0.9$ 时的结构重量和气动导数为空气密度 $\rho = 0.73626 kg/m^3$，声速 $a = 320.5 m/s$，质量 $m = 7000kg$，机翼面积 $S = 23m^2$，平尾尾臂 $L = 5.2849m$，平均空气动力弦 $b_A = 4.002m$
$m_z^{\bar{\omega}_z} = -2.0, m_z^{\delta_z} = -0.008, C_y^a \approx C_{yC}^a = 2.1, \bar{r}_z = 0.5, m_{z0} = -0.005, m_z^{C_y} = -0.045$

提示：(a) $\mu_1 = 2m/\rho S b_A$；

（b）短周期运动的扰动运动方程在不考虑高度影响的情况下拉普拉斯变换式为

$$\begin{cases} (s + C_{yC}^a)\Delta\alpha(s) - s\Delta\vartheta(s) = \Delta\alpha_0 - \Delta\vartheta_0 \\ (\bar{m}_z^{\bar{\alpha}} s + \mu_1 \bar{m}_z^{\alpha})\Delta\alpha(s) - (s^2 - \bar{m}_z^{\bar{\omega}_z} s)\Delta\vartheta(s) = \bar{m}_z^{\bar{\alpha}}\Delta\alpha_0 - \Delta\vartheta_0 s + \bar{m}_z^{\bar{\omega}_z}\Delta\vartheta_0 - \Delta\dot{\vartheta}_0 \end{cases}$$

（1）试计算该飞机在该飞行状态下做 $n_y = 3$ 的拉升运动所需要的平尾偏转角。

（2）试计算该飞机在该飞行状态下的无因次短周期无阻尼自振频率。

14. 某飞机空投副油箱时，右副油箱未投掉，1.5s 后飞行员才发现。为保持飞机平衡，飞行员阶跃压杆（副翼偏转角等于静平衡偏转角）。试估算：

（1）为保持静平衡，需多少副翼偏转角？

（2）1.5s 后，飞机的滚转角是多少？

已知条件：副油箱质量 $m_f = 438kg$，到 x 轴的距离 2.575m；飞机质量 $m = 6330kg, S = 23m^2, l = 7.15m, I_x = 64000N \cdot m, m_x^{\delta_x} = -0.628, m_x^{\bar{\omega}_x} = -0.184, \bar{r}_x^2 = 0.05335, Ma = 0.8, H = 5km, a = 320.5m/s, \rho = 0.73626 kg/m^3$（提示：按纯滚转运动考虑，方向舵不产生滚转力矩）。

15. 试飞测得某飞机在某一高度和某一马赫数下的短周期运动的半衰期为 1s，周期 1s。试计算该飞行状态下的短周期无阻尼自振频率。如果还测得该飞机在同高度和同马赫数下重心前移 1% 后，短周期无阻尼自振频率增大 10%，计算该飞机在原来的重心位置时的机动裕度（忽略重心变化引起的纵向惯性矩的

变化)。

16. 某常规布局飞机的纵向小扰动方程为

$$\begin{cases} \left(\dfrac{\mathrm{d}}{\mathrm{d}\bar{t}} - C_{xC}^{\bar{V}}\right)\Delta\bar{V} + (C_{xC}^{\alpha} - C_G\cos\theta_0)\Delta\alpha + C_G\cos\theta_0\Delta\vartheta = 0 \\ -C_{yC}^{\bar{V}}\Delta\bar{V} - \left(\dfrac{\mathrm{d}}{\mathrm{d}\bar{t}} + C_{yC}^{\alpha} - C_G\sin\theta_0\right)\Delta\alpha + \left(\dfrac{\mathrm{d}}{\mathrm{d}\bar{t}} - C_G\sin\theta_0\right)\Delta\vartheta = 0 \\ -\mu_1\bar{m}_{zC}^{\bar{V}}\Delta\bar{V} - \left(\bar{m}_z^{\dot{\alpha}}\dfrac{\mathrm{d}}{\mathrm{d}\bar{t}} + \mu_1\bar{m}_z^{\alpha}\right)\Delta\alpha + \left(\dfrac{\mathrm{d}^2}{\mathrm{d}\bar{t}^2} - \bar{m}_z^{\bar{\omega}_z}\dfrac{\mathrm{d}}{\mathrm{d}\bar{t}}\right)\Delta\vartheta = 0 \end{cases}$$

在基准运动为平飞的飞行状态下,该飞机的两对特征根及相应的模态幅值比分别为

模态1:$\lambda_{1,2} = -3.2 \pm 31\mathrm{i}$

$$|\Delta\bar{V}| : |\Delta\alpha| : |\Delta\vartheta| = 0.008 : 1.005 : 1.000$$

模态2:$\lambda_{3,4} = 0.009 \pm 0.097\mathrm{i}$

$$|\Delta\bar{V}| : |\Delta\alpha| : |\Delta\vartheta| = 1.50 : 0.11 : 1.00$$

请说明常规飞机在典型的平飞状态下短周期模态的主要特点,并根据这些特点,简化纵向小扰动方程(基准运动为平飞),给出短周期运动的无阻尼自振频率和阻尼比的近似计算式。

第6章 飞机的闭环控制及主动控制技术

目前的先进飞机中,已经广泛地采用了各种自动控制器,也常常采用主动控制技术以改善飞机稳定性和操纵性,提高飞机的飞行性能等。此时,飞机本体的开环特性,已经不能代表飞机飞行时真实的动态特性。因此,为了适应自动化飞行的需要,本章研究自动化飞行的理论基础——飞机的闭环控制,在此基础上还将介绍部分主动控制技术的知识,以及飞行力学的前沿课题之一的人—机系统闭环控制的驾驶员诱发振荡(Pilot Induced Oscillation,PIO)。

6.1 飞机闭环控制的基本原理

飞机闭环控制的重要组成部分就是飞机的飞行操纵或控制系统。

6.1.1 飞机飞行操纵系统概述

飞机的飞行操纵系统是根据飞行员要求,传递操纵信号,偏转舵面(平尾、副翼、方向舵等操纵面),使飞机完成预定飞行动作的机械/电气系统。飞机飞行操纵系统是飞机的主要系统之一,它的工作性能是否良好,在很大程度上影响着飞机的性能和品质。

6.1.1.1 飞机飞行操纵系统的分类

飞机飞行操纵系统的分类从不同的角度出发,有不同的分类方法。根据操纵信号的来源,通常把飞机飞行操纵系统分为两大类:一类是人工飞行操纵系统,操纵信号是由飞行员发出的;另一类是自动飞行控制系统,控制信号是由系统本身自动产生的。

飞机的纵向、横向和方向操纵系统、增升和增阻操纵系统、人工配平系统、直接力操纵系统以及其他用人工来改变飞机外形的操纵系统,均属于人工操纵系统。

自动飞行控制系统是对飞机实施自动或半自动控制、协助飞行员工作或自动控制飞机对扰动响应抑制的系统,如自动驾驶仪、发动机油门的自动控制、结构振动模态抑制等控制系统。

在人工飞行操纵系统中,通常又分为主操纵系统和辅助操纵系统。对于飞机飞行品质产生重大影响的是飞机俯仰、滚转和偏航操纵,这三个轴的操纵系统称为主操纵系统。增稳或控制增稳操纵系统和主动控制技术中的某些系统作为主操纵系统的附加系统也属于主操纵系统。其他如襟翼、减速板、配平调整片的操纵系统和改变机翼后掠角的操纵系统均属于辅助操纵系统。但对随控布局飞机来说,其操纵面除去全动平尾、副翼和方向舵外,还可能有前、后缘襟翼、水平鸭翼和前鳍(垂直鸭翼)等操纵面,因而不能很明显地划分主、副操纵系统。

6.1.1.2 飞机飞行操纵系统的发展和展望

自飞机诞生以后的前30多年中,飞机的主操纵系统是简单的机械操纵系统(Mechanical Control System,MCS),先是钢索(软式)操纵,后发展成为拉杆(硬式)操纵。在这种操纵系统中,驾驶杆(或脚蹬)的运动即相当于舵面运动,可以不考虑系统本身的动态特性问题。只要对摩擦、间隙和系统的弹性变形加以限制,就可以获得满意的系统性能。

随着飞机尺寸和质量的增加,飞行速度不断提高,即使使用了气动力补偿,驾驶杆操纵力仍不足以克服舵面铰链力矩。20世纪40年代末出现了液压助力器,实现了助力操纵。助力操纵系统有两种类型:一是可逆的助力操纵系统;二是不可逆的助力操纵系统。

当超声速飞机出现之后,飞机在超声速飞行时的焦点大幅度后移,纵向稳定力矩剧增,此时需要相当大的操纵力矩以满足飞机机动性的要求。可此时在机翼和尾翼上出现了超声速区,它堵塞了扰动向前传播的道路,导致升降舵的操纵效能大大下降,这就不得不采用全动平尾。全动平尾的铰链力矩数值变化范围较大,无法选择适合的传动比,因而不得不采用不可逆的助力操纵系统。不可逆的助力操纵系统的操纵力由人工载荷感觉器提供,并设置了调整片效应机构。为了满足从低空到中高空大速度飞行时的静操纵指标,又设置了力臂自动调节器,遂组成了相当复杂的不可逆助力机械操纵系统。

由于高超声速飞机的飞行包线较大,飞机气动外形很难既满足低空低速要求,同时又满足高空高速要求。因而在高空超声速飞行时,飞机的纵向静稳定性急剧增强而固有阻尼变小,会出现动稳定性的问题,即出现纵向短周期振荡;由于荷兰滚阻尼的下降,飞机会出现较强的横航向振荡。

飞行员对于上述两种模态来不及反应,也无能为力。提高纵向阻尼和横航向阻尼的方法是在飞机的三个轴向操纵系统上各附加上自动增稳系统,从而形成增稳操纵系统(Stability Augmentation System,SAS)。增稳操纵系统是用速率陀螺和加速度计测量飞机的振荡模态,并借助舵面的偏转运动来造成人工阻尼,使振荡模态很快衰减下来,弥补飞机外形和质量分布上的缺陷,使飞机在高空、高速或在大迎角飞行状态下也具有良好的稳定性。从飞行员的操纵角度来看，增稳操纵系统是飞机的组成部分，与飞机本体组成"等效飞机"，飞行员所操纵的正是这种"等效飞机"。通常在系统设计时要求：当增稳操纵系统工作时，飞机具有良好的飞行性能；当系统失效时，飞机仍具有可以控制的飞行状态，以保证飞行安全。因此，增稳操纵系统的操纵权限不宜太大，一般只有全权限的3%~6%。

由于增稳操纵系统在增大飞机阻尼和改善动稳定性的同时，必然会在一定程度上削弱飞机操纵反应灵敏度，从而降低飞机的操纵性。为了消除这个缺陷，在自动增稳操纵系统的基础上研制了控制增稳操纵系统(Control Augmentation System, CAS)。控制增稳操纵系统与增稳操纵系统的不同之处在于它除了具有来自速率陀螺和加速度计起增稳作用的电信号，还综合了来自飞行员操纵驾驶杆（或脚蹬）的电指令信号，两者的极向是相反的。因此，控制增稳操纵系统可以采用较高的反馈增益，提高回路阻尼和增加飞机的稳定性。若飞行员进行操纵，输出控制信号可使高阻尼信号减小，从而获得所需的响应，改善飞机的操纵性和机动性。此外，控制增稳操纵系统的操纵权限可以增大到全权限的30%。考虑故障安全，系统必须是余度系统。

综上所述，以不可逆助力机械操纵系统为主操纵系统的飞行操纵系统越来越复杂化，并由于机械系统中存在摩擦、间隙和弹性变形，始终难以解决精微操纵信号的传递问题。20世纪70年代，电传操纵系统(Fly – by – Wire – System, FBWS)得以成功实现，它正在取代不可逆助力机械操纵系统而成为主操纵系统。

电传操纵系统是控制增稳操纵系统的必然产物。若把操纵权限全部赋予控制增稳操纵系统，并使电信号优先于机械信号而工作，机械系统居于备用地位，这就称为"准电传操纵系统"。若把备用的机械操纵系统取消，就称为"纯电传操纵系统"，简称"电传操纵系统"。电传操纵系统和部分大权限的控制增稳操纵系统又称为高增益系统。高增益系统的出现，把飞机特性和操纵系统特性有机地结合成一体。研究飞机的静态、动态特性就必须结合操纵系统的静态、动态特性一起研究。

电传操纵系统是现代技术发展的综合产物。微电子技术和计算机科学的发展、可靠性理论和余度技术的建立为电传操纵系统奠定了基础，余度系统赋予它较高的战伤生存力，因而促进了它的实现。

电传操纵系统具有完善的反馈控制回路，容易满足操纵性和稳定性所规定的指标要求，保证了飞机的良好飞行品质。更重要的是，它为主动控制技术奠定了基础。电传操纵系统是采用主动控制技术的随控布局飞机的操纵系统的核心,因而一般认为,没有电传操纵系统,就不可能实现主动控制技术。事实上,电传操纵系统出现之后,随即就出现了主动控制技术的单功能与多功能试验机。

图6-1给出了上述飞行操纵系统发展的里程碑以及构成特点。

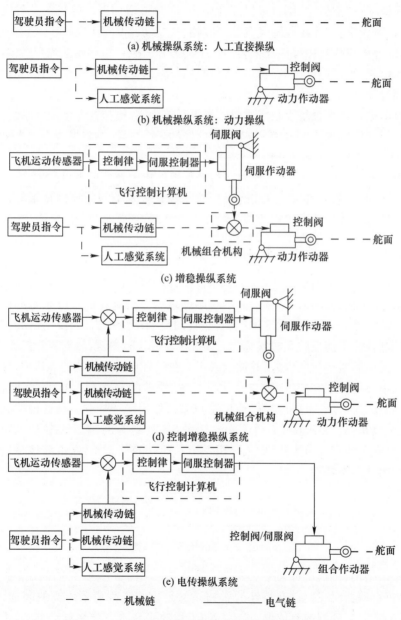

图6-1 飞机飞行操纵系统发展的里程碑及构成特点

为了进一步发挥电传操纵系统的潜力,其又可与火力控制系统、推进系统、导航系统等交联,实现多模式的综合控制。与火力控制系统交联可以使歼击机作战自动化,对地面目标进行攻击时,可以提高飞机的生存力,减小受到地面炮火击中概率;在空战中,则可以提高命中率,同时可增加射击的机会。与推力系统交联,对于垂直/短距起降飞机特别有用,飞机可借助于推力转向产生的力和力矩,以补充或代替由操纵面偏转而产生的力和力矩。与导航系统交联,若能实现四度引导,则可估计民航飞机到达目的地或军用飞机到达预定目标的时间,误差不超过几秒。

目前电传操纵系统以数字式电传操纵系统为主,模拟式电传操纵系统为辅。若将来以光导纤维代替电缆,实现控制信号的光纤传导,则将形成光传操纵系统(Fly – by – Light – System,FBLS)。

由于新型飞机的出现,可能对飞行操纵系统提出新的要求,促进它进一步发展。例如,某些先进国家正在研究采用自动修复技术与智能控制技术的自动修复飞行控制系统和智能飞行控制系统。

6.1.2 飞机的闭环控制

前面讨论飞机的稳定特性和操纵特性属于开环特性。这是因为,当时仅仅讨论了飞机对舵面输入的响应,而不考虑操纵后飞机到达的实际状态和要求状态之间的误差(图6 – 2)。这种控制,在自动控制理论中属于开环控制。但是,开环控制往往不能反映飞机实际飞行情况。实际飞行情况是,对飞机的操纵,必须考虑操纵后所产生的误差,并加以修正。在没有自动驾驶仪的飞机中,这种误差修正由飞行员来完成,而在自动化飞行中,误差的修正则由自动驾驶仪来完成,如图6 – 3所示。这种操纵(或控制)形式,称为闭环控制。在这种控制形式中,飞机只是整个系统中的一个部分。以图6 – 3(a)为例,整个系统应该包括驾驶员、操纵系统和飞机本体,即人—机系统。而它的动态特性,也应该是指整个系统的闭环动态特性。

图6 – 2 飞机开环控制结构

必须指出,飞机的闭环控制问题,既是飞行力学所要研究的问题(通过研究,分析自动器对飞机动态特性的影响),又是控制工程所要研究的问题(通过研究,确定对自动器的具体要求)。控制工程的研究重点放在自动器上,把飞机本体尽量化简为一个简单的传递函数。而对飞行力学来说,是把自动器尽量简

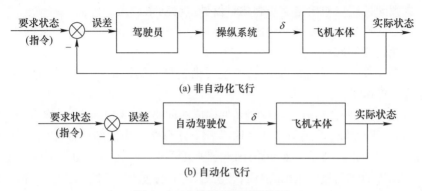

图 6-3 飞机闭环控制结构图

化,不考虑它们的惯性、滞后及某些非线性因素,即用理想自动器来代替,而把研究重点放在加入自动器后飞机动态特性的改变。这就是飞行力学与控制工程的不同之处。

6.1.3 自动飞行控制原理

自动飞行主要是由自动驾驶仪来完成的。

6.1.3.1 自动驾驶仪的基本组成

自动驾驶仪是一种能够代替飞行员稳定和控制飞机状态的自动控制装置。它一般由给定、测量、放大、执行、反馈等元件组成。其简单结构图如图 6-4 所示。

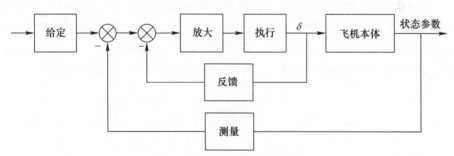

图 6-4 自动驾驶仪结构图

给定元件也称为操纵元件,它根据飞行员的要求输出给定信号(或称为操纵信号)。给定信号反映了飞行员所要求的飞机飞行状态。在自动驾驶仪中,飞行员利用操纵台或其他操纵装置,输出给定信号。

测量元件用以测量飞机的运动状态参数(如 ϑ、H、V 等),输出相应的电信号。

放大元件用以对给定信号和测量信号进行功率放大。

执行元件是根据放大元件输出的信号进行舵面操纵,自动驾驶仪的执行元件称为舵机或伺服器。

反馈元件是根据舵面的偏转,产生反馈信号。反馈信号一般分为位置反馈和速度反馈两类。

由放大元件、执行元件和反馈元件构成的回路,称为内回路,或称为舵回路。由内回路、飞机本体及测量元件又构成一个外回路。内回路保证舵偏转角与综合信号之间的正确关系。外回路用以控制飞机飞行状态。它的基本原理是:通过测量元件随时测量飞机的飞行状态参数,并将测量信号与给定信号进行比较,得到偏差信号(即综合信号),偏差信号通过内回路控制舵面偏转,操纵飞机以达到消除偏差的目的。

可供自动驾驶仪控制的飞机操纵面主要有升降舵(平尾)、副翼和方向舵三个。所以自动驾驶仪的内回路也有升降舵(平尾)回路、副翼回路和方向舵回路三个。此外,某些飞机还装有油门回路,自动器可通过油门杆来控制发动机推力的大小。

自动驾驶仪从信号的产生,经过综合、放大直到带动舵面偏转,这样一条途径称为通道。一套完整的驾驶仪,一般由两个或三个通道组成。这些通道分别称为升降舵(平尾)通道(或称为俯仰通道、纵向通道)、副翼通道(或称为倾斜通道、横向通道)和方向舵通道(或称为偏航角通道)。

6.1.3.2 理想自动器的基本控制律

对飞机而言,控制律指的是飞机操纵面的偏转规律。下面以俯仰角 ϑ 控制为例,来分析理想自动器的几种基本控制律。若把自动驾驶仪看成没有惯性、滞后等特性的理想自动器,则自动化飞行的基本原理可由图 6-5 来表示。图中 $G_c(S)$ 代表自动器的基本控制律,这些控制律有比例、积分、微分等形式。

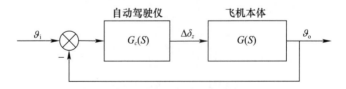

图 6-5 理想自动控制器控制原理(ϑ 控制)

1. 比例式控制律

比例式控制律是指理想自动器传递函数,其可表示为

$$G_c(S) = K \tag{6-1}$$

此时自动器输出信号 $\Delta\delta_z$ 与综合(误差)信号成正比,即

$$\Delta\delta_z = G_c(S)(\vartheta_i - \vartheta_o) = K(\vartheta_i - \vartheta_o) \tag{6-2}$$

此即为比例式控制律,简称为比例控制。
式中:ϑ_i 为输入指令参数,ϑ_o 为输出参数。

比例式控制律具有"放大"特性。比例式控制器实际上是一个放大器。

2. 积分式控制律

若理想自动器的传递函数为 $\frac{1}{S}$,则升降舵偏转角与俯仰角误差信号的积分成比例,即

$$\Delta\delta_z = \frac{K}{S}(\vartheta_i - \vartheta_o) \tag{6-3}$$

这种控制律称为积分式控制律,简称为积分控制。

积分式控制律具有"记忆"特性,它可以消除或减小飞机的稳态误差。

3. 微分式控制律

若理想自动器的传递函数为 S,则升降舵输出量与误差信号的速率成正比,即

$$\Delta\delta_z = KS(\vartheta_i - \vartheta_o) \tag{6-4}$$

此即为微分式控制律,简称为微分控制。

微分式控制律具有"超前"特性,它能反映误差信号的速率(因而也称为速率控制),并在误差信号的值变得太大之前产生有效的修正。因而微分式控制律使误差信号提前,从而起到提前的修正作用。

三种控制律可以组合使用,其一般形式为

$$G_c(S) = K_1 + K_2 S + \frac{K_3}{S} \tag{6-5}$$

实现自动化飞行的任务,就是如何选择 K_1、K_2、K_3,组成所需的闭环控制。

6.2 纵向闭环控制基本原理

纵向闭环控制的基本原理如图 6-6 所示。其中 $G_c(S)$ 为自动器传递函数,$\frac{\xi(S)}{\delta(S)}$ 为飞机本体的传递函数。其可能的控制量 δ(控制信号)和指令 ξ(系统的输入信号)如表 6-1 所示。控制系统根据不同的指令和控制量,形成不同的控制。

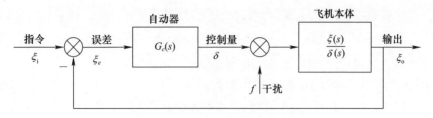

图 6-6 纵向闭环控制的基本原理

表 6-1 纵向闭环控制的指令和控制量

指令	ξ	控制量	δ
俯仰角	ϑ	升降舵(平尾)偏转角	δ_z
轨迹倾角	θ	襟翼位置	δ_f
迎角	α	油门杆位置	δ_p
俯仰角速度	ω_z		
飞行高度	H		
飞行速度	V		
法向加速度	a_y		
法向过载	n_y		

6.2.1 俯仰姿态控制

最简单的俯仰姿态控制是比例控制,其结构图如图 6-7 所示。最早的自动驾驶仪就是采用这种方法来控制俯仰姿态的。其控制律为

$$\Delta\delta_z(s) = K_\vartheta[\vartheta_i(s) - \vartheta_o(s)] = K_\vartheta \vartheta_e(s) \tag{6-6}$$

式中:ϑ_e 为系统的俯仰角误差信号。

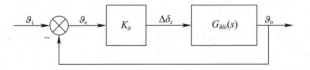

图 6-7 采用比例控制的俯仰姿态控制结构图

加入自动器后,系统的开环传递函数为

$$G(s) = K_\vartheta G_{\vartheta\delta_z}(s) = \frac{K_\vartheta A_\vartheta \left(s + \dfrac{1}{T_{1\vartheta}}\right)\left(s + \dfrac{1}{T_{2\vartheta}}\right)}{\Delta_{sp}(s)\Delta_p(s)} \tag{6-7}$$

式(6-7)中俯仰角对平尾偏转角的传递函数 $G_{\vartheta\delta_z}(s)$ 采用了零极点的形式,

是飞机传递函数的另一种表示方法,本章中飞机的传递函数均采用这种零极点的形式,以后不再重述。

K_ϑ变化时俯仰姿态控制系统的根轨迹图如图6-8所示。

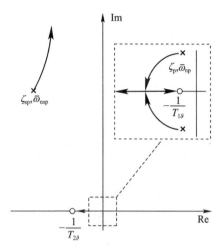

图6-8 俯仰姿态控制系统的根轨迹图

由根轨迹图可见,随着K_ϑ的增加,长周期运动的阻尼比增加,但频率基本不变。在K_ϑ不太大的情况下,长周期运动衰减特性很快得到改善。

但是,从根轨迹图可看到,比例控制在改善长周期特性的同时,短周期阻尼将减小,短周期固有频率将增加。特别是对于短周期阻尼比原来就小(如高空超声速飞行)的情况,影响尤其显著,此时短周期阻尼迅速降低,短周期模态特性急剧恶化。

若在控制ϑ、改善长周期模态特性的同时,需要改善短周期模态特性,则必须在控制律中引入角速度(微分)信号。若需要减少稳态误差,提高系统的稳态精度,则还需要在控制律中引入积分信号。

6.2.2 高度控制

对于设计良好的飞机来说,俯仰姿态本身可以是稳定的,即如果没有自动器,飞机受扰动后,不需飞行员操纵也可以自动恢复到原来的俯仰姿态。但是,对于高度来说,飞机的高度模态是中立稳定的,也就是说,飞机本身没有保持高度的能力。飞机受扰动后,即使飞机俯仰姿态稳定性很好,仍要偏离原来的飞行高度,因此,对高度控制来说加装自动器尤为重要。

飞行高度的控制与稳定,可以通过升降舵(平尾)或油门来实现,也可以通过两者同时操纵来实现。一般来说,用油门来改变飞行高度较慢,而用升降舵

(平尾)来改变飞行高度较快。因此,本书主要讨论升降舵(平尾)对高度的控制原理。

高度控制最简单的也是比例控制,采用比例控制时,系统理想的控制律为

$$\Delta\delta_z(s) = K_{\overline{H}}[\overline{H}_i(s) - \overline{H}_o(s)] = K_{\overline{H}}\overline{H}_e(s) \quad (6-8)$$

式中:$\overline{H}_e$ 为无量纲的高度误差信号。此时,系统的控制原理结构图如图 6-9 所示。为了更好地画出系统的根轨迹,首先分析传递函数 $G_{\overline{H}\delta_z}(s)$ 的零极点分布情况。因为

$$G_{\overline{H}\delta_z}(s) = \frac{A_{\overline{H}}\left(s + \dfrac{1}{T_{1\overline{H}}}\right)\left(s + \dfrac{1}{T_{2\overline{H}}}\right)\left(s + \dfrac{1}{T_{3\overline{H}}}\right)}{s\Delta_{sp}(s)\Delta_p(s)} \quad (6-9)$$

由式(6-9)可见,系统的开环极点有 5 个。除了代表长、短周期的 4 个极点外,还有 1 个零值极点,这个零值极点即代表高度模态。这就是为什么飞机没有保持高度能力的原因。

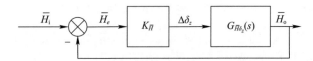

图 6-9 采用比例形式控制的高度控制原理结构图

系统的开环零点有三个。对于正常布局的飞机,一般均为实数。其中两个为数值相近、符号相反的大值零点,一个为小值零点。小值零点的位置,取决于飞机处于正操纵区还是反操纵区。正操纵区处于左半平面,反操纵区处于右半平面。

高度控制系统根轨迹如图 6-10 所示。从图中可以看出,随着 $K_{\overline{H}}$ 的增加,表征高度模态的零值极点将向左移动而趋于零点 $-\dfrac{1}{T_{1\overline{H}}}$,高度模态将由原来的中立状态变成稳定状态。

从图中还可以看出,引入高度控制信号后,短周期模态的阻尼比和固有频率都随 $K_{\overline{H}}$ 的增加而增加,但它对长周期模态的影响是不利的。随着 $K_{\overline{H}}$ 的增加,长周期的阻尼比逐渐下降。当 $K_{\overline{H}}$ 增加到一定程度时,长周期模态将出现不稳定现象。

为了避免长周期模态的恶化,通常可引入高度的微分控制。同样,为了提高系统的稳态精度,还需要引入积分信号。

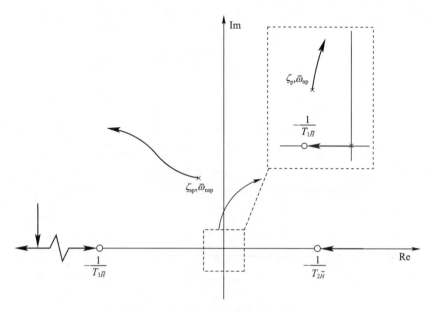

图 6-10　高度控制系统根轨迹图

6.2.3　速度控制

飞行速度控制系统要比飞机的姿态控制和高度控制发展晚,原因是亚声速飞机在巡航状态时有较大的速度稳定性;且速度变化又是缓慢的长周期过程,飞行员可以及时地对速度进行修正。另外,巡航飞行时,对速度的稳定精度要求不高,飞行员一旦建立发动机最佳工作状态后,在整个飞行过程中只要注意飞行速度是否在允许的最大值与最小值之间就可以了。

随着航空事业的发展,要求飞行员在恶劣的气象条件下自动进场着陆。此时,引起飞机速度变化的因素很多。而着陆本身又对速度精度要求很高,这就必然导致对速度进行自动控制。

速度控制也可协助进行轨迹倾角的控制。例如,当飞行员由平飞转入上升而加大油门时,由于长周期运动阻尼很小,如果采用开环控制而无速度反馈时,达到一定轨迹倾角所需的时间往往很长,如图 6-11 中虚线所示。从图中可看出,当飞行员推油门(阶跃输入)时,飞机加速,舵面不偏转,因此迎角基本保持不变,飞机只是随着速度的增大而逐渐增大升力,从而使飞行轨迹发生变化。由此可见,这种没有速度反馈的开环控制过程,是一个长周期振荡过程,轨迹倾角建立所需的时间甚至长达十几分钟。

如果采用具有速度反馈的闭环控制(不管是采用自动器还是人工修正),加

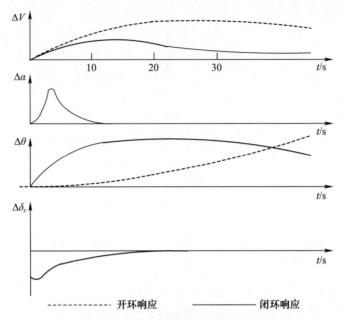

图 6-11 某喷气飞机最佳油门时,开环操纵和闭环操纵的比较($H=9000$m)

上舵面偏转的作用,这一过程可大大缩短。从图 6-11 中可以看出,当用人工或推力自动控制器加油门爬升时,速度控制系统为保持速度基本不变,通过速度反馈信号迅速偏转舵面,相当于改善了长周期模态的动态特性,因而可以迅速而稳定地达到预定的轨迹倾角。整个过程可以从十几分钟缩短到 10s 左右。

速度控制主要通过速度信号反馈(即比例控制)来实现。为了提高控制品质,有时需加入速度的微分(加速度)信号或积分信号。

采用比例控制的速度控制系统原理结构图如图 6-12 所示。

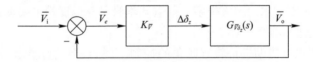

图 6-12 采用比例控制的速度控制系统原理结构图

$$G_{\bar{V}\delta_z}(s) = \frac{A_{\bar{V}}\left(s + \dfrac{1}{T_{1\bar{V}}}\right)\left(s + \dfrac{1}{T_{2\bar{V}}}\right)}{\Delta_{\mathrm{sp}}(s)\Delta_{\mathrm{p}}(s)} \qquad (6-10)$$

升降舵控制律为

$$\Delta\delta_z(s) = K_{\bar{V}}\left[\bar{V}_i(s) - \bar{V}_o(s)\right] = K_{\bar{V}}\,\bar{V}_e(s) \qquad (6-11)$$

系统的开环传递函数为

$$G(s) = K_{\overline{V}} G_{\overline{V}\delta_z}(s) = \frac{K_{\overline{V}} A_{\overline{V}} \left(s + \dfrac{1}{T_{1\overline{V}}}\right)\left(s + \dfrac{1}{T_{2\overline{V}}}\right)}{\Delta_{sp}(s)\Delta_{p}(s)} \qquad (6-12)$$

其中,零点 $\dfrac{1}{T_{1\overline{V}}}$ 在左半平面,而零点 $-\dfrac{1}{T_{2\overline{V}}}$ 可能在左半平面,也可能在右半平面,取决于飞机是正常布局还是鸭式布局,以及 $\dfrac{C_y}{C_x^\alpha}$ 大小 1 还是小于 1。但不管是在左半平面还是在右半平面,它们都远离原点,因此,对于大部分实际问题来说,可以略去。

略去 $-\dfrac{1}{T_{2\overline{V}}}$ 之后,速度控制系统根轨迹如图 6-13 所示。由图可见,这种控制系统对长周期模态的无阻尼固有频率的影响很大,同时也增加了长周期模态的阻尼比。因此,速度稳定性过程得到实现(如果开环是不稳定的)或缩短,轨迹角的形成也可加速。

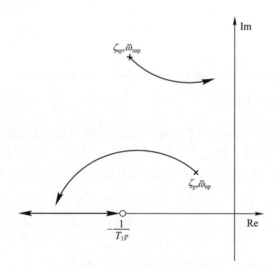

图 6-13　速度控制系统根轨迹

从图 6-13 中可以看出,$K_{\overline{V}}$ 不大时,ζ_p 改善不显著,只有较大的 $K_{\overline{V}}$ 才能使 ζ_p 增加得足够多,而过大的 $K_{\overline{V}}$ 又会引起短周期模态特性的恶化。为了既改善长周期模态特性,又保持良好的短周期模态特性,实际使用的控制系统,往往在速度信号的基础上,加上速度的微分(加速度)信号。如果要消除系统的稳态误差,尚需引入积分信号。

6.3 横航向闭环控制基本原理

横航向闭环控制原理同纵向基本一致。只是此时输入、输出及系统的各种传递函数都对应为横航向参数。同样在考虑自动器时,仍然将其作为理想自动器。

根据飞机所需完成的任务及要求的飞行品质,自动器可以引入不同的指令。横航向自动器中最常见的指令(即飞机的输入信号)和控制量(控制信号)如表 6-2 所示。

表 6-2　横航向自动器的常见指令和控制量

指令	ξ	控制量	δ
倾斜角	γ	副翼偏转角	δ_x
偏航角	ψ	方向舵偏转角	δ_y
侧滑角	β		
滚转角速度	ω_x		
偏航角速度	ω_y		
侧向加速度	a_z		
侧向位移及其导数	$z, \dot{z}$		

6.3.1 倾斜角控制

保持无倾斜飞行的自动驾驶仪很早就已采用。这种自动驾驶仪实际上是一种比例控制,它的敏感元件是一个垂直陀螺。通过垂直陀螺感受倾斜角信号,输入舵机,偏转副翼,从而达到控制倾斜角的目的。其结构图如图 6-14 所示。

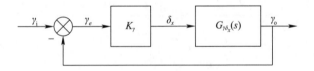

图 6-14　倾斜角控制系统结构图

$$G_{\gamma\delta_x}(s) = \frac{B_\gamma(s^2 + 2\zeta_\gamma \bar{\omega}_\gamma s + \bar{\omega}_\gamma^2)}{\left(s + \dfrac{1}{T_R}\right)\left(s + \dfrac{1}{T_S}\right)(s^2 + 2\zeta_d \bar{\omega}_d s + \bar{\omega}_d^2)} \quad (6-13)$$

式(6-13)中的复数零点与荷兰滚极点通常很接近。这种驾驶仪的控制律为

$$\delta_x(s) = K_\gamma[\gamma_i(s) - \gamma_o(s)] = K_\gamma \gamma_e(s) \quad (6-14)$$

此时,系统的开环传递函数为

$$G(s) = \frac{B_\gamma A_\gamma(s^2 + 2\zeta_\gamma \bar{\omega}_\gamma s + \bar{\omega}_\gamma^2)}{\left(s + \frac{1}{T_R}\right)\left(s + \frac{1}{T_S}\right)(s^2 + 2\zeta_d \bar{\omega}_d s + \bar{\omega}_d^2)} \quad (6-15)$$

倾斜角控制系统根轨迹如图 6-15 所示。由图可见,随着 K_γ 的增加,螺旋模态特性得到改善,滚转模态衰减减慢,并且当 K_γ 值超过某一值后,螺旋模态和滚转模态耦合成一对复根。

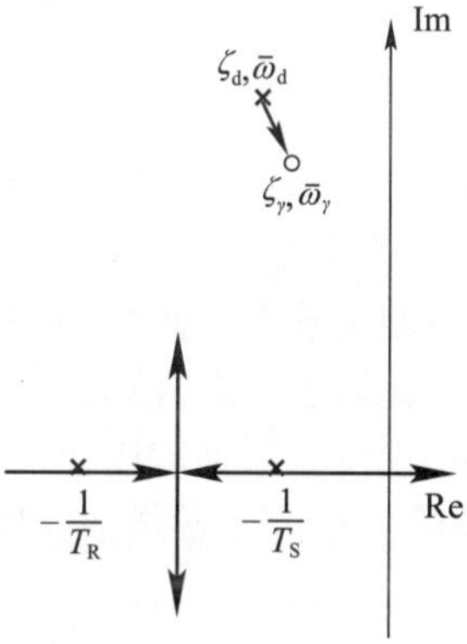

为了进一步分析倾斜角控制的基本作用,根据零点和荷兰滚极点接近的特点,取

$$G_{\gamma\delta_x}(s) = \frac{B_\gamma}{\left(s + \frac{1}{T_R}\right)\left(s + \frac{1}{T_S}\right)} \quad (6-16)$$

而通常有

$$\frac{1}{T_S} \ll \frac{1}{T_R} \quad (6-17)$$

所以

$$G_{\gamma\delta_x}(s) \approx \frac{B_\gamma}{s\left(s + \frac{1}{T_R}\right)} \quad (6-18)$$

图 6-15 倾斜角控制系统根轨迹

当副翼以单位阶跃输入时,开环系统稳态时的倾斜角为

$$\gamma(\bar{t}) \Big|_{\bar{t} \to \infty} = \lim_{s \to 0} s \cdot \frac{1}{s} \cdot G_{\gamma\delta_x}(s) = \lim_{s \to 0} \frac{B_\gamma}{s\left(s + \frac{1}{T_R}\right)} = \infty \quad (6-19)$$

亦即开环操纵时 δ_x 与 γ 没有一一对应的关系。

若将图 6-14 做图 6-16 的等效变换,则此时系统的闭环传递函数为

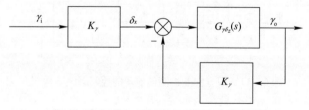

图 6-16 倾斜角控制系统结构图的等效变换

$$\Phi_{\gamma\delta_x}(s) = \frac{G_{\gamma\delta_x}(s)}{1 + K_\gamma G_{\delta_x}^\gamma(s)} \tag{6-20}$$

若仍以单位阶跃为输入,则闭合系统稳态时的倾斜角为

$$\gamma(\bar{t})\Big|_{\bar{t}\to\infty} = \lim_{s\to 0} s \cdot \frac{1}{s} \cdot \frac{G_{\delta_x}(s)}{1 + K_\gamma G_{\delta_x}^\gamma(s)} = \lim_{s\to 0} \frac{B_\gamma}{s\left(s + \frac{1}{T_R}\right) + K_\gamma B_\gamma} = \frac{1}{K_\gamma} \tag{6-21}$$

也就是说,有了反馈控制后,对于常值副翼偏转,飞机将稳定在某一倾斜角上,改变原来"角速度控制"的特性。当副翼偏转角为零时,飞机将稳定在无倾斜的位置上。此时,如果飞机受到干扰倾斜到某个角度时,将能自动恢复到原来的无坡度状态,而无须飞行员干预。

这一原理可作如下物理解释:当飞机出现倾斜角扰动时,自动器将使副翼偏转,产生一个企图消除倾斜角的气动力矩,即

$$\bar{m}_x^{\delta_x}\delta_x = \bar{m}_x^{\delta_x}K_\gamma\gamma$$

也就是说,使飞机具有类似静稳定的特性。

引入比例控制后,虽然解决了倾斜角的控制问题,但是前面已经指出,此时滚转模态特性变差,特别是 K_γ 增加到一定值后,滚转模态和螺旋模态还会耦合成衰减较慢、周期较长的振荡运动,这种特性是飞行员不欢迎的。因此,在倾斜角控制的自动器中,很少采用单独的比例控制。要消除或减轻这种不利影响,可以在比例控制的基础上,加上微分信号(滚转加速度信号)。

6.3.2 偏航角控制

偏航角的自动控制有方向舵控制、副翼控制以及副翼和方向舵协调控制三种方案。

6.3.2.1 偏航角的方向舵控制

最早的自动驾驶仪是用方向舵来控制飞机偏航角的,其控制系统结构图如图6-17所示。其中方向舵控制律为

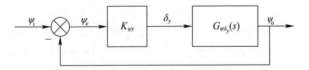

图6-17 用方向舵控制偏航角的控制系统结构图

$$\delta_y(s) = K_{\psi y}[\psi_i(s) - \psi_o(s)] = K_{\psi y}\psi_e(s) \tag{6-22}$$

而

$$G_{\psi\delta_y}(s) = \frac{B_\psi\left(s + \dfrac{1}{T_{\psi y}}\right)\left[s^2 + 2\zeta_{\psi y}\bar{\omega}_{\psi y}s + (\bar{\omega}_{\psi y})^2\right]}{s\left(s + \dfrac{1}{T_R}\right)\left(s + \dfrac{1}{T_S}\right)(s^2 + 2\zeta_d\bar{\omega}_d s + \bar{\omega}_d^2)} \qquad (6-23)$$

其中的零值特征根代表偏航角模态。可见，如果没有偏航角反馈，偏航角运动模态是中立稳定的，飞机受扰动后，不能恢复原来的偏航角。引入偏航角反馈后，其根轨迹如图 6-18 所示。由图可见，此时零值极点很快与螺旋模态耦合成一对复根，系统偏航角运动模态由中立稳定变为稳定，偏航角控制的目的也就达到。

从图 6-18 中还可看出，采用上述控制，荷兰滚模态和滚转模态特性都要变差。为了克服上述缺点，可以在上述控制的基础上，加上偏航角的微分控制信号。

6.3.2.2 偏航角的副翼控制

除了用方向舵控制偏航角外，也可以用副翼来执行偏航角控制的任务。

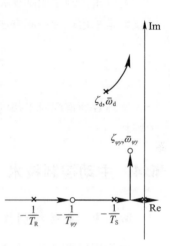

图 6-18　偏航角的方向舵控制系统的根轨迹

对用副翼控制偏航角来说，最简单的仍然是比例控制，其控制律为

$$\delta_x(s) = K_{\psi x}[\psi_i(s) - \psi_o(s)] = K_{\psi x}\psi_e(s) \qquad (6-24)$$

偏航角的副翼控制系统结构图如图 6-19 所示。

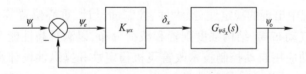

图 6-19　偏航角的副翼控制系统结构图

其中

$$G_{\psi\delta_x}(s) = \frac{A_\psi\left(s + \dfrac{1}{T_{\psi x}}\right)\left[s^2 + 2\zeta_{\psi x}\bar{\omega}_{\psi x}s + (\bar{\omega}_{\psi x})^2\right]}{s\left(s + \dfrac{1}{T_R}\right)\left(s + \dfrac{1}{T_S}\right)(s^2 + 2\zeta_d\bar{\omega}_d s + \bar{\omega}_d^2)} \qquad (6-25)$$

由式(6-25)可见，用副翼控制也能使飞机的偏航角运动模态由中立稳定

变成稳定,从而达到控制偏航角的目的。但是,滚转模态和荷兰滚模态的特性会变差,特别是对荷兰滚模态影响更大。为了克服此缺点,与方向舵控制相仿,亦需引入微分信号。

6.3.2.3 偏航角的副翼和方向舵协调控制

偏航角控制是用副翼和方向舵协调控制来完成的。例如,KJ-6 型自动驾驶仪就是采用这种控制方法,其基本控制律为

$$\begin{cases} \delta_x = K_{\omega_x}\bar{\omega}_x + K_{\gamma x}\gamma_e + K_{\psi x}\psi_e \\ \delta_y = K_{\omega_y}\bar{\omega}_y + K_{\gamma y}\gamma_e \end{cases} \quad (6-26)$$

这种双通道同时工作的理论分析比较复杂,这里不再分析,学习者可参考相关资料。

6.4 主动控制技术

6.4.1 主动控制技术概述

由于现代飞机飞行包线的不断扩大,飞机稳定性、操纵性和飞行性能之间的矛盾,飞行性能、结构质量和飞行安全之间的矛盾越来越突出。例如,为了保证飞机在高空超声速大迎角飞行时具有足够的横航向静稳定性,必须增大垂尾面积,而这会增大飞机的结构质量和飞行阻力等。这使得仅仅依靠采用飞机气动布局、结构设计和发动机设计协调配合的常规飞机设计方法,越来越不能满足设计高性能飞机的要求。20 世纪 60 年代,人们提出了一种新的飞机设计思想,即在飞机设计过程中主动地将自动控制技术作为飞机设计的基本因素,用于解决飞机设计过程中出现的稳定性、操纵性、控制面设计、重心位置等问题,使飞机具有合理的气动布局、结构强度配置和载荷分布,以满足高性能飞机设计的要求。这种主动应用自动控制技术改善飞机稳定性和操纵性设计及提高飞机作战性能的技术,称为主动控制技术(Active Control Technique,ACT)。从飞机设计的角度来说,主动控制技术是在飞机设计的初始阶段就考虑到自动飞行控制系统对飞机总体设计的影响,充分发挥飞行控制系统潜力的一种飞行控制技术。

对于主动控制技术的采用,不仅解决了飞机稳定性和操纵性之间的矛盾,大大提高了飞机的飞行性能,而且对飞机的设计方法也产生了重大影响。

采用主动控制技术的设计方法和常规设计方法有什么不同呢?常规飞机设计方法的过程是:根据任务要求,考虑气动布局、结构强度和动力装置三大因素,

并在它们之间进行折中以满足任务要求,这样为获得某一方面的性能就必须在其他方面做出让步或牺牲,如为实现更好的气动稳定性就必须在尾翼的重量和阻力方面付出代价。折中之后就确定了飞机的构型,再经过风洞吹风后,对飞机的各分系统(其中包括飞行控制系统)提出设计要求。这里飞行控制系统和其他分系统一样,处于被动地位,其基本功能是辅助飞行员进行姿态航迹控制,如图 6-20 所示。

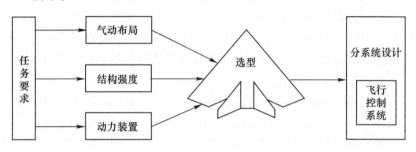

图 6-20　常规设计方法的设计步骤

而采用主动控制技术的设计方法则打破了这一格局,把飞行控制系统提高到和上述三大因素同等重要的地位,成为选型必须考虑的四大因素之一,并起积极作用,如图 6-21 所示。在飞机的初步设计阶段就要考虑全时间、全权限的自动飞行控制系统的作用,综合选型,选型后再对飞行控制系统以外的其他分系统提出设计要求。这样就可以放宽对气动布局、结构强度和动力装置方面的限制,依靠控制系统主动提供人工补偿。于是飞行控制由原来的被动地位变为主动地位,充分发挥了飞行控制的主动性和潜力,因而称这种技术为主动控制技术。

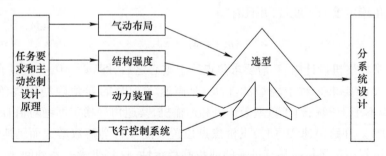

图 6-21　采用主动控制技术设计方法的设计步骤

正是由于采用了主动控制技术的设计方法,在飞机选型和布局的过程中,都将控制系统作为一个主要因素来考虑,所以这种技术又称为随控布局技术(Control Configured Vehicle Technique,CCVT)。利用这种技术和思想设计的飞机称

341

为随控布局飞机(Control Configured Vehicle,CCV)。这种飞机在不同的飞行状态下会自动偏转有关舵面、改变飞机的外形,以获得最优的效果。自动控制系统是这种飞机上不可缺少的主要组成部分,在飞机的整个飞行过程中全权限、全时间地工作。

近年来,主动控制技术在理论研究和实际应用方面都取得了很大的进展。这一方面是由于军用战斗机提高机动性、经济性和可靠性的要求,另一方面是由于现代控制理论和技术以及计算机技术的飞速发展、系统设计方法的日趋成熟,而电传操纵系统的引入更为主动控制技术的应用提供了可靠的基础。此外,由于空气动力学的发展,出现了许多新的气动布局方案,这也为在飞机设计中应用主动控制技术创造了有利条件。

目前,主动控制技术有的已经在飞机上得到了应用。国外的第三代战斗机都广泛采用了主动控制技术,如 F–16、F–18、Mig–29 和国产某型机等。民航飞机也有采用主动控制技术的,如波音–777、空中客车 A320 等。下面主要介绍放宽静稳定性改善飞机飞行性能,其他的主动控制技术可参考其他书目。

6.4.2 放宽静稳定性

放宽静稳定性包括放宽纵向静稳定性和放宽横航向静稳定性两种类型,其基本原理是类似的。下面以放宽纵向静稳定性为例,介绍放宽静稳定性的基本原理。

6.4.2.1 放宽纵向静稳定性问题的提出

放宽纵向静稳定性指的是放宽迎角静稳定性。飞机的纵向迎角静稳定性主要由迎角稳定度 $m_z^{C_y}$ 度量,并且有

$$m_z^{C_y} = \bar{x}_G - \bar{x}_F \tag{6–27}$$

在常规飞机设计中,一般要求焦点位于重心之后,即 $m_z^{C_y} < 0$,并且具有一定的数值大小要求。对于轻型战斗机,亚声速飞行时的迎角静稳定度绝对值 $|m_z^{C_y}|$ 应不小于3%;对于重型轰炸机和运输机,其迎角静稳定度绝对值 $|m_z^{C_y}|$ 不小于10%。在跨声速飞行时,飞机焦点位置会随飞行马赫数增大而迅速后移,使得飞机超声速飞行时具有过强的迎角静稳定性,这将带来一系列问题。首先是使飞机超声速飞行时的平飞配平平尾偏转角绝对值增大,使飞机可用于机动飞行的平尾偏转角减小,加上单位过载平尾偏转角绝对值增大,将使飞机的机动能力降低;其次,配平平尾偏转角绝对值增大,平尾负载增大,必然会导致飞机结构质量增加,飞机的飞行性能变差;最后,配平平尾偏转角绝对值增大,平尾负升

力增大,还会引起机翼升力载荷增大,这会使飞机的气动特性恶化。这些问题对于大后掠角小展弦比的高性能战斗机显得更为严重,放宽纵向静稳定性设计就是为解决这些问题而提出的。

6.4.2.2 放宽静稳定性的好处

对于放宽静稳定性的飞机来说,亚声速飞行时飞机可能是迎角静不稳定的,即焦点位于重心之前,而超声速飞行时飞机是迎角静稳定的,即焦点位于重心之后,但这时其 $|m_z^{C_y}|$ 将明显小于常规飞机的 $|m_z^{C_y}|$,如图 6-22 所示,这将产生一系列的好处。

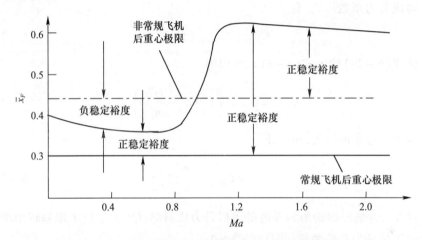

图 6-22 常规飞机和放宽静稳定性飞机的静稳定性比较

1. 提高飞机配平升力系数斜率和升阻比

当飞机做等速直线水平飞行时,作用于飞机的外力矩之和应为零,即

$$m_{z_0} + m_z^\alpha \alpha + m_z^{\delta_z} \delta_z = 0 \tag{6-28}$$

式中:m_{z_0} 为零升力矩系数,也可理解为平尾偏转角 $\delta_z = 0°$、飞机迎角 $\alpha = 0°$ 时的飞机俯仰力矩系数,也称为零迎角俯仰力矩系数。

由式(6-28)可以得

$$\delta_z = -\frac{m_{z_0}}{m_z^{\delta_z}} - \frac{m_z^\alpha}{m_z^{\delta_z}}\alpha = \delta_{z_0} - \frac{m_z^\alpha}{m_z^{\delta_z}}\alpha \tag{6-29}$$

式中:$\delta_{z_0} = -\dfrac{m_{z_0}}{m_z^{\delta_z}}$ 为平衡零升力矩所需的平尾偏转角。

由式(6-29)可以看出,当飞机重心向后移动时,飞机的迎角静稳定性减弱,m_z^α 向正向增大,平尾平衡偏转角正向增大(前缘上偏);相反,当飞机重心前移,飞机迎角静稳定性增强,m_z^α 向负向增大,平尾平衡偏转角负向增大(前缘下偏)。可以看出,放宽静稳定性要求,必然会导致平尾负升力减小或者平尾正升力增大。

飞机做等速直线水平飞行时,飞机的总升力应等于飞机重量,称为配平升力,记为 Y_{trim}。而飞机的总升力由平尾偏转角 $\delta_z = 0°$ 时的全机升力 $Y|_{\delta_z=0}$ 和平尾附加升力 ΔY 组成,即

$$Y_{\text{trim}} = Y_{\delta_z=0} + \Delta Y \tag{6-30}$$

写成升力系数形式,有

$$C_{y\text{trim}} = C_{y\delta_z=0} + C_y^{\delta_z}\delta_z \tag{6-31}$$

将式(6-29)代入式(6-31),可以得

$$C_{y\text{trim}} = C_{y\delta_z=0} + C_y^{\delta_z}\left(\delta_{z0} - \frac{m_z^\alpha}{m_z^{\delta_z}}\alpha\right) \tag{6-32}$$

两边对迎角取导数,可以得

$$C_{y\text{trim}}^\alpha = C_{y\delta_z=0}^\alpha - \frac{m_z^\alpha}{m_z^{\delta_z}}C_y^{\delta_z} \tag{6-33}$$

式中:$C_{y\delta_z=0}^\alpha$ 为平尾偏转角为零时的飞机升力线斜率;$C_y^{\delta_z}$ 为单位平尾偏转角增量产生的飞机升力系数增量,并且有 $C_y^{\delta_z} > 0$。

由式(6-33)可以看出,当飞机迎角中立静稳定,即 $m_z^\alpha = m_z^{C_y} = 0$ 时,飞机的配平升力系数斜率为

$$C_{y\text{trim}}^\alpha = C_{y\delta_z=0}^\alpha \tag{6-34}$$

当 $m_z^\alpha < 0$,也就是当飞机迎角静稳定时,飞机的配平升力系数斜率为

$$C_{y\text{trim}}^\alpha = C_{y\delta_z=0}^\alpha - \frac{m_z^\alpha}{m_z^{\delta_z}}C_y^{\delta_z} < C_{y\delta_z=0}^\alpha \tag{6-35}$$

飞机配平升力系数斜率随 $|m_z^\alpha|$(或 $|m_z^{C_y}|$)增大而减小,随 $|m_z^\alpha|$(或 $|m_z^{C_y}|$)减小而增大。

当 $m_z^\alpha > 0$ 时,也就是当飞机迎角静不稳定时,飞机的配平升力系数斜率为

$$C_{y\text{trim}}^\alpha = C_{y\delta_z=0}^\alpha - \frac{m_z^\alpha}{m_z^{\delta_z}}C_y^{\delta_z} > C_{y\delta_z=0}^\alpha \tag{6-36}$$

且升力线斜率随着迎角静不稳定性的增强而增大。

在飞机气动外形和飞行重量不变的情况下,飞机配平升力系数斜率的变化必然会引起飞机配平迎角的改变。纵向迎角静稳定性降低,配平升力系数斜率增大,飞机保持等速直线水平飞行所需的迎角减小,这会使飞机的诱导阻力减小,从而引起飞机配平阻力系数减小,升阻比增大。图 6-23 给出了联邦德国 MRCA 运输机采用常规设计和放宽静稳定性设计时配平升力系数曲线的比较情况。可以看出,放宽静稳定性设计使飞机配平升力系数斜率和升阻比明显增大。

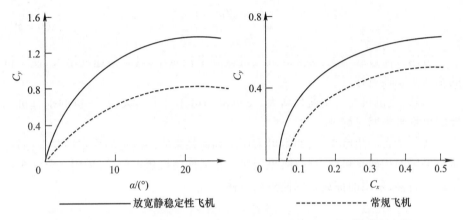

图 6-23 放宽静稳定性设计对飞机配平升、阻力特性的影响

总之,放宽静稳定性要求,使飞机纵向迎角静稳定性降低,将使飞机的配平升力系数斜率增大,升阻比增大,从而提高飞机的飞行性能。

根据有关资料报道,F-16 飞机采用放宽静稳定性技术,重心位置由 25% b_A 向后移至 38% b_A,在 9000m 高度,亚声速飞行时升阻比可提高 8%,超声速飞行时可提高 15%。显然这对增大飞机的巡航性能是极为有利的。

2. 提高飞机的机动性

放宽静稳定性要求可以提高飞机的水平加速性和机动飞行可用过载 n_y,改善飞机的盘旋性能等。

(1) 提高飞机的水平加速性。飞机水平加速飞行时,有

$$dV/dt = (P - X)/m \qquad (6-37)$$

可以看出,由于放宽静稳定性要求使飞机配平阻力减小,将使飞机的平飞加速度增大。上述同一资料指出,F-16 飞机重心位置由 25% b_A 向后移至 38% b_A 时,该飞机从马赫数 0.9 增速到 1.6 时所需的加速时间缩短了 1.8s。

(2) 增大飞机最大可用法向过载。如上所述,放宽静稳定性要求,可使飞机的配平迎角减小,这使得飞机在最大使用迎角一定的情况下,机动飞行的可用迎

角增大。此外,纵向静稳定性降低,$|m_z^\alpha|$(或$|m_z^{C_y}|$)减小,使得单位过载平尾偏转角的绝对值$|\mathrm{d}\delta_z/\mathrm{d}n_y|$减小,从而使最大可用法向过载增大。

(3) 改善飞机盘旋性能。注意到飞机做正常盘旋时,其盘旋半径为

$$R = \frac{V^2}{g\sqrt{n_y^2-1}} \tag{6-38}$$

盘旋角速度为

$$\omega = \frac{g\sqrt{n_y^2-1}}{V} \tag{6-39}$$

可用法向过载增大,必然导致飞机盘旋半径减小,盘旋角速度增大,使飞机的水平机动性更好。

当然,飞机机动可用迎角增大,飞机机动可用升力增大,对飞机的垂直机动性能也将带来明显好处。

从气动布局角度来讲,通常可采用下列途径来实现放宽静稳定性要求:通过减小平尾面积使飞机焦点前移,采用鸭式布局使飞机焦点前移,采用三翼面布局使焦点前移,采用前掠翼布局使焦点前移。

6.5 驾驶员诱发振荡

6.5.1 驾驶员诱发振荡现象

驾驶员诱发振荡,是指由驾驶员操纵引起的飞机持久的,或不可抑制纵向或横航向振荡。它是20世纪40年代前后飞机使用中出现的一个问题。这些年来,随着飞机性能的提高,飞行包线的扩大,驾驶员诱发振荡出现的可能性也逐渐增大。

驾驶员诱发振荡现象实际上是人—机系统耦合形成飞机的振荡现象,为了减轻飞行员的心理压力,现在也有人将其称为"人—机系统耦合振荡现象",本书仍称为驾驶员诱发振荡。

驾驶员诱发振荡对飞机的飞行品质及飞机安全的影响是十分严重的,因此,目前国内外飞行品质规范中都规定"飞机不应有驾驶员诱发的纵向振荡趋势和横航向振荡趋势"。

以纵向为例,根据诱发振荡的定义,可以把诱发振荡看成图6-24所示的人—机系统闭环稳定性问题。若该系统是稳定的,则不发生诱发振荡,反之则产生诱发振荡。系统的输入可以是过载或俯仰角。所以,驾驶员诱发振荡就是

人—机系统的闭环不稳定现象。

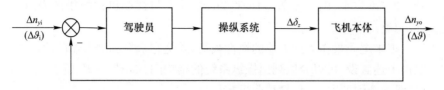

图 6-24 人—机系统结构图

驾驶员诱发振荡的研究可以通过数字仿真的方法来进行。要在时域范围内采用仿真的方法研究驾驶员诱发振荡,就必须建立人—机系统数学模型,也就是人—机系统的结构图。研究驾驶员诱发振荡时,也分为纵向和横航向来进行。

6.5.2 纵向人—机系统结构图

本书主要研究我国广泛使用的助力操纵飞机。对于这类飞机,助力器前的操纵系统质量基本配平,故过载对操纵力反馈增益近似为零,ϑ 对操纵力反馈增益亦近似为零;助力器是不可逆的,故铰链力矩对操纵力反馈增益为零。下面以 n_y 输入为例,讨论人—机系统结构图的建立。

1. 飞行员数学模型

飞行员数学模型比较复杂。确切地说,飞行员模型应具有非线性、滞后、放大、随机和自适应等特性,但大多数情况下,为了简化需要,只强调一个或几个特性。对于诱发振荡来说,取 McRuer 模型可以得到比较满意的结果,即

$$G_P(S) = \frac{K_1 \mathrm{e}^{-\tau S}}{Ts+1} \tag{6-40}$$

式中:K_1 为飞行员放大系数;τ 为人的反应时间,一般可取 $0.2\sim0.25\mathrm{s}$;T 为形成动力(功能)作用过程的惯性时间常数,平均等于 $0.125\mathrm{s}$。

当输入为过载时,有

$$K_1 = \left(\frac{\Delta F_z}{\Delta n_y}\right)_{\mathrm{SS}} = F_z^{n_y} \tag{6-41}$$

2. 操纵系统数学模型

操纵系统是指从驾驶杆到平尾的整个系统,它包括驾驶杆、拉杆、配重、力臂机构、载荷机构、助力器以及平尾等。为了简化计算,可作如下假设:

(1) 略去重力。因为重力基本上是一个常数,对于平衡位置影响很小。

(2) 质量力(惯性力)只考虑平尾。其理由是:采用不可逆助力器操纵飞

机,助力器前质量基本配平,因此飞机的过载对其没有影响。飞行员的操纵运动,一般加速度较小,助力器前各杆常数的惯性力与载荷机构提供的操纵力相比,可以忽略。

(3) 把平尾质量作为助力器的惯性载荷,并把它折算到助力器的活塞上去。

根据上述假设,可以分段列出操纵系统的结构图,如图 6-25 所示。

1) 驾驶杆到助力器(包括载荷机构)

$$\begin{cases} D_z = f(F_z, 空行程, 间隙) \\ D_1 = K_2 D_z \end{cases} \quad (6-42)$$

式中:D_z 为驾驶杆操纵位移;F_z 为驾驶杆操纵力;D_1 为助力器前拉杆的位移;K_2 为助力器之前拉杆至驾驶杆间的位移传动比。其结构图见图 6-25(a) 部分。

2) 助力器

助力器结构图见图 6-25(b)部分。如果为了简化起见,亦可用二阶或一阶系统来代替。

3) 助力器至平尾

助力器输出位移为 D_P,通过连杆、摇臂,使平尾产生偏转。

平尾除了作为飞机本体的输入,由于偏转,还会产生铰链力矩增量 $m_h^{\delta_z}\Delta\delta_z$,这一力矩增量要直接反馈给助力器。这部分的结构图如图 6-25 中(c)部分。

3. 飞机本体数学模型

考虑到驾驶员诱发振荡发展很快,所以飞机本体传递函数可用短周期近似传递函数。

飞机本体作用有两个:一是由于 $\Delta\delta_z$ 的输入产生 Δn_y,这个 Δn_y 要反馈给飞行员;二是 $\Delta\delta_z$ 的输入产生 $\Delta\alpha$、α 及 ω_z。这些参数变化都会引起平尾近似增量 $\Delta\alpha_{ht}$,从而使铰链力矩产生一个增量 $m_h^\alpha \Delta\alpha_{ht}$。

飞机本体的结构图见图 6-25(d)部分。

4. 过载输入时人—机系统结构图

根据上面分析,Δn_y 输入下人—机系统结构图见图 6-25。

按类似方法,可以建立 ϑ 输入时的人—机系统结构图。

6.5.3 横航向人—机系统结构图

以偏航角输入为例,横航向人—机系统的原理结构图如图 6-26 所示(图中假定航向全部由倾斜角来修正)。与纵向不同的是:

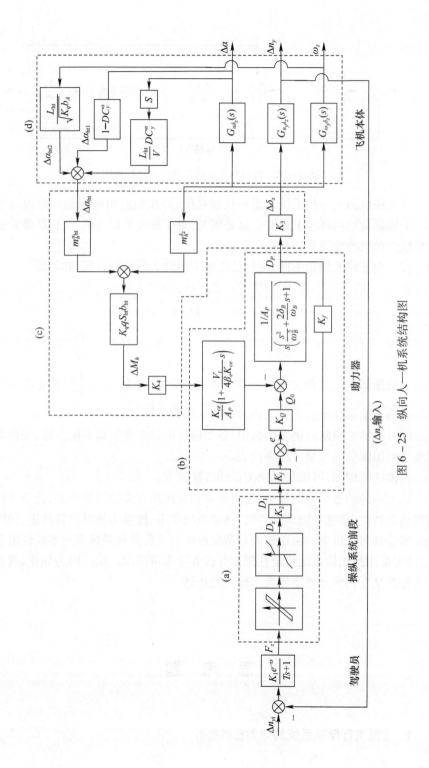

图 6-25 纵向人-机系统结构图

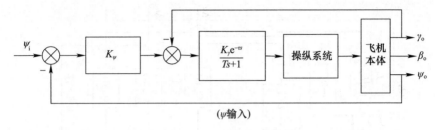

图 6-26 横航向人—机系统的原理结构图

(1) 横航向人—机系统是重环控制系统,即在偏航角的控制回路内部增加了一个倾斜角的内环控制回路。这是因为,对于常规布局飞机,飞行员常常通过产生倾斜角来改变飞机的航向。

(2) 由于输入输出不同,飞行员模型中的放大系数亦有所不同,即

$$G_P(s) = \frac{K_\psi K_\gamma \mathrm{e}^{-\tau s}}{Ts+1} \qquad (6-43)$$

也就是说,飞行员放大系数由两部分组成:第一部分为 $K_\psi = \dfrac{\mathrm{d}\gamma}{\mathrm{d}\psi}$(修正单位偏航角所需的倾斜角),它作为外环的放大系数;第二部分为 $K_\gamma = \dfrac{\mathrm{d}D_x}{\mathrm{d}\gamma}$(修正单位偏航角所需的初始压杆量),它作为内环的放大系数。

(3) 在整个横航向诱发振荡中,各个横航向状态变量都不能忽略,飞机本体模型必须用横航向全量方程来代表。

具体的结构图,可按与纵向类似的方法建立。

从上面的动态结构图可见,与驾驶员诱发振荡有关的因素很多,包括飞机短周期动态特性、操纵系统动态特性、感觉系统状态、操纵力操纵位移梯度、操纵系统非线性和驾驶员等。由于驾驶员诱发振荡与飞行员和操纵系统非线性因素有关,使得常用的线性系统稳定性理论分析方法不再适用。也正因为如此,驾驶员诱发振荡至今仍然是航空界尚未解决的难题。

思 考 题

1. 飞机飞行操纵系统的分类有哪些?

2. 飞机的机械操纵系统根据其所传动的舵面可分为_____、_____和_____。

3. 飞机设计采用放宽静稳定性技术后,飞机的配平升力系数_____,升阻比_____。

4. 目前,主动控制技术在理论研究和实际应用方面都取得了很大的进展,一些技术日趋完善,主要包括_____、_____、_____、_____、_____。

5. 当飞机保持平飞时,若 Ma 不变,H 增加,则对后掠机翼来说,(　　)。

  A. 飞机动操纵性变好　　　　B. 飞机动稳定性变好

  C. 飞机横向静稳定性变好　　D. 飞机方向静稳定性变好

6. 什么是飞行操纵系统?简述其发展情况。

7. 简述飞机自动飞行控制的基本原理。

8. 理想自动器有哪几种基本控制律?它们各自的作用和特点是什么?

9. 简述纵向和横航向闭环控制的指令与控制量分别是什么?

10. 如何根据根轨迹图变化情况判断系统动稳定性变化?

11. 什么是飞行器设计中的主动控制技术?

12. 简述采用主动控制技术的设计飞机的步骤和常规方法进行设计时的异同点。

13. 什么是放宽静稳定性?

14. 请分析纵向放宽静稳定性对飞机各项飞行性能的影响。

15. 简述驾驶员诱发振荡(PIO)现象。

第 7 章 增稳和控制增稳飞机飞行品质

20 世纪 50 年代,超声速飞机问世。超声速飞机的外形特点是采用三角翼或大后掠角机翼,机身长细比较大,其气动特性变化很大,使得飞机的固有稳定性不足。当飞机在飞行中受到扰动或飞行员操纵飞机时,飞机将出现剧烈的振荡,难以完成跟踪、瞄准等任务,因而提出了改善飞机稳定性的要求。最早是引入角速度反馈信号以增大飞机的运动阻尼,抑制振荡,这种角速度反馈控制系统称为阻尼器。在阻尼器的基础上,又引入迎角反馈或过载反馈,以改善飞机的静稳定性,并提高飞机短周期运动的固有频率,这种系统称为增稳操纵系统(SAS),具有这种操纵系统的飞机称为增稳飞机。为了解决由增稳操纵系统的引入而引起的飞机操纵性下降问题,又在增稳操纵系统的基础上,增加了一个驾驶杆操纵力(或驾驶杆操纵位移)传感器和一个指令模型,将飞行员的操纵指令与飞机的响应进行综合后构成闭环控制系统,这种系统称为控制增稳操纵系统(CAS),具有这种操纵系统的飞机称为控制增稳飞机。控制增稳操纵系统不仅改善了飞机的稳定性,同时也大大地提高了飞机的操纵性和机动性。在控制增稳操纵系统的基础上,现在已经发展成为全权限的电传操纵系统(FBWS)。

本章主要介绍增稳和控制增稳操纵系统的组成、工作原理和控制律以及装有这种系统的飞机的飞行品质。

7.1 增稳飞机的飞行品质

本节分纵向和横航向介绍增稳飞机的飞行品质,主要介绍增稳操纵系统的组成、工作原理、控制律,并通过此系统对飞机飞行品质所起的作用来阐明增稳飞机的飞行品质。

7.1.1 纵向增稳飞机的飞行品质

7.1.1.1 具有纵向阻尼器飞机的飞行品质

1. 纵向阻尼器的组成

图 7-1 所示为具有纵向阻尼器的操纵系统结构原理。图 7-2 所示为该操

纵系统结构图,图中虚线所框的方块即为纵向阻尼器,它由敏感元件(速率陀螺、动压传感器)、放大器和舵机三个主要部件组成。

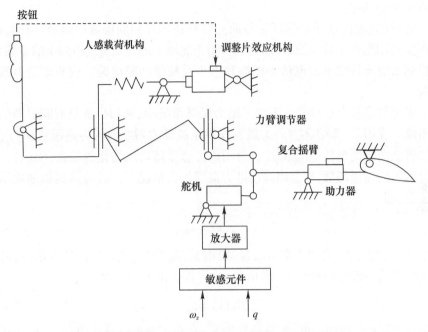

图7-1 具有纵向阻尼器的操纵系统结构原理

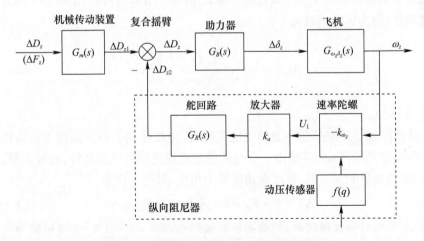

图7-2 具有纵向阻尼器的操纵系统结构图

敏感元件的作用是感受和测量飞机对预定状态的偏差,并根据这个偏差的大小和方向,输出相应的电信号。

353

放大元件又称为变换放大元件,简称放大器。从敏感元件输出的电信号,一般都是很微弱的。为了使执行元件能够工作,必须将此信号加以放大和变换,使它有足够的功率。

舵机(或舵回路、伺服器)是与助力器有相同作用的操纵舵面的一种机构。其主要功用是产生较大的力,以克服作用于舵面上的气动力或滑阀上的摩擦力,并根据敏感元件输出的电信号极性和大小直接带动舵面偏转或驱动助力器的滑阀。

阻尼器靠复合摇臂并入不可逆助力操纵系统中,从而构成具有阻尼器的操纵系统。在图 7-2 中,$G_m(s)$ 为机械操纵系统助力器之前的传递函数;$G_{\omega\delta_z}(s)$ 为飞机纵向短周期传递函数;$f(q)$ 为动压传感器随动压变化的系数;$G_B(s)$ 为液压助力器的传递函数,在忽略液压助力器惯性的情况下,$G_B(s)$ 可近似地表示为一常数,即

$$G_B(s) = k_B \tag{7-1}$$

式中:k_B 为助力器(含助力器后段杆系)增益;$G_R(s)$ 为舵回路的传递函数,若认为舵回路为一理想的控制器,则 $G_R(s)$ 也可以表示为一常数,即

$$G_R(s) = k_R \tag{7-2}$$

式中:k_R 为舵回路的增益;在忽略速率陀螺、放大器惯性的情况下,它们的数学模型可分别用增益值 k_{ω_z}、k_a 来表示。在 k_{ω_z} 前加个负号的目的,是得到正的开环传递函数,因为传递函数为

$$G_{\omega\delta_z}(s) = \frac{\bar{M}_z^{\delta_z}(s + \bar{Y}_C^\alpha)}{s^2 + 2\zeta_{sp}\omega_{nsp}s + \omega_{nsp}^2} \tag{7-3}$$

增益 $\bar{M}_z^{\delta_z} < 0$。

速率陀螺是用来感受和测量飞机飞行时,飞机受到某种扰动或飞行员操纵引起的俯仰角速度 ω_z,并输出一个与此角速度成比例的电压信号,经放大器、舵回路、复合摇臂和助力器,使舵面偏转某个角度,其稳态值为

$$\Delta\delta_z = \delta_z - \delta_{z0} = k_B k_R k_a k_{\omega_z} \omega_z = K_{z\omega_z} \omega_z \tag{7-4}$$

式中:δ_z 为当时的舵偏转角;δ_{z0} 为初始舵偏转角;$K_{z\omega_z} = k_B k_R k_a k_{\omega_z}$ 为飞机俯仰角速度到舵面偏转角间的传递系数,又称为纵向阻尼器的增益。由此产生一个附加阻尼力矩为

$$\Delta M_z = qSb_A m_z^{\delta_z} \Delta\delta_z = qSb_A m_z^{\delta_z} K_{z\omega_z} \omega_z \tag{7-5}$$

当 $K_{z\omega_z}$ 为常数时，偏转角 $\Delta\delta_z$ 只取决于 ω_z 的正负和大小，而与飞行高度、速度无关。在相同的俯仰角速度情况下，附加阻尼力矩 ΔM_z 与飞机当时的动压 q 和平尾效能 $m_z^{\delta_z}$ 有关，而 $m_z^{\delta_z}$ 又与 Ma 有关。所以，ΔM_z 会随着飞行高度和速度的不同而不同，这不是人们所希望的。为了在不同的高速和速度情况下，尽可能产生大致相同的附加阻尼力矩，为此引入动压传感器，用它来感受和测量飞机当时的动压，并输出一个电信号，以改变速率陀螺的增益值。

无论舵机以什么形式与操纵系统连接，不可逆助力操纵系统与阻尼器之间都有一个操纵权限分配问题。操纵权限是指能操纵舵面偏转角的范围（或助力器行程的大小）。对于确定的飞机，舵面最大偏转角是一定的。若阻尼器的舵机能使舵面在最大偏转角内转动（含最大偏转角），则称为全权限；若只能使舵面做部分偏转，达不到最大偏转角，则称为有限权限。为了避免因阻尼器出现故障而使驾驶杆的位移量与舵面偏转角失调，以致飞行员无法操纵飞机，一般分配给阻尼器的操纵权限是有限的，通常为最大舵偏转角的 5% ~ 10%，有时甚至更小。这样，一旦阻尼器有故障，飞机仍是安全的，此时系统可做成单通道系统。

2. 纵向阻尼器的工作原理

当飞机在预定的航线上做等速直线水平飞行时，敏感元件无信号输出，放大器也无输出，舵机不动，故舵面处于某一平衡位置。当飞机受到某种扰动而绕横轴产生一个抬头的俯仰角速度时，$\omega_z > 0$，被速率陀螺感知，于是速率陀螺输出一个相应的电压，经放大器、舵回路、复合摇臂到助力器，使平尾前缘向上偏转一个角度 $\Delta\delta_z > 0°$，由此产生一个低头力矩来阻碍飞机的抬头转动。这个力矩与飞机本身在转动中产生的阻尼力矩是同方向的，起着增大飞机阻力力矩、增大阻尼比的作用；反之亦然。

由上可知，阻尼器的作用是通过一套自动装置使操纵面偏转 $\Delta\delta_z$，以增大飞机的纵向阻尼力矩系数 $m_z^{\omega_z}$ 的绝对值，从而增强飞机的动稳定性。无论在操纵还是外界扰动情况下，它都能使飞机角速度振荡迅速地衰减。

3. 纵向阻尼器的控制律

飞机的控制律是指飞机操纵面的偏转规律。

根据图 7 - 2，可以得到舵偏转角 $\Delta\delta_z$ 与驾驶杆操纵位移增量 ΔD_z（或操纵力增量 ΔF_z）和俯仰角速度 ω_z 的传递函数关系，即具有纵向阻尼器的飞机操纵系统的控制律为

$$\Delta\delta_z(s) = k_B[k_R k_{\omega_z} k_a \omega_z + G_m(s) \Delta D_z] \qquad (7-6)$$

当令 $G_m(s) = k_m$ 时，则式（7 - 6）变为（为书写方便，在不引起异议的情况下，将增量符号 Δ 省略）

$$\delta_z = K_{z\omega_z}\omega_z + k_m k_B D_z \tag{7-7}$$

相应的纵向阻尼器(含助力器)的控制律为

$$\delta_z = K_{z\omega_z}\omega_z \tag{7-8}$$

式(7-7)和式(7-8)的控制律是在忽略了敏感元件、放大器、舵回路和助力器的动态特性后得到的控制律,称为理想控制律。这种理想控制律忽略了次要因素,突出了物理本质,对分析飞机稳定性和操纵品质很方便,所以在定性分析中常常采用这种形式。

4. 具有纵向阻尼器飞机的飞行品质

分析具有纵向阻尼器飞机的飞行品质时,只要分析该纵向阻尼器对飞机飞行品质的影响即可。

(1)增大飞机的短周期阻尼比,增强飞机纵向运动短周期模态的动稳定性。

设有纵向阻尼器的飞机的传递函数为

$$\frac{\omega_z(s)}{D_z(s)} = k_m k_B G_{\omega_z \delta_z}(s) = \frac{k_m k_B \bar{M}_z^{\delta_z}(s + \bar{Y}_C^{\alpha})}{s^2 + 2\zeta_{\mathrm{sp}}\omega_{\mathrm{nsp}}s + \omega_{\mathrm{nsp}}^2} \tag{7-9}$$

具有纵向理想阻尼器的飞机结构图如图7-3所示,其传递函数为

$$\frac{\omega_z(s)}{D_z(s)} = \frac{k_m k_B G_{\omega_z \delta_z}(s)}{1 - k_R k_B k_a k_{\omega_z} G_{\omega_z \delta_z}(s)} = \frac{k_m k_B G_{\omega_z \delta_z}(s)}{1 - K_{z\omega_z} G_{\omega_z \delta_z}(s)}$$

$$= \frac{k_m k_B \bar{M}_z^{\delta_z}(s + \bar{Y}_C^{\alpha})}{s^2 + (2\zeta_{\mathrm{sp}}\omega_{\mathrm{nsp}} - K_{z\omega_z}\bar{M}_z^{\delta_z})s + (\omega_{\mathrm{nsp}}^2 - K_{z\omega_z}\bar{M}_z^{\delta_z}\bar{Y}_C^{\alpha})}$$

$$= \frac{k_m k_B \bar{M}_z^{\delta_z}(s + \bar{Y}_C^{\alpha})}{s^2 + 2\zeta_{\mathrm{sp}}'\omega_{\mathrm{nsp}}'s + (\omega_{\mathrm{nsp}}')^2} \tag{7-10}$$

式中:$2\zeta_{\mathrm{sp}}'\omega_{\mathrm{nsp}}' = 2\zeta_{\mathrm{sp}}\omega_{\mathrm{nsp}} - K_{z\omega_z}\bar{M}_z^{\delta_z}$,$(\omega_{\mathrm{nsp}}')^2 = \omega_{\mathrm{nsp}}^2 - K_{z\omega_z}\bar{M}_z^{\delta_z}\bar{Y}_C^{\alpha}$。

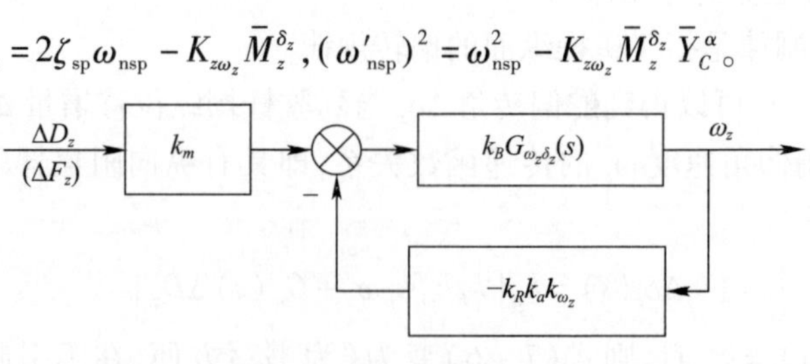

图7-3 具有纵向理想阻尼器的飞机结构图

比较以上两个传递函数,它们的形式完全相同,故可把后者视为等效飞机的传递函数,而 ζ'_{sp}、ω'_{nsp} 分别为等效飞机的阻尼比和固有频率。可以看出,等效飞机的短周期实际阻尼和固有频率都不同程度地增大了,并且等效飞机的动态特性变成了阻尼器增益 $K_{z\omega_z}$ 的函数。所以,只要选择适当的 $K_{z\omega_z}$ 值,就可以增大等效飞机的阻尼比和固有频率,使等效飞机的阻尼比满足规范的要求。

以某型飞机为例。某飞机在 $H=15\text{km}$,$Ma=1.5$ 时,$\bar{M}_z^{\delta_z}=-13.496s^{-2}$、$\bar{Y}_C^\alpha=0.2943s^{-1}$,其短周期固有频率和阻尼比分别为 $\omega_{nsp}=4.8816s^{-1}$、$\zeta_{sp}=0.1$。若在其操纵系统中引入 $K_{z\omega_z}=0.3$ 的纵向阻尼器,则其等效短周期固有频率变为 $\omega'_{nsp}=5.002s^{-1}$,等效短周期阻尼比变为 $\zeta'_{sp}=0.5023$。由此可以看出,引入纵向阻尼器后,飞机的短周期阻尼比得到了显著提高,而短周期固有频率则增加不多。

根据式(7-9),令 $s\to 0$ 时,则得到原飞机的静操纵特性为

$$\left.\frac{\omega_z(s)}{D_z(s)}\right|_{SS}=\frac{k_m k_B \bar{M}_z^{\delta_z}\bar{Y}_C^\alpha}{\omega_{nsp}^2} \tag{7-11}$$

而等效飞机的静操纵特性为

$$\left.\frac{\omega_z(s)}{D_z(s)}\right|_{SS}=\frac{k_m k_B \bar{M}_z^{\delta_z}\bar{Y}_C^\alpha}{(\omega'_{nsp})^2} \tag{7-12}$$

因为 $\omega'_{nsp}>\omega_{nsp}$,所以加装阻尼器的飞机静操纵性变差,这不是人们希望的。具有纵向阻尼器的飞机的动稳定性的改善,是通过牺牲静操纵性获得的。

为了维持原操纵性,最简单的方法是增大驾驶杆到舵面间的传动比,使系统的总传动系数等于原来的值。但是,这种做法较难实现,因此常用的方法是在系统中引入清洗网络,通常接在速率陀螺和舵回路之间。

引入清洗网络的基本思想是:当飞机出现短周期振荡时,阻尼器起阻尼作用;在飞行员做正常的机动操纵时,阻尼器最好不起作用。鉴于前者是高频信号,后者是低频信号,所以一般选择一个高通滤波器 $H(s)=\dfrac{\tau s}{\tau s+1}$ 作为清洗网络以阻塞俯仰角速度振荡,幅频特性如图 7-4 所示。

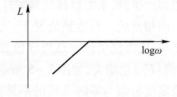

图 7-4 清洗网络的幅频特性

由图7-4可知:当俯仰角速度 ω_z 变化快(即高频)时容易通过, ω_z 变化慢或为常值时则不易通过(相当于短路)。这样,当飞行员操纵飞机或飞机稳态时,阻尼器不会减弱主操纵信号,以保持原传递系数,从而实现既不影响静操纵性,又可改善动稳定性的目的。

引入清洗网络后纵向阻尼器的控制律为

$$\delta_z = \frac{\tau s}{\tau s + 1} K_{z\omega_z} \omega_z \tag{7-13}$$

其相应的操纵系统控制律为

$$\delta_z = \frac{\tau s}{\tau s + 1} K_{z\omega_z} \omega_z + k_m k_B D_z \tag{7-14}$$

值得指出的是,引入清洗网络仅能改善飞机静操纵性,对动操纵性是不利的。所以,具有阻尼器的飞机的操纵性和稳定性间的根本矛盾没有得到满意解决。为此,后来发展了控制增稳操纵系统,来解决飞机稳定性和操纵性之间的矛盾。

(2)改善低空大速度飞行时单位过载操纵力和单位过载操纵位移绝对值过小现象。通常,飞机在低空大速度飞行时,单位过载平尾偏转角 $\delta_z^{n_y}$ 的绝对值普遍较小,此时对应的单位过载操纵位移 $D_z^{n_y}$ 和单位过载操纵力 $F_z^{n_y}$ 的绝对值都较小。它意味着飞行员必须十分小心地操纵飞机,否则稍不小心就可能使飞机进入大过载,发生危险。

由于

$$\omega_z \approx \frac{g \Delta n_y}{V} \tag{7-15}$$

也就是说, Δn_y 的存在,必然会使飞机做俯仰转动,并且当 $\Delta n_y > 0$ 时, $\omega_z > 0$。

当飞机上装有纵向阻尼器时, ω_z 的存在必然会引起附加的舵面偏转角增量,即

$$\Delta \delta_z = K_{z\omega_z} \frac{g \Delta n_y}{V} > 0 \tag{7-16}$$

这个偏转角是由阻尼器产生的,不需要移动驾驶杆,并且是与飞行员操纵驾驶杆产生的舵面偏转角方向相反的。在这种情况下,飞行员要想产生预定的过载增量,必须增加操纵输入,从而使单位过载操纵位移绝对值 $|D_z^{n_y}|$ 增大,相应地,单位过载操纵力绝对值 $|F_z^{n_y}|$ 也增大,如图7-5所示。

(3)能改善迎角静稳定度近似为零时飞机的不易操纵问题。众所周知,在常规飞机设计中必须要求飞机具有一定的迎角静稳定度,因为静不稳定的飞机,

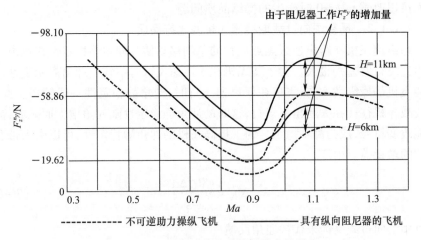

图 7-5 阻尼器对单位过载操纵力的影响

飞行员是很难操纵的,而且静稳定度太小的飞机也是不容易操纵的。若飞机的 $|m_z^{C_y}|$ 很小,则单位过载平尾偏转角为

$$\delta_z^{n_y} = -\frac{m_z^{C_y} + \dfrac{m_z^{\bar{\omega}_z}}{\mu_1}}{m_z^{\delta_z}} C_{yl} \qquad (7-17)$$

由此可知,单位过载操纵位移的绝对值 $|D_z^{n_y}|$ 就会很小。对于这类飞机,飞行员只要稍微动杆,飞机就有可能产生大过载增量,所以说迎角静稳定度近似为零的飞机是不易操纵的。

纵向阻尼器的作用可以起到增加 $|m_z^{\omega_z}|$ 的作用。由于纵向阻尼器引起的舵面偏转角 $\Delta \delta_z$ 所产生的力矩是阻尼力矩,故可用阻尼力矩形式表示为

$$qSb_A m_z^{\delta_z} \Delta \delta_z = qSb_A m_z^{\delta_z} K_{z\omega_z} \omega_z = qSb_A \Delta m_z^{\omega_z} \omega_z \qquad (7-18)$$

考虑到 $\bar{\omega}_z = \omega_z b_A / V$,则由阻尼器引起的纵向阻尼导数增量为

$$\Delta m_z^{\bar{\omega}_z} = \frac{V}{b_A} m_z^{\delta_z} K_{z\omega_z} \qquad (7-19)$$

因此,当在 $m_z^{C_y} \approx 0$ 的飞机上加装阻尼器后,等效飞机的单位过载平尾偏转角变为

$$\delta_z^{n_y} = -\frac{m_z^{C_y} + \dfrac{(m_z^{\bar{\omega}_z} + \Delta m_z^{\bar{\omega}_z})}{\mu_1}}{m_z^{\delta_z}} C_{yl} \qquad (7-20)$$

从而可以改善 $m_z^{C_y} \approx 0$ 时产生的操纵品质问题。

7.1.1.2 具有法向过载增稳器飞机的飞行品质

超声速飞机在跨声速区焦点位置的急剧移动使其迎角静稳定性在亚声速和超声速飞行时差别很大。为了使飞机在超声速飞行时不致因迎角静稳定性太强而使飞机静操纵性太弱，飞机在亚声速飞行时，迎角静稳定性一般较弱。此外，现代战斗机往往在大迎角下飞行，这时的迎角静稳定性随迎角增大而减弱，甚至可能改变符号，成为静不稳定。为了提高飞机的迎角静稳定性，可以引入带迎角反馈的增稳器。由于

$$\Delta n_y = \frac{qSC_y^\alpha \Delta \alpha}{mg} \qquad (7-21)$$

故可用法向过载反馈来代替迎角反馈。

1. 法向过载增稳器的组成、工作原理和控制律

图 7-6 所示为具有法向过载增稳器的操纵系统结构图。图中虚线所框的方块即为法向过载增稳器，它由敏感元件(加速度计、动压传感器)、放大器和舵回路三个主要部件组成。其组成基本与阻尼器类似，区别只是以敏感元件加速度计代替速率陀螺。法向过载增稳器通过复合摇臂与飞机(含助力器)组成一个闭环自动控制系统，靠复合摇臂并入不可逆助力操纵系统中，从而构成具有法向过载增稳器的操纵系统。这里不计加速度计、放大器、舵机和助力器的动力学特性，只把它们看成放大环节，以 $-k_{n_y}$、k_a、k_δ、k_B 表示。

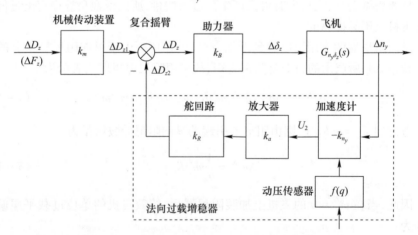

图 7-6 具有法向过载增稳器的操纵系统结构图

考虑到传递函数为

$$G_{n_y\delta_z}(s) = \frac{V}{g} \frac{\bar{M}_z^{\delta_z} \bar{Y}_C^\alpha}{s^2 + 2\zeta_{sp}\omega_{nsp}s + \omega_{nsp}^2} \qquad (7-22)$$

增益 $V\bar{M}_z^{\delta_z}\bar{Y}_C^\alpha/g < 0$，为了得到正的开环传递函数，在 k_{n_y} 之前加一个负号。

法向过载增稳器的工作原理可作如下叙述：当飞机在预定的航线上做等速直线水平飞行时，尽管动压传感器能感受到飞机当时的动压，但因加速度计没有接收到信号而无信号输出，舵面处于原来的平衡偏转角位置 δ_{z0}。当飞机受到某种扰动产生沿竖轴正向的过载增量时，加速度计感受到过载增量信号并经动压传感器输出信号修正后，向放大器输出一个信号。这个信号既反映当时的过载增量，又反映当时的动压，经放大器放大变换后使舵机输出一个位移到复合摇臂，并通过助力器使舵面前缘上偏某个角度 $\Delta\delta_z > 0°$。由此产生的低头恢复力矩，将使飞机绕横轴做低头转动，直至过载增量 $\Delta n_y = 0$ 时，舵面才恢复到原来的平衡位置。

具有法向过载增稳器的操纵系统理想控制律为

$$\Delta\delta_z = k_R k_B k_a k_{n_y} \Delta n_y + k_m k_B \Delta D_z = K_{zn_y}\Delta n_y + k_m k_B \Delta D_z \qquad (7-23)$$

式中：$K_{n_yz} = k_R k_B k_a k_{n_y}$，是法向过载 Δn_y 到舵面偏转角 δ_z 间的传递系数，称为法向过载增稳器增益。略去增量符号，写成

$$\delta_z = K_{zn_y} n_y + k_m k_B D_z \qquad (7-24)$$

相应的法向过载增稳器的理想控制律为

$$\delta_z = K_{zn_y} n_y \qquad (7-25)$$

2. 具有法向过载增稳器飞机的飞行品质

与前面一样，研究具有法向过载增稳器的飞机的飞行品质时，只要分析它对飞机飞行品质的影响即可。

1）增强迎角静稳定性

由法向过载增稳器的工作原理可知，当飞机受到某种扰动，迎角增大 $\Delta\alpha > 0°$，引起过载增量 $\Delta n_y > 0°$ 时，法向过载增稳器将自动舵面偏转一个角度 $\Delta\delta_z > 0°$，从而产生下俯力矩，即

$$\Delta M_z = qSb_A m_z^{\delta_z}\Delta\delta_z = qSb_A m_z^{\delta_z} K_{zn_y}\Delta n_y = qSb_A m_z^{\delta_z} K_{zn_y} \frac{qSC_y^\alpha}{mg}\Delta\alpha \qquad (7-26)$$

这表明，由法向过载增稳器产生的力矩是一个恢复力矩，将这个力矩表示为恢复力矩的形式为

$$\Delta M_z = qSb_A \Delta m_z^\alpha \Delta\alpha \qquad (7-27)$$

比较式(7-26)和式(7-27),可以得

$$\Delta m_z^\alpha = m_z^{\delta_z} K_{zn_y} C_y^\alpha \frac{qS}{mg} \quad (7-28)$$

因为

$$\Delta m_z^\alpha = m_z^{C_y} C_y^\alpha \quad (7-29)$$

所以有

$$\Delta m_z^{C_y} = m_z^{\delta_z} K_{zn_y} \frac{qS}{mg} \quad (7-30)$$

式中:$\Delta m_z^{C_y}$是由法向过载增稳器产生的迎角静稳定度增量,其值小于0。因此,当飞机安装法向过载增稳器之后,等效飞机的迎角静稳定度的绝对值将增加,飞机的迎角静稳定性将增强,从而可增加单位过载平尾偏转角的绝对值,改善飞机迎角静稳定性太弱导致的飞机不易操纵和飞机大速度飞行时单位过载操纵力和单位过载操纵位移绝对值过小的现象。

2)增大短周期固有频率,减小阻尼比

没有法向过载增稳器时的飞机的传递函数为

$$\frac{n_y(s)}{D_z(s)} = k_m k_B G_{n_y \delta_z}(s) = k_m k_B \frac{V}{g} \frac{\bar{M}_z^{\delta_z} \bar{Y}_C^\alpha}{s^2 + 2\zeta_{sp}\omega_{nsp}s + \omega_{nsp}^2} \quad (7-31)$$

具有法向过载增稳器的飞机的传递函数为

$$\frac{n_y(s)}{D_z(s)} = \frac{k_m k_B G_{n_y \delta_z}(s)}{1 - k_{n_y} k_a k_R k_B G_{n_y \delta_z}(s)} = \frac{k_m k_B G_{n_y \delta_z}(s)}{1 - K_{zn_y} G_{n_y \delta_z}(s)}$$

$$= \frac{k_m k_B \bar{M}_z^{\delta_z} \bar{Y}_C^\alpha V/g}{s^2 + 2\zeta_{sp}\omega_{nsp}s + (\omega_{nsp}^2 - K_{zn_y}\bar{M}_z^{\delta_z}\bar{Y}_C^\alpha V/g)}$$

$$= \frac{k_m k_B \bar{M}_z^{\delta_z} \bar{Y}_C^\alpha V/g}{s^2 + 2\zeta'_{sp}\omega'_{nsp}s + (\omega'_{nsp})^2} \quad (7-32)$$

式中:$2\zeta'_{sp}\omega'_{nsp} = 2\zeta_{sp}\omega_{nsp}$,$(\omega'_{nsp})^2 = \omega_{nsp}^2 - K_{zn_y}\bar{M}_z^{\delta_z}\bar{Y}_C^\alpha V/g$。

因为$\bar{M}_z^{\delta_z} < 0$,所以$\omega'_{nsp} > \omega_{nsp}$,即等效飞机的固有频率增大了。但等效飞机的阻尼比减小较多,且随固有频率的增大而减小,这是人们所不希望的。所以,使用法向加速度计时,还要使用速率陀螺,以改善飞机的阻尼特性。

3) 改善操纵系统操纵力特性

不加装法向过载增稳器时,法向过载 n_y 对操纵力 F_z 的传递函数为

$$\frac{n_y(s)}{F_z(s)} = \frac{1}{C} k_m k_B \frac{V}{g} \frac{\bar{M}_z^{\delta_z} \bar{Y}_C^\alpha}{s^2 + 2\zeta_{sp}\omega_{nsp}s + \omega_{nsp}^2} \qquad (7-33)$$

式中:$C = \dfrac{\mathrm{d}F_z}{\mathrm{d}D_z}$ 为操纵力操纵位移梯度。

相应的单位过载操纵力为

$$F_z^{n_y} = \frac{F_z(s)}{n_y(s)}\bigg|_{\mathrm{SS}} = \frac{Cg\omega_{nsp}^2}{k_m k_B V \bar{M}_z^{\delta_z} \bar{Y}_C^\alpha} \qquad (7-34)$$

可见,单位过载操纵力是马赫数和高度的函数,其值随飞行状态变化而变化,且是非线性的。这种非线性对飞机操纵性是不利的,即在相同的马赫数情况下,飞行员以相同的操纵力扳动驾驶杆,使舵面偏转相同的角度,在低空时飞机会产生较大过载,在高空时会产生较小过载,这给操纵带来一定困难。

不可逆助力操纵系统加装法向过载增稳器时的对应传递函数为

$$\frac{n_y(s)}{F_z(s)} = \frac{1}{C} \frac{k_m k_B G_{n_y\delta_z}(s)}{1 - K_{zn_y} G_{n_y\delta_z}(s)} \qquad (7-35)$$

若通过选择适当的 K_{zn_y} 值,使得 $K_{zn_y} G_{n_y\delta_z}(s) \gg 1$,则式(7-35)可以简化,其相应的单位过载操纵力为

$$F_z^{n_y} \approx \frac{CK_{zn_y}}{k_m k_B} \qquad (7-36)$$

式(7-36)表示单位过载操纵力为常数。这样,无论在低空还是在高空飞行,飞行员可获得与力成正比的过载增量。这种操纵性特性的改善是受欢迎的。

此外,加装增稳器后,可根据允许的过载和迎角极限来限制操纵信号输出,以起到限制过载和迎角的作用,从而保证飞机大迎角机动飞行的安全。

4) 对平飞反操纵起改善作用

通常,超声速飞机加速平飞经亚声速进入超声速(或由超声速减速进入亚声速)时均存在反操纵现象。对于经常在马赫数1附近作战的歼击机来说,很不利于飞行员集中精力进行作战。

力臂调节器可以改善飞机的平飞反操纵现象,具有法向过载增稳器的飞机也能改善这种现象。

当飞机由超声速平飞减速进入跨声速飞行时,由于焦点前移,飞机本身呈现抬头上升趋势,从而产生绕竖轴的正向过载增量。此增量被法向过载增稳器中

的法向加速度计感知,并使舵面前缘向上偏转一个角度 $\Delta\delta_z$。由此产生的附加力矩是恢复力矩,即低头力矩。只要选择适当的法向过载增稳器增益 K_{zn_y},就能使这个低头力矩恰巧抵消由焦点前移而产生的抬头力矩。这样,飞行员就不必向前移动驾驶杆来平衡由焦点前移产生的抬头力矩了。若 K_{zn_y} 再大些,以致由法向过载增稳器产生的低头力矩大于抬头力矩时,此时飞行员即使不动驾驶杆,飞机也不会抬头上升,相反会低头俯冲,于是飞行员为平衡此低头力矩应继续向后拉杆,同时向后拉油门杆,以减小飞行速度。这样,当飞机由超声速飞行减速到跨声速飞行时,为保持平飞,飞行员一边向后拉驾驶杆,一边向后拉油门杆,符合人体操纵习惯。

若飞机由亚声速平飞加速到超声速,与上述分析类似,飞行员将为保持平飞,一边向前推杆,一边向前推油门,同样符合人体操纵习惯。

这样,无论飞机以什么样的速度飞行,飞行员为保持平飞减速(或增速),都将由前向后(或由后向前)移动驾驶杆或油门杆,使其两手动作一致,符合其操纵习惯,从而对跨声速飞行时的平飞反操纵起到改善作用。

7.1.1.3 纵向增稳飞机飞行品质

为了同时增大飞机的短周期固有频率和阻尼比,近代飞机纵向操纵系统中一般同时引入俯仰角速度反馈和法向过载(或迎角)反馈,由此构成纵向增稳操纵系统,其组成结构图如图 7-7 所示,图中虚线框的方块即为纵向增稳器。它由速率陀螺作为内回路、加速度计作为外回路组成,通过复合摇臂与飞机组成一个闭环自动控制系统。

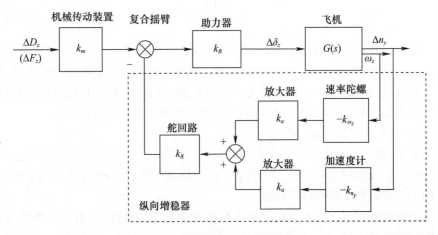

图 7-7 纵向增稳操纵系统结构图

纵向增稳操纵系统的工作原理与控制律是具有纵向阻尼器的操纵系统和具

有法向过载增稳器的操纵系统的综合,这里不再重述。由图7-7可知其控制律为

$$\delta_z = K_{z\omega_z}\omega_z + K_{zn_y}n_y + k_m k_B D_z \tag{7-37}$$

该系统对飞机飞行品质的作用也是上述两个系统作用的综合,归纳如下：
（1）增加飞机高空高速飞行时纵向短周期模态的阻尼。
（2）增强飞机的迎角静稳定性,增大纵向短周期固有频率。
（3）改善飞机操纵系统的操纵力特性。
（4）改善飞机的平飞反操纵现象。
（5）改善飞机迎角静稳定度绝对值较小飞机的不易操纵性。
（6）改善飞机低空大速度飞行时单位过载操纵位移和单位过载操纵力绝对值过小现象。

7.1.2 横航向增稳飞机的飞行品质

现代歼击机不仅在纵向不可逆助力操纵系统中加装增稳操纵系统,而且横航向操纵系统中也加装自动阻尼器和自动增稳器,构成横航向增稳操纵系统以提高飞机横航向稳定性和操纵品质。

7.1.2.1 具有横航向阻尼器飞机的飞行品质

1. 横航向阻尼器的组成和控制律

横航向阻尼器根据其反馈信号和功能分为航向阻尼器与滚转阻尼器。航向阻尼器、滚转阻尼器和纵向阻尼器一样也是一种角速度反馈装置,也由速率陀螺、放大器和舵回路组成。所以,它们的主要功能与纵向阻尼器一样,分别起到增大飞机航向阻尼和滚转阻尼的作用。可见,增大阻尼是这三种阻尼器的共同点。其不同是,三种阻尼器中速率陀螺在飞机上的安装位置不同,使得它们感受角速度不同,所以它们只能改变各自对应方向的阻尼系数。

只要将图7-2中的$D_z(F_z)$、δ_z、$G_{\omega_z\delta_z}$、ω_z用$D_y(F_y)$、δ_y、$G_{\omega_y\delta_y}$、ω_y或$D_x(F_x)$、δ_x、$G_{\omega_x\delta_x}$、ω_x替代,就可以得到具有航向阻尼器或滚转阻尼器操纵系统的原理结构图,这里不再重画。其相应的控制律为

$$\delta_y = K_{y\omega_y}\omega_y + k_m k_B D_y \tag{7-38}$$

$$\delta_x = K_{x\omega_x}\omega_x + k_m k_B D_x \tag{7-39}$$

相应阻尼器的控制律为

$$\delta_y = K_{y\omega_y}\omega_y \tag{7-40}$$

$$\delta_x = K_{x\omega_x}\omega_x \tag{7-41}$$

式中:$K_{y\omega_y}$为飞机偏航角速度ω_y到方向舵偏转角δ_y的传递系数,称为偏航阻尼器增益;$K_{x\omega_x}$为飞机滚转角速度ω_x到副翼偏转角δ_x的传递系数,称为滚转阻尼器增益。

因航向阻尼器、滚转阻尼器的组成部件与纵向阻尼器相似,所以它们的工作原理也基本相同,故也不再重述。

2. 具有航向阻尼器飞机的飞行品质

分析具有航向阻尼器飞机的飞行品质时,只要分析它对飞机飞行品质的影响即可。

1) 增大飞机航向阻尼

具有航向阻尼器的操纵系统控制律表示方向舵按照偏航角速度ω_y和脚蹬位移而偏转,且其极性与ω_y极性相同。具体地说,当飞机有向左偏航的角速度时,方向舵向右偏转,偏转量δ_y与ω_y的大小成正比例,由此产生的附加力矩ΔM_y与飞机运动方向相反,阻止飞机向左偏航,其大小可表示为

$$\Delta M_y = qSlm_y^{\delta_y}\delta_y = qSlm_y^{\delta_y}K_{y\omega_y}\omega_y \tag{7-42}$$

因这个附加的力矩作用与由ω_y所产生的阻尼力矩性质相同,故可用阻尼力矩表示为

$$\Delta M_y = qSlm_y^{\delta_y}K_{y\omega_y}\omega_y = qSl\Delta m_y^{\omega_y}\omega_y \tag{7-43}$$

于是有

$$\Delta m_y^{\omega_y} = K_{y\omega_y}m_y^{\delta_y} \tag{7-44}$$

式(7-44)表示由航向阻尼器可以增大飞机的航向阻尼。

2) 增大飞机偏滚交叉力矩系数的绝对值

当飞机有偏航角速度时(如$\omega_y>0$),由于左右机翼速度增量一边为正,一边为负,因而产生滚转力矩$m_x^{\omega_y}\omega_y$,使飞机向左滚转($\omega_x<0$),这个效果用偏滚交叉力矩系数$m_x^{\omega_y}$表示。

对于常规飞机,若飞行员操纵飞机左偏航($\omega_y>0$),必然出现右侧滑($\beta_1>0$),与此同时,在偏滚交叉力矩的$m_x^{\omega_y}\omega_y$作用下,使飞机向左滚转($\gamma<0$),由此形成左侧滑($\beta_2<0$)。此时飞机的侧滑角是上述两个值的代数和。由此可知,由偏航引起的偏滚交叉力矩有消除或减弱侧滑的作用。

侧滑是产生荷兰滚的主要因素,减小或消除侧滑角就能减小或消除荷兰滚。所以,增大偏滚交叉力矩系数$m_x^{\omega_y}$的绝对值,就能增大飞机的航向阻尼,以减小侧滑角。

当飞机上加装阻尼器后,方向舵随ω_y出现的同时,也产生较大的滚转力矩

ΔM_x，其值可表示为

$$\Delta M_x = qSlm_x^{\delta_y}\delta_y = qSlm_x^{\delta_y}K_{y\omega_y}\omega_y \qquad (7-45)$$

例如，飞机左偏航，则方向舵右偏，产生一个向左滚转的附加力矩。从效果上看，它同偏滚交叉力矩相同，故可用偏滚交叉力矩形式表示，即

$$\Delta M_x = qSlm_x^{\delta_y}K_{y\omega_y}\omega_y = qSl\Delta m_x^{\omega_y}\omega_y \qquad (7-46)$$

于是有

$$\Delta m_x^{\omega_y} = K_{y\omega_y}m_x^{\delta_y} \qquad (7-47)$$

式(7-47)表示由航向阻尼器所引起的偏滚交叉力矩系数增量。这样就可以通过选择增益 $K_{y\omega_y}$ 的值，以补偿飞机偏滚交叉力矩的不足。

由以上分析可知，在航向通道中引入 ω_y 反馈信号能增加航向阻尼系数 $m_y^{\omega_y}$ 的绝对值和偏滚交叉力矩系数 $m_x^{\omega_y}$ 的绝对值，这两个导数都起着增加等效飞机的航向振荡阻尼比的作用。

3）降低飞机稳态转弯时的机动性

当飞行员以某个倾斜角操纵飞机做稳态转弯时，由于速率陀螺的测量轴与机体坐标轴是一致的，这样，速率陀螺会感受到 $\dot{\psi}$ 在机体竖轴上的投影分量为

$$\omega_y = \dot{\psi}\cos\gamma \qquad (7-48)$$

于是，航向阻尼器产生一个恒定的方向舵偏转角为

$$\delta_y = K_{y\omega_y}\omega_y = K_{y\omega_y}\dot{\psi}\cos\gamma \qquad (7-49)$$

因此，产生一个附加的阻尼力矩，以阻止飞行员的有意操纵，而且可能引起很大的侧滑，从而降低飞机机动性。为了减小航向阻尼器对稳态转弯的影响，充分发挥飞机的机动性，可以与纵向阻尼器一样，通过在速率陀螺后串入一个清洗网络来解决这个问题。

3. 具有滚转阻尼器飞机的飞行品质

分析具有滚转阻尼器飞机的飞行品质时，只要分析它对飞机飞行品质的影响即可。

1）增大滚转阻尼

小展弦比机翼的飞机，在超声速或大迎角飞行时，飞机滚转阻尼较小，这样，当飞机受扰动后会出现较大的滚转角速度，给飞行员操纵带来困难。若在这类飞机上加装滚转阻尼器后，当飞机受扰动刚产生滚转角速度（$\omega_x>0$）时，阻尼器则会使右副翼偏转相应的角度（$\delta_x>0$），由此产生阻尼力矩来增大滚转阻尼。

按上述方法可推得由滚转阻尼器产生的滚转阻尼系数增量为

$$\Delta m_x^{\omega_x} = m_x^{\delta_x} K_{x\omega_x} \qquad (7-50)$$

由式(7-50)可知,随着滚转阻尼器增益 $K_{x\omega_x}$ 的增大,等效飞机的滚转阻尼增加,从而改善小展弦比机翼的飞机在超声速或大迎角飞行时的稳定性。

2) 增大飞机对滚转操纵的反应速度,降低飞机的滚转侧滑比绝对值

没有滚转阻尼器时,以操纵位移(或操纵力)为输入,飞机滚转角速度为输出的传递函数为

$$\frac{\omega_x(s)}{D_x(s)} = k_m k_B G_{\omega_x \delta_x}(s) \qquad (7-51)$$

为分析方便,假设飞机无侧滑,并忽略偏航对滚转的影响,此时可采用滚转近似传递函数,则式(7-51)变为

$$\frac{\omega_x(s)}{D_x(s)} = \frac{k_m k_B \bar{M}_x^{\delta_x}}{s + \dfrac{1}{T_R}} \qquad (7-52)$$

式中:$\dfrac{1}{T_R} = -\bar{M}_x^{\omega_x}$ 为飞机的滚转模态根。在阶跃操纵位移(或操纵力)作用下,可得响应为

$$\omega_x(t) = k_m k_B T_R \bar{M}_x^{\delta_x}(1 - e^{-\frac{1}{T_R}t}) \qquad (7-53)$$

当在系统加装滚转阻尼器后,操纵位移(或操纵力)与滚转角速度间的传递函数为

$$\frac{\omega_x(s)}{D_x(s)} = \frac{k_m k_B \bar{M}_x^{\delta_x}}{S + \dfrac{1}{T'_R}} \qquad (7-54)$$

式中:$\dfrac{1}{T'_R} = -\bar{M}_x^{\omega_x} - K_{x\omega_x}\bar{M}_x^{\delta_x}$ 为等效飞机的滚转模态根。在阶跃操纵位移(或操纵力)作用下,飞机的响应为

$$\omega_x(t) = k_m k_B T'_R \bar{M}_x^{\delta_x}(1 - e^{-\frac{1}{T'_R}t}) \qquad (7-55)$$

因为 $\bar{M}_x^{\omega_x} < 0, \bar{M}_x^{\delta_x} < 0, K_{x\omega_x} > 0$,所以 $\dfrac{1}{T'_R} > \dfrac{1}{T_R}$,即滚转阻尼器可以增大等效飞机的滚转模态根,从而加快飞机对滚转操纵的响应。

具有阻尼器的等效飞机响应 $\omega_x(t)$ 均比没有阻尼器时小,因此相应的倾斜

角也小。所以，滚转阻尼器可以降低飞机的滚转侧滑比绝对值$\left|\dfrac{\gamma}{\beta}\right|_d$，这是人们所希望的。

3）降低滚转角速度操纵力梯度

没有和具有滚转阻尼器时，滚转角速度操纵力梯度分别为

$$\left.\dfrac{\omega_x(s)}{F_x(s)}\right|_{SS} = -k_m k_B \dfrac{\bar{M}_x^{\delta_x}}{C\bar{M}_x^{\omega_x}} \qquad (7-56)$$

和

$$\left.\dfrac{\omega_x(s)}{F_x(s)}\right|_{SS} = -k_m k_B \dfrac{\bar{M}_x^{\delta_x}}{C(\bar{M}_x^{\omega_x} + K_{x\omega_x}\bar{M}_x^{\delta_x})} \qquad (7-57)$$

比较式(7-56)和式(7-57)可知，因$\bar{M}_x^{\omega_x}<0$，$\bar{M}_x^{\delta_x}<0$，$K_{x\omega_x}>0$，所以，具有滚转阻尼器飞机的滚转角速度操纵力梯度的绝对值比没有阻尼器的小。并且，前者随着滚转阻尼器增益$K_{x\omega_x}$的增大而减小，即操纵灵敏度降低，这不是人们所希望的，故增益$K_{x\omega_x}$值的选取受到一定限制。

7.1.2.2 航向增稳飞机的飞行品质

现代高速飞机除高空超声速大迎角飞行航向阻尼和滚转阻尼不足之外，还往往出现因航向静稳定性太弱，即$|m_y^\beta|$太小，而横向静稳定性过强，即$|m_x^\beta|$太大，使飞机横航向稳定性和操纵品质恶化的情况。所以，现代高速飞机的横航向操纵系统中，除了引入阻尼器外，还往往引入航向增稳器，以改善飞机的航向稳定性和操纵品质。

与纵向过载（迎角）增稳器主要靠引入过载（迎角）反馈一样，航向增稳器主要靠引入侧滑角或侧向加速度实现。当用脚蹬、航向速率陀螺和侧滑角传感器（或侧向加速度计）代替纵向增稳操纵系统结构图中的驾驶杆、俯仰速率陀螺和迎角传感器（或法向加速度计），就可以画出航向增稳操纵系统的原理结构图。其控制律也有类似的形式，只要以侧滑角β代替迎角α，或以侧向加速度a_z代替法向过载n_y，并以方向舵偏转角δ_y代替平尾偏转角δ_z即可。所以，航向增稳操纵系统的控制律为

$$\delta_y = K_{y\omega_y}\omega_y + K_{y\beta}\beta + k_m k_B D_y \qquad (7-58)$$

或

$$\delta_y = K_{y\omega_y}\omega_y - K_{ya_z}a_z + k_m k_B D_y \qquad (7-59)$$

相应的航向增稳器的控制律为

$$\delta_y = K_{y\omega_y}\omega_y + K_y^\beta \beta \qquad (7-60)$$

或

$$\delta_y = K_{y\omega_y}\omega_y - K_y^{a_z} a_z \qquad (7-61)$$

式中:$K_{y\beta}$、$K_{y\omega_y}$分别为侧滑角、侧向加速度到方向舵间的增益。

由于m_z^α、m_y^β都是静稳定性力矩系数,$m_z^{\omega_z}$、$m_y^{\omega_y}$都是阻尼力矩系数,所以,类似地,航向增稳操纵系统中速率陀螺反馈能增加荷兰滚阻尼比,侧滑角传感器(或侧向加速度计)反馈能增加航向静稳定性,即等效飞机的固有频率。再考虑航向阻尼器能影响偏滚交叉力矩系数等,可将该系统对飞机稳定性和操纵品质的作用归纳如下:

(1) 增大等效飞机航向运动阻尼比。
(2) 增大等效飞机的固有频率。
(3) 降低飞机稳态转弯时的机动性。
(4) 降低偏航角速度脚蹬力梯度 $\omega_y^{F_y}$。

显然,后两点不是人们所希望的。为了克服这些缺点,通常在速率陀螺后串入清洗网络,以减小对稳态转弯时机动性的影响。另外,现代高性能飞机本身的偏航角速度脚蹬力梯度值较小,如$0.0044(°)/(s·N)$,所以,一般主要靠操纵副翼来实现迅速改变航向的目的,此时虽然方向舵也由此偏转,但仅仅是辅助性的。

尽管上述结论是在采用二自由度航向平面运动传递函数情况下获得的,但也适合于三自由度航向运动的传递函数。

7.1.2.3 横航向增稳飞机的飞行品质

通常,现代高性能飞机横航向运动中存在以下问题:

(1) 飞机具有较强的横向静稳定性(即$|m_x^\beta|$较大)和较弱的航向静稳定性(即$|m_y^\beta|$较小),使滚转侧滑比绝对值$\left|\dfrac{\gamma}{\beta}\right|_d$很大。

(2) 高空高速飞行时,荷兰滚模态阻尼比太小,不符合规范要求。

(3) 高空大马赫数飞行时,飞机固有荷兰滚频率较低。因此,当飞机受到扰动后恢复到原平衡状态的速度较慢。在大迎角进入或改出滚转时,容易产生较大的侧滑角。

(4) 高空小动压飞行时,滚转机动性较差。

所以,为了具有良好的横航向稳定性和操纵品质,现代高性能飞机上常加装横航向增稳操纵系统。

1. 横航向增稳操纵系统的组成

图7-8所示为某超声速飞机横航向增稳操纵系统结构图。

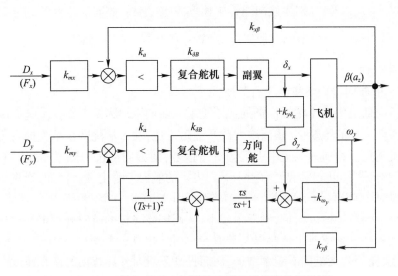

图 7-8 某超声速飞机横航向增稳操纵系统结构图

该飞机的横航向增稳操纵系统由航向、滚转两个通道以及通道间的交联信号组成。在空中飞行时,飞机的滚转运动会引起飞机的偏航,偏航又会引起飞机的滚转。所以在研究横航向增稳操纵系统时,要考虑它们之间的相互影响。航向通道实际上是在航向增稳操纵系统的基础上添加了一个副翼交联信号组成的;滚转通道由侧向加速度计、放大器和复合舵机构成的舵回路组成。当然,滚转通道也可采用滚转阻尼形式,但是,因为一般超声速飞机的 $|m_x^\beta|$ 较大,而 $|m_y^\beta|$ 较小,这样会使飞机荷兰滚模态特性恶化,所以不宜采用。为减小 $|m_x^\beta|$,在滚转通道中采用 β 反馈而不用 ω_x 反馈。该系统的工作原理,就是这两个通道共同工作的结果,故不再重述。

2. 横航向增稳操纵系统的控制律

依据图 7-8 不难写出该飞机增稳操纵操纵系统的控制律为

$$\begin{cases} \delta_y = \left[\dfrac{\tau s}{\tau s + 1}(K_{y\omega_y}\omega_y - K_{y\delta_x}\delta_x) + K_{y\beta}\beta \right] \dfrac{1}{(Ts+1)^2} + k_{my}k_B D_y \\ \delta_x = -K_{x\beta}\beta + k_{mx}k_B D_x \end{cases} \quad (7-62)$$

相应的横航向增稳系统的控制律为

$$\begin{cases} \delta_y = \left[\dfrac{\tau s}{\tau s + 1}(K_{y\omega_y}\omega_y - K_{y\delta_x}\delta_x) + K_{y\beta}\beta \right] \dfrac{1}{(Ts+1)^2} \\ \delta_x = -K_{x\beta}\beta \end{cases} \quad (7-63)$$

式中:$K_{y\omega_y}$、$K_{y\delta_x}$、$K_{y\beta}$分别为航向通道中速率陀螺、副翼、侧向加速度计到方向舵的增益;$K_{x\beta}$为滚转通道中侧向加速度计到副翼的增益;$\dfrac{\tau s}{\tau s+1}$为清洗网络;$\dfrac{1}{(Ts+1)^2}$为低通滤波器。

3. 横航向增稳飞机的飞行品质

航向通道中速率陀螺反馈的作用是增大航向阻尼力矩系数 $m_y^{\omega_y}$ 和偏滚交叉力矩系数 $m_x^{\omega_y}$ 的绝对值,从而增大荷兰滚阻尼比;加入清洗网络是为提高飞机的转弯机动性。在航向通道中引入侧滑角信号,使方向舵按与侧滑角相同的极性成比例地偏转,以产生恢复力矩来提高飞机的航向静稳定性。例如,当飞机出现右侧滑时(侧滑角为正),使方向舵右偏(为正),产生一个机头向右的恢复力矩,使机头逐渐靠近速度向量,侧滑角减小,从而提高飞机的航向静稳定性。这样也减小飞机在进入或改出转弯以及常值转弯时所出现的侧滑角。由于 m_y^{β} 的绝对值增大,使等效飞机固有频率增加,从而提高飞机对外界扰动的恢复速度。

为了减小或消除进入或改出滚转时所产生的有害侧滑角,使副翼操纵具有自动协调转弯的优良过渡过程特性,在航向通道中加入一个与副翼偏转角极性相反的比例信号,即副翼交联信号 $\delta_y = -K_{y\delta_x}\delta_x$。当右副翼正偏转时,通过位移传感器输给航向通道一个负信号,使方向舵左偏。因副翼正偏使飞机向左滚转产生左侧滑,但因方向舵左偏使飞机向右滚转和机头向左转,其结果不仅能消除或减小侧滑,而且还能减小副翼操纵时滚转角速度波动量,从而实现副翼—方向舵自动协调操纵的目的。但是,因为飞机气动特性变化很大,若要保证飞机在整个飞行包线范围内每个状态都能协调转弯是很困难的,所以一般仅能保证主要飞行状态。

在飞行中,由于各种原因会造成飞机不平衡,出现小的滚转角速度。为保证飞机平衡,飞行员需要进行操纵或利用调整片效应机构进行调整。由于副翼交联信号的存在,势必使方向舵偏转,造成飞机偏航,这不是人们所希望的。为了消除这种不必要的动作,所以也让副翼交联信号通过清洗网络,用它来阻止这种常值或低频信号通过,从而消除这种平衡飞机用的常值副翼偏转所造成方向舵的不必要动作。

由于方向舵通道操纵系统后段的固有频率较低(如小于20Hz),当方向舵出现自振现象时,这种振动被敏感元件所感受,并输出相应信号。又因伺服系统在这种频率上有很大的相移,这样有可能加剧并持续这种振荡。为此,在敏感元件后再引入一个低通滤波器 $\dfrac{1}{(Ts+1)^2}$,滤掉这种高频信号,以保证系统正常工作。

由于一般飞机具有较强的横向静稳定性(即 $|m_x^\beta|$ 较大)和较弱的航向静稳

定性(即$|m_y^\beta|$较小),使滚转侧滑比绝对值$\left|\dfrac{\gamma}{\beta}\right|_d$很大,所以,在滚转通道中引入$\beta$信号,使副翼按与侧滑角极性相反而大小成比例地偏转,即$\delta_x = -K_{x\beta}\beta$。由于它产生的附加滚转力矩减小了飞机过大的横向静稳定力矩系数的绝对值$|m_x^\beta|$,因而可以减小荷兰滚振荡和滚转侧滑比$\left|\dfrac{\gamma}{\beta}\right|_d$。但$|m_x^\beta|$不能减小太多,否则会导致飞机出现螺旋不稳定现象。

综上所述,横航向增稳飞机的飞行品质,即横航向增稳操纵系统对飞机稳定性和操纵品质的作用,可归纳如下:

(1) 增加等效飞机的荷兰滚阻尼比和固有频率。
(2) 降低过强的横向静稳定性,增强航向静稳定性,以减小飞机对外界扰动的滚转侧滑比绝对值。
(3) 提高飞机滚转机动性。
(4) 减小横航向交联影响。
(5) 飞机能自动进行协调转弯。
(6) 滚转角速度操纵力梯度、偏航角速度脚蹬力梯度均有所下降。

7.2 控制增稳飞机的飞行品质

增稳操纵系统的采用,在提高飞机稳定性的同时,也使飞机的操纵性有所降低。为了防止增稳操纵系统对飞机操纵性的不利影响,一般采用两种方法:一是限制增稳操纵系统的权限;二是添加清洗网络。从本质上讲。这两种方法都是折中方案,使得增稳操纵系统对飞机飞行品质的改善是有限的。20 世纪 60 年代,随着空战技术的发展以及对歼击机格斗能力要求的提高,操纵性和机动性成为主要矛盾,稳定性和操纵性之间的矛盾更加突出,增稳操纵系统的缺点更加难以容忍。为此,在增稳操纵系统的基础上,引入增控通道,构成了控制增稳操纵系统。

本书着重讨论纵向控制增稳操纵系统的组成、工作原理、控制律以及该系统的优缺点,并通过其对飞机飞行品质所起的作用来阐述控制增稳飞机的飞行品质。

7.2.1 纵向控制增稳操纵系统

图 7-9 是典型的纵向控制增稳操纵系统组成原理,图 7-10 是该操纵系统的结构图。

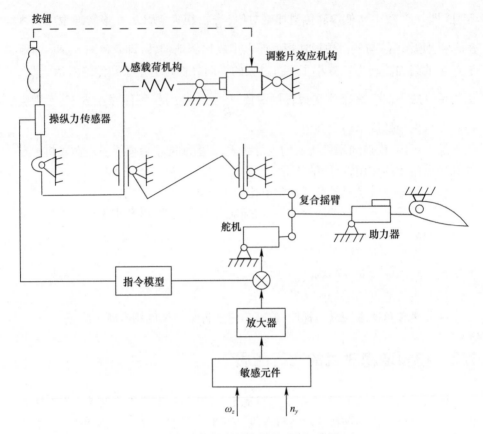

图 7-9 纵向控制增稳操纵系统组成原理

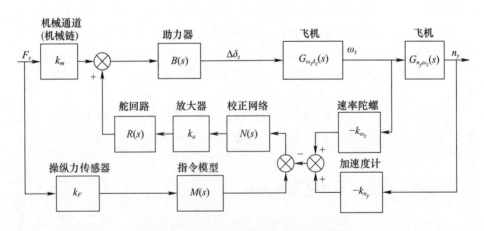

图 7-10 纵向控制增稳操纵系统结构图

比较图7-10与图7-7可知,控制增稳操纵系统是在增稳操纵系统的基础上添加一个操纵力传感器k_F和一个指令模型$M(s)$而构成的,或者说它是由机械通道(机械链)、电气通道(电气链)和增稳回路组成的。飞行员的操纵信号分两路输出:一路是通过机械通道(不可逆助力操纵系统);另一路是通过电气通道。由操纵力(位移)传感器产生的电气指令信号输至指令模型,并在其中形成满足操纵特性要求的电信号,直接与来自增稳器的反馈信号在校正网络输入端相加,以差值控制舵面偏转。电气指令信号的极性与机械通道来的操纵信号极性是同向的,其值与操纵力(位移)成正比。

纵向控制增稳操纵系统的工作原理是,当飞机做等速直线水平飞行时,驾驶杆的指令信号为零,此时控制增稳操纵系统实际上相当于增稳操纵系统,起增稳作用。但与增稳操纵系统相比,其反馈增益较大,因此这种系统的增稳作用较大,抗干扰能力较强。当飞机在没有外界扰动的情况下做机动飞行时,飞行员的操纵信号一方面通过机械通道使舵面偏转某个角度δ_{zm},另一方面又通过操纵力传感器输出一个指令信号,经指令模型与反馈信号综合,以差值去控制舵面偏转某个角度δ_{zM},此时总的舵面偏转角为

$$\delta_z = \delta_{zm} + \delta_{zM} \qquad (7-64)$$

由此可知,电气指令信号是起增大操纵量的作用。为此,电气通道又称为增控通道。

显然,控制增稳操纵系统的工作原理,就是上述两种情况的综合,即兼顾了稳定性和操纵性这两方面的要求。

对于图7-10所示的系统,在忽略系统惯性的情况下,其控制律为

$$\delta_z = N(s)(K_{z\omega_z}\omega_z + K_{zn_y}n_y) + [K_{zM}N(s)M(s) + k_m k_B]F_z \qquad (7-65)$$

式中:$K_{z\omega_z} = k_R k_B k_a k_{\omega_z}$为纵向阻尼器增益;$K_{zn_y} = k_R k_B k_a k_{n_y}$为法向过载增稳器增益;$K_{zM} = k_F k_a k_R k_B$为增控通道增益。

令$N(s) = 1$,控制增稳操纵系统的控制律为

$$\delta_z = K_{z\omega_z}\omega_z + K_{zn_y}n_y + [K_{zM}M(s) + k_m k_B]F_z \qquad (7-66)$$

控制信号可以是操纵力F_z,也可以是操纵位移D_z,它们之间只相差一个常数因子$\dfrac{\mathrm{d}F_z}{\mathrm{d}D_z}$。究竟选哪一个,应根据飞机的具体情况而定。通常,操纵力信号比操纵位移信号的效果要好些,因为飞行员对操纵力的敏感性好,相位超前,故在控制增稳操纵系统中使用操纵力作为控制信号较多。

具有上述控制律的控制增稳操纵系统能够兼顾飞机稳定性和操纵性的要求。为了更清楚地说明这个问题,将图7-10简化为图7-11。令图中虚线所

框的传递函数分别为 $G_1(s)$、$G_2(s)$、$G_3(s)$ 和 $G_4(s)$。为方便说明问题,突出主要矛盾,令 $N(s)=1$。这样,俯仰角速度对干扰的传递函数为

$$\frac{\omega_z(s)}{f(s)} = \frac{1}{1 + k_a G_2(s) G_3(s)} \tag{7-67}$$

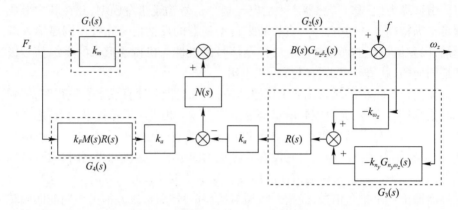

图 7-11　图 7-10 的简化图

俯仰角速度对操纵力的传递函数为

$$\begin{aligned}\frac{\omega_z(s)}{F_z(s)} &= \frac{G_2(s)}{1 + k_a G_2(s) G_3(s)}[G_1(s) + k_a G_4(s)] \\ &= \frac{G_1(s) G_2(s)}{1 + k_a G_2(s) G_3(s)} + \frac{k_a G_2(s) G_4(s)}{1 + k_a G_2(s) G_3(s)}\end{aligned} \tag{7-68}$$

当 k_a 不断增加,且 $k_a G_3 \gg G_1$,$k_a G_2 G_3 \gg 1$ 时,有

$$\frac{\omega_z(s)}{f(s)} \to 0 \tag{7-69}$$

$$\frac{\omega_z(s)}{F_z(s)} \to \frac{G_4(s)}{G_3(s)} \tag{7-70}$$

若 $G_3(s) \approx G_4(s)$,则有

$$\frac{\omega_z(s)}{F_z(s)} \to 1 \tag{7-71}$$

这表明,通过选取相当大的增益 k_a,并使 $G_3(s) \approx G_4(s)$,则该系统对扰动输入的响应为零,对操纵力输入的响应趋于完全跟随状态。

将图 7-11 变换成图 7-12 后可见,增益 k_a 在增控回路(相对于增稳回路而言)中起增大操纵指令(即飞行员操纵力输入)的作用。与此同时,它又在增稳回路中起着增大稳定性(反馈)的作用。而且增控和增稳的强度是随着 k_a 增

加而增强的,这样,控制增稳操纵系统就能较好地解决增稳飞机中存在的稳定性和操纵性之间的矛盾。

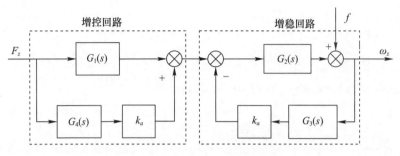

图 7-12　图 7-11 的变换图

实际上,增益 k_a 值也不能取得很大,因为它受助力器后段和飞机本体结构频率的约束,即受系统动态稳定性的限制。为此,还要在系统中添加动态校正网络 $N(s)$,以改善伺服系统的稳定性。所以,k_a 值的选取往往是折中的结果,以满足飞机稳定性和操纵性的要求。虽然如此,由于控制增稳操纵系统的操纵权限比较大($30\% \delta_{zmax}$ 以上),所以上述结论仍是正确的。

7.2.2　纵向控制增稳飞机的飞行品质

根据上述控制增稳操纵系统的工作原理和控制律,知道这种系统能够在提高飞机稳定性的同时,提高飞机的操纵性。关于控制增稳操纵系统增强飞机稳定性的分析与增稳操纵系统的分析完全一致,这里就不再赘述了。下面主要讨论操纵力灵敏度问题和单位过载操纵力问题,以说明控制增稳操纵系统在改善飞机操纵品质方面的作用。

1. 增大操纵力灵敏度的绝对值

操纵力灵敏度是指单位阶跃操纵力输入所产生的飞机初始俯仰角加速度,即

$$M_{F_z} = \left(\frac{\mathrm{d}^2 \vartheta}{\mathrm{d}t^2} \right)_{t=0} \Big/ F_z \qquad (7-72)$$

操纵力灵敏度的大小是表征飞机操纵品质的一个重要参数,它反映了飞机对飞行员操纵初始反应的快慢和猛烈程度。操纵力灵敏度绝对值过小,会使飞行员感到飞机的初始反应迟钝,预感到此后的机动变化不大;反之,操纵力灵敏度的绝对值过大,会使飞行员感到飞机的初始反应粗猛,怀疑自己操纵是否过量。因此,操纵力灵敏度又称为操纵灵敏度。

根据图 7-12,可得

$$\frac{\omega_z(s)}{F_z(s)} = \frac{G_2(s)}{1+k_a G_2(s) G_3(s)}[G_1(s)+k_a G_4(s)] \quad (7-73)$$

令

$$G_1(s) = k_m, G_2(s) = B(s) G_{\omega_z \delta_z}(s) = k_B G_{\omega_z \delta_z}(s)$$

$$G_3(s) = -[k_{\omega_z} + k_{n_y} G_{n_y \omega_z}(s)] R(s) = -k_R[k_{\omega_z} + k_{n_y} G_{n_y \omega_z}(s)]$$

$$G_4(s) = k_F M(s) R(s) = k_F k_R M(s)$$

则

$$\frac{\omega_z(s)}{F_z(s)} = \frac{k_B G_{\omega_z \delta_z}(s)}{1 - k_B k_R k_a [k_{\omega_z} + k_{n_y} G_{n_y \omega_z}(s)] G_{\omega_z \delta_z}(s)} [k_m + k_F k_a k_R M(s)] \quad (7-74)$$

考虑到在不计平尾升力的情况下,有

$$G_{\omega_z \delta_z}(S) = \frac{\bar{M}_z^{\delta_z}(s + \bar{Y}_C^\alpha)}{s^2 + 2\zeta_{sp} \omega_{nsp} s + \omega_{nsp}^2} \quad (7-75)$$

$$G_{n_y \delta_z}(s) = \frac{V}{g} \frac{\bar{M}_z^{\delta_z} \bar{Y}_C^\alpha}{s^2 + 2\zeta_{sp} \omega_{nsp} s + \omega_{nsp}^2} \quad (7-76)$$

根据操纵力灵敏度的定义,控制增稳飞机的操纵力灵敏度为

$$M_{F_z} = \frac{\omega_z(s)}{F_z(s)}\bigg|_{s \to \infty} = \frac{k_B G_{\omega_z \delta_z}(s)}{1 - k_B k_R k_a [k_{\omega_z} + k_{n_y} G_{n_y \omega_z}(s)] G_{\omega_z \delta_z}(s)} [k_m + k_F k_a k_R M(s)] \cdot s \bigg|_{s \to \infty}$$

$$= k_B \bar{M}_z^{\delta_z} [k_m + k_F k_a k_R M(s)]\big|_{s \to \infty} \quad (7-77)$$

对于不可逆助力操纵飞机,由于 $k_{\omega_z} = 0, k_{n_y} = 0, M(s) = 0$,则其操纵力灵敏度为

$$(M_{F_z})_m = k_m k_B G_{\omega_z \delta_z}(s) \cdot s \big|_{s \to \infty} = k_m k_B \bar{M}_z^{\delta_z}$$

对于带有纵向阻尼器而不带有法向过载增稳器的纵向增稳飞机,由于 $k_{n_y} = 0$,$M(s) = 0$,则操纵力灵敏度为

$$(M_{F_z})_{A1} = \frac{k_m k_B G_{\omega_z \delta_z}(s)}{1 - k_B k_R k_a k_{\omega_z} G_{\omega_z \delta_z}(s)} \cdot s \bigg|_{s \to \infty} = k_m k_B \bar{M}_z^{\delta_z} \quad (7-78)$$

对于带有纵向阻尼器和法向过载增稳器的纵向增稳飞机,由于 $M(s) = 0$,则操纵力灵敏度为

$$(M_{F_z})_{A2} = \frac{k_m k_B G_{\omega_z \delta_z}(s)}{1 - k_B k_R k_a [k_{\omega_z} + k_{n_y} G_{n_y \omega_z}(s)] G_{\omega_z \delta_z}(s)} \cdot s \bigg|_{s \to \infty} = k_m k_B \bar{M}_z^{\delta_z} \quad (7-79)$$

比较式(7-77)~式(7-79),可以看出,增稳飞机(不管是有纵向阻尼器,还是有法向过载增稳器)对操纵力灵敏度没有什么影响,但有增控通道的控制增稳飞机可以使操纵力灵敏度 M_{F_z} 的绝对值增大。

2. 改善操纵力特性

为便于得到各种不同情况下的单位过载操纵力表达式,将图7-11简化为图7-13。从图7-13可以得到法向过载 n_y 对操纵力 F_z 的传递函数,即

$$\frac{n_y(s)}{F_z(s)} = \frac{\left[k_F M(s) + \dfrac{k_m}{N(s)k_a R(s)}\right] N(s) k_a R(s) B(s) G_{\omega_z \delta_z}(s) G_{n_y \omega_z}(s)}{1 - N(s) k_a R(s) B(s) G_{\omega_z \delta_z}(s) \left[k_{\omega_z} + k_{n_y} G_{n_y \omega_z}(s)\right]} \quad (7-80)$$

经整理简化记为

$$\frac{n_y(s)}{F_z(s)} = \frac{k_F M(s) + \dfrac{k_m}{N(s)k_a R(s)}}{\Delta_{qx} - \Delta_{hx}} \quad (7-81)$$

其中

$$\Delta_{qx} = \frac{1}{N(s)k_a R(s) B(s) G_{\omega_z \delta_z}(s) G_{n_y \omega_z}(s)}$$

$$\Delta_{hx} = k_{n_y} + \frac{k_{\omega_z}}{G_{n_y \omega_z}(s)}$$

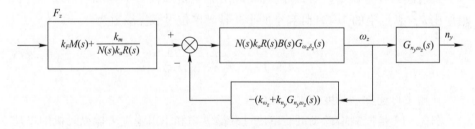

图 7-13　图 7-11 的简化图

由于增稳回路中的 k_a 为高增益,可以认为 $\Delta_{qx} \approx 0$,即使按通常的设计,Δ_{qx} 的作用也处于次要地位,即 $\Delta_{qx} \ll \Delta_{hx}$,于是式(7-81)可写为

$$\frac{n_y(s)}{F_z(s)} = -\left[k_F M(s) + \frac{k_m}{N(s)k_a R(s)}\right]\frac{1}{\Delta_{hx}} \quad (7-82)$$

假定 $M(s) = k_M, N(s) = 1, R(s) = k_R$,并注意到

$$G_{n_y \omega_z}(s) = \frac{G_{n_y \delta_z}(s)}{G_{\omega_z \delta_z}(s)} = \frac{V \bar{Y}_C^\alpha}{g(s + \bar{Y}_C^\alpha)} \quad (7-83)$$

则有

$$\frac{n_y(s)}{F_z(s)} = -\left[k_F k_M + \frac{k_m}{k_a k_R}\right] \frac{1}{k_{n_y} + \frac{g(s+\bar{Y}_C^\alpha)}{V\bar{Y}_C^\alpha}k_{\omega_z}} \quad (7-84)$$

可以看出,由操纵力输入引起的法向过载反应基本上是非周期的,很少与纵向短周期固有频率 ω_{nsp} 及阻尼比 ζ_{sp} 有关。通常歼击机的 $\bar{Y}_C^\alpha$ 在 0.2~1.6 之间变化,而且大部分状态为 0.3~1.3,这一反应过渡过程时间较短,一般在 3~4s。

由式(7-84)可以得到控制增稳飞机的单位过载操纵力为

$$F_z^{n_y} = \frac{F_z(s)}{n_y(s)}\bigg|_{SS} = -\frac{k_a k_R}{k_F k_M k_a k_R + k_m}\left[k_{n_y} + \frac{g}{V}k_{\omega_z}\right] \quad (7-85)$$

这说明,如果各增益 k_F、k_M、k_a、k_R、k_m、k_{ω_z} 和 k_{n_y} 为常数,则单位过载操纵力基本上是飞行速度的函数。

对于不可逆助力操纵飞机,法向过载 n_y 对操纵力 F_z 的传递函数为

$$\frac{n_y(s)}{F_z(s)} = \frac{V}{g}\frac{\bar{M}_z^{\delta_z}\bar{Y}_C^\alpha}{s^2 + 2\zeta_{sp}\omega_{nsp}s + \omega_{nsp}^2} \quad (7-86)$$

其过渡过程是振荡型的,过渡时间取决于飞机纵向短周期固有频率 ω_{nsp} 和阻尼比 ζ_{sp},从低空的 1~2s 到高空的十几秒。单位过载操纵力为

$$F_z^{n_y} = \frac{F_z(s)}{n_y(s)}\bigg|_{SS} = \frac{1}{k_m k_B}\frac{g\omega_{nsp}^2}{V\bar{M}_z^{\delta_z}\bar{Y}_C^\alpha} \quad (7-87)$$

其随飞行速度和高度有很大的变化。

图 7-14 是控制增稳飞机的单位过载操纵力和不可逆助力操纵飞机的单位过载操纵力随飞行马赫数变化的情况。可以看出,控制增稳飞机的操纵力特性明显优于不可逆助力操纵飞机。

在式(7-84)中,令 $k_M=0$,可以得到带无增控回路的增稳飞机的单位过载操纵力,即

$$F_z^{n_y} = -\frac{k_a k_R}{k_m}\left[k_{n_y} + \frac{g}{V}k_{\omega_z}\right] \quad (7-88)$$

与式(7-85)相比,可以看出控制增稳飞机的单位过载操纵力的绝对值要比增稳飞机的单位过载操纵力的绝对值小,从而克服了增稳操纵系统使飞机单位过载操纵力绝对值变大的缺点。实际上,通过调整 k_F、k_M、k_a 的值,可以使控

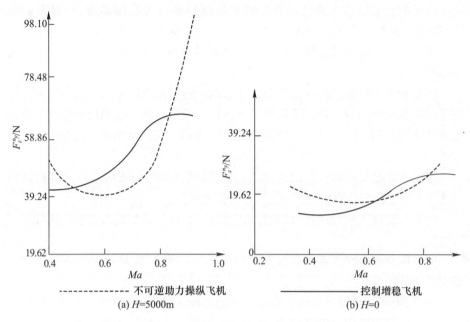

图 7-14 两类飞机单位过载操纵力比较

制增稳飞机的单位过载操纵力的绝对值小于不可逆助力操纵飞机的单位过载操纵力的绝对值。

尽管上述结论是在假设 $M(s)=k_M$、$N(s)=1$、$R(s)=k_R$ 的情况下获得的，但它仍具有普遍性。

尽管这些结论是通过研究典型的纵向控制增稳操纵系统得出的，但这些结论也适合横航向控制增稳操纵系统，所以本书不再单独研究横航向控制增稳操纵系统。

总之，控制增稳操纵系统之所以能很好地解决飞机稳定性和操纵性之间的矛盾，其根本原因是靠增稳回路的高增益来解决飞机的稳定性，而操纵性是靠增控回路中的指令模型来解决的。前者是利用自控原理中反馈原理进行工作，后者是利用自控原理中前馈原理进行工作的，所以它能够很好地解决飞机的飞行品质问题。

此外，控制增稳操纵系统的采用，还为提高飞机机动性、放宽静稳定性要求等提供了可能性。

7.2.3 控制增稳操纵系统的优缺点

如前所述，控制增稳操纵系统有许多优点，归纳如下：

(1) 控制增稳操纵系统因存在绕过机械杆系直接控制助力器(或复合舵机)的增控通道,可以很好地解决飞机稳定性和操纵性之间的矛盾。

(2) 控制增稳操纵系统中的机械杆系可设计得简单一些,只要保证飞行安全即可。

(3) 由于飞行员的操纵信号可以通过两个通道输至舵面,完成操纵动作,这为飞行操纵系统的设计和调整提供了灵活性。设计师只要适当地调整控制增稳操纵系统的权限,改变操纵力传感器和指令模型的参数,就能容易地改变系统的特性。

(4) 结合增稳回路参数的选择,能实现驾驶杆指令与飞机响应之间的任何静动态关系,也能实现驾驶杆的任何起动力要求。

(5) 为提高飞机机动性、放宽静稳定性要求、设计新型的高性能飞机提供了可能性。

由于控制增稳操纵系统具有上述主要优点。所以,在高性能歼击机上广泛采用了这种操纵系统。

但是,控制增稳操纵系统是在不可逆助力操纵系统的基础上,通过复合摇臂引入增稳回路和增控通道形成的,从本质上来讲,这种操纵系统仍然属于机械式的范畴。随着飞机性能的不断提高,由此带来的缺点日益突出,主要表现在以下几个方面。

(1) 控制增稳操纵系统结构复杂、重量大。由于系统保留了机械通道,所以控制增稳操纵系统不仅结构复杂,而且结构质量也较大。根据估计,机械通道的拉杆、摇臂,以及变臂机构和联动装置的重量可达 200kg 左右。这是个不小的数字,而且占据的空间较大。

(2) 控制增稳操纵系统对舵面的操纵权限是有限的。尽管控制增稳操纵系统从理论上能很好地解决飞机稳定性和操纵性之间的矛盾,但考虑安全的原因,其权限是有限的(通常为操纵面最大偏转角的 30%),再考虑到电气通道的增益不能很大,这样就造成随着飞机性能的提高,将不能满足在整个飞行包线内改善飞机稳定性和操纵品质的要求,即该系统对飞机稳定性和操纵品质的改善是有限的。

(3) 控制增稳操纵系统存在着"力反传"和"功率反传"。图 7-15 给出了控制增稳操纵系统或增稳操纵系统中舵机和助力器的连接方式。理论和实践证明,不管系统中舵机和助力器的连接是采用串联方式还是并联方式,控制增稳操纵系统和增稳操纵系统中都存在"力反传"问题。力反传是由于复合摇臂至助力器分油活门之间的机械系统存在惯性、摩擦及分油活门的摩擦力和液动力,使得舵机工作时必须施力于复合摇臂推动拉杆 B,而拉杆 B 则施反力作用于复合摇臂推动杆 A,并传至驾驶杆的结果。考虑到舵机时而工作,时而不工作,时而动作快,时而动作慢,反传到驾驶杆上的力也时大时小,不是一个恒值,这将使驾驶杆产生令人讨厌的非周期振荡。

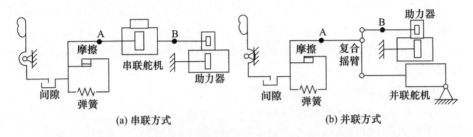

图 7-15 舵机与助力器的连接方式

"功率反传"是由舵机和助力器的输出速度不一致引起的。通常舵机的输出速度大于助力器的输出速度。因此,当舵机工作并通过复合摇臂推动助力器分油活门时,舵机至助力器之间杆系的动量将在助力器的输入端引起碰撞并反传至驾驶杆,引起驾驶杆至助力器输入端的瞬时碰撞振荡。

"力反传"和"功率反传"都会影响飞行员的正常操纵,不是人们希望的操纵系统特性。

(4) 战伤生存力低。由于控制增稳操纵系统中仍保留有机械杆系,而机械杆系的传输线在分布上比较集中,一旦被炮火击中很有可能使整个系统失灵,以致机毁人亡,使飞机的战伤生存能力低。据相关资料统计,美国在越南战争期间,由炮火击中机械操纵系统(包括液压系统)使机毁人亡的事故率高达 30%,这是一个相当惊人的数量。

以上缺点将严重影响飞机性能的继续提高,不能满足空战的需要。为此,人们在该系统的基础上又发展了电传操纵系统(FBWS)。

思 考 题

1. 近代飞机飞行操纵系统主要有＿＿＿＿、＿＿＿＿和＿＿＿＿。
2. 具有纵向阻尼器的飞机,等效短周期阻尼系数、等效短周期固有频率会不同程度＿＿＿＿;而当飞机装上纵向过载增稳器后,将会使飞机的＿＿＿＿增强。
3. 控制增稳操纵系统是由＿＿＿、＿＿＿和＿＿＿组成的。

4. 简述纵向阻尼器的工作原理。
5. 带有阻尼器的增稳操纵系统对飞机的稳定性和操纵性有哪些影响？
6. 简述法向过载增稳器的工作原理。
7. 带有法向过载增稳器的增稳操纵系统对飞机的稳定性和操纵性有哪些影响？
8. 带有阻尼器和增稳器的增稳操纵系统对飞机的稳定性和操纵性有哪些影响？
9. 简述纵向控制增稳操纵系统的组成。
10. 简述纵向控制增稳操纵系统的工作原理。
11. 纵向控制增稳操纵系统对飞机的稳定性和操纵品质有哪些影响？
12. 简述控制增稳操纵系统的优缺点。

第8章 电传飞机飞行品质

对飞机的控制或操纵,总是通过飞行控制系统或操纵系统来实现的。所以,本章在前面介绍了安装有增稳操纵系统(SAS)、控制增稳操纵系统(CAS)飞机的飞行品质基础上,将主要介绍安装有电传操纵系统(FBWS)的现代飞机的飞行品质,并给出 YF-16 和某型飞机的电传操纵系统作为实例。

一般而言,电传操纵系统是指利用电气信号形成操纵指令,通过电线(电缆)实现飞行员对飞机运动进行操纵(控制)的飞行控制系统。实际上,工程界比较一致的观点是把电传操纵系统作如下定义:它是一个"利用反馈控制原理而使飞行器运动成为被控参量的电气飞行控制系统"。电传操纵系统的应用,被认为是飞行控制技术的一大跨越。其应用的意义在于它对飞机设计方法所产生的影响,以及给飞机飞行方式带来的改变。由于电传操纵系统的电气信号传递特点,为主动控制技术的实现提供了工程基础。

电传操纵系统的类别,因依据不同可以划分出很多种类。例如,根据所使用的控制器(飞行控制计算机)形式,可将电传操纵系统划分为模拟式电传操纵系统和数字式电传操纵系统两个类别。

模拟式电传操纵系统是指使用模拟式计算机作为控制器进行控制律计算、余度管理解算以及控制转换逻辑运算的电传操纵系统。

数字式电传操纵系统是指使用数字式计算机作为控制器进行控制律解算以及余度管理的逻辑判断和运算的电传操纵系统。

现今,数字式电传操纵系统是指使用微型数字计算机作为控制器的飞行控制系统。这一类系统中,传感器、伺服机构等仍是模拟部件,所以有人把这种系统称为混合式数字电传操纵系统。与之相对应的全数字式电传操纵系统则是从传感器、计算机到伺服机构均是以数字信号形式存在的系统。目前,还不存在这种全数字式的电传操纵系统。

对电传操纵系统的分析设计,主要包括两个方面:一是控制律;二是可靠性。控制律是要保证飞机飞行品质满足飞行品质规范要求,即保证飞机具有良好的稳定性和操纵品质。可靠性是要保证电传操纵系统满足可靠性规范的要求,即保证飞机的飞行安全和完成任务的可靠性。因此,控制律和可靠性是电传操纵系统的两个重要内容。

8.1 可靠性和余度技术

尽管机械操纵系统有各种各样的缺点,但它最大的优点是有较高的安全可靠性。安全可靠对飞机来说是至关重要的,只有当电传操纵系统的安全可靠性与机械操纵系统相近时,电传操纵系统才能被广泛使用。因此,从控制增稳操纵系统发展到电传操纵系统,关键的问题在于安全可靠性。

飞机飞行安全可靠性可以用飞机每 10 万次飞行的损失率或事故率来说明,也可以用飞机未完成规定任务的概率加以说明。

美国标准 MIL-F-9490D《有人驾驶飞机的飞行操纵系统——设计、安装和试验通用规范》根据操纵系统故障后的性能,将操纵系统的工作状态分为 5 级。其中第 V 级工作状态指的是飞机操纵系统的故障引起操纵系统工作性能下降到只能使飞机做有限的机动飞行,以实现乘员安全弹射跳伞所必需的工作状态。使操纵系统落入此种工作状态的故障概率和飞机的损失概率基本上是对应的。MIL-F-9490D 规定,此概率 Q_s 应为

对 Ⅲ 类飞机　　$Q_s \leq 5 \times 10^{-7}$/每次飞行

对 Ⅰ、Ⅱ、Ⅳ 类飞机　　$Q_s \leq 100 \times 10^{-7}$/每次飞行

若以飞行小时为单位计算飞机的飞行安全可靠性指标,依据美国空军的统计资料,则上述指标相当于:

对 Ⅲ 类飞机　　$Q_s \leq 0.82 \times 10^{-7}$/h

对 Ⅰ、Ⅱ、Ⅳ 类飞机　　$Q_s \leq 62.5 \times 10^{-7}$/h

要使电传操纵系统具有与不可逆助力操纵系统相当的安全可靠性,其可靠性指标应为 1.0×10^{-7}/h。但是,根据目前电子元件可靠性水平,单通道电传操纵系统的故障率约为 1.0×10^{-3}/h。要使电传操纵系统的可靠性满足上述要求,必须采用余度技术。

余度技术是用几套可靠性不高的系统执行同一指令、完成同一工作任务,构成称为余度系统的多重系统的技术。这种余度系统具有下述能力:

(1) 对组成系统的各部分具有故障监控和信号表决能力。

(2) 一旦系统或系统中的某部分出现故障,系统本身就具有自动故障隔离能力。

(3) 当系统中出现一个或数个故障,系统具有重新组织余下的完好部分,使系统具有故障安全的能力。

故障安全能力是指当电传操纵系统及其相关部件出现故障以后,系统性

能有可能稍有下降,飞行员的工作负担加重,完成任务的效果变差,不能满意地完成包括精确跟踪或机动飞行在内的预定任务,但可以安全地终止精确跟踪或机动飞行任务,可以安全地巡航、下降以及在预定或其他目的地着陆。

据可靠性理论计算,系统的最大损失率(Q_s)与余度数目(n)之间的关系,如图8-1所示。由图可知,单通道电传操纵系统的故障率约为 1.0×10^{-3}/h,当电传操纵系统采用三余度或四余度时,其安全可靠性就可以大大地提高,满足接近或不低于不可逆助力操纵系统的可靠性水平。

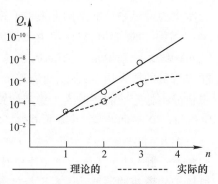

图8-1 最大损失率与余度数目的关系

图8-2给出了一个四余度电传操纵系统简图。该系统的操纵力传感器、状态传感器(如速率陀螺、加速度计等)、前置放大器、执行机构和计算机均有4个,也就是4套,从而构成四余度系统。

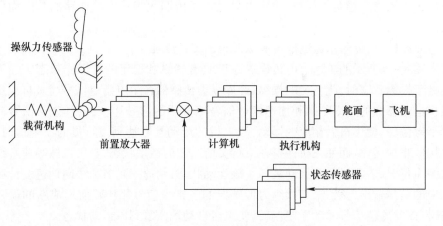

图8-2 四余度电传操纵系统简图

8.2 电传操纵系统飞机飞行品质

多余度电传操纵系统实质上可以看作由多套单通道系统,按照一定的关系组合而成的。因此,下面主要介绍纵向单通道电传操纵系统的组成、工作原理和控制律以及电传飞机的飞行品质。

8.2.1 纵向单通道电传操纵系统

8.2.1.1 纵向单通道电传操纵系统的组成

图 8-3 所示为典型纵向单通道电传操纵系统结构图。电传操纵系统是在控制增稳操纵系统的基础上发展而来的,所以,它的组成与前者类似。其不同点是:取消了机械通道,只保留由飞行员经操纵力传感器输出的电指令信号通道。这对操纵系统来说是一场革命,去掉了传统的机械传动装置,随之用电信号来传递飞行员的操纵指令;在正向通道中增加过载限幅器、自动配平网络和为了补偿飞机静不稳定而需要的人工稳定回路,该回路称为放宽静稳定性(Relaxed Static Stability,RSS)回路;在反馈通道内增加迎角/过载限幅器,以增加飞机安全性。

图 8-3 中 $F_A(s)$、RSS、$F(\alpha)$ 分别表示自动配平网络、放宽静稳定性回路和迎角/过载限制器;$F_1(s)$、$F_2(s)$ 和 $H(s)$ 分别表示低通网络和清洗网络;$F_s(s)$ 为机体结构陷幅滤波器。带有下标的 K 和 k 分别为相应环节的传递系数,$K(q)$ 是动压 q 的函数,它表示该增益是随飞行状态变化而自动调整的。

需要指出的是,如果飞机是静稳定的,且其静稳定度又符合规范要求,那就不必再引入人工稳定性回路了,这里只是为了说明人工稳定性回路的功能而引入的。

8.2.1.2 纵向单通道电传操纵系统的工作原理

图 8-3 所示的单通道电传操纵系统具有操纵和稳定两种工作状态。当系统处于操纵状态时,飞行员的操纵,经操纵力传感器产生电指令信号与来自测量飞机运动参数的速率陀螺和加速度计信号综合后的信号比较,以其差值信号驱动平尾偏转,使飞机做相应的运动,当飞机的运动参数达到飞行员的期望值时,平尾停止偏转,从而使飞机保持在飞行员所期望的运动状态;当飞机做等速直线水平飞行时,若飞机受到扰动破坏了该运动状态,则速率陀螺和法向加速度计有相应的信号输出,该信号与操纵力传感器的电指令信号相比较而形成新的误差信号,以此差值信号驱动平尾偏转,使飞机自动地恢复到原运动状态。

下面简单介绍几个重要环节的工作原理和功用。

1. 过载限幅器和迎角/过载限制器

当飞机高速飞行时,虽然迎角不大,但此时飞行员若操纵过猛,常会出现很大的法向过载,以致飞机结构可能被破坏。为此,在指令模型前设置了一个非对称的限幅电路,以限制飞机可能出现的最大正(或负)过载。例如,当飞行员操纵疏忽产生一个很大的正过载指令信号,由于有限幅电路的存在,其输出电压 U_1 的最大值受到限制,这就限制了最大的平尾偏转角,从而限制了飞机的最大法向过载,确保飞机高速飞行时的安全。

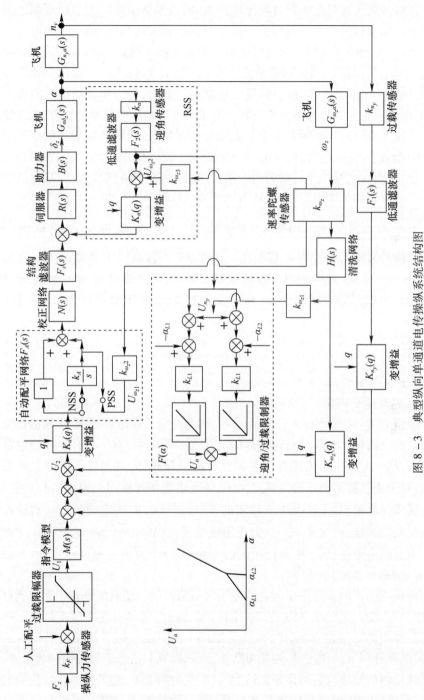

图 8-3 典型纵向单通道电传操纵系统结构图

飞机低速飞行时其法向过载往往不大，但若操纵疏忽可能会出现超过失速迎角而造成飞机失速。有时即使飞机还没有达到失速迎角，但当飞机迎角超过一定值后，可能使飞机横航向运动由静稳定变成静不稳定，为此需要设置迎角限制值（如 α_{L1}）。此外，当实际迎角大于某值（如 α_{L2}）时，飞机的迎角静稳定导数 m_z^α 值开始向正向增大，即迎角静稳定性减弱。此时，若迎角反馈信号的强度不够，则可能使等效飞机迎角静不稳定。为了增加迎角反馈信号的强度，在系统中设置了 α_{L2}。这样，当实际迎角小于 α_{L1} 时，经迎角/过载限制器输出的电压信号 $U_\alpha=0$；当 $\alpha_{L1}<\alpha<\alpha_{L2}$ 时，$U_\alpha\neq0$；当 $\alpha>\alpha_{L2}$，U_α 骤然增加，即引入很强的迎角反馈信号，从而大大减小飞行员的指令信号，以限制迎角继续增大，使迎角被限制在某一个允许的范围内，从而保证飞机低速飞行时的安全性。

另外，在迎角/过载限制器入口处还引入 $U_{n_y}=k_{\omega_{z1}}k_{\omega_z}\omega_z$ 信号。因为 $\omega_z\approx\dfrac{g}{V}n_y$，所以此信号实际上与过载 n_y 成正比。这样，U_α 不仅取决于迎角 α，而且还与过载 n_y 有关。于是，此限制器不仅能限制迎角，还能限制过载，哪一个量先达到预定的限制值，就限制哪一个。正因为这个缘故，此限制器称为迎角/过载限制器。

总之，引入过载限幅器、迎角/过载限制器是用来防止飞行员操纵时，由于操纵疏忽而危及飞机安全的一种有效保护措施，使飞行员能放心大胆地操纵，从而改善飞机的操纵性。

2. 自动配平网络

操纵力 F_z 对速度 $V(Ma)$ 的梯度 F_z^V，称为操纵力速度梯度，是飞机静操纵性的一个重要指标。它与飞机速度静稳定性有如下关系：对于具有速度静稳定性的飞机，$F_z^V>0$，即要求增加速度时需要向前推驾驶杆，这和飞行员的生理习惯一致；对于速度静不稳定的飞机，$F_z^V<0$，即要求增加速度时需要向后拉驾驶杆，出现反操纵现象；对于速度中立稳定的飞机，$F_z^V=0$，即速度的改变与驾驶杆的操纵无关。这样，可定义 $F_z^V>0$ 为正速度稳定性（Positive Speed Stability，PSS），简称为速度稳定性；$F_z^V<0$ 为负速度稳定性；$F_z^V=0$ 为中立速度稳定性（Neutral Speed Stability，NSS）。

在系统的正向通路中引入自动配平网络的目的是使系统既有中立速度稳定性（图 8-3 中开关处于 NSS 位置）控制律的特点，又具有速度稳定性（图 8-3 中开关处于 PSS 位置）控制律的特点。图 8-3 中表示的是开关处于 NSS 的情况，其中积分环节的作用是：在操纵状态下，使操纵力指令信号与俯仰角速度、法向过载反馈信号综合后的误差保持为零；在扰动状态下，使任何非指令信号的反馈信号（或俯仰角速度或法向过载信号）能自动地减小到零。由于前向通道中积分环节的存在,使得纵向操纵力与平尾偏转角失去了比例关系,从而使飞机的速度或迎角或过载与纵向操纵力失去了比例关系,飞机的这种特性通常称为中性速度稳定性。在这种情况下,系统呈现比例积分控制律的特点,相应的传递函数为

$$F_A(s) = 1 + \frac{k_A}{s} \qquad (8-1)$$

由式(8-1)可知:在高频区域内,此环节近似地等效一个比例环节,使这个系统具有快速响应的特点;在低频区域内,此环节近似地起积分作用,使系统具有一阶无静差的特点,即呈现中立速度稳定性控制律特点。例如,飞机在飞行员无操纵输入的情况下做等速直线水平飞行,如果飞机受到某个不平衡力矩的作用使得俯仰角速度不等于零,那么系统会自动偏转舵面,直至不平衡力矩消失为止,从而实现自动配平的目的。

但是,上述控制律在飞机的起飞着陆过程中会给飞行员对飞机的操纵带来困难。因为在起飞着陆过程中,飞行员要根据起飞着陆的进程,操纵驾驶杆,偏转平尾来改变迎角,控制飞机的速度和航迹俯仰角。积分作用的存在会使驾驶杆的位置与舵面偏转角之间失去比例关系,这使得飞行员不容易掌握所需的驾驶杆操纵量。以着陆拉平阶段的操纵为例,在正常情况(比例式操纵)下,飞行员为增大迎角,会逐渐地向后拉驾驶杆使平尾前缘逐渐下偏,以达到拉平飞机的目的。在比例加积分控制的情况下,积分作用会不断地配平飞行员对平尾的操纵,因此当飞行员按照习惯拉杆时,会感觉操纵量不足,从而增大操纵量。这很有可能会使飞机反应过分猛烈,甚至可能造成事故。为此,在起飞或着陆飞行中,当飞机起落架放下时,系统中计算机输出一个电信号,自动将积分器切除,并将图中开关转换成PSS状态,如图8-4所示。此时相应的传递函数为$F_A(s)=1$,系统呈现比例控制特性,此时要求飞行员进行人工配平。

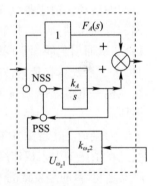

图8-4 PSS状态时自动配平网络的结构图

值得指出,当系统处于PSS状态时,飞机的阻尼可能会很小。为此引入$U_{\omega_z1} = k_{\omega_z2}k_{\omega_z}\omega_z$信号,以增加等效飞机的阻尼,改善飞机的动稳定性。

3. 放宽静稳定性回路

在前面已经介绍,在现代歼击机设计中,为获得高性能,常常采用放宽静稳定性技术,将飞机设计成亚声速飞行时是静不稳定的,或接近中立稳定,在超声速飞行时是静稳定的。例如F-16飞机,在亚声速以小迎角飞行时,在空战状态

下,其纵向设计成静不稳定,$m_z^{C_y} = 0.06$;在有外挂物对地攻击时设计成 $m_z^{C_y} = 0.1$;在超声速或亚声速大迎角飞行时设计成静稳定,$m_z^{C_y} = -0.06$。这样使F-16飞机具有较高的机动能力,如其最大可用法向过载达9。当飞机静不稳定时,不利于飞行员操纵,为此,在系统中要用迎角反馈信号来补偿静稳定性不足,如图8-3中所示的放宽静稳定性回路 RSS。

这里,引入迎角反馈的目的是补偿飞机静稳定性,产生人工稳定性,以实现放宽静稳定性要求。但是,等效飞机静稳定性增强的同时,阻尼比就会下降。为了补偿阻尼比下降,在 RSS 回路中引入俯仰角速度反馈信号 $U_{\omega_2} = k_{\omega_3} k_{\omega_z} \omega_z$,采用 $K_\alpha(q)[F_2(s)k_\alpha \alpha + k_{\omega_3} \omega_z]$ 反馈,使等效飞机具有适量的阻尼比,以便飞行员能正常操纵飞机。

4. 机体结构陷幅滤波器

初步分析设计电传操纵系统时,通常将飞机视为刚体,但实际上并非如此。这是因为现代高性能歼击机为了减小阻力,采用长细比较大的机身和相对厚度较小的机翼,再加上尽可能减轻飞机的结构质量,更使其刚度下降。这样,飞机在空中飞行时,就不能把它仅仅看作刚体,而应是弹性体,即飞行时除了有刚体运动,还有机体结构的弹性弯曲振动。这种弯曲振动模态与刚体运动模态的主要区别是:频率高,振型多达6阶以上,并且这种振动会在机体的不同部位引起不同的运动。由于系统中传感器不仅感受飞机的刚体运动,而且也感受机体结构的弯曲振动,所以,控制系统传感器安装位置的不同将影响其输出信号的幅相特性,从而引起舵面不同的附加偏转。当这些信息通过控制系统对舵面起作用时,由于系统总有延迟,即相位上的滞后,若在弯曲振动频率范围内恰好满足弹性飞机—电传操纵系统不稳定条件,则整个系统将出现耦合发散,导致飞机损坏。

为避免上述现象发生,除了应适当选择传感器的安装位置,一个重要的措施就是在系统中引入机体结构陷幅滤波器 $F_s(s)$。通常它位于综合校正网络和伺服器之间,目的是衰减机体结构振动模态,以保证系统稳定性和安全性。图8-5所示为某电传飞机机体结构陷幅滤波器的对数幅频特性曲线,该滤波器的表达式为

$$F_s(s) = \frac{\left(\dfrac{s}{70}\right)^2 + 2 \times 0.06 \times \dfrac{s}{70} + 1}{\left(\dfrac{s}{65}\right)^2 + 2 \times 0.6 \times \dfrac{s}{65} + 1} \cdot \frac{1}{\dfrac{s}{70} + 1}$$

由图8-5可见,它可滤除飞机的一阶弹性弯曲模态的影响,或者说对该频率的信号起阻塞作用,不让其通过,即使得该频率的信号增益为最小。因为其形

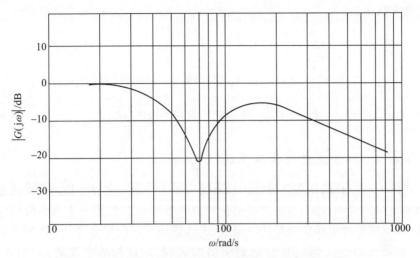

图 8-5 某电传飞机机体结构陷幅滤波器的对数幅频特性曲线

状类似陷落,故该滤波器称为机体结构陷幅滤波器。

除了上述几个环节,图 8-3 中的指令模型 $M(s)$ 实际上是一个低通滤波器,一方面可滤掉操纵力的猛烈冲动和高频噪声,另一方面也可使指令变得柔和而平滑一些;校正网络 $N(s)$ 一般筛选滞后—超前网络,目的是补偿伺服器、助力器等引起的相位滞后,改善系统的动态品质;法向加速度、迎角信号分别通过低通滤波器 $F_1(s)$、$F_2(s)$,以衰减机体的高频噪声;清洗网络 $H(s)$ 的作用是滤掉稳态俯仰角速度信号,克服在稳态盘旋时由常值稳态俯仰角速度信号引起的低头力矩,提高转弯机动性;至于俯仰角速度、法向过载反馈信号的作用与前述相同,故不再重复。

8.2.1.3 纵向单通道电传操纵系统的控制律

由以上分析可知,机体结构陷幅滤波器 $F_s(s)$ 的主要作用是衰减(或阻塞)机体结构振动模态,以保证飞机飞行安全。但考虑到弹性飞机的振动模态的频率远比刚体飞机运动模态的最大频率大,所以在讨论控制律时,通常忽略不计,即令 $F_s(s)=1$。

据图 8-3 可列出典型纵向单通道电传操纵系统控制律如下。

NSS 状态:

$$\delta_z(s) = R(s)B(s)\{K_aF_A(s)N(s)[K_{\omega_z}H(s)k_{\omega_z}\omega_z + K_{n_y}F_1(s)k_{n_y}n_y + F(\alpha)(F_2(s)k_\alpha\alpha + k_{\omega_z1}H(s)k_{\omega_z}\omega_z) + k_FM(s)F_z] + K_\alpha[F_2(s)k_\alpha\alpha + k_{\omega_z2}k_{\omega_z}\omega_z]\} \quad (8-2)$$

PSS 状态：

$$\delta_z(s) = R(s)B(s)\Big\{N(s)\Big[K_a(K_{\omega_z}H(s)k_{\omega_z}\omega_z + K_{n_y}F_1(s)k_{n_y}n_y + F(\alpha)(F_2(s)k_\alpha\alpha + k_{\omega_{z1}}H(s)k_{\omega_z}\omega_z) + k_F M(s)F_z) -$$
$$\frac{k_A}{s+k_A}k_{\omega_{z2}}k_{\omega_z}\omega_z\Big] + K_\alpha\big[F_2(s)k_\alpha\alpha + k_{\omega_{z3}}k_{\omega_z}\omega_z\big]\Big\} \tag{8-3}$$

8.2.2 四余度电传操纵系统

由图 8-2 可知，四余度电传操纵系统实质上是由 4 套完全相同的单通道电传操纵系统组合而成的，目的是使电传操纵系统的可靠性至少不低于机械操纵系统，因此四余度电传操纵系统的组成、工作原理基本上与单通道电传操纵系统相同，只是在每个传输信号的通道中增加表决器/监控器电路等，如图 8-6 所示。

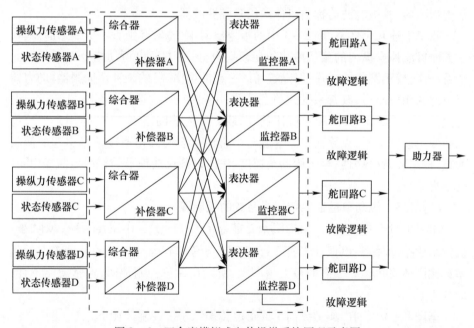

图 8-6 四余度模拟式电传操纵系统原理示意图

图 8-6 为四余度模拟式电传操纵系统原理图，它是由 A、B、C、D 4 套完全相同的单通道电传操纵系统按一定关系组合而成的。其中，状态传感器是指除了操纵力传感器外的其他测量飞机飞行状态的传感器，如迎角传感器、角速度传感器、过载传感器等；综合器/补偿器是对输入的电信号进行信号综合和补偿的；

表决器/监控器用来监视、判别4个输入信号中有无故障信号,并输出一个从中选择的正确的无故障信号。如果4个输入信号中任何一个被检测出是故障信号后,系统将自动隔离这个故障信号,不使它输入到后面的舵回路中去。

当4套系统工作都正常时,飞行员对驾驶杆的操纵经操纵力传感器 A、B、C、D 以及飞机的飞行状态参数经飞行状态传感器 A、B、C、D 各自产生4个同样的电指令信号,分别输入到相应的综合器/补偿器中,再通过4个表决器/监控器的作用,分别输出一个正确的无故障信号加到相应的舵回路,4个舵回路的输出通过机械装置共同操纵一个助力器,使舵面偏转,以操纵飞机做相应的运动。若某一个通道中的操纵力传感器或其他部件出现故障,则输入到表决器/监控器的4个输入信号有一个是故障信号,此时由于表决器/监控器的作用,将隔离这个故障信号。每个表决器/监控器按规定的表决方式选出工作信号,并将其输出到舵回路,再驱动助力器、平尾,于是飞机按飞行员的操纵意图做相应运动。如果某一通道的舵回路出现故障后,它本身能自动切除与助力器的联系(因舵回路采用余度舵机),这样到助力器去的仍是一个正确的无故障信号。同样,如果系统中某一通道再出现故障,电传操纵系统仍能正常工作,而且不会降低系统的性能。由此可见,四余度电传操纵系统具有双故障工作等级,故又称为双故障/工作电传操纵系统。

综上所述,电传操纵系统可以将飞行员的操纵指令信号,只通过导线(或总线)传给计算机,经其计算产生输出指令,操纵舵面偏转,以实现对飞机的操纵。它显然是一种人工操纵系统,安全可靠性是由余度技术来保证的。

8.2.3　电传操纵系统改善飞行品质

电传操纵系统是在控制增稳操纵系统的基础上研制而成的,所以,电传飞机稳定性和操纵品质与控制增稳飞机相比,既有相同点,又有不同点。比较它们的控制律可知,电传操纵系统中不仅有比例积分项(自动配平网络),而且还有俯仰角速度和法向过载反馈,所以,这种系统既具有俯仰自动配平功能,又具有增强飞机稳定性和操纵性的特点。另外,在大动压时,舵面偏转主要引起法向过载;在小动压时,主要引起俯仰角速度,所以,法向过载和俯仰角速度反馈的两个响应之和在整个飞行包线内起着重要作用。但法向过载信号是主信号,以实现过载指令(即操纵力指令)操纵,俯仰角速度不是主信号,其主要作用是改善系统的动态特性,这些情况与控制增稳操纵系统是相同的。除此以外,系统中还有迎角反馈和迎角/过载限制回路等。因此,这个系统还具有增强飞机静稳定性(或放宽静稳定性)和提供理想的操稳品质的特点。下面着重介绍其不同点。

8.2.3.1 提高飞机基本飞行性能和机动性

对于同种类型的两架飞机,若一架安装控制增稳操纵系统,另一架安装电传操纵系统,由于电传操纵系统比控制增稳操纵系统有许多优点,如重量轻、战伤生存力高等,所以,在相同的发动机推重比下,后一架飞机的基本飞行性能和机动性比前一架飞机好。正因为这个缘故,目前世界上高性能歼击机通常都采用电传操纵系统。如果将它安装在民航飞机上,也将会提高民航机的经济效益。

对歼击机的设计目标是提高机动性。目前,常用的两种提高飞机基本飞行性能和机动性的方法是放宽静稳定性与机动载荷控制。关于这两种方法提高飞机基本飞行性能和机动性的具体内容,前面已经论述,这里不再重复。

8.2.3.2 提供大迎角和大过载时较好的操纵稳定性

由于电传操纵系统不仅在正向通道中设置了过载限幅器,而且在反馈通道中设置了迎角/过载限制器,使得飞行员可以在整个飞行包线内、任何飞行状态下均可放心大胆地操纵飞机。例如,过载限幅器就是防止由于飞行员操纵疏忽而引起过大的法向过载;迎角/过载限制器一方面限制了飞行员在空战过程中因操纵疏忽而出现过大的法向过载,造成飞机折断或解体;另一方面防止因飞机迎角太大而导致横航向运动变成不稳定,使飞行员无法操纵,或使飞机达到失速迎角而造成飞机失速。由于这两个装置的协调作用,以及在系统中引入反馈 $K_\alpha [F_2(s)k_\alpha \alpha + k_{\omega 3} k_{\omega_z} \omega_z]$ 的结果,故此系统能提供飞机在大迎角和大过载时较好的操纵稳定性。

8.2.3.3 提供满意的操纵力特性

选取迎角 α、俯仰角速度 ω_z 和法向过载 n_y 信号作为电传操纵系统的基本反馈,这样不仅能提高飞机的机动性,而且还能提供满意的操纵力特性。为了突出这些基本信号对操纵力特性的影响,可令 $H(s) = F_1(s) = F_2(s) = F_s(s) = 1$,过载限幅器的系数为1,以及断开迎角/过载限制器。按照电传操纵系统的 NSS 和 PSS 两种工作状态,分别叙述如下:

1. NSS 工作状态

飞机高速飞行时,飞行员关心的主要参数为法向过载,所以先来研究法向过载对操纵力指令的传递函数。为此,将图 8-3 简化成图 8-7。由该图可得传递函数为

$$\frac{n_y(s)}{F_z(s)} = \frac{k_F M K_a(s+k_A)NRBG_{n_y\delta_z}}{s - RBG_{\alpha\delta_z}[K_\alpha(k_\alpha + k_{\omega 3}k_{\omega_z}G_{\omega_z\alpha})s + K_a(s+k_A)N(K_{\omega_z}k_{\omega_z}G_{\omega_z\alpha} + K_{n_y}k_{n_y}G_{n_y\alpha})]}$$

(8-4)

分子分母同除以 $K_a(s+k_A)NRBG_{n_y\delta_z}$,得

$$\frac{n_y(s)}{F_z(s)} = \frac{k_F M}{\Delta_{qx} + \Delta_{hx}} \quad (8-5)$$

其中

$$\Delta_{qx} = \frac{s}{K_a(s+k_A)NRBG_{n_y\delta_z}}$$

$$\Delta_{hx} = -\frac{G_{\alpha\delta_z}[K_\alpha(k_\alpha + k_{\omega_z3}k_{\omega_z}G_{\omega_z\alpha})s + K_a(s+k_A)N(K_{\omega_z}k_{\omega_z}G_{\omega_z\alpha} + K_{n_y}k_{n_y}G_{n_y\alpha})]}{K_a(s+k_A)NG_{n_y\delta_z}}$$

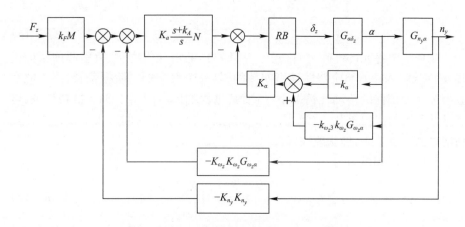

图 8-7 NSS 工作状态时图 8-3 的简化图

为了减小外界条件变化对系统动态特性的影响，增益 K_a 通常取为高增益，所以 $\Delta_{qx} \to 0$。即使不采用高增益，在设计时也容易使 Δ_{qx} 的作用处于次要地位而被略去，即相对于 Δ_{hx} 充分小，于是上式可改写成

$$\frac{n_y(s)}{F_z(s)} \approx \frac{k_F M}{\Delta_{hx}} \quad (8-6)$$

因为

$$G_{\omega_z\alpha}(S) = s + \bar{Y}_C^\alpha \quad (8-7)$$

$$G_{n_y\alpha}(S) = \frac{V}{g}\bar{Y}_C^\alpha = k_{n_y\alpha} \quad (8-8)$$

$$G_{\omega_z n_y}(S) = \frac{G_{\omega_z\delta_z}(S)}{G_{n_y\delta_z}(S)} = \frac{s + \bar{Y}_C^\alpha}{k_{n_y\alpha}} \quad (8-9)$$

考虑到校正网络 $N(s)$ 的功用是补偿伺服器、助力器引起的相位滞后，故可令 $N(s) = 1$。若取指令模型为

$$\begin{cases} M(s) = \dfrac{k_M}{s + k_M} \\ k_M = k_A \end{cases} \quad (8-10)$$

则将以上各式代入式(8-6),得

$$\dfrac{n_y(s)}{F_z(s)} = \dfrac{-k_F k_A K_a k_{n_y\alpha}}{K_\alpha[k_\alpha + k_{\omega_z3}k_{\omega_z}(s + \overline{Y}_C^\alpha)]s + K_a k_{n_y}k_{n_y}k_{n_y\alpha}(s + k_A)\left[\dfrac{K_{\omega_z}k_{\omega_z}(s + \overline{Y}_C^\alpha)}{K_{n_y}k_{n_y}k_{n_y\alpha}} + 1\right]} \quad (8-11)$$

在系统中各元部件确定后,式(8-11)可知,由操纵力 F_z 所引起的法向过载 n_y(或迎角 α)的响应特性是周期性的,是一个典型的二阶振荡特性,因此在适当选择元部件的传动比情况下,可使其过程响应时间小于3s。换句话说,电传操纵系统的法向过载 n_y(或迎角 α)对操纵力的响应时间有可能设计得比控制增稳操纵系统小,即快速性好。

单位过载操纵力为

$$F_z^{n_y} = \dfrac{F_z(s)}{n_y(s)}\bigg|_{SS} = -\dfrac{K_{n_y}k_{n_y}}{k_F}\left[\dfrac{K_{\omega_z}k_{\omega_z}g}{K_{n_y}k_{n_y}V} + 1\right] \quad (8-12)$$

由式(8-12)可知,它仅包含飞行速度 V 一个变量,只要通过选择合适的参数,操纵力梯度就容易设计成速度 V 的线性函数或近似为常数。

当飞机高速飞行时,如 $Ma > 1.5$,并考虑到

$$\dfrac{K_{\omega_z}k_{\omega_z}}{K_{n_y}k_{n_y}} \approx 0.2 \sim 0.35 \quad (8-13)$$

则式(8-12)改写为

$$F_z^{n_y} \approx -\dfrac{K_{n_y}k_{n_y}}{k_F} \quad (8-14)$$

式(8-14)表示飞机高速飞行时,静态单位过载操纵力接近为常数。

飞机低速飞行时,飞行员关心的主要参数为俯仰角速度,所以有必要研究俯仰角速度对操纵力指令的传递函数。为此,将图 8-7 变换成图 8-8。由图可推得相应的传递函数为

$$\dfrac{\omega_z(s)}{F_z(s)} = \dfrac{k_F M K_a(s + k_A) N R B G_{\omega_z\delta_z}}{s - RBG_{\omega_z\delta_z}[K_\alpha(k_\alpha G_{\alpha\omega_z} + k_{\omega_z}k_{\omega_z})s + K_a(s + k_A)N(K_{\omega_z}k_{\omega_z} + K_{n_y}k_{n_y}G_{n_y\omega_z})]} \quad (8-15)$$

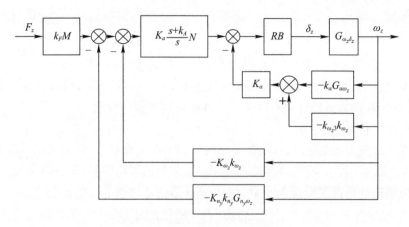

图 8-8 以俯仰角速度为输出变量的结构图

当用 $K_a(s+k_A)NRBG_{\omega_z\delta_z}$ 分别除以式(8-15)中的分子和分母,并考虑到增益 K_a 为高增益,则可采用前述方法,令

$$\frac{s}{K_a(s+k_A)NRBG_{\omega_z\delta_z}} \to 0$$

于是式(8-15)变成

$$\frac{\omega_z(s)}{F_z(s)} = \frac{-k_F M K_a(s+k_A)N}{K_\alpha(k_\alpha G_{\alpha\omega_z}+k_{\omega_z3}k_{\omega_z})s + K_a(s+k_A)NK_{n_y}k_{n_y}G_{n_y\omega_z}\left(\dfrac{K_{\omega_z}k_{\omega_z}}{K_{n_y}k_{n_y}}G_{\omega_z n_y}+1\right)}$$

(8-16)

令 $N(s)=1$,并将 $G_{\alpha\omega_z}$、$G_{\omega_z n_y}$、$G_{n_y\omega_z}$ 的表达式代入式(8-16),整理后得

$$\frac{\omega_z(s)}{F_z(s)} = \frac{-k_F k_A K_a(s+\bar{Y}_C^\alpha)}{K_\alpha[k_\alpha+k_{\omega_z3}k_{\omega_z}(s+\bar{Y}_C^\alpha)]s + K_a(s+k_A)K_{n_y}k_{n_y}k_{n_y\alpha}\left(\dfrac{K_{\omega_z}k_{\omega_z}(s+\bar{Y}_C^\alpha)}{K_{n_y}k_{n_y}}+1\right)}$$

(8-17)

式(8-17)为俯仰角速度对操纵力指令的传递函数,它不是一个典型的二阶环节,因其分子中有一个零点,所以俯仰角速度的响应在相位上比法向过载提前一些。由此可见,它也是衡量飞机操纵性好坏的重要指标。

稳态时式(8-17)可改写成

$$\left.\frac{\omega_z(s)}{F_z(s)}\right|_{SS} = \frac{-k_F}{K_{\omega_z}k_{\omega_z}\left(1+\dfrac{K_{n_y}k_{n_y}V}{K_{\omega_z}k_{\omega_z}g}\right)}$$

(8-18)

或改写成

$$F_z^{\omega_z} = \frac{F_z(s)}{\omega_z(s)}\bigg|_{SS} = -\frac{K_{\omega_z}k_{\omega_z}}{k_F}\left(1 + \frac{K_{n_y}k_{n_y}V}{K_{\omega_z}k_{\omega_z}g}\right) \approx \frac{K_{n_y}k_{n_y}}{k_F g}V \quad (8-19)$$

由式(8-19)可知,它也仅包含飞行速度 V 一个变量,只要通过选择合适的参数,该指标也容易设计成速度 V 的线性函数或近似为常数。

2. PSS 工作状态

当飞机放下起落架时,自动配平网络转为 PSS 工作状态,此时飞机一般处于低速飞行状态。为了研究 PSS 状态时的操纵力特性,可将图 8-3 简化成图 8-9。由图可得俯仰角速度对操纵力指令的传递函数为

$$\frac{\omega_z(s)}{F_z(s)} = \frac{k_F M K_a(s+k_A) N R B G_{\omega_z\delta_z}}{(s+k_A)[1 - R B K_\alpha(k_\alpha G_{\alpha\omega_z} + k_{\omega_z 3}k_{\omega_z})G_{\omega_z\delta_z}] - N R B G_{\omega_z\delta_z} \cdot}$$

$$\overline{[k_A k_{\omega_z 2}k_{\omega_z} + K_a(s+k_A)(K_{\omega_z}k_{\omega_z} + K_{n_y}k_{n_y}G_{n_y\omega_z})]} \quad (8-20)$$

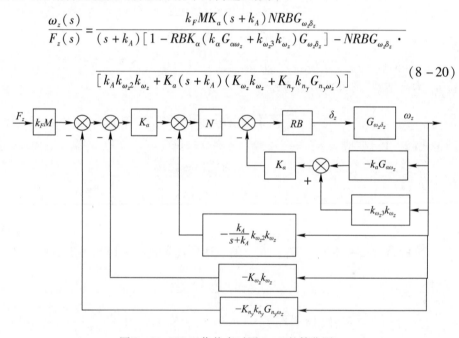

图 8-9 PSS 工作状态时图 8-3 的简化图

同样,令 $N(s) = 1$,并将 $G_{\omega_z\delta_z}$、$G_{\alpha\omega_z}$、$G_{n_y\omega_z}$ 的表达式代入式(8-20),整理后得

$$\frac{\omega_z(s)}{F_z(s)} = \frac{-k_F k_A K_a(s+\overline{Y}_C^\alpha)}{\{K_\alpha[(k_\alpha + k_{\omega_z 3}k_{\omega_z}(s+\overline{Y}_C^\alpha))] + K_a[K_{\omega_z}k_{\omega_z}(s+\overline{Y}_C^\alpha) + K_{n_y}k_{n_y}k_{n_y\alpha}]\} \cdot}$$

$$\overline{(s+k_A) + k_A k_{\omega_z 2}k_{\omega_z}(s+\overline{Y}_C^\alpha)} \quad (8-21)$$

式(8-21)为 PSS 工作状态时,俯仰角速度对操纵力指令的传递函数。它

与式(8-17)具有相同的阶次形式,不同点是多了一个可选择的 $k_{\omega_z 2}$ 值,这样可对起飞着陆时阻尼比不足进行补偿。

稳态时,式(8-21)可改写成

$$\left.\frac{\omega_z(s)}{F_z(s)}\right|_{\mathrm{SS}} = \frac{-k_F K_a \bar{Y}_C^\alpha}{K_\alpha(k_\alpha + k_{\omega_z 3} k_{\omega_z} \bar{Y}_C^\alpha) + K_a(K_{\omega_z} k_{\omega_z} \bar{Y}_C^\alpha + K_{n_y} k_{n_y} k_{n_y\alpha}) + k_{\omega_z 2} k_{\omega_z} \bar{Y}_C^\alpha} \quad (8-22)$$

或改写成

$$F_z^{\omega_z} = \frac{K_\alpha(k_\alpha + k_{\omega_z 3} k_{\omega_z} \bar{Y}_C^\alpha) + K_a(K_{\omega_z} k_{\omega_z} \bar{Y}_C^\alpha + K_{n_y} k_{n_y} k_{n_y\alpha}) + k_{\omega_z 2} k_{\omega_z} \bar{Y}_C^\alpha}{-k_F K_a \bar{Y}_C^\alpha} \quad (8-23)$$

式(8-23)为 PSS 工作状态时,单位俯仰角速度所需的操纵力增量。它与式(8-19)的不同点是多了几个可选择量(如 k_α、$k_{\omega_z 2}$、$k_{\omega_z 3}$),这样可针对亚声速飞行时飞机本身是静不稳定的,以及起飞着陆时阻尼比不足进行补偿。

由以上分析可知,电传操纵系统中能选择的参数比控制增稳操纵系统多,而且容易实现,使得电传操纵系统在 NSS 和 PSS 工作状态下,都能提供满意的操纵力特性。若再对 K_a、K_{ω_z} 和 K_{n_y} 随动压进行调参,则系统对飞行状态变化的敏感性是较小的。

正因为电传操纵系统能从起飞到着陆的整个飞行阶段和宽广的飞行包线内提供满意的稳定性、操纵性和机动性,所以电传操纵系统是目前比较理想的一种人工飞行操纵系统。

到此为止,对纵向电传操纵系统以及由此引起的飞机飞行性能和品质的变化进行了较详细的介绍。考虑到横航向电传操纵系统的组成、工作原理和控制律形式基本上与纵向类似,故不再介绍。

当前,现代高性能歼击机通常安装三轴电传操纵系统。此时,设计电传操纵系统的指导思想是要最佳地提高飞机整体性能,其设计特点有:

(1) 飞机气动布局比较灵活,构型比常规飞机复杂,操纵面较多,甚至达 10 个以上。

(2) 电传操纵系统具有多模态和多功能特点,如三轴控制增稳、边界限制和防失速尾旋功能等。

(3) 边界限制功能的内容较多,如对多种指令、对迎角、侧滑角、俯仰角速度、滚转角速度和法向过载限制等。

(4) 与其他系统交联多,如与自动驾驶仪、发动机推力控制系统交联等。

(5) 为了保证复杂的三轴电传操纵系统的安全可靠性,除了有备份系统,在主系统中还常常采用非相似余度技术来设计余度系统,故系统余度结构较复杂。

8.2.4 电传操纵系统的优点和存在问题

传统的机械操纵系统存在许多缺点:重量大、体积大、存在非线性、弹性变形和保证飞机合适的操纵性的结构相当复杂。但机械操纵系统的最大优点是可靠性较高。电传操纵系统的优缺点大体上与机械操纵系统相反。单通道电传操纵系统的可靠性不及机械操纵系统,但采用余度技术后就可克服此缺点。

8.2.4.1 电传操纵系统的优点

电传操纵系统的优点如下:

(1) 操纵系统的体积小、重量轻。使用电传操纵系统、拆除机械杆系可以显著减轻操纵系统的重量。例如,F-16飞机可以减轻1810N;通用动力公司估计,在大型、高性能战略轰炸机上使用电传操纵系统的话,可使飞行操纵系统重量减轻84%左右。与此同时,还可以使操纵系统的体积大为减小。据估计,在战斗机上使用电传操纵系统约可减小体积 $2.4m^3$,在战略轰炸机上约可减小体积 $4.39m^3$。

(2) 提高战伤生存力。由于采用余度技术,其总线(导线)可在机翼和机身内部分散安排,所以在战伤生存性、安全可靠性方面,电传操纵系统也优于机械操纵系统。

(3) 消除机械操纵系统中的非线性因素影响。使用电传操纵系统消除了诸如摩擦、间隙、迟滞等机械系统的非线性因素,因此容易调整飞机响应和操纵力之间的函数关系,使其在所有飞行状态下满足要求,可改善精确微小信号的操纵。

(4) 对飞机结构变化的影响不敏感。机械系统对挠曲、弯曲、热膨胀等引起的飞机结构的变化是非常敏感的,采用电传操纵系统后,这种影响自然就消失了。不仅如此,它甚至可能应用某种结构模态稳定措施来增加系统的疲劳寿命。

(5) 简化了主操纵系统与其他系统的组合。因为电气组合简单,所以电传操纵系统与战术武器投放系统、自动跟踪系统、自动着陆系统等自动控制系统的结合是很方便且容易实现的。

(6) 节省设计和安装时间。使用电传操纵系统可以缩短设计和安装时间,这是不言而喻的。据北美洛克威尔公司估计,大批生产时,大型、高性能战略轰炸机飞行操纵系统设计和安装时间,每架飞机差不多可节约5000个工时,使每架飞机生产总成本降低8万美元。

(7) 降低操纵系统的安装维护费用。采用机内自检装置可以很快发现故障并加以隔离,迅速恢复到正常的工作状态,不需要进行现在必须完成的花钱多、费时间的定期维修。电传操纵系统由于采用余度技术,部件数目增多,导致可能的故障次数有所增加。但是,由于电传操纵系统故障隔离和维修简便,完全可以抵消故障增加的影响。北美洛克威尔公司估计,对于高性能战略轰炸机来说,使用电传操纵系统,每飞行小时的维护工时大约减少10%,这样可使飞机在地面的停机时间减少3.5%。

(8) 增加座舱设计布局的灵活性。电传操纵系统可采用侧杆控制器,使驾驶杆不必安装在飞行员的正前方,因此飞行员观察仪表不受驾驶杆的影响。

(9) 飞机操稳特性不仅得到根本改善,且可以发生质的变化。由前面分析可知,电传操纵系统不仅能改善飞机的稳定性、操纵性,而且能改善机动性,这是电传操纵系统最突出的优点。正是因为有了这个优点,电传操纵系统才有可能成为设计随控布局飞机的基础,使飞机的性能发生质的变化。

(10) 使飞机设计具有更大的灵活性。电传操纵系统受飞机外形或系统性能变化的影响很小,这是因为电传操纵系统实际上控制的是飞机的运动而不是操纵面的位置。如果电传操纵系统在飞机基本设计阶段就加以考虑,那么飞机设计师和气动力专家将得到全新的设计自由和设计方法,然而这种设计以前一直受飞机机体在没有任何控制信号输入时是稳定的这一要求的限制。这种新的设计方法可以设计出机动性更好、重量更轻、阻力更小、气动布局更加灵活的飞机。这种技术对未来飞机所产生的影响将远远超出用电传操纵系统简单地取代机械操纵系统所能得到的好处。

8.2.4.2 电传操纵系统存在的主要问题

电传操纵系统存在的主要问题如下:

(1) 单通道电传操纵系统的可靠性不够高。由于单通道电传操纵系统中的电子元件质量和设计因素关系,单通道系统的可靠性不够高。所以,目前均采用三余度或四余度电传操纵系统,并利用非相似余度技术设计备分系统,如四余度电传操纵加二余度模拟热备分系统。

(2) 电传操纵系统的成本较高。就单套系统来说,电传操纵系统的成本低于机械操纵系统,但前者必须采用余度系统才能可靠工作,所以成本还是比较高的,需要进一步简化余度和降低各部件的成本。

(3) 电传操纵系统易受雷击和电磁脉冲波干扰影响。据统计,飞机平均雷击率为 7×10^{-7}/h,所以电传操纵系统需要解决雷击和电磁脉冲干扰的损害。此外,由于现代飞机越来越多地采用复合材料,其使用率达30%左右,这样系统中的电子元件失去了飞机金属蒙皮的屏蔽保护,故抗电磁干扰和抗核辐射的问题更为突出。目前解决这些问题的唯一办法是采用光纤作为传输线路,因为:光纤是介质材料,不向外辐射能量;不存在金属导线所固有的地环流及由此产生的瞬时扰动;对核辐射、电磁干扰不敏感;可以隔离通道之间的相互影响;再加上光纤系统传输容量大,一根光纤能传输视频、音频及数据信息。由于光纤技术的发展和数字式电传操纵系统的发展,因而出现了光传操纵系统(FBLS)。按功能来说,光传操纵系统就是应用光纤技术实现信号传输的操纵系统。当然,这种系统还有强度、成本、地面环境试验以及光纤维和飞机结构组合等问题有待进一步研究解决。

8.3 YF-16 飞机电传操纵系统

YF-16 飞机的电传操纵系统是模拟式四余度电传操纵系统,该系统具有如下特点:

(1) 纵向放宽静稳定性,以提高飞机的机动性。
(2) 三轴控制增稳,以提供精确的控制和极好的操纵品质。
(3) 具有双故障安全故障等级,以提供高度的安全性和任务成功概率。
(4) 全电传操纵系统为改善操纵品质提供最大的灵活性。
(5) 能自动限制迎角,这样允许飞行员无顾忌地发挥飞机的最大能力,不必担心由于疏忽造成的失控。
(6) 机内具有自检能力,以最短的停飞维护时间保证电传操纵系统处于良好的飞行准备状态。

本部分主要就 YF-16 飞机纵向电传操纵系统的组成、功能进行介绍,并对 YF-16 飞机横航向电传操纵系统的控制律,特别是对横、航向解耦控制、消除副翼逆偏航、保证大迎角操纵品质的方法进行简单分析。

8.3.1 YF-16 飞机纵向电传操纵系统

8.3.1.1 YF-16 飞机纵向电传操纵系统组成

YF-16 飞机纵向电传操纵系统功能结构图如图 8-10 所示。该电传操纵系统具有电信号指令、控制增稳、自动配平、自动调参、飞行边界限制、放宽静稳定性等功能。系统组成分述如下。

1. 电信号指令通路

由图 8-10 可见,驾驶杆至舵面已经不再是机械杆系,而代之以电信号的传递。这就允许在电信号传递中施加各种校正,如非线性校正、过载限制、比例加积分控制、调参、相位补偿、结构滤波等多种手段改善系统品质。电信号指令是构成电传操纵系统的基础,它不仅甩掉了多年来一直使用的沉重机械杆系,而且更重要的是,它可综合飞机运动响应构成闭环控制。电传操纵系统的基本特点

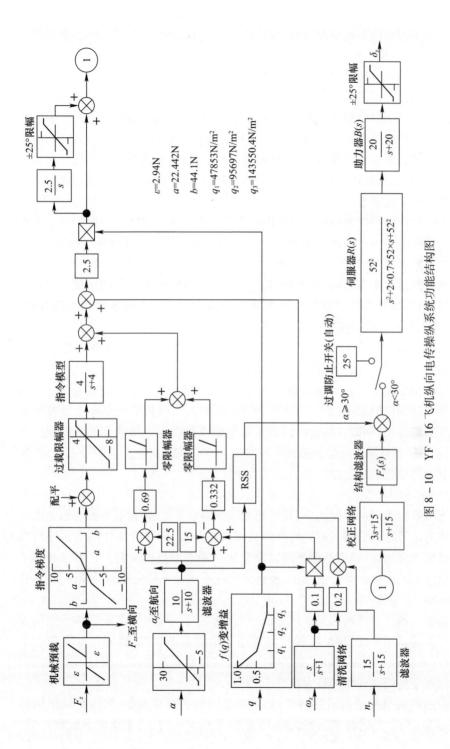

图 8-10 YF-16 飞机纵向电传操纵系统功能结构图

是飞行员不再直接控制舵面,而是直接指令飞机的响应,舵面只是闭环控制的中间变量,这是与机械操纵的本质区别所在。

电传操纵系统保留原机械操纵系统中的驾驶杆及载荷机构,取消的只是机械拉杆、摇臂、力臂调节器。驱动舵面的液压助力器当然还是需要的。驾驶杆的运动由四余度操纵位移或操纵力传感器变成电信号。通常由载荷机构提供的操纵力—操纵位移关系是非线性的。驾驶杆的预载力是回中立特性的要求,操纵力超过预载力后才有位移输出。驾驶杆指令信号通过非线性校正后指令飞机过载,经此整形后保证在小操纵力操纵时不出现过灵反应,而在大机动操纵时不至于操纵力过大而笨重。

电信号指令与座舱内配平轮的电配平信号叠加进入过载指令限制器。配平轮的过载权限约为 ±1,用途是调节电气零位,亦可提供飞行员进行配平修正。过载指令限制器的限制范围为过载 $-8 \sim +4$,这是杆指令的过载当量值。驾驶杆运动方向通常定义为:拉杆为负,推杆为正,负的杆指令对应正过载。需要强调的是,电传操纵系统的电信号指令是飞机过载的增量。根据限制器的数据,YF-16 飞机的过载范围实际为 $-3 \sim +9$。

过载限幅器之后是转折频率为 $4s^{-1}$ 的一阶滤波器,其主要作用是缓冲飞行员的急剧操纵,避免液压动作器速率饱和而中断俯仰角速度和过载反馈。该环节又称电指令模型。它的输出指令闭环响应,由于电传操纵系统高增益(杆到舵面传动比为机械系统的 4~10 倍)、响应快的特点,飞机响应基本上是跟随这个滤波器的输出,亦即它的输出代表了希望的飞机响应。该环节的转折频率为 $3 \sim 12s^{-1}$,其倒数即为此滤波器的时间常数。它在飞机响应反馈信号之前,不影响飞机闭环系统的稳定性。

2. 前向通路

滤波器输出后的控制指令,经与迎角限制器信号、法向过载和俯仰角速度混合反馈的信号综合后进入前向通路的自动调参环节,它随着动压的增大连续地降低系统开环增益,以期补偿舵面效率变化对系统增益的影响。它不仅起到了机械操纵系统力臂调节器的作用,而且对闭环系统操纵稳定性的设计综合,具有重要影响。

调参后的信号进入比例加积分控制器,这是自动控制原理中经常使用的方法。比例通道用于加快响应,积分通道用于消除稳态误差,构成一阶无静差系统,使驾驶杆每一位置都对应一个确定的法向过载或迎角值。积分通道的限制值恰好等于舵面偏转角的最大值。

随后的环节是超前滞后网络,超前网络的转折频率为 $5s^{-1}$,滞后网络的转折频率为 $15s^{-1}$。它将角频率大于 15 的信号放大 3 倍,且在角频率 $8.66s^{-1}$ 处提供了30°的最大相位超前角。该网络主要用于增加系统的相位储备,同时加快系统的初始响应。校正网络的类型和参数,要根据开环频率特性曲线的形态来设计综合,以使系统在整个飞行包线范围内全部满足稳定性和操纵性要求。

校正网络之后通常是结构陷幅滤波器 $F_s(s)$。带有控制系统的飞机在气动力、惯性力和弹性力的作用下,可能出现气动伺服弹性不稳定问题,而一旦出现将危及飞行安全。俯仰速率陀螺和加速度计频带宽,它感受的机身弯曲振动通过电传操纵系统前向通道的高增益,可能反映到平尾运动上。因此,在校正网络之后采用结构滤波器滤掉大于机身一阶弯曲频率的全部信号。

结构滤波器之后是一个加法器,在此注入来自迎角传感器的、并经放宽静稳定性补偿的信号,之后是过调防止开关。当飞机迎角较大时,操纵面效率降低,飞机响应无法跟随操纵指令。这里的保护开关限制在大迎角时,送给伺服器的信号等于舵面极限值,防止伺服器和助力器超极限呈开环工作状态。YF-16飞机的舵机和助力器以及平尾的极限偏转角也都示于图8-10中,其中助力器是一个简化的仿真用模型。以上即为前向通路的构型。有时为了加快系统响应或出于安全备份的需要,加装具有权限限制的并行直接链通路。

3. 反馈通路及其构型

为了保证电传操纵系统的稳定操纵,必须实施闭环控制。飞机纵向运动响应有俯仰角速度、迎角和法向过载。电传操纵系统的控制增稳功能是由前向通路和反馈通路构成的闭环回路来实现的。构成闭环控制的主反馈信号是法向过载,它由加速度传感器测得。该信号首先通过一个一阶滞后滤波器,该滤波器的转折频率为$15s^{-1}$,它用以滤掉加速度计的噪声干扰信号。由于该滤波器是在反馈通路,它对前向通路信号的传递具有超前作用,能够加快闭环响应。法向过载信号与俯仰角速度反馈信号叠加后,与杆指令信号综合构成闭环控制。法向过载反馈主要用以形成过载指令控制和过载限制,最大限度地发挥飞机的机动能力。

俯仰速率陀螺感受的俯仰角速度是电传操纵系统的重要反馈,主要作用是改善飞机短周期运动的阻尼比。YF-16飞机纵向电传操纵系统所用的ω_z信号首先进入一个一阶高通清洗网络。该网络只敏感俯仰角速度的变化,对于ω_z的常值信号进行阻断,稳态输出为零。经高通网络之后的信号分两路:一路缩小10倍,经动压调参后进入迎角限制器;另一路缩小5倍后,与过载信号叠加混合,反馈到电信号指令综合口,构成增稳回路。

迎角经$-5°\sim30°$限幅器后进入一阶滞后滤波器,其转折频率为$10s^{-1}$,时间常数为$0.1s$。此后该信号的去向有三处:一是去往航向,与ω_x信号相乘后进入偏航通道;二是经 $f(Ma)$ 或 $f(Ma,\alpha)$ 调参后驱动平尾进行静稳定性补偿;三是进入迎角限制器进行迎角限制。

8.3.1.2　YF-16 飞机纵向电传操纵系统功能

1. 控制增稳功能

控制增稳是电传操纵的基本功能,由指令通路(驾驶杆至闭环系统综合口)、前向通路和反馈通路构成。前向通路和反馈通路构成闭环控制增稳回路。前向通路加快操纵响应,反馈通路增加系统稳定性。

电传操纵系统前向通路接入了积分器,构成一阶无静差系统。当无操纵输入、指令信号为零时,飞机受扰动后的稳态响应终将归于零。当有操纵输入时,比例积分控制使飞机快速运动跟随指令要求,系统的阻尼保证了飞行员的精确操纵,使其感到装有电传操纵系统的飞机"动则灵,静则稳",这就是电传操纵系统的控制增稳功能,它是电传操纵系统实施其功能的基础。

2. 自动配平功能

常规飞机为保持等速直线水平飞行,加速时要推驾驶杆,减速时要拉驾驶杆,这种特性称为正向速度稳定性。为减轻飞行员负担,电传操纵系统提供了中立速度稳定性,即飞机在加减速飞行时,飞行员无须操纵驾驶杆就可以保持飞机的水平直线飞行,这一功能称为自动配平功能。它是用前向通路上的比例积分控制中的积分器实现的。积分器的输入信号是电指令与飞机响应的 Δn_y、ω_z 综合信号,由于积分器的作用,将使这个信号不断地配平到零值,而积分器的输出使舵面停在配平位置。

当飞机加减速飞行时,飞行员操纵油门杆增加或减小发动机推力。飞行速度的改变致使升力改变,法向过载变化反馈到电传操纵系统,积分器的作用就是最终消除过载变化(因过载增量指令为零),而无须飞行员推拉驾驶杆,舵面就自动配平纵向力矩的改变。应当指出,闭环控制的反馈量是法向过载,舵面配平的偏转只能平衡纵向力矩的变化,不能绝对保持飞行高度和姿态角不变,这要靠自动驾驶仪来实现。主通道积分器的存在构成一阶无静差系统,它保证杆指令与过载增量之差为零。而杆指令为零,Δn_y 势必为零,从而保持飞机平飞。在起飞、着陆状态的端点飞行阶段,利用起落架开关,将自动配平功能切除,恢复到正向速度稳定状态操纵飞机起飞和着陆。

3. 飞行边界限制功能

飞行边界限制是电传操纵系统十分重要的功能。有许多飞行参数,如迎角、侧滑角、过载、马赫数等,超过一定限度就会发生危险。纵向运动主要参数是迎角和法向过载,对于常规飞机,飞行员操纵时不能使操纵指令过大,否则会超过安全限度,发生失速、抖振甚至超过强度限制而使飞机解体。特别是对于放宽静稳定性的飞机,边界限制更为重要。飞行边界限制可以使飞行员放心大胆地操纵飞机,最大限度地发挥飞机的极限机动能力。

纵向电传操纵系统过载和迎角限制是由指令通路的过载限幅器和反馈通路的迎角限制器构成的。如前所述,操纵指令经预载、非线性校正后进入过载限幅器。驾驶杆指令是飞机过载增量,限幅器输出值限制过载增量为 $-4 \sim +8$,拉杆操纵给出过载为 -8 的电指令,飞机响应输出 $+8$ 的过载增量与之相抵消,才能使积分器停止工作。实际上限制飞机过载值为 $-3 \sim 9$。

拉杆操纵送给闭环综合口(与飞机过载增量 Δn_y 和俯仰角速度 ω_z 反馈相比较的地方)的指令并不等于过载限幅器的输出,而是过载限幅器输出与迎角限制器输出的差值。在迎角 $\alpha < 15°$ 时,迎角限制器输出为零,控制增稳回路的电指令信号等于过载限幅器的输出值。当 $15° < \alpha < 22.5°$ 时,迎角限制器的输出值为 $U_\alpha = 0.322(\alpha - 15)$;当 $\alpha = 22.5°$ 时,$U_\alpha = 2.4$,控制增稳的指令最大值(增量)已经不是8,而是5.6。当 $\alpha > 22.5°$ 以后,另一条增益为 0.69 的迎角限制通路接通,过载指令以更大斜率下降。当 $\alpha = 28°$ 时,$U_\alpha = 8$,"吃"掉了全部来自驾驶杆的过载操纵指令,闭环电传操纵系统得到的指令信号为零(图 8 - 11)。这里的分析都是静态的。为防止动态过程中的迎角超过限制,在 YF - 16 飞机迎角限制器中还引入了俯仰角速度信号,即将俯仰角速度信号 ω_z(增益系数为 0.1)引入迎角限制器实现超前控制,当 ω_z 较大,迎角 α 还没有达到15°时,就提前进行限制,减低杆输出的指令信号,限制飞机迎角的增长。

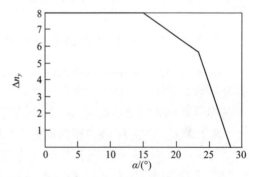

图 8 - 11 YF - 16 飞机过载及迎角边界限制特性

应当指出,不同飞机有不同的边界限制方案。YF - 16 飞机的这种方案的最大优点是不必进行模态切换,就能自动地限制飞机的迎角或法向过载。此外尚需说明,这种限制只是对操纵指令的控制,并不反映飞机实际的迎角或过载。实际的迎角和过载还受到舵面极限偏转角和舵面效率的限制。

4. 放宽静稳定性及其补偿

放宽静稳定性是电传操纵系统极为重要的功能。重心后移放宽静稳定性后,必须通过飞行控制系统对飞机进行增稳补偿。因为重心后移导致飞机亚声速静不稳定,无法进行操纵;对于超声速飞行,静稳定性的降低导致飞机固有频率下降和阻尼比增加,为改善操纵品质,也需要补偿。

俯仰力矩系数的表达式为

$$m_z = m_{z0} + (\bar{x}_G - \bar{x}_F) C_y^\alpha \alpha \tag{8-24}$$

由此可知,重心后移后,焦点和重心间的距离发生变化,由此产生的俯仰力矩系数增量只能通过平尾偏转来补偿,即

$$\Delta \bar{x}_G C_y^\alpha \alpha + m_z^{\delta_z} \Delta \delta_z = 0 \tag{8-25}$$

由此可求得放宽静稳定性后的平尾补偿偏转角为

$$\Delta \delta_z = -\frac{C_y^\alpha}{m_z^{\delta_z}} \Delta \bar{x}_G \alpha = f(Ma, \alpha) \Delta \bar{x}_G \alpha \tag{8-26}$$

图 8-10 中迎角 α 输入支路有一条是用以补偿静稳定性的迎角反馈通路,迎角信号经限幅、低通滤波器后,按一定的调参规律加到伺服器的输入端。由于迎角是一个全量(含有配平分量),所以它不能从自动配平积分环节之前加入。

8.3.2 YF-16 飞机横航向电传操纵系统

有了前面纵向电传操纵系统的结构图和功能原理的叙述,横航向电传操纵系统就容易理解了。图 8-12 和图 8-13 分别给出了 YF-16 飞机横向和航向电传操纵系统的功能结构图,分别叙述如下。

8.3.2.1 YF-16 飞机横向电传操纵系统

图 8-12 的 YF-16 飞机横向电传操纵系统指令通路与纵向基本相似,只是特性参数不同。滚转运动比俯仰运动反应快,所以其指令模型(一阶滤波器)的时间常数为 0.1s,纵向为 0.25s。横向指令通路有两个新特点:一是压杆指令信号与侧向加速度反馈信号相综合形成有效指令信号。当飞行员压杆操纵时,飞机倾斜使升力矢量也随之倾斜。升力与重量的合力作为向心力,使飞机运动方向偏离对称面而形成侧滑。侧向加速度反馈相当于侧滑角反馈,该信号的引入用以减小压杆操纵时的侧滑角,改善飞机的横向稳定性。二是人感特性自动按纵向操纵力调节,随着纵向驾驶杆操纵力的增加,横向驾驶杆操纵力的有效指令将按比例衰减;当纵向操纵力增加到一定值,横向有效指令系数保持定值,实现特定要求的纵—横交联人感特性。

横向操纵的主反馈信号是滚转角速度 ω_x,纵向主反馈信号是法向过载。纵向杆指令是法向过载,横向压杆指令是滚转角速度。ω_x 反馈主要用于改善横向动稳定性,即增强横向阻尼,减小滚转时间常数,提高滚转性能。

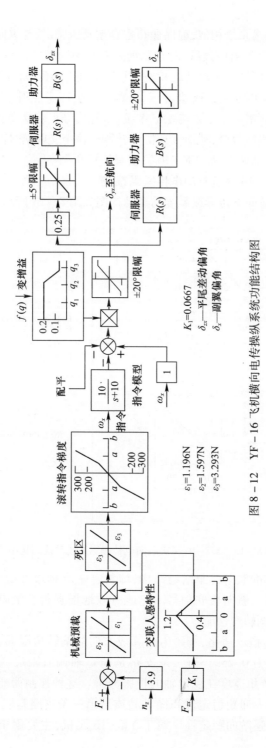

图 8-12 YF-16 飞机横向电传操纵系统功能结构图

与纵向电传操纵系统相似，前向通路也是按动压调参，与纵向不同的是没有积分控制。经±20°限幅信号后，同时驱动副翼和差动平尾，差动平尾使用权限为±5°。压杆操纵信号在驱动副翼和差动平尾的同时，还交联至航向操纵系统。通常，飞行员压杆同时还要蹬脚蹬，杆舵协调就不会产生侧滑。但是，杆舵配合不当，同样会产生侧滑。有了电传操纵系统，压杆信号很容易交联到方向舵去解耦，消除副翼的逆偏航效应，从而实现协调转弯。这个交联信号的传动比通常是按迎角和马赫数自动调参，而YF-16飞机只按迎角调参。

8.3.2.2 YF-16飞机航向电传操纵系统

YF-16飞机航向电传操纵系统功能结构图如图8-13所示。

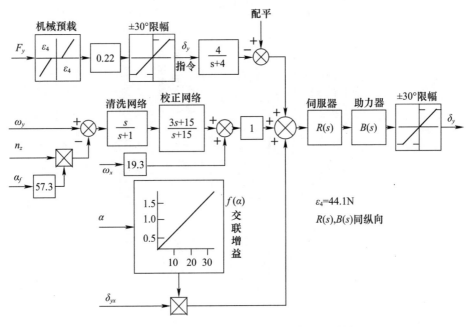

图8-13 YF-16飞机航向电传操纵系统功能结构图

这是一种标准的航向控制增稳结构，即具有一个脚蹬力指令信号和ω_y、n_z反馈信号及一个横—航向交联信号。它能有效地增强荷兰滚阻尼和航向稳定性，改善滚转和协调转弯性能。

第一条支路为指令通路，脚蹬力折算成方向舵偏转角限幅，指令模型与纵向一样，时间常数为0.25s。第二条支路是稳定轴偏航阻尼通路。它考虑了大迎角飞行时滚转角速度在稳定轴的投影分量。这种控制律能保证大迎角飞行时，有效地改善大迎角稳定性和操纵品质。第三条支路是侧向加速度n_z反馈，它的功能是增强航向稳定性。对于YF-16飞机，主要用于增强跨声速和超声速状态的静稳定性。第四条支路为横—航向解耦交联,系数按 α 信号调参。

横航向电传操纵系统基本功能是改善静稳定性,增强荷兰滚阻尼和协调转弯。其设计指导思想是,有效地改善战斗机大迎角的稳定性和操纵品质,克服高性能战斗机在大迎角飞行时航向发散、上反效应过大以及副翼逆偏航效应等不良特性,提高抗失速抗尾旋的能力。

8.4 某型飞机电传操纵系统

某型飞机的操纵系统采用机械操纵和电传操纵相结合的方法。各舵面的操纵方式及转动范围如表 8 – 1 所示。

表 8 – 1 某型飞机各舵面的操纵方式及转动范围

操纵方向	名称	操纵方式	转动范围/(°)	余度数
纵向操纵	平尾(同步)	СДУ 操纵	−20 ~ +15	4
	前缘襟翼	СДУ 操纵	0 ~ +30	无
	襟副翼(作襟翼用)	СДУ 操纵	0 ~ +5	无
横向操纵	襟副翼(作副翼用)	机械操纵	−20 ~ +20	
	平尾(差动)	СДУ 操纵	−15 ~ +15	3
航向操纵	方向舵	СДУ 操纵	−18 ~ +18	3
		机械操纵	−25 ~ +25	

有关机械操纵的内容请参考相关文献,这里主要介绍电传操纵系统的功用、组成及其工作原理。

8.4.1 某型飞机电传操纵系统功用和组成

1. 某型飞机电传操纵系统的功用

某型飞机的电传操纵系统用来保证飞机在整个飞行包线内具有高度机动性以及良好的操纵性和稳定性。具体地说,电传操纵系统具有以下功能:

(1) 通过操纵平尾的同步偏转实现纵向控制,并解决纵向的不稳定问题(控制增稳)。

(2) 通过操纵平尾差动偏转进行倾斜协调控制及实现倾斜阻尼。

(3) 通过操纵方向舵同步偏转实现航向阻尼。

(4) 通过选择前缘襟翼偏转以达到增升作用。

(5) 通过操纵襟副翼(作襟翼用)以达到增升作用。

(6) 通过极限状态限制器限制驾驶杆的移动,以防止飞机超过最大过载和最大迎角的允许值。

2. 某型飞机电传操纵系统的组成

某型飞机电传操纵系统包括信号传感器、电传操纵系统计算机 ВДУ 及相应部件、执行机构、控制部件、指示器和信号指示器。

1) 信号传感器

(1) 驾驶杆操纵位移传感器(ДПР)(2 个):一个用于感受驾驶杆前后方向(纵向)位移并转换成相应的电信号输出给纵向通道;另一个用于感受驾驶杆左右方向(横向)的位移并转换成相应的电信号输出给横向通道。每个驾驶杆操纵位移传感器均由 4 个独立的信号产生器组成。

(2) 线加速度传感器(ДЛУ)(7 个):包括 4 个法向过载 n_y 传感器和 3 个侧向过载 n_z 传感器,分别向纵向和横向通道输出 n_y 和 n_z 电信号。

(3) 角速度传感器(ДЛС)(10 个):包括 4 个俯仰角速度 ω_z 传感器、3 个倾斜角速度 ω_x 传感器和 3 个航向角速度 ω_y 传感器,分别向纵向、横向和航向通道输出 ω_z、ω_x 和 ω_y 电信号。

(4) 动压传感器(ДДД)(4 个):用来测量动压并转换成相应的电信号输出给纵向、横向和航向通道。

(5) 静压传感器(ДАД)(7 个):用来测量静压并转换成相应的电信号输出给纵向、横向和航向通道。

(6) 迎角传感器(ДАУ)(7 个):用来测量飞机的迎角并转换成相应的电信号输出给纵向、横向和航向通道。

2) 电传操纵系统计算机 ВДУ 及相应部件

4 个电传操纵系统计算机供四余度各通道使用,完成驾驶杆传递系数计算、纵向通道计算、横向通道计算、航向通道计算、前缘襟翼通道计算、襟副翼通道计算、极限状态计算等任务,并产生相应的电信号,加到相应的执行机构。每个计算机均由独立的电源部件供电。

3) 执行机构

(1) 舵面传动机构(РПД-1Б)(2 个)——平尾舵机:为四余度舵机,完成平尾的同步偏转或差动偏转操纵。

(2) 舵面传动机构(ПМ-15БА)(1 个)——方向舵舵机:为三余度舵机,用来操纵方向舵偏转。

(3) 舵机(PM-130)(2 个):为无余度传动机构,一个用于襟副翼的操纵,另一个用于极限状态限制系统。

(4) 舵机(PM-190)(1 个):用于前缘襟翼的操纵。

4）控制部件

（1）电传操纵系统控制板（ПУ-220）：位于左水平操纵台上，如图 8-14 所示。

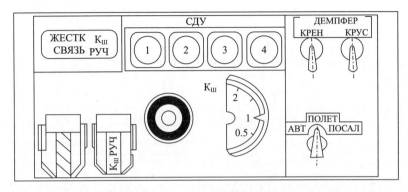

图 8-14　ПУ-220 电传操纵系统控制板

① 工作状态转换开关：位于控制板右下角，用于人工转换或收放起落架时自动转换电传操纵系统的工作状态。它有三个位置：АВТ——自动，ПОЛЕТ——飞行，ПОСАЛ——着陆。

② 倾斜、航向阻尼器电门：位于控制板右上角，左边为倾斜阻尼器电门，标有"КРЕН"，用于接通倾斜阻尼通道；右边为航向阻尼器电门，标有"КРУС"，用于接通航向阻尼器通道。

③ $K_Ш$（传动比）指示器：指示驾驶杆操纵位移与平尾偏转角之间的传动比。例如：$K_Ш$指示器指示为"1"，表明驾驶杆偏转1°，平尾也相应偏转1°。

④ 4个通道信号灯：位于控制板的中上部，为按钮式信号灯，灯上分别标有1、2、3、4，当某一通道故障时，相应的信号灯闪亮，闪烁3～5s后常亮。当故障消失后，按压信号灯按钮，信号灯灭。每个信号灯对应一个通道。三通道时用前三个信号灯指示。

⑤ $K_Ш$手动旋钮：位于$K_Ш$指示器左边，为按钮式旋钮，当自动$K_Ш$装置故障时，通过手动调整$K_Ш$旋钮人工调定$K_Ш$系数，调节范围为0.5～3.5。

⑥ $K_Ш$手动电门（$K_Ш$ РУЧ）：为一带保险盖电门，标有黄色"$K_Ш$ РУЧН"字样，当需要手动调整$K_Ш$系数时，应接通此电门。电门接通后，禁止再断开。

⑦ 硬交联电门（ЖЕСТК СВЯЗЬ）：位于控制板左边，为一带红色保险盖电门。当电传操纵系统三个通道故障时，接通此电门，便接通了电气备份通道。

（2）电传操纵系统检查控制板（ПП-204）：位于右壁上，上有S_1、S_2电门、转换开关及 H(方向)信号灯,如图 8-15 所示。电传地面检查控制板仅在地面检查时使用。

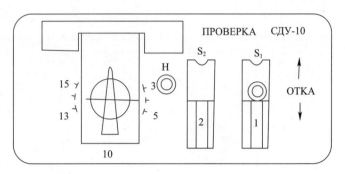

图 8-15　ПП-204 电传操纵系统检查控制板

(3) 迎角过载限制电门(ОГРАНИЧИТ　α　n_y):在左操纵台上第 2 号飞机发动机控制板上,用于接通极限状态限制器。

(4) 襟副翼自动电门(ФЛАПЕР　АВТ):位于左操纵台第 1 号飞机发动机控制板上,当电门处于 АВТ(自动)位置时,襟副翼(作襟翼用)受电传操纵系统控制。

(5) 前缘襟翼电门(НОСКИ　КРЫЛА):位于左操纵台第 1 号飞机发动机控制板上,它有 3 个位置:

向前:ВЫПУЩЕНЫ——放下;

中间:АВТ——自动;

向后:УБРАНЫ——收起。

5) 指示器

(1) 左、右平尾位置指示器:位于右壁上,前后分别指示左、右平尾所在的位置。

(2) 前缘襟翼位置指示器:位于仪表板左侧,指示前缘襟翼所在位置。

6) 信号指示器

(1) 电传操纵系统应急信号灯(СДУ):位于仪表板右上部,当电传操纵系统纵向通道发生严重故障时,СДУ 红色信号灯闪亮。

(2) 通用信号盘(ЭКРАН):可显示电传操纵系统的故障信息及操纵提示信息。

此外,电传操纵系统的故障信息还由飞行参数记录系统(ТЕСТЕР)进行记录。

电传操纵系统的控制和指示部分布局如图 8-16 所示。

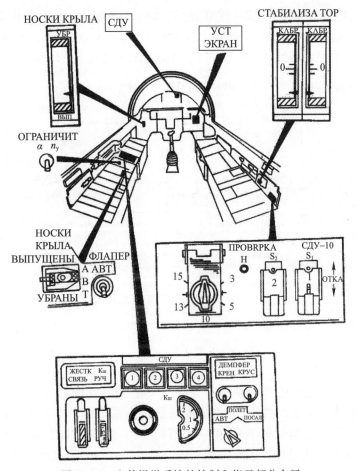

图 8-16 电传操纵系统的控制和指示部分布局

8.4.2 某型飞机电传操纵系统的工作原理

电传操纵系统按工作原理来分,由下列通道组成:
(1)纵向通道——操纵平尾同步偏转。
(2)横向通道——操纵平尾差动偏转。
(3)航向通道——操纵两方向舵同步偏转。
(4)襟副翼通道——操纵襟副翼同步偏转。
(5)前缘襟翼通道——操纵前缘襟翼偏转。
(6)极限状态限制器——操纵限制舵机。

1. 纵向通道工作原理

某型飞机的纵向采用纯电传操纵。为了保证系统工作的可靠性,纵向通道

417

为四余度,且有电气备份通道(硬交联)。纵向通道有三种工作状态:起飞着陆状态、飞行状态和应急状态。各种状态的转换由电传操纵系统控制板上开关、电门控制自动或手动转换。纵向通道工作原理结构图如图8-17所示。

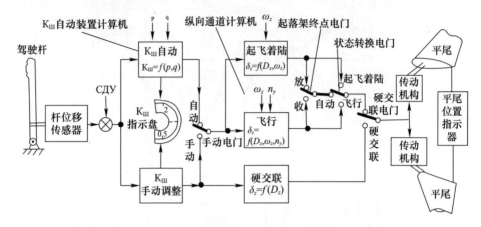

图8-17 纵向通道工作原理结构图

当飞机液压系统正常并接通飞机电源及"飞机和动力系统1号"与"飞机和动力系统2号"电门,纵向通道即正常工作。

1) 起飞着陆状态

在起飞着陆过程中,纵向通道工作在起飞着陆状态(ПОСАЛ)。

当电传操纵系统控制板上工作状态转换开关放"ПОСАЛ"(起飞着陆)或放"ABT"(自动)且起落架放下时,纵向通道处于起飞着陆状态。在此状态下,平尾的偏转角 δ_z 与驾驶杆传递系数 $K_Ⅲ$、驾驶杆前后方向的位移 D_z 和飞机的俯仰角速度 ω_z 有关,即

$$\delta_z = f(K_Ⅲ, D_z, \omega_z) \tag{8-27}$$

式中:$K_Ⅲ$ 值与动压 q 和静压 p 有关,即 $K_Ⅲ=(p,q)$。当高度升高静压 p 减小或速度减小动压 q 减小时,$K_Ⅲ$ 值增大,反之亦然。用于在不同高度和速度时驾驶杆操纵位移引起平尾偏转角度不同,满足了对飞机的操纵要求;D_z 为控制信号;ω_z 信号起阻尼作用,使飞机的操纵平稳。

2) 飞行状态

在除起飞着陆的其他各飞行阶段,纵向通道均工作在飞行状态(ПОЛЕТ)。在此状态下,平尾偏转角 δ_z 除了和 $K_Ⅲ$、D_z、ω_z 有关,还与法向过载 n_y 有关,即

$$\delta_z = f(K_Ⅲ, D_z, \omega_z, n_y) \tag{8-28}$$

反馈信号起增稳作用,以改善飞机飞行品质。

当电传操纵系统控制板上工作状态转换开关放"ПОЛЕТ"(飞行)或放"АВТ"(自动)且起落架收上时,纵向通道便处于飞行状态。在正常情况下,工作状态转换开关放"自动"位置,这时起飞着陆状态和飞行状态的转换受到起落架收放终点电门控制。当手动转换时,将工作状态转换开关放"飞行"位置。为防止在转换过程中飞机状态发生急剧变化,转换时,应保持飞机的法向过载$n_y \approx 1$(自动转换时,收起落架时,也应保持$n_y \approx 1$)。

在纵向通道中,利用电传操纵系统计算机中四余度$K_{Ⅲ}$的自动装置计算机和纵向通道计算机进行信号处理、计算。信号传感器将D_z、ω_z、n_y、p、q转换成相应的电信号,由$K_{Ⅲ}$自动装置计算机根据p、q计算得到$K_{Ⅲ}$值,由纵向通道计算机对$K_{Ⅲ}$、D_z、ω_z、n_y信号按控制律的要求处理、计算后,输出控制信号分两路到左、右平尾传动机构,使左、右平尾同步偏转。

当飞机做等速直线水平飞行时,若飞机受到扰动,则破坏了该运动状态,于是俯仰角速度传感器和法向过载传感器有相应的信号输出,经计算机修正计算后,输出给舵面传动机构,驱动平尾同步偏转。

3)应急状态

为了防止纵向通道发生故障,飞机失去操纵,纵向通道除了正常的起飞着陆状态和飞行状态,还有应急状态。应急状态有两种情况:一是当$K_{Ⅲ}$动装置故障时,手动输入$K_{Ⅲ}$值;二是在电传操纵系统纵向3个通道或4个通道故障时,手动接通硬交联。

(1)$K_{Ⅲ}$手动状态。如果3个以上通道$K_{Ⅲ}$自动装置故障时,应手动输入$K_{Ⅲ}$值。

在发生此故障时,通用信号盘(ЭКРАН)显示"АВТОМАТ $K_{Ⅲ}$"(自动$K_{Ⅲ}$),同时语言信息器发出话语告警"手动改变$K_{Ⅲ}$",并且3个或4个通道故障信号灯亮。此时,接通"$K_{Ⅲ}$手动"电门,切除了$K_{Ⅲ}$自动装置,通道故障灯灭。按下$K_{Ⅲ}$手动旋钮,根据当时飞机的高度和速度调整到相适应的数值上。着陆前应将$K_{Ⅲ}$调整为1。

(2)硬交联状态。在3个或4个纵向通道计算机故障时,通用信号盘显示"ДВА КАНАЛА СДУ"(电传纵向2个通道),3个以上通道信号灯亮,同时电传操纵系统应急信号灯"СДУ"闪亮,并伴有"СДУ故障检查操纵故障信号"语言告警现象时,应接通硬交联状态进行操纵。其方法如下:

首先,接通"ЖЕСТК СВЯЗЬ"(硬交联)电门。接通后切断起飞着陆或飞行状态,转入硬交联状态。此时平尾偏转角仅与驾驶杆操纵位移信号和$K_{Ⅲ}$信号有关,即

$$\delta_z = f(K_{Ⅲ}, D_z) \tag{8-29}$$

为了不使飞机状态急剧变化,在接通电门时,应保持 $n_y \approx 1$。在操纵上不能急剧推、拉驾驶杆,原因是切除了 ω_z、n_y 信号,无阻尼作用。

其次,在硬交联状态,K_{III} 自动转为手动,需用"K_{III} 手动"旋钮调整 K_{III} 值,此时不必接通"K_{III} 手动"电门。K_{III} 值的确定方法与 K_{III} 手动状态时相同。在硬交联状态,纵向通道计算机不进行参数的处理计算。

4) 四余度之间的交联

为了提高电传操纵系统的可靠性,除了提高元部件的精度和可靠性,更重要的是采用余度技术,即在系统中采用多重部件来完成同一任务,如四余度是由 4 套功能相同的部件同时工作完成同一任务的。

纵向通道的四余度,既能独立工作,相互之间又能相互传输。为了联系纵向通道的四余度,纵向通道有 8 个表决器。它根据 4 个通道的信号进行选择,切除故障通道的信号,选择正确的信号进行传输,这样即使某一通道的某一部分故障,利用其他通道的正确信号,仍能形成一个完整的通道。此时仅相应的通道故障信号灯亮,表示通道的某一部分发生故障。如果 4 个通道均有故障,但故障发生在不同的部位,这时仅 4 个通道故障灯亮,纵向通道仍能形成 4 个完整通道。

只有在两个或两个以上通道的同一部分发生故障时,除了相应的通道故障灯亮,通用信号盘或"СДУ"应急信号灯等才有相应的故障信息,同时语言信息器出现话语告警。

用表决器联系四余度的基本原理如图 8-18 所示。

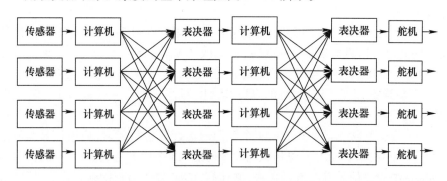

图 8-18 用表决器联系四余度的基本原理

任何一个分通道故障时,СДУ 控制板上相应的通道信号灯闪亮,闪烁 3~5s 后常亮,按下此信号灯钮,则进行重新启动,若故障消失,则信号灯灭。如果两个以上灯钮亮,不能同时按压两个灯钮,因同时按下时,两个故障通道同时接通,表决器无法判断出正确信号。只能逐个按压,检查是否可恢复正常。

2. 横向通道工作原理

当左、右压杆时,驾驶杆的侧向运动由倾斜操纵位移传感器变成电信号,结合其他信号,在计算机中形成操纵信号,送入舵面传动机构,带动平尾差动偏转,以提高飞机的横向操纵性能。同时,驾驶杆的侧向运动通过机械传动机构,带动襟副翼差动偏转,以操纵飞机倾斜。

电传操纵系统横向通道用于操纵平尾差动偏转,其工作原理如图 8-19 所示。

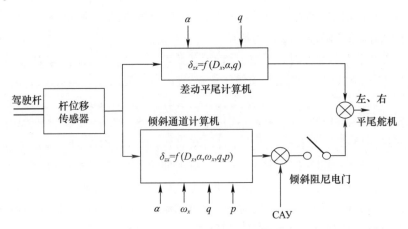

图 8-19 横向通道工作原理

由图 8-19 可知,横向通道由两部分组成:四余度的不可切断部分和三余度的可切断部分。

1) 不可切断部分——平尾差动操纵通道

当飞机液压系统、电源系统正常工作后,接通"飞机和动力系统 1 号"和"飞机和动力系统 2 号"电门,不可切断的平尾差动操纵通道即正常工作,用来在襟副翼作副翼偏转时,操纵平尾随之差动,以增加飞机的滚转操纵力矩。平尾差动偏转角 δ_{zx} 与驾驶杆横向位移 D_x、迎角 α 和动压 q 有关,即

$$\delta_{zx} = f(D_x, \alpha, q) \tag{8-30}$$

式中:D_x 为操纵控制信号;α 信号用于对 D_x 信号进行修正;q 信号用于对 D_x 信号进行动压修正。

不可切断部分操纵平尾差动的最大角度为 ±10°。

2) 可切断部分—倾斜阻尼通道(倾斜阻尼器)

可切断部分的工作受"倾斜阻尼器"(KPEH)电门控制。当电门接通后,可切断部分工作,用来进行倾斜阻尼。可切断部分操纵平尾差动偏转角 δ_{zx} 与驾驶

杆横向位移 D_x、迎角 α、倾斜角速度 ω_x、动压 q 和静压 p 有关,即

$$\delta_{zx} = f(D_x, \alpha, \omega_x, q, p) \tag{8-31}$$

式中:ω_x 信号为阻尼信号;p 信号用于对 ω_x 信号进行静压修正。

可切断部分控制平尾差动的最大角度为 $\pm 5°$,它和不可切断部分一起控制平尾差动的最大角度为 $\pm 15°$。

四余度信号传感器感受 D_x、α、q、p 并转换成相应的电信号,输入到四余度的平尾差动操纵计算机和三余度的倾斜通道计算机,计算机按照控制律进行处理、计算,输出相反极性的控制信号到左、右平尾传动机构,操纵平尾差动偏转。

3) 横向通道随迎角变化的特点

当飞机迎角 $\alpha \leq 9°$ 时,平尾的差动偏转角 δ_{zx} 与驾驶杆横向位移 D_x 呈线性关系。当 $9° < \alpha \leq 17°$ 时,平尾差动偏转角 δ_{zx} 随 α 增大而减小。当 $\alpha \geq 17°$ 时,如果平尾差动,容易产生偏航力矩,在飞机有侧滑时,容易使飞机失速。为了防止这种现象,在当 $\alpha \geq 17°$ 时,断开横向通道中驾驶杆操纵位移 D_x 操纵信号,从而使不可切断部分切断,并使倾斜阻尼器(可切断部分)中的 D_x 信号对平尾的差动控制切除。这时横向通道仅 ω_x 信号经 p、q 修正使可切断部分操纵平尾差动。当 $\alpha \geq 36°$ 时,ω_x 也被切断,平尾停止差动。在这种情况下压杆操纵时,襟副翼差动偏转的操纵力矩可能不足,必要时还要蹬舵操纵方向舵,以增大操纵力矩,使飞机在大迎角时具有较好的操纵性。

4) 横向通道的故障监控(表决器)

横向通道有两个表决器进行故障监控。当倾斜通道计算机或差动平尾计算机故障时,发出控制信号,使相应的通道故障灯亮,并使通用信号盘显示故障信息。

3. 航向通道工作原理

方向舵是由脚蹬机械操纵和电传的航向通道操纵两者复合操纵的。脚蹬满偏转时,方向舵满偏转,偏转角为 $\pm 25°$;电传操纵使方向舵最大偏转角为 $\pm 18°$。脚蹬机械和电传复合操纵方向舵的最大偏转角为 $\pm 25°$。

航向通道为三余度,主要用于进行航向阻尼,以改善飞机航向静稳定性和操纵性。航向通道工作原理如图 8-20 所示。

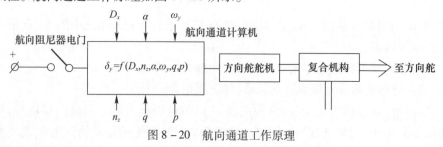

图 8-20 航向通道工作原理

航向通道的工作，受"航向阻尼器"（ДЕМПФЕР КРУС）电门控制。当接通此电门时，航向通道多通道舵机开锁工作，操纵方向舵偏转。方向舵的偏转角 δ_y 与驾驶杆的横向位移 D_x、侧向过载 n_z、偏航角速度 ω_y、迎角 α、动压 q 和静压 p 有关，即

$$\delta_y = f(D_x, n_z, \alpha, \omega_y, q, p) \tag{8-32}$$

式中：D_x 为驾驶杆横向位移的交联信号，控制方向舵偏转以消除侧滑，并实现协调转弯；n_z 为侧向加速度信号，用于增加航向静稳定性；ω_y 信号主要用于产生偏航阻尼；α 信号用于对 D_x 信号和 n_z 信号进行迎角修正；p、q 信号用于对 D_x、n_z、ω_y 信号进行静压、动压及马赫数修正。

信号传感器感受 D_x、n_z、α、ω_y、q、p 并转换成相应的电信号，由三余度的航向通道计算机按控制律进行处理、计算，输出控制信号到方向舵舵机上，操纵两方向舵同步偏转。

航向通道由两个表决器进行故障监控。当航向通道计算机或方向舵舵机故障时，发出控制信号，使相应的通道故障灯亮，并使通用信号盘显示故障信息。

4. 襟副翼通道工作原理

襟副翼既可由驾驶杆操纵差动偏转（作副翼用），又可由电传操纵系统襟副翼通道操纵同步偏转（作机动襟翼用），以提高飞机的机动性，在起飞着陆时还可用襟副翼收放按钮，进行人工操纵。

襟副翼通道的工作特点如下：

当电传操纵系统处于飞行状态、$Ma \leqslant 0.8$ 或表速 $V_i \leqslant 860 km/h$、襟翼收放按钮位于"收起"位置，且接通"襟副翼自动"（ФЛАПЕР АВТ）电门时，襟副翼通道工作，襟副翼通道计算机根据迎角 α 输出控制信号，由襟副翼舵机驱动襟副翼。

襟副翼通道没有备份，当通道故障时，其监控电路发出控制信号，使通用信号盘显示"АВТОМАТ ФЛАПЕРН"（襟副翼自动），并自动将襟副翼收起。此时，可用"襟副翼自动"电门判断是否是真故障，即将"襟副翼自动"电门置"断开"后再置"自动"，如果是假故障，通用信号盘显示便消失，否则显示则一直存在。

5. 前缘襟翼通道工作原理

前缘襟翼通道用于人工或自动操纵前缘襟翼的放下、收起，以达到增升的目的。

当"前缘襟翼"（НОСКИ КРЫЛА）转换电门置"自动"（АВТ）或"放下"（ВЫПУЩЕНЫ）位置时，前缘襟翼通道接通工作。前缘襟翼计算机根据前缘襟翼电门的位置、迎角 α、速度（马赫数或表速）进行处理、计算，输出控制信号给前

缘襟翼舵机,驱动前缘襟翼偏转。

前缘襟翼的计算机是单余度的。当通道工作在自动状态下发生故障,且飞行马赫数 $Ma \leq 0.98$ 或表速 $V_i \leq 790 \text{km/h}$ 时,若 $\alpha \leq 10°$,则前缘襟翼收起;若 $\alpha > 10°$,则前缘襟翼将自动放下 $30°$,并停留在这个位置,直到将前缘襟翼电门置"收起"位置再收起。

当前缘襟翼通道故障时,其监控电路发出控制信号,使通用信号盘显示"АВТОМАТ НОСКОВ"(自动前缘襟翼)。此时操纵飞机的迎角应小于 $10°$。

6. 极限状态限制器工作原理

极限状态限制器用来在飞机的法向过载 n_y 和迎角 α 已经接近或超过规定的使用限制时,向飞行员发出告警,并利用限制舵机使驾驶杆操纵力突然增大以限制驾驶杆的纵向位移。

当电传操纵系统工作在飞行状态,并且接通"迎角过载限制"(ОГРАНИЧИТ α n_y)电门时,极限状态限制器工作。接通后,在飞行状态下,对迎角、过载及平尾在最大偏转角情况下($Ma > 1$),对驾驶杆进行限制。当接近允许迎角 α_p 或允许过载 n_{yp} 时,根据迎角或过载的增大速度,提前在驾驶杆上出现抖动以示告警。

极限状态限制器的工作原理如图 8-21 所示。它根据飞机现在时刻的过载 n_y 与允许过载 n_{yp} 的比较、飞机现在时刻的迎角 α_p 与允许迎角 α_p 的比较以及平尾是否偏转到最大角度的判断,控制限制舵机的工作。当 $\alpha < \alpha_p$、$n_y < n_{yp}$ 及平尾偏转角小于最大值时,限制舵机输出杆随驾驶杆移动,与驾驶杆的传动系统存在间隙,驾驶杆的移动不受限制;当 $\alpha \geq \alpha_p$ 或 $n_y \geq n_{yp}$ 时,限制舵机输出杆顶在驾驶杆传动系统中,使操纵力突然增加 147N 左右,并且驾驶杆以 8 次/s 的频率抖动,以警告飞行员飞机的过载和迎角已经接近或超出规定的使用限制。同时还有以下告警信息:仪表板上的红色"临界迎角过载"(α_p n_y КРИТИЧ)信号灯

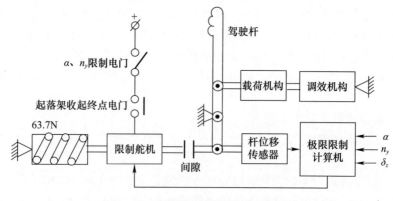

图 8-21 极限状态限制器的工作原理

闪亮,语言告警提示"极限迎角、极限过载",平显上的迎角、过载标志"△"闪亮,迎角过载指示器(УАП)指在临界区域内。

当 $Ma \geqslant 1$ 时,如果拉驾驶杆使平尾达到最大偏转角,虽然平尾偏转角不能再增大,但驾驶杆仍然存在较大的自由行程,影响飞机的操纵。为了防止发生这种现象,加了一个平尾限制值环节,当平尾位于最大偏转角时,使限制舵机工作,将驾驶杆限制住。

极限状态限制器故障时,通用信号盘显示"ОПР"(极限状态限制器)。

驾驶杆横向压杆范围为 $\pm 22°$。在飞行状态,当 $\alpha > 26°$ 时,电传操纵系统使第二载荷机构接通。此时,当驾驶杆横向移动范围大于等于1/3行程时,使操纵力突然增大63.7N,即电传操纵系统控制压杆范围为 $\pm 7°30'$。

思 考 题

1. 电传操纵系统的类别,因依据不同可以划分出很多种类。例如,根据所使用的控制器(飞行控制计算机)形式可将电传操纵系统划分为_____和_____两个类别。
2. 对电传操纵系统的分析设计,主要包括两个方面:一是_____;二是_____。
3. 什么是电传操纵系统?它的分类情况如何?
4. 简述模拟式电传操纵系统。
5. 简述数字式电传操纵系统。
6. 什么是余度技术?它的主要作用是什么?
7. 余度系统具有哪些主要功能?
8. 试解释飞机的故障安全能力。
9. 简要说明飞机四余度电传操纵系统的组成。
10. 过载限幅器和迎角/过载限制器的主要作用是什么?
11. 电传操纵系统有哪些优点和存在的问题?

第9章 空战动力学

战斗机在空战中进行近距格斗或编队战术飞行,为取得空中优势,往往需要在空战中进行非常规的过失速综合机动飞行、常用的综合机动以及争取优势的战术机动等。本章简要介绍空战中几种常用的综合机动飞行动作和机动飞行战术,以及能量机动性和空空导弹的导引与攻击区等内容。

9.1 空战机动

9.1.1 空战中常用的综合机动

现代战斗机在空战中除了采用水平机动、垂直机动和空间机动等基本方式,还采用一些水平和垂直相结合的综合性机动方式。这是由于现代战斗机具有较大的推重比、较高的可用过载,以及较大的单位剩余功率(SEP 为 200~300m/s)。

空战综合机动的战斗动作大体可分为攻击机动、防御机动和攻防结合机动三类。基本战术动作有:攻击机动中的高速呦呦、低速呦呦、减速横滚;防御机动中的急转摆脱、大过载桶滚;攻防结合机动中的剪刀机动、俯冲剪刀机动等。这些典型综合机动动作在未来近距空战中还将继续发挥作用。

9.1.1.1 高速呦呦和低速呦呦

"呦呦"原文 YO-YO(法文),原意为"一种用线使小圆盘沿线升降的玩具"(《法汉词典》,上海译文出版社,1979)。这种玩具的原理就是利用机械能守恒定律进行高度和速度互换,如同物理学中的麦克斯韦滚摆试验一样。西方人把空间综合机动称为"呦呦",就是比喻战斗机实施高度和速度的互换。这种动作实际上是在抗美援朝空战中由我国志愿军空军飞行员创造的,称为综合机动,西方人称为"呦呦"。

当敌机以水平急转企图摆脱我机攻击时可采用这类攻击机动。攻击时,当我机接敌速度过大或进入角不合适(从侧方接敌)而敌机向我急转时可使用高速呦呦。因我机速度大,如随敌急转,由于半径大,会被敌甩到转弯外侧而丧失攻击机会(敌机会逃逸出我机导弹截获锥之外)。为了保持主动态势,我机应立即做跃升减速,一方面将速度转化为高度,保存能量,另一方面减小水平前进速度,防止冲到敌机前面。当跃升到飞行速度接近角点速度(即快转速度)时,迅速向敌方向回转,以较大的转弯角速度转向敌机,并俯冲增速追击敌机(图9-1),构成发射条件后立即开火。

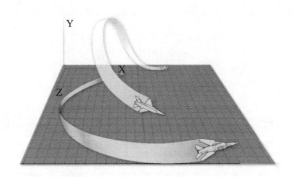

图9-1 高速呦呦

在高速呦呦基础上发展出了低速呦呦。当我机以较小速度接敌时,敌机水平急转,我机先压坡度并下降增速,待速度增至角点速度时,再拉起追踪敌机(图9-2),争取构成发射导弹的条件。这两种动作都为了打破在一个平面上两机都做急盘旋,谁也不占优势的僵局下而产生的。

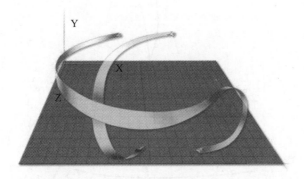

图9-2 低速呦呦

9.1.1.2 追击减速横滚

当我机以较大的速度差追击敌机时,为防止与敌机距离过近、小于发射格斗导弹的最近距离时可采取这种战术动作(图9-3)。在这种态势下,敌机采取向我机方向急转的动作,一方面企图增大相对角速度,逃出我机的截获锥;另一方面迫使我机前冲,破坏发射导弹条件。我机采用划大圈减速横滚机动,减小与敌机的相对速度,勿使距离过近,以致小到发射导弹允许的最近距离。划大圈横滚是由于飞机推重比较大才得以实现的一种机动动作。这种横滚机动可依据进入角的大小分为两种,即进入角较小的水平系列机动和进入角较大的垂直系列机动。机动中要注意滚转所引起的方向变化和速度减小情况来进行攻击站位。为了便于观察,通常向目标机方向滚转。

横滚机动的优点是,格斗中即使进入角较大,也能攻击占位,这是其他机动做不到的。

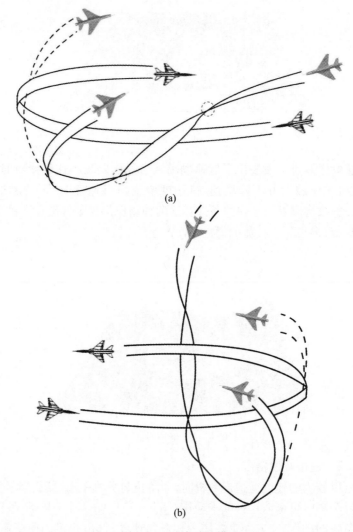

图 9-3　追击减速横滚

9.1.1.3　大过载桶滚

大过载桶滚(Barrel Roll)又称为大半径横滚,属于防御性机动,是目标机反守为攻的一种战术动作(图9-4)。当敌机以较大速度差在我尾后抵近开火位置时,我机突然收油门、放减速板,并拉杆增大过载,做大半径横滚。由于阻力突增,消耗能量,我机速度急剧减小,能迫使敌机超越我机"穿筒"而过,反为我机占据有利态势。我机要想通过此种机动获得优势,必须精心计时。进而抓住有利时机突然机动。滚转的半径要尽可能大,尽可能逃逸出敌机导弹截获锥体之外或处于边缘,这样增大敌机发射难度,在滚转中破坏敌机发射导弹的条件。

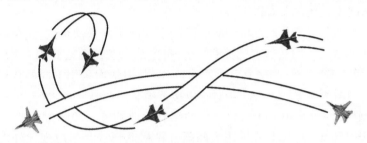

图9-4 大过载桶滚

9.1.1.4 剪刀机动

剪刀(Scissors)机动是一种攻防结合机动,分为水平剪刀机动和垂直剪刀机动(图9-5)。采取下降剪刀机动,一方面使机动过程中速度不致过小;另一方面可使敌机机载雷达处于下视状态,增加其发射导弹的困难。一旦双方进入这种剪刀机动态势,若其机动性能相近,则谁先退出机动,谁就容易受到对方攻击。

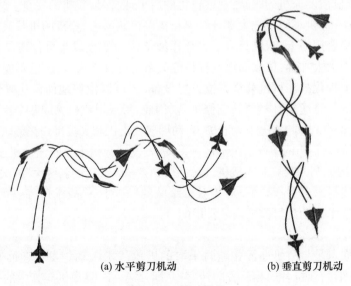

(a) 水平剪刀机动　　　　(b) 垂直剪刀机动

图9-5 剪刀机动

9.1.2 空战中争取优势的战术机动

空战中的优势处于经常变动之中。战术机动运用恰当,可以创造局部优势。例如,在二对二的空战中,尽量不要采用二对二的硬拼,力求通过巧妙的机动和灵活的战术,将其转化为两次单独的"二对一"空战,造成局部兵力火力的优势。在未来空战中,还将以双机为战斗单位,因此需要研究编队战术的运用。然而,未来编队战术在概念上有以下特点:

(1) 编队队形变化。双机编队队形趋于大间距的横队形式,避免密集小编队。1981年8月19日,著名的美利"一分钟空战",美国两架F-14飞机击落利比亚两架苏-22飞机,当然有多种因素起作用,但他们采用不同的队形也是因素之一。美国两架F-14飞机当时正以接近横队的疏开队形飞行,间隔1600~3200m,僚机略靠后,稍高于长机。而两架利比亚的苏-22飞机采取了密集编队,相距约150m。现代空战采用大间隔并排横队形式是适应现代歼击机性能的。它的好处至少有两点:一是对方只能将它们中的一架置于导弹发射包线内;二是每一架飞机都有足够的空间进行机动转弯,以便迅速用枪炮或导弹瞄准攻击正在追击己方的另一架敌机。

(2) 僚机概念改变。从第二次世界大战以来建立起来的编队长、僚机关系,一直保持着长机攻击、僚机掩护的主次分明的格式。战斗中僚机的任务是:跟上队形,注意长机尾后。过去的空战经验证明:歼灭一架敌机需要长机集中全部精力,因此长机需要僚机的眼睛,观察长机的后半球,保证长机的安全。这样,在急剧的空战中,僚机不得不把大部分精力花在保持队形上,僚机的机载武器在战斗中很少有机会用得上,双机只成了一个作战单位。如今战斗机价格昂贵而且机载武器火力大大加强,依然固守这种长僚关系是一种极大浪费,已不能被人们所接受。加上现代战斗机机载全方位告警设备,还可以依赖地面雷达管制员或空中预警机的信息通报,作为"第三僚机"。因此,形成把双机分成两个相对独立的作战单位,谁有利,谁攻击,互为长僚,自动形成攻击机和支援机。在编队队形中当然有一架是长机,但两架歼击机都是射手,谁先发现敌机谁就转向敌机发起攻击。这架是攻击机,另一架则是支援机,这就形成了"一名长机两名射手"的关系。

在上述战术思想指导下,对于双机编队的"二对一"战术训练是很重要的。下述三种战术机动是目前国内外常用的。

9.1.2.1 夹击战术

夹击战术是与敌机迎面相遇时采取的进攻战术机动。发现迎面来袭敌机后,疏开队形的双机各向相反方向转弯,立即分离。一旦敌机向其中的一架发起攻击,受攻击的那架飞机(交战机)就设法从正面迎上去,另一架(支援机)则向敌机后方急转弯,占据有利的开火位置,当友机与敌机相遇通过后,立即发射导弹或航炮开火攻击(支援机变成攻击机)。此时,开始受攻击的那架战斗机又可急转回来再次占位(图9-6)。

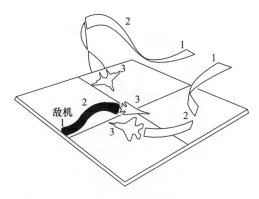

图9-6 夹击战术

9.1.2.2 夹心战术

当双机受到来自尾后的敌机追击,而且已确定了攻击目标时采用这种战术。受攻击的一架飞机急剧向外转弯,离开队形,破坏敌机的攻击条件,并把它吸引过来。另一架飞机作为支援机应稍微推迟转弯,当敌机与那架飞机成90°发射状态时,支援机已处于向敌机发射的有利位置。被攻击的那架飞机在掠过敌机前方时应减小坡度,以较小投影面积的侧剖面暴露给敌机,而另一架飞机已进入瞄准敌机腹部的发射导弹位置进行攻击(图9-7)。

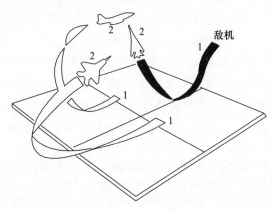

图9-7 夹心战术

9.1.2.3 分合战术

当发现敌机从双机的尾后远处追击,尚未对准双机中的任何一架时,可采用此种战术。双机通过预定信号或口令,彼此向相反方向分离,目的是使敌机追逐其中一架飞机,让其起诱饵作用。敌机追击诱饵时,另一架飞机即可转入攻击敌机位置(图9-8)。

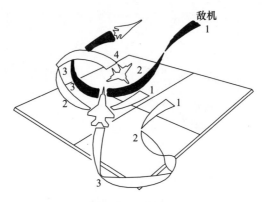

图9-8 分合战术

9.2 能量机动性

第二次世界大战后,一些经验丰富的飞行员先后总结出一些空战规律,最经典的如空战制胜四要素——高度、速度、火力、机动。但这并不是空战的本质和全部,直到20世纪60年代后期,美国人John Boyd和Tom Christie提出能量机动理论(Energy-maneuverability Theory),从此改写了空战历史。这一理论的影响深远,发展到后来已经不仅仅是一种空战战术理论,而是更直接影响战斗机的设计思想,可以说是自然科学理论解决作战难题的成功之作。

空战机动的实质是迅速地变换飞行状态(以飞机的飞行高度和速度来表示),而能量正是状态的参数。由牛顿运动第二定律可知,力(F)等于质量(m)乘以加速度(a)。所以力是反映物体加速度的,而能量却能直接反映状态。例如,动能(E_k)等于$mV^2/2$,反映了物体的速度;势能(E_p)等于物体重量G乘以高度H,直接反映飞行高度。

解决飞机运动问题可以从飞机运动方程入手,而解算运动方程组较为复杂。利用能量分析法,即利用动能势能必须平衡,以及克服阻力所消耗的能量需与燃油产生的能量取得平衡等关系,可把一般的非静态加速问题转变为静态问题,分析起来就方便得多。

空战机动灵活多变,如果分别分析机动动作,就会十分复杂。用能量法,根据空战机动中的能量关系抽出共性,概括其能量机动的类型,就能在概括的基础上研究战术,抓住核心。空战机动的目的是通过飞行员的能动作用,把飞机的能量优势发挥出来,并适时地转化为战术位置优势,这就要求飞行员能正确地运用能量,并合理地支配能量。了解飞机能量关系,掌握用能量方法分析问题的思路,对于深入理解空战战术机动,开展战术研究很有益处。

9.2.1 有关概念

9.2.1.1 飞机能量高度

空中飞行的飞机具有的机械能(E)包括动能($mV^2/2$)和势能($G \cdot H$)。不同的飞机具有不同的重量,为了便于比较,引入单位重量飞机能量的概念,因为其单位是 m,故又称为能量高度(H_E),即

$$H_E = \frac{E}{G} = H + \frac{V^2}{2g} \tag{9-1}$$

能量高度的物理意义是:如果飞机全部的动能可以无损失地转化为势能(机械能守恒定律),能量高度就是理论上飞机跃升到速度为零时所能达到的最大高度,能量高度代表了飞机在该瞬时所具有的总能量水平。

根据式(9-1)求得的飞机等能量高度曲线如图9-9所示,适用于任何飞机。图中每一点(某一高度和速度)代表某一飞行状态具有一定的能量高度。每一条曲线表示一个等能量高度线。在同一条曲线上移动,表示飞机的高度和速度按机械能守恒定律互相转化,即理想化跃升和俯冲。

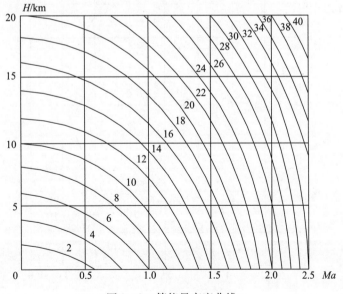

图9-9 等能量高度曲线

9.2.1.2 飞机能量变化率

能量的变化(ΔE)是外力(F)做功($F \cdot \Delta S$)的结果,所以能量变化率取决于单位时间做功的多少,即等于功率($F \cdot V$)。飞机能量变化率取决于剩余推力做功的快慢,即剩余功率。飞机能量高度变化率等于单位重量剩余功率(SEP),即

$$\frac{\Delta H_E}{\Delta t} = \frac{(P-X)}{G} \cdot V = \text{SEP} \qquad (9-2)$$

式中:$(P-X)$为剩余推力;SEP 为剩余功率与重量的比值(m/s)。

SEP 的物理意义是:飞机每千克重量所具有的剩余功率,表示飞机获得补充能量的能力,反映飞机能量高度变化的快慢。飞机发动机的作用是通过燃烧燃油释放出热能,并转化为机械能,形成发动机的推进功率。这个推进功率一部分消耗在克服阻力使飞机前进,而剩余功率(如果还有剩余)就可以用来不断补充能量,这部分剩余功率除以飞机重量就是 SEP,数值等于稳定上升时的上升率(V_y)。

对应飞机每一个高度与速度都可根据式(9-2)求出一个 SEP 值,即在飞行包线内每一点都有一个相应的 SEP 值。把相同数值的 SEP 各点连成一条曲线,就组成等 SEP 曲线。图 9-10 是国产某型飞机平飞($n_y = 1$)时的 SEP 曲线,

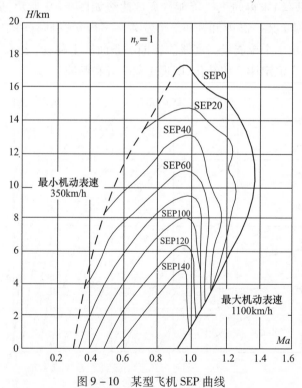

图 9-10 某型飞机 SEP 曲线

图 9-11 是米格-23 飞机平飞 SEP 曲线。从 SEP 曲线中可以看出飞机在什么高度和速度范围内飞行时 SEP 较大。比较两架飞机的 SEP 曲线图,就可找出它们各自的有利空战区域(即 SEP 比对手较大的区域)。

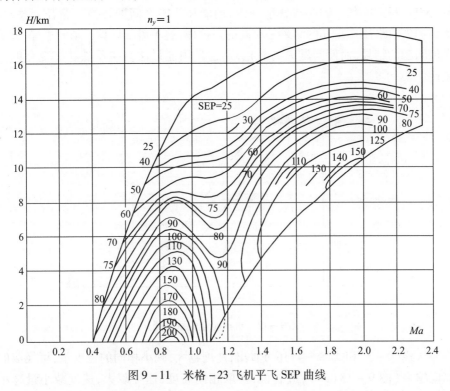

图 9-11 米格-23 飞机平飞 SEP 曲线

9.2.2 空战机动中能量关系

空战格斗要求飞机机动性好,即要求飞机速度变化快、高度变化快、方向变化快。能否达到这三个"快",与当时的飞机能量状态有关。根据空战机动中能量关系,可把战术机动动作分成 4 种类型来讨论。

9.2.2.1 SEP = 0, H_E 不变

此类机动中能量高度守恒,飞机可在铅垂平面内利用重力的作用,实现高度和速度相互转换。因为

$$H_E = H + \frac{V^2}{2g} = \text{const}$$

经过两边求导数变换后可得

$$\Delta H = -\frac{V}{g} \cdot \Delta V \tag{9-3}$$

$$\Delta V = -\frac{g}{V} \cdot \Delta H \tag{9-4}$$

从式(9-3)和式(9-4)知,只要知道速度变化量(ΔV),就可算出高度增减量(ΔH),反之亦然。因为机械能守恒,动能和势能之间的转换与路径无关,如图9-12中路径A和B的结果是相同的。这样,就不需要计算运动的过程,直接求出问题的结果,而使问题大为简化,这正是用能量法直接反映状态变化的优越性。

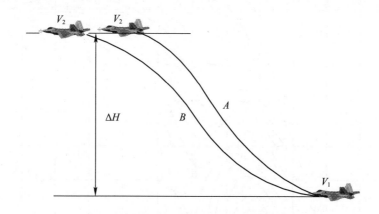

图9-12 机械能守恒示意图

从式(9-3)和式(9-4)还可看出,速度越大,减小相同的速度量,可换取的高度越多(图9-13(a));或者说,换取相同高度,速度越大,速度减小量越小(图9-13(b))。这是因为动能与速度平方成正比,速度越大,动能增加得越快。因此,就高度优势和速度优势而言,在一定意义上,小速度飞机的"高度更宝贵",大速度飞机的"速度更宝贵"。现代超声速战斗机速度很大,得到高度较容易,因此在战术上(还考虑到其他战术上的原因)常常采用低空大速度进入的方式,这和第二次世界大战中抢占高度的战术正好相反。

另外,超声速飞机动升限很高,而亚声速飞机动升限和静升限差不多,也可根据上述原理说明。

9.2.2.2 SEP > 0, H_E增大

此类机动中能量得到补充,能量高度不断增大,即飞机上升或加速或同时上升和加速。它们最简单的典型动作就是等速上升和水平加速。等速上升:SEP使H增大,在时间间隔Δt内,高度增加量计算式为

$$\Delta H = V_y \cdot \Delta t = \text{SEP} \cdot \Delta t \tag{9-5}$$

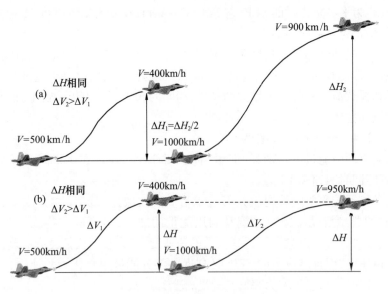

图 9-13 速度在能量转换中的作用

水平加速：SEP 使 V 增大，在时间间隔 Δt 内，速度增量计算式为

$$\Delta V = a_x \cdot \Delta t = \frac{g}{V}\text{SEP} \cdot \Delta t \qquad (9-6)$$

式中：a_x 飞机纵向加速度，根据牛顿运动第二定律，$a_x = \dfrac{P-X}{m}$，P 为发动机推力，X 为阻力。较复杂的情况则是又上升又加速，根据上述能量关系可得

$$\text{SEP} \cdot \Delta t = \Delta H_E = \Delta H + \frac{V}{g}\Delta V$$

总之，根据 SEP 值，就可计算此类机动中飞行状态（H、V）的变化情形。

9.2.2.3 SEP 转化为角速度，H_E 不变

此类机动中飞机的可用推力大于平飞阻力，飞机具有 SEP；但是，SEP 并未用于补充能量，增加高度或速度，而是用来进行机动飞行，转化为一定的角速度。因为机动飞行中升力大于重力（$n_y > 1$），因而诱导阻力剧增（诱导阻力与 n_y 的平方成正比）；要维持机动飞行，必须用 SEP 去克服由于阻力的增大所需消耗的能量，保持一定的旋转角速度（水平面、垂直面或空间的）。这就是 SEP 转化为角速度的含义。

这类机动的典型就是稳定（等高等速）盘旋。在推力受限制的条件下，盘旋角速度为

$$\omega_c = \frac{g}{V}\sqrt{\frac{\text{SEP}l \cdot \rho \cdot V}{2AG/S}} \qquad (9-7)$$

式中：SEP_l 为平飞阻力时的 SEP，它等于 $(P-X_l)V/G$；ρ 为空气密度；A 为升致阻力因子；G/S 为翼载荷。

可见，在相同的高度、速度条件下，SEP_l 越大，转化所得的角速度也越大。不同的飞机，即使有相同的 SEP_l，转化的 ω_c 数量也会不同，它取决于飞机的升致阻力因子和翼载荷。A 和 G/S 较大的飞机，相同的 SEP_l，转化的 ω_c 较小，说明这种飞机的机动性较差。

9.2.2.4　SEP<0，H_E 减小

此类机动中能量不断消耗，能量高度不断减小，表现在飞机减速或下降高度，也可能同时减速和下降。

这类机动较简单的情况就是等速下滑和直线减速，减速盘旋（或降高度盘旋）是它的典型机动。减速盘旋是利用能量的减小，多换取一些旋转角速度。与稳定盘旋相比，减速盘旋可得到更大的角速度，因为它不仅把已有的剩余功率转化为角速度，而且造成负的 SEP，又拿出一部分能量来转化为角速度，因此旋转更快。这时的角速度称为瞬时角速度，记为 ω_i，故有

$$\omega_i = \omega_c \Delta\omega$$

式中：$\Delta\omega$ 为负的 SEP 转化而得，即损失部分的速度（或高度）转化来的角速度。可以看出，减速盘旋能明显增大旋转角速度，是规避敌机导弹攻击的一种机动手段。起始能量占优势的飞机与对手相比，就有足够的能量用负得更多的 SEP 做消耗能量的机动，从而得到更大的瞬时角速度，把能量优势转化为角速度优势，取得战术上的有利位置。

以上所述 4 种基本机动类型的相互关系可用图 9-14 表示。图中圆圈表示能量状态或飞行参数，箭头表示机动中能量变化途径，箭头旁的数字与上述 4 种类型相对应。这 4 种机动类型是最基本的，实际上空战机动常是它们的不同组合。例如，减速盘旋就是③和④的组合，加力筋斗（平均推力大于平均阻力时）则是①、②和③的组合。任何机动动作中能量关系都可用由这些基本类型组合而成来说明。

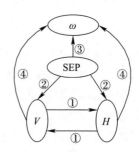

图 9-14　空战机动的能量关系

9.2.3　空战中能量的支配和运用

从能量观点看，飞机是一种能量转化的机器，飞行员实际上是能量的管理者和支配者。一个飞行员飞行技术是否高超，就表现在他能否合理地支配能量和

正确地运用能量,是否比对手具有更高运用能量的技巧,能否发掘较大的能量潜力。有了能量优势,就比对手有更多的机会去选择战术机动,实现追击或摆脱,取得战术主动权。

空战中怎样运用和支配能量,可有以下 4 个方面。

9.2.3.1 节约能源,保存机内有较多的燃油用于空战

例如,飞机起飞后爬高进入战区有两种最佳上升方式:一是最短时间上升;二是最少油耗上升。如要尽多地保存燃油用于空战,就要采用最小油耗上升程序。如要最快到达预定高度,就要用最短时间上升程序。这些最佳上升程序,可以用能量法进行深入的分析得出,并在驾驶守则上做出明确规定。

又如,快速出航时应该用多大速度?为了节约能源,显然在没有发现敌机时不应开加力,只能用不开加力的平飞最大巡航速度。虽然这个速度并不是飞机的最大速度,但却是一项很值得重视的技术指标。空战中有这种情形:进攻者的飞机速度性能虽然很高,但出航时由于携带较多的武器和外挂,加上不开加力,巡航速度并不大;防御者的飞机,虽然速度性能处于劣势,但出航时由于外挂少,先敌发现,即启动加力,因而接敌的速度可能大于对方,这样,劣势装备一方在具体战斗态势上却在能量上占了优势。

9.2.3.2 积极积聚能量,使自己能量水平大于对手,便于追击或摆脱

当我机加速性能优于敌机时,常可采用加大油门直线下降增速来追击或摆脱敌机,这一动作是积聚能量的过程。飞机速度的增加,一部分来源于 SEP,一部分来源于高度的转换。因此,速度增量计算式为

$$\Delta V = \frac{g}{V} \cdot \text{SEP} \cdot \Delta t - \frac{g}{V} \cdot \Delta H \tag{9-8}$$

当我机的垂直机动性能优于敌机时,常可采取加力跃升或加力筋斗动作来聚积能量,用于追击或摆脱。飞机高度增加,一部分来源于 SEP,一部分来源于速度的转换,高度增量计算式为

$$\Delta H = \text{SEP} \cdot \Delta t - \frac{V}{g} \cdot \Delta V \tag{9-9}$$

9.2.3.3 灵活地转换能量,利用飞机在垂直面内比水平面内旋转快的特点,积极实施机动

在同一速度、过载条件下,飞机在垂直面内(倒飞状态)比水平面内可得到更大的向心力,如图 9-15 所示。

在水平面内向心力为 $Y\sin\gamma$,在垂直面内向心力为 $Y + G\cos\theta$,因此在垂直面内的旋转角速度为

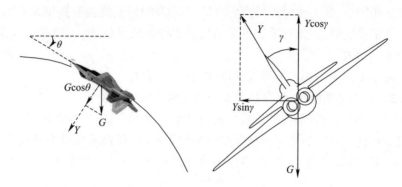

图 9-15 垂直和水平面内向心力

$$\omega_h = \frac{g}{V}(n_y + \cos\theta) \qquad (9-10)$$

在水平面内的旋转角速度为

$$\omega_l = \frac{g}{V}\sqrt{n_y^2 - 1}$$

由于

$$n_y + \cos\theta > n_y > \sqrt{n_y^2 - 1} \qquad (9-11)$$

所以,垂直面内旋转比水平面内快。

在垂直面内旋转也存在角点速度。角点速度是指在此速度下飞机旋转角速度达到限制值。从式(9-10)可以看出,在一定的载荷限制下,速度越大,旋转越慢,ω_h 与 v 成反比;但速度太小受到最大可用升力的限制能产生的过载也减小,因而,ω_h 反而随 v 的减小而减小。所以,只有飞机抖动的同时,又达到载荷极限时的速度,其旋转角速度才是最大的。

例如,某型飞机在 5000m 高度,垂直面内角点速度为 900km/h,这时如 $n_y = 6$,对应的 ω_h 为 15.7(°)/s(倒飞状态);而加力盘旋的最大稳定角速度只有 11.6(°)/s。高度越高,两种情况的角速度差值越大。

因此,空战机动中可利用垂直面内速度与高度的转换,来调整飞机速度接近角点速度,并在垂直面内实施快速旋转,达到有利态势。此类机动的典型代表即高速呦呦和低速呦呦。

9.2.3.4 合理消耗能量,以换取位置优势

空战中消耗能量的机动必须慎重使用,否则,失去了能量更易被动挨打。但是,处于被动态势下,如能通过消耗能量,迫使敌机冲到前面,换取到位置优势,也是一种很好的战术手段。通常,在敌机已抵近射击距离,为了摆脱急剧减速,

利用对手只顾瞄准反应迟缓的机会,迫其"冲前"。大过载桶滚就是此类机动的一个典型。

以上说明空战中运用和支配能量的基本原则。飞行员要真正做到是飞机能量的优秀管理者和支配者,不仅要正确理解上述原则,还要能在空战中灵活地运用这些原则。

9.3 空空导弹的导引与攻击区

9.3.1 空空导弹的导引规律

空空导弹的导引规律(Missile Guidance Law)是引导空空导弹攻击目标时,调整导弹飞行弹道应该遵循的规律。导弹制导系统是按导引规律设计的,以保证导弹的飞行弹道以允许的误差飞行,使其能命中目标或以允许的误差接近目标。攻击固定目标和攻击活动目标的导引规律是不同的。攻击固定目标,常采用程序预定导引法。攻击活动目标时,通常有5种导引规律:①比例法;②追踪法;③平行法;④前置法;⑤三点法。

(1) 比例法制导(Proportional Guidance):在制导过程中,导弹的速度矢量转动角速度与导弹和目标连线转动角速度成正比例的方法。比例法制导具有导弹的飞行路线比较平直和技术上容易实现的优点,因而广泛地用于寻的制导,并可允许导弹从目标的前面和后面进行攻击(图9-16)。

(2) 追踪法制导(Pursue Guidance):在制导过程中,导弹的速度矢量始终是指向目标的方法。在导弹尾追目标和目标速度不大的情况下,追踪法简单而有效。但当导弹从侧面攻击目标或目标速度较大时,要求导弹能急速拐弯方能奏效。其通常适用于主动寻的制导(图9-17)。

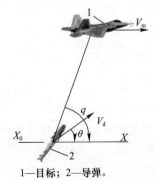

1—目标;2—导弹。

图9-16 比例法制导示意图

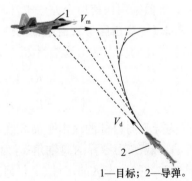

1—目标;2—导弹。

图9-17 追踪法制导示意图

（3）平行法制导（Parallel Guidance）：在制导过程中，导弹和目标连线保持平行于给定方向，即视角角线角速度等于零的方法。平行法制导的优点是飞行路线比较平直，但要实现它在技术上有较大的难度。

（4）前置法制导（Lead – Pursuit Guidance）：在制导过程中，导弹的速度矢量不直接指向目标，而是指向目标运动前方某一位置点的方法。通常导弹和制导站连线超前于目标与制导站连线一个角度，称为前置角（η）。随着导弹接近目标，前置角逐渐减小，命中目标时前置角为零。用前置法制导的导弹，飞行弹道的曲率较小，可以降低对导弹承受过载的要求，但要增加对目标测量信息的要求。前置法适用于遥控制导。

（5）三点法制导（Tri – Point Guidance）：又称"目标重合法"（Target Overlap Guidance）"目标覆盖法"（Target Overlap Guidance），在制导过程中，目标、导弹和制导站保持在一直线上的方法。其优点是技术上实现比较容易；缺点是导弹的飞行路线曲率大，要做很大的机动，导弹要能承受很大的过载，因而限制了攻击范围，攻击高速运动的目标命中率不高。通常，三点法仅适用于攻击低速目标。

9.3.2 空空导弹攻击区

空空导弹攻击区是指目标周围发射导弹可能命中目标的空间范围。导弹攻击区取决于导弹的性能、载机发射的条件、载机和目标机的空间相对位置、目标的机动。导弹攻击区求解问题等价于积分方程的边值问题，即

$$\begin{cases} R^{\varpi}(t + t_f) - R^{\varpi}(t) = \int_t^{t_f} V_r^{\varpi}(\tau) \mathrm{d}\tau \\ \| R^{\varpi}(t + t_f) \| \leq \delta \end{cases} \quad (9-12)$$

式中：$R(\tau), \tau \in [t, t + t_f]$ 为导弹相对目标的位移；$V_r(\tau)$ 为导弹相对于目标的速度；δ 为一给定的正实数。该方程直接求解将耗费大量的机时，在实时系统中难以做到。下面采用快速拟合方法来计算导弹攻击区。

9.3.2.1 攻击区与攻击条件的关系

空空导弹的攻击区由远边界 $R_{\max}$ 和近边界 $R_{\min}$ 组成：

$$\begin{cases} R_{\max} = R_{\max}(H, V_m, V_T, n_y, \beta, q_T) \\ R_{\min} = R_{\min}(H, V_m, V_T, n_y, \beta, q_T) \end{cases} \quad (9-13)$$

式中：H 为导弹与目标的攻击平面高度；V_m 为导弹的初速度；V_T 为目标速度；n_y 为目标机动过载；β 为导弹的离轴角；q_T 为目标进入角。

通过对导弹攻击区的定性、定量研究，得到结果如下：

（1）$R_{\max}$、$R_{\min}$ 随着高度 H 的增加而增大，它们之间有着近似线性的关系。

(2) R_{max} 随着 V_m 的增加而增大,随着 V_T 的增加而减小,也存在着近似线性的关系。

(3) R_{max}、R_{min} 与 n_y 及 β 存在着近似二次曲线的关系。

(4) R_{max}、R_{min} 与 q_T 的关系较复杂,且与其他关系高度耦合,很难用简单的关系式描述。

(5) R_{max}、R_{min} 在机动过载 $n_y = 1$,即目标做直线运动时,关于0°和180°的进入角轴对称,如图9-18所示。

(6) 当 n_y 不为零时,攻击区远边界向目标机动的一侧偏转,偏转量随着 n_y 的增加而增大,近边界变化不大。攻击区边界具有对称性,见图9-18,攻击区边界关于轴 $O'O''$ 对称。通过大量仿真得知,$O'O''$ 和 OO_1 的夹角 α 与 n_y 具有图9-19所示关系。

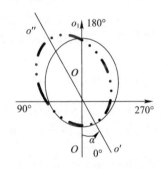

图9-18 目标直线飞行和
做机动时的攻击区比较

注:目标直线飞行时的攻击区用实线表示,
机动飞行时的攻击区用点画线表示。

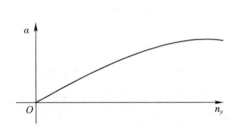

图9-19 攻击区偏转角与
目标机动过载的关系

9.3.2.2 采用中间变量的拟合方法

由上述攻击区与攻击条件的关系可知,对于 H、V_m、V_T、n_y 和 β 用一般多项式拟合,就可获得很高的精度;对于 q_T,由于攻击区与进入角的关系复杂,若用一般的方法拟合,为提高拟合精度,就必须对包含进入角的项提高阶次或采用分段拟合,但是阶次提高不但会增加计算量,而且会增加计算的累积误差。采用分段拟合时,又会出现如何确定分段点的问题。为了减小计算机负荷的同时提高模拟精度,可利用中间变量代替目标进入角进行拟合。由上面的分析可知,当目标直线飞行时,R_{max} 与 q_T 的关系类似于 $y = \sin x, x \in (0, \pi)$,因此可引入代换:

$$x = \sin\left(\frac{q_T}{2}\right) \tag{9-14}$$

R_{max} 与 x 的关系相对简化。

在目标做机动的情况下,攻击区远边界向机动方向偏转 α,相当于 $y=\sin x$ 相位上移动了 α,即关系式 $y=\sin(x-\alpha)$。由图 9-19 可拟合 $\alpha=f(n_y)$,因此对式(9-14)修正得

$$x = \sin\left(\frac{q_t - f(n_y)}{2}\right) \quad (9-15)$$

将 x 和其他攻击条件 H、V_m、V_T、n_y、β 一起,代入二次拟合式,即

$$R_{\max} = R_{\max}(x, V_m, V_T, H, \beta) = a_0 + a_1 x + a_2 V_m + a_3 V_T + a_4 H + a_5 \beta +$$
$$x(a_6 x + a_7 V_m + a_8 V_T + a_9 H + a_{10}\beta) + V(a_{11}V_m + a_{12}V_T + a_{13}H + a_{14}\beta) +$$
$$(a_{15}V_T + a_{16}H + a_{17}\beta) + H(a_{18}H + a_{19}\beta) + (a_{20}\beta^2) \quad (9-16)$$

进行拟合,可得到攻击区远边界和攻击条件的关系式。对于近边界,由于目标机动过载对其影响较小,可直接拟合。

上述的拟合方法计算量仍然较大,为了提高计算效率,可采用更简单的拟合公式,即

$$R_{\max} | R_{\min} = A + BV_{cp}\cos\beta + CV_T\cos q_T + DV + EH + FH_T \quad (9-17)$$

式中:A、B、C、D、E、F 为拟合系数;V_T、V、V_{cp} 分别为目标速度、载机速度和导弹平均动力速度;β、q_T 分别为目标离轴角和进入角;H、H_T 为载机和目标机的飞行高度。

思 考 题

1. 空战中常用的综合机动的基本战术动作有哪些?
2. 试简述高速呦呦和低速呦呦战术机动动作。
3. 试简述追击减速横滚战术机动动作。
4. 试简述大过载桶滚战术机动动作。
5. 试简述剪刀机动战术机动动作。
6. 试简述目前国内外常用的几种机动战术。
7. 简述飞机能量高度的概念及其物理意义。
8. 简述飞机能量高度变化率的概念及其物理意义。
9. 空战中运用和支配能量的主要原则是什么?

10. 攻击活动目标时,通常导引规律有哪些?
11. 什么是比例法制导?
12. 什么是追踪法制导?
13. 什么是平行法制导?
14. 什么是前置法制导?
15. 什么是三点法制导?

第10章 飞行控制发展与展望

从20世纪40年代开始至今,控制理论经历了经典控制理论、近代控制理论以及大系统理论阶段;控制技术经历了简单系统自动化、高度系统自动化、复杂系统自动化以及综合自动化阶段;飞行控制技术则经历了飞行稳定技术、电传操纵技术、主动控制技术以及综合控制技术阶段。综合飞行控制是综合自动化技术的具体体现,是当前发展的必然趋势。本章主要讨论飞行器综合控制方面的一些概念,同时对光传飞行控制、推力矢量控制等先进飞行控制技术也进行一些简单的介绍。

10.1 综合飞行控制技术

10.1.1 综合飞行/火力控制技术

综合飞行/火力控制(Integrated Fire and Flight Control,IFFC)系统技术是美国在20世纪70年代中期提出的一种新的航空技术。它以飞机主动控制技术为基础,通过综合飞行/火力耦合器将能解耦操纵的飞行控制系统和攻击瞄准系统综合成一个闭环武器自动投放系统。

国内外对综合飞行/火力控制技术的仿真和试飞验证结果表明,综合飞行/火力控制系统具有现有火力控制系统所不可比拟的攻击能力,在性能上有重大的改善。在空—空机炮攻击中扩大了作战范围,实现了全向攻击;获得首次射击机会的时间缩短了一半;射击次数和射击持续时间分别提高了3倍;命中率提高了2倍。在空—地轰炸攻击中,实现了非水平机动武器投放。同时,由于采用机动攻击,提高了攻击机的生存力;由于攻击实现了自动化,减轻了飞行员的负担。

火力控制系统涉及的范围很广,按其武器的特征分为空—空和空—地导弹的发射与跟踪追击、机枪和机炮的火力控制。按其攻击目标分为空中高速机动飞行目标物、地面运动目标、静止目标。其整个控制的时间和任务包括突防、接敌、跟踪、瞄准、武器投放(或攻击)和退出等。它不仅是一个控制问题,而且还涉及弹道学、射击学、轰炸学以及平显、雷达、光学等检测与显示设备,这些均属于专著讨论的问题。限于本书的性质和篇幅,只简单地介绍综合飞行/火力控制系统的组成及其功能。

众所周知,早期飞机的武器系统有:机枪、机炮及其瞄准射击系统,炸弹及其瞄准投放系统。以炸弹及其瞄准投放系统为例,轰炸瞄准具是一个重要设备。如果轰炸目标是静止的,并且没有风的干扰,要命中目标,首先飞行员要保持稳定平飞状态的航迹,也就是飞行员自身生成一个符合要求的轨迹。轰炸员按载机的飞机速度、高度、姿态、空气阻力、目标位置、炸弹的重力等进行弹道估算,调整轰炸瞄准具。轰炸瞄准具根据估算结果显示目标的位置,一旦目标落入投放点(光环十字中心),轰炸员立即投放炸弹,如果估算准确,炸弹离开投放点后,将沿估算弹道命中目标。如果有风或目标是运动物体,必须对弹道另加修正。机炮及其瞄准射击系统也与此类似,只是目标速度很大且机动性强,飞行员在捕获目标时,难度更大。

总之,早期飞机以瞄准具为核心的火力控制系统只显示目标偏离瞄准弹道的情况,虽然可以联通驾驶仪自动投弹,但基本上火力控制与飞行控制相互独立,发射机炮或投放炸弹主要由飞行员或轰炸员实施。而综合飞行/火力控制系统则不同,它是在采用主动控制技术的战斗机上,把具有解耦能力的火力控制系统和飞行控制系统产生的信号自动结合起来,提供快速目标跟踪解算并改善射击目标或投放武器的精度。

图10-1描绘了综合飞行/火力控制系统的简化结构图。它主要包括目标及其位置与运动信号、火力控制系统、飞行控制系统、火力控制与飞行控制系统之间的耦合器、控制对象(飞机)、飞机状态变量传感器和估算器、武器投放机构以及显示装置等。它的心脏是具有程序飞行控制和火力控制律的数字计算机。飞行员选择某种飞行状态,通过机载火控雷达及前视红外/激光跟踪器确定目标的运动参数(距离、速度、加速度和方位),通过机载传感器测量飞机的飞行状态(马赫数、高度和姿态)与飞行员的输入指令一起综合计算,精确预测目标的未来位置,自动生成投放(或发射)点及到达投放(或发射)点前的飞行轨迹。自动生成的轨迹信号通过平显为飞行员提供操纵和状态显示,同时送入飞行/火力控制耦合器,在那里形成控制指令传入电传操纵(或控制增稳)系统,操纵飞机跟踪目标进行自动攻击。这里,飞行员或轰炸员只起监控作用,大大减轻了其工作负担。由图10-1可知,也可由飞行员操纵飞机按平显提供的信息生成飞行轨迹,并引导飞机飞往发射(或投放)点。待目标显示已至发射(或投放)点时,即可自动射击(或投放)机炮(或炸弹),也可由飞行员或轰炸员射击机炮或投放炸弹。

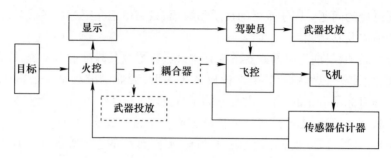

图 10-1 综合飞行/火力控制系统的简化结构图

10.1.2 综合飞行/推进控制技术

综合飞行/推进控制(Integrated Flight and Propulsion Control, IFPC)技术就是把飞机与推进(包括进气道、发动机和尾喷管)系统综合考虑,在整个飞行包线内最大限度地满足飞行任务的要求,以满足推力管理、降低燃油消耗率和提高飞机机动性、有效处理飞机与推进系统之间耦合影响及减轻飞行员负担等要求,从而使系统达到整体性能优化。

长期以来,飞机上的飞行控制系统和推进系统是彼此独立的,只有必要时飞行员才予以适当协调。近代飞机,由于采用了变几何进气道以及具有推力矢量和反推力特性的发动机等诸方案,造成飞机机体/进气道/发动机之间会产生严重的耦合作用,使得系统会产生发散的横向振荡、畸变系数超过限制、不稳定的荷兰滚和长周期振荡,甚至可能产生发动机熄灭的故障。这种耦合作用在现代高性能作战飞机上表现尤为明显。一方面,目前和未来的随控布局飞机要求必需的操纵面实现直接力控制、阵风减缓控制、机动载荷控制、乘坐品质控制、主动颤振抑制等功能,随着变几何进气道、推力矢量喷管和变循环发动机等先进技术装置的使用,推力系统具有大量的受控参数,这些控制方案增加了有利的控制因素;另一方面,这些方案附加了强烈的耦合效应,会严重地影响飞机和推进系统的性能、稳定性和控制。只有对这些先进的飞行控制和推进控制进行综合设计,克服它不利的耦合作用,利用它有利的耦合作用,才能改善和提高飞机生存性与任务的有效性。尤其是推力矢量技术的出现,推进系统直接参与了飞行控制,飞行与推进系统的综合控制已是必然趋势。

一般来说,综合飞行/推进控制技术包括系统功能综合和系统物理综合。前者是提高飞机武器系统整体性能的有效途径,后者可改善系统有效性和全寿命费用。

系统功能综合按不同的综合要求有不同的模式。按综合控制的模式有失速裕度控制模式、快捷推力调节模式、格斗模式、推力矢量模式、自动油门模式和性能寻优控制模式等;按飞机使用要求和性能要求分不同的任务阶段有短距起落、巡航、地形跟随/威胁回避/障碍回避、空中格斗和对地攻击等;按子系统综合有进气道/发动机、机体/进气道、飞行/发动机和飞行/矢量喷管等综合控制。

系统物理综合是系统硬件的布局、硬软件一体化设计、总线通信、资源共享、故障监控和诊断等。

无论是哪一种综合,就本质而言,综合的方式有两类:一类为子系统间的信息共享,尤其是早期的研究,如进气道/发动机的综合控制和发动机失速裕度自适应控制等均是利用信息的综合,采用稳态的线性、非线性优化方法更好地控制各子系统;另一类为控制的动态综合,以获得更大的效益。综合控制的结构设计也分为两类:一类是"自底向上"的方法,即在现有的飞行控制和推进控制系统的基础上,进行综合系统的功能和硬件的综合。目前,许多研究属于此类,尽管这种方法在系统有效性和全寿命费用的改善方面稍差,但易于在现有系统的基础上实现。另一类是"自顶向下"的方法,即从设计之初就进行一体化设计,并尽可能采用新技术以获得更高的效益。这种结构特别适合于下一代具有高度耦合特征的飞行/推进控制综合飞机。

总之,综合飞行/推进控制技术在战术技术要求与约束条件下,寻找最优的发动机/机体整体布局,以便在整个飞行包线内得到有效的外流气动特性(即低阻)、好的飞行品质以及高质量的内流气动特性(即高推力、宽广的发动机工作范围)等。同时,采用先进的物理综合技术,大大改善系统的可靠性。

一般综合飞行/推进控制系统的工作过程如下:根据飞行任务,飞行员发出指令,计算机收到飞机迎角、侧滑角、速度和加速度信号的同时,也接收来自发动机的进气道压力比、进气整流锥位置信号。经过计算之后,一方面向飞机飞行控制系统发出操纵信号,操纵飞机相应的控制面,使飞机按预期的姿态和轨迹飞行;另一方面又向推进系统发出控制信号,控制进气锥位置伺服装置和油门,按需要控制发动机的推力。这样,就把飞行控制和推进控制融为一体,达到综合控制的目的。

图10-2描述了综合飞行/推进控制系统的控制结构图。它利用递阶、分散的思想把综合系统划分为若干个子系统进行设计,按模块对飞行模态进行控制律设计。指令发生器的功能就把飞行员指令或飞行管理提供的信息转化成飞机的飞行变量组合,产生希望的飞机过渡过程响应。控制律计算跟踪期望轨迹所需要的控制量,这一过程先采用全状态反馈设计(转化为输出反馈),再拆除不重要反馈通道进行简化,然后对给定的反馈结构进行优化。控制选择器输出按

一定控制逻辑构成的执行指令,使各气动面、进气道、发动机和尾喷管协调匹配,获得最佳性能。

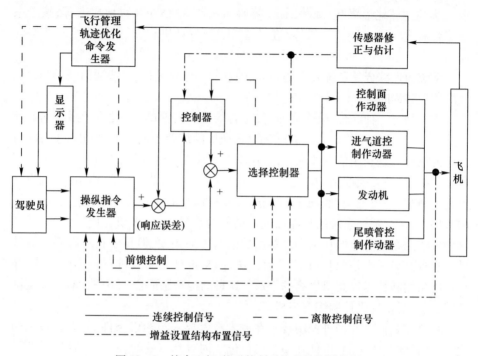

图10-2 综合飞行/推进控制系统的控制结构图

10.1.3 综合飞行/火力/推进控制技术

综合飞行/火力/推进控制(Integrated Flight/Fire/Propulsion Control,IFFPC)系统是在综合飞行/火力技术和综合飞行/推进技术的基础上发展起来的。综合飞行/火力/推进一体化设计是在采用各种先进的主动控制技术基础上,把飞行、火力、推进、导航以及航空电子等子系统更完整地综合在一起,以大幅度提高飞机的总体性能。例如,直接力控制与发动机反向推力的应用,将使飞机作战战术发生很大的变化。因此,只有采用先进的控制结构和多变量算法,采用分布式处理技术和余度、监控技术等,才能保证综合总体性能优于非综合总体性能。

图10-3是综合飞行/火力/推进系统原理结构图。其中实时的飞行管理和轨迹生成对计算机的运算速度和存储能力提出了更高的要求;耦合器/控制器是该系统的核心,它保证整个综合系统满足飞机性能要求并有明显提高。

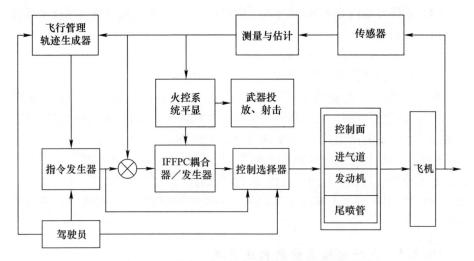

图 10-3　综合飞行/火力/推进系统原理结构图

10.2　光传飞行控制技术

新一代高性能飞机已采用了电传飞行控制系统(FBWS),如国产某型飞机、Su-30、F-15、F-16、F-18、波音767、"幻影"2000等。电传飞行控制系统是实现主动控制技术的基础,它的使用极大地改善了飞机飞行品质,提高了生存及可靠性。然而电传飞行控制系统仍然存在不能防御雷击和电磁干扰(Electromagnetic Interference, EMI)、电磁脉冲(Electromagnetic Pulse, EMP)等缺点。尽管采用了余度技术,但由于几套相同的设备暴露在同一雷电等电磁环境下,一套受损,其他也难幸免。

未来飞机期望用复合材料代替铝合金,以减轻15%~40%的飞机重量,但也失去了对雷电、电磁干扰及核辐射的屏蔽作用。此外,当代飞机电子设备的增多,布局的相对遥远,导致电缆用量大增,不仅引起飞机重量增加,还会引起线间干扰以及地环流影响。

20世纪60年代,英籍华人高锟博士预言用光纤传输信号。经过人们不懈的努力,光传飞行控制系统,即应用光纤技术实现信号传输的飞行控制系统得以诞生。其独特的性能可归纳为:

(1) 有效地预防电磁感应、电磁干扰、核爆炸电磁脉冲。
(2) 由 SiO_2 晶体制成的光纤又轻又细,极大地减轻了传输线重量。
(3) 光纤信号不向外辐射能量,不存在地环流引起的瞬间扰动。

(4) 光纤可输送宽频带、高速率大容量信号,采用频分或时分复用技术可实现多路信号的传输。

(5) 光纤的抗腐蚀性和热防护品质优良。

(6) 具有优良的故障隔离性能。

因此,光传飞行控制系统在军民用飞机上的应用给新一代飞机提供了全时间、全权限的飞行控制。它必将极大地提高飞机的飞行品质,提高抗电磁干扰、电磁冲击和雷击的能力,增强飞机的飞行安全性和生存能力。

我国对飞机光传飞行控制系统的研究仍处于起步阶段。而相比之下,国外,特别是美国、英国、日本等国对光传飞行控制的研究早在20世纪70年代就已开始,至今已在多种机型上试验了不同的光传飞行控制系统,并取得了一系列的成果。

10.2.1 光纤传输系统的构成原理

光纤传输实质上是利用具有导光性能的光纤维作为传输线来传送光信息。图10-4所示为光纤传输系统原理示意图。

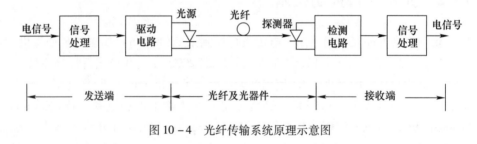

图 10-4 光纤传输系统原理示意图

要传送的信号经过信号处理,送入发光二极管(Light Emitting Diode,LED)驱动电路,变换成光功率输出。这一过程称为电—光(E/O)转换。光功率经过耦合器进入光纤,并沿光纤传输,中间可经过若干光纤连接器。然后,光信号经耦合器,由光电二极管(PIN)检测器检测到,转变成微弱的电信号,再经过信号处理、滤波、整形复原成与原输入相同的电信号。后一过程称为光—电(O/E)转换。

在光传控制系统中,为提高系统的可靠性,往往采用余度传输的办法,即利用光开关、光分路器及监控系统组成多余度光纤传输系统,如图10-5所示。输入电信号经两路电—光转换,变成光信号,每一路光信号又经过一个光分路器,分成两路:一路经光开关传送出去,另一路去光监控系统。若某路出现故障,则可立即经光开关转换到另一路。

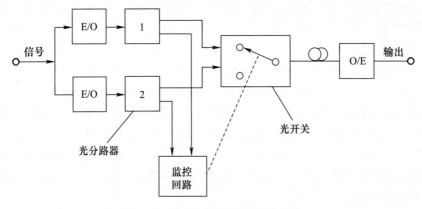

图 10-5 二余度光纤传输系统原理

10.2.2 光传飞行控制系统的基本原理

由于直升机本身的特殊情况（体积有限、电子设备安装密集等），国外率先在直升机上采用了光传飞行控制系统。

图 10-6 所示为某直升机光传飞行控制系统原理。由图可见，该系统由中心站、三余度光导纤维束和远控站三部分组成。

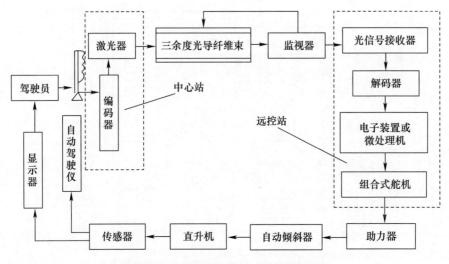

图 10-6 直升机光传飞行控制系统原理

（1）中心站。中心站设在驾驶舱内，将来自驾驶杆、脚蹬和驾驶仪的控制信号通过编码器转换成光学数字控制信号。

（2）三余度光导纤维束。该光纤从驾驶舱一直敷设到直升机的变距控制机构和尾桨操纵机构附近的远控站。因为这一距离远小于1km,所以不必考虑光信号的畸变和衰减。监控器是一个具有解码、误差检测以及自动转换功能的大规模集成电路。当3根光纤中任意一根或两根有故障时,误差检测器将无故障光纤中的信号转接至远控站的光信号接收器,使系统正常工作。

(3) 远控站。远控站实际是一个电气绝缘封闭体,在该封闭体内装有光信号接收器、解码器、电子装置、微处理机以及组合式舵机等。因电子装置、微处理机以及组合式舵机都需电源供电,而远控站与外界又无任何电气联系,所以封闭体内须自备供电系统。一般是将机上液压源通向远控站内以驱动液压马达或几个涡轮,从而带动发电机转动发电。这样,完全屏蔽的远控站就可以防止电磁干扰和雷击等问题。

从中心站发出的,经光纤传入远控站光信号接收机的信号,经过变换解码后传给电子装置或微处理机,再加工成控制所需的信号后,传给组合式舵机,由组合式舵机驱动液压助力器,从而改变主桨、尾桨、总距周期变距,实现直升机的飞行操纵。

1984年在UH-60A"黑鹰"直升机上进行了试飞的美国先进的数字光传飞行控制系统(Advanced Digital Optical Control System, ADOCS)的线路示意图如图10-7所示。系统由三余度光缆、光传感器和飞行控制微处理机组成。

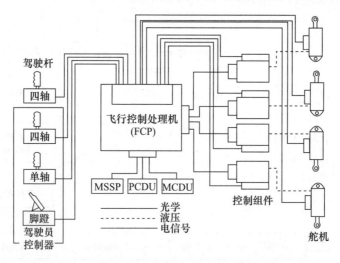

图10-7 数字光传飞行控制系统线路示意图

(1) 三余度光缆。三余度光缆是包有塑料的二氧化硅细丝,其透明度超过纯净大气。该光缆连接于驾驶杆与微处理机之间以及微处理机与控制作动器之间。光缆中的各光纤维的长度按系统延时要求的长度不同而不同。光学传输采用时分多路复用技术,减少了光缆数,从而减轻了飞机的重量。

(2)光传感器。该系统在飞行员控制器和作动器上分别装有光纤位置传感器。由于不存在任何电气变换,故可防止雷击、电磁干扰和电磁脉冲。其工作原理如图10-8所示。

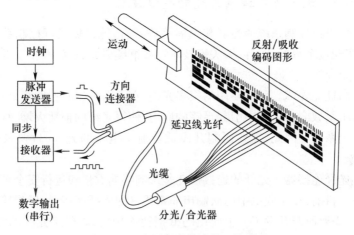

图10-8　光纤位置传感器工作原理

位置传感器有一块随飞行员控制器、作动器运动的编码板,信号由一串光导纤维读出。板上有若干条采用反射/吸收短画形式编码的线。当所有的线被同时读出时,位置就可以唯一确定。传感器位置由持续时间为20ns的光脉冲读出,该光脉冲在飞行控制处理机中处理并沿着一条光缆送到一个分光/合光器,被分割成一系列脉冲,分别沿着与各自编码条对应的一系列光纤传输,单个光脉冲被吸收或反射取决于编码板的位置。因为每根光纤长度不同,因而对光脉冲的延迟时间也不同。这样将各反射脉冲组合以后就转换成一个串行字,为使信号同步,直达脉冲被直接反射回去。确定传感器位置的串行字沿着相同的光缆返回到处理机,在那里被接收机接收。

(3)飞行控制微处理机。飞行控制微处理机是ADOCS的数字部件,共3台(系统为三余度),为实现余度控制,每个处理机都可单独产生控制所有作动器的指令。为减少被炮弹攻击的易损性,这些处理机装在机身不同的部位,且彼此间无联系。每个飞行控制处理机又包括两个用于主飞行控制的微处理机和一个用于自动飞行控制的微处理机。来自侧杆的飞行员输入命令,通过主飞行操纵处理机电—光结构装置以光的形式把控制信号送到作动器。自动飞行控制处理机通过光纤数据总线与飞行员多功能控制面板、维修面板、飞机传感器、航空电子系统以及有关的视频系统联系起来。

主飞行控制系统是双故障工作模式,发生两次故障之后飞机仍能飞行。每台飞行控制处理机对本身的性能进行监控,并在其本身失效时切断。主飞行操纵系统的功能是代替常规的机械操纵系统。自动控制系统采用交叉比较监控,具有单故障工作能力。自动飞行控制系统提供执行各种任务所需的操纵品质。

10.2.3 光传飞行控制系统的关键技术

从光传飞行控制系统的性能和发展趋势来看,纯光传飞行控制系统是最终目标,要实现这个目标还有许多关键技术需要继续研究,现将其中主要的几种技术做一简单介绍。

(1) 高性能光缆。目前使用的很多光缆,在常温测试时性能很好,但材料的不同热膨胀系数会在光纤中引起足够的应力,使得光纤的损耗大增,从而影响其运行的安全系数。因此,需要研制开发适合航空电子的光缆,且要求价格不能过高。

(2) 光纤连接器。光纤的连接损耗是影响终端数量和运行安全系数的主要因素之一。目前,在实验室中已研制出非常优良的光纤连接器,但焊接的寿命极短。所以,需要研制开发工程上应用的低损耗连接器,以确保光缆的维数、长期可靠性、容易安装及光纤的伸展、复原。

(3) 电—光结构和光放大器。这是目前电、光两种信号共存阶段向未来全光信号传输阶段过渡时期的一项关键技术。现在飞机上各类电传感器技术已经比较成熟,而光传感器在短期内还不能达到完全实用的水平,因此研究电—光结构在目前来说是必要的。未来光传感器的信号可直接经光放大器后进入光纤总线进行传输,不再需要光—电转换。目前,光放大技术正从实验室走向工程实际应用,已实现的用于光纤通信的光放大器有半导体激光放大器、非线性光纤放大器和掺杂光纤放大器等。

(4) 光计算机。光计算机是一种正在形成中的新兴科技,它是一种以光子作为主要信息载体,以光学系统为主体,以光运算作为运算方式的计算机,其工作原理与数字计算机相类似,不同之处是以光子代替电子,用光互联代替导线互联。其主要部件有光开关、光三极管、光存储器、集成光路等。

光计算机以其超高速运行、超并行性、抗干扰能力、极宽频带等特性,预示出其具有很高的应用价值,特别适用于航空高技术领域,以实现雷达信号的高速处理,高精度的仿真模拟试验以及高速图像处理和模式识别。特别是它与光学数据总线、光传感器、光作动器等互联可实现纯光传飞行控制,因而其研究备受美国、日本等国的重视。

(5) 光作动器。光作动器的研制与开发显得十分重要,但目前这方面的技术尚不成熟。英国卢卡斯公司研制的新型光学作动器已展示了其发展前景。光作动器目前最大的缺点是不能提供足够的光能给液压控制电子装置。高能激光二极管因价格昂贵、寿命短,目前还不实用。从激光二极管发出的高能激光需经低损耗的光开关调制后耦合到光纤,传输到几个控制阀。高效的光—电转换装置还需改进。另外,还需要开发只需低能量的控制阀。

(6) 光纤数据总线。光纤数据总线是由连到光纤传输线上的若干终端构成的。每个终端可通过光纤数据总线得到信息,并能通过总线向任何终端和中央控制器发送信息。光纤数据总线与目前飞机上飞控系统所使用的金属导线数据总线不同,它不存在地回流,也就不存在地回流引起的振荡,同时具有频带宽、损耗低、数据传输率高和无中继距离等优点,可广泛应用于飞行控制系统和 C^3I 系统等。

(7) 系统演示验证技术。①开环系统演示验证。开环系统演示验证包括光纤陀螺惯性测量元件、时间衰减温度传感器和大气数据传感器、连接器、星形耦合器、光缆等设备。目前的目标是证实在给定的要求下,传感器能正确地响应激励,并且数据可通过总线传输至飞行控制计算机。②作动器回路演示验证。其目标是为证明光缆设备的使用对实现作动器位置回路闭合能够提供足够的通信量。③闭环演示验证。收集实时闭环数据,以证明数据等待时间在性能限制范围内。由飞行员评估分布式光传飞行控制系统的品质和性能。成功的标准是飞行员未发现电传与光传系统之间的不同。

光传飞行控制系统涉及的问题很多,目前还在进行充分的论证。因此,光传飞行控制系统的发展前景有待于进一步研究和验证。但未来的飞行控制功能必将通过光传系统来完成,光传飞行控制系统代替现在的电传飞行控制系统是必然的。

10.3 推力矢量控制技术

推力矢量控制技术是航空发动机与飞行器设计的一项具有革命性的设计概念。

长期以来,发动机只作为为飞行器提供轴向推力能源。推力矢量控制技术的提出不但使发动机提供动力,而且通过改变发动机推力方向,为飞行器提供俯仰、偏航和横滚力矩以及反推力矩。推力矢量参与飞行器的控制,可大大提高飞行器的机动性和敏捷性。

10.3.1 推力矢量主要类型

1. 按矢量推力产生方式划分

(1) 外推力矢量。外推力矢量依靠安装于发动机尾喷管后或尾部结构上的燃气舵(又称折流板)的偏转来改变喷气流方向。

(2) 内推力矢量。通过发动机尾喷管自身结构的偏转来实现尾喷管方向的改变,又称为推力矢量喷管。由引入二次射流来改变尾喷流方向的技术也称为内推力矢量。

流场推力矢量喷管不同于机械作动式推力矢量喷管,主要特点在于通过在喷管扩散段引入侧向次气流,以达到改变和控制主气流的面积与方向,进而获取推力矢量的目的。图10-9所示为矢量推力喷管的类型。

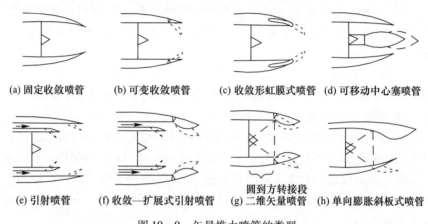

图10-9 矢量推力喷管的类型

2. 按矢量推力喷管构造形式划分

(1) 轴对称推力矢量喷管,通过后尾喷管的转动和收扩来改变喷流方向,转动机构常见的有球铰机构、万向节机构和多连杆机构。

(2) 二元推力矢量喷管,尾喷口呈矩形,通过后尾喷管上下不对称的收敛、扩散和转动来实现喷流方向的改变,包括固定式二元喷管和二元机械式收扩喷管。

(3) 有反流推力的矢量喷管,在喷管出口截面的外部加一个外套,形成反向流动的反流腔道,在需要主流偏转时,启动抽吸系统形成负压,使主气流偏转产生侧向力。

(4) 其他新型推力矢量喷管,有多平面推力转向喷管、球形收敛折叶喷管等。

3. 按推力矢量取代操纵面控制程度划分

(1) 部分推力矢量控制,采用推力矢量同时,仍然使用方向舵、升降舵、副翼和襟翼。飞行器的操纵性、机动性仍然受舵面控制的外部流动情况的影响。

(2) 全推力矢量控制,飞行器的控制力全由推力矢量提供,可取消所有的气动舵面甚至垂尾。全推力矢量控制飞行器的控制适应范围广(包括原气动舵面操纵困难的大迎角、大侧滑角、超低速度、高空等),并且易于实现过失速机动和快速机头转向机动。图 10 – 10 所示为轴对称推力矢量喷管的不同工况。图 10 – 11 所示为二元收扩推力矢量喷管方案。

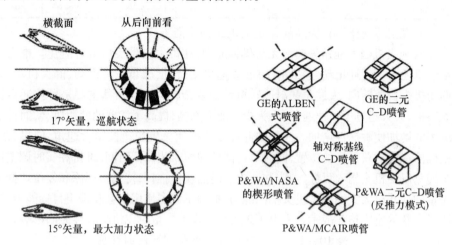

图 10 – 10　轴对称推力矢量喷管的不同工况　　图 10 – 11　二元收扩推力矢量喷管方案

10.3.2　推力矢量的应用

应用推力矢量技术将会使飞行器性能取得多方面的突破。

1. 提高升阻比,改善机动性和敏捷性

矢量推力可直接产生喷气升力分量和降低诱导阻力,因此可提高飞机的升阻比。同时,推力矢量控制可大大改进飞机的爬升率、横滚性能和盘旋性能,并且提高飞机在空中瞬时改变姿态的能力和敏捷性(飞机从一种机动状态进入另一种机动状态的快慢程度)。

2. 加大航程和缩短起飞着陆滑跑距离

由于推力矢量的使用减少了舵面积,可使舵面阻力和诱导阻力减小,从而降低油耗,使航程加大。另外,尾部重量的减少可导致飞机总重量的大幅减小,相应可增加燃油,又可加大航程。

因推力矢量可直接提供升力分量,使飞机在很低速度下起飞和着陆,故而大大缩短滑跑距离。表 10 – 1 所示为某飞机采用和不采用推力矢量时的起飞滑跑距离。

推力矢量技术还可以减少飞机起飞着陆时可能产生的滚转。

表 10-1　某飞机采用和不采用推力矢量时的起飞滑跑距离

推力矢量情况	抬前轮			起飞离地		
	速度/(m/s)	时间/s	距离/m	速度/(m/s)	时间/s	距离/m
不采用,无前翼	88.5	15.65	752	93.7	16.85	861
采用,无前翼	65.4	10.60	361	76.1	12.80	516
采用,有前翼	65.4	10.60	361	74.8	12.50	494

3. 突破失速限制,提高战斗机的近距格斗能力

常规飞机因大迎角失速而无法操纵舵面,在推力矢量飞机上可避免。推力矢量飞机还可实现迎角超过 70°时的过失速机动,包括赫布斯特机动、榔头机动、大迎角机头快速转向、大迎角侧滑倒转机动等复杂机动动作。其主要是可控迎角扩大很多,大大超过了失速迎角,机头指向能力加强,提高了武器的使用机会,而且操纵力的增加使敏捷性增加。大的俯仰速率能够使飞机快速控制大迎角,使机头能精确停在能截获目标的位置,同时尽可能按照所希望停留时间,维持和实时调整这个迎角以便机头指向目标、锁定和开火。随后快速推杆,使飞机还原和复位。推力矢量的战斗机大大加强了机头指向能力,提高了武器使用机会和锁定目标能力,开辟了全新的空中格斗战术。表 10-2 所示为推力矢量对飞机爬升性能的影响。

表 10-2　推力矢量对飞机爬升性能的影响

状态	无推力矢量		有推力矢量	
	法向过载	角速度/((°)/s)	法向过载	角速度/((°)/s)
高度 =0km,Ma =0.3	1.21	1.14	1.49	2.71
高度 =3km,Ma =0.4	1.49	2.08	1.84	3.59
高度 =5km,Ma =0.6	2.52	4.44	3.13	6.23

4. 提高隐身能力和突防能力

一方面,推力矢量飞行器因减小舵面甚至垂尾,从而大大减小了雷达散射截面积;另一方面,采用二元矢量喷管的飞行器可显著减小红外目标信号特征和雷达散射截面积,所以提高了飞行器的隐身能力,如 F-22 战斗机具有红外和雷达信号高隐身能力,从而提高了军用飞行器对战区的突防能力、对地攻击能力和迅速回程躲避能力。

5. 提高发动机恢复能力

改善双发动机飞行器低速熄火时的恢复特性,增强双发动机高速熄火时的恢复能力。

6. 为设计更加简洁的飞行器提供条件

由于推力矢量技术的运用有可能发展为消除全部舵面和垂尾,甚至可以设计为"无尾"飞行器,从而大大减少操纵舵面的复杂机构和系统,减小阻力,降低

制造成本,减小故障,提高安全性和飞行器使用寿命。

10.3.3 推力矢量飞机设计的关键技术

推力矢量飞机的设计已不仅是推进系统设计问题,而是整个飞机综合设计问题。因此,常规的将飞机结构与发动机系统分开设计的方式已不适用。应解决的主要关键技术问题如下。

1. 矢量推进系统本身设计的关键技术

二元推力矢量喷管的典型结构如图 10 – 12 所示,特殊的姿态控制喷嘴如图 10 – 13 所示。

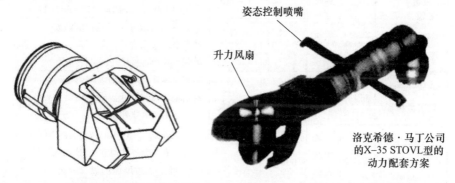

图 10 – 12 二元推力矢量喷管的典型结构　　图 10 – 13 特殊的姿态控制喷嘴

(1) 矢量推进系统方案、总体结构和控制系统的设计。

(2) 矢量喷管转向装置和收扩装置的结构设计。

(3) 矢量喷管的总体内流特性,矢量喷管与发动机主体的匹配,包括对进气道、风扇的性能影响。

(4) 矢量喷管材料选择、结构密封性、冷却系统、机构运动和控制系统的设计,表 10 – 3 所示为有代表性的推力矢量喷管。

表 10 – 3 有代表性的推力矢量喷管

名称	类型	功能	推力矢量角/(°)	验证机	结构特点	起始研制时间
燃气舵(或称折流板)		俯仰偏航	±10	F – 14 F – 18 X – 31	在飞机尾罩外侧加装 3~4 块可内外作径向转动的板叶,而喷管一般缩于尾罩里面	20 世纪 70 年代初
二元收敛/扩张喷管	二元	俯仰隐身	±20	F100 – PW – 220 F – 119 F – 120	在喷管扩散段安装两块(上、下)调节片,以调节喷口面积并转向	1973 年

续表

名称	类型	功能	推力矢量角/(°)	验证机	结构特点	起始研制时间
加力偏转式喷管	二元	俯仰	±15	F-404	由二元可调面积收/扩调节组件、机身下调节片和外膨胀斜板构成	1983年
球面收敛调节片喷管	二元	俯仰偏航反推力	±25	XTE/JTDE	收敛转接段是球形,作偏航调节;扩散段出口为矩形,作俯仰调节	1986年
轴对称推力矢量喷管	二元	俯仰偏航	17~20	F-100 F-110	在轴对称收/扩喷管的扩散段,共轴装有若干组调节片和密封片,可在周向360°范围内偏转17°~20°	20世纪70年代中
俯仰/偏航平衡梁喷管	轴对称	俯仰偏航	0~20	F100-PW-229	由F100平衡梁喷管结构(BBN)发展而来。采用异步控制环调节扩散调节片和密封片,以控制转向	1985年
圆柱段轴线偏转矢量喷管	轴对称	俯仰	±20	苏-35/АЛ-31φ	喷管筒体分为两段,中间铰接处设有销轴使圆柱段上、下转动,喷管一般伸出机翼罩外面	20世纪80年代末
限定式内调节片喷气转向喷管	轴对称	俯仰偏航	0~30		喷管为收敛/扩散/再收敛型,在扩散段装有4个气动调节片(或引入4股射流)使过膨胀的燃气分离,产生气流转向	1990年
滑动喉道式矢量喷管	二元	俯仰偏航	±18		在喷管出口装有与轴线成一定角度的4块调节片,每1块都装有1个可滑动的喉道面积调节片,以调节喷口面积,出口为菱形	1992年

2. 内外流气动设计技术

(1) 矢量喷流与飞机外绕流相互气动干扰特性研究。

(2) 矢量喷流引起的超环量气动效应研究。

(3) 大迎角时进气道流场及内外流特性综合研究。

(4) 反向喷流干扰效应研究。

(5) 带矢量喷流的气动实验技术。

(6) 大迎角全机气动特性研究。

3. 飞行/推进综合控制技术

飞行/推力矢量综合控制结构如图10-14所示。

(1) 带舵面的推力矢量飞机。推力矢量和气动舵面组合操纵的气动黏性与匹配技术。

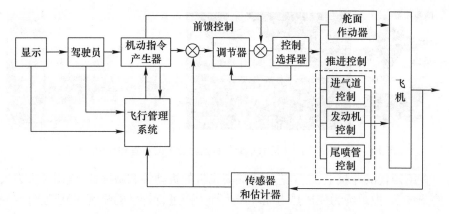

图 10-14 飞行/推力矢量综合控制结构

(2) 推力矢量飞机的飞行控制规律研究。
(3) 过失速迎角下的飞行控制规律研究。
(4) 超低速下的飞行控制规律研究。
(5) 可靠性设计。
(6) 飞行和推进的计算机综合控制软件设计。
(7) 飞行/推进控制系统一体化设计。

4. 推力矢量飞机的总体设计技术

(1) 推力矢量飞机总体布局设计研究。
(2) 推力矢量飞机作战效能研究。
(3) 矢量喷管与后机体匹配研究。
(4) 推力矢量飞机的隐身技术研究。
(5) 推力矢量飞机的综合仿真试验技术。

F-35战斗机能成功地实现短距起飞和垂直着陆,就是采用了矢量推力技术。F-35战斗机的发动机核心机采用的是普拉特·惠特尼公司研制的F119-PW-100发动机(这是第一型推重比超过10的航空动力系统),为提高推力,增加发动机的空气流量和涵道比。为获得垂直起降能力,除了发动机喷口向下偏转(采用三轴承旋转喷管),还设计一个位于座舱后的升力风扇,通过传动轴与发动机轴相连,可以产生很大的升力,并能对飞机实施俯仰平衡作用。此外,发动机还通过两侧机翼的侧喷口,在左右对飞机起横向平衡作用。F-35战斗机升力风扇也是一个矢量推力装置,其喷管可以向前偏转13°,向后偏转30°,最大可以产生90kN的升力。图10-15给出发动机、升力风扇和两侧喷管的位置,以及垂直降落的示意图。

图 10-15　F-35 战斗机海军型矢量推力装置的布置和作用示意图

在第四代战斗机上,为了进一步提高飞机的机动性和敏捷性,应用了推力矢量控制技术,把单纯为完成热力循环产生推力而进行排气的喷管,变成通过改变其喷流方向(从而改变其推力矢量)直接参与飞机机动运动的矢量喷管。由于推力矢量作用快,与飞行控制系统相结合,可以大大提高飞机的机动性和敏捷性。二维喷管较轴对称喷管容易实现推力矢量控制,但仅限于俯仰运动。要实现多方位的推力矢量控制,需采用轴对称矢量喷管。

未来的高超声速飞机,喷管内的落压比很大,如果要在喷管出口达到完全膨胀,出口面积非常大,飞机上无法实现。解决这个问题的办法是把后机身尾部下表面设计成一个单向膨胀斜面(也称为推力膨胀面),从喷管排出的不足膨胀高压燃气在单向膨胀斜面上继续膨胀,以达到接近完全膨胀的程度,大大提高飞机的推力。为配合单向膨胀斜面上气流的膨胀,喷管的下部需要做相应的调节。

10.4　其他先进控制技术简介

智能飞行控制技术(Intelligent Flight Control Technology,IFCT)指的是在变化环境下能自主完成飞行控制目标的智能化控制技术,是人工智能和控制理论相结合的产物,它把专家系统、神经网络和语音控制等应用于飞行控制。根据该技术设计的智能飞行控制系统(Intelligent Flight Control System,IFCS)有(或部分有)获取或应用知识的能力,具有分析、识别、推理、决策、学习和预测的能力,具有视觉或其他感觉的能力,并具有人机交互能力,因而它能很好地适应工作和环境条件的变化,能自主完成预定的控制任务。

目前,智能控制与先进的主动控制尚没有严格的区分。智能飞行控制技术是指具有一定的模式识别和智能化信息处理功能的自动控制技术,或者是根据人工智能理论和方法来决策自动控制技术,可以说,智能飞行控制是传统的主动飞行控制进一步发展出的智能化控制技术。

智能控制技术与传统控制技术的主要区别在于:

（1）智能控制研究的对象是整个任务和整个系统的运行,不必确知受控对象的结构和参数,采用信息处理、启发式程序设计、知识表达、识别以及自动推理和决策等相关技术。而传统的控制理论必须根据受控对象的数学模型、性能指标设计相应的解析控制律。

（2）智能控制方法是人工智能技术、传统控制理论以及运筹学和信息论相结合的控制方法。对于信息量的描述除数学公式的表达、数值计算和处理,还必须应用语言和符号、精确和模糊的逻辑描述;对于问题的处理除数学推导,还应有经验、技巧以及模拟人的思维方法。这些问题的求解过程和人脑的思维过程具有一定的相似性,即具有一定的"智能"。

（3）智能控制是控制理论、人工智能、运筹学、信息论等学科的交叉,并利用计算机作为手段向工程实用全面深入发展。

目前,智能控制的主要形式有以下几种:

（1）分级递阶智能控制,如知识基/解析混合多层智能控制、萨里迪斯三级智能控制理论等。

（2）专家系统控制。

（3）模糊控制。

（4）人工神经元网络控制。

（5）多种智能控制方法的交叉和结合,如专家模糊控制、模糊神经网络控制、专家神经网络控制、模糊PID控制、专家PID控制、模糊学习控制等。

目前正研究的以下几个飞行控制技术归属于具有一定智能化的飞行控制技术:

（1）自修复飞行控制技术。

（2）自适应飞行控制技术。

（3）自组织飞行控制技术。

（4）自学习飞行控制技术。

（5）自适应逆控制技术。

（6）专家系统控制技术。

（7）神经网络控制技术。

10.4.1 自修复飞行控制技术

随着飞行控制的自动化程度和复杂程度的不断提高,飞行控制系统的故障可能成为飞行控制的致命问题。电传和光传飞行控制系统虽然采用了余度技术,但余度技术不能处理由于操纵面损坏造成的飞行失控或不能继续执行任务的问题。为了使飞行控制系统具有一定的故障工作和故障安全的能力,先进国家开始研究应用重构飞行控制技术和维修诊断理论的自修复飞行控制技术（图 10 – 16）。

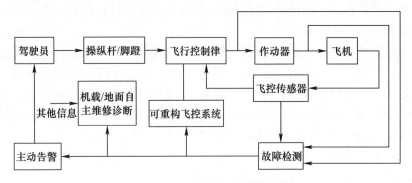

图 10 – 16　自修复飞行控制系统

自修复飞行控制技术是在电传操纵系统和光传操纵系统的基础上，增加了操纵面重构模块、系统损伤检测及分类模块、自主维修诊断模块和飞行员实时告警模块 4 个功能模块，利用在线参数识别操纵面或作动器的损伤，通过控制律重构来选择和配置余下的完好操纵面，以提高作战飞机完成任务的能力和保证飞行安全。

自修复飞行控制技术主要包括以下内容：
（1）故障的自动监测技术。
（2）故障特征的提取和模式识别技术。
（3）故障度的辨识技术。
（4）故障自动隔离技术。
（5）跟随自修复的控制律。
（6）飞行控制系统重构方法和技术。

以上技术信息分析与处理大部分要用到人工智能分析方法。

自修复控制技术对提高飞机飞行控制系统的可靠性和生存性具有重要作用。

10.4.2　模糊自组织飞行控制技术

常规控制原理的控制器设计都须建立在被控对象的精确建模上。没有精确的数学模型，控制器的控制效果将受到很大制约。但在实际飞行器飞行中，系统常具有非线性、时变、大延时以及随机性等特性，很难建立精确的数学模型，因此，用常规控制原理很难实现对系统的有效控制。为了满足现实的需要，人们开始将模糊控制理论应用于飞行控制系统。

模糊控制系统是以模糊集合化、模糊语言变量及模糊逻辑推理为基础的一种计算机数字控制系统。从线性控制系统与非线性控制系统的角度分类,模糊控制系统是一种非线性控制;从控制器的智能性看,模糊控制属于智能控制的范畴,它已成为目前实现智能控制的一种重要而有效的形式。

1. 模糊控制系统的基本原理

在有人参与的实际控制系统中,人们发现,有些有经验的操作人员,根据仪表显示的信息,获得系统的运行状态。然后操作者根据自己以往的经验和积累的知识,做出相应的决策,并对控制对象进行操纵。在这个系统中,仪表的信息都是精确量,通过人的感官传入操作者的大脑后,在大脑中形成具有模糊性的概念,最后操作者根据经验,进行模糊决策。

显然,这种人机控制系统进行的控制是一种模糊控制。人们为了模拟这种控制过程,设计了一种以模糊数学为基础的控制系统。

模糊控制属于计算机数字控制的一种形式,模糊控制系统结构如图10-17所示,一般可以分为5个组成部分:

(1) 模糊控制器。
(2) 输入输出接口。
(3) 执行机构。
(4) 被控对象。
(5) 传感器。

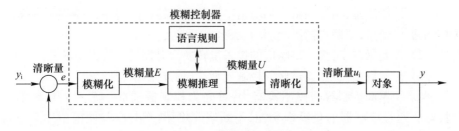

图10-17 模糊控制系统结构

模糊控制系统原理框图如图10-18所示,它的核心部分为模糊控制器,模糊控制器的控制规则由计算机程序实现。计算机通过采样获取被控制量的精确值,然后将此量与给定值比较得到误差信息,并将其进行模糊化变成模糊量,根据模糊控制规则,按推理合成规则进行决策,得到模糊控制量,再通过非模糊化,计算精确的数字控制量。

2. 自组织模糊控制器

自组织模糊控制器是在基本模糊控制器的基础上,增加3个功能块而构成

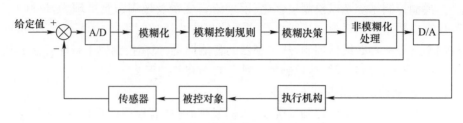

图 10-18　模糊控制系统原理框图

的一种模糊控制器。自组织模糊控制器的结构框图如图 10-19 所示。3 个功能块的功能如下：

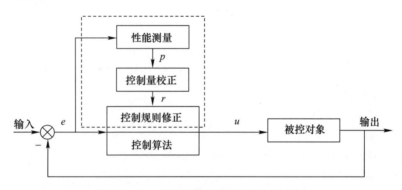

图 10-19　自组织模糊控制器的结构框图

（1）性能测量，用于测量实际输出特性与希望特性的偏差，以便为控制规则的修正提供信息，即确定输出响应的校正量。

（2）控制量校正，将输出响应的校正量转换为对控制量的校正量。

（3）控制规则修正，通过修改控制规则实现对控制量的校正。

自组织模糊控制器的控制策略为：首先为控制器选取一个不太精确的模型，然后通过控制器的自组织功能，不断修改模糊控制规则，使模型逐渐完善直至满足系统的预期要求。这种控制方法要求在控制被控过程的同时，还要了解被控过程，因此该控制器是将模糊系统辨识和模糊控制相结合的一种控制方法。

10.4.3　神经网络自适应飞行控制技术

1. 神经网络基本原理

基于人工神经网络的控制技术是一种特别适合动态系统的辨识、建模和控制的智能化控制技术。神经网络结构由大量的人工神经元组成。人工神经元是对生物神经元的一种模拟与简化，它是一个多输入、单输出的非线性元件

（图10-20、图10-21），而人工神经网络是由许多神经元组成各种不同拓扑结构的网络结构，用于执行高级问题的智能化求解，特别适用于复杂的非线性飞行控制。人工神经网络基本结构主要有以下两类：

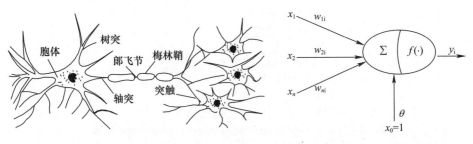

图10-20　生物神经元结构　　　　图10-21　人工神经元结构模型

（1）前馈型神经网络：具有逆阶分层结构，同一层神经元之间不互连。它是一种带向误差反向传播的前馈型（又称为前向型）神经网络。前馈型神经网络具有学习能力较强的特点，其网络结构如图10-22所示。

（2）反馈型神经网络：若神经网络由 n 个神经元组成，则每个节点都有 n 个输入和输出，即一些神经元的输出被反馈至同层或前层神经元。反馈型神经网络具有一定的联想记忆功能，其网络结构如图10-23所示。

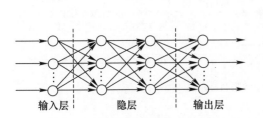 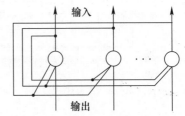

图10-22　前馈型神经网络结构　　　图10-23　反馈型神经网络结构

2. 神经网络自适应飞行控制方法

从广义"自适应控制"来说，以下一些神经网络飞行控制方法可以认为是神经网络自适应飞行控制方法。

（1）神经网络 PID 控制。

（2）神经网络的模糊控制。

（3）神经网络的遗传算法优化模糊控制等（图10-24）。

从控制机理方面来说，神经网络自适应控制又可分为自校正控制和模型参考控制两类（图10-25）。二者的区别是：自校正控制将根据对系统正向和（或）逆模型辨识的结果，直接调节控制器内部参数，使系统满足给定的性能指

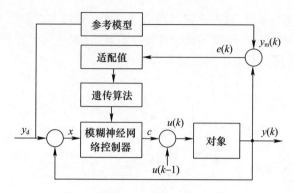

图 10-24 基于遗传算法优化的神经网络模糊控制器结构

标。而在模型参考控制中,闭环控制系统的期望性能由一个稳定的参考模型描述。图 10-26 给出了一个神经网络的动态逆控制结构。

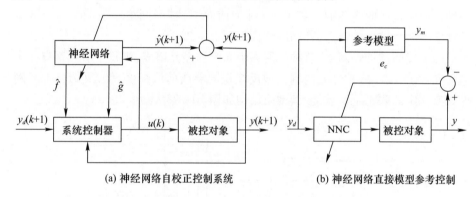

(a) 神经网络自校正控制系统　　(b) 神经网络直接模型参考控制

图 10-25 神经网络自适应控制结构

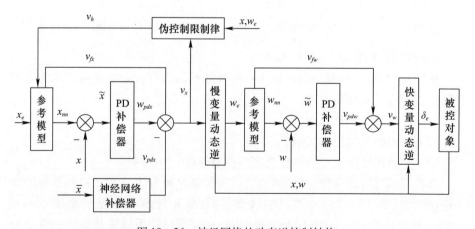

图 10-26 神经网络的动态逆控制结构

3. 神经网络自适应飞行控制方法的功能与特点

人工神经网络控制技术目前尚不能单独用于飞行控制系统,应与其他控制技术组成综合飞行控制系统。通常人工神经网络技术适用于以下一种或多种功能:

(1) 用于动态系统建模,作为对象模型。
(2) 在反馈控制系统中直接充当控制器作用。
(3) 对传统的飞行控制律作优化智能分析。

应用神经网络控制技术的主要好处是:

(1) 具有很强的自适应性、鲁棒性和容错能力。
(2) 具有高度的集成性,且可作并行分布处理。可同时接收大量不同的输入控制信号,解决输入信息间的互补和冗余问题,并实现信息的集成与融合处理。
(3) 具有非线性映射能力。
(4) 具有学习能力,可以通过系统过去的数据记录进行训练,以自动调整结余数值。
(5) 可由硬、软件结合实现,对于不可由软件处理的情况,也可把神经网络控制器制成大规模集成电路硬件来实现。

10.4.4 专家系统飞行控制技术

专家系统特别适用于已有大量知识、方法和经验,而希望得出比单一专家人工判断更好、更深层次处理解决办法。专家系统就是智能计算机程序系统,能够利用人类专家的知识和解决问题的方法经验来求解该领域的难题。图10-27列出了专家系统知识信息所包含的内容。

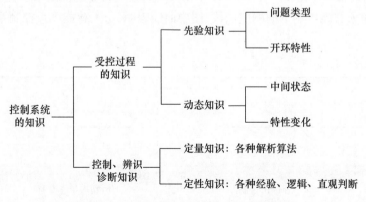

图10-27 专家系统知识信息所包含的内容

专家系统控制技术就是应用专家系统要领和方法,模拟和综合人类多个专家的控制知识与经验,并与控制理论结合而得出的控制模式或控制系统。用于飞行控制的专家系统的知识库与推理机应包括有关飞行控制的该模型的风洞试验数据、控制仿真试验数据、飞行试验数据、计算方法、专家经验知识。图 10 – 28 所示为某种专家控制器结构框图。

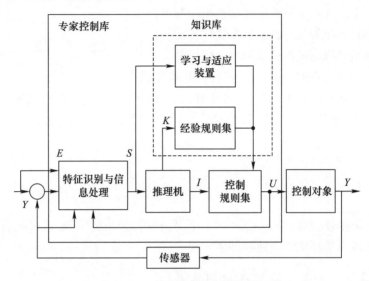

图 10 – 28　某种专家控制器结构框图

以专家系统仿人智能控制与常规 PID 控制效果的比较为例。仿人智能控制以针对性极强的控制模式和调参模式去控制受控对象多变的动态过程,它不同于常规 PID 的不变控制模式和参数模式,因此,仿人智能控制的控制效果比常规 PID 控制效果要好得多。图 10 – 29 给出某飞行器飞行姿态控制系统在常规 PID 控制和仿人智能控制下的响应曲线,图中曲线表明,仿人智能飞行控制系统的性能较优。

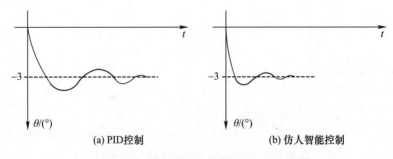

图 10 – 29　某种仿人智能控制下的响应曲线

472

思 考 题

1. 综合飞行/火力控制系统主要包括哪些组成部分?
2. 试简述综合飞行/推进控制系统的工作过程。
3. 试简述光传飞行控制系统的特点。
4. 试简述光传飞行控制系统的关键技术。
5. 试简述推力矢量主要类型。
6. 试简述应用推力矢量技术使飞行器性能取得哪些方面的突破?
7. 简述推力矢量飞机设计的关键技术。
8. 什么是智能飞行控制技术?
9. 智能控制技术与传统控制技术的主要区别是什么?
10. 智能控制的主要形式有哪些?
11. 什么是自修复飞行控制技术?主要包括哪些内容?
12. 模糊控制系统的基本原理是什么?
13. 人工神经网络基本结构主要有哪些?
14. 神经网络自适应飞行控制方法的功能与特点有哪些?
15. 试简述专家系统飞行控制技术。

第 11 章 飞行性能和品质仿真计算

11.1 飞行性能仿真计算

飞机的飞行性能主要研究在已知外力(空气动力、发动机推力和重力)作用下飞机质心运动的规律,包括确定飞机的基本飞行性能、机动性能、起飞着陆性能和续航性能等。对于这类问题,可将飞机作为一个可控质点来处理,即假定通过驾驶员的操纵,使飞机始终保持平衡状态,并且忽略操纵面偏转引起的气动力的变化,也可认为飞机所受的气动力、发动机推力和重力一样均通过质心。确定飞行性能的方法有很多,如近似解析法、图解分析法和数值仿真法等,这些方法均可编写相应的程序并在计算机上实现。本章主要介绍以飞机质心运动方程为基础的数值仿真算法和一些工程上的估算方法,相应的程序实现可参考本书配套软件中的"飞行性能计算"部分。需要注意的是,求解飞机运动方程的难点在于运动参数取决于飞机所受到的外力,而这些外力又和当前的运动状态密切相关,因此,数值仿真算法往往需要用到迭代或微分求解算法。

11.1.1 基本飞行性能计算

基本飞行性能主要包括最大平飞速度、最小平飞速度和升限等飞机速度高度性能。基本飞行性能和飞机的重量、气动特性和发动机工作状态密切相关,在估算中一般取飞机重量为平均飞机重量(50% 余油),飞机处于基本构型,发动机处于(加力、最大、额定)工作状态。对于喷气式飞机,常采用简单推力法。

11.1.1.1 最大/最小平飞速度

最大/最小平飞速度是指飞机在给定高度上以规定的构型、重量和发动机工作状态,进行等速水平直线飞行所能达到的最大速度和最小速度。它们主要取决于发动机的推力限制,此外,最大平飞速度还和飞机的结构强度、抖振或颤振限制、操纵性及稳定性限制和气动加热限制等有关,而最小平飞速度和平飞失速速度也有很大关系。

发动机推力限制是指飞机上的发动机实际提供给飞机的可用推力要满足飞机保持等速水平直线飞行所需推力的要求。对于特定型号的发动机,当飞机的飞行状态(高度 H、速度 V 和发动机工作状态)确定后,查找发动机推力特性曲线和推力损失特性曲线即可得到该状态下的可用推力。平飞所需推力则需要根据飞机做等速水平直线飞行时的质心运动方程求解得到,即

$$\begin{cases} P = X \\ Y = G \end{cases} \quad (11-1)$$

在飞机重量和飞行高度给定时,其求解算法如下:

(1) 给出一系列 Ma,求出真速。

(2) 根据式(11-1)中第 2 式,算出升力系数 $C_y = \dfrac{2G}{\rho S V^2}$。

(3) 根据 C_y 查 C_y-C_x 极曲线,得到每一升力系数对应的阻力系数 C_x,或者根据公式 $C_x = C_{x0} + AC_y^2$ 求出 C_x,然后算出升阻比 $K = C_y/C_x$。

(4) 根据已知飞机重量和各 Ma 下的 K,算出平飞所需推力,即 $P_{req} = G/K$,并绘制平飞所需推力曲线图,图 11-1 所示为某歼击机在 10km 飞行高度的平飞所需推力曲线。

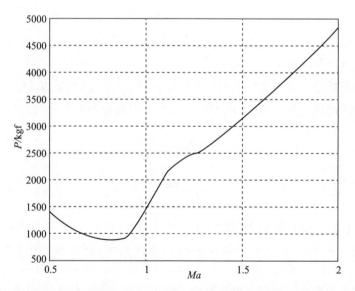

图 11-1 某歼击机在 10km 飞行高度的平飞所需推力曲线

将不同高度上的发动机可用推力和平飞所需推力绘制成曲线并叠加到同一幅图中,如图 11-2 所示为某歼击机推力曲线图。根据同一高度上的可用推力

475

曲线和所需推力曲线的相交情况可确定该高度上的最大/最小平飞速度,当然还需要根据其他限制条件对其进行修正,如最小平飞速度还取决于最大升力系数,而最大平飞速度还受到动压、温度等因素的限制。

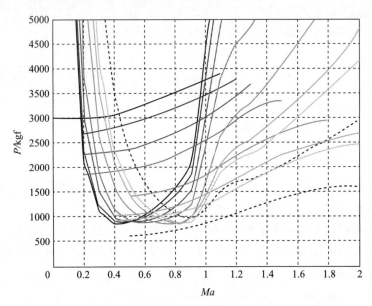

图11-2 某歼击机推力曲线图

11.1.1.2 升限

升限是确定飞机上升性能的一个指标,用简单推力法可以确定。

发动机的剩余推力 $\Delta P = P - P_{req}$,因此,上升角和上升率分别为

$$\begin{cases} \theta = \arcsin \dfrac{\Delta P}{G} \\ V_y = \dfrac{\Delta P \cdot V}{G} \end{cases} \quad (11-2)$$

还可计算飞机在不同飞行高度上最大上升角、陡升速度、快升速度、静升限、实用升限。图11-3所示为某歼击机在不同高度 $\Delta P - Ma$ 与 $\Delta P \cdot V - Ma$ 曲线。

根据简单推力法确定飞机升限内不同飞行高度上的最小/最大平飞速度,进而绘制出平飞包线。然而,由于受到飞机结构刚度、强度以及操稳特性等因素的限制,简单推力法确定的平飞包线还不是飞机的实际适用范围,需要根据上述限制因素进行必要的修正,如图11-4所示。

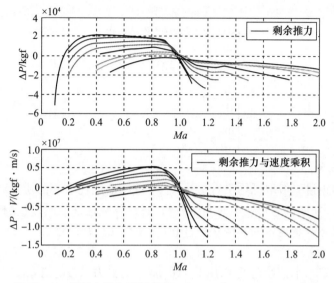

图 11-3　某歼击机在不同高度 $\Delta P - Ma$ 与 $\Delta P \cdot V - Ma$ 曲线

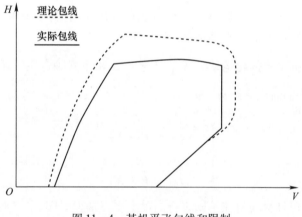

图 11-4　某机平飞包线和限制

11.1.2　机动性能计算

飞机的机动性能是指飞机在一定的时间内改变其高度、速度和方向的能力,主要包括飞机水平加/减速性能、上升率和定常盘旋等。

11.1.2.1　飞机水平加/减速性能

飞机水平加/减速性能指标有水平加/减速时间、水平加/减速距离、水平加/减速耗油量等,其中以水平加/减速时间为主要指标。根据前面的介绍,飞机的

基本方程为

$$\begin{cases} \dfrac{dV}{dt} = \dfrac{P\cos(\alpha+\varphi_p) - X}{m} \\ P\sin(\alpha+\varphi_p) + Y - G = 0 \\ \dfrac{dL}{dt} = V \\ \dfrac{dm}{dt} = \dfrac{q_h}{3600} \end{cases} \quad (11-3)$$

1. 计算条件

飞机的重量一般取平均飞行重量,不考虑燃油消耗引起的质量改变。计算加速性能时,发动机通常处于最大加力状态;计算减速性能时,发动机通常处于慢车工作状态或者规定的其他状态,同时减速板在打开位置。

2. 求解算法

(1) 假定一个初始速度 V,用 $C_y = G/qS$ 求出升力系数初值 C_{yi},进而由 $C_y \sim \alpha$ 关系曲线求得迎角初值 α_i,利用方程(11-3)中第二式,经过迭代计算得到精确解 C_y。

(2) 解常微分方程(11-3),求得从当前速度 V_1 到另一速度 V_2 的加/减速时间、水平加/减速距离和水平加/减速耗油量等。

也可以根据平飞简化运动方程 $\dfrac{dV}{dt} = \dfrac{\Delta P}{G} \cdot g$,由下式确定飞机从速度 V_1 改变到速度 V_2 所需的时间和距离,即

$$\begin{cases} t = \displaystyle\int_{V_1}^{V_2} \dfrac{G}{g(P-X)} dV \\ l = \displaystyle\int_{V_1}^{V_2} \dfrac{GV}{g(P-X)} dV \end{cases} \quad (11-4)$$

这种方法可计算飞机在不同飞行高度上平飞加速时间、平飞加速距离、平飞减速时间、平飞减速距离。

11.1.2.2 上升率

上升性能的指标有上升率、上升角、上升时间等,主要指标是最大上升率。最大上升率的计算是假定飞机在铅垂平面内作无侧滑的等速直线飞行,其运动方程为

$$\begin{cases} V_y = \dfrac{P\cos(\alpha+\varphi_p) - X}{mg} V \\ P\sin(\alpha+\varphi_p) + Y - G\cos\theta = 0 \end{cases} \quad (11-5)$$

计算步骤如下:
(1) 在给定的高度上,对一系列的速度 V 计算对应的上升率。

先假定 $\theta=0°, \alpha+\varphi_p=0°$,利用方程(11-5)解出 α 和 V_y,并由 $\sin\theta=V_y/V$ 得到 θ;对上述过程反复进行,直到相邻两次的结果相当接近,则迭代结束,得到一系列上升率,找出最大上升率。

(2) 在不同的高度上,执行步骤(1),得到不同高度上的最大上升率。

11.1.2.3 定常盘旋

盘旋是指飞机在水平面上连续改变飞行方向而飞行高度保持不变的曲线运动,飞机作定常盘旋时,其飞行速度、迎角、滚转角和发动机状态均不随时间变化,侧滑角为零。根据第2章的介绍,飞机基本动力学和运动学方程为

$$\begin{cases} P\cos(\alpha+\varphi_p) - X = 0 \\ [P\sin(\alpha+\varphi_p) + Y]\cos\gamma_s - G = 0 \\ \dfrac{mV^2}{R} - [P\sin(\alpha+\varphi_p) + Y]\sin\gamma_s = 0 \end{cases} \quad (11-6)$$

另外,还可以求得盘旋法向过载:

$$n_y = \frac{P\sin(\alpha+\varphi_p) + Y}{G} \quad (11-7)$$

盘旋半径:

$$R = \frac{mV^2}{[P\sin(\alpha+\varphi_p) + Y]\sin\gamma_s} \quad (11-8)$$

盘旋周期:

$$T = \frac{2\pi mV}{[P\sin(\alpha+\varphi_p) + Y]\sin\gamma_s} \quad (11-9)$$

转弯角速度:

$$\omega = 57.3 \frac{[P\sin(\alpha+\varphi_p) + Y]\sin\gamma_s}{mV} \quad (11-10)$$

1. 计算条件

飞机在给定的高度、速度下定常盘旋,主要受4个因素的限制:发动机可用推力、飞机最大升力、飞机结构强度和飞行员承受过载能力。评价现代战斗机的定常盘旋性能,通常是指在飞机基本构型、发动机为全加力状态下的性能。

2. 求解算法描述

(1) 在给定的飞行高度、速度条件下,用方程式(11-6)迭代求解出相应的 α 和 V_y。

(2) 将 α 和 V_y 代入式(11-6)~式(11-10)中,计算得到飞机定常盘旋各性能参数。

这种方法可计算某飞机在不同飞行高度上的定常盘旋过载、盘旋半径和盘旋周期,计算结果如图 11-5~图 11-7 所示。

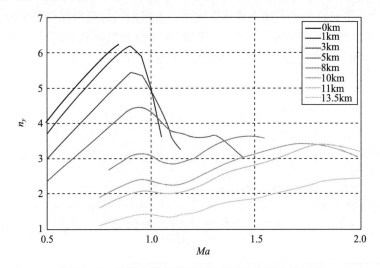

图 11-5　某歼击机在不同飞行高度的定常盘旋过载

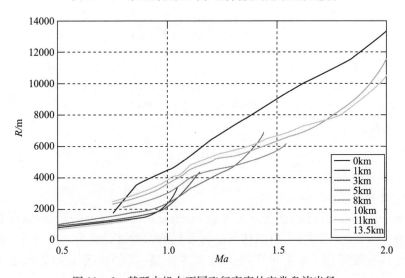

图 11-6　某歼击机在不同飞行高度的定常盘旋半径

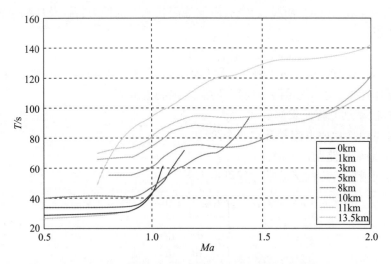

图 11-7 某歼击机在不同飞行高度的定常盘旋周期

11.1.3 起飞着陆性能计算

计算起飞着陆性能时,要注意飞机的类别、构型(起落架、襟翼、外挂、减速板、减速伞状态)以及是否考虑地效影响、是否刹车而选择合理的原始数据,确定离地速度、起飞安全速度、进场速度和接地速度等,分别计算起降空中段和地面滑跑段的距离及时间。

11.1.3.1 起飞性能

起飞性能主要计算起飞距离、起飞滑跑距离、中断起飞距离、起飞时间、耗油量和决策速度等。

1. 计算条件

(1) 机场参数:跑道长度、可用起飞距离(跑道长度+净空段长度)、跑道坡度、跑道滑跑/刹车摩擦系数,跑道滑跑摩擦系数 f 参考值如下:

干水泥跑道:0.025

湿水泥跑道:0.04

干硬土草地跑道:0.06

湿硬土草地跑道:0.08

覆冰或覆雪干硬跑道:0.02~0.12

(2) 大气参数:气压高度、密度、温度、风速。

(3) 飞机结构及气动数据:飞机起飞重量、升力面面积、滑跑迎角(停机迎角)、发动机安装偏转角;收放襟翼、起落架以及有无地效影响等各种组合情况

下的 $C_y \sim \alpha$ 和 $C_y \sim C_x$ 曲线或数据;不同油门状态下的推力特性及耗油量特性曲线或数据。

(4) 其他参数:安全高度(军用机 15m,民用机 11.7m)、发动机失效速度、决策速度、离地速度、起飞安全速度、最小张伞速度(130~140km/h)、失速速度、最小可操作速度、刹车能量限制速度、防胎爆限制速度等。

2. 运动学方程及求解

起飞包括地面滑跑和升空两个阶段。

1) 地面滑跑距离与时间

地面滑跑阶段的运动学方程可写为

$$\begin{cases} V = \dfrac{\mathrm{d}l}{\mathrm{d}t} + W \\ a = \dfrac{\mathrm{d}V}{\mathrm{d}t} = \dfrac{\mathrm{d}^2 l}{\mathrm{d}t^2} \end{cases} \tag{11-11}$$

式中:V 为空速;W 为风速,假定风速恒定,逆风为正。当飞机从静止开始滑跑时,初始空速 $V_0 = W$,则从 V_0 加速到 V_1 所滑过的距离为:$l = \int_W^V \dfrac{(V-W)}{a} \mathrm{d}V$,从 V_0 加速到 V_1 所需时间离为:$t = \int_W^{V_1} \dfrac{\mathrm{d}V}{a}$,又

$$a = \left[P\cos(\alpha + \varphi_p) - \left(mg\cos\theta - C_y \dfrac{1}{2}\rho V^2 S - P\sin(\alpha + \varphi_p) \right) f - C_x \dfrac{1}{2}\rho V^2 S - mg\sin\theta \right]/m$$

$$= \left[P(\cos(\alpha + \varphi_p) + f\sin(\alpha + \varphi_p)) - mg(f\cos\theta + \sin\theta) - (C_x - fC_y)\dfrac{1}{2}\rho V^2 S \right]/m$$

于是,可得微分方程组为

$$\begin{cases} \dfrac{\mathrm{d}V}{\mathrm{d}t} = \left[P(\cos(\alpha + \varphi_p) + f\sin(\alpha + \varphi_p)) - mg(f\cos\theta + \sin\theta) - (C_x - fC_y)\dfrac{1}{2}\rho V^2 S \right]/m \\ \dfrac{\mathrm{d}l}{\mathrm{d}t} = V - W \end{cases} \tag{11-12}$$

初始条件:$t=0$,$V=V_0$,$l=0$;终止条件:$V=V_1$。用微分方程组积分算法求解此方程组,得到 $V(t)$ 和 $l(t)$,因而得到地面滑跑距离和时间。

地面滑跑距离和时间的近似算法,取 V_1 为离地速度,则有

$$\begin{cases} l = \dfrac{m}{2} \cdot \dfrac{(V_1 - W)^2}{\left[P(\cos(\alpha + \varphi_p) + f\sin(\alpha + \varphi_p)) - mg(f\cos\theta + \sin\theta) - (C_x - fC_y)\dfrac{1}{2}\rho V^2 S \right]_{V=0.7V_1}} \\ t = \dfrac{m(V_1 - W)}{\left[P(\cos(\alpha + \varphi_p) + f\sin(\alpha + \varphi_p)) - mg(f\cos\theta + \sin\theta) - (C_x - fC_y)\dfrac{1}{2}\rho V^2 S \right]_{V=0.5V_1}} \end{cases}$$

$$\tag{11-13}$$

最小离地速度 V_{lmin} 为

$$V_{lmin} = \frac{\sqrt{2[mg\cos\theta - P\sin(\alpha + \varphi_p)]}}{C_{yl}\rho S} \qquad (11-14)$$

式中：C_{yl} 取 C_{ys}、C_{yc} 和 $C_{y\delta_{zmax}}$ 三者中的最小值。C_{ys} 为失速特性限制的升力系数，C_{yc} 为飞机擦地角所限制的升力系数，$C_{y\delta_{zmax}}$ 为操纵效率所限制的升力系数，取平尾最大偏转角对应的升力系数。由于式(11-14)中 P 为对应 V_{lmin} 的可用推力，所以需迭代求解。一般离地速度取 $V_1 = 1.1V_s$（失速速度），抬前轮速度取 $0.8V_1$。

2）起飞升空距离和时间

在地面需要考虑地效影响，在安全高度处，对于一般战斗机，不必考虑地效，并且此时起落架应已收起。假设飞机沿直线加速上升，保持 $\frac{d\theta}{dt} = 0$，则沿航迹的加速度为

$$a = \left[P\cos(\alpha + \varphi_p) - C_x \frac{1}{2}\rho V^2 S - mg\sin\theta\right]/m$$

忽略垂直于航迹的风向量，将加速度 a 代入运动学方程得

$$l = \int_{V_1}^{V_2} \frac{(V - W\cos\theta)}{a} dV = \int_{V_1}^{V_2} \frac{m(V - W\cos\theta)}{\left[P\cos(\alpha + \varphi_p) - C_x \frac{1}{2}\rho V^2 S - mg\sin\theta\right]} dV$$

$$(11-15)$$

$$t = \int_{V_1}^{V_2} \frac{(V - W\cos\theta)}{a} dV = \int_{V_1}^{V_2} \frac{m}{\left[P\cos(\alpha + \varphi_p) - C_x \frac{1}{2}\rho V^2 S - mg\sin\theta\right]} dV$$

$$(11-16)$$

式中：V_1 为离地速度；V_2 为起飞安全速度，一般取 $V_2 = 1.2V_s$。

求解算法描述如下：

（1）假定一系列的 θ_k，对每一 θ 值，由 $C_y = 2G\cos\theta/(\rho V^2 S)$ 查出 α 及 C_x。

（2）由式(11-15)计算 l，由 $H = l\sin\theta$ 计算垂直距离，并作 $H-\theta$ 曲线。

（3）由给定的安全高度 θ_s 在 $H-\theta$ 曲线上查出对应的 θ_s。

（4）将 θ_s 代入式(11-15)和式(11-16)，得到升空段水平距离 $l\cos\theta_s$ 和时间 t。

这种方法可计算某歼击机在不同发动机推力下的滑跑距离、起飞距离、起飞时间、离地速度。结果如下：在发动机最大工作状态下，其离地速度为 95.0209m/s，

滑跑时间 35.5766s,滑跑距离 1941.4m,上升时间 35.16s,上升距离 3778.4m,起飞时间 70.74s,起飞距离 5719.8m。

11.1.3.2 着陆性能

飞机从安全高度开始下滑,经过减速、接地、地面滑跑直至停止的过程称为着陆。其计算条件、运动学方程和求解方法同起飞阶段相似,可参考上述内容进行计算。

计算某歼击机滑跑距离、下滑距离、着陆距离、所需跑道长度和着陆时间,结果如下:下滑距离为 196.63m,滑跑距离 1037.5m,着陆距离 1234.2m,着陆时间 36.92s,所需跑道长度 1851.2m。

11.1.4 续航性能计算

续航性能是指飞机持续飞行的能力,主要包括航程和续航时间。航程是指飞机在平静大气中沿预定航线,耗尽其可用燃料所经过的水平距离,具体可分为技术航程、实用航程和转场航程。续航时间(简称航时)是指飞机从起飞上升到安全高度时起,着陆下滑到起落航线高度上所经过的飞行时间。

飞机的续航性能根据不同的计算条件又可分为等高等速巡航航程航时计算、等高最大和远程巡航航程航时计算、变高最大和巡航航程航时计算等。这里以等高等速巡航航程航时计算为例进行简单介绍。

航程和航时的计算,按照典型的飞行任务剖面来进行,具体计算可分为上升、巡航和下滑三个阶段。为增加总航程和航时,飞机应以最佳上升速度上升,发动机处于最大或者额定工作状态;飞机下滑时应以有利速度下滑,发动机一般处于慢车工作状态。飞机巡航时,认为飞行的每一瞬间都满足等速直线水平飞行,则巡航段的航程和航时计算的基本公式为

$$\begin{cases} L_{cr} = -\int_{m_1}^{m_2} \dfrac{dm}{q_{km}} = 3.6\int_{m_1}^{m_2} \dfrac{Vdm}{q_h} \\ T_{cr} = -\int_{m_1}^{m_2} \dfrac{dm}{q_h} \end{cases} \quad (11-17)$$

式中:m_1、m_2 分别为巡航段起始飞机重量和巡航段结束飞机重量;q_h 为发动机小时耗油量。在进行计算时,要将巡航段分为若干区间,区间的大小按照计算要求的精度而定,根据各区间的耗油量确定平均飞机重量,在给定的飞行高度和速度下计算巡航升力系数,查找 $C_y \sim C_x$ 极曲线得到对应的阻力系数,进而计算发动机推力,由发动机油门特性曲线得 q_h,代入方程(11-17)计算得到各区间的航程和航时,最后将其相加就得到总的巡航航程和航时。

11.2 飞行品质仿真计算

评价一架飞机质量的好坏,不仅要看它的飞行性能(速度、高度、航程、航时等),还要看它的飞行品质。如果飞机没有良好的飞行品质,即使有很好的飞行性能,也无法充分地发挥出来。所以飞行品质一直是飞机设计师和飞行员最关心的问题,各航空工业发达国家都设有专门机构对飞行品质及其评价方法展开研究,并将研究成果用于新型飞机的设计,以促进飞机飞行性能的持续提升。本节简要介绍飞行品质的研究方法,飞机在纵轴和侧轴方向上几个典型运动模态的仿真算法,人—机闭环耦合特性以及驾驶员诱发振荡等问题。

11.2.1 飞行品质研究方法

在第二次世界大战前后,常规飞机的飞行品质主要是由飞机的气动布局所决定的,同时依靠对机械操纵系统的设计来影响与操纵感觉相关的品质指标,这时飞行品质的研究重点是飞机本体和操纵系统,很多时候也考虑驾驶员的数学模型。但从 20 世纪 60 年代之后,随着飞机飞行包线范围的扩大,在飞机上开始安装阻尼器、增稳系统、控制增稳系统以及现代的电传操纵系统,使得飞行品质的研究与飞行控制系统的设计紧密地结合在一起。

飞行品质的研究方法主要有理论分析法和模拟试验法两种。理论分析法是基于大量的飞行实践,根据理论推导和经验公式对飞行系统进行开环或者闭环分析。理论分析法经济易行,但是当系统有非线性因素存在时,分析的结果往往与实际情况差异较大。模拟试验法包括数值仿真和飞行模拟两种方式,数值仿真一般对包含非线性驾驶员模型在内的人—机系统进行仿真分析,能够考虑到各种非线性因素的影响,仿真结果具有较高的可信度;而飞行模拟是最能真实反映实际飞行品质的一种研究方法,通常要在地面飞行模拟器或者空中飞行模拟器上进行,地面飞行模拟器的优点是经济性好、安全,并且不受气象条件限制,缺点是很难在地面营造一个非常逼真的飞行环境和心理条件,而这些与评定飞行品质的好坏密切相关。相对来说,只有空中飞行模拟器才能在运动感觉和飞行心理方面提供一种更加逼真的模拟效果,它得到的结论是最真实的。

狭义的飞行品质是指飞机的稳定性和操纵性,广义的飞行品质不仅包括飞机本体和驾驶员本身的动态特性,而且还包括影响驾驶员完成特定任务的各种因素,但本质上最终取决于包含驾驶员在内的人—机闭环系统的品质特性。在研究飞机的飞行品质时,必须针对不同类型的飞机和不同的飞行阶段给出不同的飞行品质的定量或定性要求,这些可以依据我国或参考美国的军用规范或标准中的有关要求进行。

11.2.2 飞机稳定性和操纵性仿真计算

飞机的稳定性和操纵性的定义及研究方法前面已有详细介绍,这里只就纵向和侧向的静操纵性、动操纵性和动稳定性(包括纵向的长、短周期模态和侧向的滚转、荷兰滚和螺旋模态)等的有关仿真算法进行简单介绍,程序实现可参考本书配套软件的"飞机静操纵性""飞机动稳定性"和"飞机动操纵性"等部分。

11.2.2.1 飞机静操纵性

1. 平飞时平尾偏转角 δ_z 与升力系数及飞行表速的变化关系

输入: $\rho(H), V$

输出: δ_z

需要参数: $m, S, m_{z0}, m_z^{\delta_z}, m_z^{C_y}$

算法描述: $\left.\begin{matrix} H \rightarrow \rho \\ V \end{matrix}\right\} \rightarrow C_y \rightarrow \delta_z \sim C_y, \left.\begin{matrix} H \rightarrow \rho \\ V \end{matrix}\right\} \rightarrow \delta_z \sim V$

具体推导:

$\delta_z \sim C_y$: 平飞时各纵向力矩平衡,即

$$m_z = m_{z0} + m_z^{\delta_z}\delta_z + C_{y\delta_z=0} m_z^{C_y} = 0 \rightarrow \delta_z = -\frac{m_{z0} + m_z^{C_y} + C_{y\delta_z=0}}{m_z^{\delta_z}} \xrightarrow{C_{y\delta_z=0}=C_y} \delta_z$$

$$= -(m_{z0} + m_z^{C_y}C_y)/m_z^{\delta_z} \rightarrow \delta_z \sim C_y$$

$\delta_z \sim V$: 平飞时垂直方向力平衡,即

$$\left.\begin{matrix} Y = G \rightarrow C_y = 2G/(\rho V^2 S) \\ \delta_z = -(m_{z0} + m_z^{C_y}C_y)/m_z^{\delta_z} \end{matrix}\right\} \rightarrow \delta_z = -[m_{z0} + 2m_z^{C_y}G/(\rho V^2 S)/m_z^{\delta_z}] \rightarrow \delta_z \sim V$$

平飞时平尾偏转角随飞行高度和速度的变化曲线如图 11-8 所示。

2. 平飞操纵位移 D_z 随速度的变化关系

输入: $\rho(H), V$

输出: D_z

需要参数: $m, S, m_z^{\delta_z}, m_{z0}, m_z^{C_y}, K_z(V, H), \delta_{zD_z=0}$

算法描述: $\left.\begin{matrix} \rho(H) \\ V \end{matrix}\right\} \rightarrow D_z$

具体推导:

$$\frac{\mathrm{d}D_z}{\mathrm{d}V} = \frac{\mathrm{d}D_z}{\mathrm{d}\delta_z} \cdot \frac{\mathrm{d}\delta_z}{\mathrm{d}V} = \frac{1}{K_z} \cdot \frac{\mathrm{d}\delta_z}{\mathrm{d}V}$$

$$\mathrm{d}D_z = 1/K_z \cdot \mathrm{d}\delta_z$$

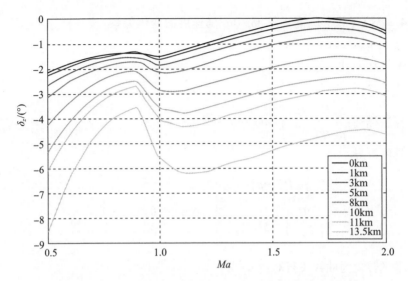

图 11-8 平飞时平尾偏转角随飞行高度和速度的变化曲线

由操纵系统传动比的定义得

$$\int_0^{D_z} \mathrm{d}D_z = 1/K_z \int_{\delta_{zD_z=0}}^{\delta_z} \mathrm{d}\delta_z$$

$$\begin{aligned} D_z &= 1/K_z \cdot (\delta_z - \delta_{zD_z=0}) \\ &= -1/K_z \times (\{m_{z0} + m_z^{C_y} \times [2 \times m \times g/(\rho \times V^2 \times S)]\}/m_Z^{\delta z} + \delta_{zD_z=0}) \end{aligned}$$

3. 平飞操纵力 P_z 随速度的变化关系

输入：$\rho(H), V$

输出：P_z

需要参数：$m, S, m_z^{\delta_z}, m_{z0}, m_z^{C_y}, K_z(V,H), \delta_{zD_z=0}, K, N_F, K_z(V,H), \delta_{zD_z=0}$

算法描述：$\left.\begin{array}{c}\rho(H)\\V\end{array}\right\} \rightarrow P_z$

具体推导：

$$\mathrm{d}P_z/\mathrm{d}V = \mathrm{d}P_z/\mathrm{d}D_z \cdot \mathrm{d}D_z/\mathrm{d}V = K(N_F)^2 \cdot \mathrm{d}D_z/\mathrm{d}V$$

$$\mathrm{d}P_z = K(N_F)^2 \mathrm{d}D_z$$

$$\int_0^{P_z} \mathrm{d}P_z = K(N_F)^2 \int_0^{D_z} \mathrm{d}D_z$$

$$\begin{aligned} P_z &= K(N_F)^2 D_z \\ &= 1/K_z \cdot K \cdot (N_F)^2 \{[m_{z0} + m_z^{C_y} 2mg/(\rho V^2 S)]/m_Z^{\delta z} + \delta_{zD_z=0}\} \end{aligned}$$

4. 单位过载平尾偏转角 $d\delta_z/dn_y$ 随速度的变化关系

输入: $\rho(H), V$

输出: $d\delta_z/dn_y$

需要参数: $m, S, b_A, m_z^{\delta_z}, m_z^{\bar{\omega}_z}, m_z^{C_y}$

算法描述: $\left.\begin{array}{l}\rho(H)\to\mu_1\\ \rho(H)\end{array}\right\}\to d\delta_z/dn_y \sim V$

具体推导:

$$\left.\begin{array}{l}\rho(H)\to\mu_1\to\bar{\omega}_z\\ \left.\begin{array}{l}C_y\\ C_{y1}\end{array}\right\}\to\Delta C_y\end{array}\right\}\to\Delta m_z\to d\delta_z/dn_y \sim V$$

平飞转化为曲线飞行时:

$$\Delta m_z = m_z^{C_y}\Delta C_y + m_z^{\bar{\omega}_z}\bar{\omega}_z + m_z^{\delta_z}\Delta\delta_z = 0$$

$$\Delta C_y = C_y - C_{y1} = (C_y/C_{y1}-1)C_{y1} = (n_y-1)C_{y1}$$

式中:

$$n_y = Y/G = 1/2 C_y\rho V^2 S/(mg), Y = G\to 1/2 C_y\rho V^2 S = mg$$

又 $\bar{\omega}_z = C_{y1}/\mu_1(n_y-1), \mu_1 = 2G/(\rho g S b_A) = 2m/(\rho S b_A)$

综上可得

$$m_z^{C_y}(n_y-1)C_{y1} + m_z^{\bar{\omega}_z}C_{y1}/\mu_1(n_y-1) + m_z^{\delta_z}\Delta\delta_z = 0$$

$$d\delta_z/dn_y = \Delta\delta_z/(n_y-1) = -2mg/(\rho V^2 S)\cdot(m_z^{C_y}+1/\mu_1 m_z^{\bar{\omega}_z})/m_z^{\delta_z}$$

单位过载平尾偏转角随飞行高度和速度的变化曲线如图 11-9 所示。

5. 单位过载操纵位移 dD_z/dn_y 随速度的变化关系

输入: $\rho(H), V$

输出: dD_z/dn_y

需要参数: $m, S, b_A, m_z^{\delta_z}, m_z^{\bar{\omega}_z}, m_z^{C_y}, K_z(V,H)$

算法描述: $\left.\begin{array}{l}\rho(H)\to\mu_1\\ \rho(H)\end{array}\right\}\to dD_z/dn_y \sim V$

具体推导:

$$dD_z/dn_y = dD_z/d\delta_z\cdot d\delta_z/dn_y = 1/K_z\cdot d\delta_z/dn_y$$
$$= 1/K_z\cdot 2mg/(\rho V^2 S)\cdot(m_z^{C_y}+1/\mu_1\cdot m_z^{\bar{\omega}_z})/m_z^{\delta_z}$$

6. 单位过载操纵力 dP_z/dn_y 随速度的变化关系

输入: $\rho(H), V$

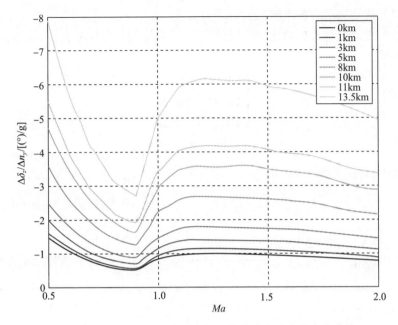

图 11-9　单位过载平尾偏转角随飞行高度和速度的变化曲线

输出：dP_z/dn_y

需要参数：$m, S, b_A, m_z^{\delta_z}, m_z^{\bar{\omega}_z}, m_z^{C_y}, K_z(V,H), K, N_F$

算法描述：$\left.\begin{array}{l}\rho(H)\to\mu_1\\\rho(H)\end{array}\right\}\to dP_z/dn_y \sim V$

具体推导：

$$\begin{aligned}dP_z/dn_y &= dP_z/dD_z \cdot dD_z/d\delta_z \cdot d\delta_z/dn_y\\&= 1/K_z \cdot dP_z/dD_z \cdot d\delta_z/dn_y\\&= 1/K_z \cdot K(N_F)^2 \cdot d\delta_z/dn_y\\&= -1/K_z \cdot K(N_F)^2 \cdot 2mg/(\rho V^2 S) \cdot (m_z^{C_y} + 1/\mu_1 \cdot m_z^{\bar{\omega}_z})/m_z^{\delta_z}\end{aligned}$$

11.2.2.2　飞机动稳定性

1. 纵向扰动运动方程求解及其模态特性

输入：t

输出：$\Delta \bar{V}, \Delta\alpha, \Delta\theta$

需要参数：$m, S, b_A, I_z, M_{a0}, H_0, \theta_0, m_z^\alpha, m_z^{\omega_z}, m_z^{\bar{\alpha}}, C_y^\alpha, C_x^\alpha, C_y^{M\alpha}, C_p^{M\alpha}$

算法描述：

(1) 扰动运动方程求解：

纵向扰动运动方程简化，并进行零初始条件下的拉普拉斯变换，再用克莱姆法则求解

$$\begin{cases} \Delta \bar{V}(s) = \Delta \bar{V}/\Delta \\ \Delta \alpha(s) = \Delta \alpha/\Delta \\ \Delta \vartheta(s) = \Delta \vartheta/\Delta \end{cases}$$

其中，特征方程 $\Delta = s^4 + a_1 s^3 + a_2 s^2 + a_3 s + a_4$，$\begin{cases} \Delta \bar{V} = s^3 + b_1 s^2 + b_2 s + b_3 \\ \Delta \alpha = s^3 + c_1 s^2 + c_2 s + c_3 \\ \Delta \vartheta = s^3 + d_1 s^2 + d_2 s + d_3 \end{cases}$

解出 $\begin{cases} \Delta \bar{V}(s) = \Delta \bar{V}/\Delta \\ \Delta \alpha(s) = \Delta \alpha/\Delta \\ \Delta \vartheta(s) = \Delta \vartheta/\Delta \end{cases} \xrightarrow{\text{拉普拉斯反变换}} \begin{cases} \Delta \bar{V}(\bar{t}) = f_1(\bar{t}) \\ \Delta \alpha(\bar{t}) = f_2(\bar{t}) \\ \Delta \vartheta(\bar{t}) = f_3(\bar{t}) \end{cases} \rightarrow \Delta \bar{V}, \Delta \alpha, \Delta \vartheta \sim \bar{t}$

(2) 模态特性：

纵向扰动运动特征方程为

$$\Delta = s^4 + a_1 s^3 + a_2 s^2 + a_3 s + a_4 = 0 \xrightarrow{\text{解出特征根}} \lambda = n, \lambda = n \pm i\omega$$

判断 $\rightarrow \begin{cases} \text{若 } \lambda = n, \text{则 } \Delta x = Ce^{n\bar{t}} \\ \text{若 } \lambda = n \pm i\omega, \text{则 } \Delta x = Ce^{n\bar{t}} \sin(\omega \bar{t} + \varphi) = \Delta x = Ce^{n\bar{t}} \sin(\omega \bar{t} + \arctan(\omega/n)) \end{cases}$

其中，$\Delta x = \Delta \bar{V}, \Delta \alpha, \Delta \vartheta$。

输出 $\Delta \bar{V}, \Delta \alpha, \Delta \vartheta \sim \bar{t}$ 曲线，并判断模态特性。

2. 纵向扰动运动短周期模态特性计算

输入：$\rho(H), V$

输出：$t_{1/2}, T, N_{1/2}$

需要参数：$m, S, b_A, V, m_z^\alpha, m_z^{\bar{\alpha}}, C_y^\alpha, m_z^{\bar{\omega}_z}$

算法描述：$\left.\begin{matrix} \xi_{sp}, \omega_{nsp} \\ \rho(H), V \rightarrow \tau_1 \end{matrix}\right\} \rightarrow t_{1/2}, T, N_{1/2}$

具体推导：

(1) 由短周期扰动运动方程：

$\xrightarrow{\text{简化}} \begin{cases} (\mathrm{d}/\mathrm{d}\bar{t} + C_y^\alpha)\Delta\alpha - \mu_1 \bar{\omega}_z = 0 \\ (\bar{m}_z^{\bar{\alpha}} \cdot \mathrm{d}/\mathrm{d}\bar{t} + \mu_1 \bar{m}_z^{\bar{\alpha}})\Delta\alpha - (\mathrm{d}/\mathrm{d}\bar{t} - \bar{m}_z^{\bar{\omega}_z})\omega_z = 0 \end{cases}$

$$\xrightarrow{\text{零初始条件下拉普拉斯变换}} \begin{cases} (s+C_y^\alpha)\Delta\alpha(s)-\mu_1\bar{\omega}_z(s)=0 \\ (\bar{m}_z^{\bar{\alpha}}s+\mu_1\bar{m}_z^{\bar{\alpha}})\Delta\alpha(s)-(s-\bar{m}_z^{\omega_z})\omega_z(s)=\bar{m}_z^{\bar{\alpha}}\Delta\alpha_0 \end{cases}$$

(2) 方程组的特征方程为 $s^2+2\zeta_{sp}\omega_{nsp}s+\omega_{nsp}^2=0$

(3) 求根,得 $\lambda_{1,2}=-\zeta_{sp}\omega_{nsp}\pm i\omega_{nsp}\sqrt{1-\zeta_{sp}^2}$

(4) 模态特性计算:

$$t_{1/2}=0.693/(\zeta_{sp}\omega_{nsp})\tau_1$$

$$T=2\pi/\sqrt{1-\zeta_{sp}^2}\omega_{nsp}\tau_1$$

$$N_{1/2}=0.11\sqrt{1-\zeta_{sp}^2}/\zeta_{sp}$$

3. 纵向扰动运动长周期模态特性计算

输入:$V,\rho(H)$

输出:$t_{1/2},T,N_{1/2}$

需要参数:m,S,C_x,C_y

算法描述:$\left.\begin{array}{l}\xi_p,\omega_{sp}\\ \rho(H),V\rightarrow\tau_1\end{array}\right\}\rightarrow t_{1/2},T,N_{1/2}$

具体推导:

(1) 由长周期扰动运动方程

$$\xrightarrow{\text{简化}} \begin{cases} (\mathrm{d}/\mathrm{d}\bar{t}-C_{xC}^{\bar{V}})\Delta\bar{V}+C_G\Delta\vartheta=0 \\ C_{yC}^{\bar{V}}\Delta\bar{V}-\mathrm{d}\Delta\vartheta/\mathrm{d}\bar{t}=0 \end{cases}$$

$$\xrightarrow{\text{零初始条件下拉普拉斯变换}} \begin{cases} (s-C_{xC}^{\bar{V}})\Delta\bar{V}(s)+C_G\Delta\vartheta(s)=\Delta\bar{V}_0 \\ C_{yC}^{\bar{V}}\Delta\bar{V}(s)-s\Delta\vartheta(s)=0 \end{cases}$$

(2) 方程组特征方程为 $s^2+2\zeta_p\omega_{np}s+\omega_{np}^2=0$

(3) 求根,得 $\lambda_{3,4}=-\zeta_p\omega_{np}\pm i\omega_{np}\sqrt{1-\zeta_p^2}$

(4) 模态特性计算:

$$t_{1/2}=0.693/(\zeta_p\omega_{np})\tau_1$$

$$T=2\pi/\sqrt{1-\zeta_p^2}\omega_{np}\tau_1$$

$$N_{1/2}=0.11\sqrt{1-\zeta_p^2}/\zeta_p$$

这种方法可计算飞机纵向扰动运动短、长周期模态特性。图 11-10 所示为纵向扰动运动迎角随时间的变化曲线,短周期模态衰减快周期短,往往只在几秒内就可收敛;长周期模态发散慢周期长,有时甚至要在扰动发生后数百秒驾驶员才会觉察到。

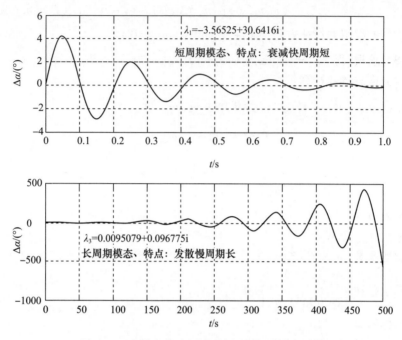

图 11-10 纵向扰动运动迎角随时间的变化曲线

4. 侧向扰动运动方程求解及其模态特性

输入:t

输出:$\beta, \omega_x, \omega_y, \gamma$

描述:侧向扰动运动方程求解

需要参数:$m, S, L, Ma_0, H_0, V, C_z^\beta, \bar{m}_x^\beta, \bar{m}_y^\beta, \bar{m}_x^{\omega_x}, \bar{m}_y^{\omega_y}, \bar{m}_x^{\omega_y}, \bar{m}_y^{\omega_x}$

算法推导:

(1) 由侧向扰动运动方程 $\xrightarrow{\text{简化}}$

$$\begin{cases} (\mathrm{d}/\mathrm{d}\bar{t} - 1/2 C_z^\beta)\beta - \mu_2 \alpha \omega_x - \mu_2 \omega_y - 1/2 C_G \gamma = 0 \\ -\bar{m}_x^\beta \beta + (\mathrm{d}/\mathrm{d}\bar{t} - \bar{m}_x^{\bar{\omega}_x})\omega_x - \bar{m}_x^{\bar{\omega}_y}\omega_y = 0 \\ -\bar{m}_y^\beta \beta - \bar{m}_y^{\bar{\omega}_x}\omega_x + (\mathrm{d}/\mathrm{d}\bar{t} - \bar{m}_y^{\bar{\omega}_y})\omega_y = 0 \\ \mu_2 \varpi_x = \mathrm{d}\gamma/\mathrm{d}\bar{t} \end{cases}$$

零初始条件下拉普拉斯变换 $\longrightarrow$
$$\begin{cases} (s-1/2C_z^\beta)\beta(s) - \mu_2\alpha\omega_x(s) - \mu_2\omega_y(s) - 1/2C_G\gamma(s) = \beta_0 \\ -\bar{m}_x^\beta\beta(s) + (s-\bar{m}_x^{\bar{\omega}_x})\omega_x(s) - \bar{m}_x^{\bar{\omega}_y}\omega_y(s) = \omega_{x0} \\ -\bar{m}_y^\beta\beta(s) - \bar{m}_y^{\bar{\omega}_x}\omega_x(s) + (s-\bar{m}_y^{\bar{\omega}_y})\omega_y(s) = \omega_{y0} \\ \mu_2\omega_x(s) - s\gamma(s) = -\gamma_0 \end{cases}$$

(2) 克莱姆法则求解方程 $\longrightarrow$
$$\begin{cases} \beta(s) = \Delta\beta/\Delta \\ \omega_x(s) = \Delta\omega_x/\Delta \\ \omega_y(s) = \Delta\omega_y/\Delta \\ \gamma(s) = \Delta\gamma/\Delta \end{cases}$$

其中,Δ 为特征行列式,则侧向扰动运动特征方程为
$$s^4 + a_1 s^3 + a_2 s^2 + a_3 s + a_4 = 0$$

其中
$$\begin{cases} a_1 = -(1/2C_z^\beta + \bar{m}_x^{\bar{\omega}_x} + \bar{m}_y^{\bar{\omega}_y}) \\ a_2 = 1/2C_z^\beta(\bar{m}_x^{\bar{\omega}_x} + \bar{m}_y^{\bar{\omega}_y}) + (\bar{m}_x^{\bar{\omega}_x}\bar{m}_y^{\bar{\omega}_y} - \bar{m}_x^{\bar{\omega}_y}\bar{m}_y^{\bar{\omega}_x}) - \mu_2(\bar{m}_y^\beta + \alpha\bar{m}_x^\beta) \\ a_3 = -1/2C_z^\beta(\bar{m}_x^{\bar{\omega}_x}\bar{m}_y^{\bar{\omega}_y} - \bar{m}_x^{\bar{\omega}_y}\bar{m}_y^{\bar{\omega}_x}) - \mu_2(\bar{m}_x^\beta\bar{m}_y^{\bar{\omega}_x} - \bar{m}_y^\beta\bar{m}_x^{\bar{\omega}_x}) \\ \quad\quad + \mu_2\alpha(\bar{m}_x^\beta\bar{m}_y^{\bar{\omega}_y} - \bar{m}_y^\beta\bar{m}_x^{\bar{\omega}_y}) - 1/2\mu_2 C_G \bar{m}_x^\beta \\ a_4 = 1/2\mu_2 C_G(\bar{m}_x^\beta\bar{m}_y^{\bar{\omega}_y} - \bar{m}_y^\beta\bar{m}_x^{\bar{\omega}_y}) \end{cases}$$

已知飞机的运动参数和气动导数,就可以利用霍尔维兹判据进行侧向稳定性判定,同样可以根据特征根计算各模态特性。

图 11 - 11 所示为某飞机在 $Ma = 1.5, H = 15\text{km}$ 基准飞行状态平飞时,侧向扰动运动的3条典型的模态曲线。荷兰滚模态主要表现为飞机左右摇摆,侧滑角呈振荡运动,周期短,参数变化比较急剧,驾驶员通常难以控制,一般要求该模态应具有良好的衰减特性;滚转模态反映飞机在扰动运动初期迅速衰减的滚转阻尼运动;螺旋模态表现为运动参数单调而缓慢的变化,由于运动参数变化缓慢,即使是不稳定的,只要发散不太快,一般也是允许的。

11.2.2.3 飞机动操纵性

1. 飞机对平尾(升降舵)单位阶跃操纵的响应

输入:$\bar{t}$

输出:$\Delta\alpha, \Delta\vartheta, \bar{\omega}_z, \Delta n_y$

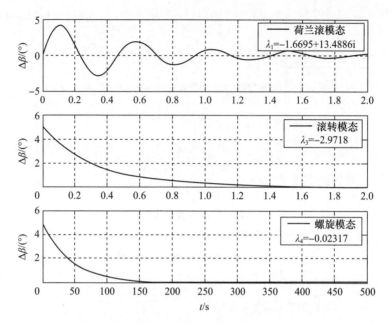

图 11-11 侧向扰动运动模态

需要参数:$m, S, b_A, \rho(H), C_y^\alpha, C_{y0}, m_z^{\bar{\alpha}}$

算法描述:$H(\rho) \rightarrow \mu_1 \rightarrow \begin{Bmatrix} K_1 \\ \omega_{\text{nsp}} \\ \zeta_{\text{sp}} \\ \zeta_{\text{sp}} \rightarrow \tau_1 \end{Bmatrix} \begin{Bmatrix} \Delta\alpha \\ \Delta\vartheta \\ \bar{\omega}_z \\ \Delta n_y \end{Bmatrix} \sim \bar{t}$

具体推导:

$\left. \begin{matrix} \Delta\delta_z(s) = 1/s \\ G_{n_y\delta_z}(s) \end{matrix} \right\} \rightarrow \Delta n_y(s) = G_{n_y\delta_z}(s)/s \xrightarrow{\text{拉普拉斯反变换}} \Delta n_y(\bar{t}) = L^{-1}(G_{n_y\delta_z}(s)/s)n$

$\Leftrightarrow \Delta n_y(\bar{t}) = L^{-1}\{K_1 \omega_{\text{nsp}}^2 / [s(s^2 + 2\zeta_{\text{sp}}\omega_{\text{nsp}} + \omega_{\text{nsp}}^2)]\}$

$\xrightarrow{\text{求解}} \Delta n_y(\bar{t}) = K_1 [1 - 1/\sqrt{1-\zeta_{\text{sp}}^2} e^{-\zeta_1 \omega_{n1} \bar{t}} \sin(\omega_{\text{nsp}} \sqrt{1-\zeta_{\text{sp}}^2} \bar{t} + \tau_1)] \rightarrow \Delta n_y \sim \bar{t}$

其中,$\tau_1 = \arctan(\sqrt{1-\zeta_{\text{sp}}^2}/\zeta_{\text{sp}}) = \arcsin \sqrt{1-\zeta_{\text{sp}}^2}, \zeta_{\text{sp}} < 1$

图 11-12 所示为飞机法向过载对平尾单位阶跃操纵的响应曲线,其他运动参数 $\Delta\alpha$、$\Delta\vartheta$、$\bar{\omega}_z$ 的算法与其类似。

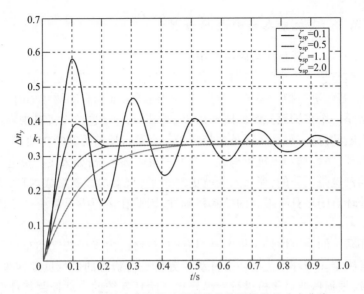

图 11-12 飞机法向过载对平尾单位阶跃操纵的响应曲线

2. 飞机对方向舵单位阶跃操纵的响应

输入：$\bar{t}$

输出：β

需要参数：$m, S, L, C_z^\beta, \bar{m}_y^{\bar{\omega}_y}, \bar{m}_y^{\delta_y}, \bar{m}_y^\beta$

算法描述：$\left.\begin{array}{l} H(\rho) \\ V \end{array}\right\} \to \tau_2$
$\left.\begin{array}{l} \mu_2 \\ K_2 \\ \zeta_y \\ \omega_{n_y} \end{array}\right\} \to \beta \sim \bar{t}$

具体推导：

$$G_{\beta\delta_y} = \mu_2 \bar{m}_y^{\delta_y} / (s^2 + 2\zeta_{n_y}\omega_{n_y}s + \omega_{n_y}^2) \left.\vphantom{\begin{array}{c}a\\a\end{array}}\right\} \to \beta(s) = G_{\beta\delta_y}\delta_y(s)$$
$$\delta_y(s) = 1/s$$

$$= \mu_2 \bar{m}_y^{\delta_y}/s \cdot (s^2 + 2\zeta_{n_y}\omega_{n_y}s + \omega_{n_y}^2) \xrightarrow{\text{零初始条件下拉普拉斯反变换}}$$

$$\beta(\bar{t}) = K_2 \left[1 - 1/\sqrt{1-\zeta_{n_y}^2} \, e^{-\zeta_{n_y}\omega_{n_y}\bar{t}} \cdot \sin\left(\omega_{n_y}\sqrt{1-\zeta_{n_y}^2}\,\bar{t} + \tau_2\right) \right] \to \beta \sim \bar{t}$$

其中，$\zeta_{n_y} < 1$。

11.2.3 飞机动态响应特性计算

11.2.3.1 开环系统与闭环系统

现代航空技术中广泛采用自动器。在飞行中,当自动器断开时,飞行员直接驾驶飞机,若只进行指令操纵,则是一个开环系统;而当自动器接通时,飞行员驾驶的常常是一个带伺服控制的闭环系统。如果飞行员也按飞机对指令状态的偏差进行不断的修正,那么飞行员也相当于一个进行反馈控制的自动器,这时即使自动器断开,飞行员和飞机也构成一个人—机闭环系统;如果飞行员进行反馈控制时自动器也是工作的,那么系统就更复杂了,自动器控制形成内环,飞行员控制构成外环。闭环具有很高的控制精确性,因此在飞行操纵系统中广泛采用闭环控制。

开环系统的稳定性是飞机本身固有的稳定性,由飞机的气动布局和结构等自身因素决定。闭环系统往往由自动装置将飞行状态的信息反馈回来,与指令进行比较,根据偏差对飞机进行操纵修正。闭环系统的自动控制特性会显著改变系统的稳定性。因此,自动器接通时飞行员驾驶的"飞机"(包含自动器的闭环系统)的稳定性会显著不同于飞机固有的稳定性。当然,自动器通常会改善稳定性,这常常是设计中采用自动器的初衷。但有的时候,如自动器发生故障时,也会使飞机的稳定性发生意想不到的恶化。

飞机的稳定性决定飞机的操纵品质,稳定性分析和动态响应特性计算是分析飞行品质的基础。在前面已经介绍了作为开环系统的飞机的稳定性和动态响应特性计算的方法,本节主要简单介绍飞机作为闭环系统进行稳定性分析和动态响应特性计算的方法,对于人—机闭环系统动态响应特性分析来说,一个典型的现象是驾驶员诱发振荡。

11.2.3.2 驾驶员诱发振荡算例

在 PIO 仿真计算中,除了要建立准确的仿真对象的数学模型,还必须要设计出合理的仿真计算模型。一般认为,PIO 多发生于精确跟踪飞行、机动飞行、进场着陆、力臂调节器故障、阻尼器关闭以及开关加力等几种状态。这些状态可分为驾驶员主动操纵和被动操纵两种情况,但无论是哪种情况,PIO 的发生都离不开驾驶员参与。在飞机受到意外或者急剧的扰动时,驾驶员最先凭感觉和经验来干预飞机的操纵,呈两个阶段:

(1) 驾驶员对扰动还未产生反应,即存在反应滞后,此时飞机只响应扰动。
(2) 驾驶员开始干预操纵,力图以最简单的操纵使飞机恢复原状态。

假设飞机以某姿态角做等速平直飞行,驾驶员无意识地前倾引起一个推杆力,把这个推杆力定义为初始扰动力。根据调查记录及驾驶员反映,在平飞状态下短时间突然作用50N大小的力有可能不被驾驶员所感觉,故初始扰动杆力ΔP_z最大取为50N。作用时间是指驾驶员还未发觉前的作用时间,因为一旦驾驶员发觉,就会马上进行调整,消除扰动力。按有关资料提供的驾驶员模型参数分析来看,这个作用时间定为0.2s比较合适。因此,可设定仿真过程如下:飞机在某一高度上以一定的马赫数做等速平飞,驾驶员无意中推杆,产生一个瞬间初始扰动杆力($\Delta P_z<50$N),导致飞机偏离平飞状态;随后驾驶员不断地修正操纵量,力图以最简单的操纵动作使飞机恢复原飞行状态。

建立飞机本体、操纵系统、驾驶员以及大气环境等数学模型并转化为相应的数字仿真模型,它实际上是一个复杂的一阶变系数常微分方程组,可采用龙格-库塔法求解此方程组。

选择某型号飞机在某种构型下飞行包线内的144个状态点进行纵向PIO仿真计算。根据仿真计算结果分析人—机系统的稳定性:若运动参数(如Δn_y)随时间是收敛的,则认为飞机不易发生PIO,如图11-13所示;反之,则认为容易引发PIO,对应状态点为PIO敏感点,如图11-14所示。

最后绘制出全飞行包线范围内的PIO敏感区,如图11-15所示。

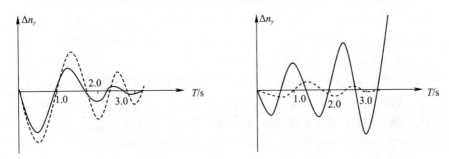

图11-13　Δn_y响应曲线($H=5$km,$Ma=0.7$)　　图11-14　Δn_y响应曲线($H=6$km,$Ma=1.2$)

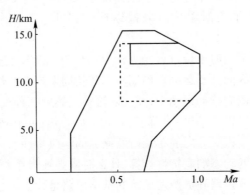

图11-15　全飞行包线范围内的PIO敏感区

思 考 题

1. 什么是飞机的飞行性能？计算飞机飞行性能主要有哪些方法？
2. 用数值仿真方法计算飞机的飞行性能时常用哪些算法？
3. 什么是飞机的基本飞行性能？简述简单推力法的基本算法步骤。
4. 如何计算升限？如何确定飞机的飞行包线？
5. 什么是飞机的机动性能？如何计算飞机水平加/减速性能？
6. 如何计算飞机的上升率？
7. 如何计算飞机的盘旋半径、盘旋周期和转弯角速度？
8. 什么是飞机的起降性能？
9. 计算起飞滑跑距离要考虑哪些因素？
10. 如何计算起飞地面滑跑距离和时间？如何计算起飞升空距离和时间？
11. 如何计算着陆地面滑跑距离和时间？如何计算着陆下滑距离和时间？
12. 计算飞机航程、航时的算法是什么？
13. 什么是飞机的飞行品质？计算飞机的飞行品质有什么意义？
14. 研究飞行品质的方法主要有哪些？
15. 如何计算平飞时平尾偏转角 δ_z 随飞行速度的变化关系？
16. 如何计算平飞时操纵杆位移 D_z 随飞行速度的变化关系？
17. 如何计算平飞时操纵杆力 P_z 随飞行速度的变化关系？
18. 如何计算平飞时单位过载平尾偏转角 $d\delta_z/dn_y$ 随飞行速度的变化关系？
19. 如何计算平飞时单位过载操纵杆位移 dD_z/dn_y 随飞行速度的变化关系？
20. 如何计算平飞时单位过载操纵杆力 dP_z/dn_y 随飞行速度的变化关系？
21. 如何计算纵向扰动运动短周期模态和长周期模态特性？
22. 如何计算侧向扰动运动中荷兰滚、滚转和螺旋三种模态的特性？
23. 如何计算飞机对平尾(升降舵)单位阶跃操纵的响应特性？
24. 如何计算飞机对方向舵单位阶跃操纵的响应特性？
25. 对于飞机的动态响应特性计算，什么时候必须看作一个闭环系统？
26. 用时域法分析驾驶员诱发振荡的基本思路是什么？

主要符号表

符号	定义	单位
a	声速	m/s
A	诱导阻力因子	
b_A	机翼平均空气动力弦长	m
C_R	总空气动力系数	
C_x	阻力系数	
C_{x0}	零升阻力系数	
C_y	升力系数	
C_z	侧力系数	
D_x	副翼操纵杆位移(Displacement)	mm
D_y	方向舵操纵杆位移	mm
D_z	平尾操纵杆位移	mm
F_x	副翼操纵杆力(Force)	
F_y	方向舵操纵杆力	
F_z	平尾操纵杆力	
G	飞机重力	N,kN
g	重力加速度	m/s
H	飞行高度	m
$I_x 、I_y 、I_z$	飞机绕机体轴的惯性矩(转动惯量)	kg·m²
$I_{xy} 、I_{yz} 、I_{zx}$	飞机绕机体轴的惯性积	kg·m²
K	升阻比	
l	机翼翼展	m
Ma	马赫数	
$M_x 、M_y 、M_z$	滚转力矩、偏航力矩、俯仰力矩	N·m
$m_x 、m_y 、m_z$	滚转、偏航和俯仰力矩系数	
$m_x^\beta 、m_y^\beta$	横向、方向静稳定导数(静稳定度)	
$m_z^\alpha 、m_z^{C_y}$	纵向静稳定导数	

续表

符号	定义	单位
$m_z^{\delta_z}$	平尾操纵俯仰力矩导数(平尾操纵效能)	
$m_x^{\delta_x}$	副翼操纵滚转力矩导数	
$m_y^{\delta_x}$	副翼操纵滚偏交叉力矩导数	
$m_x^{\delta_y}$、$m_y^{\delta_y}$	方向舵操纵力矩导数	
$m_x^{\bar{\omega}_x}$	无因次滚转阻尼力矩导数	
$m_y^{\bar{\omega}_y}$	无因次偏航阻尼力矩导数	
$m_z^{\bar{\omega}_z}$	无因次纵向阻尼力矩导数	
$m_z^{\bar{\dot{\alpha}}}$	无因次洗流时差导数	
$m_x^{\bar{\omega}_y}$、$m_y^{\bar{\omega}_x}$	无因次交叉阻尼力矩导数	
m_{z0}	纵向零升力矩系数	
$N_{1/2}(N_2)$	振幅衰减一半(增大一倍)的振荡次数	
n_x、n_y、n_z	沿坐标轴的过载分量	
P	发动机推力	N,kN
p	大气压力	Pa,kPa
q	动压、速压	N·m²
R	总空气动力;作战半径;盘旋半径;航程	N;m,km
S	机翼面积	m²
T	振荡周期	s
T_R	滚转模态时间常数	s
t	时间	s
$t_{1/2}(t_2)$	半衰期(倍幅时间)	s
V	飞机空速	m/s
V_i	飞机表速	m/s
V_y	飞机垂直上升率	m/s
V_{ad}	飞机有利速度	m/s
X、Y、Z	飞机的阻力、升力和侧力	N,kN
$\bar{x}_F$	全机焦点在机翼平均空气动力弦上的相对位置	
$\bar{x}_G$	全机质心在机翼平均空气动力弦上的相对位置	
$\bar{x}_m$	握杆机动点在机翼平均空气动力弦上的相对位置	
α	迎角	(°)
β	侧滑角	(°)

续表

符号	定义	单位
γ	滚转角（坡度）	(°)
δ_x	副翼偏转角	(°)
δ_y	方向舵偏转角	(°)
δ_z	升降舵/平尾偏转角	(°)
δ_{zx}	升降舵/平尾差动偏转角	(°)
ε	平尾处的平均下洗角	(°)
ζ	阻尼比	
ζ_p	长周期模态阻尼比	
ζ_{sp}	短周期模态阻尼比	
η	机翼根梢比	
θ	航迹倾斜角	(°)
ϑ	飞机俯仰角	(°)
λ	飞机展弦比	
μ	飞机相对密度	
ρ	空气密度	kg/m
φ	机翼或水平安定面的安装角	(°)
χ	机翼后掠角	(°)
ψ	偏航角	(°)
ψ_s	航向角	
$\omega_x、\omega_y、\omega_z$	飞机绕机体轴的滚转、偏航和俯仰角速度	(°)/s
$\bar{\omega}_x、\bar{\omega}_y、\bar{\omega}_z$	飞机绕机体轴的无因次角速度	
$\bar{\omega}_n$	无阻尼自振频率	
$\bar{\omega}_{np}$	长周期模态无阻尼自振频率	
$\bar{\omega}_{nsp}$	短周期模态无阻尼自振频率	

主 要 下 标

下标	定义	备注
ai	副翼	Aileron
av	可用	Available
b	机身	Body
bal	平衡	Balance
c	螺旋模态	Corkscrew Mode
cr	临界	Critical
d	荷兰滚模态	Dutch Roll Mode
di	抖动	Dithering
dt	接地	Down Touch
g	地面	Ground
h	铰链	Hinge
ht	水平尾翼	Horizontal Tail
l	定直平飞	Level
m	平均	Mean
p	长周期模态	Phugoid Motion
per	允许	Permit
r	滚转模态	Rolling Mode
req	需用	Require
sp	短周期模态	Short Period Motion
to	起飞	Take Off
vt	垂直尾翼	Vertical Tail
w	机翼	Wing
x	副翼,或在 x 轴分量,或绕 Ox 轴	
y	方向舵,或在 y 轴分量,或绕 Oy 轴	
z	升降舵,或在 z 轴分量,或绕 Oz 轴	

参 考 文 献

[1] 顾诵芬. 飞机总体设计[M]. 北京:北京航空航天大学出版社,2001.
[2] 李为吉. 飞机总体设计[M]. 西安:西北工业大学出版社,2005.
[3] 武文康,张彬乾. 战斗机气动布局设计[M]. 西安:西北工业大学出版社,2005.
[4] 钟华,李自力. 隐身技术——军事高技术的"王牌"[M]. 北京:国防工业出版社,1999.
[5] 李天. 飞机隐身设计指南[M]. 北京:中国航空工业总公司,1995.
[6] 夏新仁. 隐身技术发展现状与趋势[J]. 中国航天,2002(1):40-44.
[7] 孟新强,朱绪宝. 隐身技术和隐身武器的研究及应用现状[J]. 弹箭与制导学报,1999(3):59-64.
[8] 飞行力学教材编写组. 飞机的飞行性能:第1分册、第2分册[M]. 西安:空军工程学院,1980.
[9] 胡寿松. 自动控制原理[M]. 4版. 北京:科学出版社,2001.
[10] 高金源,李陆豫,冯亚昌. 飞机飞行品质[M]. 北京:国防工业出版社,2003.
[11] 施继增,王永熙,郭思友,等. 飞行操纵与增强系统[M]. 北京:国防工业出版社,2003.
[12] 申安玉,申学仁,李运保,等. 自动飞行控制系统[M]. 北京:国防工业出版社,2003.
[13] 宋翔贵,张新国,等. 电传飞行控制系统[M]. 北京:国防工业出版社,2003.
[14] 张德发,叶胜利,等. 飞行控制系统的地面与飞行试验[M]. 北京:国防工业出版社,2003.
[15] 郭锁凤,申功璋,吴成富,等. 先进飞行控制系统[M]. 北京:国防工业出版社,2003.
[16] 刘林,郭思友,等. 飞行控制系统的分系统[M]. 北京:国防工业出版社,2003.
[17] 徐鑫福. 飞机飞行操纵系统[M]. 北京:北京航空航天大学出版社,1989.
[18] 文传源. 现代飞行控制系统[M]. 北京:北京航空航天大学出版社,2004.
[19] 邵荣士. YF-16电传操纵系统控制律分析[J]. 飞机设计,1998(4):26-34.
[20] 方振平,陈万春,张曙光. 航空飞行器飞行动力学[M]. 北京:北京航空航天大学出版社,2005.
[21] ETKIN B. Aircraft dynamics – stability and control[M]. 3rd ed. Hoboken:John Wiley & Sons,Inc.,1996.
[22] DOLE C E,LEWIS J E. Flight theory and aerodynamics:a practical guide for operational safety[M]. 2nd ed. Hoboken:John Wiley & Sons,2000.
[23] 金长江,范立钦. 飞行动力学——飞机飞行性能计算[M]. 2版. 北京:国防工业出版社,1990.
[24] 胡兆丰,何植岱,高浩. 飞行动力学——飞机的稳定性和操纵性[M]. 北京:国防工业出版社,1985.
[25] 张诚坚,高健,何南忠. 计算方法[M]. 北京:高等教育出版社,1999.
[26] 王行仁. 飞行实时仿真系统及技术[M]. 北京:北京航空航天大学出版社,1998.
[27] 熊海泉,刘昶,郑本武. 飞机飞行动力学[M]. 北京:航空工业出版社,1990.
[28] 王晓东. 某型飞机纵向驾驶员诱发振荡的研究[D]. 西安:空军工程学院,1998.
[29] 刘兴堂,吕杰,周自全. 空中飞行模拟[M]. 北京:国防工业出版社,2003.
[30] 陈廷楠. 飞机飞行性能品质与控制[M]. 北京:国防工业出版社,2007.
[31] 昂海松,余雄庆. 飞行器先进设计技术[M]. 2版. 北京:国防工业出版社,2014.
[32] 张登成,苏新兵. 飞机总体设计[M]. 西安:空军工程大学,2013.

[33] 胡孟权,张登成,董彦非. 高等大气飞行力学[M]. 北京:航空工业出版社,2007.
[34] 比施根斯 Г C. 飞行动力学[M]. 安刚,金兴,唐瑞琳,等译. 北京:国防工业出版社,2017.
[35] 刘世前,现代飞机飞行动力学与控制[M]. 上海:上海交通大学出版社,2014.
[36] NELSON R C. 飞行稳定性和自动控制[M]. 顾军晓,译. 北京:国防工业出版社,2008.
[37] 匡江红,王秉良,吕鸿雁. 飞机飞行力学[M]. 北京:清华大学出版社,2012.